中国国家标准汇编

2008年修订-57

中国标准出版社 编

中国标准出版社

北 京

图书在版编目（CIP）数据

中国国家标准汇编：2008 年修订．57/中国标准出版社编．—北京：中国标准出版社，2009

ISBN 978-7-5066-5528-6

Ⅰ．中…　Ⅱ．中…　Ⅲ．国家标准-汇编-中国-2008　Ⅳ．T-652.1

中国版本图书馆 CIP 数据核字（2009）第 187107 号

中国标准出版社出版发行
北京复兴门外三里河北街 16 号
邮政编码：100045
网址 www.spc.net.cn
电话：68523946　68517548
中国标准出版社秦皇岛印刷厂印刷
各地新华书店经销

*

开本 880×1230　1/16　印张 39　字数 1 153 千字
2009 年 11 月第一版　2009 年 11 月第一次印刷

*

定价 200.00 元

出 版 说 明

1.《中国国家标准汇编》是一部大型综合性国家标准全集。自1983年起，按国家标准顺序号以精装本、平装本两种装帧形式陆续分册汇编出版。它在一定程度上反映了我国建国以来标准化事业发展的基本情况和主要成就，是各级标准化管理机构，工矿企事业单位，农林牧副渔系统，科研、设计、教学等部门必不可少的工具书。

2.《中国国家标准汇编》收入我国每年正式发布的全部国家标准，分为"制定"卷和"修订"卷两种编辑版本。

"制定"卷收入上年度我国发布的、新制定的国家标准，顺延前年度标准编号分成若干分册，封面和书脊上注明"20××年制定"字样及分册号，分册号一直连续。各分册中的标准是按照标准编号顺序连续排列的，如有标准顺序号缺号的，除特殊情况注明外，暂为空号。

"修订"卷收入上年度我国发布的、被修订的国家标准，视篇幅分设若干分册，但与"制定"卷分册号无关联，仅在封面和书脊上注明"20××年修订-1,-2,-3,……"字样。"修订"卷各分册中的标准，仍按标准编号顺序排列(但不连续)；如有遗漏的，均在当年最后一分册中补齐。需提请读者注意的是，个别非顺延前年度标准编号的新制定的国家标准没有收入在"制定"卷中，而是收入在"修订"卷中。

读者配套购买《中国国家标准汇编》"制定"卷和"修订"卷则可收齐上一年度我国制定和修订的全部国家标准。

3. 由于读者需求的变化，自1996年起，《中国国家标准汇编》仅出版精装本。

4. 2008年制修订国家标准共5946项。本分册为"2008年修订-57"，收入新制修订的国家标准44项。

中国标准出版社
2009年10月

目　录

ICS 27.120.30
F 46

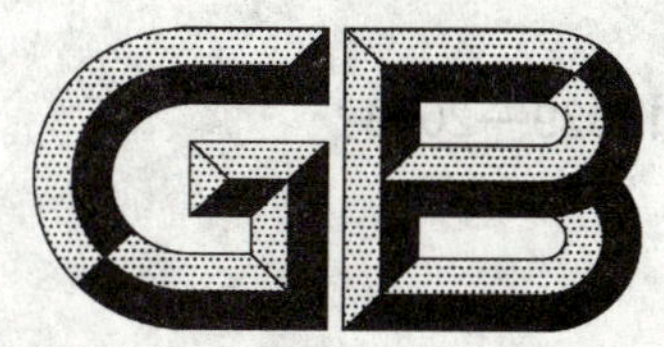

中华人民共和国国家标准

GB/T 11839—2008
代替 GB/T 11839—1989

二氧化铀芯块中硼的测定 姜黄素萃取光度法

Determination of boron in uranium dioxide pellets by curcumin extraction spectrophotometric method

2008-06-19 发布　　2009-04-01 实施

中华人民共和国国家质量监督检验检疫总局
中国国家标准化管理委员会　发布

前　言

本标准代替 GB/T 11839—1989《二氧化铀芯块中硼的测定—姜黄素萃取光度法》。

本标准与 GB/T 11839—1989 相比，主要变化如下：

——在“范围”中增加了规定的内容；

——删除了原标准中有关质量体积浓度(m/V)不规范的表述；

——增加了试料的表述(见 6.1)；

——将“方法精密度”中的表格修改了表头，将“r、R”改为“S_r、S_R”；

——删除了原标准的“附录 A”，将其内容写入标准的正文；

——将原标准“方法提要”中的每克试样中允许共存元素的微克量放入附录 A。

本标准的附录 A 为规范性附录。

本标准由中国核工业集团公司提出。

本标准由全国核能标准化技术委员会归口。

本标准起草单位：中核建中核燃料元件有限公司。

本标准主要起草人：张希祥、林维智。

本标准所代替标准的历次版本发布情况为：

——GB/T 11839—1989。

二氧化铀芯块中硼的测定
姜黄素萃取光度法

1 范围

本标准规定了二氧化铀芯块中硼测定的方法提要、试剂和材料、仪器和设备、试样、分析步骤、结果计算及方法精密度。

本标准适用于二氧化铀芯块中硼的测定，也适用于核纯八氧化三铀中硼的测定。当二氧化铀取样量为0.5 g时，硼含量的测定范围为：(0.1～1.0) μg/g。

每克试样中允许共存元素的微克量见附录A。

2 方法提要

试样用浓硫酸和过氧化氢溶解，脱水脱氟后，硼与姜黄素在硫酸与乙酸的非水介质中生成红色络合物。用水稀释后，再用含苯酚的环己酮溶液萃取，过滤有机相。以含苯酚的环己酮溶液作参比液，测量其吸光度。

3 试剂和材料

除另有说明，在分析中仅使用确认为分析纯的试剂。

3.1 丙酮(CH_3COCH_3)，质量分数为99.5%。

3.2 过氧化氢(H_2O_2)，优级纯，质量分数为30%。

3.3 高纯水

提纯方法：将离子交换水置于石英蒸馏塔或石英亚沸蒸馏器(4.4)中，加入少许甘露醇，经蒸馏后贮存在聚乙烯瓶中。

3.4 乙酸：$c(CH_3COOH)=17.4$ mol/L

提纯方法：在石英蒸馏器(4.5)中加入5 mL含0.4 g/mL甘露醇的水溶液和1 000 mL乙酸。置于甘油浴中蒸馏，弃去10 %初馏分，用石英瓶接收中间70 %的馏分。

3.5 硫酸，优级纯：$c(H_2SO_4)=17.8$ mol/L

提纯方法：在铂皿(4.6)中加入60 mL硫酸，用聚乙烯吸管缓慢加入30 mL氢氟酸(优级纯)，用铂片搅匀，在约1 000 W电炉上加热至冒浓白烟，取下冷却后重复一次上述操作。冷却后转入石英瓶中。

3.6 硫酸联氨溶液：$\rho(H_2N \cdot NH_2 \cdot H_2SO_4)=10$ mg/mL

称取0.5 g硫酸联氨置于铂皿(4.6)中，加入25 mL硫酸(3.5)，在电炉上低温溶解。转入50 mL石英容量瓶中，用硫酸(3.5)稀释至刻度。

3.7 姜黄素($C_{21}H_{20}O_6$)

提纯方法：称取5 g姜黄素置于250 mL石英烧杯中，加入100 mL丙酮(3.1)和50 mL高纯水(3.3)混合溶解，过滤，滤液在石英烧杯中放置72 h。抽滤，用高纯水(3.3)洗涤结晶二次。结晶转入石英烧杯中，盖上石英表面皿，在约100 ℃烘箱中烘6 h左右，然后转入聚乙烯瓶中贮存。

3.8 姜黄素溶液：$\rho(C_{21}H_{20}O_6)=1$ mg/mL

称取0.050 g姜黄素(3.7)置于200 mL聚乙烯瓶中，加入50 mL乙酸(3.4)溶解。姜黄素溶液放置时间不能超过12 h。

3.9　苯酚(C_6H_5OH)-环己酮[$CH_2(CH_2)_4CO$]萃取剂

称取5.0 g苯酚溶解于500 mL环己酮中。

3.10　硼标准贮存溶液:$\rho(B)=100\ \mu g/mL$

称取0.572 0 g硼酸(光谱纯)置于1 000 mL石英容量瓶中,加入高纯水(3.3)溶解并稀释至刻度,摇匀。

3.11　硼标准溶液:$\rho(B)=1.0\ \mu g/mL$

移取5.0 mL硼标准贮存溶液(3.10)置于500 mL石英容量瓶中,用高纯水(3.3)稀释至刻度,摇匀。

3.12　八氧化三铀基体,要求均匀且硼含量低于0.050 μg/g。

3.13　硫酸、乙酸、硫酸联氨溶液、姜黄素溶液、过氧化氢和高纯水的总空白值须低于0.040 μg硼。

4　仪器和设备

4.1　分光光度计,波长范围(360～800) nm。

4.2　石英烧杯,30 mL。使用前须用浓盐酸加热煮沸处理,再用离子交换水和高纯水(3.3)洗净,将石英烧杯倒放在滤纸上,滴干石英烧杯内的水。每次使用后应用离子交换水浸泡。

4.3　可调温电热板。

4.4　石英蒸馏塔或石英亚沸蒸馏器。

4.5　石英蒸馏器,1 000 mL。

4.6　铂皿,100 mL。

4.7　梨形分液漏斗,100 mL。

4.8　分析天平,分度值为0.1 mg。

4.9　聚乙烯筛网,孔径为0.074 mm。

4.10　实验室须采用湿法打扫,通风厨内须盖塑料板或有机玻璃板。萃取前的操作均须在通风厨内进行。

5　试样

5.1　采样原则

样品的采集分装过程必须确保待分析的特定组分及特性不发生改变。采集的样品必须具有代表性。

5.2　试样制备

二氧化铀芯块用玛瑙研钵磨成粉末,全部通过聚乙烯筛网(4.9),贮存在聚乙烯瓶中。

5.3　试样量

试样量不少于测定取样量的三倍。

6　分析步骤

6.1　试料

称取试样0.5 g作为试料,精确至0.000 1 g。

6.2　样品分析

6.2.1　将试料(6.1)置于30 mL石英烧杯(4.2)中,加入1.0 mL硫酸(3.5)、3.0 mL过氧化氢(3.2)混匀,盖上石英表面皿。在可调温电热板(4.3)低温处(100～130)℃,将试样溶解。若试样未溶解,继续加入过氧化氢(3.2)直至试样完全溶解,移去石英表面皿。将石英烧杯(4.2)移到可调温电热板(4.3)高温处(180～220)℃,蒸发至微冒白烟(2～3)min,体积控制在约0.8 mL,取下。

6.2.2 待不冒白烟，立即加入 1.5 mL 乙酸(3.4)，混匀。放在低于 25 ℃水浴中，加入 3.0 mL 姜黄素溶液(3.8)，混匀。立即加入 0.5 mL 硫酸联氨溶液(3.6)，混匀。置于(18±2)℃水浴中显色 30 min。

6.2.3 将溶液转入 100 mL 梨形分液漏斗(4.7)中，用高纯水(3.3)稀释至(45±5)mL。加入 10 mL 苯酚-环己酮萃取剂(3.9)，振荡萃取 1 min，静置分层约 10 min 弃去水相。

6.2.4 将有机相转入 10 mL 容量瓶中，用丙酮(3.1)冲洗分液漏斗，冲洗的丙酮合并入有机相，再用丙酮(3.1)稀释至刻度，混匀。用双层滤纸过滤。.

6.2.5 于分光光度计(4.1)波长 560 nm 处，用 1 cm 石英比色皿，以苯酚-环己酮萃取剂(3.9)作参比液测量吸光度。

6.3 试剂空白的测定

在 30 mL 石英烧杯(4.2)中加入 1.0 mL 硫酸(3.5)、3.0 mL 过氧化氢(3.2)，混匀。在可调温电热板(4.3)高温处(180～220)℃蒸发至微冒白烟(2～3)min，体积控制在约 0.8 mL，取下。以下按 6.2.2～6.2.5操作。

6.4 工作曲线的绘制

移取 0.00 mL、0.05 mL、0.10 mL、0.20 mL、0.30 mL、0.40 mL、0.50 mL 硼标准溶液(3.11)，分别置于 7 个 30 mL 石英烧杯(4.2)中。各加入 0.5 g 八氧化三铀基体(3.12)、1.0 mL 硫酸(3.5)、3.0 mL 过氧化氢(3.2)，混匀。盖上石英表面皿。在可调温电热板(4.3)低温处(100～130)℃，将试样溶解后，去掉石英表面皿。移到可调温电热板(4.3)高温处(180～220)℃，蒸发至微冒白烟(2～3)min，体积控制在约 0.8 mL，取下。以下按 6.2.2～6.2.5 操作。以硼量为横坐标，净吸光度为纵坐标，绘制工作曲线。

6.5 注意事项

使用本标准注意事项见附录 B。

7 结果计算

按式(1)计算分析结果：

$$w(\mathrm{B}) = \frac{A}{m} \qquad \cdots\cdots(1)$$

式中：

$w(\mathrm{B})$——试料中硼的含量，单位为微克每克(μg/g)；

A——测得的净吸光度在工作曲线上查得的硼量，单位为微克(μg)；

m——试料的质量，单位为克(g)。

8 方法精密度

方法精密度见表 1。

表 1 方法精密度

单位为微克每克

水平值	重复性标准差 S_r	再现性标准差 S_R
0.12	0.009	0.015

附　录　A
（规范性附录）
允许共存元素的微克量

每克试样中允许共存元素的微克量见表 A.1。

表 A.1　每克试样中允许共存元素最大量

单位为微克

化学式	PO_4^{3-}	Ni	F	Cr	Mo	V	Ti	Si
允许量	1 000	150	120	100	100	100	100	100
化学式	Zr	Sn	Cu	Ca	Mn	Nb	Ta	—
允许量	100	100	100	100	50	40	30	—

注：用硫酸联氨消除 Fe 的干扰。

ICS 27.120.30
F 46

中华人民共和国国家标准

GB/T 11847—2008
代替 GB/T 11847—1989

二氧化铀粉末比表面积测定 BET 容量法

Determination of specific surface area of uranium dioxide powder by BET capacity method

2008-06-19 发布

2009-04-01 实施

中华人民共和国国家质量监督检验检疫总局
中国国家标准化管理委员会 发布

前言

本标准代替 GB/T 11847—1989《二氧化铀粉末比表面积测定　多点 BET 法》。

本标准与 GB/T 11847—1989 相比，主要变化如下：

——增加单点 BET 法，包括单点 BET 法的原理、测试步骤、结果计算和方法精密度；

——设备和材料中增加了材料，液氧温度计改为液氮温度计；

——试样取量和除气真空度范围进行了调整；

——仪器常数的标定作为规范性附录 A；

——汞密度表及饱和蒸汽压表作为资料性附录 B；

——原附录 A 中仪器组装注意事项作为仪器技术参数。

本标准的附录 A 为规范性附录，附录 B 为资料性附录。

本标准由中国核工业集团公司提出。

本标准由全国核能标准化技术委员会归口。

本标准起草单位：中核建中核燃料元件有限公司。

本标准主要起草人：张希祥、秦志平、尤亚飞、陈琳。

本标准所代替标准的历次版本发布情况为：

——GB/T 11847—1989。

二氧化铀粉末比表面积测定 BET 容量法

1 范围

本标准规定了 BET 容量法(单点、多点)测定二氧化铀粉末比表面积的方法。

本标准适用于二氧化铀粉末比表面积的测定,测量范围为:(1～40)m^2/g。其他粉末或多孔性物质比表面积的测定可参照使用。

2 方法原理

2.1 基本原理

放在气体体系中的样品,物质颗粒外部和内部通孔的表面在低温下将发生物理吸附。让已知量的吸附气体进入样品室中,样品吸附了气体,并因此使有限的不变容积中的气压降低,直到吸附达到平衡为止。样品吸附的气体量等于进入量管中的总气体量和吸附平衡后量管中及样品泡中剩余的气体量之差,这个量可以由气体状态方程确定。当吸附气体相对压力 p_2/p_0 在 0.05～0.35 范围时,有基于多层吸附原理的 BET 公式,见式(1):

$$\frac{p_2}{V(p_0-p_2)}=\frac{1}{CV_m}+\frac{C-1}{CV_m}\cdot\frac{p_2}{p_0} \qquad (1)$$

式中:

p_2——吸附平衡时氮气压力,单位为帕(Pa);

V——p_2/p_0 为 0.05～0.35 时的吸附总量,单位为毫升(mL);

p_0——吸附温度下氮气的饱和蒸汽压,单位为帕(Pa);

C——与吸附热有关的常数;

V_m——单分子层饱和吸附量,单位为毫升(mL)。

经测量,根据式(1)计算试样单分子层饱和吸附量,从而计算出试样的比表面积。

2.2 多点法

2.2.1 吸附总量(V)的计算

吸附总量(V)的计算见式(2):

$$V=\frac{273.2}{1.0132\times10^5}\times\left(\frac{p_1V_1}{T_1}-\frac{p_2V_2}{T_2}-\frac{\alpha p_2V_3}{T_s}\right) \qquad (2)$$

式中:

p_1——吸附之前氮气压力,单位为帕(Pa);

V_1——图 1 中 A、B、9、C 至 0 之间的体积,单位为毫升(mL);

T_1——p_1 时室温,单位为开(K);

V_2——图 1 中 H、A、B、9、C 至 0 之间的体积,单位为毫升(mL);

T_2——吸附平衡时的温度,单位为开(K);

α——氮气在液氮温度下不理想行为的修正系数;

V_3——样品瓶磨口 H 以下除样品以外的体积,单位为毫升(mL);

T_s——液氮温度,单位为开(K)。

2.2.2 作 BET 图，求 $V_{m\cdot mp}$。

以 $p_2/V(p_0-p_2)$ 为纵坐标，p_2/p_0 为横坐标作线性拟合，则该直线的截距 $B=1/CV_m$，斜率 $A=(C-1)/CV_m$，根据式(3)计算由多点测量导出的单分子层饱和吸附量($V_{m\cdot mp}$)：

$$V_{m\cdot mp}=\frac{1}{A+B} \qquad \cdots\cdots(3)$$

式中：

$V_{m\cdot mp}$——由多点测量导出的单分子层饱和吸附量，单位为毫升(mL)。

2.2.3 比表面积(S)的计算。

根据每个被吸附分子在吸附剂表面上所占有的面积，按式(4)算出试样所具有的质量比表面积。

$$S=\frac{N_0A_m}{V_s}\times V_{m\cdot mp}\times\frac{1}{m} \qquad \cdots\cdots(4)$$

式中：

S——试样比表面积，单位为平方米每克(m^2/g)；

N_0——阿佛加德罗常数，通常取 6.022×10^{23}；

A_m——氮气分子在 77 K 温度下的横断面积，通常为 $16.2\times10^{-20}\ m^2$；

V_s——标准状态下 1 mol 气体的体积，通常为 22 414 mL；

m——试样质量，单位为克(g)。

2.3 单点法

2.3.1 根据式(2)计算吸附总量(V)。

2.3.2 一般情况下，C 值较大，则式(1)可以简化，实测时只需测量一组数据就可计算出单分子层饱和吸附量，即单点 BET 法。采用单点 BET 法时，控制其相对压力 p_2/p_0 在 0.2～0.3 内。根据 BET 简化公式计算由单点测量导出的单分子层饱和吸附量($V_{m\cdot sp}$)：

$$V_{m\cdot sp}=\frac{p_0-p_2}{p_0}\times V \qquad \cdots\cdots(5)$$

式中：

$V_{m\cdot sp}$——由单点测量导出的单分子层饱和吸附量，单位为毫升(mL)。

2.3.3 根据式(6)计算比表面积(S)。

$$S=\frac{N_0A_m}{V_s}\times V_{m\cdot sp}\times\frac{1}{m} \qquad \cdots\cdots(6)$$

3 设备和材料

3.1 BET 比表面积测定仪(见图 1)。仪器总体积一般为(150～180)mL，仪器泡群体积为总体积的 65%～75%，样品瓶体积为总体积的 6%～8%。

3.2 液氮温度计。

3.3 分析天平，分度值 0.1 mg。

3.4 热偶真空计，分度值 1 Pa。

3.5 杜瓦瓶。

3.6 样品瓶。

3.7 加热电炉。

3.8 机械真空泵，极限压力为 0.01 Pa。

3.9 氮气(99.99%)。

3.10 液氮。

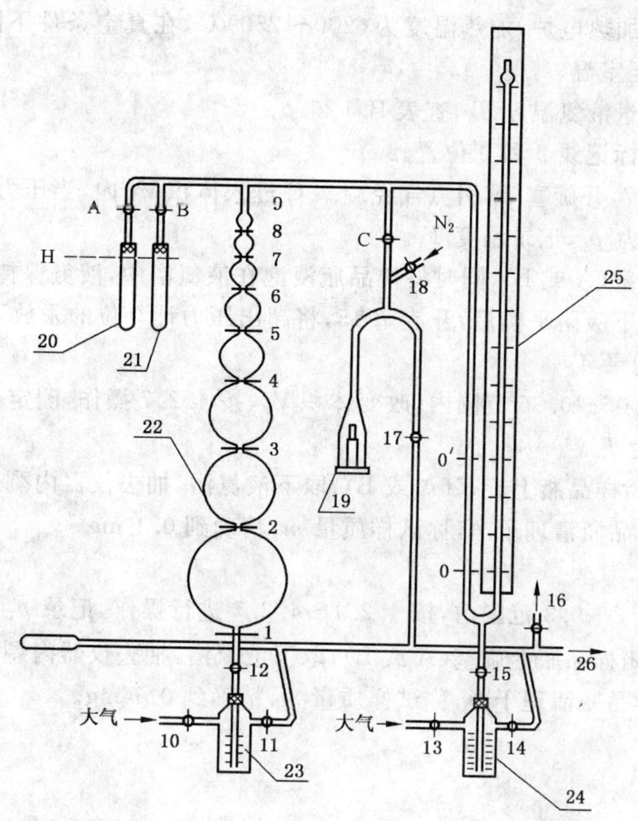

1～9——泡体积标记线；
10、13——进气旋塞；
11、14——抽气旋塞；
12、15——充汞旋塞；
16——放空旋塞；
17、C——控制旋塞；
18——进氮旋塞；
19——接热偶真空计；
20、21——样品瓶；
22——泡群体；
23、24——储汞瓶；
25——U 型压力计；
26——接机械真空泵；
0——零点位置；
0′——充汞指定位置；
A、B——样品瓶抽空旋塞；
AH、BH——毛细管段。

图 1 BET 比表面积测定仪

4 分析步骤

4.1 仪器常数

仪器常数的测定见附录 A。

4.2 多点法测试步骤

4.2.1 将(1～3)g 试样装入样品瓶中，连接于仪器上，启动真空泵。

4.2.2 在样品瓶上套上加热电炉，加热温度为(200～250)℃，在真空条件下除气，当真空度达到(1～5)Pa时，停止加热，冷却至室温。

4.2.3 用液氮温度计测量液氮温度 T_s，查表 B.1 得 p_0。

4.2.4 将汞面升至指定标记线 9 和 0′位置。

4.2.5 关闭旋塞 A、B、17，开旋塞 18 引氮气经旋塞 C 进入体积 V_1 内，当压力计汞面到 0 位置时，关旋塞 C，读出氮气的初始压力 p_1，记录温度 T_1。

4.2.6 打开样品瓶上旋塞(A 或 B)，同时将样品瓶浸泡在液氮浴中，液氮保持在样品瓶 H 位置。

4.2.7 样品在液氮温度下吸附平衡后，开旋塞 15，将超出压力计 0 位的汞放下至 0 位，关上旋塞 15，读出氮气的平衡压力 p_2，记录 T_2。

4.2.8 控制 p_2/p_0 在 0.05～0.35 范围内，改变体积 V_2，按 4.2.7 操作，测定 3～5 个点，记录各平衡点的压力 p_2，及对应点温度 T_2。

4.2.9 测量完成后，关闭样品瓶上旋塞(A 或 B)，取下液氮浴，抽去仪器内剩余氮气，汞放回原处，仪器恢复正常，停泵。取下样品瓶清理干净，称试样质量 m，精确到 0.1 mg。

4.3 单点法测试步骤

4.3.1 控制 p_2/p_0 在 0.2～0.3 范围内，按 4.2.1～4.2.7 进行操作，记录 p_1、T_1、p_2、T_2。

4.3.2 测量完成后，关闭样品瓶上旋塞(A 或 B)，取下液氮浴，抽去仪器内剩余氮气，汞放回原处，仪器恢复正常，停泵。取下样品瓶清理干净，称试样质量 m，精确到 0.1 mg。

5 分析结果计算

5.1 多点法

5.1.1 按式(2)计算吸附总量(V)。

5.1.2 作 BET 图，按式(3)求 $V_{m \cdot mp}$。

5.1.3 按式(4)计算比表面积(S)。

5.2 单点法

5.2.1 根据式(2)计算吸附总量(V)。

5.2.2 按式(5)计算 $V_{m \cdot sp}$。

5.2.3 根据式(6)计算比表面积(S)。

6 方法精密度

当二氧化铀粉末比表面积为 2.55 m^2/g 时，单点法测定二氧化铀粉末比表面积的相对标准偏差小于 7.0%；当二氧化铀粉末比表面积为 4.20 m^2/g 时，多点法测定二氧化铀粉末比表面积的相对标准偏差小于 4.0%。

附 录 A
（规范性附录）
仪器常数的测定

A.1 用称汞法测定每个泡体积，旋塞体积 A、B 和毛细管体积 AH、BH，样品瓶体积，准确至 0.01 mL。（汞密度参见表 B.2）。

A.2 体积 V_1 和 V_2 的确定。

V_1 为图 1 中 0 到 A、B、C、9 之间管道体积；$V_2 = V_1$ + 旋塞 A（或 B）+ 毛细管 AH（或 BH）+ 泡体积。运用理想气体方程式，求出 V_1，算出 V_2。

A.3 修正因子（α）的确定。

样品瓶不放样品，抽真空至 2 Pa，按 4.2.3～4.2.7 的步骤，将测得的有关数据代入式（A.1），得 α 值。

$$\alpha = \left(\frac{p_1 V_1}{T_1} - \frac{p_2 V_2}{T_2}\right) \times \frac{T_s}{p_2 V_3} \qquad \text{(A.1)}$$

附 录 B
（资料性附录）
液氮温度与饱和蒸汽压常数和不同温度下对应的汞密度

B.1 液氮温度与饱和蒸汽压常数

液氮温度与饱和蒸汽压常数见表B.1。

表 B.1 p_0 与 T_s 关系

T_s/K	p_0		T_s/K	p_0	
	Pa	mmHg		Pa	mmHg
77.0	97 057	728.0	78.8	118 788	891.0
77.1	98 257	737.0	78.9	120 255	902.0
77.2	99 590	747.0	79.0	121 721	913.0
77.3	100 523	754.0	79.1	123 054	923.0
77.4	101 723	763.0	79.2	124 388	933.0
77.5	103 056	773.0	79.3	125 721	943.0
77.6	104 123	781.0	79.4	127 054	953.0
77.7	105 323	790.0	79.5	128 520	964.0
77.8	106 389	798.0	79.6	129 987	975.0
77.9	107 589	807.0	79.7	131 454	986.0
78.0	108 789	816.0	79.8	132 920	997.0
78.1	109 989	825.0	79.9	134 386	1 008.0
78.2	111 056	833.0	80.0	135 720	1 018.0
78.3	112 389	843.0	80.1	137 320	1 030.0
78.4	113 589	852.0	80.2	138 653	1 040.0
78.5	114 922	862.0	80.3	140 119	1 051.0
78.6	116 122	871.0	80.4	141 719	1 063.0
78.7	117 455	881.0	—	—	—

B.2 不同温度下对应的汞密度

不同温度下对应的汞密度见表B.2。

表 B.2 不同温度下对应的汞密度　　单位为克每立方厘米

温度/℃	0	1	2	3	4	5	6	7	8	9
0	13.595 5	13.593 0	13.590 5	13.588 6	13.585 6	13.583 1	13.580 6	13.577 2	13.574 7	13.572 2
10	13.569 8	13.568 3	13.565 8	13.563 4	13.560 9	13.5584	13.556 0	13.553 5	13.551 1	13.548 6
20	13.546 1	13.543 7	13.541 2	13.538 8	13.536 3	13.533 9	13.531 4	13.529 0	13.526 5	13.524 1

表 B.2(续)

单位为克每立方厘米

温度/℃	0	1	2	3	4	5	6	7	8	9
30	13.521 6	13.519 1	13.516 7	13.514 2	13.511 8	13.509 4	13.507 0	13.504 5	13.502 0	13.499 6
40	13.497 1	13.494 7	13.492 2	13.489 8	13.487 3	13.484 9	13.482 5	13.480 0	13.477 6	13.475 7
50	13.472 1	13.470 3	13.467 8	13.465 4	13.463 0	13.460 5	13.458 1	13.455 7	13.453 2	13.450 8
60	13.448 4	13.445 9	13.443 5	13.441 1	13.438 6	13.436 2	13.433 8	13.431 4	13.428 9	13.426 5
70	13.424 1	13.421 7	13.419 2	13.416 8	13.414 4	13.412 0	13.409 5	13.407 1	13.404 7	13.402 3
80	13.399 9	13.397 1	13.395 0	13.392 6	13.390 2	13.387 8	13.385 4	13.383 0	13.380 6	13.378 1
90	13.375 7	13.373 3	13.370 9	13.368 5	13.366 1	13.363 7	13.361 3	13.358 9	13.356 5	13.354 1
100	13.351 6	13.349 2	—	—	—	—	—	—	—	—

ICS 27.120.30
F 46

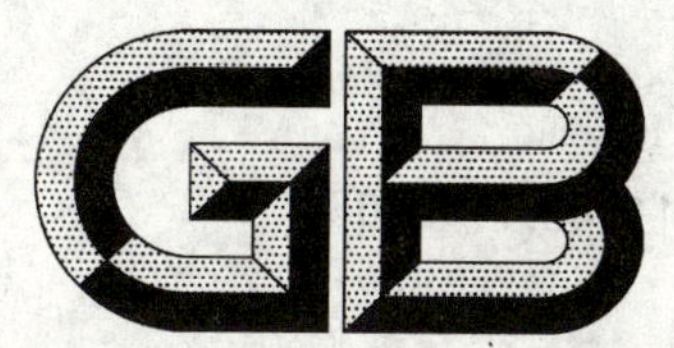

中华人民共和国国家标准

GB/T 11848.1—2008
代替 GB/T 11848.1—1989

铀矿石浓缩物分析方法 第1部分：硫酸亚铁还原-重铬酸钾滴定法测定铀

Methods for analysis of uranium ore concentrate—
Part 1: Determination of uranium by ferrous sulfate reducion potassion dichromate titrimetry

2008-09-19 发布　　2009-08-01 实施

中华人民共和国国家质量监督检验检疫总局
中国国家标准化管理委员会　发布

前 言

GB/T 11848《铀矿石浓缩物分析方法》预计分为以下 16 个部分：

——第 1 部分：硫酸亚铁还原-重铬酸钾滴定法测定铀；

——第 2 部分：硝酸不溶铀的测定；

——第 3 部分：可萃有机物的测定；

——第 4 部分：二乙基二硫代氨基甲酸盐光度法测定砷；

——第 5 部分：非水滴定法测定碳酸根；

——第 6 部分：离子选择性电极法测定氟；

——第 7 部分：伏尔哈德法测定卤素；

——第 8 部分：110 ℃下失重法测定水分；

——第 9 部分：重量法测定硅；

——第 10 部分：燃烧-碘量法测定硫；

——第 11 部分：钍试剂光度法测定钍；

——第 12 部分：分光光度法测定硼；

——第 13 部分：二钾酚橙分光光度法测定锆；

——第 14 部分：原子吸收光谱法测定钾、钠；

——第 15 部分：原子吸收光谱法测定铁、钙、镁、钼、钛、钒；

——第 16 部分：分光光度法测定磷。

本部分为 GB/T 11848 的第 1 部分。

本部分对应于 ASTM C1267:2006《铀矿石浓缩物中铀的测定——硫酸亚铁还原-重铬酸钾滴定法》，与 ASTM C1267:2006 的一致性程度为非等效。

本部分与 ASTM C1267:2006 相比，主要技术性差异如下：

——补充了溶样方法；

——将自动电位滴定仪改为采用普通的电位滴定方法；

——取样量有所变化。

本部分代替 GB/T 11848.1—1989《铀矿石浓缩物中铀的测定　硫酸亚铁还原-重铬酸钾滴定法》。

本部分和 GB/T 11848.1—1989 相比，主要差异如下：

——样品称样量 4 g 改为 1 g；

——对重铬酸钾的浓度表示方法和计算公式以及铀含量计算公式进行了修改；

——增加了质量浮力校正的资料性附录。

本部分的附录 A 为资料性附录。

本部分由中国核工业集团公司提出。

本部分由全国核能标准化技术委员会归口。

本部分起草单位：核工业北京化工冶金研究院。

本部分主要起草人：吴文斌、王海生。

本部分所代替的标准历次版本发布情况为：

——GB/T 11848.1—1989。

铀矿石浓缩物分析方法
第1部分:硫酸亚铁还原-重铬酸钾滴定法测定铀

1 范围

GB/T 11848 的本部分规定了铀矿石浓缩物中铀的测定原理、适用范围、使用试剂和仪器、分析步骤、分析结果的计算和方法的精密度。

本部分适用于铀矿石浓缩物中铀的测定。

2 规范性引用文件

下列文件中的条款通过 GB/T 11848 的本部分的引用而成为本部分的条款。凡是注日期的引用文件,其随后所有的修改单(不包括勘误的内容)或修订版均不适用于本部分,然而,鼓励根据本部分达成协议的各方研究是否可使用这些文件的最新版本。凡是不注日期的引用文件,其最新版本适用于本部分。

GB/T 10268　铀矿石浓缩物

3 方法提要

3.1　采用减量法称取样品。样品溶解于硫酸与硝酸的混合酸中,然后再称量部分溶液进行分析。

3.2　在含有氨基磺酸的浓磷酸溶液中,用过量的硫酸亚铁溶液将铀(Ⅵ)还原成铀(Ⅳ),然后在钼(Ⅵ)存在下,用硝酸氧化过量的亚铁,用水稀释并加入硫酸钒酰,用重铬酸钾标准溶液滴定。

3.3　杂质含量在 GB/T 10268 中规定的指标范围内,其干扰可忽略不计。

4 试剂

除非另有说明,在分析中仅使用确认为分析纯的试剂和蒸馏水或去离子水。

4.1　氢氟酸,$w(HF)=30\%$。

4.2　硝酸,$\rho(HNO_3)=1.42\ g/mL$。

4.3　高氯酸,$w(HClO_4)=70\%$。

4.4　磷酸,$w(H_3PO_4)=85\%$。

4.5　硫酸,$\rho(H_2SO_4)-1.84\ g/mL$。

4.6　硫酸钒酰($VOSO_4 \cdot 2H_2O$),应使用不含钒(Ⅲ)和钒(Ⅴ)的高纯试剂。

4.7　硫酸溶液,$c(H_2SO_4)=9\ mol/L$。

在不断搅拌下将 500 mL 硫酸(4.5)加入到 500 mL 水中,冷却,并用水稀释至 1L。

4.8　硫酸亚铁溶液,$c(FeSO_4)=1.0\ mol/L$。

在搅拌下将 100 mL 硫酸(4.5)加入到 750 mL 水中,再加入 278 g 硫酸亚铁($FeSO_4 \cdot 7H_2O$),溶解后稀释至 1 L,此溶液两周内有效。

4.9　氧化剂溶液

将 4 g 钼酸铵[$(NH_4)_6Mo_7O_{24} \cdot 4H_2O$]溶解于 400 mL 水中,加入 500 mL 硝酸(4.2),混匀;再加入 100 mL 氨基磺酸溶液(4.10),混匀。

4.10　氨基磺酸溶液,$c(NH_2SO_3H)=1.5\ mol/L$。

将 146 g 氨基磺酸溶解于水中，并用水稀释至 1 L。

4.11 重铬酸钾标准溶液（Ⅰ）

称取在 130 ℃烘 6 h 的重铬酸钾（基准试剂）约 9.81 g（m_2），精确到 0.1 mg，用水溶解后转移到已知质量（m_1）（精确到 10 mg）的 1 L 容量瓶中，用水稀释到刻度。用天平（5.6）称容量瓶和重铬酸钾溶液质量（m_3），精确到 10 mg，混匀，按式（1）计算重铬酸钾标准溶液（Ⅰ）的质量分数 w_1。

$$w_1 = \frac{m_2}{m_3 - m_1} \times 100\% \qquad \cdots\cdots(1)$$

式中：

m_1——容量瓶质量，单位为克（g）；

m_2——固体重铬酸钾质量，应作浮力和纯度校正，浮力校正公式参见附录 A，单位为克（g）；

m_3——容量瓶质量加重铬酸钾标准溶液（Ⅰ）的质量，单位为克（g）。

4.12 重铬酸钾标准溶液（Ⅱ）

用 150 mL 塑料瓶称取重铬酸钾标准溶液（Ⅰ）（4.11）约 150 g，精确到 1 mg，记为 m_4，将溶液倒入经体积校正的 2 L 容量瓶中，再称塑料瓶和残存溶液的质量，精确到 1 mg，用水稀释到刻度，充分混匀。按式（2）计算重铬酸钾标准溶液（Ⅱ）的质量浓度 ρ_1：

$$\rho_1 = \frac{(m_4 - m_5)w_1}{V} \qquad \cdots\cdots(2)$$

式中：

ρ_1——重铬酸钾标准溶液（Ⅱ）的质量浓度，单位为克每升（g/L）；

w_1——按式（1）计算的重铬酸钾标准溶液（Ⅰ）质量分数；

m_4——塑料瓶和重铬酸钾标准溶液（Ⅰ）的质量，单位为克（g）；

m_5——塑料瓶和残存重铬酸钾标准溶液（Ⅰ）的质量，单位为克（g）；

V——校正后 2 L 容量瓶的容积，单位为升（L）。

5 仪器

5.1 125 mL 称样瓶，带有输出管嘴的塑料瓶。

5.2 50 mL 滴定瓶，带有输出管嘴的塑料瓶。

5.3 5 mL 微量滴定管，分度值为 0.02 mL。

5.4 离子计或 pH 计，分辨率为 1 mV，附铂电极和甘汞电极。

5.5 磁力搅拌器。

5.6 天平，分度值为 10 mg。

5.7 分析天平，分度值为 0.1 mg。

6 分析步骤

6.1 用减量法称取约 1 g 样品（记为 m），精确到 0.1 mg（必要时作浮力校正），置于 250 mL 高型烧杯中，用水润湿。加入 20 mL 硫酸溶液（4.7）、1 mL 硝酸（4.2）和 3 mL 高氯酸（4.3），盖上表面皿，在电热板上加热冒烟。

6.2 冷却后，加入 2 mL 氢氟酸（4.1），加热至冒烟，直到样品完全溶解。

6.3 冷却后，用少量水将溶液转移至已知质量（记为 m_6）的称样瓶（5.1）中，称样瓶称准到 0.1 mg，用水稀释到大约 100 mL。

6.4 称称样瓶和样品溶液的质量（记为 m_7），精确到 0.1 mg，充分混匀。

6.5 取含有大约（150～200）mg 铀的样品溶液后，再称量称样瓶和样品溶液的质量（记为 m_8），精确到 0.1 mg，置于 250 mL 高型烧杯中，在低温电炉上蒸至冒烟，用少量水洗杯壁，最后溶液体积应不超过

10 mL，放入磁搅拌子。

6.6 在搅拌下，依次加入下列试剂：40 mL 已加入两滴重铬酸钾标准溶液（Ⅰ）（4.11）的磷酸（4.4）、5 mL 氨基磺酸溶液（4.10）及 5 mL 硫酸亚铁溶液（4.8）；加硫酸亚铁溶液时应小心吸取硫酸亚铁溶液，直接加入到磷酸、氨基磺酸溶液中。

6.7 搅拌 1 min 后，调节溶液的温度到 33 ℃～35 ℃，在不断搅拌下，用移液管取 10 mL 氧化剂溶液（4.9）洗涤烧杯内壁。

6.8 待棕色消退后继续搅拌 2.5 min，停止搅拌，放置 0.5 min 使气泡消失。

注：反应依赖于时间和温度，必须严格遵守。

6.9 在搅拌下，加入 100 mL 温度为 20 ℃～25 ℃的水和约 100 mg 的硫酸钒酰（4.6）。

6.10 快速搅拌，插入铂电极和甘汞电极，用装有重铬酸钾标准溶液（Ⅰ）（4.11）的滴定瓶进行快速滴定，直到电位为 500 mV，完成这一阶段滴定的时间不得超过 2.5 min；然后用重铬酸钾标准溶液（Ⅱ）（4.12）滴定至明显的电位突跃，完成以上两个滴定过程的时间不得超过 7 min，此时电位约 590 mV，记录滴定体积 V。

6.11 称量滴定前后滴定瓶和重铬酸钾标准溶液（Ⅰ）的质量，分别记为 m_9 和 m_{10}，精确到 0.1 mg。

7 分析结果计算

7.1 按式（3）计算样品中铀的质量分数 w_U：

$$w_U = \frac{\left(w_1 m_{11} + \rho_1 \frac{V}{1\,000}\right) m_{12}}{m m_{13}} \times 2.427\,34 \times 100\% \qquad (3)$$

式中：

w_1——重铬酸钾标准溶液（Ⅰ）质量分数；

ρ_1——重铬酸钾标准溶液（Ⅱ）质量浓度，单位为克每升（g/L）；

m_{11}——按式（6）计算的滴定消耗重铬酸钾标准溶液（Ⅰ）的质量，单位为克（g）；

V——滴定消耗重铬酸钾标准溶液（Ⅱ）的体积，单位为毫升（mL）；

m_{12}——按式（4）计算的样品溶液的总质量，单位为克（g）；

m_{13}——按式（5）计算的分析样品溶液的质量，单位为克（g）；

m——称取固体样品的质量，单位为克（g）；

2.427 34——重铬酸钾对天然铀的换算系数。

计算结果表示到小数点后两位。

7.2 按式（4）计算样品溶液的总质量 m_{12}：

$$m_{12} = m_7 - m_6 \qquad (4)$$

式中：

m_6——称样瓶质量，单位为克（g）；

m_7——称样瓶和样品溶液质量，单位为克（g）。

7.3 按式（5）计算分析用样品溶液的质量 m_{13}：

$$m_{13} = m_7 - m_8 \qquad (5)$$

式中：

m_7——称样瓶和样品溶液质量，单位为克（g）；

m_8——称取分析样品溶液后称样瓶和样品溶液质量，单位为克（g）。

7.4 按式（6）计算消耗重铬酸钾标准溶液（Ⅰ）的质量 m_{11}：

$$m_{11} = m_9 - m_{10} \qquad (6)$$

式中：

m_9——滴定前滴定瓶和重铬酸钾标准溶液（Ⅰ）的质量，单位为克（g）；

m_{10}——滴定后滴定瓶和重铬酸钾标准溶液（Ⅰ）的质量，单位为克（g）。

8 精密度

在测定范围内，本方法相对标准偏差优于0.1%。

附 录 A
（资料性附录）
空气浮力校正

空气浮力校正按式(A.1)计算：

$$\left.\begin{aligned} m_0 &= m + \rho_1\left(\frac{1}{\rho_2} - \frac{1}{\rho_3}\right)m \\ \rho_1 &= 0.001\,292\,9 \times \left(\frac{273.15}{t + 273.15}\right) \times \left(\frac{p_1 - 0.378\,3p_2}{101.3}\right) \\ p_2 &= p_3 \times W \end{aligned}\right\} \quad \cdots\cdots\cdots\cdots (\text{A.1})$$

式中：

m_0——空气浮力校正后试样的质量，单位为克(g)；

m——试样的质量，单位为克(g)；

ρ_1——湿空气的密度，单位为克每立方厘米(g/cm^3)；

ρ_2——试样的密度，单位为克每立方厘米(g/cm^3)；

ρ_3——法码的密度，单位为克每立方厘米(g/cm^3)；

t——室温，单位为摄氏度(℃)；

p_1——大气压，单位为千帕(kPa)；

p_2——室温下水的蒸气压，单位为千帕(kPa)；

p_3——室温下水的饱和蒸气压，单位为千帕(kPa)；

W——相对湿度。

ICS 23.020.10
G 93

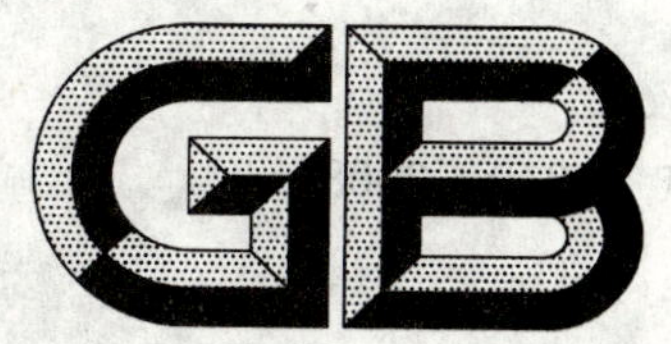

中华人民共和国国家标准

GB/T 11849—2008
代替 GB/T 11849—1989

重水罐

Heavy water tank

2008-06-19 发布　　　　2009-04-01 实施

中华人民共和国国家质量监督检验检疫总局
中国国家标准化管理委员会　发布

前 言

本标准代替 GB/T 11849—1989《重水罐》。

本标准与 GB/T 11849—1989 相比主要有如下变化：

——改变了大容积重水罐的结构形式；

——增加了性能要求；

——补充完善了部分要求；

——增加了一些试验方法，重新改写了试验方法与检验规则。

本标准的附录 A 为资料性附录。

本标准由中国核工业集团公司提出。

本标准由全国核能标准化技术委员会归口。

本标准起草单位：西安核设备有限公司。

本标准主要起草人：荆宏志、刘全印、王多明、田玉骅。

本标准所代替标准的历次版本发布情况为：GB/T 11849—1989。

重　水　罐

1　范围

本标准规定了贮运重水用奥氏体不锈钢制焊接容器的型式结构、制造、试验和验收要求。

本标准适用于环境温度为5℃～60℃，容积为2 L、10 L、50 L、100 L、200 L可重复盛装重水的奥氏体不锈钢制焊接容器。

2　规范性引用文件

下列文件中的条款通过本标准的引用而成为本标准的条款。凡是注日期的引用文件，其随后所有的修改单(不包括勘误的内容)或修订版均不适用于本标准，然而，鼓励根据本标准达成协议的各方研究是否可使用这些文件的最新版本。凡是不注日期的引用文件，其最新版本适用于本标准。

GB 150　钢制压力容器

GB/T 983　不锈钢焊条

GB/T 1804　一般公差　未注公差的线性和角度尺寸的公差(GB/T 1804—2000，eqv ISO 2768-1：1989)

GB/T 3280　不锈钢冷轧钢板

GB/T 4334.5　不锈钢　硫酸-硫酸铜腐蚀试验方法

GB/T 4857.3　包装　运输包装件　静载荷堆码试验方法

GB/T 4857.5　包装　运输包装件　跌落试验方法

GB/T 13251　包装容器　钢桶封闭器

JB 4708　钢制压力容器焊接工艺评定

JB/T 4730.2—2005　承压设备无损检测　第2部分：射线检测

JB 4744　钢制压力容器产品焊接试板的力学性能检验

YB/T 5091　惰性气体保护焊接用不锈钢棒及钢丝

锅炉压力容器压力管道焊工考试与管理规则(国家质量监督检验检疫总局)

3　术语和定义、符号

3.1　术语和定义

GB 150中确立的以及下列术语和定义适用于本标准。

3.1.1

批量　batch

具有相同公称直径、公称容积、壁厚，用同一牌号材料(炉批、状态相同)、同一制造工艺、同一批次生产的重水罐。

3.2　符号

下列符号适用于本标准。

a：试样厚度，单位为毫米(mm)；

b：焊缝对口错边量，单位为毫米(mm)；

c：表面凹凸量，单位为毫米(mm)；

D_N:公称直径,单位为毫米(mm);

E:对接焊缝棱角度,单位为毫米(mm);

e:罐体同一截面最大最小直径差,单位为毫米(mm);

h:顶盖高,单位为毫米(mm);

L_1:环筋间距,单位为毫米(mm);

L_2:注入口与透气口的间距,单位为毫米(mm);

V:公称容积,单位为毫米(mm);

Z:上、下罐体直边部分纵向皱折深度,单位为毫米(mm);

δ:壁厚,单位为毫米(mm);

δ_n:罐体名义厚度,单位为毫米(mm)。

4 重水罐型式及规格

4.1 重水罐型式见图 1,规格尺寸见表 1。

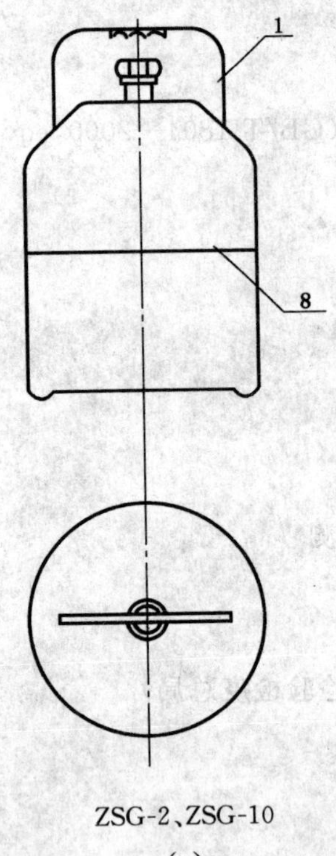

ZSG-2、ZSG-10

(a)

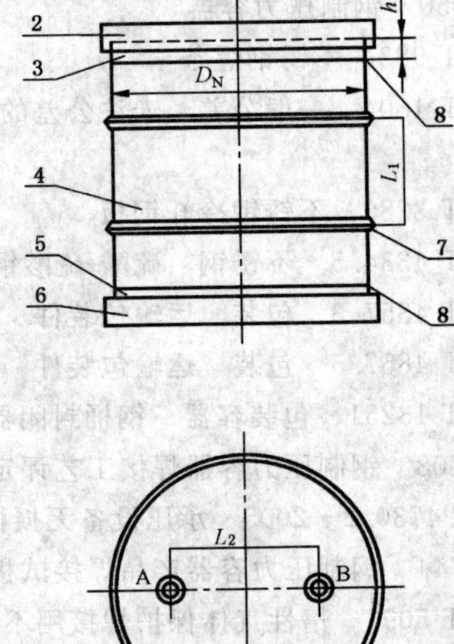

ZSG-50、ZSG-100、ZSG-200

(b)

1——手把;
2——上支撑环;
3——上顶盖;
4——筒体;
5——下顶盖;
6——下支撑环;
7——环筋;
8——环焊缝。

A——透气口;
B——注入口。

图 1 重水罐结构型式

表 1　规格尺寸

项　目	型　号　规　格				
	ZSG-2	ZSG-10	ZSG-50	ZSG-100	ZSG-200
公称容积 V L	2	10	50	100	200
公称直径 D_N mm	130	250	400	450	550
顶盖高 h mm	—	—	25	25	25
环筋间距 L_1 mm	—	—	—	210	280
注入口与透气口间距 L_2 mm	—	—	250	300	400
罐体名义厚度 δ_n mm	1	2	2	2	2
充装量 kg	≤2	≤10	≤50	≤100	≤200

4.2　型号编制如下：

ZSG - ×××
- ×××：重水罐公称容积，L；
- ZSG：重水罐代号。

示例：公称容积为 200 L 的重水罐型号为：ZSG-200。

5　要求

5.1　基本要求

5.1.1　ZSG-2、ZSG-10 两种型号的罐体由上、下罐体两部分组成，只允许一条焊缝[图 1(a)]；ZSG-50、ZSG-100、ZSG-200 三种型号的罐体由筒体、上顶盖、下顶盖组成，只允许二条环焊缝及筒体一条纵焊缝[图 1(b)]。

5.1.2　重水罐的公称容积和结构尺寸应符合第 4 章的规定。实测容积允许比公称容积减少 5％或增加 2％。

5.1.3　筒体、上顶盖(上罐体)、下顶盖(下罐体)均由整张钢板制成，不应拼接。

5.1.4　筒体型式采用具有两道环筋结构[图 1(b)]。

5.1.5　支承环与罐体采用焊接连接。

5.1.6　ZSG-50、ZSG-100、ZSG-200 罐顶上设置螺旋式注入口封闭器和进气口封闭器各一个。ZSG-2、ZSG-10 只设一个螺旋式注入口封闭器。封闭器可参见 GB/T 13251 的规定。

5.1.7　ZSG-2、ZSG-10 两种型号应采用同一规格尺寸封闭器；ZSG-50、ZSG-100、ZSG-200 三种型号应采用同一规格尺寸封闭器。

5.1.8　重水罐的生产应有专用场地(车间)，生产场地应保持清洁、干燥，与碳钢制产品严格隔离。

5.2　性能要求

重水罐性能要求应符合表 2 的规定。

表 2 性能

项 目	条 件	合格标准	备 注
盛水试验	注满水	超过 1 h 无泄漏	
真空试验	真空度 90 kPa	保持 1 h 无泄漏	
堆码试验	负载见式(1),其中堆码高度 8 m	无明显变形与破损	ZSG-2、ZSG-10 免做
跌落试验	跌落高度 1.8 m	达到内外压平衡时不泄漏	ZSG-2、ZSG-10 免做

5.3 材料

5.3.1 重水罐主体材料选用符合 GB/T 3280 规定的奥氏体不锈钢。

5.3.2 钢板表面不允许有重皮、裂纹、折叠、斑痕等缺陷。

5.3.3 不锈钢焊条符合 GB/T 983、焊丝符合 YB/T 5091 的规定。

5.3.4 重水罐上所有焊接件应选用与主体材料相同或相近的材料。

5.3.5 主体材料和焊接材料应具有质量合格证明书(原件或加盖供材单位检验公章和经办人章的有效复印件)。

5.3.6 密封垫的材料采用密封性能好,耐热、耐侯、耐久和具有抗溶性,且不与重水发生物理反应、化学反应、不影响重水纯度的材料。

5.4 成型、组装

5.4.1 筒体滚圆和环筋成型时,与板材相接触的设备部件应采用必要的防护措施(如包缠等),以防止板面划伤。

5.4.2 罐体内表面不得局部划伤,否则应进行抛光处理,抛光减薄量不得超过钢板负偏差。

5.4.3 罐体成型后允许偏差,按表 3 规定。

表 3 偏差

单位为毫米

参 数	D_N	e	c	h	L_1	L_2	Z
ZSG-2、ZSG-10	±2	1	1	+3[a]	—	—	1
ZSG-50、ZSG-100、ZSG-200	±2	2	2	±2	±2	±4	—

[a] 此为上罐体或下罐体的高度偏差。

5.4.4 罐体壁厚实测值不得小于名义厚度的 87%。

5.4.5 罐体对接焊缝的对口错边量 b 不大于 0.1δ(图 2),棱角度 E 不大于 $0.1\delta+2$(图 3),不得强力组对或用铁锤等易造成铁离子污染的工具击打。

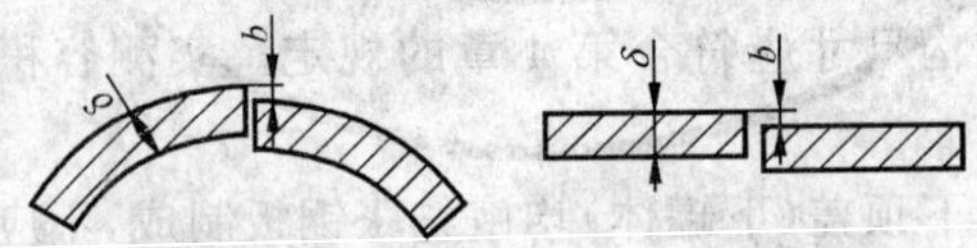

图 2 错边量

5.4.6 封闭器要配套齐全,装配和密封良好,并保证配合件的互换性。

5.4.7 密封器装配后的高度不应高于支撑环沿口。

5.4.8 封闭器的装配质量还应符合 GB/T 13251 的规定。

5.4.9 罐体的内外表面(包括焊缝)应经过酸洗、钝化。酸洗后表面不得有明显的腐蚀液迹,不应有颜色不均匀的斑纹,焊缝表面不应有氧化色。

5.4.10 零部件的装配还应符合图样规定。

5.4.11 未注公差尺寸的极限偏差应符合 GB/T 1804 c 级。

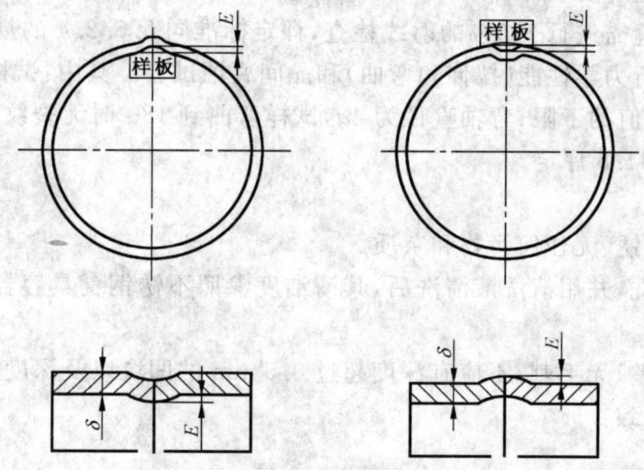

图3 棱角度

5.5 焊接

5.5.1 焊接的一般规定

5.5.1.1 制造厂在生产重水罐之前,应根据JB 4708进行焊接工艺评定。

5.5.1.2 重水罐的焊接应由持有有效合格证的焊工承担。焊工考试按《锅炉压力容器压力管道焊工考试与管理规则》。

5.5.1.3 罐体纵、环焊缝应采用等离子弧焊或氩弧焊,焊缝内表面应采用惰性气体保护。

5.5.1.4 罐体纵、环焊缝的焊接应严格遵守经评定合格的焊接工艺。

5.5.1.5 焊接坡口的形状和尺寸应符合图样规定。坡口表面应清洁、光滑、不应有裂纹、分层和夹渣等缺陷,坡口表面清洁范围离边缘不小于15 mm。

5.5.1.6 焊接(包括焊接返修)应在相对湿度不大于90%、温度不低于0℃的室内进行。

5.5.1.7 施焊时,应在引弧板或坡口内引弧,禁止在非焊接部位引弧。

5.5.2 焊缝

5.5.2.1 重水罐对接焊缝的余高为0 mm~0.5 mm,同一焊缝宽度差不大于焊缝基本宽度的1/3。

5.5.2.2 当图样无规定时,角焊缝的焊脚尺寸应等于焊件中较薄者的厚度。

5.5.2.3 焊缝内外表面的外观应符合下列规定:

a) 焊缝和热影响区不得有裂纹、气孔、弧坑、夹渣和未熔合等缺陷;

b) 罐体纵、环焊缝的咬边深度不应超过0.2 mm,咬边连续长度不大于100 mm,焊缝两侧咬边的总长不应超过该焊缝长度的10%;

c) 焊缝表面不应有凹陷或不规则的突变;

d) 焊缝两侧的飞溅物应清除干净;

e) 罐体纵、环焊缝内表面成型应均匀一致。

5.5.2.4 对接焊缝经射线检查,按JB/T 4730.2—2005 Ⅱ级合格。

5.5.3 焊缝的返修

5.5.3.1 焊缝返修应有返修工艺,并严格执行。

5.5.3.2 焊缝同一部位的返修次数不宜超过两次。环筋顶部不允许补焊。对经过两次返修仍不合格的焊缝,如需再进行返修需经制造厂技术总负责人批准,并存入厂质量档案。

5.5.4 产品焊接试板

5.5.4.1 产品对接纵焊缝每批量应做一块试板。试板必须在罐体的纵向接头焊缝的延长部位与罐体同时进行施焊。无纵焊缝者,对接环焊缝每批量应做一块试板。

5.5.4.2 焊接试板的焊缝外观应符合 5.5.2.3 的规定。

5.5.4.3 焊接试板的焊缝需进行 100%的射线检查,评定标准同 5.5.2.4 的规定。

5.5.4.4 焊接试板应进行力学性能(拉伸和弯曲)和晶间腐蚀试验。其中:试样的抗拉强度应不低于焊件母材在相同条件下规定值的下限;弯轴直径为 $4a$,试样弯曲到 180°时无裂纹,试样棱角的先期开裂不计;晶间腐蚀按 GB/T 4334.5 评定。

5.6 内外观及清洁度

5.6.1 重水罐内洁净、无锈、无任何污物和杂质。

5.6.2 重水罐内部经酸洗,并用清洗液清洗后,其清洁度参照不锈钢食具容器要求。检查合格后应及时烘干、密封。

5.6.3 重水罐应形状圆整、无毛刺,不应有深度超过 0.5 mm 的凹坑以及深度超过 0.2 mm 的划伤等机械损伤。外表面光泽应一致。

6 试验方法

6.1 结构尺寸检查

结构尺寸采用精度为 0.5 mm 的通用量具检测;焊接接头轴向棱角 E 用长度不小于罐体直线段长 2/5 的检查尺检查,焊接接头环向形成的棱角 E 用不小于 300 mm 的内样板或外样板检查。

6.2 盛水试验

试验前应将焊接接头的外表面清除干净,并使之干燥。向罐内注满清水(氯离子含量小于 25 mg/L),保持时间大于 1 h,检查泄漏情况。试验完毕应立即将水排净,并使罐内干燥。

6.3 真空试验

试验可参照 GB/T 18443.2 进行,真空度为 90 kPa,保持 1 h 后,检查泄漏情况。

6.4 堆码试验

试验按 GB/T 4857.3 的规定进行,重水罐内盛装 98%清水(氯离子含量小于 25 mg/L),试验时间 24 h,堆码负载按式(1)计算:

$$p = 9.8m \times K \times [(H - h_1)/h_1] \qquad (1)$$

式中:

p——重水罐上施加的堆码负载,单位为牛顿(N);

m——单件重水罐盛装物品后的质量,单位为千克(kg);

K——劣变系数,数值取 1;

H——堆码高度,单位为米(m);

h_1——单件重水罐高度,单位为米(m)。

6.5 跌落试验

试验按 GB/T 4857.5 的规定进行。重水罐内盛装 98%清水(氯离子含量小于 25 mg/L),选重水罐最薄弱部位跌落。

6.6 射线检查

检验人员应持有质量监督部门颁发的有效资格证书。检验按 JB/T 4730.2 的规定进行。罐体壁厚小于 2 mm 时焊缝射线检查可参照 JB/T 4730.2 进行。

6.7 力学性能试验

焊接接头力学性能试样取样位置、试样形状尺寸、试样数量和试验方法,按 JB 4744 规定。

6.8 晶间腐蚀试验

试验取两块 80 mm×20 mm 试样。试验按 GB/T 4334.5 进行。

6.9 清洁度检查

内表面清洗烘干后用无毛边白绸布擦试,白绸布不得变色。

6.10 外观检查

采用手感、目测和通用量具检查。

7 检验规则

7.1 检验分类

重水罐检验分为型式检验与出厂检验。

7.2 型式检验

7.2.1 有下列情况之一时，应进行型式检验：

a) 新产品试制定型；

b) 正式生产后，如结构、材料、工艺有较大变化时；

c) 长期停产后，恢复生产时；

d) 国家质量监督机构提出进行型式检验要求时。

7.2.2 型式检验项目及顺序见表4。样品数为3个。

7.2.3 对检验项目4、5、7、8及焊缝射线检查，当一个样品不合格，则判定该项不合格，如一项不合格，则判定该批不合格(即型式检验不合格)。

表4 检验项目及顺序

序号	项目名称	型式检验	出厂检验	要求的章条号	试验方法的章条号
1	结构尺寸	√	√	4、5.1、5.4	6.1
2	焊接	√	√	5.5	6.1、6.6、6.7、6.8、6.10
3	内外观	√	√	5.4.2、5.4.9、5.6	6.10
4	盛水试验	√	√	5.2	6.2
5	真空试验	√	√	5.2	6.3
6	清洁度	√	√	5.6	6.9
7	堆码试验	√	—	5.2	6.4
8	跌落试验	√	—	5.2	6.5

7.3 出厂检验

7.3.1 出厂检验项目及顺序见表4。

7.3.2 罐体对接纵环焊缝起、收弧处，应逐台进行射线检查；对每批量产品应抽查5%台数(不少于一台)，进行100%焊缝射线检查。若起、收弧以外部位发现不合格缺陷，应进行加倍检查。如仍有一台不合格，则对该批量产品应逐台进行100%焊缝射线检查。

8 标志、包装、运输和使用

8.1 重水罐的标志由用户自定。

8.2 重水罐应在下支撑环或手把上压印制造单位标志、出厂编号。

8.3 重水罐出厂包装根据与用户协议要求进行。

8.4 重水罐运输、装卸时应防止碰撞、划伤。

8.5 重复充装的重水罐，应满足本标准规定的清洁度、盛水试验和真空试验要求。

9 产品质量合格证明书

每台出厂的重水罐，均应有产品质量合格证明书。产品质量合格证明书的格式、内容参见附录A。

附 录 A
（资料性附录）
产品质量合格证明书

A.1 重水罐产品质量合格证明书格式和基本内容见表 A.1。

表 A.1 产品质量合格证明书格式

×××单位

重水罐产品质量合格证明书

重水罐型号：＿＿＿＿＿＿＿＿ 图　　号：＿＿＿＿＿＿＿＿

制造批号：＿＿＿＿＿＿＿＿ 主体材质 ：＿＿＿＿＿＿＿＿

出厂编号：＿＿＿＿＿＿＿＿ 出厂日期：＿＿＿＿＿＿＿＿

本产品的制造符合 GB/T 11849—2008《重水罐》和设计图样的要求，经检验合格。

检验员：＿＿＿＿＿＿＿＿ 检验师：＿＿＿＿＿＿＿＿

检验部门负责人：＿＿＿＿＿＿＿＿ 法人代表：＿＿＿＿＿＿＿＿

质量检验专用章

年　　月　　日

表 A.1（续）

1. 技术特性

公称容积：____________ 公称直径：____________

罐体名义厚度：____________ 重水罐自重：____________

充装介质：____________ 最大充装量：____________

2. 性能试验

真空试验：____________

盛水试验：____________

3. 清洁度

内表面清洁度：____________

4. 焊缝检验

焊缝总长：_____ mm，探伤率：_____% 按 JB/T 4730.2 检查_____级合格

5. 试板试验

试样代号	抗拉强度 R_m MPa	晶间腐蚀	弯曲试验 $d=4a,180°$	
			面弯	背弯

参 考 文 献

[1] GB/T 18443.2—2001 低温绝热压力容器试验方法 真空度测量

ICS 67.160.10
X 61

中华人民共和国国家标准

GB/T 11856—2008
代替 GB 11856—1997

自兰地
Brandy

2008-10-19 发布　　2009-06-01 实施

中华人民共和国国家质量监督检验检疫总局
中国国家标准化管理委员会　发布

前言

本标准参考了欧洲经济共同体EC 110/2008号《关于蒸馏酒的定义、描述、介绍、标签和地理标示的保护以及废除理事会第1576/89规则》中的白兰地部分。

本标准代替GB 11856—1997《白兰地》。

本标准与GB 11856—1997相比主要变化如下：

——标准属性由强制性标准调整为推荐性标准；

——修改了适用范围的描述；

——增加了术语和定义；

——增加了产品分类；

——对酒精度指标作了适当调整；

——删除甲醇指标，增加卫生要求，按GB 2757执行；

——删除了测定糠醛的分光光度法和甲醇的测定方法；

——对检验规则作了适当的修改。

本标准的附录A和附录B为规范性附录。

本标准由全国食品工业标准化技术委员会提出。

本标准由全国酿酒标准化技术委员会归口。

本标准起草单位：中国食品发酵工业研究院、烟台张裕葡萄酿酒公司、中法合营王朝葡萄酿酒有限公司。

本标准主要起草人：郭新光、李记明、王树生、张蔚、张葆春、张春娅、康永璞。

本标准所代替标准的历次版本发布情况为：

——GB 11856—1989、GB 11856—1997。

白 兰 地

1 范围

本标准规定了白兰地的术语和定义、产品分类、要求、分析方法、检验规则以及标志、包装、运输和贮存。

本标准适用于白兰地的生产、检验与销售。

2 规范性引用文件

下列文件中的条款通过本标准的引用而成为本标准的条款。凡是注日期的引用文件，其随后所有的修改单(不包括勘误的内容)或修订版均不适用于本标准，然而，鼓励根据本标准达成协议的各方研究是否可使用这些文件的最新版本。凡是不注日期的引用文件，其最新版本适用于本标准。

GB/T 191 包装储运图示标志(GB/T 191—2008,ISO 780:1997,MOD)

GB/T 601 化学试剂 标准滴定溶液的制备

GB/T 603 化学试剂 试验方法中所用制剂及制品的制备(GB/T 603—2002,ISO 6353-1:1982,NEQ)

GB 2757 蒸馏酒及配制酒卫生标准

GB/T 5009.13 食品中铜的测定

GB/T 6682 分析实验室用水规格和试验方法(GB/T 6682—2008,ISO 3696:1987,MOD)

GB 10344 预包装饮料酒标签通则

3 术语和定义

下列术语和定义适用于本标准。

3.1

白兰地 brandy

以葡萄为原料，经发酵、蒸馏、橡木桶陈酿、调配而成的葡萄蒸馏酒。“葡萄蒸馏酒(葡萄白兰地)”通常简称为“白兰地”。

3.1.1

葡萄原汁白兰地 brandy made from grape juice

以葡萄汁、浆为原料，经发酵、蒸馏、在橡木桶中陈酿、调配而成的白兰地。

3.1.2

葡萄皮渣白兰地 brandy made from grape marc

以发酵后的葡萄皮渣为原料，经蒸馏、在橡木桶中陈酿、调配而成的白兰地。

3.1.3

调配白兰地 blended brandy

以葡萄原汁白兰地为基酒，加入一定量食用酒精等调配而成的白兰地。

3.2

酒龄 age of brandy

白兰地原酒在橡木桶中陈酿的时间(年)。

3.3

非酒精挥发物总量　total volatile substances for non-alcohol

白兰地中除酒精之外的挥发性物质(挥发酸、酯类、醛类、糠醛及高级醇)的总含量。

4　产品分类

按原料分为：

a)　葡萄原汁白兰地；

b)　葡萄皮渣白兰地；

c)　调配白兰地。

5　要求

5.1　感官要求

应符合表1的规定。

表1　感官要求

项目	要求			
	特级(XO)	优级(VSOP)	一级(VO)	二级(VS)
外观	澄清透明、晶亮,无悬浮物、无沉淀			
色泽	金黄色至赤金色	金黄色至赤金色	金黄色	浅金黄色至金黄色
香气	具有和谐的葡萄品种香,陈酿的橡木香,醇和的酒香,幽雅浓郁	具有明显的葡萄品种香,陈酿的橡木香,醇和的酒香,幽雅	具有葡萄品种香、橡木香及酒香,香气谐调、浓郁	具有原料品种香、酒香及橡木香,无明显刺激感和异味
口味	醇和、甘洌、沁润、细腻、丰满、绵延	醇和、甘洌、丰满、绵柔	醇和、甘洌、完整、无杂味	较纯正、无邪杂味
风格	具有本品独特的风格	具有本品突出的风格	具有本品明显的风格	具有本品应有的风格

5.2　理化要求

应符合表2的规定。

表2　理化要求

项目		要求			
		特级(XO)	优级(VSOP)	一级(VO)	二级(VS)
酒龄/年	≥	6	4	3	2
酒精度[a]/(%vol)	≥	36.0			
非酒精挥发物总量(挥发酸+酯类+醛类+糠醛+高级醇)/[g/L(100%vol乙醇)]	≥	2.50	2.00	1.25	—
铜/(mg/L)	≤	6.0			

a　酒精度实测值与标签标示值允许差为±1.0%vol。

5.3　卫生要求

应符合GB 2757的规定。

6　分析方法

本标准中所用的水,在未注明其他要求时,均指符合GB/T 6682中要求的水。

本标准中所用的试剂,在未注明规格时,均指分析纯(AR)。配制的"溶液",除另有说明外,均指水溶液。

本标准中同一检测项目，有两个或两个以上分析方法时，实验室可根据各自条件选用，但以第一法为仲裁法。

本标准中所提及的乙醇含量(酒精度)均以体积分数(%vol)表示，以下简写为“%”。

6.1 感官分析

6.1.1 酒样的准备

将酒样密码编号，置于水浴中调温至 20 ℃～25 ℃，将洁净、干燥的品尝杯对应酒样编号，对号注入酒样约 45 mL。

6.1.2 外观与色泽

将注入酒样的品尝杯置于明亮处，举杯齐眉，用肉眼观察杯中酒的色泽及其深浅、透明度与澄清度、有无沉淀及悬浮物等，做好详细记录。

6.1.3 香气

手握杯柱，慢慢将酒杯置于鼻孔下方，嗅闻其挥发香气，然后，慢慢摇动酒杯，嗅闻空气进入后的香气。加盖，用手握酒杯腹部 2 min，摇动后，再嗅闻香气。根据上述操作，分析判断是原料香，陈酿香，橡木香或有其他异香，写出评语。

6.1.4 口味

喝入少量酒样(约 2 mL)于口中，尽量均匀分布于味觉区，仔细品尝，有了明确印象后咽下，再体会口感后味，记录口感特征。

6.1.5 风格

根据外观、色泽、香气与口味的特点，综合分析评价其风格及典型的强弱程度，写出结论意见。

6.2 酒精度

6.2.1 密度瓶法

6.2.1.1 原理

以蒸馏法去除样品中的不挥发性物质，用密度瓶法、电子密度计法测出试样液(酒精水溶液)20 ℃时的密度，查附录 A，求得样品在 20 ℃时乙醇含量的体积分数，即酒精度。

6.2.1.2 仪器

6.2.1.2.1 全玻璃蒸馏器：500 mL。

6.2.1.2.2 恒温水浴：控温精度±0.1 ℃。

6.2.1.2.3 附温度计密度瓶：25 mL 或 50 mL。

6.2.1.3 试样液的制备

用一洁净、干燥的 100 mL 容量瓶，准确量取 100 mL 酒样(液温 20 ℃)于 500 mL 蒸馏瓶中，用 50 mL 水分三次冲洗容量瓶，洗液并入蒸馏瓶中，加几颗沸石(或玻璃珠)，连接冷凝管，以取样用的原容量瓶作接收器(外加冰浴)，开启冷却水(冷却水温度宜低于 15 ℃)，缓慢加热蒸馏，收集馏出液，当接近刻度时，取下容量瓶，盖塞，于 20 ℃水浴中保温 30 min，再补加水至刻度，混匀，备用。

6.2.1.4 分析步骤

将密度瓶洗净，反复烘干、称量，直至恒重(m)。

取下带温度计的瓶塞，将煮沸冷却至 15 ℃的水注满已恒重的密度瓶中，插上带温度计的瓶塞(瓶中不得有气泡)，立即浸入 20.0 ℃±0.1 ℃的恒温水浴中，待内容物温度达 20 ℃并保持 20 min 不变后，用滤纸快速吸去溢出侧管的液体，立即盖好侧支上的小罩，取出密度瓶，用滤纸擦干瓶外壁上的水液，立即称量(m_1)。

将水倒出，先用无水乙醇，再用乙醚冲洗密度瓶，吹干(或于烘箱中烘干)，用试样液(6.2.1.3)反复冲洗密度瓶 3 次～5 次，然后装满。重复上述操作，称量(m_2)。

6.2.1.5 结果计算

试样液(20 ℃)的密度按式(1)、式(2)计算。

$$\rho_{20}^{20}=\frac{m_2-m+A}{m_1-m+A}\times\rho_0 \qquad \cdots\cdots(1)$$

$$A=\rho_a\times\frac{m_1-m_2}{997.0} \qquad \cdots\cdots(2)$$

式中：

ρ_{20}^{20}——试样液在 20 ℃时的密度，单位为克每升(g/L)；

m_2——20 ℃时密度瓶加试样的质量，单位为克(g)；

m——密度瓶的质量，单位为克(g)；

A——空气浮力校正值；

m_1——20 ℃时密度瓶加水的质量，单位为克(g)；

ρ_0——20 ℃时蒸馏水的密度(998.20 g/L)；

ρ_a——干燥空气在 20 ℃、1 013.25 hPa 时的密度值(约为 1.2 g/L)；

997.0——在 20 ℃时蒸馏水与干燥空气密度值之差，单位为克每升(g/L)。

根据试样液的密度 ρ_{20}^{20}，查附录 A，求得 20 ℃时样品的酒精度。

所得结果表示至一位小数。

6.2.1.6 精密度

在重复性条件下获得的两次独立测定结果的绝对差值，不应超过平均值的 0.5%。

6.2.2 数字密度计法

6.2.2.1 原理

将试样注入"U"形管，通过在 20 ℃时与两个标准的振动频率比较而求得其密度，计算出样品在 20 ℃时乙醇含量的体积分数，即酒精度。

6.2.2.2 仪器

6.2.2.2.1 数字密度计：Mettler/ KEM DA-210 DMA 55D，带有 NO.5771 接管，可使样品连续通过"U"形管。或使用同等分析效果的数字密度计，并按其仪器说明书进行安装、调试、校正和测定。

6.2.2.2.2 恒温水浴：控温精度±0.01 ℃。

6.2.2.2.3 注射器：10 mL，Luer 配件 15 号针。

6.2.2.3 试剂和溶液

水：重蒸水，通过 0.2 μm 膜过滤。

6.2.2.4 仪器校准

6.2.2.4.1 在 20.00 ℃±0.01 ℃下观察和记录"U"形管(洁净、干燥)中空气的"T"值。

6.2.2.4.2 将注射器 15 号针与"U"形管上端出口处的塑料管连上，把"U"形管下方入口处的塑料管浸入新煮沸、冷却、膜过滤后的重蒸水中，将"U"形管中注满水(要求无气泡)，当水温达到衡定温度 20.00 ℃±0.01 ℃，显示"T"值在 2 min～3 min 内不变化时，读数、记录。

6.2.2.4.3 装置的 A 和 B 常数按式(3)、式(4)计算。

$$A=T_{水}^2-T_{空气}^2 \qquad \cdots\cdots(3)$$

$$B=T_{空气}^2 \qquad \cdots\cdots(4)$$

将常数 A 和 B 输入仪器的记忆单元。重新将开关置于 ρ(密度)档。检查水的密度读数。倒出"U"形管中的水，干燥后，检查空气的密度。其值分别应为 1.000 00(水的密度)和 0.000 00(空气的密度)。若显示数值在小数点后第 5 位差值大于 1，则需重新检查恒温水浴的温度和水、空气的"T"值。

6.2.2.5 分析步骤

将试样液(6.2.1.3)注满"U"形管(要求无气泡)，直到试样液温度与水浴温度达到平衡(2 min～3 min)时，记录试样的密度，查附录 A，求得样品在 20 ℃时酒精度。

所得结果表示至一位小数。

6.2.2.6 精密度

在重复性条件下获得的两次独立测定密度读数之差小于等于±0.000 01。

6.2.3 酒精计法

6.2.3.1 原理

用精密酒精计读取酒精体积分数示值，按附录B进行温度校正，求得在20 ℃时乙醇含量的体积分数，即酒精度。

6.2.3.2 仪器

精密酒精计：分度值为0.1%。

6.2.3.3 分析步骤

将试样液(6.2.1.3)注入洁净、干燥的量筒中，静置数分钟，待酒中气泡消失后，放入洁净、擦干的酒精计，再轻轻按一下，不应接触量筒壁，同时插入温度计，平衡约5 min，水平观测，读取与弯月面相切处的刻度示值，同时记录温度。根据测得的酒精计示值和温度，查附录B，换算成样品在20 ℃时的酒精度。

所得结果应表示至一位小数。

6.2.3.4 精密度

在重复性条件下获得的两次独立测定结果的绝对差值，不应超过平均值的0.5%。

6.3 挥发酸

6.3.1 总酸含量

6.3.1.1 原理

试样中的有机酸，以酚酞为指示剂，采用氢氧化钠溶液进行中和滴定，以消耗氢氧化钠标准滴定溶液的体积计算总酸的含量。

6.3.1.2 电位滴定法

6.3.1.2.1 仪器

电位滴定仪(或酸度计)：精度为2 mV。

6.3.1.2.2 试剂和溶液

a) 氢氧化钠标准溶液[$c(NaOH)=0.1$ mol/L]：按GB/T 601配制与标定。

b) 氢氧化钠标准滴定溶液[$c(NaOH)=0.05$ mol/L]：将上述氢氧化钠标准溶液准确稀释1倍。

c) 指示液A：称取靛蓝二磺酸钠0.1 g，用20 mL水溶解后，加无水乙醇定容至50 mL。

d) 指示液B：称取苯酚红0.1 g，加3 mL氢氧化钠标准溶液[a)]溶解，加水定容至50 mL。

6.3.1.2.3 校正仪器

按使用说明书安装调试仪器，根据液温进行校正定位。

6.3.1.2.4 分析步骤

吸取25.00 mL(若用复合电极可酌情增加取样量)酒样于50 mL烧杯中，插入电极，放入一枚转子，置于电磁搅拌器上，开始搅拌，初始阶段可快速滴加氢氧化钠标准滴定溶液[6.3.1.2.2b)]，当样液pH=7.00后，放慢滴定速度，每次滴加半滴溶液，搅拌读数，直至pH=8.20为其终点，记录消耗氢氧化钠标准滴定溶液的体积。

6.3.1.2.5 结果计算

a) 样品中的总酸含量按式(5)计算。

$$X_1 = \frac{V_1 \times c \times 60}{V} \qquad \cdots\cdots(5)$$

b) 每升100%乙醇中总酸含量按式(6)计算。

$$X_2 = X_1 \times \frac{100}{E} \qquad \cdots\cdots(6)$$

式中：

X_1——样品中总酸的含量(以乙酸计)，单位为克每升(g/L)；

V_1——样品消耗氢氧化钠标准滴定溶液的体积，单位为毫升(mL)；

c——氢氧化钠标准滴定溶液的浓度，单位为摩尔每升(mol/L)；

60——乙酸的摩尔质量的数值，单位为克每摩尔(g/mol)[$M(CH_3COOH)=60$]；

V——吸取样品的体积，单位为毫升(mL)；

X_2——样品每升100%乙醇中总酸的含量(以乙酸计)，单位为克每升(g/L)；

E——样品的实测酒精度。

所得结果表示至两位小数。

6.3.1.2.6 精密度

在重复性条件下获得的两次独立测定结果的绝对差值，不应超过平均值的5%。

6.3.1.3 指示剂法

6.3.1.3.1 试剂和溶液

同6.3.1.2.2。

6.3.1.3.2 分析步骤

吸取25.00 mL酒样于150 mL锥形瓶中，加指示液A和指示液B各5滴，用氢氧化钠标准滴定溶液[6.3.1.2.2b)]滴定至棕红色为其终点。

6.3.1.3.3 结果计算

同6.3.1.2.5。

6.3.1.3.4 精密度

同6.3.1.2.6。

6.3.2 固定酸含量

6.3.2.1 电位滴定法

6.3.2.1.1 仪器

同6.3.1.2.1。

6.3.2.1.2 试剂和溶液

同6.3.1.2.2。

6.3.2.1.3 分析步骤

吸取25.00 mL(若用复合电极可酌情增加取样量)酒样于100 mL蒸发皿中，在蒸馏水水浴上蒸发至干。用5 mL水溶解，再用20 mL水分数次洗入50 mL烧杯中。以下操作同6.3.1.2.3和6.3.1.2.4。同时作空白试验。

6.3.2.1.4 结果计算

a) 样品中的固定酸含量按式(7)计算。

$$X_1=\frac{(V_1-V_0)\times c\times 60}{V} \quad \cdots\cdots(7)$$

b) 每升100%乙醇中固定酸含量按式(8)计算。

$$X_2=X_1\times\frac{100}{E} \quad \cdots\cdots(8)$$

式中：

X_1——样品中固定酸的含量(以乙酸计)，单位为克每升(g/L)；

V_1——样品消耗氢氧化钠标准滴定溶液的体积，单位为毫升(mL)；

V_0——空白试验消耗氢氧化钠标准滴定溶液的体积，单位为毫升(mL)；

c——氢氧化钠标准滴定溶液的浓度，单位为摩尔每升(mol/L)；

60——乙酸的摩尔质量的数值，单位为克每摩尔(g/mol)[$M(CH_3COOH)=60$]；

V——吸取样品的体积，单位为毫升(mL)；

X_2——样品中每升100%乙醇中固定酸的含量(以乙酸计)，单位为克每升(g/L)；

E——样品的实测酒精度。

所得结果表示至三位小数。

6.3.2.1.5 **精密度**

同6.3.1.2.6。

6.3.2.2 **指示剂法**

6.3.2.2.1 **试剂和溶液**

同6.3.1.2.2。

6.3.2.2.2 **分析步骤**

吸取25.00 mL酒样于100 mL蒸发皿中，在蒸馏水水浴上蒸发至干。用5 mL水溶解，再用20 mL水分数次洗入150 mL锥形瓶中。以下操作同6.3.1.3.2。

6.3.2.2.3 **结果计算**

同6.3.1.2.5。

6.3.2.2.4 **精密度**

同6.3.1.2.6。

6.3.3 **挥发酸含量**

样品中挥发酸含量[g/L(100%乙醇)]按式(9)计算。

$$挥发酸含量 = 总酸含量 - 固定酸含量 \quad \cdots\cdots(9)$$

6.4 **酯类**

6.4.1 **原理**

以蒸馏法去除酒样中的不挥发物，先用碱中和试样中的游离酸，再准确加入一定量的碱，加热回流使酯类皂化。通过消耗碱的量计算出酯类的含量。

6.4.2 **仪器**

6.4.2.1 全玻璃蒸馏器：蒸馏瓶500 mL。

6.4.2.2 全玻璃回流装置：锥形瓶1 000 mL、锥形瓶250 mL(冷凝管长度不短于45 cm)。

6.4.2.3 酸式滴定管：25 mL。

6.4.2.4 碱式滴定管：25 mL。

6.4.3 **试剂和溶液**

6.4.3.1 氢氧化钠标准溶液[$c(NaOH)=0.1$ mol/L]：按GB/T 601配制与标定。

6.4.3.2 氢氧化钠标准滴定溶液[$c(NaOH)=0.05$ mol/L]：将上述氢氧化钠标准溶液准确稀释1倍。

6.4.3.3 氢氧化钠溶液[$c(NaOH)=3.5$ mol/L]：按GB/T 601配制。

6.4.3.4 硫酸标准溶液[$c(1/2H_2SO_4)=0.1$ mol/L]：按GB/T 601配制与标定。

6.4.3.5 40%乙醇(无酯)溶液：取600 mL 95%乙醇于1 000 mL锥形瓶中，加氢氧化钠溶液(6.4.3.3) 5 mL，加热回流皂化1 h。然后移入蒸馏器中重蒸，再配成40%乙醇溶液。

6.4.3.6 酚酞指示液(10 g/L)：按GB/T 603配制。

6.4.4 **试样液的制备**

同6.2.1.3。

6.4.5 **分析步骤**

吸取50.00 mL试样液(6.2.1.3)于250 mL锥形瓶中，加0.5 mL酚酞指示液，以氢氧化钠标准溶液(6.4.3.1)滴定至粉红色(切勿过量)，不记录氢氧化钠标准溶液的体积。再准确用滴定管加入氢氧化钠标准溶液(6.4.3.1)20.00 mL，摇匀，放入几颗沸石(或玻璃珠)，装上冷凝管(冷却水温度宜低于

15 ℃)，加热至沸腾，准确回流 30 min，取下锥形瓶，冷却。用滴定管向其中准确加入 20.00 mL 硫酸标准溶液(6.4.3.4)后，用氢氧化钠标准滴定溶液(6.4.3.2)滴定至粉红色为其终点，记录消耗氢氧化钠标准滴定溶液的体积(V_1)。

吸取 40%乙醇溶液 50.00 mL，按上述方法同样操作，做空白试验，记录消耗氢氧化钠标准滴定溶液的体积(V_0)。

6.4.6 结果计算

a) 样品中的酯类含量按式(10)计算。

$$X_1 = \frac{(V_1 - V_0) \times c \times 88}{V} \qquad \cdots\cdots (10)$$

b) 每升 100%乙醇中酯类含量按式(11)计算。

$$X_2 = \frac{X_1 \times 100}{E} \qquad \cdots\cdots (11)$$

式中：

X_1——样品中酯类的含量(以乙酸乙酯计)，单位为克每升(g/L)；

V_1——皂化后样品消耗氢氧化钠标准滴定溶液的体积，单位为毫升(mL)；

V_0——空白试验皂化后消耗氢氧化钠标准滴定溶液的体积，单位为毫升(mL)；

c——皂化后滴定时所用氢氧化钠标准滴定溶液的浓度，单位为摩尔每升(mol/L)；

88——乙酸乙酯摩尔质量的数值，单位为克每摩尔(g/mol)[$M(C_4H_8O_2)=88$]；

V——吸取样品的体积，单位为毫升(mL)；

X_2——样品中每升 100%乙醇中酯类的含量(以乙酸乙酯计)，单位为克每升(g/L)；

E——样品的实测酒精度。

所得结果表示至两位小数。

6.4.7 精密度

在重复性条件下获得的两次独立测定结果的绝对差值，不应超过平均值的 5%。

6.5 醛类

6.5.1 气相色谱法

6.5.1.1 原理

样品被汽化后，随同载气进入色谱柱，利用被测定的各组分在气液两相中具有不同的分配系数，在柱内形成迁移速度的差异而得到分离。分离后的组分先后流出色谱柱，进入氢火焰离子化检测器，根据色谱图上各组分峰的保留值与标样相对照进行定性；利用峰面积(或峰高)，以内标法定量。

6.5.1.2 仪器

6.5.1.2.1 气相色谱仪：备有氢火焰离子化检测器(FID)。

6.5.1.2.2 色谱柱：CP WAX 57 CB 毛细管色谱柱，柱长 50 m，内径 0.25 mm，涂层 0.2 μm。或其他具有同等分析效果的毛细管色谱柱。

6.5.1.2.3 微量注射器：10 μL。

6.5.1.3 试剂和溶液

6.5.1.3.1 40%乙醇溶液：用乙醇(色谱纯)加水配制。

6.5.1.3.2 乙缩醛溶液(2%)：作标样用。吸取乙缩醛(色谱纯)2 mL，用 40%乙醇溶液定容至 100 mL。

6.5.1.3.3 乙酸正戊酯溶液(2%)：作内标用。吸取乙酸正戊酯(色谱纯)2 mL，用 40%乙醇溶液定容至 100 mL。

6.5.1.4 色谱条件

载气(高纯氮)：流速为 0.5 mL/min～1.0 mL/min；分流比约 37 ∶ 1；尾吹约 20 mL/min～30 mL/min。

氢气：流速为 33 mL/min。

空气：流速为 400 mL/min。

检测器温度(T_D)：220 ℃。

进样口温度(T_J)：220 ℃。

柱温(T_C)：起始温度 40 ℃，恒温 5 min，以 4 ℃/min 程序升温至 200 ℃，继续恒温 10 min。

载气、氢气、空气的流速等色谱条件随仪器而异，应通过试验选择最佳操作条件，以内标峰与酒样中其他组分峰获得完全分离为准。

6.5.1.5 分析步骤

6.5.1.5.1 校正因子(f 值)的测定

吸取乙缩醛溶液(6.5.1.3.2)1.00 mL，移入 100 mL 容量瓶中，然后加入乙酸正戊酯溶液(6.5.1.3.3)1.00 mL，用 40% 乙醇溶液稀释至刻度。该溶液中乙缩醛和乙酸正戊酯的浓度均为 0.02%。待色谱仪基线稳定后，用微量注射器进样，进样量随仪器的灵敏度而定。记录乙缩醛和乙酸正戊酯峰的保留时间及其峰面积(或峰高)，用其比值计算出乙缩醛的相对校正因子(f 值)。

乙醛对于乙酸正戊酯的相对校正因子是根据经验值确定的，约为 1.49。

6.5.1.5.2 试样的测定

用 10 mL 容量瓶直接取酒样 10.0 mL，加入乙酸正戊酯溶液(6.5.1.3.3)0.10 mL，混匀后，在与 f 值测定相同的条件下进样，根据保留时间确定乙醛、乙缩醛峰的位置，并测定乙醛(或乙缩醛)与内标峰面积(或峰高)，求出峰面积(或峰高)之比，分别计算出酒样中乙醛和乙缩醛的含量，以乙醛计，然后相加，换算成醛类含量。

6.5.1.6 结果计算

a) 校正因子(f 值)按式(12)计算。

$$f = \frac{A_1}{A_2} \times \frac{d_2}{d_1} \qquad (12)$$

b) 样品中乙醛(或乙缩醛)的含量按式(13)计算。

$$X_1 = f \times \frac{A_3}{A_4} \times X_4 \times 10^{-3} \qquad (13)$$

c) 每升 100% 乙醇中乙醛(或乙缩醛)含量按式(14)计算。

$$X_2 = \frac{X_1 \times 100}{E} \qquad (14)$$

d) 每升 100% 乙醇中总醛的含量按式(15)计算。

$$X_3 = X_5 + X_6 \times 0.37 \qquad (15)$$

式中：

f——乙醛(或乙缩醛)的相对校正因子；

A_1——标样 f 值测定时内标的峰面积(或峰高)；

A_2——标样 f 值测定时乙醛(或乙缩醛)的峰面积(或峰高)；

d_2——乙醛(或乙缩醛)的相对密度；

d_1——内标物的相对密度；

X_1——样品中乙醛(或乙缩醛)的含量，单位为克每升(g/L)；

A_3——试样中乙醛(或乙缩醛)的峰面积(或峰高)；

A_4——添加于酒样中内标的峰面积(或峰高)；

X_4——内标(添加在酒样中)的含量，单位为毫克每升(mg/L)；

X_2——样品中每升 100% 乙醇中乙醛(或乙缩醛)的含量，单位为克每升(g/L)；

E——样品的实测酒精度；

X_3——样品中每升 100% 乙醇中总醛(以乙醛计)的含量，单位为毫克每升(mg/L)；

X_5——样品中每升100%乙醇中乙醛的含量，单位为毫克每升(mg/L)；

X_6——样品中每升100%乙醇中乙缩醛的含量，单位为毫克每升(mg/L)；

0.37——乙缩醛换算成乙醛的系数。

所得结果表示至三位小数。

6.5.1.7 **精密度**

在重复性条件下获得的两次独立测定结果的绝对差值，不应超过平均值的10%。

6.5.2 **比色法**

本方法适用于醛类含量低于2 g/L(100%乙醇)的测定。

6.5.2.1 **原理**

游离醛和在酸性介质中释放出来的醛类，与品红-亚硫酸溶液作用重新显色，在相同条件下与乙缩醛标准系列比较定量。

6.5.2.2 **试剂和溶液**

6.5.2.2.1 40%乙醇(无醛)溶液：量取95%乙醇500 mL，加入10 g间苯二胺(或5 mL磷酸)和5 mL新蒸馏的苯胺，加热回流1 h，然后移入蒸馏器中重蒸，配成40%乙醇溶液。

6.5.2.2.2 乙缩醛标准溶液：称取乙缩醛(色谱纯)268.6 mg，用40%乙醇(无醛)溶液准确稀释定容至1 000 mL，该溶液折合成乙醛总含量为100 mg/L。

6.5.2.2.3 硫酸标准溶液[$c(1/2H_2SO_4)=3$ mol/L]：按GB/T 601配制。

6.5.2.2.4 品红-亚硫酸溶液：

a) 称取300 mg结晶品红于研钵中研细，然后加入95%乙醇100 mL，快速溶解直至全溶。

b) 于250 mL容量瓶中加入9 g偏重亚硫酸钾和100 mL水使之溶解，再加入上述刚配制好的品红乙醇溶液30 mL和55 mL硫酸标准溶液(6.6.2.2.3)，混合，冷却至室温，补充水至刻度，摇匀。该溶液放置过夜至完全褪色，并有强烈的二氧化硫气味。贮于棕色瓶中，置于暗处保存。

6.5.2.3 **分析步骤**

6.5.2.3.1 **绘制标准曲线**

吸取0.00 mL、0.50 mL、1.00 mL、1.50 mL、2.00 mL乙缩醛标准溶液(相当于含0 mg、0.5 mg、1.0 mg、1.5 mg、2.0 mg乙醛)分别于25 mL具塞比色管中，用40%乙醇溶液补充至10 mL。分别加入2.50 mL品红-亚硫酸溶液。于室温下放置20 min后，于波长560 nm下，用0管调仪器的零点与不含乙缩醛的对照管(0管)相比较测定吸光度，绘制标准曲线。

注：标准曲线需每天做。

6.5.2.3.2 **样品测定**

另取三支25 mL具塞比色管，分别加入2.00 mL、5.00 mL、10.0 mL试样液(6.2.1.3)，用40%乙醇溶液补充至10.0 mL。分别加入2.50 mL品红-亚硫酸溶液，于室温下放置20 min后，于波长560 nm下，同时测定其吸光度，在标准曲线上查出乙醛含量。或使用线性回归方程计算其含量。

结果以每升100%乙醇中醛类(以乙醛计)的克数表示。

6.5.2.4 **精密度**

在重复性条件下获得的两次独立测定结果的绝对差值，不应超过平均值的5%。

6.6 **糠醛(气相色谱法)**

6.6.1 **原理**

同6.5.1.1。

6.6.2 **仪器**

同6.5.1.2。

6.6.3 **试剂和溶液**

6.6.3.1 40%乙醇溶液：同6.5.1.3.1。

6.6.3.2 4-甲基 2-戊醇溶液(2%):同 6.5.1.3.2。

6.6.3.3 糠醛溶液(2%):作标样用。吸取糠醛(色谱纯)2 mL,用 40%乙醇溶液定容至 100 mL。

6.6.4 色谱条件

同 6.5.1.4。

6.6.5 分析步骤

同 6.5.1.5。

6.6.6 结果计算

同 6.5.1.6。

6.6.7 精密度

同 6.5.1.7。

6.7 高级醇(气相色谱法)

6.7.1 原理

同 6.5.1.1。

6.7.2 仪器

同 6.5.1.2。

6.7.3 试剂和溶液

6.7.3.1 40%乙醇溶液:同 6.5.1.3.1。

6.7.3.2 正丙醇溶液(2%):作标样用。吸取正丙醇(色谱纯)2 mL,用 40%乙醇溶液定容至 100 mL。

6.7.3.3 仲丁醇(2-丁醇)溶液(2%):作标样用。吸取仲丁醇(2-丁醇)(色谱纯)2 mL,用 40%乙醇溶液定容至 100 mL。

6.7.3.4 异丁醇溶液(2%):作标样用。吸取异丁醇(色谱纯)2 mL,用 40%乙醇溶液定容至 100 mL。

6.7.3.5 烯丙醇溶液(2%):作标样用。吸取烯丙醇(色谱纯)2 mL,用 40%乙醇溶液定容至 100 mL。

6.7.3.6 正丁醇溶液(2%):作标样用。吸取正丁醇(色谱纯)2 mL,用 40%乙醇溶液定容至 100 mL。

6.7.3.7 活性戊醇(2-甲基 1-丁醇)溶液(2%):作标样用。吸取活性戊醇(2-甲基 1-丁醇)(色谱纯)2 mL,用 40%乙醇溶液定容至 100 mL。

6.7.3.8 异戊醇(3-甲基 1-丁醇)溶液(2%):作标样用。吸取异戊醇(3-甲基 1-丁醇)(色谱纯)2 mL,用 40%乙醇溶液定容至 100 mL。

6.7.3.9 4-甲基 2-戊醇溶液(2%):作内标用。吸取 4-甲基 2-戊醇(色谱纯)2 mL,用 40%乙醇溶液定容至 100 mL。

6.7.4 色谱条件

同 6.5.1.4。

6.7.5 分析步骤

6.7.5.1 **校正因子(f 值)的测定**

分别吸取各种组分(高级醇)标准溶液(6.7.3.2～6.7.3.8)1.00 mL,移入 100 mL 容量瓶中,然后加入 4-甲基 2-戊醇溶液(6.7.3.9)1.00 mL,用 40%乙醇溶液稀释至刻度。该溶液中各种组分(高级醇)和 4-甲基 2-戊醇的浓度均为 0.02%。待色谱仪基线稳定后,用微量注射器进样,进样量随仪器的灵敏度而定。记录酒中各种组分和 4-甲基 2-戊醇峰的保留时间及其峰面积(或峰高),用某一组分的峰面积(或峰高)和内标峰面积(或峰高)之比值,计算出该组分的相对校正因子(f 值)。

6.7.5.2 **试样液的测定**

用 10 mL 容量瓶直接取酒样 10.0 mL,加入 4-甲基 2-戊醇溶液(6.7.3.9)0.10 mL,混匀后,在与 f 值测定相同的条件下进样,根据保留时间确定各种组分和内标峰的位置,测定并求出各种组分与内标峰面积(或峰高)之比值,计算出酒样中各种组分的含量。

6.7.6 **结果计算**

a) 校正因子(f 值)按式(16)计算。

$$f=\frac{A_1}{A_2}\times\frac{d_2}{d_1} \qquad \cdots\cdots(16)$$

b) 样品中某一组分的含量按式(17)计算。

$$X_1=f\times\frac{A_3}{A_4}\times X_3\times 1\,000 \qquad \cdots\cdots(17)$$

c) 每升 100%乙醇中某一组分含量按式(18)计算。

$$X_2=\frac{X_1\times 100}{E} \qquad \cdots\cdots(18)$$

d) 每升 100%乙醇中高级醇的含量(g/L)按式(19)计算。

高级醇含量 =正丙醇含量 + 2-丁醇含量 + 异丁醇含量 + 烯丙醇含量 + 正丁醇含量 + 2-甲基 1-丁醇含量 + 3-甲基 1-丁醇含量 ……(19)

式中:

f——某一组分的相对校正因子;

A_1——标样 f 值测定时内标的峰面积(或峰高);

A_2——标样 f 值测定时某一组分的峰面积(或峰高);

d_2——某一组分的相对密度;

d_1——内标物的相对密度;

X_1——样品中某一组分的含量,单位为克每升(g/L);

A_3——样品中某一组分的峰面积(或峰高);

A_4——添加于酒样中内标的峰面积(或峰高);

X_3——内标(添加在酒样中)的含量,单位为毫克每升(mg/L);

X_2——样品中每升 100%乙醇中某一组分的含量,单位为克每升(g/L);

E——样品的实测酒精度。

所得结果表示至三位小数。

6.7.7 **精密度**

在重复性条件下获得的两次独立测定结果的绝对差值,不应超过平均值的 10%。

6.8 **铜**

按 GB/T 5009.13 进行测定。

7 检验规则

7.1 **组批**

每班灌装生产的、同一类别、同一品质、规格相同且经包装出厂的产品为一批。

7.2 **抽样**

7.2.1 按表 3 抽取样本(箱),从每箱任意位置抽取样本(瓶)。单件包装净含量小于 500 mL,总取样量不足 1 500 mL 时,可按比例增加抽样量。

表 3 抽样表

批量范围/箱	样本数/箱	单位样本数/瓶
<50	3	3
51~1 200	5	2
1 201~35 000	8	1
>35 001	13	1

7.2.2 采样后应立即贴上标签，注明：样品名称、品种规格、数量、制造者名称、采样时间与地点、采样人。将两瓶样品封存，保留两个月备查。其他样品立即送化验室，进行感官、理化和卫生等指标的检验。

7.3 检验分类

7.3.1 出厂检验

7.3.1.1 产品出厂前，应由生产厂的质量监督检验部门按本标准规定逐批进行检验，检验合格，并附上质量合格证明的，方可出厂。产品质量检验合格证明（合格证）可以放在包装箱内，或放在独立的包装盒内，也可以在标签上或包装箱外打印“合格”或“检验合格”字样。

7.3.1.2 检验项目：感官要求、酒精度、非酒精挥发物总量、铜、甲醇。

7.3.2 型式检验

7.3.2.1 检验项目：本标准中全部要求项目。

7.3.2.2 一般情况下，同一类产品的型式检验每半年进行一次，有下列情况之一者，亦应进行型式检验：

a) 原辅材料有较大变化时；

b) 更改关键工艺或设备时；

c) 新试制的产品或正常生产的产品停产 3 个月后，重新恢复生产时；

d) 出厂检验与上次型式检验结果有较大差异时；

e) 国家质量监督检验机构按有关规定需要抽检时。

7.4 判定规则

7.4.1 检验结果有不超过两项指标不符合相应的产品标准要求时，应重新自同批产品中抽取两倍量样品进行复检，以复检结果为准。

7.4.2 若复检结果中仍有一项（或一项以上）不合格时，则判整批产品为不合格。

7.4.3 当供需双方对检验结果有异议时，可由有关各方协商解决，或委托有关单位进行仲裁检验，以仲裁检验结果为准。

8 标志、包装、运输和贮存

8.1 标志

8.1.1 预包装白兰地产品标签应符合 GB 10344 的有关规定，生产企业宜标注产品的具体类型。

8.1.2 外包装纸箱上除标明产品名称、制造者名称和地址外，还应标明单位包装的净含量和总数量。

8.1.3 包装储运图示标志应符合 GB/T 191 的要求。

8.2 包装

8.2.1 包装材料应符合食品卫生要求。

8.2.2 包装容器应瓶体端正、清洁，封装严密，无漏酒现象。

8.2.3 外包装应使用合格的包装材料，箱内要有防震、防撞的间隔材料，并符合相应的标准。

8.3 运输和贮存

8.3.1 用软木塞（或替代品）封装的酒，在贮运时应“倒放”或“卧放”。

8.3.2 运输和贮存时应保持清洁，避免强烈振荡、日晒、雨淋，防止冰冻，装卸时应轻拿轻放。

8.3.3 存放地点应阴凉、干燥、通风良好，严防日晒、雨淋，严禁火种。

8.3.4 成品不得与潮湿地面直接接触，不得与有毒、有害、有异味、有腐蚀性物品同贮同运。

8.3.5 运输温度宜保持在 5 ℃～35 ℃，贮存温度宜保持在 5 ℃～25 ℃。

附 录 A
(规范性附录)
酒精水溶液密度与酒精度(乙醇含量)对照表(20 ℃)

表 A.1 酒精水溶液密度与酒精度(乙醇含量)对照表(20 ℃)

密度/(g/L)	酒精度/(%vol)	密度/(g/L)	酒精度/(%vol)	密度/(g/L)	酒精度/(%vol)
954.15	36.00	953.63	36.36	953.11	36.71
954.13	36.01	953.61	36.37	953.09	36.72
954.11	36.03	953.60	36.38	953.08	36.74
954.10	36.04	953.58	36.39	953.06	36.75
954.08	36.05	953.56	36.40	953.04	36.76
954.07	36.06	953.55	36.41	953.02	36.77
954.05	36.07	953.53	36.43	953.01	36.78
954.03	36.08	953.51	36.44	952.99	36.79
954.02	36.09	953.50	36.45	952.97	36.80
954.00	36.11	953.48	36.46	952.96	36.81
953.98	36.12	953.46	36.47	952.94	36.83
953.97	36.13	953.45	36.48	952.92	36.84
953.95	36.14	953.43	36.49	952.91	36.85
953.93	36.15	953.41	36.51	952.89	36.86
953.92	36.16	953.40	36.52	952.87	36.87
953.90	36.17	953.38	36.53	952.86	36.88
953.88	36.19	953.36	36.54	952.84	36.89
953.86	36.20	953.35	36.55	952.82	36.91
953.85	36.21	953.33	36.56	952.80	36.92
953.83	36.22	953.31	36.58	952.79	36.93
953.81	36.23	953.29	36.59	952.77	36.94
953.80	36.24	953.28	36.60	952.75	36.95
953.78	36.25	953.26	36.61	952.74	36.96
953.76	36.27	953.25	36.62	952.72	36.97
953.75	36.28	953.23	36.63	952.70	36.99
953.73	36.29	953.21	36.64	952.69	37.00
953.71	36.30	953.19	36.66	952.67	37.01
953.70	36.31	953.18	36.67	952.65	37.02
953.68	36.32	953.16	36.68	952.64	37.03
953.66	36.33	953.14	36.69	952.62	37.04
953.65	36.35	953.13	36.70	952.60	37.05

表 A.1（续）

密度/(g/L)	酒精度/(%vol)	密度/(g/L)	酒精度/(%vol)	密度/(g/L)	酒精度/(%vol)
952.58	37.07	951.99	37.46	951.38	37.86
952.57	37.08	951.97	37.48	951.37	37.87
952.55	37.09	951.95	37.49	951.35	37.89
952.53	37.10	951.93	37.50	951.33	37.90
952.52	37.11	951.92	37.51	951.31	37.91
952.50	37.12	951.90	37.52	951.30	37.92
952.48	37.13	951.88	37.53	951.28	37.93
952.46	37.15	951.87	37.54	951.26	37.94
952.45	37.16	951.85	37.56	951.24	37.95
952.43	37.17	951.83	37.57	951.23	37.97
952.41	37.18	951.81	37.58	951.21	37.98
952.40	37.19	951.80	37.59	951.19	37.99
952.38	37.20	951.78	37.60	951.18	38.00
952.36	37.21	951.76	37.61	951.16	38.01
952.35	37.23	951.75	37.62	951.14	38.02
952.33	37.24	951.73	37.64	951.12	38.03
952.31	37.25	951.71	37.65	951.11	38.04
952.29	37.26	951.69	37.66	951.09	38.06
952.28	37.27	951.68	37.67	951.07	38.07
952.26	37.28	951.66	37.68	951.05	38.08
952.24	37.29	951.64	37.69	951.04	38.09
952.23	37.31	951.62	37.70	951.02	38.10
952.21	37.32	951.61	37.72	951.00	38.11
952.19	37.33	951.59	37.73	950.98	38.12
952.17	37.34	951.57	37.74	950.97	38.14
952.16	37.35	951.56	37.75	950.95	38.15
952.14	37.36	951.54	37.76	950.93	38.16
952.12	37.37	951.52	37.77	950.91	38.17
952.11	37.39	951.50	37.78	950.90	38.18
952.09	37.40	951.49	37.79	950.88	38.19
952.07	37.41	951.47	37.81	950.86	38.20
952.05	37.42	951.45	37.82	950.84	38.22
952.04	37.43	951.43	37.83	950.83	38.23
952.02	37.44	951.42	37.84	950.81	38.24
952.00	37.45	951.40	37.85	950.79	38.25

表 A.1（续）

密度/(g/L)	酒精度/(%vol)	密度/(g/L)	酒精度/(%vol)	密度/(g/L)	酒精度/(%vol)
950.78	38.26	950.16	38.66	949.54	39.05
950.76	38.27	950.14	38.67	949.53	39.06
950.74	38.28	950.13	38.68	949.51	39.08
950.72	38.29	950.11	38.69	949.49	39.09
950.71	38.31	950.09	38.70	949.47	39.10
950.69	38.32	950.07	38.71	949.46	39.11
950.67	38.33	950.06	38.73	949.44	39.12
950.65	38.34	950.04	38.74	949.42	39.13
950.64	38.35	950.02	38.75	949.40	39.14
950.62	38.36	950.00	38.76	949.38	39.15
950.60	38.37	949.99	38.77	949.37	39.17
950.58	38.39	949.97	38.78	949.35	39.18
950.57	38.40	949.95	38.79	949.33	39.19
950.55	38.41	949.93	38.80	949.31	39.20
950.53	38.42	949.92	38.82	949.30	39.21
950.51	38.43	949.90	38.83	949.28	39.22
950.50	38.44	949.88	38.84	949.26	39.23
950.48	38.45	949.86	38.85	949.24	39.25
950.46	38.46	949.84	38.86	949.22	39.26
950.44	38.48	949.83	38.87	949.21	39.27
950.43	38.49	949.81	38.88	949.19	39.28
950.41	38.50	949.79	38.89	949.17	39.29
950.39	38.51	949.77	38.91	949.15	39.30
950.37	38.52	949.76	38.92	949.14	39.31
950.36	38.53	949.74	38.93	949.12	39.32
950.34	38.54	949.72	38.94	949.10	39.34
950.32	38.56	949.70	38.95	949.08	39.35
950.30	38.57	949.69	38.96	949.06	39.36
950.29	38.58	949.67	38.97	949.05	39.37
950.27	38.59	949.65	38.99	949.03	39.38
950.25	38.60	949.63	39.00	949.01	39.39
950.23	38.61	949.62	39.01	948.99	39.40
950.21	38.62	949.60	39.02	948.97	39.41
950.20	38.63	949.58	39.03	948.96	39.43
950.18	38.65	949.56	39.04	948.94	39.44

表 A.1（续）

密度/(g/L)	酒精度/(%vol)	密度/(g/L)	酒精度/(%vol)	密度/(g/L)	酒精度/(%vol)
948.92	39.45	948.29	39.84	947.66	40.24
948.90	39.46	948.28	39.85	947.64	40.25
948.89	39.47	948.26	39.87	947.62	40.26
948.87	39.48	948.24	39.88	947.61	40.27
948.85	39.49	948.22	39.89	947.59	40.28
948.83	39.50	948.20	39.90	947.57	40.29
948.81	39.52	948.19	39.91	947.55	40.30
948.80	39.53	948.17	39.92	947.53	40.32
948.78	39.54	948.15	39.93	947.52	40.33
948.76	39.55	948.13	39.94	947.50	40.34
948.74	39.56	948.11	39.96	947.48	40.35
948.72	39.57	948.10	39.97	947.46	40.36
948.71	39.58	948.08	39.98	947.44	40.37
948.69	39.60	948.06	39.99	947.43	40.38
948.67	39.61	948.04	40.00	947.41	40.39
948.65	39.62	948.02	40.01	947.39	40.41
948.64	39.63	948.01	40.02	947.37	40.42
948.62	39.64	947.99	40.03	947.35	40.43
948.60	39.65	947.97	40.05	947.33	40.44
948.58	39.66	947.95	40.06	947.32	40.45
948.56	39.67	947.93	40.07	947.30	40.46
948.55	39.69	947.91	40.08	947.28	40.47
948.53	39.70	947.90	40.09	947.26	40.48
948.51	39.71	947.88	40.10	947.24	40.49
948.49	39.72	947.86	40.11	947.22	40.51
948.47	39.73	947.84	40.12	947.21	40.52
948.46	39.74	947.82	40.14	947.19	40.53
948.44	39.75	947.81	40.15	947.17	40.54
948.42	39.76	947.79	40.16	947.15	40.55
948.40	39.78	947.77	40.17	947.13	40.56
948.38	39.79	947.75	40.18	947.12	40.57
948.37	39.80	947.73	40.19	947.10	40.58
948.35	39.81	947.72	40.20	947.08	40.60
948.33	39.82	947.70	40.21	947.06	40.61
948.31	39.83	947.68	40.23	947.04	40.62

表 A.1(续)

密度/(g/L)	酒精度/(%vol)	密度/(g/L)	酒精度/(%vol)	密度/(g/L)	酒精度/(%vol)
947.02	40.63	946.38	41.02	945.74	41.41
947.01	40.64	946.36	41.03	945.72	41.42
946.99	40.65	946.35	41.04	945.70	41.44
946.97	40.66	946.33	41.06	945.68	41.45
946.95	40.67	946.31	41.07	945.66	41.46
946.93	40.69	946.29	41.08	945.64	41.47
946.91	40.70	946.27	41.09	945.62	41.48
946.90	40.71	946.25	41.10	945.61	41.49
946.88	40.72	946.23	41.11	945.59	41.50
946.86	40.73	946.22	41.12	945.57	41.51
946.84	40.74	946.20	41.13	945.55	41.52
946.82	40.75	946.18	41.14	945.53	41.54
946.80	40.76	946.16	41.16	945.51	41.55
946.79	40.78	946.14	41.17	945.49	41.56
946.77	40.79	946.12	41.18	945.48	41.57
946.75	40.80	946.11	41.19	945.46	41.58
946.73	40.81	946.09	41.20	945.44	41.59
946.71	40.82	946.07	41.21	945.42	41.60
946.69	40.83	946.05	41.22	945.40	41.61
946.68	40.84	946.03	41.23	945.38	41.63
946.66	40.85	946.01	41.25	945.36	41.64
946.64	40.86	945.99	41.26	945.35	41.65
946.62	40.88	945.98	41.27	945.33	41.66
946.60	40.89	945.96	41.28	945.31	41.67
946.58	40.90	945.94	41.29	945.29	41.68
946.57	40.91	945.92	41.30	945.27	41.69
946.55	40.92	945.90	41.31	945.25	41.70
946.53	40.93	945.88	41.32	945.23	41.71
946.51	40.94	945.86	41.33	945.21	41.73
946.49	40.95	945.85	41.35	945.20	41.74
946.47	40.97	945.83	41.36	945.18	41.75
946.46	40.98	945.81	41.37	945.16	41.76
946.44	40.99	945.79	41.38	945.14	41.77
946.42	41.00	945.77	41.39	945.12	41.78
946.40	41.01	945.75	41.40	945.10	41.79

表 A.1（续）

密度/(g/L)	酒精度/(%vol)	密度/(g/L)	酒精度/(%vol)	密度/(g/L)	酒精度/(%vol)
945.08	41.80	944.43	42.19	943.77	42.58
945.07	41.81	944.41	42.20	943.75	42.59
945.05	41.83	944.39	42.22	943.73	42.60
945.03	41.84	944.37	42.23	943.71	42.62
945.01	41.85	944.35	42.24	943.69	42.63
944.99	41.86	944.33	42.25	943.67	42.64
944.97	41.87	944.32	42.26	943.65	42.65
944.95	41.88	944.30	42.27	943.64	42.66
944.93	41.89	944.28	42.28	943.62	42.67
944.92	41.90	944.26	42.29	943.60	42.68
944.90	41.92	944.24	42.30	943.58	42.69
944.88	41.93	944.22	42.32	943.56	42.70
944.86	41.94	944.20	42.33	943.54	42.72
944.84	41.95	944.18	42.34	943.52	42.73
944.82	41.96	944.16	42.35	943.50	42.74
944.80	41.97	944.15	42.36	943.48	42.75
944.78	41.98	944.13	42.37	943.46	42.76
944.77	41.99	944.11	42.38	943.45	42.77
944.75	42.00	944.09	42.39	943.43	42.78
944.73	42.02	944.07	42.40	943.41	42.79
944.71	42.03	944.05	42.42	943.39	42.80
944.69	42.04	944.03	42.43	943.37	42.82
944.67	42.05	944.01	42.44	943.35	42.83
944.65	42.06	943.99	42.45	943.33	42.84
944.63	42.07	943.98	42.46	943.31	42.85
944.62	42.08	943.96	42.47	943.29	42.86
944.60	42.09	943.94	42.48	943.27	42.87
944.58	42.10	943.92	42.49	943.26	42.88
944.56	42.12	943.90	42.50	943.24	42.89
944.54	42.13	943.88	42.52	943.22	42.90
944.52	42.14	943.86	42.53	943.20	42.92
944.50	42.15	943.84	42.54	943.18	42.93
944.48	42.16	943.82	42.55	943.16	42.94
944.47	42.17	943.81	42.56	943.14	42.95
944.45	42.18	943.79	42.57	943.12	42.96

表 A.1(续)

密度/(g/L)	酒精度/(%vol)	密度/(g/L)	酒精度/(%vol)	密度/(g/L)	酒精度/(%vol)
943.10	42.97	942.43	43.36	941.76	43.74
943.08	42.98	942.42	43.37	941.74	43.76
943.07	42.99	942.40	43.38	941.72	43.77
943.05	43.00	942.38	43.39	941.70	43.78
943.03	43.02	942.36	43.40	941.68	43.79
943.01	43.03	942.34	43.41	941.67	43.80
942.99	43.04	942.32	43.42	941.65	43.81
942.97	43.05	942.30	43.44	941.63	43.82
942.95	43.06	942.28	43.45	941.61	43.83
942.93	43.07	942.26	43.46	941.59	43.84
942.91	43.08	942.24	43.47	941.57	43.86
942.89	43.09	942.22	43.48	941.55	43.87
942.87	43.10	942.20	43.49	941.53	43.88
942.86	43.11	942.19	43.50	941.51	43.89
942.84	43.13	942.17	43.51	941.49	43.90
942.82	43.14	942.15	43.52	941.47	43.91
942.80	43.15	942.13	43.54	941.45	43.92
942.78	43.16	942.11	43.55	941.43	43.93
942.76	43.17	942.09	43.56	941.41	43.94
942.74	43.18	942.07	43.57	941.39	43.95
942.72	43.19	942.05	43.58	941.38	43.97
942.70	43.20	942.03	43.59	941.36	43.98
942.68	43.21	942.01	43.60	941.34	43.99
942.66	43.23	941.99	43.61	941.32	44.00
942.65	43.24	941.97	43.62	941.30	44.01
942.63	43.25	941.95	43.63	941.28	44.02
942.61	43.26	941.94	43.65	941.26	44.03
942.59	43.27	941.92	43.66	941.24	44.04
942.57	43.28	941.90	43.67	941.22	44.05
942.55	43.29	941.88	43.68	941.20	44.06
942.53	43.30	941.86	43.69	941.18	44.08
942.51	43.31	941.84	43.70	941.16	44.09
942.49	43.33	941.82	43.71	941.14	44.10
942.47	43.34	941.80	43.72	941.12	44.11
942.45	43.35	941.78	43.73	941.10	44.12

表 A.1（续）

密度/(g/L)	酒精度/(%vol)	密度/(g/L)	酒精度/(%vol)	密度/(g/L)	酒精度/(%vol)
941.08	44.13	940.56	44.43	940.03	44.72
941.06	44.14	940.54	44.44	940.01	44.74
941.05	44.15	940.52	44.45	939.99	44.75
941.03	44.16	940.50	44.46	939.97	44.76
941.01	44.17	940.48	44.47	939.95	44.77
940.99	44.19	940.46	44.48	939.93	44.78
940.97	44.20	940.44	44.49	939.91	44.79
940.95	44.21	940.42	44.50	939.89	44.80
940.93	44.22	940.40	44.52	939.87	44.81
940.91	44.23	940.38	44.53	939.86	44.82
940.89	44.24	940.36	44.54	939.84	44.83
940.87	44.25	940.34	44.55	939.82	44.85
940.85	44.26	940.32	44.56	939.80	44.86
940.83	44.27	940.31	44.57	939.78	44.87
940.81	44.28	940.29	44.58	939.76	44.88
940.79	44.30	940.27	44.59	939.74	44.89
940.77	44.31	940.25	44.60	939.72	44.90
940.75	44.32	940.23	44.61	939.70	44.91
940.73	44.33	940.21	44.63	939.68	44.92
940.71	44.34	940.19	44.64	939.66	44.93
940.70	44.35	940.17	44.65	939.64	44.94
940.68	44.36	940.15	44.66	939.62	44.95
940.66	44.37	940.13	44.67	939.60	44.97
940.64	44.38	940.11	44.68	939.58	44.98
940.62	44.39	940.09	44.69	939.56	44.99
940.60	44.41	940.07	44.70	939.54	45.00
940.58	44.42	940.05	44.71		

附 录

(规范性

酒精计温度(t)与 20 ℃时

表 B.1 酒精计温度(t)与 20 ℃时酒精度(ALC)换算表

酒精度(ALC)/(%vol)	酒精计温度										
	10	10.5	11	11.5	12	12.5	13	13.5	14	14.5	15
30	34.10	33.89	33.68	33.48	33.27	33.06	32.85	32.65	32.44	32.23	32.03
30.1	34.21	34.00	33.79	33.58	33.37	33.16	32.95	32.75	32.54	32.33	32.13
30.2	34.31	34.10	33.89	33.68	33.47	33.26	33.06	32.85	32.64	32.44	32.23
30.3	34.41	34.20	33.99	33.78	33.57	33.36	33.16	32.95	32.74	32.54	32.33
30.4	34.51	34.30	34.09	33.88	33.67	33.47	33.26	33.05	32.85	32.64	32.43
30.5	34.61	34.40	34.19	33.98	33.78	33.57	33.36	33.15	32.95	32.74	32.53
30.6	34.71	34.50	34.30	34.09	33.88	33.67	33.46	33.25	33.05	32.84	32.64
30.7	34.82	34.61	34.40	34.19	33.98	33.77	33.56	33.36	33.15	32.94	32.74
30.8	34.92	34.71	34.50	34.29	34.08	33.87	33.66	33.46	33.25	33.04	32.84
30.9	35.02	34.81	34.60	34.39	34.18	33.97	33.77	33.56	33.35	33.15	32.94
31	35.12	34.91	34.70	34.49	34.28	34.07	33.87	33.66	33.45	33.25	33.04
31.1	35.22	35.01	34.80	34.59	34.38	34.18	33.97	33.76	33.55	33.35	33.14
31.2	35.32	35.11	34.90	34.69	34.49	34.28	34.07	33.86	33.65	33.45	33.24
31.3	35.42	35.21	35.00	34.79	34.59	34.38	34.17	33.96	33.76	33.55	33.34
31.4	35.52	35.31	35.10	34.90	34.69	34.48	34.27	34.06	33.86	33.65	33.44
31.5	35.62	35.41	35.21	35.00	34.79	34.58	34.37	34.16	33.96	33.75	33.54
31.6	35.72	35.52	35.31	35.10	34.89	34.68	34.47	34.27	34.06	33.85	33.65
31.7	35.83	35.62	35.41	35.20	34.99	34.78	34.57	34.37	34.16	33.95	33.75
31.8	35.93	35.72	35.51	35.30	35.09	34.88	34.67	34.47	34.26	34.05	33.85
31.9	36.03	35.82	35.61	35.40	35.19	34.98	34.77	34.57	34.36	34.15	33.95
32	36.13	35.92	35.71	35.50	35.29	35.08	34.88	34.67	34.46	34.25	34.05
32.1	36.23	36.02	35.81	35.60	35.39	35.18	34.98	34.77	34.56	34.35	34.15
32.2	36.33	36.12	35.91	35.70	35.49	35.28	35.08	34.87	34.66	34.45	34.25
32.3	36.43	36.22	36.01	35.80	35.59	35.38	35.18	34.97	34.76	34.56	34.35
32.4	36.53	36.32	36.11	35.90	35.69	35.48	35.28	35.07	34.86	34.66	34.45
32.5	36.63	36.42	36.21	36.00	35.79	35.58	35.38	35.17	34.96	34.76	34.55
32.6	36.73	36.52	36.31	36.10	35.89	35.68	35.48	35.27	35.06	34.86	34.65
32.7	36.83	36.62	36.41	36.20	35.99	35.79	35.58	35.37	35.16	34.96	34.75
32.8	36.93	36.72	36.51	36.30	36.09	35.89	35.68	35.47	35.26	35.06	34.85
32.9	37.03	36.82	36.61	36.40	36.19	35.99	35.78	35.57	35.36	35.16	34.95
33	37.13	36.92	36.71	36.50	36.29	36.09	35.88	35.67	35.46	35.26	35.05
33.1	37.22	37.02	36.81	36.60	36.39	36.19	35.98	35.77	35.56	35.36	35.15
33.2	37.32	37.12	36.91	36.70	36.49	36.28	36.08	35.87	35.66	35.46	35.25
33.3	37.42	37.22	37.01	36.80	36.59	36.38	36.18	35.97	35.76	35.56	35.35
33.4	37.52	37.31	37.11	36.90	36.69	36.48	36.28	36.07	35.86	35.66	35.45
33.5	37.62	37.41	37.21	37.00	36.79	36.58	36.38	36.17	35.96	35.76	35.55
33.6	37.72	37.51	37.31	37.10	36.89	36.68	36.48	36.27	36.06	35.86	35.65
33.7	37.82	37.61	37.41	37.20	36.99	36.78	36.58	36.37	36.16	35.96	35.75
33.8	37.92	37.71	37.50	37.30	37.09	36.88	36.68	36.47	36.26	36.06	35.85
33.9	38.02	37.81	37.60	37.40	37.19	36.98	36.78	36.57	36.36	36.16	35.95
34	38.12	37.91	37.70	37.50	37.29	37.08	56.88	36.67	36.46	36.26	36.05
34.1	38.22	38.01	37.80	37.59	37.39	37.18	36.97	36.77	36.56	36.36	36.15
34.2	38.31	38.11	37.90	37.69	37.49	37.28	37.07	36.87	36.66	36.46	36.25
34.3	38.41	38.21	38.00	37.79	37.59	37.38	37.17	36.97	36.76	36.56	36.35
34.4	38.51	38.31	38.10	37.89	37.69	37.48	37.27	37.07	36.86	36.65	36.45
34.5	38.61	38.40	38.20	37.99	37.78	37.58	37.37	37.17	36.96	36.75	36.55
34.6	38.71	38.50	38.30	38.09	37.88	37.68	37.47	37.27	37.06	36.85	36.65
34.7	38.81	38.60	38.40	38.19	37.98	37.78	37.57	37.36	37.16	36.95	36.75
34.8	38.91	38.70	38.49	38.29	38.08	37.88	37.67	37.46	37.26	37.05	36.85
34.9	39.00	38.80	38.59	38.39	38.18	37.97	37.77	37.56	37.36	37.15	36.95

B

附录）

酒精度(ALC)换算表

（酒精计温度范围 10 ℃～20 ℃，间隔 0.5 ℃）

单位为%vol

(*t*)/℃									
15.5	16	16.5	17	17.5	18	18.5	19	19.5	20
31.82	31.62	31.41	31.21	31.01	30.81	30.60	30.40	30.20	30.00
31.92	31.72	31.52	31.31	31.11	30.91	30.70	30.50	30.30	30.10
32.03	31.82	31.62	31.41	31.21	31.01	30.80	30.60	30.40	30.20
32.13	31.92	31.72	31.51	31.31	31.11	30.91	30.70	30.50	30.30
32.23	32.02	31.82	31.62	31.41	31.21	31.01	30.80	30.60	30.40
32.33	32.12	31.92	31.72	31.51	31.31	31.11	30.90	30.70	30.50
32.43	32.23	32.02	31.82	31.61	31.41	31.21	31.00	30.80	30.60
32.53	32.33	32.12	31.92	31.71	31.51	31.31	31.10	30.90	30.70
32.63	32.43	32.22	32.02	31.81	31.61	31.41	31.20	31.00	30.80
32.73	32.53	32.32	32.12	31.91	31.71	31.51	31.30	31.10	30.90
32.83	32.63	32.42	32.22	32.02	31.81	31.61	31.41	31.20	31.00
32.94	32.73	32.52	32.32	32.12	31.91	31.71	31.51	31.30	31.10
33.04	32.83	32.63	32.42	32.22	32.01	31.81	31.61	31.40	31.20
33.14	32.93	32.73	32.52	32.32	32.11	31.91	31.71	31.50	31.30
33.24	33.03	32.83	32.62	32.42	32.21	32.01	31.81	31.60	31.40
33.34	33.13	32.93	32.72	32.52	32.31	32.11	31.91	31.70	31.50
33.44	33.23	33.03	32.82	32.62	32.41	32.21	32.01	31.80	31.60
33.54	33.33	33.13	32.92	32.72	32.51	32.31	32.11	31.90	31.70
33.64	33.43	33.23	33.02	32.82	32.61	32.41	32.21	32.00	31.80
33.74	33.54	33.33	33.12	32.92	32.72	32.51	32.31	32.10	31.90
33.84	33.64	33.43	33.22	33.02	32.82	32.61	32.41	32.20	32.00
33.94	33.74	33.53	33.33	33.12	32.92	32.71	32.51	32.30	32.10
34.04	33.84	33.63	33.43	33.22	33.02	32.81	32.61	32.40	32.20
34.14	33.94	33.73	33.53	33.32	33.12	32.91	32.71	32.50	32.30
34.24	34.04	33.83	33.63	33.42	33.22	33.01	32.81	32.60	32.40
34.34	34.14	33.93	33.73	33.52	33.32	33.11	32.91	32.70	32.50
34.44	34.24	34.03	33.83	33.62	33.42	33.21	33.01	32.80	32.60
34.54	34.34	34.13	33.93	33.72	33.52	33.31	33.11	32.90	32.70
34.64	34.44	34.23	34.03	33.82	33.62	33.41	33.21	33.00	32.80
34.74	34.54	34.33	34.13	33.92	33.72	33.51	33.31	33.10	32.90
34.84	34.64	34.43	34.23	34.02	33.82	33.61	33.41	33.20	33.00
34.94	34.74	34.53	34.33	34.12	33.92	33.71	33.51	33.30	33.10
35.04	34.84	34.63	34.43	34.22	34.02	33.81	33.61	33.40	33.20
35.14	34.94	34.73	34.53	34.32	34.12	33.91	33.71	33.50	33.30
35.24	35.04	34.83	34.63	34.42	34.22	34.01	33.81	33.60	33.40
35.34	35.14	34.93	34.73	34.52	34.32	34.11	33.91	33.70	33.50
35.44	35.24	35.03	34.83	34.62	34.42	34.21	34.01	33.80	33.60
35.54	35.34	35.13	34.93	34.72	34.52	34.31	34.11	33.90	33.70
35.64	35.44	35.23	35.03	34.82	34.62	34.41	34.21	34.00	33.80
35.74	35.54	35.33	35.13	34.92	34.72	34.51	34.31	34.10	33.90
35.84	35.64	35.43	35.23	35.02	34.82	34.61	34.41	34.20	34.00
35.94	35.74	35.53	35.33	35.12	34.92	34.71	34.51	34.30	34.10
36.04	35.84	35.63	35.43	35.22	35.02	34.81	34.61	34.40	34.20
36.14	35.94	35.73	35.53	35.32	35.12	34.91	34.71	34.50	34.30
36.24	36.04	35.83	35.63	35.42	35.22	35.01	34.81	34.60	34.40
36.34	36.14	35.93	35.73	35.52	35.32	35.11	34.91	34.70	34.50
36.44	36.24	36.03	35.83	35.62	35.42	35.21	35.01	34.80	34.60
36.54	36.34	36.13	35.93	35.72	35.52	35.31	35.11	34.90	34.70
36.64	36.44	36.23	36.03	35.82	35.62	35.41	35.21	35.00	34.80
36.74	36.54	36.33	36.13	35.92	35.72	35.51	35.31	35.10	34.90

表 B.1

酒精度 (ALC)/(%vol)	酒精计温度										
	10	10.5	11	11.5	12	12.5	13	13.5	14	14.5	15
35	39.10	38.90	38.69	38.43	38.28	38.07	37.87	37.66	37.46	37.25	37.05
35.1	39.20	39.00	38.79	38.58	38.38	38.17	37.97	37.76	37.56	37.35	37.15
35.2	39.30	39.09	38.89	38.68	38.48	38.27	38.07	37.86	37.66	37.45	37.25
35.3	39.40	39.19	38.99	38.78	38.58	38.37	38.17	37.96	37.76	37.55	37.34
35.4	39.50	39.29	39.09	38.88	38.67	38.47	38.26	38.06	37.85	37.65	37.44
35.5	39.59	39.39	39.18	38.98	38.77	38.57	38.36	38.16	37.95	37.75	37.54
35.6	39.69	39.49	39.28	39.08	38.87	38.67	38.46	38.26	38.05	37.85	37.64
35.7	39.79	39.59	39.38	39.18	38.97	38.77	38.56	38.36	38.15	37.95	37.74
35.8	39.89	39.68	39.48	39.27	39.07	38.86	38.66	38.46	38.25	38.05	37.84
35.9	39.99	39.78	39.58	39.37	39.17	38.96	38.76	38.55	38.35	38.15	37.94
36	40.08	39.88	39.68	39.47	39.27	39.06	38.86	38.65	38.45	38.24	38.04
36.1	40.18	39.98	39.77	39.57	39.37	39.16	38.96	38.75	38.55	38.34	38.14
36.2	40.28	40.08	39.87	39.67	39.46	39.26	39.06	38.85	38.65	38.44	38.24
36.3	40.38	40.17	39.97	39.77	39.56	39.36	39.15	38.95	38.75	38.54	38.34
36.4	40.48	40.27	40.07	39.86	39.66	39.46	39.25	39.05	38.84	38.64	38.44
36.5	40.57	40.37	40.17	39.96	39.76	39.56	39.35	39.15	38.94	38.74	38.54
36.6	40.67	40.47	40.26	40.06	39.86	39.65	39.45	39.25	39.04	38.84	38.64
36.7	40.77	40.57	40.36	40.16	39.96	39.75	39.55	39.35	39.14	38.94	38.73
36.8	40.87	40.66	40.46	40.26	40.05	39.85	39.65	39.44	39.24	39.04	38.83
36.9	40.96	40.76	40.56	40.36	40.15	39.95	39.75	39.54	39.34	39.14	38.93
37	41.06	40.86	40.66	40.45	40.25	40.05	39.84	39.64	39.44	39.23	39.03
37.1	41.16	40.96	40.75	40.55	40.35	40.15	39.94	39.74	39.54	39.33	39.13
37.2	41.26	41.05	40.85	40.65	40.45	40.24	40.04	39.84	39.64	39.43	39.23
37.3	41.35	41.15	40.95	40.75	40.54	40.34	40.14	39.94	39.73	39.53	39.33
37.4	41.45	41.25	41.05	40.85	40.64	40.44	40.24	40.04	39.83	39.63	39.43
37.5	41.55	41.35	41.15	40.94	40.74	40.54	40.34	40.13	39.93	39.73	39.53
37.6	41.65	41.45	41.24	41.04	40.84	40.64	40.44	40.23	40.03	39.83	39.63
37.7	41.74	41.54	41.34	41.14	40.94	40.74	40.53	40.33	40.13	39.93	39.72
37.8	41.84	41.64	41.44	41.24	41.04	40.83	40.63	40.43	40.23	40.03	39.82
37.9	41.94	41.74	41.54	41.34	41.13	40.93	40.73	40.53	40.33	40.12	39.92
38	42.04	41.84	41.63	41.43	41.23	41.03	40.83	40.63	40.43	40.22	40.02
38.1	42.13	41.93	41.73	41.53	41.33	41.13	40.93	40.73	40.52	40.32	40.12
38.2	42.23	42.03	41.83	41.63	41.43	41.23	41.03	40.82	40.62	40.42	40.22
38.3	42.33	42.13	41.93	41.73	41.53	41.32	41.12	40.92	40.72	40.52	40.32
38.4	42.43	42.23	42.02	41.82	41.62	41.42	41.22	41.02	40.82	40.62	40.42
38.5	42.52	42.32	42.12	41.92	41.72	41.52	41.32	41.12	40.92	40.72	40.52
38.6	42.62	42.42	42.22	42.02	41.82	41.62	41.42	41.22	41.02	40.82	40.61
38.7	42.72	42.52	42.32	42.12	41.92	41.72	41.52	41.32	41.11	40.91	40.71
38.8	42.81	42.61	42.41	42.21	42.01	41.81	41.61	41.41	41.21	41.01	40.81
38.9	42.91	42.71	42.51	42.31	42.11	41.91	41.71	41.51	41.31	41.11	40.91
39	43.01	42.81	42.61	42.41	42.21	42.01	41.81	41.61	41.41	41.21	41.01
39.1	43.11	42.91	42.71	42.51	42.31	42.11	41.91	41.71	41.51	41.31	41.11
39.2	43.20	43.00	42.80	42.61	42.41	42.21	42.01	41.81	41.61	41.41	41.21
39.3	43.30	43.10	42.90	42.70	42.50	42.30	42.11	41.91	41.71	41.51	41.31
39.4	43.40	43.20	43.00	42.80	42.60	42.40	42.20	42.00	41.80	41.60	41.40
39.5	43.49	43.30	43.10	42.90	42.70	42.50	42.30	42.10	41.90	41.70	41.50
39.6	43.59	43.39	43.19	43.00	42.80	42.60	42.40	42.20	42.00	41.80	41.60
39.7	43.69	43.49	43.29	43.09	42.89	42.70	42.50	42.30	42.10	41.90	41.70
39.8	43.78	43.59	43.39	43.19	42.99	42.79	42.60	42.40	42.20	42.00	41.80
39.9	43.88	43.68	43.49	43.29	43.09	42.89	42.69	42.49	42.30	42.10	41.90

(续)

单位为%vol

(t)/℃									
15.5	16	16.5	17	17.5	18	18.5	19	19.5	20
36.84	36.64	36.43	36.23	36.02	35.82	35.61	35.41	35.20	35.00
36.94	36.74	36.53	36.33	36.12	35.92	35.71	35.51	35.30	35.10
37.04	36.84	36.63	36.43	36.22	36.02	35.81	35.61	35.40	35.20
37.14	36.94	36.73	36.53	36.32	36.12	35.91	35.71	35.50	35.30
37.24	37.03	36.83	36.63	36.42	36.22	36.01	35.81	35.60	35.40
37.34	37.13	36.93	36.73	36.52	36.32	36.11	35.91	35.70	35.50
37.44	37.23	37.03	36.82	36.62	36.42	36.21	36.01	35.80	35.60
37.54	37.33	37.13	36.92	36.72	36.52	36.31	36.11	35.90	35.70
37.64	37.43	37.23	37.02	36.82	36.62	36.41	36.21	36.00	35.80
37.74	37.53	37.33	37.12	36.92	36.72	36.51	36.31	36.10	35.90
37.84	37.63	37.43	37.22	37.02	36.82	36.61	36.41	36.20	36.00
37.94	37.73	37.53	37.32	37.12	36.92	36.71	36.51	36.30	36.10
38.03	37.83	37.63	37.42	37.22	37.01	36.81	36.61	36.40	36.20
38.13	37.93	37.73	37.52	37.32	37.11	36.91	36.71	36.50	36.30
38.23	38.03	37.83	37.62	37.42	37.21	37.01	36.81	36.60	36.40
38.33	38.13	37.93	37.72	37.52	37.31	37.11	36.91	36.70	36.50
38.43	38.23	38.02	37.82	37.62	37.41	37.21	37.01	36.80	36.60
38.53	38.33	38.12	37.92	37.72	37.51	37.31	37.11	36.90	36.70
38.63	38.43	38.22	38.02	37.82	37.61	37.41	37.21	37.00	36.80
38.73	38.53	38.32	38.12	37.92	37.71	37.51	37.31	37.10	36.90
38.83	38.63	38.42	38.22	38.02	37.81	37.61	37.41	37.20	37.00
38.93	38.72	38.52	38.32	38.12	37.91	37.71	37.51	37.30	37.10
39.03	38.82	38.62	38.42	38.21	38.01	37.81	37.61	37.40	37.20
39.13	38.92	38.72	38.52	38.31	38.11	37.91	37.71	37.50	37.30
39.23	39.02	38.82	38.62	38.41	38.21	38.01	37.81	37.60	37.40
39.32	39.12	38.92	38.72	38.51	38.31	38.11	37.91	37.70	37.50
39.42	39.22	39.02	38.82	38.61	38.41	38.21	38.01	37.80	37.60
39.52	39.32	39.12	38.92	38.71	38.51	38.31	38.11	37.90	37.70
39.62	39.42	39.22	39.01	38.81	38.61	38.41	38.20	38.00	37.80
39.72	39.52	39.32	39.11	38.91	38.71	38.51	38.30	38.10	37.90
39.82	39.62	39.42	39.21	39.01	38.81	38.61	38.40	38.20	38.00
39.92	39.72	39.51	39.31	39.11	38.91	38.71	38.50	38.30	38.10
40.02	39.82	39.61	39.41	39.21	39.01	38.81	38.60	38.40	38.20
40.12	39.91	39.71	39.51	39.31	39.11	38.91	38.70	38.50	38.30
40.22	40.01	39.81	39.61	39.41	39.21	39.01	38.80	38.60	38.40
40.31	40.11	39.91	39.71	39.51	39.31	39.11	38.90	38.70	38.50
40.41	40.21	40.01	39.81	39.61	39.41	39.21	39.00	38.80	38.60
40.51	40.31	40.11	39.91	39.71	39.51	39.30	39.10	38.90	38.70
40.61	40.41	40.21	40.01	39.81	39.61	39.40	39.20	39.00	38.80
40.71	40.51	40.31	40.11	39.91	39.71	39.50	39.30	39.10	38.90
40.81	40.61	40.41	40.21	40.01	39.80	39.60	39.40	39.20	39.00
40.91	40.71	40.51	40.31	40.11	39.90	39.70	39.50	39.30	39.10
41.01	40.81	40.61	40.41	40.20	40.00	39.80	39.60	39.40	39.20
41.11	40.91	40.71	40.50	40.30	40.10	39.90	39.70	39.50	39.30
41.20	41.00	40.80	40.60	40.40	40.20	40.00	39.80	39.60	39.40
41.30	41.10	40.90	40.70	40.50	40.30	40.10	39.90	39.70	39.50
41.40	41.20	41.00	40.80	40.60	40.40	40.20	40.00	39.80	39.60
41.50	41.30	41.10	40.90	40.70	40.50	40.30	40.10	39.90	39.70
41.60	41.40	41.20	41.00	40.80	40.60	40.40	40.20	40.00	39.80
41.70	41.50	41.30	41.10	40.90	40.70	40.50	40.30	40.10	39.90

表 B.1

酒精度 (ALC)/(%vol)	酒精计温度										
	10	10.5	11	11.5	12	12.5	13	13.5	14	14.5	15
40	43.98	43.78	43.58	43.39	43.19	42.99	42.79	42.59	42.39	42.20	42.00
40.1	44.08	43.88	43.68	43.48	43.29	43.09	42.89	42.69	42.49	42.29	42.10
40.2	44.17	43.98	43.78	43.58	43.38	43.19	42.99	42.79	42.59	42.39	42.19
40.3	44.27	44.07	43.88	43.68	43.48	43.28	43.09	42.89	42.69	42.49	42.29
40.4	44.37	44.17	43.97	43.78	43.58	43.38	43.18	42.99	42.79	42.59	42.39
40.5	44.46	44.27	44.07	43.87	43.68	43.48	43.28	43.08	42.89	42.69	42.49
40.6	44.56	44.36	44.17	43.97	43.77	43.58	43.38	43.18	42.98	42.79	42.59
40.7	44.66	44.46	44.26	44.07	43.87	43.67	43.48	43.28	43.08	42.88	42.69
40.8	44.75	44.56	44.36	44.17	43.97	43.77	43.58	43.38	43.18	42.98	42.79
40.9	44.85	44.66	44.46	44.26	44.07	43.87	43.67	43.48	43.28	43.08	42.88
41	44.95	44.75	44.56	44.36	44.16	43.97	43.77	43.57	43.38	43.18	42.98
41.1	45.04	44.85	44.65	44.46	44.26	44.07	43.87	43.67	43.48	43.28	43.08
41.2	45.14	44.95	44.75	44.56	44.36	44.16	43.97	43.77	43.57	43.38	43.18
41.3	45.24	45.04	44.85	44.65	44.46	44.26	44.07	43.87	43.67	43.48	43.28
41.4	45.34	45.14	44.95	44.75	44.55	44.36	44.16	43.97	43.77	43.57	43.38
41.5	45.43	45.24	45.04	44.85	44.65	44.46	44.26	44.06	43.87	43.67	43.48
41.6	45.53	45.33	45.14	44.94	44.75	44.55	44.36	44.16	43.97	43.77	43.57
41.7	45.63	45.43	45.24	45.04	44.85	44.65	44.46	44.26	44.07	43.87	43.67
41.8	45.72	45.53	45.33	45.14	44.94	44.75	44.55	44.36	44.16	43.97	43.77
41.9	45.82	45.63	45.43	45.24	45.04	44.85	44.65	44.46	44.26	44.07	43.87
42	45.92	45.72	45.53	45.33	45.14	44.95	44.75	44.56	44.36	44.16	43.97
42.1	46.01	45.82	45.63	45.43	45.24	45.04	44.85	44.65	44.46	44.26	44.07
42.2	46.11	45.92	45.72	45.53	45.33	45.14	44.95	44.75	44.56	44.36	44.17
42.3	46.21	46.01	45.82	45.63	45.43	45.24	45.04	44.85	44.65	44.46	44.26
42.4	46.30	46.11	45.92	45.72	45.53	45.34	45.14	44.95	44.75	44.56	44.36
42.5	46.40	46.21	46.01	45.82	45.63	45.43	45.24	45.05	44.85	44.66	44.46
42.6	46.50	46.30	46.11	45.92	45.72	45.53	45.34	45.14	44.95	44.75	44.56
42.7	46.59	46.40	46.21	46.02	45.82	45.63	45.44	45.24	45.05	44.85	44.66
42.8	46.69	46.50	46.31	46.11	45.92	45.73	45.53	45.34	45.15	44.95	44.76
42.9	46.79	46.60	46.40	46.21	46.02	45.82	45.63	45.44	45.24	45.05	44.86
43	46.88	46.69	46.50	46.31	46.12	45.92	45.73	45.54	45.34	45.15	44.95
43.1	46.98	46.79	46.60	46.41	46.21	46.02	45.83	45.63	45.44	45.25	45.05
43.2	47.08	46.89	46.69	46.50	46.31	46.12	45.92	45.73	45.54	45.34	45.15
43.3	47.17	46.98	46.79	46.60	46.41	46.22	46.02	45.83	45.64	45.44	45.25
43.4	47.27	47.08	46.89	46.70	46.51	46.31	46.12	45.93	45.73	45.54	45.35
43.5	47.37	47.18	46.99	46.79	46.60	46.41	46.22	46.03	45.83	45.64	45.45
43.6	47.46	47.27	47.08	46.89	46.70	46.51	46.32	46.12	45.93	45.74	45.54
43.7	47.56	47.37	47.18	46.99	46.80	46.61	46.41	46.22	46.03	45.84	45.64
43.8	47.66	47.47	47.28	47.09	46.90	46.70	46.51	46.32	46.13	45.93	45.74
43.9	47.76	47.56	47.37	47.18	46.99	46.80	46.61	46.42	46.23	46.03	45.84
44	47.85	47.66	47.47	47.28	47.09	46.90	46.71	46.52	46.32	46.13	45.94
44.1	47.95	47.76	47.57	47.38	47.19	47.00	46.81	46.61	46.42	46.23	46.04
44.2	48.05	47.86	47.67	47.48	47.29	47.09	46.90	46.71	46.52	46.33	46.14
44.3	48.14	47.95	47.76	47.57	47.38	47.19	47.00	46.81	46.62	46.43	46.23
44.4	48.24	48.05	47.86	47.67	47.48	47.29	47.10	46.91	46.72	46.52	46.33
44.5	48.34	48.15	47.96	47.77	47.58	47.39	47.20	47.01	46.81	46.62	46.43
44.6	48.43	48.24	48.05	47.86	47.68	47.48	47.29	47.10	46.91	46.72	46.53
44.7	48.53	48.34	48.15	47.96	47.77	47.58	47.39	47.20	47.01	46.82	46.63
44.8	48.63	48.44	48.25	48.06	47.87	47.68	47.49	47.30	47.11	46.92	46.73
44.9	48.72	48.53	48.35	48.16	47.97	47.78	47.59	47.40	47.21	47.02	46.83
45	48.82	48.63	48.44	48.25	48.07	47.88	47.69	47.50	47.31	47.11	46.92

（续）

单位为%vol

(t)/℃									
15.5	16	16.5	17	17.5	18	18.5	19	19.5	20
41.80	41.60	41.40	41.20	41.00	40.80	40.60	40.46	40.20	40.00
41.90	41.70	41.50	41.30	41.10	40.90	40.70	40.50	40.30	40.10
42.00	41.80	41.60	41.40	41.20	41.00	40.80	40.60	40.40	40.20
42.09	41.90	41.70	41.50	41.30	41.10	40.90	40.70	40.50	40.30
42.19	41.99	41.80	41.60	41.40	41.20	41.00	40.80	40.60	40.40
42.29	42.09	41.89	41.70	41.50	41.30	41.10	40.90	40.70	40.50
42.39	42.19	41.99	41.79	41.60	41.40	41.20	41.00	40.80	40.60
42.49	42.29	42.09	41.89	41.70	41.50	41.30	41.10	40.90	40.70
42.59	42.39	42.19	41.99	41.79	41.60	41.40	41.20	41.00	40.80
42.69	42.49	42.29	42.09	41.89	41.70	41.50	41.30	41.10	40.90
42.79	42.59	42.39	42.19	41.99	41.79	41.60	41.40	41.20	41.00
42.88	42.69	42.49	42.29	42.09	41.89	41.70	41.50	41.30	41.10
42.98	42.79	42.59	42.39	42.19	41.99	41.80	41.60	41.40	41.20
43.08	42.88	42.69	42.49	42.29	42.09	41.90	41.70	41.50	41.30
43.18	42.98	42.79	42.59	42.39	42.19	41.99	41.80	41.60	41.40
43.28	43.08	42.88	42.69	42.49	42.29	42.09	41.90	41.70	41.50
43.38	43.18	42.98	42.79	42.59	42.39	42.19	42.00	41.80	41.60
43.48	43.28	43.08	42.89	42.69	42.49	42.29	42.10	41.90	41.70
43.58	43.38	43.18	42.98	42.79	42.59	42.39	42.20	42.00	41.80
43.67	43.48	43.28	43.08	42.89	42.69	42.49	42.30	42.10	41.90
43.77	43.58	43.38	43.18	42.99	42.79	42.59	42.40	42.20	42.00
43.87	43.68	43.48	43.28	43.09	42.89	42.69	42.49	42.30	42.10
43.97	43.77	43.58	43.38	43.19	42.99	42.79	42.59	42.40	42.20
44.07	43.87	43.68	43.48	43.28	43.09	42.89	42.69	42.50	42.30
44.17	43.97	43.78	43.58	43.38	43.19	42.99	42.79	42.60	42.40
44.27	44.07	43.87	43.68	43.48	43.29	43.09	42.89	42.70	42.50
44.36	44.17	43.97	43.78	43.58	43.39	43.19	42.99	42.80	42.60
44.46	44.27	44.07	43.88	43.68	43.49	43.29	43.09	42.90	42.70
44.56	44.37	44.17	43.98	43.78	43.59	43.39	43.19	43.00	42.80
44.66	44.47	44.27	44.08	43.88	43.68	43.49	43.29	43.10	42.90
44.76	44.56	44.37	44.17	43.98	43.78	43.59	43.39	43.20	43.00
44.86	44.66	44.47	44.27	44.08	43.88	43.69	43.49	43.30	43.10
44.96	44.76	44.57	44.37	44.18	43.98	43.79	43.59	43.40	43.20
45.06	44.86	44.67	44.47	44.28	44.08	43.89	43.69	43.50	43.30
45.15	44.96	44.77	44.57	44.38	44.18	43.99	43.79	43.60	43.40
45.25	45.06	44.86	44.67	44.48	44.28	44.09	43.89	43.70	43.50
45.35	45.16	44.96	44.77	44.58	44.38	44.19	43.99	43.80	43.60
45.45	45.26	45.06	44.87	44.67	44.48	44.29	44.09	43.90	43.70
45.55	45.36	45.16	44.97	44.77	44.58	44.38	44.19	44.00	43.80
45.65	45.45	45.26	45.07	44.87	44.68	44.48	44.29	44.10	43.90
45.75	45.55	45.36	45.17	44.97	44.78	44.58	44.39	44.19	44.00
45.84	45.65	45.46	45.27	45.07	44.88	44.68	44.49	44.29	44.10
45.94	45.75	45.56	45.36	45.17	44.98	44.78	44.59	44.39	44.20
46.04	45.85	45.66	45.46	45.27	45.08	44.88	44.69	44.49	44.30
46.14	45.95	45.76	45.56	45.37	45.18	44.98	44.79	44.59	44.40
46.24	46.05	45.85	45.66	45.47	45.28	45.08	44.89	44.69	44.50
46.34	46.15	45.95	45.76	45.57	45.37	45.18	45.99	44.79	44.60
46.44	46.24	46.05	45.86	45.67	45.47	45.28	45.09	44.89	44.70
46.54	46.34	46.15	45.96	45.77	45.57	45.38	45.19	44.99	44.80
46.63	46.44	46.25	46.06	45.87	45.67	45.48	45.29	45.09	44.90
46.73	46.54	46.35	46.16	45.96	45.77	45.58	45.39	45.19	45.00

表 B.2 酒精计温度(*t*)与 20 ℃时酒精度(ALC)换算表

酒精度(ALC)/(%vol)	酒精计温度														
	20.5	21	21.5	22	22.5	23	23.5	24	24.5	25	25.5	26	26.5	27	27.5
35	34.80	34.59	34.39	34.18	33.98	33.78	33.57	33.37	33.17	32.96	32.76	32.56	32.36	32.15	31.95
35.1	34.90	34.69	34.49	34.28	34.08	33.88	33.67	33.47	33.27	33.06	32.86	32.66	32.46	32.25	32.05
35.2	35.00	34.79	34.59	34.38	34.18	33.98	33.77	33.57	33.37	33.16	32.96	32.76	32.56	32.35	32.15
35.3	35.10	34.89	34.69	34.48	34.28	34.08	33.87	33.67	33.47	33.26	33.06	32.86	32.66	32.45	32.25
35.4	35.20	34.99	34.79	34.58	34.38	34.18	33.97	33.77	33.57	33.36	33.16	32.96	32.76	32.55	32.35
35.5	35.30	35.09	34.89	34.68	34.48	34.28	34.07	33.87	33.67	33.46	33.26	33.06	32.86	32.65	32.45
35.6	35.40	35.19	34.99	34.78	34.58	34.38	34.17	33.97	33.77	33.56	33.36	33.16	32.96	32.75	32.55
35.7	35.50	35.29	35.09	34.89	34.68	34.48	34.27	34.07	33.87	33.66	33.46	33.26	33.06	32.85	32.65
35.8	35.60	35.39	35.19	34.99	34.78	34.58	34.37	34.17	33.97	33.76	33.56	33.36	33.16	32.96	32.75
35.9	35.70	35.49	35.29	35.09	34.88	34.68	34.48	34.27	34.07	33.87	33.66	33.46	33.26	33.05	32.85
36	35.80	35.59	35.39	35.19	34.98	34.78	34.58	34.37	34.17	33.97	33.76	33.56	33.36	33.15	32.95
36.1	35.90	35.69	35.49	35.29	35.08	34.88	34.68	34.47	34.27	34.07	33.86	33.66	33.46	33.25	33.05
36.2	36.00	35.79	35.59	35.39	35.18	34.98	34.78	34.57	34.37	34.17	33.96	33.76	33.56	33.35	33.15
36.3	36.10	35.89	35.69	35.49	35.28	35.08	34.88	34.67	34.47	34.27	34.06	33.86	33.66	33.45	33.25
36.4	36.20	35.99	35.79	35.59	35.38	35.18	34.98	34.77	34.57	34.37	34.16	33.96	33.76	33.55	33.35
36.5	36.30	36.09	35.89	35.69	35.48	35.28	35.08	34.87	34.67	34.47	34.26	34.06	33.86	33.65	33.45
36.6	36.40	36.19	35.99	35.79	35.58	35.38	35.18	34.97	34.77	34.57	34.36	34.16	33.96	33.76	33.55
36.7	36.50	36.29	36.09	35.89	35.68	35.48	35.28	35.07	34.87	34.67	34.46	34.26	34.06	33.86	33.65
36.8	36.60	36.39	36.19	35.99	35.78	35.58	35.38	35.17	34.97	34.77	34.57	34.36	34.16	33.96	33.75
36.9	36.70	36.49	36.29	36.09	35.88	35.68	35.48	35.27	35.07	34.87	34.67	34.46	34.26	34.06	33.85
37	36.80	36.59	36.39	36.19	35.98	35.78	35.58	35.38	35.17	34.97	34.77	34.56	34.36	34.16	33.95
37.1	36.90	36.69	36.49	36.29	36.08	35.88	35.68	35.48	35.27	35.07	34.87	34.66	34.46	34.26	34.05
37.2	37.00	36.79	36.59	36.39	36.19	35.98	35.78	35.58	35.37	35.17	34.97	34.76	34.56	34.36	34.16
37.3	37.10	36.89	36.69	36.49	36.29	36.08	35.88	35.68	35.47	35.27	35.07	34.86	34.66	34.46	34.26
37.4	37.20	36.99	36.79	36.59	36.39	36.18	35.98	35.78	35.57	35.37	35.17	34.97	34.76	34.56	34.36
37.5	37.30	37.09	36.89	36.69	36.49	36.28	36.08	35.88	35.67	35.47	35.27	35.07	34.86	34.66	34.46
37.6	37.40	37.19	36.99	36.79	36.59	36.38	36.18	35.98	35.78	35.57	35.37	35.17	34.96	34.76	34.56
37.7	37.50	37.29	37.09	36.89	36.69	36.48	36.28	36.08	35.88	35.67	35.47	35.27	35.06	34.86	34.66
37.8	37.60	37.39	37.19	36.99	36.79	36.58	36.38	36.18	35.98	35.77	35.57	35.37	35.17	34.96	34.76
37.9	37.70	37.50	37.29	37.09	36.89	36.69	36.48	36.28	36.08	35.87	35.67	35.47	35.27	35.06	34.86
38	37.80	37.60	37.39	37.19	36.99	36.79	36.58	36.38	36.18	35.98	35.77	35.57	35.37	35.16	34.96
38.1	37.90	37.70	37.49	37.29	37.09	36.89	36.68	36.48	36.28	36.08	35.87	35.67	35.47	35.27	35.06
38.2	38.00	37.80	37.59	37.39	37.19	36.99	36.78	36.58	36.38	36.18	35.97	35.77	35.57	35.37	35.16
38.3	38.10	37.90	37.69	37.49	37.29	37.09	36.88	36.68	36.48	36.28	36.07	35.87	35.67	35.47	35.26
38.4	38.20	38.00	37.79	37.59	37.39	37.19	36.99	36.78	36.58	36.38	36.18	35.97	35.77	35.57	35.37
38.5	38.30	38.10	37.89	37.69	37.49	37.29	37.09	36.88	36.68	36.48	36.28	36.07	35.87	35.67	35.47
38.6	38.40	38.20	37.99	37.79	37.59	37.39	37.19	36.98	36.78	36.58	36.38	36.17	35.97	35.77	35.57
38.7	38.50	38.30	38.09	37.89	37.69	37.49	37.29	37.08	36.88	36.68	36.48	36.28	36.07	35.87	35.67
38.8	38.60	38.40	38.20	37.99	37.79	37.59	37.39	37.19	36.98	36.78	36.58	36.38	36.17	35.97	35.77
38.9	38.70	38.50	38.30	38.09	37.89	37.69	37.49	37.29	37.08	36.88	36.68	36.48	36.28	36.07	35.87
39	38.80	38.60	38.40	38.19	37.99	37.79	37.59	37.39	37.19	36.98	36.78	36.58	36.38	36.17	35.97
39.1	38.90	38.70	38.50	38.29	38.09	37.89	37.69	37.49	37.29	37.08	36.88	36.68	36.48	36.28	36.07
39.2	39.00	38.80	38.60	38.39	38.19	37.99	37.79	37.59	37.39	37.18	36.98	36.78	36.58	36.38	36.17
39.3	39.10	38.90	38.70	38.50	38.29	38.09	37.89	37.69	37.49	37.29	37.08	36.88	36.68	36.48	36.28
39.4	39.20	39.00	38.80	38.60	38.39	38.19	37.99	37.79	37.59	37.39	37.18	36.98	36.78	36.58	36.38
39.5	39.30	39.10	38.90	38.70	38.49	38.29	38.09	37.89	37.69	37.49	37.29	37.08	36.88	36.68	36.48
39.6	39.40	39.20	39.00	38.80	38.60	38.39	38.19	37.99	37.79	37.59	37.39	37.19	36.98	36.78	36.58
39.7	39.50	39.30	39.10	38.90	38.70	38.49	38.29	38.09	37.89	37.69	37.49	37.29	37.08	36.88	36.68
39.8	39.60	39.40	39.20	39.00	38.80	38.60	38.39	38.19	37.99	37.79	37.59	37.39	37.19	36.98	36.78
39.9	39.70	39.50	39.30	39.10	38.90	38.70	38.50	38.29	38.09	37.89	37.69	37.49	37.29	37.09	36.88

（酒精计温度范围 20.5 ℃～35 ℃，间隔 0.5 ℃）

单位为%vol

(t)/℃														
28	28.5	29	29.5	30	30.5	31	31.5	32	32.5	33	33.5	34	34.5	35
31.75	31.55	31.34	31.14	30.94	30.74	30.53	30.33	30.13	29.93	29.73	29.53	29.32	29.12	28.92
31.85	31.64	31.44	31.24	31.04	30.84	30.63	30.43	30.23	30.03	29.83	29.62	29.42	29.22	29.02
31.95	31.74	31.54	31.34	31.14	30.93	30.73	30.53	30.33	30.13	29.93	29.72	29.52	29.32	29.12
32.05	31.84	31.64	31.44	31.24	31.03	30.83	30.63	30.43	30.23	30.02	29.82	29.62	29.42	29.22
32.15	31.94	31.74	31.54	31.34	31.13	30.93	30.73	30.53	30.33	30.12	29.92	29.72	29.52	29.32
32.25	32.04	31.84	31.64	31.44	31.23	31.03	30.83	30.63	30.42	30.22	30.02	29.82	29.62	29.42
32.35	32.14	31.94	31.74	31.54	31.33	31.13	30.93	30.73	30.52	30.32	30.12	29.92	29.72	29.51
32.45	32.24	32.04	31.84	31.64	31.43	31.23	31.03	30.83	30.62	30.42	30.22	30.02	29.82	29.61
32.55	32.34	32.14	31.94	31.74	31.53	31.33	31.13	30.93	30.72	30.52	30.32	30.12	29.91	29.71
32.65	32.44	32.24	32.04	31.84	31.63	31.43	31.23	31.03	30.82	30.62	30.42	30.22	30.01	29.81
32.75	32.54	32.34	32.14	31.94	31.73	31.53	31.33	31.13	30.92	30.72	30.52	30.32	30.11	29.91
32.85	32.64	32.44	32.24	32.04	31.83	31.63	31.43	31.23	31.02	30.82	30.62	30.42	30.21	30.01
32.95	32.74	32.54	32.34	32.14	31.93	31.73	31.53	31.33	31.12	30.92	30.72	30.52	30.31	30.11
33.05	32.84	32.64	32.44	32.24	32.03	31.83	31.63	31.43	31.22	31.02	30.82	30.62	30.41	30.21
33.15	32.95	32.74	32.54	32.34	32.13	31.93	31.73	31.53	31.32	31.12	30.92	30.71	30.51	30.31
33.25	33.05	32.84	32.64	32.44	32.23	32.03	31.83	31.63	31.42	31.22	31.02	30.81	30.61	30.41
33.35	33.15	32.94	32.74	32.54	32.33	32.13	31.93	31.73	31.52	31.32	31.12	30.91	30.71	30.51
33.45	33.25	33.04	32.84	32.64	32.43	32.23	32.03	31.83	31.62	31.42	31.22	31.01	30.81	30.61
33.55	33.35	33.14	32.94	32.74	32.54	32.33	32.13	31.93	31.72	31.52	31.32	31.12	30.91	30.71
33.65	33.45	33.24	33.04	32.84	32.64	32.43	32.23	32.03	31.82	31.62	31.42	31.22	31.01	30.81
33.75	33.55	33.34	33.14	32.94	32.74	32.53	32.33	32.13	31.92	31.72	31.52	31.32	31.11	30.91
33.85	33.65	33.45	33.24	33.04	32.84	32.63	32.43	32.23	32.02	31.82	31.62	31.42	31.21	31.01
33.95	33.75	33.55	33.34	33.14	32.94	32.73	32.53	32.33	32.13	31.92	31.72	31.52	31.31	31.11
34.05	33.85	33.65	33.44	33.24	33.04	32.83	32.63	32.43	32.23	32.02	31.82	31.62	31.41	31.21
34.15	33.95	33.75	33.54	33.34	33.14	32.94	32.73	32.53	32.33	32.12	31.92	31.72	31.51	31.31
34.25	34.05	33.85	33.65	33.44	33.24	33.04	32.83	32.63	32.43	32.22	32.02	31.82	31.62	31.41
34.36	34.15	33.95	33.75	33.54	33.34	33.14	32.93	32.73	32.53	32.32	32.12	31.92	31.72	31.51
34.46	34.25	34.05	33.85	33.64	33.44	33.24	33.04	32.83	32.63	32.43	32.22	32.02	31.82	31.61
34.56	34.35	34.15	33.95	33.75	33.54	33.34	33.14	32.93	32.73	32.53	32.32	32.12	31.92	31.71
34.66	34.45	34.25	34.05	33.85	33.64	33.44	33.24	33.03	32.83	32.63	32.42	32.22	32.02	31.81
34.76	34.56	34.35	34.15	33.95	33.74	33.54	33.34	33.13	32.93	32.73	32.53	32.32	32.12	31.92
34.86	34.66	34.45	34.25	34.05	33.85	33.64	33.44	33.24	33.03	32.83	32.63	32.42	32.22	32.02
34.96	34.76	34.55	34.35	34.15	33.95	33.74	33.54	33.34	33.13	32.93	32.73	32.52	32.32	32.12
35.06	34.86	34.66	34.45	34.25	34.05	33.84	33.64	33.44	33.24	33.03	32.83	32.63	32.42	32.22
35.16	34.96	34.76	34.55	34.35	34.15	33.95	33.74	33.54	33.34	33.13	32.93	32.73	32.52	32.32
35.26	35.06	34.86	34.66	34.45	34.25	34.05	33.84	33.64	33.44	33.23	33.03	32.83	32.62	32.42
35.36	35.16	34.96	34.76	34.55	34.35	34.15	33.95	33.74	33.54	33.34	33.13	32.93	32.73	32.52
35.47	35.26	35.06	34.86	34.66	34.45	34.25	34.05	33.84	33.64	33.44	33.23	33.03	32.83	32.62
35.57	35.36	35.16	34.96	34.76	34.55	34.35	34.15	33.94	33.74	33.54	33.34	33.13	32.93	32.73
35.67	35.47	35.26	35.06	34.86	34.66	34.45	34.25	34.05	33.84	33.64	33.44	33.23	33.03	32.83
35.77	35.57	35.36	35.16	34.96	34.76	34.55	34.35	34.15	33.94	33.74	33.54	33.34	33.13	32.93
35.87	35.67	35.47	35.26	35.06	34.86	34.66	34.45	34.25	34.05	33.84	33.64	33.44	33.23	33.03
35.97	35.77	35.57	35.36	35.16	34.96	34.76	34.55	34.35	34.15	33.94	33.74	33.54	33.34	33.13
36.07	35.87	35.67	35.47	35.26	35.06	34.86	34.66	34.45	34.25	34.05	33.84	33.64	33.44	33.23
36.17	35.97	35.77	35.57	35.37	35.16	34.96	34.76	34.55	34.35	34.15	33.95	33.74	33.54	33.34
36.28	36.07	35.87	35.67	35.47	35.26	35.06	34.86	34.66	34.45	34.25	34.05	33.84	33.64	33.44
36.38	36.18	35.97	35.77	35.57	35.37	35.16	34.96	34.76	34.55	34.35	34.15	33.95	33.74	33.54
36.48	36.28	36.07	35.87	35.67	35.47	35.26	35.06	34.86	34.66	34.45	34.25	34.05	33.84	33.64
36.58	36.38	36.18	35.97	35.77	35.57	35.37	35.16	34.96	34.76	34.56	34.35	34.15	33.95	33.74
36.68	36.48	36.28	36.08	35.87	35.67	35.47	35.27	35.06	34.86	34.66	34.45	34.25	34.05	33.85

表 B.2

酒精度 (ALC)/(%vol)	酒精计温度														
	20.5	21	21.5	22	22.5	23	23.5	24	24.5	25	25.5	26	26.5	27	27.5
40	39.80	39.60	39.40	39.20	39.00	38.80	38.60	38.39	38.19	37.99	37.79	37.59	37.39	37.19	36.98
40.1	39.90	39.70	39.50	39.30	39.10	38.90	38.70	38.50	38.29	38.09	37.89	37.69	37.49	37.29	37.09
40.2	40.00	39.80	39.60	39.40	39.20	39.00	38.80	38.60	38.40	38.19	37.99	37.79	37.59	37.39	37.19
40.3	40.10	39.90	39.70	39.50	39.30	39.10	38.90	38.70	38.50	38.30	38.09	37.89	37.69	37.49	37.29
40.4	40.20	40.00	39.80	39.60	39.40	39.20	39.00	38.80	38.60	38.40	38.20	37.99	37.79	37.59	37.39
40.5	40.30	40.10	39.90	39.70	39.50	39.30	39.10	38.90	38.70	38.50	38.30	38.10	37.89	37.69	37.49
40.6	40.40	40.20	40.00	39.80	39.60	39.40	39.20	39.00	38.80	38.60	38.40	38.20	38.00	37.80	37.59
40.7	40.50	40.30	40.10	39.90	39.70	39.50	39.30	39.10	38.90	38.70	38.50	38.30	38.10	37.90	37.70
40.8	40.60	40.40	40.20	40.00	39.80	39.60	39.40	39.20	39.00	38.80	38.60	38.40	38.20	38.00	37.80
40.9	40.70	40.50	40.30	40.10	39.90	39.70	39.50	39.30	39.10	38.90	38.70	38.50	38.30	38.10	37.90
41	40.80	40.60	40.40	40.20	40.00	39.80	39.60	39.40	39.20	39.00	38.80	38.60	38.40	38.20	38.00
41.1	40.90	40.70	40.50	40.30	40.10	39.90	39.70	39.50	39.30	39.10	38.90	38.70	38.50	38.30	38.10
41.2	41.00	40.80	40.60	40.40	40.20	40.00	39.81	39.61	39.41	39.21	39.01	38.80	38.60	38.40	38.20
41.3	41.10	40.90	40.70	40.50	40.31	40.11	39.91	39.71	39.51	39.31	39.11	38.91	38.71	38.51	38.30
41.4	41.20	41.00	40.80	40.60	40.41	40.21	40.01	39.81	39.61	39.41	39.21	39.01	38.81	38.61	38.41
41.5	41.30	41.10	40.90	40.71	40.51	40.31	40.11	39.91	39.71	39.51	39.31	39.11	38.91	38.71	38.51
41.6	41.40	41.20	41.00	40.81	40.61	40.41	40.21	40.01	39.81	39.61	39.41	39.21	39.01	38.81	38.61
41.7	41.50	41.30	41.10	40.91	40.71	40.51	40.31	40.11	39.91	39.71	39.51	39.31	39.11	38.91	38.71
41.8	41.60	41.40	41.21	41.01	40.81	40.61	40.41	40.21	40.01	39.81	39.61	39.41	39.21	39.01	38.81
41.9	41.70	41.50	41.31	41.11	40.91	40.71	40.51	40.31	40.11	39.91	39.71	39.51	39.31	39.11	38.91
42	41.80	41.60	41.41	41.21	41.01	40.81	40.61	40.41	40.21	40.01	39.82	39.62	39.42	39.22	39.02
42.1	41.90	41.70	41.51	41.31	41.11	40.91	40.71	40.51	40.32	40.12	39.92	39.72	39.52	39.32	39.12
42.2	42.00	41.80	41.61	41.41	41.21	41.01	40.81	40.62	40.42	40.22	40.02	39.82	39.62	39.42	39.22
42.3	42.10	41.91	41.71	41.51	41.31	41.11	40.91	40.72	40.52	40.32	40.12	39.92	39.72	39.52	39.32
42.4	42.20	42.01	41.81	41.61	41.41	41.21	41.02	40.82	40.62	40.42	40.22	40.02	39.82	39.62	39.42
42.5	42.30	42.11	41.91	41.71	41.51	41.31	41.12	40.92	40.72	40.52	40.32	40.12	39.92	39.72	39.53
42.6	42.40	42.21	42.01	41.81	41.61	41.42	41.22	41.02	40.82	40.62	40.42	40.22	40.03	39.83	39.63
42.7	42.50	42.31	42.11	41.91	41.71	41.52	41.32	41.12	40.92	40.72	40.52	40.33	40.13	39.93	39.73
42.8	42.60	42.41	42.21	42.01	41.81	41.62	41.42	41.22	41.02	40.82	40.63	40.43	40.23	40.03	39.83
42.9	42.70	42.51	42.31	42.11	41.92	41.72	41.52	41.32	41.12	40.93	40.73	40.53	40.33	40.13	39.93
43	42.80	42.61	42.41	42.21	42.02	41.82	41.62	41.42	41.23	41.03	40.83	40.63	40.43	40.23	40.03
43.1	42.90	42.71	42.51	42.31	42.12	41.92	41.72	41.52	41.33	41.13	40.93	40.73	40.53	40.34	40.14
43.2	43.00	42.81	42.61	42.41	42.22	42.02	41.82	41.63	41.43	41.23	41.03	40.83	40.64	40.44	40.24
43.3	43.10	42.91	42.71	42.51	42.32	42.12	41.92	41.73	41.53	41.33	41.13	40.94	40.74	40.54	40.34
43.4	43.20	43.01	42.81	42.62	42.42	42.22	42.02	41.83	41.63	41.43	41.23	41.04	40.84	40.64	40.44
43.5	43.30	43.11	42.91	42.72	42.52	42.32	42.13	41.93	41.73	41.53	41.34	41.14	40.94	40.74	40.54
43.6	43.40	43.21	43.01	42.82	42.62	42.42	42.23	42.03	41.83	41.64	41.44	41.24	41.04	40.84	40.65
43.7	43.50	43.31	43.11	42.92	42.72	42.52	42.33	42.13	41.93	41.74	41.54	41.34	41.14	40.95	40.75
43.8	43.60	43.41	43.21	43.02	42.82	42.62	42.43	42.23	42.03	41.84	41.64	41.44	41.25	41.05	40.85
43.9	43.70	43.51	43.31	43.12	42.92	42.73	42.53	42.33	42.14	41.94	41.74	41.54	41.35	41.15	40.95
44	43.80	43.61	43.41	43.22	43.02	42.83	42.63	42.43	42.24	42.04	41.84	41.65	41.45	41.25	41.05
44.1	43.91	43.71	43.51	43.32	43.12	42.93	42.73	42.53	42.34	42.14	41.94	41.75	41.55	41.35	41.16
44.2	44.01	43.81	43.62	43.42	43.22	43.03	42.83	42.64	42.44	42.24	42.05	41.85	41.65	41.45	41.26
44.3	44.11	43.91	43.72	43.52	43.32	43.13	42.93	42.74	42.54	42.34	42.15	41.95	41.75	41.56	41.36
44.4	44.21	44.01	43.82	43.62	43.43	43.23	43.03	42.84	42.64	42.45	42.25	42.05	41.86	41.66	41.46
44.5	44.31	44.11	43.92	43.72	43.53	43.33	43.13	42.94	42.74	42.55	42.35	42.15	41.96	41.76	41.56
44.6	44.41	44.21	44.02	43.82	43.63	43.43	43.24	43.04	42.84	42.65	42.45	42.26	42.06	41.86	41.67
44.7	44.51	44.31	44.12	43.92	43.73	43.53	43.34	43.14	42.95	42.75	42.55	42.36	42.16	41.96	41.77
44.8	44.61	44.41	44.22	44.02	43.83	43.63	43.44	43.24	43.05	42.85	42.65	42.46	42.26	42.07	41.87
44.9	44.71	44.51	44.32	44.12	43.93	43.73	43.54	43.34	43.15	42.95	42.76	42.56	42.36	42.17	41.97

（续） 单位为%vol

(t)/℃														
28	28.5	29	29.5	30	30.5	31	31.5	32	32.5	33	33.5	34	34.5	35
36.78	36.58	36.38	36.18	35.97	35.77	35.57	35.37	35.17	34.96	34.76	34.56	34.35	34.15	33.95
36.88	36.68	36.48	36.28	36.08	35.87	35.67	35.47	35.27	35.06	34.86	34.66	34.46	34.25	34.05
36.99	36.78	36.58	36.38	36.18	35.98	35.77	35.57	35.37	35.17	34.96	34.76	34.56	34.35	34.15
37.09	36.89	36.68	36.48	36.28	36.08	35.88	35.67	35.47	35.27	35.07	34.86	34.66	34.46	34.25
37.19	36.99	36.79	36.58	36.38	36.18	35.98	35.78	35.57	35.37	35.17	34.97	34.76	34.56	34.36
37.29	37.09	36.89	36.69	36.48	36.28	36.08	35.88	35.68	35.47	35.27	35.07	34.86	34.66	34.46
37.39	37.19	36.99	36.79	36.59	36.38	36.18	35.98	35.78	35.57	35.37	35.17	34.97	34.76	34.56
37.49	37.29	37.09	36.89	36.69	36.49	36.28	36.08	35.88	35.68	35.47	35.27	35.07	34.87	34.66
37.60	37.39	37.19	36.99	36.79	36.59	36.39	36.18	35.98	35.78	35.58	35.37	35.17	34.97	34.77
37.70	37.50	37.29	37.09	36.89	36.69	36.49	36.29	36.08	35.88	35.68	35.48	35.27	35.07	34.87
37.80	37.60	37.40	37.20	36.99	36.79	36.59	36.39	36.19	35.98	35.78	35.58	35.38	35.17	34.97
37.90	37.70	37.50	37.30	37.10	36.89	36.69	36.49	36.29	36.09	35.88	35.68	35.48	35.28	35.07
38.00	37.80	37.60	37.40	37.20	37.00	36.79	36.59	36.39	36.19	35.99	35.78	35.58	35.38	35.18
38.10	37.90	37.70	37.50	37.30	37.10	36.90	36.69	36.49	36.29	36.09	35.89	35.68	35.48	35.28
38.21	38.01	37.80	37.60	37.40	37.20	37.00	36.80	36.60	36.39	36.19	35.99	35.79	35.58	35.38
38.31	38.11	37.91	37.71	37.50	37.30	37.10	36.90	36.70	36.50	36.29	36.09	35.89	35.69	35.48
38.41	38.21	38.01	37.81	37.61	37.40	37.20	37.00	36.80	36.60	36.40	36.19	35.99	35.79	35.59
38.51	38.31	38.11	37.91	37.71	37.51	37.31	37.10	36.90	36.70	36.50	36.30	36.09	35.89	35.69
38.61	38.41	38.21	38.01	37.81	37.61	37.41	37.21	37.01	36.80	36.60	36.40	36.20	36.00	35.79
38.71	38.51	38.31	38.11	37.91	37.71	37.51	37.31	37.11	36.91	36.70	36.50	36.30	36.10	35.90
38.82	38.62	38.42	38.22	38.01	37.81	37.61	37.41	37.21	37.01	36.81	36.61	36.40	36.20	36.00
38.92	38.72	38.52	38.32	38.12	37.92	37.72	37.51	37.31	37.11	36.91	36.71	36.51	36.30	36.10
39.02	38.82	38.62	38.42	38.22	38.02	37.82	37.62	37.42	37.21	37.01	36.81	36.61	36.41	36.20
39.12	38.92	38.72	38.52	38.32	38.12	37.92	37.72	37.52	37.32	37.12	36.91	36.71	36.51	36.31
39.22	39.02	38.82	38.62	38.42	38.22	38.02	37.82	37.62	37.42	37.22	37.02	36.81	36.61	36.41
39.33	39.13	38.93	38.73	38.53	38.33	38.12	37.92	37.72	37.52	37.32	37.12	36.92	36.72	36.51
39.43	39.23	39.03	38.83	38.63	38.43	38.23	38.03	37.83	37.62	37.42	37.22	37.02	36.82	36.62
39.53	39.33	39.13	38.93	38.73	38.53	38.33	38.13	37.93	37.73	37.53	37.33	37.12	36.92	36.72
39.63	39.43	39.23	39.03	38.83	38.63	38.43	38.23	38.03	37.83	37.63	37.43	37.23	37.03	36.82
39.73	39.53	39.33	39.14	38.94	38.74	38.53	38.33	38.13	37.93	37.73	37.53	37.33	37.13	36.93
39.84	39.64	39.44	39.24	39.04	38.84	38.64	38.44	38.24	38.04	37.84	37.63	37.43	37.23	37.03
39.94	39.74	39.54	39.34	39.14	38.94	38.74	38.54	38.34	38.14	37.94	37.74	37.54	37.33	37.13
40.04	39.84	39.64	39.44	39.24	39.04	38.84	38.64	38.44	38.24	38.04	37.84	37.64	37.44	37.24
40.14	39.94	39.74	39.54	39.34	39.15	38.95	38.75	38.55	38.34	38.14	37.94	37.74	37.54	37.34
40.24	40.04	39.85	39.65	39.45	39.25	39.05	38.85	38.65	38.45	38.25	38.05	37.85	37.64	37.44
40.35	40.15	39.95	39.75	39.55	39.35	39.15	38.95	38.75	38.55	38.35	38.15	37.95	37.75	37.55
40.45	40.25	40.05	39.85	39.65	39.45	39.25	39.05	38.85	38.65	38.45	38.25	38.05	37.85	37.65
40.55	40.35	40.15	39.95	39.75	39.56	39.36	39.16	38.96	38.76	38.56	38.36	38.16	37.95	37.75
40.65	40.45	40.25	40.06	39.86	39.66	39.46	39.26	39.06	38.86	38.66	38.46	38.26	38.06	37.86
40.75	40.56	40.36	40.16	39.96	39.76	39.56	39.36	39.16	38.96	38.76	38.56	38.36	38.16	37.96
40.86	40.66	40.46	40.26	40.06	39.86	39.66	39.46	39.27	39.07	38.87	38.67	38.47	38.26	38.06
40.96	40.76	40.56	40.36	40.16	39.97	39.77	39.57	39.37	39.17	38.97	38.77	38.57	38.37	38.17
41.06	40.86	40.66	40.47	40.27	40.07	39.87	39.67	39.47	39.27	39.07	38.87	38.67	38.47	38.27
41.16	40.96	40.77	40.57	40.37	40.17	39.97	39.77	39.57	39.37	39.18	38.98	38.78	38.58	38.37
41.26	41.07	40.87	40.67	40.47	40.27	40.07	39.88	39.68	39.48	39.28	39.08	38.88	38.68	38.48
41.37	41.17	40.97	40.77	40.57	40.38	40.18	39.98	39.78	39.58	39.38	39.18	38.98	38.78	38.58
41.47	41.27	41.07	40.87	40.68	40.48	40.28	40.08	39.88	39.68	39.48	39.29	39.09	38.89	38.69
41.57	41.37	41.18	40.98	40.78	40.58	40.38	40.18	39.99	39.79	39.59	39.39	39.19	38.99	38.79
41.67	41.47	41.28	41.08	40.88	40.68	40.49	40.29	40.09	39.89	39.69	39.49	39.29	39.09	38.89
41.77	41.58	41.38	41.18	40.98	40.79	40.59	40.39	40.19	39.99	39.79	39.60	39.40	39.20	39.00

表 B.2

酒精度	酒精计温度														
(ALC)/(%vol)	20.5	21	21.5	22	22.5	23	23.5	24	24.5	25	25.5	26	26.5	27	27.5
45	44.81	44.61	44.42	44.22	44.03	43.83	43.64	43.44	43.25	43.05	42.86	42.66	42.47	42.27	42.07
45.1	44.91	44.71	44.52	44.32	44.13	43.94	43.74	43.55	43.35	43.16	42.96	42.76	42.57	42.37	42.17
45.2	45.01	44.81	44.62	44.43	44.23	44.04	43.84	43.65	43.45	43.26	43.06	42.87	42.67	42.47	42.28
45.3	45.11	44.91	44.72	44.53	44.33	44.14	43.94	43.75	43.55	43.36	43.16	42.97	42.77	42.57	42.38
45.4	45.21	45.01	44.82	44.63	44.43	44.24	44.04	43.85	43.65	43.46	43.26	43.07	42.87	42.68	42.48
45.5	45.31	45.11	44.92	44.73	44.53	44.34	44.14	43.95	43.76	43.56	43.37	43.17	42.97	42.78	42.58
45.6	45.41	45.21	45.02	44.83	44.63	44.44	44.25	44.05	43.86	43.66	43.47	43.27	43.08	42.88	42.68
45.7	45.51	45.31	45.12	44.93	44.73	44.54	44.35	44.15	43.96	43.76	43.57	43.37	43.18	42.98	42.79
45.8	45.61	45.41	45.22	45.03	44.84	44.64	44.45	44.25	44.06	43.86	43.67	43.47	43.28	43.08	42.89
45.9	45.71	45.51	45.32	45.13	44.94	44.74	44.55	44.35	44.16	43.97	43.77	43.58	43.38	43.19	42.99
46	45.81	45.62	45.42	45.23	45.04	44.84	44.65	44.46	44.26	44.07	43.87	43.68	43.48	43.29	43.09
46.1	45.91	45.72	45.52	45.33	45.14	44.94	44.75	44.56	44.36	44.17	43.97	43.78	43.58	43.39	43.19
46.2	46.01	45.82	45.62	45.43	45.24	45.04	44.85	44.66	44.46	44.27	44.08	43.88	43.69	43.49	43.30
46.3	46.11	45.92	45.72	45.53	45.34	45.15	44.95	44.76	44.57	44.37	44.18	43.98	43.79	43.59	43.40
46.4	46.21	46.02	45.82	45.63	45.44	45.25	45.05	44.86	44.67	44.47	44.28	44.08	43.89	43.70	43.50
46.5	46.31	46.12	45.92	45.73	45.54	45.35	45.15	44.96	44.77	44.57	44.38	44.19	43.99	43.80	43.60
46.6	46.41	46.22	46.03	45.83	45.64	45.45	45.26	45.06	44.87	44.68	44.48	44.29	44.09	43.90	43.70
46.7	46.51	46.32	46.13	45.93	45.74	45.55	45.36	45.16	44.97	44.78	44.58	44.39	44.20	44.00	43.81
46.8	46.61	46.42	46.23	46.03	45.84	45.65	45.46	45.26	45.07	44.88	44.68	44.49	44.30	44.10	43.91
46.9	46.71	46.52	46.33	46.13	45.94	45.75	45.56	45.37	45.17	44.98	44.79	44.59	44.40	44.20	44.01
47	46.81	46.62	46.43	46.24	46.04	45.85	45.66	45.47	45.27	45.08	44.89	44.69	44.50	44.31	44.11
47.1	46.91	46.72	46.53	46.34	46.14	45.95	45.76	45.57	45.37	45.18	44.99	44.80	44.60	44.41	44.21
47.2	47.01	46.82	46.63	46.44	46.24	46.05	45.86	45.67	45.48	45.28	45.09	44.90	44.70	44.51	44.32
47.3	47.11	46.92	46.73	46.54	46.35	46.15	45.96	45.77	45.58	45.38	45.19	45.00	44.81	44.61	44.42
47.4	47.21	47.02	46.83	46.64	46.45	46.25	46.06	45.87	45.68	45.49	45.29	45.10	44.91	44.71	44.52
47.5	47.31	47.12	46.93	46.74	46.55	46.36	46.16	45.97	45.78	45.59	45.39	45.20	45.01	44.82	44.62
47.6	47.41	47.22	47.03	46.84	46.65	46.46	46.26	46.07	45.88	45.69	45.50	45.30	45.11	44.92	44.72
47.7	47.51	47.32	47.13	46.94	46.75	46.56	46.37	46.17	45.98	45.79	45.60	45.41	45.21	45.02	44.83
47.8	47.61	47.42	47.23	47.04	46.85	46.66	46.47	46.28	46.08	45.89	45.70	45.51	45.31	45.12	44.93
47.9	47.71	47.52	47.33	47.14	46.95	46.76	46.57	46.38	46.18	45.99	45.80	45.61	45.42	45.22	45.03
48	47.81	47.62	47.43	47.24	47.05	46.86	46.67	46.48	46.29	46.09	45.90	45.71	45.52	45.33	45.13
48.1	47.91	47.72	47.53	47.34	47.15	46.96	46.77	46.58	46.39	46.20	46.00	45.81	45.62	45.43	45.23
48.2	48.01	47.82	47.63	47.44	47.25	47.06	46.87	46.68	46.49	46.30	46.11	45.91	45.72	45.53	45.34
48.3	48.11	47.92	47.73	47.54	47.35	47.16	46.97	46.78	46.59	46.40	46.21	46.02	45.82	45.63	45.44
48.4	48.21	48.02	47.83	47.64	47.45	47.26	47.07	46.88	46.69	46.50	46.31	46.12	45.92	45.73	45.54
48.5	48.31	48.12	47.93	47.74	47.55	47.36	47.17	46.98	46.79	46.60	46.41	46.22	46.03	45.83	45.64
48.6	48.41	48.22	48.03	47.84	47.65	47.46	47.27	47.08	46.89	46.70	46.51	46.32	46.13	45.94	45.74
48.7	48.51	48.32	48.13	47.94	47.75	47.57	47.38	47.18	46.99	46.80	46.61	46.42	46.23	46.04	45.85
48.8	48.61	48.42	48.23	48.05	47.86	47.67	47.48	47.29	47.10	46.90	46.71	46.52	46.33	46.14	45.95
48.9	48.71	48.52	48.33	48.15	47.96	47.77	47.58	47.39	47.20	47.01	46.82	46.62	46.43	46.24	46.05
49	48.81	48.62	48.43	48.25	48.06	47.87	47.68	47.49	47.30	47.11	46.92	46.73	46.54	46.34	46.15
49.1	48.91	48.72	48.54	48.35	48.16	47.97	47.78	47.59	47.40	47.21	47.02	46.83	46.64	46.45	46.25
49.2	49.01	48.82	48.64	48.45	48.26	48.07	47.88	47.69	47.50	47.31	47.12	46.93	46.74	46.55	46.36
49.3	49.11	48.92	48.74	48.55	48.36	48.17	47.98	47.79	47.60	47.41	47.22	47.03	46.84	46.65	46.46
49.4	49.21	49.02	48.84	48.65	48.46	48.27	48.08	47.89	47.70	47.51	47.32	47.13	46.94	46.75	46.56
49.5	49.31	49.12	48.94	48.75	48.56	48.37	48.18	47.99	47.80	47.61	47.42	47.23	47.04	46.85	46.66
49.6	49.41	49.23	49.04	48.85	48.66	48.47	48.28	48.09	47.91	47.72	47.53	47.34	47.15	46.95	46.76
49.7	49.51	49.33	49.14	48.95	48.76	48.57	48.38	48.20	48.01	47.82	47.63	47.44	47.25	47.06	46.87
49.8	49.61	49.43	49.24	49.05	48.86	48.67	48.49	48.30	48.11	47.92	47.73	47.54	47.35	47.16	46.97
49.9	49.71	49.53	49.34	49.15	48.96	48.77	48.59	48.40	48.21	48.02	47.83	47.64	47.45	47.26	47.07
50	49.81	49.63	49.44	49.25	49.06	48.88	48.69	48.50	48.31	48.12	47.93	47.74	47.55	47.36	47.17

（续）

单位为%vol

(t)/℃														
28	28.5	29	29.5	30	30.5	31	31.5	32	32.5	33	33.5	34	34.5	35
41.88	41.68	41.48	41.28	41.09	40.89	40.69	40.49	40.29	40.10	39.90	39.70	39.50	39.30	39.10
41.98	41.78	41.58	41.39	41.19	40.99	40.79	40.60	40.40	40.20	40.00	39.80	39.60	39.40	39.20
42.08	41.88	41.69	41.49	41.29	41.09	40.90	40.70	40.50	40.30	40.10	39.91	39.71	39.51	39.31
42.18	41.99	41.79	41.59	41.39	41.20	41.00	40.80	40.60	40.41	40.21	40.01	39.81	39.61	39.41
42.28	42.09	41.89	41.69	41.50	41.30	41.10	40.90	40.71	40.51	40.31	40.11	39.91	39.71	39.51
42.39	42.19	41.99	41.80	41.60	41.40	41.21	41.01	40.81	40.61	40.41	40.22	40.02	39.82	39.62
42.49	42.29	42.10	41.90	41.70	41.51	41.31	41.11	40.91	40.72	40.52	40.32	40.12	39.92	39.72
42.59	42.39	42.20	42.00	41.81	41.61	41.41	41.21	41.02	40.82	40.62	40.42	40.22	40.03	39.83
42.69	42.50	42.30	42.10	41.91	41.71	41.51	41.32	41.12	40.92	40.72	40.53	40.33	40.13	39.93
42.80	42.60	42.40	42.21	42.01	41.81	41.62	41.42	41.22	41.02	40.83	40.63	40.43	40.23	40.03
42.90	42.70	42.51	42.31	42.11	41.92	41.72	41.52	41.33	41.13	40.93	40.73	40.53	40.34	40.14
43.00	42.80	42.61	42.41	42.22	42.02	41.82	41.63	41.43	41.23	41.03	40.84	40.64	40.44	40.24
43.10	42.91	42.71	42.51	42.32	42.12	41.93	41.73	41.53	41.33	41.14	40.94	40.74	40.54	40.35
43.20	43.01	42.81	42.62	42.42	42.22	42.03	41.83	41.63	41.44	41.24	41.04	40.85	40.65	40.45
43.31	43.11	42.91	42.72	42.52	42.33	42.13	41.93	41.74	41.54	41.34	41.15	40.95	40.75	40.55
43.41	43.21	43.02	42.82	42.63	42.43	42.23	42.04	41.84	41.64	41.45	41.25	41.05	40.85	40.66
43.51	43.31	43.12	42.92	42.73	42.53	42.34	42.14	41.94	41.75	41.55	41.35	41.16	40.96	40.76
43.61	43.42	43.22	43.03	42.83	42.64	42.44	42.24	42.05	41.85	41.65	41.46	41.26	41.06	40.86
43.71	43.52	43.32	43.13	42.93	42.74	42.54	42.35	42.15	41.95	41.76	41.56	41.36	41.17	40.97
43.82	43.62	43.43	43.23	43.04	42.84	42.65	42.45	42.25	42.06	41.86	41.66	41.47	41.27	41.07
43.92	43.72	43.53	43.33	43.14	42.94	42.75	42.55	42.36	42.16	41.96	41.77	41.57	41.37	41.18
44.02	43.83	43.63	43.44	43.24	43.05	42.85	42.66	42.46	42.26	42.07	41.87	41.67	41.48	41.28
44.12	43.93	43.73	43.54	43.34	43.15	42.95	42.76	42.56	42.37	42.17	41.97	41.78	41.58	41.38
44.22	44.03	43.84	43.64	43.45	43.25	43.06	42.86	42.67	42.47	42.27	42.08	41.88	41.68	41.49
44.33	44.13	43.94	43.74	43.55	43.35	43.16	42.96	42.77	42.57	42.38	42.18	41.98	41.79	41.59
44.43	44.24	44.04	43.85	43.65	43.46	43.26	43.07	42.87	42.68	42.48	42.28	42.09	41.89	41.70
44.53	44.34	44.14	43.95	43.75	43.56	43.37	43.17	42.98	42.78	42.58	42.39	42.19	42.00	41.80
44.63	44.44	44.25	44.05	43.86	43.66	43.47	43.27	43.08	42.88	42.69	42.49	42.30	42.10	41.90
44.74	44.54	44.35	44.15	43.96	43.77	43.57	43.38	43.18	42.99	42.79	42.60	42.40	42.20	42.01
44.84	44.64	44.45	44.26	44.06	43.87	43.67	43.48	43.28	43.09	42.89	42.70	42.50	42.31	42.11
44.94	44.75	44.55	44.36	44.17	43.97	43.78	43.58	43.39	43.19	43.00	42.80	42.61	42.41	42.21
45.04	44.85	44.66	44.46	44.27	44.07	43.88	43.69	43.49	43.30	43.10	42.91	42.71	42.51	42.32
45.14	44.95	44.76	44.56	44.37	44.18	43.98	43.79	43.59	43.40	43.20	43.01	42.81	42.62	42.42
45.25	45.05	44.86	44.67	44.47	44.28	44.09	43.89	43.70	43.50	43.31	43.11	42.92	42.72	42.53
45.35	45.16	44.96	44.77	44.58	44.38	44.19	43.99	43.80	43.61	43.41	43.22	43.02	42.83	42.63
45.45	45.26	45.06	44.87	44.68	44.49	44.29	44.10	43.90	43.71	43.51	43.32	43.12	42.93	42.73
45.55	45.36	45.17	44.97	44.78	44.59	44.39	44.20	44.01	43.81	43.62	43.42	43.23	43.03	42.84
45.65	45.46	45.27	45.08	44.88	44.69	44.50	44.30	44.11	43.92	43.72	43.53	43.33	43.14	42.94
45.76	45.56	45.37	45.18	44.99	44.79	44.60	44.41	44.21	44.02	43.82	43.63	43.44	43.24	43.05
45.86	45.67	45.47	45.28	45.09	44.90	44.70	44.51	44.32	44.12	43.93	43.73	43.54	43.34	43.15
45.96	45.77	45.58	45.38	45.19	45.00	44.81	44.61	44.42	44.23	44.03	43.84	43.64	43.45	43.25
46.06	45.87	45.68	45.49	45.29	45.10	44.91	44.72	44.52	34.33	44.13	43.94	43.75	43.55	43.36
46.16	45.97	45.78	45.59	45.40	45.20	45.01	44.82	44.63	44.43	44.24	44.04	43.85	43.66	43.46
46.27	46.08	45.88	45.69	45.50	45.31	45.11	44.92	44.73	44.53	44.34	44.15	43.95	43.76	43.56
46.37	46.18	45.99	45.79	45.60	45.41	45.22	45.02	44.83	44.64	44.44	44.25	44.06	43.86	43.67
46.47	46.28	46.09	45.90	45.70	45.51	45.32	45.13	44.93	44.74	44.55	44.35	44.16	43.97	43.77
46.57	46.38	46.19	46.00	45.81	45.61	45.42	45.23	45.04	44.84	44.65	44.46	44.26	44.07	43.88
48.68	46.48	46.29	46.10	45.91	45.72	45.53	45.33	45.14	44.95	44.75	44.56	44.37	44.17	43.98
46.78	46.59	46.40	46.20	46.01	45.82	45.63	45.44	45.24	45.05	44.86	44.66	44.47	44.28	44.08
46.88	46.69	46.50	46.31	46.11	45.92	45.73	45.54	45.35	45.15	44.96	44.77	44.57	44.38	44.19
46.98	46.79	46.60	46.41	46.22	46.03	45.83	45.64	45.45	45.26	45.06	44.87	44.68	44.49	44.29

ICS 67.160.10
X 61

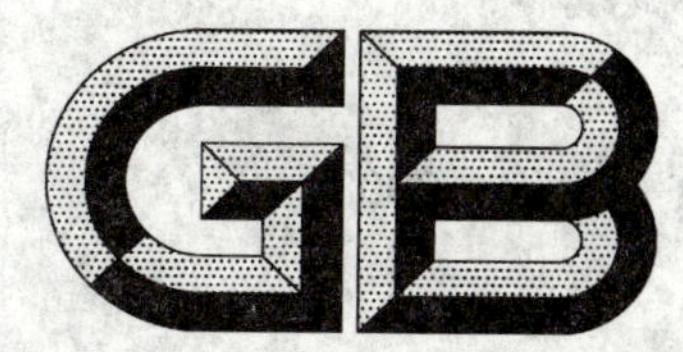

中华人民共和国国家标准

GB/T 11857—2008
代替 GB/T 11857—2000

2008-10-19 发布　　2009-06-01 实施

中华人民共和国国家质量监督检验检疫总局
中国国家标准化管理委员会 发布

前　言

本标准参考了欧洲经济共同体 EC 110/2008 号《关于蒸馏酒的定义、描述、介绍、标签和地理标示的保护以及废除理事会第 1576/89 规则》中的威士忌部分。

本标准代替 GB/T 11857—2000《威士忌》。

本标准与 GB/T 11857—2000 相比主要变化如下：

——修改了适用范围的描述；

——增加了术语和定义；

——增加了产品分类；

——对酒精度指标作了适当调整；

——删除了甲醇、杂醇油指标；

——增加了卫生要求，按 GB 2757 执行；

——对检验规则作了适当的修改。

本标准的附录 A 和附录 B 为规范性附录。

本标准由全国食品工业标准化技术委员会提出。

本标准由全国酿酒标准化技术委员会归口。

本标准起草单位：中国食品发酵工业研究院。

本标准主要起草人：康永璞、张蔚、郭新光。

本标准所代替标准的历次版本发布情况为：

——GB/T 11857—1989、GB/T 11857—2000。

威　士　忌

1　范围

本标准规定了威士忌的术语和定义、产品分类、要求、分析方法、检验规则以及标志、包装、运输和贮存。

本标准适用于威士忌的生产、检验与销售。

2　规范性引用文件

下列文件中的条款通过本标准的引用而成为本标准的条款。凡是注日期的引用文件，其随后所有的修改单(不包括勘误的内容)或修订版均不适用于本标准，然而，鼓励根据本标准达成协议的各方研究是否可使用这些文件的最新版本。凡是不注日期的引用文件，其最新版本适用于本标准。

GB/T 191　包装储运图示标志(GB/T 191—2008,ISO 780:1997,MOD)

GB/T 601　化学试剂　标准滴定溶液的制备

GB/T 603　化学试剂　试验方法中所用制剂及制品的制备(GB/T 603—2002,ISO 6353-1:1992,NEQ)

GB 2757　蒸馏酒及配制酒卫生标准

GB/T 6682　分析实验室用水规格和试验方法(GB/T 6682—2008,ISO 3696:1987,MOD)

GB 10344　预包装饮料酒标签通则

3　术语和定义

下列术语和定义适用于本标准。

3.1

威士忌　whisky

以麦芽、谷物为原料，经糖化、发酵、蒸馏、陈酿、调配而成的蒸馏酒。

3.1.1

麦芽威士忌　malt whisky

全部以大麦麦芽为原料，经糖化、发酵、蒸馏，在橡木桶陈酿至少两年的威士忌。

3.1.2

谷物威士忌　grain whisky

以各种谷物(如:黑麦、小麦、玉米、青稞、燕麦)为原料，经糖化、发酵、蒸馏，在橡木桶陈酿至少两年的威士忌。

3.1.3

调配威士忌　blended whisky

用各种单体威士忌(如麦芽威士忌、谷物威士忌)按一定比例混合、调配而成的威士忌。

4　产品分类

按原料分为：

a)　麦芽威士忌；

b)　谷物威士忌；

c)　调配威士忌。

5 要求

5.1 感官要求

应符合表1的规定。

表1 感官要求

项目	优级	一级
外观	清亮透明,无悬浮物和沉淀物	
色泽	浅黄色至金黄色	
香气	具有大麦芽或(和)谷物、橡木桶赋予的协调的、浓郁的芳香气味,或带有泥炭烟熏的芳香气味	具有大麦芽或(和)谷物、橡木桶赋予的较协调的芳香气味,或带有泥炭烟熏的芳香气味
口味	酒体丰满、醇和、甘爽,具有大麦芽或(和)谷物、橡木桶赋予的芳香口味,无异味	酒体较丰满、醇和、甘爽,具有大麦芽或(和)谷物、橡木桶赋予的较纯正的芳香口味
风格	具有本品独特的风格	具有本品明显的风格

5.2 理化要求

应符合表2的规定。

表2 理化要求

项目		优级	一级
酒精度[a]/(%vol)	≥	40.0	
总酸(以乙酸计)/[g/L(100%vol乙醇)]	≤	0.8	1.5
总酯(以乙酸乙酯计)/[g/L(100%vol乙醇)]	≤	0.8	2.5
总醛(以乙醛计)/[g/L(100%vol乙醇)]	≤	0.2	0.4

a 酒精度实测值与标签标示值允许差为±1.0%vol。

5.3 卫生要求

应符合GB 2757的规定。

6 分析方法

本标准中所用的水,在未注明其他要求时,均指符合GB/T 6682中要求的水。

本标准中所用的试剂,在未注明规格时,均指分析纯(AR)。配制的"溶液",除另有说明外,均指水溶液。

本标准中同一检测项目,有两个或两个以上分析方法时,实验室可根据各自条件选用,但以第一法为仲裁法。

本标准中所提及的乙醇含量(酒精度)均以体积分数(%vol)表示,以下简写为"%"。

6.1 感官要求

6.1.1 酒样的准备

将酒样密码编号,置于水浴中调温至20 ℃~25 ℃,将洁净、干燥的品尝杯对应酒样编号,对号注入酒样约45 mL。

6.1.2 外观与色泽

将注入酒样的品尝杯置于明亮处,举杯齐眉,用肉眼观察杯中酒的色泽及其深浅、透明度与澄清度、有无沉淀及悬浮物等,做好详细记录。

6.1.3 香气

手握杯柱,慢慢将酒杯置于鼻孔下方,嗅闻其挥发香气,然后,慢慢摇动酒杯,嗅闻空气进入后的香气。加盖,用手握酒杯腹部 2 min,摇动后,再嗅闻香气。根据上述操作,分析判断是原料香、陈酿香、橡木香或有其他异香,写出评语。

6.1.4 口味

喝入少量酒样(约 2 mL)于口中,尽量均匀分布于味觉区,仔细品尝,有了明确印象后咽下,再体会口感后味,记录口感特征。

6.1.5 风格

根据外观、色泽、香气与口味的特点,综合分析评价其风格及典型的强弱程度,写出结论意见。

6.2 酒精度

6.2.1 密度瓶法

6.2.1.1 原理

以蒸馏法去除样品中的不挥发性物质,用密度瓶法、电子密度计法测出试样液(酒精水溶液)20 ℃时的密度,查附录 A,求得样品在 20 ℃时乙醇含量的体积分数,即酒精度。

6.2.1.2 仪器

6.2.1.2.1 全玻璃蒸馏器:500 mL。

6.2.1.2.2 恒温水浴:控温精度±0.1 ℃。

6.2.1.2.3 附温度计密度瓶:25 mL 或 50 mL。

6.2.1.3 试样液的制备

用一洁净、干燥的 100 mL 容量瓶,准确量取 100 mL 酒样(液温 20 ℃)于 500 mL 蒸馏瓶中,用 50 mL 水分三次冲洗容量瓶,洗液并入蒸馏瓶中,加几颗沸石(或玻璃珠),连接冷凝管,以取样用的原容量瓶作接收器(外加冰浴),开启冷却水(冷却水温度宜低于 15 ℃),缓慢加热蒸馏,收集馏出液,当接近刻度时,取下容量瓶,盖塞,于 20 ℃水浴中保温 30 min,再补加水至刻度,混匀,备用。

6.2.1.4 分析步骤

将密度瓶洗净,反复烘干、称量,直至恒重(m)。

取下带温度计的瓶塞,将煮沸冷却至 15 ℃的水注满已恒重的密度瓶中,插上带温度计的瓶塞(瓶中不得有气泡),立即浸入 20.0 ℃±0.1 ℃的恒温水浴中,待内容物温度达 20 ℃并保持 20 min 不变后,用滤纸快速吸去溢出侧管的液体,立即盖好侧支上的小罩,取出密度瓶,用滤纸擦干瓶外壁上的水液,立即称量(m_1)。

将水倒出,先用无水乙醇,再用乙醚冲洗密度瓶,吹干(或于烘箱中烘干),用试样液(6.2.1.3)反复冲洗密度瓶 3 次~5 次,然后装满。重复上述操作,称量(m_2)。

6.2.1.5 结果计算

试样液(20 ℃)的密度按式(1)、式(2)计算:

$$\rho_{20}^{20}=\frac{m_2-m+A}{m_1-m+A}\times\rho_0 \qquad \cdots\cdots(1)$$

$$A=\rho_a\times\frac{m_1-m_2}{997.0} \qquad \cdots\cdots(2)$$

式中:

ρ_{20}^{20}——试样液在 20 ℃时的密度,单位为克每升(g/L);

m_2——20 ℃时密度瓶加试样的质量,单位为克(g);

m——密度瓶的质量,单位为克(g);

A——空气浮力校正值;

m_1——20 ℃时密度瓶加水的质量,单位为克(g);

ρ_0——20 ℃时蒸馏水的密度(998.20 g/L);

ρ_a——干燥空气在 20 ℃、1 013.25 hPa 时的密度值(约为 1.2 g/L);

997.0——在 20 ℃时蒸馏水与干燥空气密度值之差,单位为克每升(g/L)。

根据试样液的密度 ρ_{20}^{20},查附录 A,求得 20 ℃时样品的酒精度。

所得结果表示至一位小数。

6.2.1.6 精密度

在重复性条件下获得的两次独立测定结果的绝对差值,不应超过平均值的 0.5%。

6.2.2 数字密度计法

6.2.2.1 原理

将试样注入"U"形管,通过在 20 ℃时与两个标准的振动频率比较而求得其密度,计算出试样 20 ℃时乙醇含量的体积分数,即酒精度。

6.2.2.2 仪器

6.2.2.2.1 数字密度计:Mettler/ KEM DA-210 DMA 55D,带有 NO. 5771 接管,可使样品连续通过"U"形管。或使用同等分析效果的数字密度计,并按其仪器说明书进行安装、调试、校正和测定。

6.2.2.2.2 恒温水浴:控温精度±0.01 ℃。

6.2.2.2.3 注射器:10 mL,Luer 配件 15 号针。

6.2.2.3 试剂和溶液

重蒸水,并通过 0.2 μm 膜过滤。

6.2.2.4 仪器校准

6.2.2.4.1 在 20.00 ℃±0.01 ℃下观察和记录"U"形管(洁净、干燥)中空气的"T"值。

6.2.2.4.2 将注射器 15 号针与"U"形管上端出口处的塑料管连上,把"U"形管下方入口处的塑料管浸入新煮沸、冷却、膜过滤后的重蒸水中,将"U"形管中注满水(要求无气泡),当水温达到衡定温度 20.00 ℃±0.01 ℃,显示"T"值在 2 min~3 min 内不变化时,读数、记录。

6.2.2.4.3 装置的 A 和 B 常数按式(3)、式(4)计算。

$$A = T_{水}^2 - T_{空气}^2 \qquad (3)$$

$$B = T_{空气}^2 \qquad (4)$$

将常数 A 和 B 输入仪器的记忆单元。重新将开关置于 ρ(密度)档。检查水的密度读数。倒出"U"形管中的水,干燥后,检查空气的密度。其值分别应为 1.000 00(水的密度)和 0.000 00(空气的密度)。若显示数值在小数点后第 5 位差值大于 1,则需重新检查恒温水浴的温度和水、空气的"T"值。

6.2.2.5 样品测定

将试样液(6.2.1.3)注满"U"形管(要求无气泡),直到试样液温度与水浴温度达到平衡(2 min~3 min)时,记录试样的密度,查附录 A,求得样品在 20 ℃时的酒精度。

所得结果表示至一位小数。

6.2.2.6 精密度

在重复性条件下获得的两次独立测定密度读数之差小于等于±0.000 01。

6.2.3 酒精计法

6.2.3.1 原理

用精密酒精计读取酒精体积分数示值,按附录 B 进行温度校正,求得样品在 20 ℃时乙醇含量的体积分数,即酒精度。

6.2.3.2 仪器

精密酒精计:分度值为 0.1%。

6.2.3.3 分析步骤

将试样液(6.2.1.3)注入洁净、干燥的量筒中,静置数分钟,待酒中气泡消失后,放入洁净、擦干的酒精计,再轻轻按一下,不应接触量筒壁,同时插入温度计,平衡约 5 min,水平观测,读取与弯月面相切处的刻度示值,同时记录温度。根据测得的酒精计示值和温度,查附录 B,换算成 20 ℃时样品的酒精度。

所得结果应表示至一位小数。

6.2.3.4 精密度

在重复性条件下获得的两次独立测定结果的绝对差值,不应超过平均值的 0.5%。

6.3 总酸

6.3.1 原理

试样中的有机酸以酚酞为指示剂,采用氢氧化钠溶液进行中和滴定,以消耗氢氧化钠标准滴定溶液的量计算总酸的含量。

6.3.2 电位滴定法

6.3.2.1 仪器

电位滴定仪(或酸度计):精度为 2 mV。

6.3.2.2 试剂和溶液

a) 氢氧化钠标准溶液[$c(NaOH)=0.1$ mol/L]:按 GB/T 601 配制与标定;

b) 氢氧化钠标准滴定溶液[$c(NaOH)=0.05$ mol/L]:将上述氢氧化钠标准溶液准确稀释 1 倍。

6.3.2.3 校正仪器

按使用说明书安装调试仪器,根据液温进行校正定位。

6.3.2.4 分析步骤

吸取 25.00 mL(若用复合电极可酌情增加取样量)酒样于 50 mL 烧杯中,插入电极,放入一枚转子,置于电磁搅拌器上,开始搅拌,初始阶段可快速滴加氢氧化钠标准滴定溶液[6.3.2.2b)],当样液 pH=7.00 后,放慢滴定速度,每次滴加半滴溶液,搅拌读数,直至 pH=8.20 为其终点,记录消耗氢氧化钠标准滴定溶液的体积。

6.3.2.5 结果计算

a) 样品中的总酸含量按式(5)计算。

$$X_1=\frac{V_1\times c\times 60}{V} \qquad \cdots\cdots(5)$$

b) 每升 100%乙醇中总酸含量按式(6)计算。

$$X_2=X_1\times\frac{100}{E} \qquad \cdots\cdots(6)$$

式中:

X_1——样品中总酸的含量(以乙酸计),单位为克每升(g/L);

V_1——样品消耗氢氧化钠标准滴定溶液的体积,单位为毫升(mL);

c——氢氧化钠标准滴定溶液的浓度,单位为摩尔每升(mol/L);

60——乙酸的摩尔质量的数值,单位为克每摩尔(g/mol)[$M(CH_3COOH)=60$];

V——吸取样品的体积,单位为毫升(mL);

X_2——样品每升 100%乙醇中总酸的含量(以乙酸计),单位为克每升(g/L);

E——样品的实测酒精度。

所得结果表示至两位小数。

6.3.2.6 精密度

在重复性条件下获得的两次独立测定结果的绝对差值,不应超过平均值的 5%。

6.3.3 指示剂法

6.3.3.1 试剂和溶液

6.3.3.1.1 指示液 A:称取靛蓝二磺酸钠 0.1 g,用 20 mL 水溶解后,加无水乙醇定容至 50 mL。

6.3.3.1.2 指示液 B:称取苯酚红 0.1 g,加 3 mL 氢氧化钠标准溶液[6.3.2.2a)]溶解,加水定容至 50 mL。

6.3.3.1.3 氢氧化钠标准滴定溶液[$c(NaOH)=0.05$ mol/L]:同 6.3.2.2b)。

6.3.3.2 分析步骤

吸取 25.00 mL 酒样于 150 mL 锥形瓶中,加指示液 A 和指示液 B 各 5 滴,用氢氧化钠标准滴定溶液[6.3.2.2b)]滴定至棕红色为其终点。

6.3.3.3 结果计算

同 6.3.2.5。

6.3.3.4 精密度

同 6.3.2.6。

6.4 总酯

6.4.1 原理

以蒸馏法去除酒样中的不挥发物,先用碱中和试样中的游离酸,再准确加入一定量的碱,加热回流使酯类皂化。通过消耗碱的量计算出酯类的含量。

6.4.2 仪器

6.4.2.1 全玻璃蒸馏器:蒸馏瓶 500 mL。

6.4.2.2 全玻璃回流装置:锥形瓶 1 000 mL、250 mL(冷凝管长度不短于 45 cm)。

6.4.2.3 酸式滴定管:25 mL。

6.4.2.4 碱式滴定管:25 mL。

6.4.3 试剂和溶液

6.4.3.1 氢氧化钠标准溶液[$c(NaOH)=0.1$ mol/L]:按 GB/T 601 配制与标定。

6.4.3.2 氢氧化钠标准滴定溶液[$c(NaOH)=0.05$ mol/L]:将上述氢氧化钠标准溶液准确稀释 1 倍。

6.4.3.3 氢氧化钠溶液[$c(NaOH)=3.5$ mol/L]:按 GB/T 601 配制。

6.4.3.4 硫酸标准溶液[$c(1/2H_2SO_4)=0.1$ mol/L]:按 GB/T 601 配制与标定。

6.4.3.5 40%乙醇(无酯)溶液:取 600 mL 95%乙醇于 1 000 mL 锥形瓶中,加氢氧化钠溶液(6.4.3.3) 5 mL,加热回流皂化 1 h。然后移入蒸馏器中重蒸,再配成 40%乙醇溶液。

6.4.3.6 酚酞指示液(10 g/L):按 GB/T 603 配制。

6.4.4 试样液的制备

同 6.2.1.3。

6.4.5 分析步骤

吸取 50.00 mL 试样液(6.2.1.3)于 250 mL 锥形瓶中,加 0.5 mL 酚酞指示液,以氢氧化钠标准溶液(6.4.3.1)滴定至粉红色(切勿过量),不记录氢氧化钠标准溶液的体积。再准确用滴定管加入氢氧化钠标准溶液(6.4.3.1)20.00 mL,摇匀,放入几颗沸石(或玻璃珠),装上冷凝管(冷却水温度宜低于 15 ℃),加热至沸腾,准确回流 30 min,取下锥形瓶,冷却。用滴定管向其中准确加入 20.00 mL 硫酸标准溶液(6.4.3.4)后,再用氢氧化钠标准滴定溶液(6.4.3.2)滴定至粉红色为其终点,记录消耗氢氧化钠标准滴定溶液的体积(V_1)。

吸取 40%乙醇溶液 50.00 mL,按上述方法同样操作,做空白试验,记录消耗氢氧化钠标准滴定溶液的体积(V_0)。

6.4.6 **结果计算**

a) 样品中的总酯含量按式(7)计算。

$$X_1 = \frac{(V_1 - V_0) \times c \times 88}{V} \qquad \cdots\cdots(7)$$

b) 每升100%乙醇中总酯含量按式(8)计算。

$$X_2 = \frac{X_1 \times 100}{E} \qquad \cdots\cdots(8)$$

式中:

X_1——样品中酯类的含量(以乙酸乙酯计),单位为克每升(g/L);

V_1——皂化后样品消耗氢氧化钠标准滴定溶液的体积,单位为毫升(mL);

V_0——空白试验皂化后消耗氢氧化钠标准滴定溶液的体积,单位为毫升(mL);

c——皂化后滴定时所用氢氧化钠标准滴定溶液的浓度,单位为摩尔每升(mol/L);

88——乙酸乙酯摩尔质量的数值,单位为克每摩尔(g/mol)[$M(C_4H_8O_2)=88$];

V——吸取样品的体积,单位为毫升(mL);

X_2——样品中每升100%乙醇中酯类的含量(以乙酸乙酯计),单位为克每升(g/L);

E——样品的实测酒精度。

所得结果表示至两位小数。

6.4.7 **精密度**

在重复性条件下获得的两次独立测定结果的绝对差值,不应超过平均值的5%。

6.5 **总醛**

6.5.1 **气相色谱法**

6.5.1.1 **原理**

样品被汽化后,随同载气进入色谱柱,利用被测定的各组分在气液两相中具有不同的分配系数,在柱内形成迁移速度的差异而得到分离。分离后的组分先后流出色谱柱,进入氢火焰离子化检测器,根据色谱图上各组分峰的保留值与标样相对照进行定性;利用峰面积(或峰高),以内标法定量。

6.5.1.2 **仪器**

6.5.1.2.1 气相色谱仪:备有氢火焰离子化检测器(FID)。

6.5.1.2.2 色谱柱:CP WAX 57 CB毛细管色谱柱,柱长50 m,内径0.25 mm,涂层0.2 μm。或其他具有同等分析效果的毛细管色谱柱。

6.5.1.2.3 微量注射器:10 μL。

6.5.1.3 **试剂和溶液**

6.5.1.3.1 40%乙醇溶液:用乙醇(色谱纯)加水配制。

6.5.1.3.2 乙缩醛溶液(2%):作标样用。吸取乙缩醛(色谱纯)2 mL,用40%乙醇溶液定容至100 mL。

6.5.1.3.3 乙酸正戊酯溶液(2%):作内标用。吸取乙酸正戊酯(色谱纯)2 mL,用40%乙醇溶液定容至100 mL。

6.5.1.4 **色谱条件**

载气(高纯氮):流速为0.5 mL/min~1.0 mL/min;分流比约37:1;尾吹约20 mL/min~30 mL/min。

氢气:流速为33 mL/min。

空气:流速为400 mL/min。

检测器温度(T_D):220 ℃。

进样口温度(T_J):220 ℃。

柱温(T_C):起始温度 40 ℃,恒温 5 min,以 4 ℃/min 程序升温至 200 ℃,继续恒温 10 min。

载气、氢气、空气的流速等色谱条件随仪器而异,应通过试验选择最佳操作条件,以内标峰与酒样中其他组分峰获得完全分离为准。

6.5.1.5 分析步骤

6.5.1.5.1 校正因子(*f* 值)的测定

吸取乙缩醛溶液(6.5.1.3.2)1.00 mL,移入 100 mL 容量瓶中,然后加入乙酸正戊酯溶液(6.5.1.3.3)1.00 mL,用 40%乙醇溶液稀释至刻度。该溶液中乙缩醛和乙酸正戊酯的浓度均为 0.02%。待色谱仪基线稳定后,用微量注射器进样,进样量随仪器的灵敏度而定。记录乙缩醛和乙酸正戊酯峰的保留时间及其峰面积(或峰高),用其比值计算出乙缩醛的相对校正因子(*f* 值)。

对于乙酸正戊酯的相对校正因子是根据经验值确定的,约为 1.49。

6.5.1.5.2 试样液的测定

用 10 mL 容量瓶直接取酒样 10.0 mL,加入乙酸正戊酯溶液(6.5.1.3.3)0.10 mL,混匀后,在与 *f* 值测定相同的条件下进样,根据保留时间确定乙醛、乙缩醛峰的位置,并测定乙醛(或乙缩醛)与内标峰面积(或峰高),求出峰面积(或峰高)之比,分别计算出酒样中乙醛和乙缩醛的含量,以乙醛计,然后相加,换算成醛类含量。

6.5.1.6 结果计算

a) 校正因子(*f* 值)按式(9)计算。

$$f = \frac{A_1}{A_2} \times \frac{d_2}{d_1} \qquad \cdots\cdots(9)$$

b) 样品中乙醛(或乙缩醛)的含量按式(10)计算。

$$X_1 = f \times \frac{A_3}{A_4} \times X_4 \times 10^{-3} \qquad \cdots\cdots(10)$$

c) 每升 100%乙醇中乙醛(或乙缩醛)含量按式(11)计算。

$$X_2 = \frac{X_1 \times 100}{E} \qquad \cdots\cdots(11)$$

d) 每升 100%乙醇中总醛的含量按式(12)计算。

$$X_3 = X_5 + X_6 \times 0.37 \qquad \cdots\cdots(12)$$

式中:

f——乙醛(或乙缩醛)的相对校正因子;

A_1——标样 *f* 值测定时内标的峰面积(或峰高);

A_2——标样 *f* 值测定时乙醛(或乙缩醛)的峰面积(或峰高);

d_2——乙醛(或乙缩醛)的相对密度;

d_1——内标物的相对密度;

X_1——样品中乙醛(或乙缩醛)的含量,单位为克每升(g/L);

A_3——试样中乙醛(或乙缩醛)的峰面积(或峰高);

A_4——添加于酒样中内标的峰面积(或峰高);

X_4——内标(添加在酒样中)的含量,单位为毫克每升(mg/L);

X_2——样品中每升 100%乙醇中乙醛(或乙缩醛)的含量,单位为克每升(g/L);

E——样品的实测酒精度;

X_3——样品中每升 100%乙醇中总醛(以乙醛计)的含量,单位为毫克每升(mg/L);

X_5——样品中每升 100%乙醇中乙醛的含量,单位为毫克每升(mg/L);

X_6——样品中每升 100%乙醇中乙缩醛的含量,单位为毫克每升(mg/L);

0.37——乙缩醛换算成乙醛的系数。

所得结果表示至三位小数。

6.5.1.7 精密度

在重复性条件下获得的两次独立测定结果的绝对差值，不应超过平均值的10%。

6.5.2 碘量法

6.5.2.1 原理

亚硫酸氢钠与醛发生加成反应，生成α-羟基磺酸钠，然后用碘氧化过量的亚硫酸氢钠。加过量的碳酸氢钠，使α-羟基磺酸钠分解，释放出亚硫酸氢钠，再用碘标准溶液滴定。

6.5.2.2 仪器

碘量瓶：250 mL。

6.5.2.3 试剂和溶液

6.5.2.3.1 盐酸溶液[$c(HCl)=0.1$ mol/L]：按GB/T 601配制。

6.5.2.3.2 亚硫酸氢钠溶液(12 g/L)：称取6 g亚硫酸氢钠，用水溶解，并定容至500 mL。

6.5.2.3.3 碳酸氢钠溶液[$c(NaHCO_3)=1$ mol/L]。

6.5.2.3.4 碘标准溶液[$c(1/2I_2)=0.1$ mol/L]：按GB/T 601配制与标定。

6.5.2.3.5 碘标准滴定溶液[$c(1/2I_2)=0.01$ mol/L]：将上述碘标准溶液准确稀释10倍。

6.5.2.3.6 淀粉指示液(10 g/L)：按GB/T 603配制。

6.5.2.4 试样液的制备

同6.2.1.3。

6.5.2.5 分析步骤

吸取30.0 mL试样液(6.2.1.3)于250 mL碘量瓶中，加入15 mL亚硫酸氢钠溶液(6.5.2.3.2)、7 mL盐酸溶液(6.5.2.3.1)，摇匀，于暗处放置1 h。取出，用少许水冲洗瓶塞，以碘标准溶液(6.5.2.3.4)滴定，接近终点时，加淀粉指示液0.5 mL，改用碘标准滴定溶液(6.5.2.3.5)滴定至淡蓝紫色出现(不计数)。加入碳酸氢钠溶液(6.5.2.3.3)20 mL，微开瓶塞，摇荡0.5 min(呈无色)，用碘标准滴定溶液(6.5.2.3.5)继续滴定至蓝紫色为其终点。同时做空白试验。

6.5.2.6 结果计算

a) 样品中总醛的含量按式(13)计算。

$$X_1=\frac{(V_1-V_2)\times c\times 22}{V} \qquad \cdots\cdots(13)$$

b) 每升100%乙醇中总醛的含量按式(14)计算。

$$X_2=\frac{X_1\times 100}{E} \qquad \cdots\cdots(14)$$

式中：

X_1——样品中总醛的含量，单位为毫克每升(g/L)；

V_1——试样消耗碘标准滴定溶液的体积，单位为毫升(mL)；

V_2——空白消耗碘标准滴定溶液的体积，单位为毫升(mL)；

c——碘标准滴定溶液的浓度，单位为摩尔每升(mol/L)；

22——碘的摩尔质量的数值，单位为克每摩尔(g/mol)[$M(I_2)=22$]；

V——吸取试样的体积，单位为毫升(mL)；

X_2——样品中每升100%乙醇中总醛的含量，单位为毫克每升(g/L)；

E——酒样的实测酒精度。

所得结果表示至一位小数。

6.5.2.7 精密度

在重复性条件下获得的两次独立测定结果的绝对差值，不应超过平均值的10%。

7 检验规则

7.1 组批

每班灌装生产的、同一类别、同一品质、规格相同且经包装出厂的产品为一批。

7.2 抽样

7.2.1 按表3抽取样本(箱),从每箱任意位置抽取样本(瓶)。单件包装净含量小于500 mL,总取样量不足1 500 mL时,可按比例增加抽样量。

表3 抽样表

批量范围/箱	样本数/箱	单位样本数/瓶
<50	3	3
51～1 200	5	2
1 201～35 000	8	1
>35 001	13	1

7.2.2 采样后应立即贴上标签,注明:样品名称、品种规格、数量、制造者名称、采样时间与地点、采样人。将两瓶样品封存,保留两个月备查。其他样品立即送化验室,进行感官、理化和卫生等指标的检验。

7.3 检验分类

7.3.1 出厂检验

7.3.1.1 产品出厂前,应由生产厂的质量监督检验部门按本标准规定逐批进行检验,检验合格,并附上质量合格证明的,方可出厂。产品质量检验合格证明(合格证)可以放在包装箱内,或放在独立的包装盒内,也可以在标签上或包装箱外打印"合格"或"检验合格"字样。

7.3.1.2 检验项目:感官要求、酒精度、总酸、总酯、总醛、甲醇。

7.3.2 型式检验

7.3.2.1 检验项目:本标准中全部要求项目。

7.3.2.2 一般情况下,同一类产品的型式检验每半年进行一次,有下列情况之一者,亦应进行型式检验:

a) 原辅材料有较大变化时;

b) 更改关键工艺或设备时;

c) 新试制的产品或正常生产的产品停产3个月后,重新恢复生产时;

d) 出厂检验与上次型式检验结果有较大差异时;

e) 国家质量监督检验机构按有关规定需要抽检时。

7.4 判定规则

7.4.1 检验结果有不超过两项指标不符合相应的产品标准要求时,应重新自同批产品中抽取两倍量样品进行复检,以复检结果为准。

7.4.2 若复检结果中仍有一项(或一项以上)不合格时,则判整批产品为不合格。

7.4.3 当供需双方对检验结果有异议时,可由有关各方协商解决,或委托有关单位进行仲裁检验,以仲裁检验结果为准。

8 标志、包装、运输和贮存

8.1 标志

8.1.1 预包装威士忌产品标签应符合GB 10344的有关规定,生产企业宜标注产品的具体类型。

8.1.2 外包装纸箱上除标明产品名称、制造者名称和地址外,还应标明单位包装的净含量和总数量。

8.1.3 包装储运图示标志应符合 GB/T 191 的要求。

8.2 包装

8.2.1 包装材料应符合食品卫生要求。

8.2.2 包装容器应瓶体端正、清洁，封装严密，无漏酒现象。

8.2.3 外包装应使用合格的包装材料，箱内要有防震、防撞的间隔材料，并符合相应的标准。

8.3 运输和贮存

8.3.1 用软木塞（或替代品）封装的酒，在贮运时应“倒放”或“卧放”。

8.3.2 运输和贮存时应保持清洁，避免强烈振荡、日晒、雨淋，防止冰冻，装卸时应轻拿轻放。

8.3.3 存放地点应阴凉、干燥、通风良好，严防日晒、雨淋，严禁火种。

8.3.4 成品不得与潮湿地面直接接触，不得与有毒、有害、有异味、有腐蚀性物品同贮同运。

8.3.5 运输温度宜保持在 5 ℃～35 ℃，贮存温度宜保持在 5 ℃～25 ℃。

附 录 A
（规范性附录）
酒精水溶液密度与酒精度（乙醇含量）对照表（20 ℃）

表 A.1 酒精水溶液密度与酒精度（乙醇含量）对照表（20 ℃）

密度/(g/L)	酒精度/(%vol)	密度/(g/L)	酒精度/(%vol)	密度/(g/L)	酒精度/(%vol)
954.15	36.00	953.63	36.36	953.11	36.71
954.13	36.01	953.61	36.37	953.09	36.72
954.11	36.03	953.60	36.38	953.08	36.74
954.10	36.04	953.58	36.39	953.06	36.75
954.08	36.05	953.56	36.40	953.04	36.76
954.07	36.06	953.55	36.41	953.02	36.77
954.05	36.07	953.53	36.43	953.01	36.78
954.03	36.08	953.51	36.44	952.99	36.79
954.02	36.09	953.50	36.45	952.97	36.80
954.00	36.11	953.48	36.46	952.96	36.81
953.98	36.12	953.46	36.47	952.94	36.83
953.97	36.13	953.45	36.48	952.92	36.84
953.95	36.14	953.43	36.49	952.91	36.85
953.93	36.15	953.41	36.51	952.89	36.86
953.92	36.16	953.40	36.52	952.87	36.87
953.90	36.17	953.38	36.53	952.86	36.88
953.88	36.19	953.36	36.54	952.84	36.89
953.86	36.20	953.35	36.55	952.82	36.91
953.85	36.21	953.33	36.56	952.80	36.92
953.83	36.22	953.31	36.58	952.79	36.93
953.81	36.23	953.29	36.59	952.77	36.94
953.80	36.24	953.28	36.60	952.75	36.95
953.78	36.25	953.26	36.61	952.74	36.96
953.76	36.27	953.25	36.62	952.72	36.97
953.75	36.28	953.23	36.63	952.70	36.99
953.73	36.29	953.21	36.64	952.69	37.00
953.71	36.30	953.19	36.66	952.67	37.01
953.70	36.31	953.18	36.67	952.65	37.02
953.68	36.32	953.16	36.68	952.64	37.03
953.66	36.33	953.14	36.69	952.62	37.04
953.65	36.35	953.13	36.70	952.60	37.05

表 A.1（续）

密度/(g/L)	酒精度/(%vol)	密度/(g/L)	酒精度/(%vol)	密度/(g/L)	酒精度/(%vol)
952.58	37.07	951.99	37.46	951.38	37.86
952.57	37.08	951.97	37.48	951.37	37.87
952.55	37.09	951.95	37.49	951.35	37.89
952.53	37.10	951.93	37.50	951.33	37.90
952.52	37.11	951.92	37.51	951.31	37.91
952.50	37.12	951.90	37.52	951.30	37.92
952.48	37.13	951.88	37.53	951.28	37.93
952.46	37.15	951.87	37.54	951.26	37.94
952.45	37.16	951.85	37.56	951.24	37.95
952.43	37.17	951.83	37.57	951.23	37.97
952.41	37.18	951.81	37.58	951.21	37.98
952.40	37.19	951.80	37.59	951.19	37.99
952.38	37.20	951.78	37.60	951.18	38.00
952.36	37.21	951.76	37.61	951.16	38.01
952.35	37.23	951.75	37.62	951.14	38.02
952.33	37.24	951.73	37.64	951.12	38.03
952.31	37.25	951.71	37.65	951.11	38.04
952.29	37.26	951.69	37.66	951.09	38.06
952.28	37.27	951.68	37.67	951.07	38.07
952.26	37.28	951.66	37.68	951.05	38.08
952.24	37.29	951.64	37.69	951.04	38.09
952.23	37.31	951.62	37.70	951.02	38.10
952.21	37.32	951.61	37.72	951.00	38.11
952.19	37.33	951.59	37.73	950.98	38.12
952.17	37.34	951.57	37.74	950.97	38.14
952.16	37.35	951.56	37.75	950.95	38.15
952.14	37.36	951.54	37.76	950.93	38.16
952.12	37.37	951.52	37.77	950.91	38.17
952.11	37.39	951.50	37.78	950.90	38.18
952.09	37.40	951.49	37.79	950.88	38.19
952.07	37.41	951.47	37.81	950.86	38.20
952.05	37.42	951.45	37.82	950.84	38.22
952.04	37.43	951.43	37.83	950.83	38.23
952.02	37.44	951.42	37.84	950.81	38.24
952.00	37.45	951.40	37.85	950.79	38.25

表 A.1（续）

密度/(g/L)	酒精度/(%vol)	密度/(g/L)	酒精度/(%vol)	密度/(g/L)	酒精度/(%vol)
950.78	38.26	950.16	38.66	949.54	39.05
950.76	38.27	950.14	38.67	949.53	39.06
950.74	38.28	950.13	38.68	949.51	39.08
950.72	38.29	950.11	38.69	949.49	39.09
950.71	38.31	950.09	38.70	949.47	39.10
950.69	38.32	950.07	38.71	949.46	39.11
950.67	38.33	950.06	38.73	949.44	39.12
950.65	38.34	950.04	38.74	949.42	39.13
950.64	38.35	950.02	38.75	949.40	39.14
950.62	38.36	950.00	38.76	949.38	39.15
950.60	38.37	949.99	38.77	949.37	39.17
950.58	38.39	949.97	38.78	949.35	39.18
950.57	38.40	949.95	38.79	949.33	39.19
950.55	38.41	949.93	38.80	949.31	39.20
950.53	38.42	949.92	38.82	949.30	39.21
950.51	38.43	949.90	38.83	949.28	39.22
950.50	38.44	949.88	38.84	949.26	39.23
950.48	38.45	949.86	38.85	949.24	39.25
950.46	38.46	949.84	38.86	949.22	39.26
950.44	38.48	949.83	38.87	949.21	39.27
950.43	38.49	949.81	38.88	949.19	39.28
950.41	38.50	949.79	38.89	949.17	39.29
950.39	38.51	949.77	38.91	949.15	39.30
950.37	38.52	949.76	38.92	949.14	39.31
950.36	38.53	949.74	38.93	949.12	39.32
950.34	38.54	949.72	38.94	949.10	39.34
950.32	38.56	949.70	38.95	949.08	39.35
950.30	38.57	949.69	38.96	949.06	39.36
950.29	38.58	949.67	38.97	949.05	39.37
950.27	38.59	949.65	38.99	949.03	39.38
950.25	38.60	949.63	39.00	949.01	39.39
950.23	38.61	949.62	39.01	948.99	39.40
950.21	38.62	949.60	39.02	948.97	39.41
950.20	38.63	949.58	39.03	948.96	39.43
950.18	38.65	949.56	39.04	948.94	39.44

表 A.1（续）

密度/(g/L)	酒精度/(%vol)	密度/(g/L)	酒精度/(%vol)	密度/(g/L)	酒精度/(%vol)
948.92	39.45	948.29	39.84	947.66	40.24
948.90	39.46	948.28	39.85	947.64	40.25
948.89	39.47	948.26	39.87	947.62	40.26
948.87	39.48	948.24	39.88	947.61	40.27
948.85	39.49	948.22	39.89	947.59	40.28
948.83	39.50	948.20	39.90	947.57	40.29
948.81	39.52	948.19	39.91	947.55	40.30
948.80	39.53	948.17	39.92	947.53	40.32
948.78	39.54	948.15	39.93	947.52	40.33
948.76	39.55	948.13	39.94	947.50	40.34
948.74	39.56	948.11	39.96	947.48	40.35
948.72	39.57	948.10	39.97	947.46	40.36
948.71	39.58	948.08	39.98	947.44	40.37
948.69	39.60	948.06	39.99	947.43	40.38
948.67	39.61	948.04	40.00	947.41	40.39
948.65	39.62	948.02	40.01	947.39	40.41
948.64	39.63	948.01	40.02	947.37	40.42
948.62	39.64	947.99	40.03	947.35	40.43
948.60	39.65	947.97	40.05	947.33	40.44
948.58	39.66	947.95	40.06	947.32	40.45
948.56	39.67	947.93	40.07	947.30	40.46
948.55	39.69	947.91	40.08	947.28	40.47
948.53	39.70	947.90	40.09	947.26	40.48
948.51	39.71	947.88	40.10	947.24	40.49
948.49	39.72	947.86	40.11	947.22	40.51
948.47	39.73	947.84	40.12	947.21	40.52
948.46	39.74	947.82	40.14	947.19	40.53
948.44	39.75	947.81	40.15	947.17	40.54
948.42	39.76	947.79	40.16	947.15	40.55
948.40	39.78	947.77	40.17	947.13	40.56
948.38	39.79	947.75	40.18	947.12	40.57
948.37	39.80	947.73	40.19	947.10	40.58
948.35	39.81	947.72	40.20	947.08	40.60
948.33	39.82	947.70	40.21	947.06	40.61
948.31	39.83	947.68	40.23	947.04	40.62

表 A.1（续）

密度/(g/L)	酒精度/(%vol)	密度/(g/L)	酒精度/(%vol)	密度/(g/L)	酒精度/(%vol)
947.02	40.63	946.38	41.02	945.74	41.41
947.01	40.64	946.36	41.03	945.72	41.42
946.99	40.65	946.35	41.04	945.70	41.44
946.97	40.66	946.33	41.06	945.68	41.45
946.95	40.67	946.31	41.07	945.66	41.46
946.93	40.69	946.29	41.08	945.64	41.47
946.91	40.70	946.27	41.09	945.62	41.48
946.90	40.71	946.25	41.10	945.61	41.49
946.88	40.72	946.23	41.11	945.59	41.50
946.86	40.73	946.22	41.12	945.57	41.51
946.84	40.74	946.20	41.13	945.55	41.52
946.82	40.75	946.18	41.14	945.53	41.54
946.80	40.76	946.16	41.16	945.51	41.55
946.79	40.78	946.14	41.17	945.49	41.56
946.77	40.79	946.12	41.18	945.48	41.57
946.75	40.80	946.11	41.19	945.46	41.58
946.73	40.81	946.09	41.20	945.44	41.59
946.71	40.82	946.07	41.21	945.42	41.60
946.69	40.83	946.05	41.22	945.40	41.61
946.68	40.84	946.03	41.23	945.38	41.63
946.66	40.85	946.01	41.25	945.36	41.64
946.64	40.86	945.99	41.26	945.35	41.65
946.62	40.88	945.98	41.27	945.33	41.66
946.60	40.89	945.96	41.28	945.31	41.67
946.58	40.90	945.94	41.29	945.29	41.68
946.57	40.91	945.92	41.30	945.27	41.69
946.55	40.92	945.90	41.31	945.25	41.70
946.53	40.93	945.88	41.32	945.23	41.71
946.51	40.94	945.86	41.33	945.21	41.73
946.49	40.95	945.85	41.35	945.20	41.74
946.47	40.97	945.83	41.36	945.18	41.75
946.46	40.98	945.81	41.37	945.16	41.76
946.44	40.99	945.79	41.38	945.14	41.77
946.42	41.00	945.77	41.39	945.12	41.78
946.40	41.01	945.75	41.40	945.10	41.79

表 A.1（续）

密度/(g/L)	酒精度/(%vol)	密度/(g/L)	酒精度/(%vol)	密度/(g/L)	酒精度/(%vol)
945.08	41.80	944.43	42.19	943.77	42.58
945.07	41.81	944.41	42.20	943.75	42.59
945.05	41.83	944.39	42.22	943.73	42.60
945.03	41.84	944.37	42.23	943.71	42.62
945.01	41.85	944.35	42.24	943.69	42.63
944.99	41.86	944.33	42.25	943.67	42.64
944.97	41.87	944.32	42.26	943.65	42.65
944.95	41.88	944.30	42.27	943.64	42.66
944.93	41.89	944.28	42.28	943.62	42.67
944.92	41.90	944.26	42.29	943.60	42.68
944.90	41.92	944.24	42.30	943.58	42.69
944.88	41.93	944.22	42.32	943.56	42.70
944.86	41.94	944.20	42.33	943.54	42.72
944.84	41.95	944.18	42.34	943.52	42.73
944.82	41.96	944.16	42.35	943.50	42.74
944.80	41.97	944.15	42.36	943.48	42.75
944.78	41.98	944.13	42.37	943.46	42.76
944.77	41.99	944.11	42.38	943.45	42.77
944.75	42.00	944.09	42.39	943.43	42.78
944.73	42.02	944.07	42.40	943.41	42.79
944.71	42.03	944.05	42.42	943.39	42.80
944.69	42.04	944.03	42.43	943.37	42.82
944.67	42.05	944.01	42.44	943.35	42.83
944.65	42.06	943.99	42.45	943.33	42.84
944.63	42.07	943.98	42.46	943.31	42.85
944.62	42.08	943.96	42.47	943.29	42.86
944.60	42.09	943.94	42.48	943.27	42.87
944.58	42.10	943.92	42.49	943.26	42.88
944.56	42.12	943.90	42.50	943.24	42.89
944.54	42.13	943.88	42.52	943.22	42.90
944.52	42.14	943.86	42.53	943.20	42.92
944.50	42.15	943.84	42.54	943.18	42.93
944.48	42.16	943.82	42.55	943.16	42.94
944.47	42.17	943.81	42.56	943.14	42.95
944.45	42.18	943.79	42.57	943.12	42.96

表 A.1（续）

密度/(g/L)	酒精度/(%vol)	密度/(g/L)	酒精度/(%vol)	密度/(g/L)	酒精度/(%vol)
943.10	42.97	942.43	43.36	941.76	43.74
943.08	42.98	942.42	43.37	941.74	43.76
943.07	42.99	942.40	43.38	941.72	43.77
943.05	43.00	942.38	43.39	941.70	43.78
943.03	43.02	942.36	43.40	941.68	43.79
943.01	43.03	942.34	43.41	941.67	43.80
942.99	43.04	942.32	43.42	941.65	43.81
942.97	43.05	942.30	43.44	941.63	43.82
942.95	43.06	942.28	43.45	941.61	43.83
942.93	43.07	942.26	43.46	941.59	43.84
942.91	43.08	942.24	43.47	941.57	43.86
942.89	43.09	942.22	43.48	941.55	43.87
942.87	43.10	942.20	43.49	941.53	43.88
942.86	43.11	942.19	43.50	941.51	43.89
942.84	43.13	942.17	43.51	941.49	43.90
942.82	43.14	942.15	43.52	941.47	43.91
942.80	43.15	942.13	43.54	941.45	43.92
942.78	43.16	942.11	43.55	941.43	43.93
942.76	43.17	942.09	43.56	941.41	43.94
942.74	43.18	942.07	43.57	941.39	43.95
942.72	43.19	942.05	43.58	941.38	43.97
942.70	43.20	942.03	43.59	941.36	43.98
942.68	43.21	942.01	43.60	941.34	43.99
942.66	43.23	941.99	43.61	941.32	44.00
942.65	43.24	941.97	43.62	941.30	44.01
942.63	43.25	941.95	43.63	941.28	44.02
942.61	43.26	941.94	43.65	941.26	44.03
942.59	43.27	941.92	43.66	941.24	44.04
942.57	43.28	941.90	43.67	941.22	44.05
942.55	43.29	941.88	43.68	941.20	44.06
942.53	43.30	941.86	43.69	941.18	44.08
942.51	43.31	941.84	43.70	941.16	44.09
942.49	43.33	941.82	43.71	941.14	44.10
942.47	43.34	941.80	43.72	941.12	44.11
942.45	43.35	941.78	43.73	941.10	44.12

表 A.1（续）

密度/(g/L)	酒精度/(%vol)	密度/(g/L)	酒精度/(%vol)	密度/(g/L)	酒精度/(%vol)
941.08	44.13	940.56	44.43	940.03	44.72
941.06	44.14	940.54	44.44	940.01	44.74
941.05	44.15	940.52	44.45	939.99	44.75
941.03	44.16	940.50	44.46	939.97	44.76
941.01	44.17	940.48	44.47	939.95	44.77
940.99	44.19	940.46	44.48	939.93	44.78
940.97	44.20	940.44	44.49	939.91	44.79
940.95	44.21	940.42	44.50	939.89	44.80
940.93	44.22	940.40	44.52	939.87	44.81
940.91	44.23	940.38	44.53	939.86	44.82
940.89	44.24	940.36	44.54	939.84	44.83
940.87	44.25	940.34	44.55	939.82	44.85
940.85	44.26	940.32	44.56	939.80	44.86
940.83	44.27	940.31	44.57	939.78	44.87
940.81	44.28	940.29	44.58	939.76	44.88
940.79	44.30	940.27	44.59	939.74	44.89
940.77	44.31	940.25	44.60	939.72	44.90
940.75	44.32	940.23	44.61	939.70	44.91
940.73	44.33	940.21	44.63	939.68	44.92
940.71	44.34	940.19	44.64	939.66	44.93
940.70	44.35	940.17	44.65	939.64	44.94
940.68	44.36	940.15	44.66	939.62	44.95
940.66	44.37	940.13	44.67	939.60	44.97
940.64	44.38	940.11	44.68	939.58	44.98
940.62	44.39	940.09	44.69	939.56	44.99
940.60	44.41	940.07	44.70	939.54	45.00
940.58	44.42	940.05	44.71		

附 录

(规范性

酒精计温度(t)与20 ℃时

表 B.1 酒精计温度(t)与20 ℃时酒精度(ALC)换算表

酒精度 (ALC)/(%vol)	酒精计温度										
	10	10.5	11	11.5	12	12.5	13	13.5	14	14.5	15
30	34.10	33.89	33.68	33.48	33.27	33.06	32.85	32.65	32.44	32.23	32.03
30.1	34.21	34.00	33.79	33.58	33.37	33.16	32.95	32.75	32.54	32.33	32.13
30.2	34.31	34.10	33.89	33.68	33.47	33.26	33.06	32.85	32.64	32.44	32.23
30.3	34.41	34.20	33.99	33.78	33.57	33.36	33.16	32.95	32.74	32.54	32.33
30.4	34.51	34.30	34.09	33.88	33.67	33.47	33.26	33.05	32.85	32.64	32.43
30.5	34.61	34.40	34.19	33.98	33.78	33.57	33.36	33.15	32.95	32.74	32.53
30.6	34.71	34.50	34.30	34.09	33.88	33.67	33.46	33.25	33.05	32.84	32.64
30.7	34.82	34.61	34.40	34.19	33.98	33.77	33.56	33.36	33.15	32.94	32.74
30.8	34.92	34.71	34.50	34.29	34.08	33.87	33.66	33.46	33.25	33.04	32.84
30.9	35.02	34.81	34.60	34.39	34.18	33.97	33.77	33.56	33.35	33.15	32.94
31	35.12	34.91	34.70	34.49	34.28	34.07	33.87	33.66	33.45	33.25	33.04
31.1	35.22	35.01	34.80	34.59	34.38	34.18	33.97	33.76	33.55	33.35	33.14
31.2	35.32	35.11	34.90	34.69	34.49	34.28	34.07	33.86	33.65	33.45	33.24
31.3	35.42	35.21	35.00	34.79	34.59	34.38	34.17	33.96	33.76	33.55	33.34
31.4	35.52	35.31	35.10	34.90	34.69	34.48	34.27	34.06	33.86	33.65	33.44
31.5	35.62	35.41	35.21	35.00	34.79	34.58	34.37	34.16	33.96	33.75	33.54
31.6	35.72	35.52	35.31	35.10	34.89	34.68	34.47	34.27	34.06	33.85	33.65
31.7	35.83	35.62	35.41	35.20	34.99	34.78	34.57	34.37	34.16	33.95	33.75
31.8	35.93	35.72	35.51	35.30	35.09	34.88	34.67	34.47	34.26	34.05	33.85
31.9	36.03	35.82	35.61	35.40	35.19	34.98	34.77	34.57	34.36	34.15	33.95
32	36.13	35.92	35.71	35.50	35.29	35.08	34.88	34.67	34.46	34.25	34.05
32.1	36.23	36.02	35.81	35.60	35.39	35.18	34.98	34.77	34.56	34.35	34.15
32.2	36.33	36.12	35.91	35.70	35.49	35.28	35.08	34.87	34.66	34.45	34.25
32.3	36.43	36.22	36.01	35.80	35.59	35.38	35.18	34.97	34.76	34.56	34.35
32.4	36.53	36.32	36.11	35.90	35.69	35.48	35.28	35.07	34.86	34.66	34.45
32.5	36.63	36.42	36.21	36.00	35.79	35.58	35.38	35.17	34.96	34.76	34.55
32.6	36.73	36.52	36.31	36.10	35.89	35.68	35.48	35.27	35.06	34.86	34.65
32.7	36.83	36.62	36.41	36.20	35.99	35.79	35.58	35.37	35.16	34.96	34.75
32.8	36.93	36.72	36.51	36.30	36.09	35.89	35.68	35.47	35.26	35.06	34.85
32.9	37.03	36.82	36.61	36.40	36.19	35.99	35.78	35.57	35.36	35.16	34.95
33	37.13	36.92	36.71	36.50	36.29	36.09	35.88	35.67	35.46	35.26	35.05
33.1	37.22	37.02	36.81	36.60	36.39	36.19	35.98	35.77	35.56	35.36	35.15
33.2	37.32	37.12	36.91	36.70	36.49	36.28	36.08	35.87	35.66	35.46	35.25
33.3	37.42	37.22	37.01	36.80	36.59	36.38	36.18	35.97	35.76	35.56	35.35
33.4	37.52	37.31	37.11	36.90	36.69	36.48	36.28	36.07	35.86	35.66	35.45
33.5	37.62	37.41	37.21	37.00	36.79	36.58	36.38	36.17	35.96	35.76	35.55
33.6	37.72	37.51	37.31	37.10	36.89	36.68	36.48	36.27	36.06	35.86	35.65
33.7	37.82	37.61	37.41	37.20	36.99	36.78	36.58	36.37	36.16	35.96	35.75
33.8	37.92	37.71	37.50	37.30	37.09	36.88	36.68	36.47	36.26	36.06	35.85
33.9	38.02	37.81	37.60	37.40	37.19	36.98	36.78	36.57	36.36	36.16	35.95
34	38.12	37.91	37.70	37.50	37.29	37.08	56.88	36.67	36.46	36.26	36.05
34.1	38.22	38.01	37.80	37.59	37.39	37.18	36.97	36.77	36.56	36.36	36.15
34.2	38.31	38.11	37.90	37.69	37.49	37.28	37.07	36.87	36.66	36.46	36.25
34.3	38.41	38.21	38.00	37.79	37.59	37.38	37.17	36.97	36.76	36.56	36.35
34.4	38.51	38.31	38.10	37.89	37.69	37.48	37.27	37.07	36.86	36.65	36.45
34.5	38.61	38.40	38.20	37.99	37.78	37.58	37.37	37.17	36.96	36.75	36.55
34.6	38.71	38.50	38.30	38.09	37.88	37.68	37.47	37.27	37.06	36.85	36.65
34.7	38.81	38.60	38.40	38.19	37.98	37.78	37.57	37.36	37.16	36.95	36.75
34.8	38.91	38.70	38.49	38.29	38.08	37.88	37.67	37.46	37.26	37.05	36.85
34.9	39.00	38.80	38.59	38.39	38.18	37.97	37.77	37.56	37.36	37.15	36.95

B

附录）

酒精度(ALC)换算表

(酒精计温度范围 10 ℃～20 ℃,间隔 0.5 ℃)　　单位为%vol

(t)/℃									
15.5	16	16.5	17	17.5	18	18.5	19	19.5	20
31.82	31.62	31.41	31.21	31.01	30.81	30.60	30.40	30.20	30.00
31.92	31.72	31.52	31.31	31.11	30.91	30.70	30.50	30.30	30.10
32.03	31.82	31.62	31.41	31.21	31.01	30.80	30.60	30.40	30.20
32.13	31.92	31.72	31.51	31.31	31.11	30.91	30.70	30.50	30.30
32.23	32.02	31.82	31.62	31.41	31.21	31.01	30.80	30.60	30.40
32.33	32.12	31.92	31.72	31.51	31.31	31.11	30.90	30.70	30.50
32.43	32.23	32.02	31.82	31.61	31.41	31.21	31.00	30.80	30.60
32.53	32.33	32.12	31.92	31.71	31.51	31.31	31.10	30.90	30.70
32.63	32.43	32.22	32.02	31.81	31.61	31.41	31.20	31.00	30.80
32.73	32.53	32.32	32.12	31.91	31.71	31.51	31.30	31.10	30.90
32.83	32.63	32.42	32.22	32.02	31.81	31.61	31.41	31.20	31.00
32.94	32.73	32.52	32.32	32.12	31.91	31.71	31.51	31.30	31.10
33.04	32.83	32.63	32.42	32.22	32.01	31.81	31.61	31.40	31.20
33.14	32.93	32.73	32.52	32.32	32.11	31.91	31.71	31.50	31.30
33.24	33.03	32.83	32.62	32.42	32.21	32.01	31.81	31.60	31.40
33.34	33.13	32.93	32.72	32.52	32.31	32.11	31.91	31.70	31.50
33.44	33.23	33.03	32.82	32.62	32.41	32.21	32.01	31.80	31.60
33.54	33.33	33.13	32.92	32.72	32.51	32.31	32.11	31.90	31.70
33.64	33.43	33.23	33.02	32.82	32.61	32.41	32.21	32.00	31.80
33.74	33.54	33.33	33.12	32.92	32.72	32.51	32.31	32.10	31.90
33.84	33.64	33.43	33.22	33.02	32.82	32.61	32.41	32.20	32.00
33.94	33.74	33.53	33.33	33.12	32.92	32.71	32.51	32.30	32.10
34.04	33.84	33.63	33.43	33.22	33.02	32.81	32.61	32.40	32.20
34.14	33.94	33.73	33.53	33.32	33.12	32.91	32.71	32.50	32.30
34.24	34.04	33.83	33.63	33.42	33.22	33.01	32.81	32.60	32.40
34.34	34.14	33.93	33.73	33.52	33.32	33.11	32.91	32.70	32.50
34.44	34.24	34.03	33.83	33.62	33.42	33.21	33.01	32.80	32.60
34.54	34.34	34.13	33.93	33.72	33.52	33.31	33.11	32.90	32.70
34.64	34.44	34.23	34.03	33.82	33.62	33.41	33.21	33.00	32.80
34.74	34.54	34.33	34.13	33.92	33.72	33.51	33.31	33.10	32.90
34.84	34.64	34.43	34.23	34.02	33.82	33.61	33.41	33.20	33.00
34.94	34.74	34.53	34.33	34.12	33.92	33.71	33.51	33.30	33.10
35.04	34.84	34.63	34.43	34.22	34.02	33.81	33.61	33.40	33.20
35.14	34.94	34.73	34.53	34.32	34.12	33.91	33.71	33.50	33.30
35.24	35.04	34.83	34.63	34.42	34.22	34.01	33.81	33.60	33.40
35.34	35.14	34.93	34.73	34.52	34.32	34.11	33.91	33.70	33.50
35.44	35.24	35.03	34.83	34.62	34.42	34.21	34.01	33.80	33.60
35.54	35.34	35.13	34.93	34.72	34.52	34.31	34.11	33.90	33.70
35.64	35.44	35.23	35.03	34.82	34.62	34.41	34.21	34.00	33.80
35.74	35.54	35.33	35.13	34.92	34.72	34.51	34.31	34.10	33.90
35.84	35.64	35.43	35.23	35.02	34.82	34.61	34.41	34.20	34.00
35.94	35.74	35.53	35.33	35.12	34.92	34.71	34.51	34.30	34.10
36.04	35.84	35.63	35.43	35.22	35.02	34.81	34.61	34.40	34.20
36.14	35.94	35.73	35.53	35.32	35.12	34.91	34.71	34.50	34.30
36.24	36.04	35.83	35.63	35.42	35.22	35.01	34.81	34.60	34.40
36.34	36.14	35.93	35.73	35.52	35.32	35.11	34.91	34.70	34.50
36.44	36.24	36.03	35.83	35.62	35.42	35.21	35.01	34.80	34.60
36.54	36.34	36.13	35.93	35.72	35.52	35.31	35.11	34.90	34.70
36.64	36.44	36.23	36.03	35.82	35.62	35.41	35.21	35.00	34.80
36.74	36.54	36.33	36.13	35.92	35.72	35.51	35.31	35.10	34.90

表 B.1

酒精度(ALC)/(%vol)	酒精计温度										
	10	10.5	11	11.5	12	12.5	13	13.5	14	14.5	15
35	39.10	38.90	38.69	38.43	38.28	38.07	37.87	37.66	37.46	37.25	37.05
35.1	39.20	39.00	38.79	38.58	38.38	38.17	37.97	37.76	37.56	37.35	37.15
35.2	39.30	39.09	38.89	38.68	38.48	38.27	38.07	37.86	37.66	37.45	37.25
35.3	39.40	39.19	38.99	38.78	38.58	38.37	38.17	37.96	37.76	37.55	37.34
35.4	39.50	39.29	39.09	38.88	38.67	38.47	38.26	38.06	37.85	37.65	37.44
35.5	39.59	39.39	39.18	38.98	38.77	38.57	38.36	38.16	37.95	37.75	37.54
35.6	39.69	39.49	39.28	39.08	38.87	38.67	38.46	38.26	38.05	37.85	37.64
35.7	39.79	39.59	39.38	39.18	38.97	38.77	38.56	38.36	38.15	37.95	37.74
35.8	39.89	39.68	39.48	39.27	39.07	38.86	38.66	38.46	38.25	38.05	37.84
35.9	39.99	39.78	39.58	39.37	39.17	38.96	38.76	38.55	38.35	38.15	37.94
36	40.08	39.88	39.68	39.47	39.27	39.06	38.86	38.65	38.45	38.24	38.04
36.1	40.18	39.98	39.77	39.57	39.37	39.16	38.96	38.75	38.55	38.34	38.14
36.2	40.28	40.08	39.87	39.67	39.46	39.26	39.06	38.85	38.65	38.44	38.24
36.3	40.38	40.17	39.97	39.77	39.56	39.36	39.15	38.95	38.75	38.54	38.34
36.4	40.48	40.27	40.07	39.86	39.66	39.46	39.25	39.05	38.84	38.64	38.44
36.5	40.57	40.37	40.17	39.96	39.76	39.56	39.35	39.15	38.94	38.74	38.54
36.6	40.67	40.47	40.26	40.06	39.86	39.65	39.45	39.25	39.04	38.84	38.64
36.7	40.77	40.57	40.36	40.16	39.96	39.75	39.55	39.35	39.14	38.94	38.73
36.8	40.87	40.66	40.46	40.26	40.05	39.85	39.65	39.44	39.24	39.04	38.83
36.9	40.96	40.76	40.56	40.36	40.15	39.95	39.75	39.54	39.34	39.14	38.93
37	41.06	40.86	40.66	40.45	40.25	40.05	39.84	39.64	39.44	39.23	39.03
37.1	41.16	40.96	40.75	40.55	40.35	40.15	39.94	39.74	39.54	39.33	39.13
37.2	41.26	41.05	40.85	40.65	40.45	40.24	40.04	39.84	39.64	39.43	39.23
37.3	41.35	41.15	40.95	40.75	40.54	40.34	40.14	39.94	39.73	39.53	39.33
37.4	41.45	41.25	41.05	40.85	40.64	40.44	40.24	40.04	39.83	39.63	39.43
37.5	41.55	41.35	41.15	40.94	40.74	40.54	40.34	40.13	39.93	39.73	39.53
37.6	41.65	41.45	41.24	41.04	40.84	40.64	40.44	40.23	40.03	39.83	39.63
37.7	41.74	41.54	41.34	41.14	40.94	40.74	40.53	40.33	40.13	39.93	39.72
37.8	41.84	41.64	41.44	41.24	41.04	40.83	40.63	40.43	40.23	40.03	39.82
37.9	41.94	41.74	41.54	41.34	41.13	40.93	40.73	40.53	40.33	40.12	39.92
38	42.04	41.84	41.63	41.43	41.23	41.03	40.83	40.63	40.43	40.22	40.02
38.1	42.13	41.93	41.73	41.53	41.33	41.13	40.93	40.73	40.52	40.32	40.12
38.2	42.23	42.03	41.83	41.63	41.43	41.23	41.03	40.82	40.62	40.42	40.22
38.3	42.33	42.13	41.93	41.73	41.53	41.32	41.12	40.92	40.72	40.52	40.32
38.4	42.43	42.23	42.02	41.82	41.62	41.42	41.22	41.02	40.82	40.62	40.42
38.5	42.52	42.32	42.12	41.92	41.72	41.52	41.32	41.12	40.92	40.72	40.52
38.6	42.62	42.42	42.22	42.02	41.82	41.62	41.42	41.22	41.02	40.82	40.61
38.7	42.72	42.52	42.32	42.12	41.92	41.72	41.52	41.32	41.11	40.91	40.71
38.8	42.81	42.61	42.41	42.21	42.01	41.81	41.61	41.41	41.21	41.01	40.81
38.9	42.91	42.71	42.51	42.31	42.11	41.91	41.71	41.51	41.31	41.11	40.91
39	43.01	42.81	42.61	42.41	42.21	42.01	41.81	41.61	41.41	41.21	41.01
39.1	43.11	42.91	42.71	42.51	42.31	42.11	41.91	41.71	41.51	41.31	41.11
39.2	43.20	43.00	42.80	42.61	42.41	42.21	42.01	41.81	41.61	41.41	41.21
39.3	43.30	43.10	42.90	42.70	42.50	42.30	42.11	41.91	41.71	41.51	41.31
39.4	43.40	43.20	43.00	42.80	42.60	42.40	42.20	42.00	41.80	41.60	41.40
39.5	43.49	43.30	43.10	42.90	42.70	42.50	42.30	42.10	41.90	41.70	41.50
39.6	43.59	43.39	43.19	43.00	42.80	42.60	42.40	42.20	42.00	41.80	41.60
39.7	43.69	43.49	43.29	43.09	42.89	42.70	42.50	42.30	42.10	41.90	41.70
39.8	43.78	43.59	43.39	43.19	42.99	42.79	42.60	42.40	42.20	42.00	41.80
39.9	43.88	43.68	43.49	43.29	43.09	42.89	42.69	42.49	42.30	42.10	41.90

(续)

单位为%vol

(t)/℃									
15.5	16	16.5	17	17.5	18	18.5	19	19.5	20
36.84	36.64	36.43	36.23	36.02	35.82	35.61	35.41	35.20	35.00
36.94	36.74	36.53	36.33	36.12	35.92	35.71	35.51	35.30	35.10
37.04	36.84	36.63	36.43	36.22	36.02	35.81	35.61	35.40	35.20
37.14	36.94	36.73	36.53	36.32	36.12	35.91	35.71	35.50	35.30
37.24	37.03	36.83	36.63	36.42	36.22	36.01	35.81	35.60	35.40
37.34	37.13	36.93	36.73	36.52	36.32	36.11	35.91	35.70	35.50
37.44	37.23	37.03	36.82	36.62	36.42	36.21	36.01	35.80	35.60
37.54	37.33	37.13	36.92	36.72	36.52	36.31	36.11	35.90	35.70
37.64	37.43	37.23	37.02	36.82	36.62	36.41	36.21	36.00	35.80
37.74	37.53	37.33	37.12	36.92	36.72	36.51	36.31	36.10	35.90
37.84	37.63	37.43	37.22	37.02	36.82	36.61	36.41	36.20	36.00
37.94	37.73	37.53	37.32	37.12	36.92	36.71	36.51	36.30	36.10
38.03	37.83	37.63	37.42	37.22	37.01	36.81	36.61	36.40	36.20
38.13	37.93	37.73	37.52	37.32	37.11	36.91	36.71	36.50	36.30
38.23	38.03	37.83	37.62	37.42	37.21	37.01	36.81	36.60	36.40
38.33	38.13	37.93	37.72	37.52	37.31	37.11	36.91	36.70	36.50
38.43	38.23	38.02	37.82	37.62	37.41	37.21	37.01	36.80	36.60
38.53	38.33	38.12	37.92	37.72	37.51	37.31	37.11	36.90	36.70
38.63	38.43	38.22	38.02	37.82	37.61	37.41	37.21	37.00	36.80
38.73	38.53	38.32	38.12	37.92	37.71	37.51	37.31	37.10	36.90
38.83	38.63	38.42	38.22	38.02	37.81	37.61	37.41	37.20	37.00
38.93	38.72	38.52	38.32	38.12	37.91	37.71	37.51	37.30	37.10
39.03	38.82	38.62	38.42	38.21	38.01	37.81	37.61	37.40	37.20
39.13	38.92	38.72	38.52	38.31	38.11	37.91	37.71	37.50	37.30
39.23	39.02	38.82	38.62	38.41	38.21	38.01	37.81	37.60	37.40
39.32	39.12	38.92	38.72	38.51	38.31	38.11	37.91	37.70	37.50
39.42	39.22	39.02	38.82	38.61	38.41	38.21	38.01	37.80	37.60
39.52	39.32	39.12	38.92	38.71	38.51	38.31	38.11	37.90	37.70
39.62	39.42	39.22	39.01	38.81	38.61	38.41	38.20	38.00	37.80
39.72	39.52	39.32	39.11	38.91	38.71	38.51	38.30	38.10	37.90
39.82	39.62	39.42	39.21	39.01	38.81	38.61	38.40	38.20	38.00
39.92	39.72	39.51	39.31	39.11	38.91	38.71	38.50	38.30	38.10
40.02	39.82	39.61	39.41	39.21	39.01	38.81	38.60	38.40	38.20
40.12	39.91	39.71	39.51	39.31	39.11	38.91	38.70	38.50	38.30
40.22	40.01	39.81	39.61	39.41	39.21	39.01	38.80	38.60	38.40
40.31	40.11	39.91	39.71	39.51	39.31	39.11	38.90	38.70	38.50
40.41	40.21	40.01	39.81	39.61	39.41	39.21	39.00	38.80	38.60
40.51	40.31	40.11	39.91	39.71	39.51	39.30	39.10	38.90	38.70
40.61	40.41	40.21	40.01	39.81	39.61	39.40	39.20	39.00	38.80
40.71	40.51	40.31	40.11	39.91	39.71	39.50	39.30	39.10	38.90
40.81	40.61	40.41	40.21	40.01	39.80	39.60	39.40	39.20	39.00
40.91	40.71	40.51	40.31	40.11	39.90	39.70	39.50	39.30	39.10
41.01	40.81	40.61	40.41	40.20	40.00	39.80	39.60	39.40	39.20
41.11	40.91	40.71	40.50	40.30	40.10	39.90	39.70	39.50	39.30
41.20	41.00	40.80	40.60	40.40	40.20	40.00	39.80	39.60	39.40
41.30	41.10	40.90	40.70	40.50	40.30	40.10	39.90	39.70	39.50
41.40	41.20	41.00	40.80	40.60	40.40	40.20	40.00	39.80	39.60
41.50	41.30	41.10	40.90	40.70	40.50	40.30	40.10	39.90	39.70
41.60	41.40	41.20	41.00	40.80	40.60	40.40	40.20	40.00	39.80
41.70	41.50	41.30	41.10	40.90	40.70	40.50	40.30	40.10	39.90

表 B.1

酒精度 (ALC)/(%vol)	酒精计温度										
	10	10.5	11	11.5	12	12.5	13	13.5	14	14.5	15
40	43.98	43.78	43.58	43.39	43.19	42.99	42.79	42.59	42.39	42.20	42.00
40.1	44.08	43.88	43.68	43.48	43.29	43.09	42.89	42.69	42.49	42.29	42.10
40.2	44.17	43.98	43.78	43.58	43.38	43.19	42.99	42.79	42.59	42.39	42.19
40.3	44.27	44.07	43.88	43.68	43.48	43.28	43.09	42.89	42.69	42.49	42.29
40.4	44.37	44.17	43.97	43.78	43.58	43.38	43.18	42.99	42.79	42.59	42.39
40.5	44.46	44.27	44.07	43.87	43.68	43.48	43.28	43.08	42.89	42.69	42.49
40.6	44.56	44.36	44.17	43.97	43.77	43.58	43.38	43.18	42.98	42.79	42.59
40.7	44.66	44.46	44.26	44.07	43.87	43.67	43.48	43.28	43.08	42.88	42.69
40.8	44.75	44.56	44.36	44.17	43.97	43.77	43.58	43.38	43.18	42.98	42.79
40.9	44.85	44.66	44.46	44.26	44.07	43.87	43.67	43.48	43.28	43.08	42.88
41	44.95	44.75	44.56	44.36	44.16	43.97	43.77	43.57	43.38	43.18	42.98
41.1	45.04	44.85	44.65	44.46	44.26	44.07	43.87	43.67	43.48	43.28	43.08
41.2	45.14	44.95	44.75	44.56	44.36	44.16	43.97	43.77	43.57	43.38	43.18
41.3	45.24	45.04	44.85	44.65	44.46	44.26	44.07	43.87	43.67	43.48	43.28
41.4	45.34	45.14	44.95	44.75	44.55	44.36	44.16	43.97	43.77	43.57	43.38
41.5	45.43	45.24	45.04	44.85	44.65	44.46	44.26	44.06	43.87	43.67	43.48
41.6	45.53	45.33	45.14	44.94	44.75	44.55	44.36	44.16	43.97	43.77	43.57
41.7	45.63	45.43	45.24	45.04	44.85	44.65	44.46	44.26	44.07	43.87	43.67
41.8	45.72	45.53	45.33	45.14	44.94	44.75	44.55	44.36	44.16	43.97	43.77
41.9	45.82	45.63	45.43	45.24	45.04	44.85	44.65	44.46	44.26	44.07	43.87
42	45.92	45.72	45.53	45.33	45.14	44.95	44.75	44.56	44.36	44.16	43.97
42.1	46.01	45.82	45.63	45.43	45.24	45.04	44.85	44.65	44.46	44.26	44.07
42.2	46.11	45.92	45.72	45.53	45.33	45.14	44.95	44.75	44.56	44.36	44.17
42.3	46.21	46.01	45.82	45.63	45.43	45.24	45.04	44.85	44.65	44.46	44.26
42.4	46.30	46.11	45.92	45.72	45.53	45.34	45.14	44.95	44.75	44.56	44.36
42.5	46.40	46.21	46.01	45.82	45.63	45.43	45.24	45.05	44.85	44.66	44.46
42.6	46.50	46.30	46.11	45.92	45.72	45.53	45.34	45.14	44.95	44.75	44.56
42.7	46.59	46.40	46.21	46.02	45.82	45.63	45.44	45.24	45.05	44.85	44.66
42.8	46.69	46.50	46.31	46.11	45.92	45.73	45.53	45.34	45.15	44.95	44.76
42.9	46.79	46.60	46.40	46.21	46.02	45.82	45.63	45.44	45.24	45.05	44.86
43	46.88	46.69	46.50	46.31	46.12	45.92	45.73	45.54	45.34	45.15	44.95
43.1	46.98	46.79	46.60	46.41	46.21	46.02	45.83	45.63	45.44	45.25	45.05
43.2	47.08	46.89	46.69	46.50	46.31	46.12	45.92	45.73	45.54	45.34	45.15
43.3	47.17	46.98	46.79	46.60	46.41	46.22	46.02	45.83	45.64	45.44	45.25
43.4	47.27	47.08	46.89	46.70	46.51	46.31	46.12	45.93	45.73	45.54	45.35
43.5	47.37	47.18	46.99	46.79	46.60	46.41	46.22	46.03	45.83	45.64	45.45
43.6	47.46	47.27	47.08	46.89	46.70	46.51	46.32	46.12	45.93	45.74	45.54
43.7	47.56	47.37	47.18	46.99	46.80	46.61	46.41	46.22	46.03	45.84	45.64
43.8	47.66	47.47	47.28	47.09	46.90	46.70	46.51	46.32	46.13	45.93	45.74
43.9	47.76	47.56	47.37	47.18	46.99	46.80	46.61	46.42	46.23	46.03	45.84
44	47.85	47.66	47.47	47.28	47.09	46.90	46.71	46.52	46.32	46.13	45.94
44.1	47.95	47.76	47.57	47.38	47.19	47.00	46.81	46.61	46.42	46.23	46.04
44.2	48.05	47.86	47.67	47.48	47.29	47.09	46.90	46.71	46.52	46.33	46.14
44.3	48.14	47.95	47.76	47.57	47.38	47.19	47.00	46.81	46.62	46.43	46.23
44.4	48.24	48.05	47.86	47.67	47.48	47.29	47.10	46.91	46.72	46.52	46.33
44.5	48.34	48.15	47.96	47.77	47.58	47.39	47.20	47.01	46.81	46.62	46.43
44.6	48.43	48.24	48.05	47.86	47.68	47.48	47.29	47.10	46.91	46.72	46.53
44.7	48.53	48.34	48.15	47.96	47.77	47.58	47.39	47.20	47.01	46.82	46.63
44.8	48.63	48.44	48.25	48.06	47.87	47.68	47.49	47.30	47.11	46.92	46.73
44.9	48.72	48.53	48.35	48.16	47.97	47.78	47.59	47.40	47.21	47.02	46.83
45	48.82	48.63	48.44	48.25	48.07	47.88	47.69	47.50	47.31	47.11	46.92

（续） 单位为%vol

(*t*)/℃									
15.5	16	16.5	17	17.5	18	18.5	19	19.5	20
41.80	41.60	41.40	41.20	41.00	40.80	40.60	40.46	40.20	40.00
41.90	41.70	41.50	41.30	41.10	40.90	40.70	40.50	40.30	40.10
42.00	41.80	41.60	41.40	41.20	41.00	40.80	40.60	40.40	40.20
42.09	41.90	41.70	41.50	41.30	41.10	40.90	40.70	40.50	40.30
42.19	41.99	41.80	41.60	41.40	41.20	41.00	40.80	40.60	40.40
42.29	42.09	41.89	41.70	41.50	41.30	41.10	40.90	40.70	40.50
42.39	42.19	41.99	41.79	41.60	41.40	41.20	41.00	40.80	40.60
42.49	42.29	42.09	41.89	41.70	41.50	41.30	41.10	40.90	40.70
42.59	42.39	42.19	41.99	41.79	41.60	41.40	41.20	41.00	40.80
42.69	42.49	42.29	42.09	41.89	41.70	41.50	41.30	41.10	40.90
42.79	42.59	42.39	42.19	41.99	41.79	41.60	41.40	41.20	41.00
42.88	42.69	42.49	42.29	42.09	41.89	41.70	41.50	41.30	41.10
42.98	42.79	42.59	42.39	42.19	41.99	41.80	41.60	41.40	41.20
43.08	42.88	42.69	42.49	42.29	42.09	41.90	41.70	41.50	41.30
43.18	42.98	42.79	42.59	42.39	42.19	41.99	41.80	41.60	41.40
43.28	43.08	42.88	42.69	42.49	42.29	42.09	41.90	41.70	41.50
43.38	43.18	42.98	42.79	42.59	42.39	42.19	42.00	41.80	41.60
43.48	43.28	43.08	42.89	42.69	42.49	42.29	42.10	41.90	41.70
43.58	43.38	43.18	42.98	42.79	42.59	42.39	42.20	42.00	41.80
43.67	43.48	43.28	43.08	42.89	42.69	42.49	42.30	42.10	41.90
43.77	43.58	43.38	43.18	42.99	42.79	42.59	42.40	42.20	42.00
43.87	43.68	43.48	43.28	43.09	42.89	42.69	42.49	42.30	42.10
43.97	43.77	43.58	43.38	43.19	42.99	42.79	42.59	42.40	42.20
44.07	43.87	43.68	43.48	43.28	43.09	42.89	42.69	42.50	42.30
44.17	43.97	43.78	43.58	43.38	43.19	42.99	42.79	42.60	42.40
44.27	44.07	43.87	43.68	43.48	43.29	43.09	42.89	42.70	42.50
44.36	44.17	43.97	43.78	43.58	43.39	43.19	42.99	42.80	42.60
44.46	44.27	44.07	43.88	43.68	43.49	43.29	43.09	42.90	42.70
44.56	44.37	44.17	43.98	43.78	43.59	43.39	43.19	43.00	42.80
44.66	44.47	44.27	44.08	43.88	43.68	43.49	43.29	43.10	42.90
44.76	44.56	44.37	44.17	43.98	43.78	43.59	43.39	43.20	43.00
44.86	44.66	44.47	44.27	44.08	43.88	43.69	43.49	43.30	43.10
44.96	44.76	44.57	44.37	44.18	43.98	43.79	43.59	43.40	43.20
45.06	44.86	44.67	44.47	44.28	44.08	43.89	43.69	43.50	43.30
45.15	44.96	44.77	44.57	44.38	44.18	43.99	43.79	43.60	43.40
45.25	45.06	44.86	44.67	44.48	44.28	44.09	43.89	43.70	43.50
45.35	45.16	44.96	44.77	44.58	44.38	44.19	43.99	43.80	43.60
45.45	45.26	45.06	44.87	44.67	44.48	44.29	44.09	43.90	43.70
45.55	45.36	45.16	44.97	44.77	44.58	44.38	44.19	44.00	43.80
45.65	45.45	45.26	45.07	44.87	44.68	44.48	44.29	44.10	43.90
45.75	45.55	45.36	45.17	44.97	44.78	44.58	44.39	44.19	44.00
45.84	45.65	45.46	45.27	45.07	44.88	44.68	44.49	44.29	44.10
45.94	45.75	45.56	45.36	45.17	44.98	44.78	44.59	44.39	44.20
46.04	45.85	45.66	45.46	45.27	45.08	44.88	44.69	44.49	44.30
46.14	45.95	45.76	45.56	45.37	45.18	44.98	44.79	44.59	44.40
46.24	46.05	45.85	45.66	45.47	45.28	45.08	44.89	44.69	44.50
46.34	46.15	45.95	45.76	45.57	45.37	45.18	45.99	44.79	44.60
46.44	46.24	46.05	45.86	45.67	45.47	45.28	45.09	44.89	44.70
46.54	46.34	46.15	45.96	45.77	45.57	45.38	45.19	44.99	44.80
46.63	46.44	46.25	46.06	45.87	45.67	45.48	45.29	45.09	44.90
46.73	46.54	46.35	46.16	45.96	45.77	45.58	45.39	45.19	45.00

表 B.2 酒精计温度(t)与 20 ℃时酒精度(ALC)换算表

酒精度 (ALC)/(%vol)	酒精计温度														
	20.5	21	21.5	22	22.5	23	23.5	24	24.5	25	25.5	26	26.5	27	27.5
35	34.80	34.59	34.39	34.18	33.98	33.78	33.57	33.37	33.17	32.96	32.76	32.56	32.36	32.15	31.95
35.1	34.90	34.69	34.49	34.28	34.08	33.88	33.67	33.47	33.27	33.06	32.86	32.66	32.46	32.25	32.05
35.2	35.00	34.79	34.59	34.38	34.18	33.98	33.77	33.57	33.37	33.16	32.96	32.76	32.56	32.35	32.15
35.3	35.10	34.89	34.69	34.48	34.28	34.08	33.87	33.67	33.47	33.26	33.06	32.86	32.66	32.45	32.25
35.4	35.20	34.99	34.79	34.58	34.38	34.18	33.97	33.77	33.57	33.36	33.16	32.96	32.76	32.55	32.35
35.5	35.30	35.09	34.89	34.68	34.48	34.28	34.07	33.87	33.67	33.46	33.26	33.06	32.86	32.65	32.45
35.6	35.40	35.19	34.99	34.78	34.58	34.38	34.17	33.97	33.77	33.56	33.36	33.16	32.96	32.75	32.55
35.7	35.50	35.29	35.09	34.89	34.68	34.48	34.27	34.07	33.87	33.66	33.46	33.26	33.06	32.85	32.65
35.8	35.60	35.39	35.19	34.99	34.78	34.58	34.37	34.17	33.97	33.76	33.56	33.36	33.16	32.96	32.75
35.9	35.70	35.49	35.29	35.09	34.88	34.68	34.48	34.27	34.07	33.87	33.66	33.46	33.26	33.05	32.85
36	35.80	35.59	35.39	35.19	34.98	34.78	34.58	34.37	34.17	33.97	33.76	33.56	33.36	33.15	32.95
36.1	35.90	35.69	35.49	35.29	35.08	34.88	34.68	34.47	34.27	34.07	33.86	33.66	33.46	33.25	33.05
36.2	36.00	35.79	35.59	35.39	35.18	34.98	34.78	34.57	34.37	34.17	33.96	33.76	33.56	33.35	33.15
36.3	36.10	35.89	35.69	35.49	35.28	35.08	34.88	34.67	34.47	34.27	34.06	33.86	33.66	33.45	33.25
36.4	36.20	35.99	35.79	35.59	35.38	35.18	34.98	34.77	34.57	34.37	34.16	33.96	33.76	33.55	33.35
36.5	36.30	36.09	35.89	35.69	35.48	35.28	35.08	34.87	34.67	34.47	34.26	34.06	33.86	33.65	33.45
36.6	36.40	36.19	35.99	35.79	35.58	35.38	35.18	34.97	34.77	34.57	34.36	34.16	33.96	33.76	33.55
36.7	36.50	36.29	36.09	35.89	35.68	35.48	35.28	35.07	34.87	34.67	34.46	34.26	34.06	33.86	33.65
36.8	36.60	36.39	36.19	35.99	35.78	35.58	35.38	35.17	34.97	34.77	34.57	34.36	34.16	33.96	33.75
36.9	36.70	36.49	36.29	36.09	35.88	35.68	35.48	35.27	35.07	34.87	34.67	34.46	34.26	34.06	33.85
37	36.80	36.59	36.39	36.19	35.98	35.78	35.58	35.38	35.17	34.97	34.77	34.56	34.36	34.16	33.95
37.1	36.90	36.69	36.49	36.29	36.08	35.88	35.68	35.48	35.27	35.07	34.87	34.66	34.46	34.26	34.05
37.2	37.00	36.79	36.59	36.39	36.19	35.98	35.78	35.58	35.37	35.17	34.97	34.76	34.56	34.36	34.16
37.3	37.10	36.89	36.69	36.49	36.29	36.08	35.88	35.68	35.47	35.27	35.07	34.86	34.66	34.46	34.26
37.4	37.20	36.99	36.79	36.59	36.39	36.18	35.98	35.78	35.57	35.37	35.17	34.97	34.76	34.56	34.36
37.5	37.30	37.09	36.89	36.69	36.49	36.28	36.08	35.88	35.67	35.47	35.27	35.07	34.86	34.66	34.46
37.6	37.40	37.19	36.99	36.79	36.59	36.38	36.18	35.98	35.78	35.57	35.37	35.17	34.96	34.76	34.56
37.7	37.50	37.29	37.09	36.89	36.69	36.48	36.28	36.08	35.88	35.67	35.47	35.27	35.06	34.86	34.66
37.8	37.60	37.39	37.19	36.99	36.79	36.58	36.38	36.18	35.98	35.77	35.57	35.37	35.17	34.96	34.76
37.9	37.70	37.50	37.29	37.09	36.89	36.69	36.48	36.28	36.08	35.87	35.67	35.47	35.27	35.06	34.86
38	37.80	37.60	37.39	37.19	36.99	36.79	36.58	36.38	36.18	35.98	35.77	35.57	35.37	35.16	34.96
38.1	37.90	37.70	37.49	37.29	37.09	36.89	36.68	36.48	36.28	36.08	35.87	35.67	35.47	35.27	35.06
38.2	38.00	37.80	37.59	37.39	37.19	36.99	36.78	36.58	36.38	36.18	35.97	35.77	35.57	35.37	35.16
38.3	38.10	37.90	37.69	37.49	37.29	37.09	36.88	36.68	36.48	36.28	36.07	35.87	35.67	35.47	35.26
38.4	38.20	38.00	37.79	37.59	37.39	37.19	36.99	36.78	36.58	36.38	36.18	35.97	35.77	35.57	35.37
38.5	38.30	38.10	37.89	37.69	37.49	37.29	37.09	36.88	36.68	36.48	36.28	36.07	35.87	35.67	35.47
38.6	38.40	38.20	37.99	37.79	37.59	37.39	37.19	36.98	36.78	36.58	36.38	36.17	35.97	35.77	35.57
38.7	38.50	38.30	38.09	37.89	37.69	37.49	37.29	37.08	36.88	36.68	36.48	36.28	36.07	35.87	35.67
38.8	38.60	38.40	38.20	37.99	37.79	37.59	37.39	37.19	36.98	36.78	36.58	36.38	36.17	35.97	35.77
38.9	38.70	38.50	38.30	38.09	37.89	37.69	37.49	37.29	37.08	36.88	36.68	36.48	36.28	36.07	35.87
39	38.80	38.60	38.40	38.19	37.99	37.79	37.59	37.39	37.19	36.98	36.78	36.58	36.38	36.17	35.97
39.1	38.90	38.70	38.50	38.29	38.09	37.89	37.69	37.49	37.29	37.08	36.88	36.68	36.48	36.28	36.07
39.2	39.00	38.80	38.60	38.39	38.19	37.99	37.79	37.59	37.39	37.18	36.98	36.78	36.58	36.38	36.17
39.3	39.10	38.90	38.70	38.50	38.29	38.09	37.89	37.69	37.49	37.29	37.08	36.88	36.68	36.48	36.28
39.4	39.20	39.00	38.80	38.60	38.39	38.19	37.99	37.79	37.59	37.39	37.18	36.98	36.78	36.58	36.38
39.5	39.30	39.10	38.90	38.70	38.49	38.29	38.09	37.89	37.69	37.49	37.29	37.08	36.88	36.68	36.48
39.6	39.40	39.20	39.00	38.80	38.60	38.39	38.19	37.99	37.79	37.59	37.39	37.19	36.98	36.78	36.58
39.7	39.50	39.30	39.10	38.90	38.70	38.49	38.29	38.09	37.89	37.69	37.49	37.29	37.08	36.88	36.68
39.8	39.60	39.40	39.20	39.00	38.80	38.60	38.39	38.19	37.99	37.79	37.59	37.39	37.19	36.98	36.78
39.9	39.70	39.50	39.30	39.10	38.90	38.70	38.50	38.29	38.09	37.89	37.69	37.49	37.29	37.09	36.88

(酒精计温度范围 20.5 ℃～35 ℃，间隔 0.5 ℃)　　单位为%vol

(t)/℃														
28	28.5	29	29.5	30	30.5	31	31.5	32	32.5	33	33.5	34	34.5	35
31.75	31.55	31.34	31.14	30.94	30.74	30.53	30.33	30.13	29.93	29.73	29.53	29.32	29.12	28.92
31.85	31.64	31.44	31.24	31.04	30.84	30.63	30.43	30.23	30.03	29.83	29.62	29.42	29.22	29.02
31.95	31.74	31.54	31.34	31.14	30.93	30.73	30.53	30.33	30.13	29.93	29.72	29.52	29.32	29.12
32.05	31.84	31.64	31.44	31.24	31.03	30.83	30.63	30.43	30.23	30.02	29.82	29.62	29.42	29.22
32.15	31.94	31.74	31.54	31.34	31.13	30.93	30.73	30.53	30.33	30.12	29.92	29.72	29.52	29.32
32.25	32.04	31.84	31.64	31.44	31.23	31.03	30.83	30.63	30.42	30.22	30.02	29.82	29.62	29.42
32.35	32.14	31.94	31.74	31.54	31.33	31.13	30.93	30.73	30.52	30.32	30.12	29.92	29.72	29.51
32.45	32.24	32.04	31.84	31.64	31.43	31.23	31.03	30.83	30.62	30.42	30.22	30.02	29.82	29.61
32.55	32.34	32.14	31.94	31.74	31.53	31.33	31.13	30.93	30.72	30.52	30.32	30.12	29.91	29.71
32.65	32.44	32.24	32.04	31.84	31.63	31.43	31.23	31.03	30.82	30.62	30.42	30.22	30.01	29.81
32.75	32.54	32.34	32.14	31.94	31.73	31.53	31.33	31.13	30.92	30.72	30.52	30.32	30.11	29.91
32.85	32.64	32.44	32.24	32.04	31.83	31.63	31.43	31.23	31.02	30.82	30.62	30.42	30.21	30.01
32.95	32.74	32.54	32.34	32.14	31.93	31.73	31.53	31.33	31.12	30.92	30.72	30.52	30.31	30.11
33.05	32.84	32.64	32.44	32.24	32.03	31.83	31.63	31.43	31.22	31.02	30.82	30.62	30.41	30.21
33.15	32.95	32.74	32.54	32.34	32.13	31.93	31.73	31.53	31.32	31.12	30.92	30.71	30.51	30.31
33.25	33.05	32.84	32.64	32.44	32.23	32.03	31.83	31.63	31.42	31.22	31.02	30.81	30.61	30.41
33.35	33.15	32.94	32.74	32.54	32.33	32.13	31.93	31.73	31.52	31.32	31.12	30.91	30.71	30.51
33.45	33.25	33.04	32.84	32.64	32.43	32.23	32.03	31.83	31.62	31.42	31.22	31.01	30.81	30.61
33.55	33.35	33.14	32.94	32.74	32.54	32.33	32.13	31.93	31.72	31.52	31.32	31.12	30.91	30.71
33.65	33.45	33.24	33.04	32.84	32.64	32.43	32.23	32.03	31.82	31.62	31.42	31.22	31.01	30.81
33.75	33.55	33.34	33.14	32.94	32.74	32.53	32.33	32.13	31.92	31.72	31.52	31.32	31.11	30.91
33.85	33.65	33.45	33.24	33.04	32.84	32.63	32.43	32.23	32.02	31.82	31.62	31.42	31.21	31.01
33.95	33.75	33.55	33.34	33.14	32.94	32.73	32.53	32.33	32.13	31.92	31.72	31.52	31.31	31.11
34.05	33.85	33.65	33.44	33.24	33.04	32.83	32.63	32.43	32.23	32.02	31.82	31.62	31.41	31.21
34.15	33.95	33.75	33.54	33.34	33.14	32.94	32.73	32.53	32.33	32.12	31.92	31.72	31.51	31.31
34.25	34.05	33.85	33.65	33.44	33.24	33.04	32.83	32.63	32.43	32.22	32.02	31.82	31.62	31.41
34.36	34.15	33.95	33.75	33.54	33.34	33.14	32.93	32.73	32.53	32.32	32.12	31.92	31.72	31.51
34.46	34.25	34.05	33.85	33.64	33.44	33.24	33.04	32.83	32.63	32.43	32.22	32.02	31.82	31.61
34.56	34.35	34.15	33.95	33.75	33.54	33.34	33.14	32.93	32.73	32.53	32.32	32.12	31.92	31.71
34.66	34.45	34.25	34.05	33.85	33.64	33.44	33.24	33.03	32.83	32.63	32.42	32.22	32.02	31.81
34.76	34.56	34.35	34.15	33.95	33.74	33.54	33.34	33.13	32.93	32.73	32.53	32.32	32.12	31.92
34.86	34.66	34.45	34.25	34.05	33.85	33.64	33.44	33.24	33.03	32.83	32.63	32.42	32.22	32.02
34.96	34.76	34.55	34.35	34.15	33.95	33.74	33.54	33.34	33.13	32.93	32.73	32.52	32.32	32.12
35.06	34.86	34.66	34.45	34.25	34.05	33.84	33.64	33.44	33.24	33.03	32.83	32.63	32.42	32.22
35.16	34.96	34.76	34.55	34.35	34.15	33.95	33.74	33.54	33.34	33.13	32.93	32.73	32.52	32.32
35.26	35.06	34.86	34.66	34.45	34.25	34.05	33.84	33.64	33.44	33.23	33.03	32.83	32.62	32.42
35.36	35.16	34.96	34.76	34.55	34.35	34.15	33.95	33.74	33.54	33.34	33.13	32.93	32.73	32.52
35.47	35.26	35.06	34.86	34.66	34.45	34.25	34.05	33.84	33.64	33.44	33.23	33.03	32.83	32.62
35.57	35.36	35.16	34.96	34.76	34.55	34.35	34.15	33.94	33.74	33.54	33.34	33.13	32.93	32.73
35.67	35.47	35.26	35.06	34.86	34.66	34.45	34.25	34.05	33.84	33.64	33.44	33.23	33.03	32.83
35.77	35.57	35.36	35.16	34.96	34.76	34.55	34.35	34.15	33.94	33.74	33.54	33.34	33.13	32.93
35.87	35.67	35.47	35.26	35.06	34.86	34.66	34.45	34.25	34.05	33.84	33.64	33.44	33.23	33.03
35.97	35.77	35.57	35.36	35.16	34.96	34.76	34.55	34.35	34.15	33.94	33.74	33.54	33.34	33.13
36.07	35.87	35.67	35.47	35.26	35.06	34.86	34.66	34.45	34.25	34.05	33.84	33.64	33.44	33.23
36.17	35.97	35.77	35.57	35.37	35.16	34.96	34.76	34.55	34.35	34.15	33.95	33.74	33.54	33.34
36.28	36.07	35.87	35.67	35.47	35.26	35.06	34.86	34.66	34.45	34.25	34.05	33.84	33.64	33.44
36.38	36.18	35.97	35.77	35.57	35.37	35.16	34.96	34.76	34.55	34.35	34.15	33.95	33.74	33.54
36.48	36.28	36.07	35.87	35.67	35.47	35.26	35.06	34.86	34.66	34.45	34.25	34.05	33.84	33.64
36.58	36.38	36.18	35.97	35.77	35.57	35.37	35.16	34.96	34.76	34.56	34.35	34.15	33.95	33.74
36.68	36.48	36.28	36.08	35.87	35.67	35.47	35.27	35.06	34.86	34.66	34.45	34.25	34.05	33.85

表 B.2

酒精度	酒精计温度														
(ALC)/(%vol)	20.5	21	21.5	22	22.5	23	23.5	24	24.5	25	25.5	26	26.5	27	27.5
40	39.80	39.60	39.40	39.20	39.00	38.80	38.60	38.39	38.19	37.99	37.79	37.59	37.39	37.19	36.98
40.1	39.90	39.70	39.50	39.30	39.10	38.90	38.70	38.50	38.29	38.09	37.89	37.69	37.49	37.29	37.09
40.2	40.00	39.80	39.60	39.40	39.20	39.00	38.80	38.60	38.40	38.19	37.99	37.79	37.59	37.39	37.19
40.3	40.10	39.90	39.70	39.50	39.30	39.10	38.90	38.70	38.50	38.30	38.09	37.89	37.69	37.49	37.29
40.4	40.20	40.00	39.80	39.60	39.40	39.20	39.00	38.80	38.60	38.40	38.20	37.99	37.79	37.59	37.39
40.5	40.30	40.10	39.90	39.70	39.50	39.30	39.10	38.90	38.70	38.50	38.30	38.10	37.89	37.69	37.49
40.6	40.40	40.20	40.00	39.80	39.60	39.40	39.20	39.00	38.80	38.60	38.40	38.20	38.00	37.80	37.59
40.7	40.50	40.30	40.10	39.90	39.70	39.50	39.30	39.10	38.90	38.70	38.50	38.30	38.10	37.90	37.70
40.8	40.60	40.40	40.20	40.00	39.80	39.60	39.40	39.20	39.00	38.80	38.60	38.40	38.20	38.00	37.80
40.9	40.70	40.50	40.30	40.10	39.90	39.70	39.50	39.30	39.10	38.90	38.70	38.50	38.30	38.10	37.90
41	40.80	40.60	40.40	40.20	40.00	39.80	39.60	39.40	39.20	39.00	38.80	38.60	38.40	38.20	38.00
41.1	40.90	40.70	40.50	40.30	40.10	39.90	39.70	39.50	39.30	39.10	38.90	38.70	38.50	38.30	38.10
41.2	41.00	40.80	40.60	40.40	40.20	40.00	39.81	39.61	39.41	39.21	39.01	38.80	38.60	38.40	38.20
41.3	41.10	40.90	40.70	40.50	40.31	40.11	39.91	39.71	39.51	39.31	39.11	38.91	38.71	38.51	38.30
41.4	41.20	41.00	40.80	40.60	40.41	40.21	40.01	39.81	39.61	39.41	39.21	39.01	38.81	38.61	38.41
41.5	41.30	41.10	40.90	40.71	40.51	40.31	40.11	39.91	39.71	39.51	39.31	39.11	38.91	38.71	38.51
41.6	41.40	41.20	41.00	40.81	40.61	40.41	40.21	40.01	39.81	39.61	39.41	39.21	39.01	38.81	38.61
41.7	41.50	41.30	41.10	40.91	40.71	40.51	40.31	40.11	39.91	39.71	39.51	39.31	39.11	38.91	38.71
41.8	41.60	41.40	41.21	41.01	40.81	40.61	40.41	40.21	40.01	39.81	39.61	39.41	39.21	39.01	38.81
41.9	41.70	41.50	41.31	41.11	40.91	40.71	40.51	40.31	40.11	39.91	39.71	39.51	39.31	39.11	38.91
42	41.80	41.60	41.41	41.21	41.01	40.81	40.61	40.41	40.21	40.01	39.82	39.62	39.42	39.22	39.02
42.1	41.90	41.70	41.51	41.31	41.11	40.91	40.71	40.51	40.32	40.12	39.92	39.72	39.52	39.32	39.12
42.2	42.00	41.80	41.61	41.41	41.21	41.01	40.81	40.62	40.42	40.22	40.02	39.82	39.62	39.42	39.22
42.3	42.10	41.91	41.71	41.51	41.31	41.11	40.91	40.72	40.52	40.32	40.12	39.92	39.72	39.52	39.32
42.4	42.20	42.01	41.81	41.61	41.41	41.21	41.02	40.82	40.62	40.42	40.22	40.02	39.82	39.62	39.42
42.5	42.30	42.11	41.91	41.71	41.51	41.31	41.12	40.92	40.72	40.52	40.32	40.12	39.92	39.72	39.53
42.6	42.40	42.21	42.01	41.81	41.61	41.42	41.22	41.02	40.82	40.62	40.42	40.22	40.03	39.83	39.63
42.7	42.50	42.31	42.11	41.91	41.71	41.52	41.32	41.12	40.92	40.72	40.52	40.33	40.13	39.93	39.73
42.8	42.60	42.41	42.21	42.01	41.81	41.62	41.42	41.22	41.02	40.82	40.63	40.43	40.23	40.03	39.83
42.9	42.70	42.51	42.31	42.11	41.92	41.72	41.52	41.32	41.12	40.93	40.73	40.53	40.33	40.13	39.93
43	42.80	42.61	42.41	42.21	42.02	41.82	41.62	41.42	41.23	41.03	40.83	40.63	40.43	40.23	40.03
43.1	42.90	42.71	42.51	42.31	42.12	41.92	41.72	41.52	41.33	41.13	40.93	40.73	40.53	40.34	40.14
43.2	43.00	42.81	42.61	42.41	42.22	42.02	41.82	41.63	41.43	41.23	41.03	40.83	40.64	40.44	40.24
43.3	43.10	42.91	42.71	42.51	42.32	42.12	41.92	41.73	41.53	41.33	41.13	40.94	40.74	40.54	40.34
43.4	43.20	43.01	42.81	42.62	42.42	42.22	42.02	41.83	41.63	41.43	41.23	41.04	40.84	40.64	40.44
43.5	43.30	43.11	42.91	42.72	42.52	42.32	42.13	41.93	41.73	41.53	41.34	41.14	40.94	40.74	40.54
43.6	43.40	43.21	43.01	42.82	42.62	42.42	42.23	42.03	41.83	41.64	41.44	41.24	41.04	40.84	40.65
43.7	43.50	43.31	43.11	42.92	42.72	42.52	42.33	42.13	41.93	41.74	41.54	41.34	41.14	40.95	40.75
43.8	43.60	43.41	43.21	43.02	42.82	42.62	42.43	42.23	42.03	41.84	41.64	41.44	41.25	41.05	40.85
43.9	43.70	43.51	43.31	43.12	42.92	42.73	42.53	42.33	42.14	41.94	41.74	41.54	41.35	41.15	40.95
44	43.80	43.61	43.41	43.22	43.02	42.83	42.63	42.43	42.24	42.04	41.84	41.65	41.45	41.25	41.05
44.1	43.91	43.71	43.51	43.32	43.12	42.93	42.73	42.53	42.34	42.14	41.94	41.75	41.55	41.35	41.16
44.2	44.01	43.81	43.62	43.42	43.22	43.03	42.83	42.64	42.44	42.24	42.05	41.85	41.65	41.45	41.26
44.3	44.11	43.91	43.72	43.52	43.32	43.13	42.93	42.74	42.54	42.34	42.15	41.95	41.75	41.56	41.36
44.4	44.21	44.01	43.82	43.62	43.43	43.23	43.03	42.84	42.64	42.45	42.25	42.05	41.86	41.66	41.46
44.5	44.31	44.11	43.92	43.72	43.53	43.33	43.13	42.94	42.74	42.55	42.35	42.15	41.96	41.76	41.56
44.6	44.41	44.21	44.02	43.82	43.63	43.43	43.24	43.04	42.84	42.65	42.45	42.26	42.06	41.86	41.67
44.7	44.51	44.31	44.12	43.92	43.73	43.53	43.34	43.14	42.95	42.75	42.55	42.36	42.16	41.96	41.77
44.8	44.61	44.41	44.22	44.02	43.83	43.63	43.44	43.24	43.05	42.85	42.65	42.46	42.26	42.07	41.87
44.9	44.71	44.51	44.32	44.12	43.93	43.73	43.54	43.34	43.15	42.95	42.76	42.56	42.36	42.17	41.97

（续）

单位为%vol

(t)/℃														
28	28.5	29	29.5	30	30.5	31	31.5	32	32.5	33	33.5	34	34.5	35
36.78	36.58	36.38	36.18	35.97	35.77	35.57	35.37	35.17	34.96	34.76	34.56	34.35	34.15	33.95
36.88	36.68	36.48	36.28	36.08	35.87	35.67	35.47	35.27	35.06	34.86	34.66	34.46	34.25	34.05
36.99	36.78	36.58	36.38	36.18	35.98	35.77	35.57	35.37	35.17	34.96	34.76	34.56	34.35	34.15
37.09	36.89	36.68	36.48	36.28	36.08	35.88	35.67	35.47	35.27	35.07	34.86	34.66	34.46	34.25
37.19	36.99	36.79	36.58	36.38	36.18	35.98	35.78	35.57	35.37	35.17	34.97	34.76	34.56	34.36
37.29	37.09	36.89	36.69	36.48	36.28	36.08	35.88	35.68	35.47	35.27	35.07	34.86	34.66	34.46
37.39	37.19	36.99	36.79	36.59	36.38	36.18	35.98	35.78	35.57	35.37	35.17	34.97	34.76	34.56
37.49	37.29	37.09	36.89	36.69	36.49	36.28	36.08	35.88	35.68	35.47	35.27	35.07	34.87	34.66
37.60	37.39	37.19	36.99	36.79	36.59	36.39	36.18	35.98	35.78	35.58	35.37	35.17	34.97	34.77
37.70	37.50	37.29	37.09	36.89	36.69	36.49	36.29	36.08	35.88	35.68	35.48	35.27	35.07	34.87
37.80	37.60	37.40	37.20	36.99	36.79	36.59	36.39	36.19	35.98	35.78	35.58	35.38	35.17	34.97
37.90	37.70	37.50	37.30	37.10	36.89	36.69	36.49	36.29	36.09	35.88	35.68	35.48	35.28	35.07
38.00	37.80	37.60	37.40	37.20	37.00	36.79	36.59	36.39	36.19	35.99	35.78	35.58	35.38	35.18
38.10	37.90	37.70	37.50	37.30	37.10	36.90	36.69	36.49	36.29	36.09	35.89	35.68	35.48	35.28
38.21	38.01	37.80	37.60	37.40	37.20	37.00	36.80	36.60	36.39	36.19	35.99	35.79	35.58	35.38
38.31	38.11	37.91	37.71	37.50	37.30	37.10	36.90	36.70	36.50	36.29	36.09	35.89	35.69	35.48
38.41	38.21	38.01	37.81	37.61	37.40	37.20	37.00	36.80	36.60	36.40	36.19	35.99	35.79	35.59
38.51	38.31	38.11	37.91	37.71	37.51	37.31	37.10	36.90	36.70	36.50	36.30	36.09	35.89	35.69
38.61	38.41	38.21	38.01	37.81	37.61	37.41	37.21	37.01	36.80	36.60	36.40	36.20	36.00	35.79
38.71	38.51	38.31	38.11	37.91	37.71	37.51	37.31	37.11	36.91	36.70	36.50	36.30	36.10	35.90
38.82	38.62	38.42	38.22	38.01	37.81	37.61	37.41	37.21	37.01	36.81	36.61	36.40	36.20	36.00
38.92	38.72	38.52	38.32	38.12	37.92	37.72	37.51	37.31	37.11	36.91	36.71	36.51	36.30	36.10
39.02	38.82	38.62	38.42	38.22	38.02	37.82	37.62	37.42	37.21	37.01	36.81	36.61	36.41	36.20
39.12	38.92	38.72	38.52	38.32	38.12	37.92	37.72	37.52	37.32	37.12	36.91	36.71	36.51	36.31
39.22	39.02	38.82	38.62	38.42	38.22	38.02	37.82	37.62	37.42	37.22	37.02	36.81	36.61	36.41
39.33	39.13	38.93	38.73	38.53	38.33	38.12	37.92	37.72	37.52	37.32	37.12	36.92	36.72	36.51
39.43	39.23	39.03	38.83	38.63	38.43	38.23	38.03	37.83	37.62	37.42	37.22	37.02	36.82	36.62
39.53	39.33	39.13	38.93	38.73	38.53	38.33	38.13	37.93	37.73	37.53	37.33	37.12	36.92	36.72
39.63	39.43	39.23	39.03	38.83	38.63	38.43	38.23	38.03	37.83	37.63	37.43	37.23	37.03	36.82
39.73	39.53	39.33	39.14	38.94	38.74	38.53	38.33	38.13	37.93	37.73	37.53	37.33	37.13	36.93
39.84	39.64	39.44	39.24	39.04	38.84	38.64	38.44	38.24	38.04	37.84	37.63	37.43	37.23	37.03
39.94	39.74	39.54	39.34	39.14	38.94	38.74	38.54	38.34	38.14	37.94	37.74	37.54	37.33	37.13
40.04	39.84	39.64	39.44	39.24	39.04	38.84	38.64	38.44	38.24	38.04	37.84	37.64	37.44	37.24
40.14	39.94	39.74	39.54	39.34	39.15	38.95	38.75	38.55	38.34	38.14	37.94	37.74	37.54	37.34
40.24	40.04	39.85	39.65	39.45	39.25	39.05	38.85	38.65	38.45	38.25	38.05	37.85	37.64	37.44
40.35	40.15	39.95	39.75	39.55	39.35	39.15	38.95	38.75	38.55	38.35	38.15	37.95	37.75	37.55
40.45	40.25	40.05	39.85	39.65	39.45	39.25	39.05	38.85	38.65	38.45	38.25	38.05	37.85	37.65
40.55	40.35	40.15	39.95	39.75	39.56	39.36	39.16	38.96	38.76	38.56	38.36	38.16	37.95	37.75
40.65	40.45	40.25	40.06	39.86	39.66	39.46	39.26	39.06	38.86	38.66	38.46	38.26	38.06	37.86
40.75	40.56	40.36	40.16	39.96	39.76	39.56	39.36	39.16	38.96	38.76	38.56	38.36	38.16	37.96
40.86	40.66	40.46	40.26	40.06	39.86	39.66	39.46	39.27	39.07	38.87	38.67	38.47	38.26	38.06
40.96	40.76	40.56	40.36	40.16	39.97	39.77	39.57	39.37	39.17	38.97	38.77	38.57	38.37	38.17
41.06	40.86	40.66	40.47	40.27	40.07	39.87	39.67	39.47	39.27	39.07	38.87	38.67	38.47	38.27
41.16	40.96	40.77	40.57	40.37	40.17	39.97	39.77	39.57	39.37	39.18	38.98	38.78	38.58	38.37
41.26	41.07	40.87	40.67	40.47	40.27	40.07	39.88	39.68	39.48	39.28	39.08	38.88	38.68	38.48
41.37	41.17	40.97	40.77	40.57	40.38	40.18	39.98	39.78	39.58	39.38	39.18	38.98	38.78	38.58
41.47	41.27	41.07	40.87	40.68	40.48	40.28	40.08	39.88	39.68	39.48	39.29	39.09	38.89	38.69
41.57	41.37	41.18	40.98	40.78	40.58	40.38	40.18	39.99	39.79	39.59	39.39	39.19	38.99	38.79
41.67	41.47	41.28	41.08	40.88	40.68	40.49	40.29	40.09	39.89	39.69	39.49	39.29	39.09	38.89
41.77	41.58	41.38	41.18	40.98	40.79	40.59	40.39	40.19	39.99	39.79	39.60	39.40	39.20	39.00

表 B.2

酒精度	酒精计温度														
(ALC)/(%vol)	20.5	21	21.5	22	22.5	23	23.5	24	24.5	25	25.5	26	26.5	27	27.5
45	44.81	44.61	44.42	44.22	44.03	43.83	43.64	43.44	43.25	43.05	42.86	42.66	42.47	42.27	42.07
45.1	44.91	44.71	44.52	44.32	44.13	43.94	43.74	43.55	43.35	43.16	42.96	42.76	42.57	42.37	42.17
45.2	45.01	44.81	44.62	44.43	44.23	44.04	43.84	43.65	43.45	43.26	43.06	42.87	42.67	42.47	42.28
45.3	45.11	44.91	44.72	44.53	44.33	44.14	43.94	43.75	43.55	43.36	43.16	42.97	42.77	42.57	42.38
45.4	45.21	45.01	44.82	44.63	44.43	44.24	44.04	43.85	43.65	43.46	43.26	43.07	42.87	42.68	42.48
45.5	45.31	45.11	44.92	44.73	44.53	44.34	44.14	43.95	43.76	43.56	43.37	43.17	42.97	42.78	42.58
45.6	45.41	45.21	45.02	44.83	44.63	44.44	44.25	44.05	43.86	43.66	43.47	43.27	43.08	42.88	42.68
45.7	45.51	45.31	45.12	44.93	44.73	44.54	44.35	44.15	43.96	43.76	43.57	43.37	43.18	42.98	42.79
45.8	45.61	45.41	45.22	45.03	44.84	44.64	44.45	44.25	44.06	43.86	43.67	43.47	43.28	43.08	42.89
45.9	45.71	45.51	45.32	45.13	44.94	44.74	44.55	44.35	44.16	43.97	43.77	43.58	43.38	43.19	42.99
46	45.81	45.62	45.42	45.23	45.04	44.84	44.65	44.46	44.26	44.07	43.87	43.68	43.48	43.29	43.09
46.1	45.91	45.72	45.52	45.33	45.14	44.94	44.75	44.56	44.36	44.17	43.97	43.78	43.58	43.39	43.19
46.2	46.01	45.82	45.62	45.43	45.24	45.04	44.85	44.66	44.46	44.27	44.08	43.88	43.69	43.49	43.30
46.3	46.11	45.92	45.72	45.53	45.34	45.15	44.95	44.76	44.57	44.37	44.18	43.98	43.79	43.59	43.40
46.4	46.21	46.02	45.82	45.63	45.44	45.25	45.05	44.86	44.67	44.47	44.28	44.08	43.89	43.70	43.50
46.5	46.31	46.12	45.92	45.73	45.54	45.35	45.15	44.96	44.77	44.57	44.38	44.19	43.99	43.80	43.60
46.6	46.41	46.22	46.03	45.83	45.64	45.45	45.26	45.06	44.87	44.68	44.48	44.29	44.09	43.90	43.70
46.7	46.51	46.32	46.13	45.93	45.74	45.55	45.36	45.16	44.97	44.78	44.58	44.39	44.20	44.00	43.81
46.8	46.61	46.42	46.23	46.03	45.84	45.65	45.46	45.26	45.07	44.88	44.68	44.49	44.30	44.10	43.91
46.9	46.71	46.52	46.33	46.13	45.94	45.75	45.56	45.37	45.17	44.98	44.79	44.59	44.40	44.20	44.01
47	46.81	46.62	46.43	46.24	46.04	45.85	45.66	45.47	45.27	45.08	44.89	44.69	44.50	44.31	44.11
47.1	46.91	46.72	46.53	46.34	46.14	45.95	45.76	45.57	45.37	45.18	44.99	44.80	44.60	44.41	44.21
47.2	47.01	46.82	46.63	46.44	46.24	46.05	45.86	45.67	45.48	45.28	45.09	44.90	44.70	44.51	44.32
47.3	47.11	46.92	46.73	46.54	46.35	46.15	45.96	45.77	45.58	45.38	45.19	45.00	44.81	44.61	44.42
47.4	47.21	47.02	46.83	46.64	46.45	46.25	46.06	45.87	45.68	45.49	45.29	45.10	44.91	44.71	44.52
47.5	47.31	47.12	46.93	46.74	46.55	46.36	46.16	45.97	45.78	45.59	45.39	45.20	45.01	44.82	44.62
47.6	47.41	47.22	47.03	46.84	46.65	46.46	46.26	46.07	45.88	45.69	45.50	45.30	45.11	44.92	44.72
47.7	47.51	47.32	47.13	46.94	46.75	46.56	46.37	46.17	45.98	45.79	45.60	45.41	45.21	45.02	44.83
47.8	47.61	47.42	47.23	47.04	46.85	46.66	46.47	46.28	46.08	45.89	45.70	45.51	45.31	45.12	44.93
47.9	47.71	47.52	47.33	47.14	46.95	46.76	46.57	46.38	46.18	45.99	45.80	45.61	45.42	45.22	45.03
48	47.81	47.62	47.43	47.24	47.05	46.86	46.67	46.48	46.29	46.09	45.90	45.71	45.52	45.33	45.13
48.1	47.91	47.72	47.53	47.34	47.15	46.96	46.77	46.58	46.39	46.20	46.00	45.81	45.62	45.43	45.23
48.2	48.01	47.82	47.63	47.44	47.25	47.06	46.87	46.68	46.49	46.30	46.11	45.91	45.72	45.53	45.34
48.3	48.11	47.92	47.73	47.54	47.35	47.16	46.97	46.78	46.59	46.40	46.21	46.02	45.82	45.63	45.44
48.4	48.21	48.02	47.83	47.64	47.45	47.26	47.07	46.88	46.69	46.50	46.31	46.12	45.92	45.73	45.54
48.5	48.31	48.12	47.93	47.74	47.55	47.36	47.17	46.98	46.79	46.60	46.41	46.22	46.03	45.83	45.64
48.6	48.41	48.22	48.03	47.84	47.65	47.46	47.27	47.08	46.89	46.70	46.51	46.32	46.13	45.94	45.74
48.7	48.51	48.32	48.13	47.94	47.75	47.57	47.38	47.18	46.99	46.80	46.61	46.42	46.23	46.04	45.85
48.8	48.61	48.42	48.23	48.05	47.86	47.67	47.48	47.29	47.10	46.90	46.71	46.52	46.33	46.14	45.95
48.9	48.71	48.52	48.33	48.15	47.96	47.77	47.58	47.39	47.20	47.01	46.82	46.62	46.43	46.24	46.05
49	48.81	48.62	48.43	48.25	48.06	47.87	47.68	47.49	47.30	47.11	46.92	46.73	46.54	46.34	46.15
49.1	48.91	48.72	48.54	48.35	48.16	47.97	47.78	47.59	47.40	47.21	47.02	46.83	46.64	46.45	46.25
49.2	49.01	48.82	48.64	48.45	48.26	48.07	47.88	47.69	47.50	47.31	47.12	46.93	46.74	46.55	46.36
49.3	49.11	48.92	48.74	48.55	48.36	48.17	47.98	47.79	47.60	47.41	47.22	47.03	46.84	46.65	46.46
49.4	49.21	49.02	48.84	48.65	48.46	48.27	48.08	47.89	47.70	47.51	47.32	47.13	46.94	46.75	46.56
49.5	49.31	49.12	48.94	48.75	48.56	48.37	48.18	47.99	47.80	47.61	47.42	47.23	47.04	46.85	46.66
49.6	49.41	49.23	49.04	48.85	48.66	48.47	48.28	48.09	47.91	47.72	47.53	47.34	47.15	46.95	46.76
49.7	49.51	49.33	49.14	48.95	48.76	48.57	48.38	48.20	48.01	47.82	47.63	47.44	47.25	47.06	46.87
49.8	49.61	49.43	49.24	49.05	48.86	48.67	48.49	48.30	48.11	47.92	47.73	47.54	47.35	47.16	46.97
49.9	49.71	49.53	49.34	49.15	48.96	48.77	48.59	48.40	48.21	48.02	47.83	47.64	47.45	47.26	47.07
50	49.81	49.63	49.44	49.25	49.06	48.88	48.69	48.50	48.31	48.12	47.93	47.74	47.55	47.36	47.17

（续） 单位为%vol

(t)/℃														
28	28.5	29	29.5	30	30.5	31	31.5	32	32.5	33	33.5	34	34.5	35
41.88	41.68	41.48	41.28	41.09	40.89	40.69	40.49	40.29	40.10	39.90	39.70	39.50	39.30	39.10
41.98	41.78	41.58	41.39	41.19	40.99	40.79	40.60	40.40	40.20	40.00	39.80	39.60	39.40	39.20
42.08	41.88	41.69	41.49	41.29	41.09	40.90	40.70	40.50	40.30	40.10	39.91	39.71	39.51	39.31
42.18	41.99	41.79	41.59	41.39	41.20	41.00	40.80	40.60	40.41	40.21	40.01	39.81	39.61	39.41
42.28	42.09	41.89	41.69	41.50	41.30	41.10	40.90	40.71	40.51	40.31	40.11	39.91	39.71	39.51
42.39	42.19	41.99	41.80	41.60	41.40	41.21	41.01	40.81	40.61	40.41	40.22	40.02	39.82	39.62
42.49	42.29	42.10	41.90	41.70	41.51	41.31	41.11	40.91	40.72	40.52	40.32	40.12	39.92	39.72
42.59	42.39	42.20	42.00	41.81	41.61	41.41	41.21	41.02	40.82	40.62	40.42	40.22	40.03	39.83
42.69	42.50	42.30	42.10	41.91	41.71	41.51	41.32	41.12	40.92	40.72	40.53	40.33	40.13	39.93
42.80	42.60	42.40	42.21	42.01	41.81	41.62	41.42	41.22	41.02	40.83	40.63	40.43	40.23	40.03
42.90	42.70	42.51	42.31	42.11	41.92	41.72	41.52	41.33	41.13	40.93	40.73	40.53	40.34	40.14
43.00	42.80	42.61	42.41	42.22	42.02	41.82	41.63	41.43	41.23	41.03	40.84	40.64	40.44	40.24
43.10	42.91	42.71	42.51	42.32	42.12	41.93	41.73	41.53	41.33	41.14	40.94	40.74	40.54	40.35
43.20	43.01	42.81	42.62	42.42	42.22	42.03	41.83	41.63	41.44	41.24	41.04	40.85	40.65	40.45
43.31	43.11	42.91	42.72	42.52	42.33	42.13	41.93	41.74	41.54	41.34	41.15	40.95	40.75	40.55
43.41	43.21	43.02	42.82	42.63	42.43	42.23	42.04	41.84	41.64	41.45	41.25	41.05	40.85	40.66
43.51	43.31	43.12	42.92	42.73	42.53	42.34	42.14	41.94	41.75	41.55	41.35	41.16	40.96	40.76
43.61	43.42	43.22	43.03	42.83	42.64	42.44	42.24	42.05	41.85	41.65	41.46	41.26	41.06	40.86
43.71	43.52	43.32	43.13	42.93	42.74	42.54	42.35	42.15	41.95	41.76	41.56	41.36	41.17	40.97
43.82	43.62	43.43	43.23	43.04	42.84	42.65	42.45	42.25	42.06	41.86	41.66	41.47	41.27	41.07
43.92	43.72	43.53	43.33	43.14	42.94	42.75	42.55	42.36	42.16	41.96	41.77	41.57	41.37	41.18
44.02	43.83	43.63	43.44	43.24	43.05	42.85	42.66	42.46	42.26	42.07	41.87	41.67	41.48	41.28
44.12	43.93	43.73	43.54	43.34	43.15	42.95	42.76	42.56	42.37	42.17	41.97	41.78	41.58	41.38
44.22	44.03	43.84	43.64	43.45	43.25	43.06	42.86	42.67	42.47	42.27	42.08	41.88	41.68	41.49
44.33	44.13	43.94	43.74	43.55	43.35	43.16	42.96	42.77	42.57	42.38	42.18	41.98	41.79	41.59
44.43	44.24	44.04	43.85	43.65	43.46	43.26	43.07	42.87	42.68	42.48	42.28	42.09	41.89	41.70
44.53	44.34	44.14	43.95	43.75	43.56	43.37	43.17	42.98	42.78	42.58	42.39	42.19	42.00	41.80
44.63	44.44	44.25	44.05	43.86	43.66	43.47	43.27	43.08	42.88	42.69	42.49	42.30	42.10	41.90
44.74	44.54	44.35	44.15	43.96	43.77	43.57	43.38	43.18	42.99	42.79	42.60	42.40	42.20	42.01
44.84	44.64	44.45	44.26	44.06	43.87	43.67	43.48	43.28	43.09	42.89	42.70	42.50	42.31	42.11
44.94	44.75	44.55	44.36	44.17	43.97	43.78	43.58	43.39	43.19	43.00	42.80	42.61	42.41	42.21
45.04	44.85	44.66	44.46	44.27	44.07	43.88	43.69	43.49	43.30	43.10	42.91	42.71	42.51	42.32
45.14	44.95	44.76	44.56	44.37	44.18	43.98	43.79	43.59	43.40	43.20	43.01	42.81	42.62	42.42
45.25	45.05	44.86	44.67	44.47	44.28	44.09	43.89	43.70	43.50	43.31	43.11	42.92	42.72	42.53
45.35	45.16	44.96	44.77	44.58	44.38	44.19	43.99	43.80	43.61	43.41	43.22	43.02	42.83	42.63
45.45	45.26	45.06	44.87	44.68	44.49	44.29	44.10	43.90	43.71	43.51	43.32	43.12	42.93	42.73
45.55	45.36	45.17	44.97	44.78	44.59	44.39	44.20	44.01	43.81	43.62	43.42	43.23	43.03	42.84
45.65	45.46	45.27	45.08	44.88	44.69	44.50	44.30	44.11	43.92	43.72	43.53	43.33	43.14	42.94
45.76	45.56	45.37	45.18	44.99	44.79	44.60	44.41	44.21	44.02	43.82	43.63	43.44	43.24	43.05
45.86	45.67	45.47	45.28	45.09	44.90	44.70	44.51	44.32	44.12	43.93	43.73	43.54	43.34	43.15
45.96	45.77	45.58	45.38	45.19	45.00	44.81	44.61	44.42	44.23	44.03	43.84	43.64	43.45	43.25
46.06	45.87	45.68	45.49	45.29	45.10	44.91	44.72	44.52	34.33	44.13	43.94	43.75	43.55	43.36
46.16	45.97	45.78	45.59	45.40	45.20	45.01	44.82	44.63	44.43	44.24	44.04	43.85	43.66	43.46
46.27	46.08	45.88	45.69	45.50	45.31	45.11	44.92	44.73	44.53	44.34	44.15	43.95	43.76	43.56
46.37	46.18	45.99	45.79	45.60	45.41	45.22	45.02	44.83	44.64	44.44	44.25	44.06	43.86	43.67
46.47	46.28	46.09	45.90	45.70	45.51	45.32	45.13	44.93	44.74	44.55	44.35	44.16	43.97	43.77
46.57	46.38	46.19	46.00	45.81	45.61	45.42	45.23	45.04	44.84	44.65	44.46	44.26	44.07	43.88
48.68	46.48	46.29	46.10	45.91	45.72	45.53	45.33	45.14	44.95	44.75	44.56	44.37	44.17	43.98
46.78	46.59	46.40	46.20	46.01	45.82	45.63	45.44	45.24	45.05	44.86	44.66	44.47	44.28	44.08
46.88	46.69	46.50	46.31	46.11	45.92	45.73	45.54	45.35	45.15	44.96	44.77	44.57	44.38	44.19
46.98	46.79	46.60	46.41	46.22	46.03	45.83	45.64	45.45	45.26	45.06	44.87	44.68	44.49	44.29

ICS 67.160.10
X 61

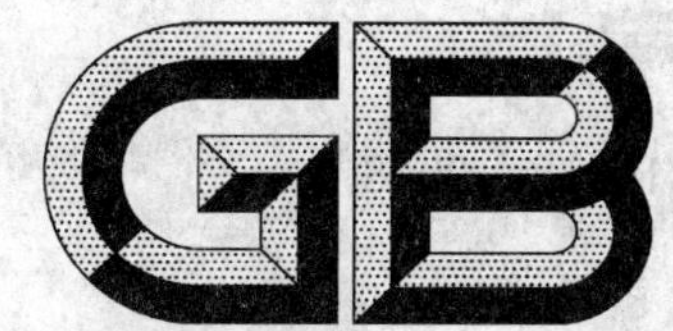

中华人民共和国国家标准

GB/T 11858—2008
代替 GB/T 11858—2000

伏特加(俄得克)

Vodka

2008-10-19 发布　　　　2009-06-01 实施

中华人民共和国国家质量监督检验检疫总局
中国国家标准化管理委员会　发布

前言

本标准参考了欧洲经济共同体 EC 110/2008 号《关于蒸馏酒的定义、描述、介绍、标签和地理标示的保护以及废除理事会第 1576/89 规则》中的伏特加部分。

本标准代替 GB/T 11858—2000《俄得克(伏特加)》。

本标准与 GB/T 11858—2000 相比主要变化如下：

——修改了适用范围的描述；

——增加了“术语和定义”；

——取消了原辅材料的要求；

——对酒精度指标作了适当调整；

——对检验规则作了适当的修改。

本标准的附录 A 和附录 B 为规范性附录。

本标准由全国食品工业标准化技术委员会提出。

本标准由全国酿酒标准化技术委员会归口。

本标准起草单位：中国食品发酵工业研究院、吉林沱牌农产品开发有限公司。

本标准主要起草人：张蔚、白雪波、康永璞、刘玉欣、郭新光。

本标准所代替标准的历次版本发布情况为：

——GB/T 11858—1989、GB/T 11858—2000。

伏特加(俄得克)

1 范围

本标准规定了伏特加的术语和定义、要求、分析方法、检验规则以及标志、包装、运输和贮存。

本标准适用于伏特加的生产、检验与销售。

2 规范性引用文件

下列文件中的条款通过本标准的引用而成为本标准的条款。凡是注日期的引用文件，其随后所有的修改单(不包括勘误的内容)或修订版均不适用于本标准，然而，鼓励根据本标准达成协议的各方研究是否可使用这些文件的最新版本。凡是不注日期的引用文件，其最新版本适用于本标准。

GB/T 191 包装储运图示标志(GB/T 191—2008,ISO 780:1997,MOD)

GB/T 601 化学试剂 标准滴定溶液的制备

GB/T 603 化学试剂 试验方法中所用制剂及制品的制备(GB/T 603—2002,ISO 6353-1:1982,NEQ)

GB 2757 蒸馏酒及配制酒卫生标准

GB/T 6682 分析实验室用水规格和试验方法(GB/T 6682—2008,ISO 3696:1987,MOD)

GB 10344 预包装饮料酒标签通则

3 术语和定义

下列术语和定义适用于本标准。

3.1

伏特加 vodka

俄得克

以谷物、薯类、糖蜜及其他可食用农作物等为原料，经发酵、蒸馏制成食用酒精，再经过特殊工艺精制加工制成的蒸馏酒。

3.2

风味伏特加 flavoured vodka

以原味伏特加为基酒，突出了所加入的食品用香料味道的伏特加酒。

4 要求

4.1 感官要求

应符合表1的规定。

表1 感官要求

项 目	伏特加	风味伏特加
外 观	无色、清亮透明，无悬浮物和沉淀物	
香 气	具有醇香，无异香	具有醇香以及所加入的食品用香料的香气
口 味	柔和、圆润、甘爽、无异杂味	具有明显的所加入的食品用香料的味道
风 格	具有本品特有的风格	

4.2 理化要求

应符合表2的规定。

表2 理化要求

项目		优级	一级	二级
酒精度[a]/(%vol)	≥	37.0		
碱度/mL	≤	2.5	3.0	3.5
总酯(以乙酸乙酯计)/[mg/L(100%vol 乙醇)]	≤	4	6	8
总醛(以乙醛计)/[mg/L(100%vol 乙醇)]	≤	10	15	25
甲醇/[mg/L(100%vol 乙醇)]	≤	50		
高级醇/[mg/L(100%vol 乙醇)]	≤	4	6	8
a 酒精度实测值与标签标示值允许差为±1.0%vol。				

4.3 卫生要求

应符合 GB 2757 的规定。

5 分析方法

本标准中所用的水,在未注明其他要求时,均指符合 GB/T 6682 中要求的水。

本标准中所用的试剂,在未注明规格时,均指分析纯(AR)。配制的"溶液",除另有说明外,均指水溶液。

本标准中同一检测项目,有两个或两个以上分析方法时,实验室可根据各自条件选用,但以第一法为仲裁法。

本标准中所提及的乙醇含量(酒精度)均以体积分数(%vol)表示,以下简写为"%"。

5.1 感官分析

5.1.1 酒样的准备

将酒样密码编号,置于水浴中调温至 20 ℃~25 ℃,将洁净、干燥的品尝杯对应酒样编号,对号注入酒样约 45 mL。

5.1.2 外观

将注入酒样的品尝杯置于明亮处,举杯齐眉,用肉眼观察杯中酒的色泽、透明度与澄清度、有无沉淀及悬浮物等,做好详细记录。

5.1.3 香气

手握杯柱,慢慢将酒杯置于鼻孔下方,嗅闻其挥发香气,然后,慢慢摇动酒杯,嗅闻空气进入后的香气。加盖,用手握酒杯腹部 2 min,摇动后,再嗅闻香气。根据上述操作,分析判断是原料香或有其他异香,写出评语。

5.1.4 口味

喝入少量酒样(约 2 mL)于口中,尽量均匀分布于味觉区,仔细品尝,有了明确印象后咽下,再体会口感后味,记录口感特征。

5.1.5 风格

根据外观、香气与口味的特点,综合分析评价其风格及典型的强弱程度,写出结论意见。

5.2 酒精度

5.2.1 密度瓶法

5.2.1.1 原理

以蒸馏法去除样品中的不挥发性物质,用密度瓶法、电子密度计法测出试样液(酒精水溶液)20 ℃

时的密度，查附录A，求得样品在20 ℃时乙醇含量的体积分数，即酒精度。

5.2.1.2 仪器

5.2.1.2.1 全玻璃蒸馏器：500 mL。

5.2.1.2.2 恒温水浴：控温精度±0.1 ℃。

5.2.1.2.3 附温度计密度瓶：25 mL或50 mL。

5.2.1.3 试样液的制备

用一洁净、干燥的100 mL容量瓶，准确量取100 mL酒样(液温20 ℃)于500 mL蒸馏瓶中，用50 mL水分三次冲洗容量瓶，洗液并入蒸馏瓶中，加几颗沸石(或玻璃珠)，连接冷凝管，以取样用的原容量瓶作接收器(外加冰浴)，开启冷却水(冷却水温度宜低于15 ℃)，缓慢加热蒸馏，收集馏出液，当接近刻度时，取下容量瓶，盖塞，于20 ℃水浴中保温30 min，再补加水至刻度，混匀，备用。

5.2.1.4 分析步骤

将密度瓶洗净，反复烘干、称量，直至恒重(m)。

取下带温度计的瓶塞，将煮沸冷却至15 ℃的水注满已恒重的密度瓶中，插上带温度计的瓶塞(瓶中不得有气泡)，立即浸入20.0 ℃±0.1 ℃的恒温水浴中，待内容物温度达20 ℃并保持20 min不变后，用滤纸快速吸去溢出侧管的液体，立即盖好侧支上的小罩，取出密度瓶，用滤纸擦干瓶外壁上的水液，立即称量(m_1)。

将水倒出，先用无水乙醇，再用乙醚冲洗密度瓶，吹干(或于烘箱中烘干)，用试样液(5.2.1.3)反复冲洗密度瓶3次～5次，然后装满。重复上述操作，称量(m_2)。

5.2.1.5 结果计算

试样液在20 ℃时的密度按式(1)、式(2)计算。

$$\rho_{20}^{20}=\frac{m_2-m+A}{m_1-m+A}\times\rho_0 \qquad \cdots\cdots(1)$$

$$A=\rho_a\times\frac{m_1-m_2}{997.0} \qquad \cdots\cdots(2)$$

式中：

ρ_{20}^{20}——试样液在20 ℃时的密度，单位为克每升(g/L)；

m_2——密度瓶加试样的质量，单位为克(g)；

m——密度瓶的质量，单位为克(g)；

A——空气浮力校正值；

m_1——密度瓶加水的质量，单位为克(g)；

ρ_0——20 ℃时蒸馏水的密度(998.20 g/L)；

ρ_a——干燥空气在20 ℃、1 013.25 hPa时的密度值(约为1.2 g/L)；

997.0——在20 ℃时蒸馏水与干燥空气密度值之差，单位为克每升(g/L)。

根据试样液的密度ρ_{20}^{20}，查附录A，求得20 ℃时样品的酒精度。

所得结果表示至一位小数。

5.2.1.6 精密度

在重复性条件下获得的两次独立测定结果的绝对差值，不应超过平均值的0.5%。

5.2.2 数字密度计法

5.2.2.1 原理

将试样注入“U”形管，通过在20 ℃时与两个标准的振动频率比较而求得其密度，计算出样品在20 ℃时乙醇含量的体积分数，即酒精度。

5.2.2.2 仪器

5.2.2.2.1 数字密度计：Mettler/KEM DA-210 DMA 55D，带有NO.5771接管，可使样品连续通过U

形管。或使用同等分析效果的数字密度计,并按其仪器说明书进行安装、调试、校正和测定。

5.2.2.2.2 恒温水浴:控温精度±0.01 ℃。

5.2.2.2.3 注射器:10 mL,Luer 配件 15 号针。

5.2.2.3 试剂和溶液

水:重蒸水,并通过 0.2 μm 膜过滤。

5.2.2.4 仪器校准

5.2.2.4.1 在 20.00 ℃±0.01 ℃下观察和记录"U"形管(洁净、干燥)中空气的"T"值。

5.2.2.4.2 将注射器 15 号针与"U"形管上端出口处的塑料管连上,把"U"形管下方入口处的塑料管浸入新煮沸、冷却、膜过滤后的重蒸水中,将"U"形管中注满水(要求无气泡),当水温达到衡定温度 20.00 ℃±0.01 ℃,显示"T"值在 2 min~3 min 内不变化时,读数、记录。

5.2.2.4.3 装置的 A 和 B 常数按式(3)、式(4)计算。

$$A = T^2_{水} - T^2_{空气} \qquad \cdots\cdots (3)$$

$$B = T^2_{空气} \qquad \cdots\cdots (4)$$

将常数 A 和 B 输入仪器的记忆单元。重新将开关置于 ρ(密度)档。检查水的密度读数。倒出"U"形管中的水,干燥后,检查空气的密度。其值分别应为 1.000 00(水的密度)和 0.000 00(空气的密度)。若显示数值在小数点后第 5 位差值大于 1,则需重新检查恒温水浴的温度和水、空气的"T"值。

5.2.2.5 分析步骤

将试样液(5.2.1.3)注满"U"形管(要求无气泡),直到试样液的温度与水浴温度达到平衡(2 min~3 min)时,记录试样的密度,查附录 A,求得样品在 20 ℃时的酒精度。

所得结果表示至一位小数。

5.2.2.6 精密度

试样重复测定,两次密度读数之差小于等于±0.000 01。

5.2.3 酒精计法

5.2.3.1 原理

用精密酒精计读取酒精体积分数示值,按附录 B 进行温度校正,求得样品在 20 ℃时乙醇含量的体积分数,即酒精度。

5.2.3.2 仪器

精密酒精计:分度值为 0.1%。

5.2.3.3 分析步骤

将试样液(5.2.1.3)注入洁净、干燥的量筒中,静置数分钟,待酒中气泡消失后,放入洁净、擦干的酒精计,再轻轻按一下,不应接触量筒壁,同时插入温度计,平衡约 5 min,水平观测,读取与弯月面相切处的刻度示值,同时记录温度。根据测得的酒精计示值和温度,查附录 B,换算成样品在 20 ℃时的酒精度。

所得结果应表示至一位小数。

5.2.3.4 精密度

在重复性条件下获得的两次独立测定结果的绝对差值,不应超过平均值的 0.5%。

5.3 碱度

5.3.1 原理

试样中的碱性物质(如碳酸盐、碳酸氢盐等),用酸进行中和滴定。

5.3.2 仪器

5.3.2.1 微量滴定管:5 mL。

5.3.2.2 锥形瓶:250 mL。

5.3.3 试剂和溶液

5.3.3.1 盐酸标准溶液[$c(HCl)=0.1$ mol/L]:按 GB/T 601 配制与标定。

5.3.3.2 盐酸标准滴定溶液[$c(HCl)=0.05$ mol/L]:将上述盐酸标准溶液准确稀释一倍。

5.3.3.3 甲基红指示液(2 g/L):按 GB/T 603 配制。

5.3.4 分析步骤

吸取 100 mL 试样液(5.2.1.3)于 250 mL 锥形瓶中,加入两滴甲基红指示液,用盐酸标准滴定溶液(5.3.3.2)滴定至粉红色为其终点,记录消耗盐酸标准滴定溶液的体积。

5.3.5 结果计算

样品的碱度按式(5)计算。

$$X=\frac{V\times c}{0.1} \qquad \cdots\cdots(5)$$

式中:

X——100 mL 试样液消耗 0.1 mol/L 盐酸标准溶液的体积,单位为毫升(mL);

V——滴定时消耗盐酸标准滴定溶液的体积,单位为毫升(mL);

c——盐酸标准滴定溶液的浓度,单位为摩尔每升(mol/L);

所得结果表示至一位小数。

5.3.6 精密度

在重复性条件下获得的两次独立测定结果的绝对差值,不应超过平均值的 2%。

5.4 总醛

5.4.1 气相色谱法

5.4.1.1 原理

样品被汽化后,随同载气进入色谱柱,利用被测定的各组分在气液两相中具有不同的分配系数,在柱内形成迁移速度的差异而得到分离。分离后的组分先后流出色谱柱,进入氢火焰离子化检测器,根据色谱图上各组分峰的保留值与标样相对照进行定性;利用峰面积(或峰高),以内标法定量。

5.4.1.2 仪器

5.4.1.2.1 气相色谱仪:备有氢火焰离子化检测器(FID)。

5.4.1.2.2 色谱柱:PEG20M 交联石英毛细管色谱柱,柱长 25 m～50 m,内径 0.25 mm。或其他具有同等分析效果的毛细管色谱柱。

5.4.1.2.3 微量注射器:10 μL。

5.4.1.3 试剂和溶液

5.4.1.3.1 40%乙醇溶液:用乙醇(色谱纯)加水配制。

5.4.1.3.2 乙缩醛溶液(2%):作标样用。吸取乙缩醛(色谱纯)2 mL,用 40%乙醇溶液定容至 100 mL。

5.4.1.3.3 正丁醇溶液(2%):作内标用。吸取正丁醇(色谱纯)2 mL,用 40%乙醇溶液定容至 100 mL。

5.4.1.4 色谱条件

载气(高纯氮):流速为 0.5 mL/min～1.0 mL/min;分流比约 37∶1;尾吹约 20 mL/min～30 mL/min。

氢气:流速为 33 mL/min。

空气:流速为 400 mL/min。

检测器温度(T_D):220 ℃。

进样口温度(T_J):220 ℃。

柱温(T_C):起始温度 70 ℃,恒温 3 min,以 5 ℃/min 程序升温至 100 ℃,继续恒温 10 min。

载气、氢气、空气的流速等色谱条件随仪器而异，应通过试验选择最佳操作条件，以内标峰与酒样中其他组分峰获得完全分离为准。

5.4.1.5 分析步骤

5.4.1.5.1 校正因子（f 值）的测定

吸取乙缩醛溶液（5.4.1.3.2）1.00 mL，移入 100 mL 容量瓶中，然后加入正丁醇溶液（5.4.1.3.3）1.00 mL，用 40% 乙醇溶液稀释至刻度。该溶液中乙缩醛和正丁醇的浓度均为 0.02%。待色谱仪基线稳定后，用微量注射器进样，进样量随仪器的灵敏度而定。记录乙缩醛和内标峰的保留时间及其峰面积（或峰高），用其比值计算出乙缩醛的相对校正因子（f 值）。

乙醛对于正丁醇的相对校正因子是根据经验值确定的，约为 1.56。

5.4.1.5.2 试样液的测定

用 10 mL 容量瓶直接取酒样 10.0 mL，加入正丁醇溶液（5.4.1.3.3）0.10 mL，混匀后，在与 f 值测定相同的条件下进样，根据保留时间确定乙醛、乙缩醛峰的位置，并测定乙醛（或乙缩醛）与内标峰面积（或峰高），求出峰面积（或峰高）之比，分别计算出酒样中乙醛和乙缩醛的含量，以乙醛计。

5.4.1.6 结果计算

a) 校正因子（f 值）按式(6)计算。

$$f = \frac{A_1}{A_2} \times \frac{d_2}{d_1} \qquad (6)$$

b) 样品中乙醛（或乙缩醛）的含量按式(7)计算。

$$X_1 = f \times \frac{A_3}{A_4} \times X_4 \qquad (7)$$

c) 每升 100% 乙醇中乙醛（或乙缩醛）含量按式(8)计算。

$$X_2 = \frac{X_1 \times 100}{E} \qquad (8)$$

d) 每升 100% 乙醇中总醛（以乙醛计）的含量按式(9)计算。

$$X_3 = X_5 + X_6 \times 0.37 \qquad (9)$$

式中：

f——乙醛（或乙缩醛）的相对校正因子；

A_1——标样 f 值测定时内标的峰面积（或峰高）；

A_2——标样 f 值测定时乙缩醛的峰面积（或峰高）；

d_2——乙缩醛的相对密度；

d_1——内标物的相对密度；

X_1——样品中乙醛（或乙缩醛）的含量，单位为毫克每升(mg/L)；

A_3——试样中乙醛（或乙缩醛）的峰面积（或峰高）；

A_4——添加于酒样中内标的峰面积（或峰高）；

X_4——内标（添加在酒样中）的含量，单位为毫克每升(mg/L)；

X_2——样品中每升 100% 乙醇中乙醛（或乙缩醛）的含量，单位为毫克每升(mg/L)；

E——样品的实测酒精度；

X_3——样品中每升 100% 乙醇中总醛（以乙醛计）的含量，单位为毫克每升(mg/L)；

X_5——样品中每升 100% 乙醇中乙醛的含量，单位为毫克每升(mg/L)；

X_6——样品中每升 100% 乙醇中乙缩醛的含量，单位为毫克每升(mg/L)；

0.37——乙缩醛换算成乙醛的系数。

所得结果表示至三位小数。

5.4.1.7 精密度

在重复性条件下获得的两次独立测定结果的绝对差值，不应超过平均值的 10%。

5.4.2 碘量法

5.4.2.1 原理

亚硫酸氢钠与醛发生加成反应，生成 α-羟基磺酸钠，然后用碘氧化过量的亚硫酸氢钠。加过量的碳酸氢钠，使 α-羟基磺酸钠分解，释放出亚硫酸氢钠，再用碘标准溶液滴定。

5.4.2.2 仪器

碘量瓶：250 mL。

5.4.2.3 试剂和溶液

5.4.2.3.1 盐酸溶液[$c(HCl)=0.1$ mol/L]：按 GB/T 601 配制。

5.4.2.3.2 亚硫酸氢钠溶液(12 g/L)：称取 6 g 亚硫酸氢钠，用水溶解，并定容至 500 mL。

5.4.2.3.3 碳酸氢钠溶液[$c(NaHCO_3)=1$ mol/L]。

5.4.2.3.4 碘标准溶液[$c(1/2\ I_2)=0.1$ mol/L]：按 GB/T 601 配制与标定。

5.4.2.3.5 碘标准滴定溶液[$c(1/2\ I_2)=0.01$ mol/L]：将上述碘标准溶液准确稀释 10 倍。

5.4.2.3.6 淀粉指示液(10 g/L)：按 GB/T 603 配制。

5.4.2.4 试样液的制备

同 5.2.1.3。

5.4.2.5 分析步骤

吸取 30.0 mL 试样液(5.2.1.3)于 250 mL 碘量瓶中，加入 15 mL 亚硫酸氢钠溶液(5.4.2.3.2)、7 mL 盐酸溶液(5.4.2.3.1)，摇匀，于暗处放置 1 h。取出，用少许水冲洗瓶塞，以碘标准溶液(5.4.2.3.4)滴定，接近终点时，加淀粉指示液 0.5 mL，改用碘标准滴定溶液(5.4.2.3.5)滴定至淡蓝紫色出现(不计数)。加入碳酸氢钠溶液(5.4.2.3.3)20 mL，微开瓶塞，摇荡 0.5 min(呈无色)，用碘标准滴定溶液(5.4.2.3.5)继续滴定至蓝紫色为其终点。同时做空白试验。

5.4.2.6 结果计算

a) 样品中总醛的含量按式(10)计算。

$$X_1=\frac{(V_1-V_2)\times c\times 22}{V}\times 1\,000 \quad\cdots\cdots(10)$$

b) 每升 100%乙醇中总醛的含量按式(11)计算。

$$X_2=\frac{X_1\times 100}{E} \quad\cdots\cdots(11)$$

式中：

X_1——样品中总醛的含量，单位为毫克每升(mg/L)；

V_1——试样消耗碘标准滴定溶液的体积，单位为毫升(mL)；

V_2——空白消耗碘标准滴定溶液的体积，单位为毫升(mL)；

c——碘标准滴定溶液的浓度，单位为摩尔每升(mol/L)；

22——碘的摩尔质量的数值，单位为克每摩尔(g/mol)[$M(I_2)=22$]；

V——吸取试样的体积，单位为毫升(mL)；

X_2——样品中每升 100%乙醇中总醛的含量，单位为毫克每升(mg/L)；

E——酒样的实测酒精度。

所得结果表示至一位小数。

5.4.2.7 精密度

在重复性条件下获得的两次独立测定结果的绝对差值，不应超过平均值的 10%。

5.5 总酯

5.5.1 气相色谱法

5.5.1.1 原理

同 5.4.1.1。

5.5.1.2 仪器

同5.4.1.2。

5.5.1.3 试剂和溶液

5.5.1.3.1 40%乙醇溶液:用乙醇(色谱纯)加水配制。

5.5.1.3.2 乙酸乙酯溶液(2%):作标样用。吸取乙酸乙酯(色谱纯)2 mL,用40%乙醇溶液定容至100 mL。

5.5.1.3.3 正丁醇溶液(2%):作内标用。吸取正丁醇(色谱纯)2 mL,用40%乙醇溶液定容至100 mL。

5.5.1.4 色谱条件

同5.4.1.4。

5.5.1.5 分析步骤

除标样改为乙酸乙酯溶液(5.5.1.3.2)外,其他操作同5.4.1.5。

5.5.1.6 结果计算

同5.4.1.6。

5.5.1.7 精密度

同5.4.1.7。

5.5.2 比色法

5.5.2.1 原理

酯类与羟胺在碱性溶液中定量反应,生成氧肟酸,氧肟酸在酸性溶液中,与铁离子形成黄色络合物。在一定酒精浓度下,酯的浓度与黄色络合物在波长525 nm处的吸光度成正比。

5.5.2.2 仪器

5.5.2.2.1 分光光度计:可见光范围,比色皿为1 cm。

5.5.2.2.2 全玻璃蒸馏器:蒸馏瓶500 mL。

5.5.2.2.3 全玻璃回流装置:锥形瓶1 000 mL、250 mL(冷凝管长度不短于45 cm)。

5.5.2.2.4 具塞比色管:25 mL。

5.5.2.2.5 微量滴定管:5 mL。

5.5.2.3 试剂和溶液

5.5.2.3.1 盐酸羟胺溶液(2 mol/L):称取13.9 g盐酸羟胺,溶于100 mL水中。贮存于冰箱内保存。

5.5.2.3.2 氢氧化钠溶液[$c(NaOH)=3.5$ mol/L]:按GB/T 601配制。

5.5.2.3.3 盐酸溶液[$c(HCl)=4$ mol/L]:按GB/T 601配制。

5.5.2.3.4 氯化铁溶液(100 g/L):称取50 g氯化铁($FeCl_3 \cdot 6H_2O$),加入400 mL水溶解,再加入12.5 mL盐酸溶液(5.5.2.3.3),用水定容至500 mL(若有残渣物,需过滤后再使用)。

5.5.2.3.5 40%乙醇(无酯)溶液:量取600 mL 95%乙醇于1 000 mL锥形瓶中,加氢氧化钠溶液(5.5.2.3.2)5 mL,加热回流皂化1 h。然后移入蒸馏器中重蒸,再配成40%乙醇溶液。

5.5.2.3.6 乙酸乙酯标准贮备溶液:称取0.166 7 g乙酸乙酯,用40%乙醇溶液定容至500 mL。该溶液每毫升含0.333 4 mg乙酸乙酯。

5.5.2.3.7 乙酸乙酯系列标准溶液:用微量滴定管分别取0.0 mL、0.75 mL、1.5 mL、2.25 mL、3.0 mL、4.5 mL乙酸乙酯标准贮备溶液(5.5.2.3.6)置于6个100 mL容量瓶中,用40%乙醇溶液稀释至刻度,混匀。这些标准溶液分别含有乙酸乙酯0.0 mg/L、2.50 mg/L、5.00 mg/L、7.50 mg/L、10.00 mg/L、15.00 mg/L。

5.5.2.4 分析步骤

5.5.2.4.1 试样液的制备

若酒样中不含外加物,测定时直接取样。若酒样中添加了其他物质,则需将酒样蒸馏后再测定。

5.5.2.4.2 标准曲线的绘制

吸取系列标准溶液各 2.0 mL,分别置于 25 mL 具塞比色管中。各加入 2.0 mL 盐酸羟胺溶液(5.5.2.3.1)和 2.0 mL 氢氧化钠溶液(5.5.2.3.2),摇匀,放置 10 min。然后加入 2.0 mL 盐酸溶液(5.5.2.3.3),摇匀。再加入 2.0 mL 氯化铁溶液(5.5.2.3.4),再次摇匀。用 1 cm 比色皿,以零管调节零点,立即在波长 525 nm 下测定吸光度。绘制标准曲线。

5.5.2.4.3 试样液的测定

吸取 2.0 mL 试样液(5.5.2.4.1)于 25 mL 具塞比色管中,其余操作按 5.5.2.4.2 进行。在标准曲线上查出乙酸乙酯含量,即总酯含量。或使用线性回归方程计算其含量。

5.5.2.5 精密度

在重复性条件下获得的两次独立测定结果的绝对差值,不应超过平均值的 10%。

5.6 甲醇

5.6.1 原理

同 5.4.1.1。

5.6.2 仪器

同 5.4.1.2。

5.6.3 试剂和溶液

5.6.3.1 40%乙醇溶液:用乙醇(色谱纯)加水配制。

5.6.3.2 甲醇溶液(2%):作标样用。吸取甲醇(色谱纯)2 mL,用 40%乙醇溶液定容至 100 mL。

5.6.3.3 正丁醇溶液(2%):作内标用。吸取正丁醇(色谱纯)2 mL,用 40%乙醇溶液定容至 100 mL。

5.6.4 色谱条件

同 5.4.1.4。

5.6.5 分析步骤

除标样改为甲醇溶液(5.6.3.2)外,其他操作同 5.4.1.5。

5.6.6 结果计算

同 5.4.1.6。

5.6.7 精密度

同 5.4.1.7。

5.7 高级醇

5.7.1 原理

同 5.4.1.1。

5.7.2 仪器

同 5.4.1.2。

5.7.3 试剂和溶液

5.7.3.1 40%乙醇溶液:用乙醇(色谱纯)加水配制。

5.7.3.2 异丁醇溶液(2%):作标样用。吸取异丁醇(色谱纯)2 mL,用 40%乙醇溶液定容至 100 mL。

5.7.3.3 异戊醇溶液(2%):作内标用。吸取异戊醇(色谱纯)2 mL,用 40%乙醇溶液定容至 100 mL。

5.7.4 色谱条件

同 5.4.1.4。

5.7.5 分析步骤

除标样改为异丁醇溶液(5.7.3.2)、异戊醇溶液(5.7.3.3)外,其他操作同 5.4.1.5。

5.7.6 结果计算

同 5.4.1.6,以异丁醇、异戊醇总量计。

5.7.7　精密度

同5.4.1.7。

6　检验规则

6.1　组批

每班灌装生产的、同一类别、同一品质、规格相同且经包装出厂的产品为一批。

6.2　抽样

6.2.1　按表3抽取样本(箱),从每箱任意位置抽取样本(瓶)。单件包装净含量小于500 mL,总取样量不足1 500 mL时,可按比例增加抽样量。

表3　抽样表

批量范围/箱	样本数/箱	单位样本数/瓶
<50	3	3
51～1 200	5	2
1 201～35 000	8	1
>35 001	13	1

6.2.2　采样后应立即贴上标签,注明:样品名称、品种规格、数量、制造者名称、采样时间与地点、采样人。将两瓶样品封存,保留两个月备查。其他样品立即送化验室,进行感官、理化和卫生等指标的检验。

6.3　检验分类

6.3.1　出厂检验

6.3.1.1　产品出厂前,应由生产厂的质量监督检验部门按本标准规定逐批进行检验,检验合格,并附上质量合格证明的,方可出厂。产品质量检验合格证明(合格证)可以放在包装箱内,或放在独立的包装盒内,也可以在标签上或包装箱外打印"合格"或"检验合格"字样。

6.3.1.2　检验项目:感官要求、酒精度、碱度、总醛、总酯、甲醇、高级醇。

6.3.2　型式检验

6.3.2.1　检验项目:本标准中全部要求项目。

6.3.2.2　一般情况下,同一类产品的型式检验每半年进行一次,有下列情况之一者,亦应进行型式检验:

a)　原辅材料有较大变化时;

b)　更改关键工艺或设备时;

c)　新试制的产品或正常生产的产品停产3个月后,重新恢复生产时;

d)　出厂检验与上次型式检验结果有较大差异时;

e)　国家质量监督检验机构按有关规定需要抽检时。

6.4　判定规则

6.4.1　检验结果有不超过两项指标不符合相应的产品标准要求时,应重新自同批产品中抽取两倍量样品进行复检,以复检结果为准。

6.4.2　若复检结果中仍有一项(或一项以上)不合格时,则判整批产品为不合格。

6.4.3　当供需双方对检验结果有异议时,可由有关各方协商解决,或委托有关单位进行仲裁检验,以仲裁检验结果为准。

7　标志、包装、运输和贮存

7.1　标志

7.1.1　预包装伏特加产品标签应符合GB 10344的有关规定。

7.1.2 外包装纸箱上除标明产品名称、制造者名称和地址外，还应标明单位包装的净含量和总数量。

7.1.3 包装储运图示标志应符合 GB/T 191 的要求。

7.2 包装

7.2.1 包装材料应符合食品卫生要求。

7.2.2 包装容器应瓶体端正、清洁，封装严密，无漏酒现象。

7.2.3 外包装应使用合格的包装材料，箱内要有防震、防撞的间隔材料，并符合相应的标准。

7.3 运输和贮存

7.3.1 用软木塞(或替代品)封装的酒，在贮运时应“倒放”或“卧放”。

7.3.2 运输和贮存时应保持清洁，避免强烈振荡、日晒、雨淋，防止冰冻，装卸时应轻拿轻放。

7.3.3 存放地点应阴凉、干燥、通风良好，严防日晒、雨淋，严禁火种。

7.3.4 成品不得与潮湿地面直接接触，不得与有毒、有害、有异味、有腐蚀性物品同贮同运。

7.3.5 运输温度宜保持在 5 ℃～35 ℃，贮存温度宜保持在 5 ℃～25 ℃。

附 录 A
（规范性附录）
酒精水溶液密度与酒精度（乙醇含量）对照表（20 ℃）

表 A.1 酒精水溶液密度与酒精度（乙醇含量）对照表（20 ℃）

密度/(g/L)	酒精度/(%vol)	密度/(g/L)	酒精度/(%vol)	密度/(g/L)	酒精度/(%vol)
954.15	36.00	953.63	36.36	953.11	36.71
954.13	36.01	953.61	36.37	953.09	36.72
954.11	36.03	953.60	36.38	953.08	36.74
954.10	36.04	953.58	36.39	953.06	36.75
954.08	36.05	953.56	36.40	953.04	36.76
954.07	36.06	953.55	36.41	953.02	36.77
954.05	36.07	953.53	36.43	953.01	36.78
954.03	36.08	953.51	36.44	952.99	36.79
954.02	36.09	953.50	36.45	952.97	36.80
954.00	36.11	953.48	36.46	952.96	36.81
953.98	36.12	953.46	36.47	952.94	36.83
953.97	36.13	953.45	36.48	952.92	36.84
953.95	36.14	953.43	36.49	952.91	36.85
953.93	36.15	953.41	36.51	952.89	36.86
953.92	36.16	953.40	36.52	952.87	36.87
953.90	36.17	953.38	36.53	952.86	36.88
953.88	36.19	953.36	36.54	952.84	36.89
953.86	36.20	953.35	36.55	952.82	36.91
953.85	36.21	953.33	36.56	952.80	36.92
953.83	36.22	953.31	36.58	952.79	36.93
953.81	36.23	953.29	36.59	952.77	36.94
953.80	36.24	953.28	36.60	952.75	36.95
953.78	36.25	953.26	36.61	952.74	36.96
953.76	36.27	953.25	36.62	952.72	36.97
953.75	36.28	953.23	36.63	952.70	36.99
953.73	36.29	953.21	36.64	952.69	37.00
953.71	36.30	953.19	36.66	952.67	37.01
953.70	36.31	953.18	36.67	952.65	37.02
953.68	36.32	953.16	36.68	952.64	37.03
953.66	36.33	953.14	36.69	952.62	37.04
953.65	36.35	953.13	36.70	952.60	37.05

表 A.1（续）

密度/(g/L)	酒精度/(%vol)	密度/(g/L)	酒精度/(%vol)	密度/(g/L)	酒精度/(%vol)
952.58	37.07	951.99	37.46	951.38	37.86
952.57	37.08	951.97	37.48	951.37	37.87
952.55	37.09	951.95	37.49	951.35	37.89
952.53	37.10	951.93	37.50	951.33	37.90
952.52	37.11	951.92	37.51	951.31	37.91
952.50	37.12	951.90	37.52	951.30	37.92
952.48	37.13	951.88	37.53	951.28	37.93
952.46	37.15	951.87	37.54	951.26	37.94
952.45	37.16	951.85	37.56	951.24	37.95
952.43	37.17	951.83	37.57	951.23	37.97
952.41	37.18	951.81	37.58	951.21	37.98
952.40	37.19	951.80	37.59	951.19	37.99
952.38	37.20	951.78	37.60	951.18	38.00
952.36	37.21	951.76	37.61	951.16	38.01
952.35	37.23	951.75	37.62	951.14	38.02
952.33	37.24	951.73	37.64	951.12	38.03
952.31	37.25	951.71	37.65	951.11	38.04
952.29	37.26	951.69	37.66	951.09	38.06
952.28	37.27	951.68	37.67	951.07	38.07
952.26	37.28	951.66	37.68	951.05	38.08
952.24	37.29	951.64	37.69	951.04	38.09
952.23	37.31	951.62	37.70	951.02	38.10
952.21	37.32	951.61	37.72	951.00	38.11
952.19	37.33	951.59	37.73	950.98	38.12
952.17	37.34	951.57	37.74	950.97	38.14
952.16	37.35	951.56	37.75	950.95	38.15
952.14	37.36	951.54	37.76	950.93	38.16
952.12	37.37	951.52	37.77	950.91	38.17
952.11	37.39	951.50	37.78	950.90	38.18
952.09	37.40	951.49	37.79	950.88	38.19
952.07	37.41	951.47	37.81	950.86	38.20
952.05	37.42	951.45	37.82	950.84	38.22
952.04	37.43	951.43	37.83	950.83	38.23
952.02	37.44	951.42	37.84	950.81	38.24
952.00	37.45	951.40	37.85	950.79	38.25

表 A.1（续）

密度/(g/L)	酒精度/(%vol)	密度/(g/L)	酒精度/(%vol)	密度/(g/L)	酒精度/(%vol)
950.78	38.26	950.16	38.66	949.54	39.05
950.76	38.27	950.14	38.67	949.53	39.06
950.74	38.28	950.13	38.68	949.51	39.08
950.72	38.29	950.11	38.69	949.49	39.09
950.71	38.31	950.09	38.70	949.47	39.10
950.69	38.32	950.07	38.71	949.46	39.11
950.67	38.33	950.06	38.73	949.44	39.12
950.65	38.34	950.04	38.74	949.42	39.13
950.64	38.35	950.02	38.75	949.40	39.14
950.62	38.36	950.00	38.76	949.38	39.15
950.60	38.37	949.99	38.77	949.37	39.17
950.58	38.39	949.97	38.78	949.35	39.18
950.57	38.40	949.95	38.79	949.33	39.19
950.55	38.41	949.93	38.80	949.31	39.20
950.53	38.42	949.92	38.82	949.30	39.21
950.51	38.43	949.90	38.83	949.28	39.22
950.50	38.44	949.88	38.84	949.26	39.23
950.48	38.45	949.86	38.85	949.24	39.25
950.46	38.46	949.84	38.86	949.22	39.26
950.44	38.48	949.83	38.87	949.21	39.27
950.43	38.49	949.81	38.88	949.19	39.28
950.41	38.50	949.79	38.89	949.17	39.29
950.39	38.51	949.77	38.91	949.15	39.30
950.37	38.52	949.76	38.92	949.14	39.31
950.36	38.53	949.74	38.93	949.12	39.32
950.34	38.54	949.72	38.94	949.10	39.34
950.32	38.56	949.70	38.95	949.08	39.35
950.30	38.57	949.69	38.96	949.06	39.36
950.29	38.58	949.67	38.97	949.05	39.37
950.27	38.59	949.65	38.99	949.03	39.38
950.25	38.60	949.63	39.00	949.01	39.39
950.23	38.61	949.62	39.01	948.99	39.40
950.21	38.62	949.60	39.02	948.97	39.41
950.20	38.63	949.58	39.03	948.96	39.43
950.18	38.65	949.56	39.04	948.94	39.44

表 A.1（续）

密度/(g/L)	酒精度/(%vol)	密度/(g/L)	酒精度/(%vol)	密度/(g/L)	酒精度/(%vol)
948.92	39.45	948.29	39.84	947.66	40.24
948.90	39.46	948.28	39.85	947.64	40.25
948.89	39.47	948.26	39.87	947.62	40.26
948.87	39.48	948.24	39.88	947.61	40.27
948.85	39.49	948.22	39.89	947.59	40.28
948.83	39.50	948.20	39.90	947.57	40.29
948.81	39.52	948.19	39.91	947.55	40.30
948.80	39.53	948.17	39.92	947.53	40.32
948.78	39.54	948.15	39.93	947.52	40.33
948.76	39.55	948.13	39.94	947.50	40.34
948.74	39.56	948.11	39.96	947.48	40.35
948.72	39.57	948.10	39.97	947.46	40.36
948.71	39.58	948.08	39.98	947.44	40.37
948.69	39.60	948.06	39.99	947.43	40.38
948.67	39.61	948.04	40.00	947.41	40.39
948.65	39.62	948.02	40.01	947.39	40.41
948.64	39.63	948.01	40.02	947.37	40.42
948.62	39.64	947.99	40.03	947.35	40.43
948.60	39.65	947.97	40.05	947.33	40.44
948.58	39.66	947.95	40.06	947.32	40.45
948.56	39.67	947.93	40.07	947.30	40.46
948.55	39.69	947.91	40.08	947.28	40.47
948.53	39.70	947.90	40.09	947.26	40.48
948.51	39.71	947.88	40.10	947.24	40.49
948.49	39.72	947.86	40.11	947.22	40.51
948.47	39.73	947.84	40.12	947.21	40.52
948.46	39.74	947.82	40.14	947.19	40.53
948.44	39.75	947.81	40.15	947.17	40.54
948.42	39.76	947.79	40.16	947.15	40.55
948.40	39.78	947.77	40.17	947.13	40.56
948.38	39.79	947.75	40.18	947.12	40.57
948.37	39.80	947.73	40.19	947.10	40.58
948.35	39.81	947.72	40.20	947.08	40.60
948.33	39.82	947.70	40.21	947.06	40.61
948.31	39.83	947.68	40.23	947.04	40.62

表 A.1（续）

密度/(g/L)	酒精度/(%vol)	密度/(g/L)	酒精度/(%vol)	密度/(g/L)	酒精度/(%vol)
947.02	40.63	946.38	41.02	945.74	41.41
947.01	40.64	946.36	41.03	945.72	41.42
946.99	40.65	946.35	41.04	945.70	41.44
946.97	40.66	946.33	41.06	945.68	41.45
946.95	40.67	946.31	41.07	945.66	41.46
946.93	40.69	946.29	41.08	945.64	41.47
946.91	40.70	946.27	41.09	945.62	41.48
946.90	40.71	946.25	41.10	945.61	41.49
946.88	40.72	946.23	41.11	945.59	41.50
946.86	40.73	946.22	41.12	945.57	41.51
946.84	40.74	946.20	41.13	945.55	41.52
946.82	40.75	946.18	41.14	945.53	41.54
946.80	40.76	946.16	41.16	945.51	41.55
946.79	40.78	946.14	41.17	945.49	41.56
946.77	40.79	946.12	41.18	945.48	41.57
946.75	40.80	946.11	41.19	945.46	41.58
946.73	40.81	946.09	41.20	945.44	41.59
946.71	40.82	946.07	41.21	945.42	41.60
946.69	40.83	946.05	41.22	945.40	41.61
946.68	40.84	946.03	41.23	945.38	41.63
946.66	40.85	946.01	41.25	945.36	41.64
946.64	40.86	945.99	41.26	945.35	41.65
946.62	40.88	945.98	41.27	945.33	41.66
946.60	40.89	945.96	41.28	945.31	41.67
946.58	40.90	945.94	41.29	945.29	41.68
946.57	40.91	945.92	41.30	945.27	41.69
946.55	40.92	945.90	41.31	945.25	41.70
946.53	40.93	945.88	41.32	945.23	41.71
946.51	40.94	945.86	41.33	945.21	41.73
946.49	40.95	945.85	41.35	945.20	41.74
946.47	40.97	945.83	41.36	945.18	41.75
946.46	40.98	945.81	41.37	945.16	41.76
946.44	40.99	945.79	41.38	945.14	41.77
946.42	41.00	945.77	41.39	945.12	41.78
946.40	41.01	945.75	41.40	945.10	41.79

表 A.1（续）

密度/(g/L)	酒精度/(%vol)	密度/(g/L)	酒精度/(%vol)	密度/(g/L)	酒精度/(%vol)
945.08	41.80	944.43	42.19	943.77	42.58
945.07	41.81	944.41	42.20	943.75	42.59
945.05	41.83	944.39	42.22	943.73	42.60
945.03	41.84	944.37	42.23	943.71	42.62
945.01	41.85	944.35	42.24	943.69	42.63
944.99	41.86	944.33	42.25	943.67	42.64
944.97	41.87	944.32	42.26	943.65	42.65
944.95	41.88	944.30	42.27	943.64	42.66
944.93	41.89	944.28	42.28	943.62	42.67
944.92	41.90	944.26	42.29	943.60	42.68
944.90	41.92	944.24	42.30	943.58	42.69
944.88	41.93	944.22	42.32	943.56	42.70
944.86	41.94	944.20	42.33	943.54	42.72
944.84	41.95	944.18	42.34	943.52	42.73
944.82	41.96	944.16	42.35	943.50	42.74
944.80	41.97	944.15	42.36	943.48	42.75
944.78	41.98	944.13	42.37	943.46	42.76
944.77	41.99	944.11	42.38	943.45	42.77
944.75	42.00	944.09	42.39	943.43	42.78
944.73	42.02	944.07	42.40	943.41	42.79
944.71	42.03	944.05	42.42	943.39	42.80
944.69	42.04	944.03	42.43	943.37	42.82
944.67	42.05	944.01	42.44	943.35	42.83
944.65	42.06	943.99	42.45	943.33	42.84
944.63	42.07	943.98	42.46	943.31	42.85
944.62	42.08	943.96	42.47	943.29	42.86
944.60	42.09	943.94	42.48	943.27	42.87
944.58	42.10	943.92	42.49	943.26	42.88
944.56	42.12	943.90	42.50	943.24	42.89
944.54	42.13	943.88	42.52	943.22	42.90
944.52	42.14	943.86	42.53	943.20	42.92
944.50	42.15	943.84	42.54	943.18	42.93
944.48	42.16	943.82	42.55	943.16	42.94
944.47	42.17	943.81	42.56	943.14	42.95
944.45	42.18	943.79	42.57	943.12	42.96

表 A.1（续）

密度/(g/L)	酒精度/(%vol)	密度/(g/L)	酒精度/(%vol)	密度/(g/L)	酒精度/(%vol)
943.10	42.97	942.43	43.36	941.76	43.74
943.08	42.98	942.42	43.37	941.74	43.76
943.07	42.99	942.40	43.38	941.72	43.77
943.05	43.00	942.38	43.39	941.70	43.78
943.03	43.02	942.36	43.40	941.68	43.79
943.01	43.03	942.34	43.41	941.67	43.80
942.99	43.04	942.32	43.42	941.65	43.81
942.97	43.05	942.30	43.44	941.63	43.82
942.95	43.06	942.28	43.45	941.61	43.83
942.93	43.07	942.26	43.46	941.59	43.84
942.91	43.08	942.24	43.47	941.57	43.86
942.89	43.09	942.22	43.48	941.55	43.87
942.87	43.10	942.20	43.49	941.53	43.88
942.86	43.11	942.19	43.50	941.51	43.89
942.84	43.13	942.17	43.51	941.49	43.90
942.82	43.14	942.15	43.52	941.47	43.91
942.80	43.15	942.13	43.54	941.45	43.92
942.78	43.16	942.11	43.55	941.43	43.93
942.76	43.17	942.09	43.56	941.41	43.94
942.74	43.18	942.07	43.57	941.39	43.95
942.72	43.19	942.05	43.58	941.38	43.97
942.70	43.20	942.03	43.59	941.36	43.98
942.68	43.21	942.01	43.60	941.34	43.99
942.66	43.23	941.99	43.61	941.32	44.00
942.65	43.24	941.97	43.62	941.30	44.01
942.63	43.25	941.95	43.63	941.28	44.02
942.61	43.26	941.94	43.65	941.26	44.03
942.59	43.27	941.92	43.66	941.24	44.04
942.57	43.28	941.90	43.67	941.22	44.05
942.55	43.29	941.88	43.68	941.20	44.06
942.53	43.30	941.86	43.69	941.18	44.08
942.51	43.31	941.84	43.70	941.16	44.09
942.49	43.33	941.82	43.71	941.14	44.10
942.47	43.34	941.80	43.72	941.12	44.11
942.45	43.35	941.78	43.73	941.10	44.12

表 A.1（续）

密度/(g/L)	酒精度/(%vol)	密度/(g/L)	酒精度/(%vol)	密度/(g/L)	酒精度/(%vol)
941.08	44.13	940.56	44.43	940.03	44.72
941.06	44.14	940.54	44.44	940.01	44.74
941.05	44.15	940.52	44.45	939.99	44.75
941.03	44.16	940.50	44.46	939.97	44.76
941.01	44.17	940.48	44.47	939.95	44.77
940.99	44.19	940.46	44.48	939.93	44.78
940.97	44.20	940.44	44.49	939.91	44.79
940.95	44.21	940.42	44.50	939.89	44.80
940.93	44.22	940.40	44.52	939.87	44.81
940.91	44.23	940.38	44.53	939.86	44.82
940.89	44.24	940.36	44.54	939.84	44.83
940.87	44.25	940.34	44.55	939.82	44.85
940.85	44.26	940.32	44.56	939.80	44.86
940.83	44.27	940.31	44.57	939.78	44.87
940.81	44.28	940.29	44.58	939.76	44.88
940.79	44.30	940.27	44.59	939.74	44.89
940.77	44.31	940.25	44.60	939.72	44.90
940.75	44.32	940.23	44.61	939.70	44.91
940.73	44.33	940.21	44.63	939.68	44.92
940.71	44.34	940.19	44.64	939.66	44.93
940.70	44.35	940.17	44.65	939.64	44.94
940.68	44.36	940.15	44.66	939.62	44.95
940.66	44.37	940.13	44.67	939.60	44.97
940.64	44.38	940.11	44.68	939.58	44.98
940.62	44.39	940.09	44.69	939.56	44.99
940.60	44.41	940.07	44.70	939.54	45.00
940.58	44.42	940.05	44.71		

附 录

(规范性

酒精计温度(*t*)与 20 ℃时

表 B.1 酒精计温度(*t*)与 20 ℃时酒精度(ALC)换算表

酒精度 (ALC)/(%vol)	酒精计温度										
	10	10.5	11	11.5	12	12.5	13	13.5	14	14.5	15
30	34.10	33.89	33.68	33.48	33.27	33.06	32.85	32.65	32.44	32.23	32.03
30.1	34.21	34.00	33.79	33.58	33.37	33.16	32.95	32.75	32.54	32.33	32.13
30.2	34.31	34.10	33.89	33.68	33.47	33.26	33.06	32.85	32.64	32.44	32.23
30.3	34.41	34.20	33.99	33.78	33.57	33.36	33.16	32.95	32.74	32.54	32.33
30.4	34.51	34.30	34.09	33.88	33.67	33.47	33.26	33.05	32.85	32.64	32.43
30.5	34.61	34.40	34.19	33.98	33.78	33.57	33.36	33.15	32.95	32.74	32.53
30.6	34.71	34.50	34.30	34.09	33.88	33.67	33.46	33.25	33.05	32.84	32.64
30.7	34.82	34.61	34.40	34.19	33.98	33.77	33.56	33.36	33.15	32.94	32.74
30.8	34.92	34.71	34.50	34.29	34.08	33.87	33.66	33.46	33.25	33.04	32.84
30.9	35.02	34.81	34.60	34.39	34.18	33.97	33.77	33.56	33.35	33.15	32.94
31	35.12	34.91	34.70	34.49	34.28	34.07	33.87	33.66	33.45	33.25	33.04
31.1	35.22	35.01	34.80	34.59	34.38	34.18	33.97	33.76	33.55	33.35	33.14
31.2	35.32	35.11	34.90	34.69	34.49	34.28	34.07	33.86	33.65	33.45	33.24
31.3	35.42	35.21	35.00	34.79	34.59	34.38	34.17	33.96	33.76	33.55	33.34
31.4	35.52	35.31	35.10	34.90	34.69	34.48	34.27	34.06	33.86	33.65	33.44
31.5	35.62	35.41	35.21	35.00	34.79	34.58	34.37	34.16	33.96	33.75	33.54
31.6	35.72	35.52	35.31	35.10	34.89	34.68	34.47	34.27	34.06	33.85	33.65
31.7	35.83	35.62	35.41	35.20	34.99	34.78	34.57	34.37	34.16	33.95	33.75
31.8	35.93	35.72	35.51	35.30	35.09	34.88	34.67	34.47	34.26	34.05	33.85
31.9	36.03	35.82	35.61	35.40	35.19	34.98	34.77	34.57	34.36	34.15	33.95
32	36.13	35.92	35.71	35.50	35.29	35.08	34.88	34.67	34.46	34.25	34.05
32.1	36.23	36.02	35.81	35.60	35.39	35.18	34.98	34.77	34.56	34.35	34.15
32.2	36.33	36.12	35.91	35.70	35.49	35.28	35.08	34.87	34.66	34.45	34.25
32.3	36.43	36.22	36.01	35.80	35.59	35.38	35.18	34.97	34.76	34.56	34.35
32.4	36.53	36.32	36.11	35.90	35.69	35.48	35.28	35.07	34.86	34.66	34.45
32.5	36.63	36.42	36.21	36.00	35.79	35.58	35.38	35.17	34.96	34.76	34.55
32.6	36.73	36.52	36.31	36.10	35.89	35.68	35.48	35.27	35.06	34.86	34.65
32.7	36.83	36.62	36.41	36.20	35.99	35.79	35.58	35.37	35.16	34.96	34.75
32.8	36.93	36.72	36.51	36.30	36.09	35.89	35.68	35.47	35.26	35.06	34.85
32.9	37.03	36.82	36.61	36.40	36.19	35.99	35.78	35.57	35.36	35.16	34.95
33	37.13	36.92	36.71	36.50	36.29	36.09	35.88	35.67	35.46	35.26	35.05
33.1	37.22	37.02	36.81	36.60	36.39	36.19	35.98	35.77	35.56	35.36	35.15
33.2	37.32	37.12	36.91	36.70	36.49	36.28	36.08	35.87	35.66	35.46	35.25
33.3	37.42	37.22	37.01	36.80	36.59	36.38	36.18	35.97	35.76	35.56	35.35
33.4	37.52	37.31	37.11	36.90	36.69	36.48	36.28	36.07	35.86	35.66	35.45
33.5	37.62	37.41	37.21	37.00	36.79	36.58	36.38	36.17	35.96	35.76	35.55
33.6	37.72	37.51	37.31	37.10	36.89	36.68	36.48	36.27	36.06	35.86	35.65
33.7	37.82	37.61	37.41	37.20	36.99	36.78	36.58	36.37	36.16	35.96	35.75
33.8	37.92	37.71	37.50	37.30	37.09	36.88	36.68	36.47	36.26	36.06	35.85
33.9	38.02	37.81	37.60	37.40	37.19	36.98	36.78	36.57	36.36	36.16	35.95
34	38.12	37.91	37.70	37.50	37.29	37.08	56.88	36.67	36.46	36.26	36.05
34.1	38.22	38.01	37.80	37.59	37.39	37.18	36.97	36.77	36.56	36.36	36.15
34.2	38.31	38.11	37.90	37.69	37.49	37.28	37.07	36.87	36.66	36.46	36.25
34.3	38.41	38.21	38.00	37.79	37.59	37.38	37.17	36.97	36.76	36.56	36.35
34.4	38.51	38.31	38.10	37.89	37.69	37.48	37.27	37.07	36.86	36.65	36.45
34.5	38.61	38.40	38.20	37.99	37.78	37.58	37.37	37.17	36.96	36.75	36.55
34.6	38.71	38.50	38.30	38.09	37.88	37.68	37.47	37.27	37.06	36.85	36.65
34.7	38.81	38.60	38.40	38.19	37.98	37.78	37.57	37.36	37.16	36.95	36.75
34.8	38.91	38.70	38.49	38.29	38.08	37.88	37.67	37.46	37.26	37.05	36.85
34.9	39.00	38.80	38.59	38.39	38.18	37.97	37.77	37.56	37.36	37.15	36.95

B
附录)
酒精度(ALC)换算表

(酒精计温度范围 10 ℃~20 ℃,间隔 0.5 ℃)

单位为%vol

(t)/℃									
15.5	16	16.5	17	17.5	18	18.5	19	19.5	20
31.82	31.62	31.41	31.21	31.01	30.81	30.60	30.40	30.20	30.00
31.92	31.72	31.52	31.31	31.11	30.91	30.70	30.50	30.30	30.10
32.03	31.82	31.62	31.41	31.21	31.01	30.80	30.60	30.40	30.20
32.13	31.92	31.72	31.51	31.31	31.11	30.91	30.70	30.50	30.30
32.23	32.02	31.82	31.62	31.41	31.21	31.01	30.80	30.60	30.40
32.33	32.12	31.92	31.72	31.51	31.31	31.11	30.90	30.70	30.50
32.43	32.23	32.02	31.82	31.61	31.41	31.21	31.00	30.80	30.60
32.53	32.33	32.12	31.92	31.71	31.51	31.31	31.10	30.90	30.70
32.63	32.43	32.22	32.02	31.81	31.61	31.41	31.20	31.00	30.80
32.73	32.53	32.32	32.12	31.91	31.71	31.51	31.30	31.10	30.90
32.83	32.63	32.42	32.22	32.02	31.81	31.61	31.41	31.20	31.00
32.94	32.73	32.52	32.32	32.12	31.91	31.71	31.51	31.30	31.10
33.04	32.83	32.63	32.42	32.22	32.01	31.81	31.61	31.40	31.20
33.14	32.93	32.73	32.52	32.32	32.11	31.91	31.71	31.50	31.30
33.24	33.03	32.83	32.62	32.42	32.21	32.01	31.81	31.60	31.40
33.34	33.13	32.93	32.72	32.52	32.31	32.11	31.91	31.70	31.50
33.44	33.23	33.03	32.82	32.62	32.41	32.21	32.01	31.80	31.60
33.54	33.33	33.13	32.92	32.72	32.51	32.31	32.11	31.90	31.70
33.64	33.43	33.23	33.02	32.82	32.61	32.41	32.21	32.00	31.80
33.74	33.54	33.33	33.12	32.92	32.72	32.51	32.31	32.10	31.90
33.84	33.64	33.43	33.22	33.02	32.82	32.61	32.41	32.20	32.00
33.94	33.74	33.53	33.33	33.12	32.92	32.71	32.51	32.30	32.10
34.04	33.84	33.63	33.43	33.22	33.02	32.81	32.61	32.40	32.20
34.14	33.94	33.73	33.53	33.32	33.12	32.91	32.71	32.50	32.30
34.24	34.04	33.83	33.63	33.42	33.22	33.01	32.81	32.60	32.40
34.34	34.14	33.93	33.73	33.52	33.32	33.11	32.91	32.70	32.50
34.44	34.24	34.03	33.83	33.62	33.42	33.21	33.01	32.80	32.60
34.54	34.34	34.13	33.93	33.72	33.52	33.31	33.11	32.90	32.70
34.64	34.44	34.23	34.03	33.82	33.62	33.41	33.21	33.00	32.80
34.74	34.54	34.33	34.13	33.92	33.72	33.51	33.31	33.10	32.90
34.84	34.64	34.43	34.23	34.02	33.82	33.61	33.41	33.20	33.00
34.94	34.74	34.53	34.33	34.12	33.92	33.71	33.51	33.30	33.10
35.04	34.84	34.63	34.43	34.22	34.02	33.81	33.61	33.40	33.20
35.14	34.94	34.73	34.53	34.32	34.12	33.91	33.71	33.50	33.30
35.24	35.04	34.83	34.63	34.42	34.22	34.01	33.81	33.60	33.40
35.34	35.14	34.93	34.73	34.52	34.32	34.11	33.91	33.70	33.50
35.44	35.24	35.03	34.83	34.62	34.42	34.21	34.01	33.80	33.60
35.54	35.34	35.13	34.93	34.72	34.52	34.31	34.11	33.90	33.70
35.64	35.44	35.23	35.03	34.82	34.62	34.41	34.21	34.00	33.80
35.74	35.54	35.33	35.13	34.92	34.72	34.51	34.31	34.10	33.90
35.84	35.64	35.43	35.23	35.02	34.82	34.61	34.41	34.20	34.00
35.94	35.74	35.53	35.33	35.12	34.92	34.71	34.51	34.30	34.10
36.04	35.84	35.63	35.43	35.22	35.02	34.81	34.61	34.40	34.20
36.14	35.94	35.73	35.53	35.32	35.12	34.91	34.71	34.50	34.30
36.24	36.04	35.83	35.63	35.42	35.22	35.01	34.81	34.60	34.40
36.34	36.14	35.93	35.73	35.52	35.32	35.11	34.91	34.70	34.50
36.44	36.24	36.03	35.83	35.62	35.42	35.21	35.01	34.80	34.60
36.54	36.34	36.13	35.93	35.72	35.52	35.31	35.11	34.90	34.70
36.64	36.44	36.23	36.03	35.82	35.62	35.41	35.21	35.00	34.80
36.74	36.54	36.33	36.13	35.92	35.72	35.51	35.31	35.10	34.90

表 B.1

酒精度 (ALC)/(%vol)	酒精计温度										
	10	10.5	11	11.5	12	12.5	13	13.5	14	14.5	15
35	39.10	38.90	38.69	38.43	38.28	38.07	37.87	37.66	37.46	37.25	37.05
35.1	39.20	39.00	38.79	38.58	38.38	38.17	37.97	37.76	37.56	37.35	37.15
35.2	39.30	39.09	38.89	38.68	38.48	38.27	38.07	37.86	37.66	37.45	37.25
35.3	39.40	39.19	38.99	38.78	38.58	38.37	38.17	37.96	37.76	37.55	37.34
35.4	39.50	39.29	39.09	38.88	38.67	38.47	38.26	38.06	37.85	37.65	37.44
35.5	39.59	39.39	39.18	38.98	38.77	38.57	38.36	38.16	37.95	37.75	37.54
35.6	39.69	39.49	39.28	39.08	38.87	38.67	38.46	38.26	38.05	37.85	37.64
35.7	39.79	39.59	39.38	39.18	38.97	38.77	38.56	38.36	38.15	37.95	37.74
35.8	39.89	39.68	39.48	39.27	39.07	38.86	38.66	38.46	38.25	38.05	37.84
35.9	39.99	39.78	39.58	39.37	39.17	38.96	38.76	38.55	38.35	38.15	37.94
36	40.08	39.88	39.68	39.47	39.27	39.06	38.86	38.65	38.45	38.24	38.04
36.1	40.18	39.98	39.77	39.57	39.37	39.16	38.96	38.75	38.55	38.34	38.14
36.2	40.28	40.08	39.87	39.67	39.46	39.26	39.06	38.85	38.65	38.44	38.24
36.3	40.38	40.17	39.97	39.77	39.56	39.36	39.15	38.95	38.75	38.54	38.34
36.4	40.48	40.27	40.07	39.86	39.66	39.46	39.25	39.05	38.84	38.64	38.44
36.5	40.57	40.37	40.17	39.96	39.76	39.56	39.35	39.15	38.94	38.74	38.54
36.6	40.67	40.47	40.26	40.06	39.86	39.65	39.45	39.25	39.04	38.84	38.64
36.7	40.77	40.57	40.36	40.16	39.96	39.75	39.55	39.35	39.14	38.94	38.73
36.8	40.87	40.66	40.46	40.26	40.05	39.85	39.65	39.44	39.24	39.04	38.83
36.9	40.96	40.76	40.56	40.36	40.15	39.95	39.75	39.54	39.34	39.14	38.93
37	41.06	40.86	40.66	40.45	40.25	40.05	39.84	39.64	39.44	39.23	39.03
37.1	41.16	40.96	40.75	40.55	40.35	40.15	39.94	39.74	39.54	39.33	39.13
37.2	41.26	41.05	40.85	40.65	40.45	40.24	40.04	39.84	39.64	39.43	39.23
37.3	41.35	41.15	40.95	40.75	40.54	40.34	40.14	39.94	39.73	39.53	39.33
37.4	41.45	41.25	41.05	40.85	40.64	40.44	40.24	40.04	39.83	39.63	39.43
37.5	41.55	41.35	41.15	40.94	40.74	40.54	40.34	40.13	39.93	39.73	39.53
37.6	41.65	41.45	41.24	41.04	40.84	40.64	40.44	40.23	40.03	39.83	39.63
37.7	41.74	41.54	41.34	41.14	40.94	40.74	40.53	40.33	40.13	39.93	39.72
37.8	41.84	41.64	41.44	41.24	41.04	40.83	40.63	40.43	40.23	40.03	39.82
37.9	41.94	41.74	41.54	41.34	41.13	40.93	40.73	40.53	40.33	40.12	39.92
38	42.04	41.84	41.63	41.43	41.23	41.03	40.83	40.63	40.43	40.22	40.02
38.1	42.13	41.93	41.73	41.53	41.33	41.13	40.93	40.73	40.52	40.32	40.12
38.2	42.23	42.03	41.83	41.63	41.43	41.23	41.03	40.82	40.62	40.42	40.22
38.3	42.33	42.13	41.93	41.73	41.53	41.32	41.12	40.92	40.72	40.52	40.32
38.4	42.43	42.23	42.02	41.82	41.62	41.42	41.22	41.02	40.82	40.62	40.42
38.5	42.52	42.32	42.12	41.92	41.72	41.52	41.32	41.12	40.92	40.72	40.52
38.6	42.62	42.42	42.22	42.02	41.82	41.62	41.42	41.22	41.02	40.82	40.61
38.7	42.72	42.52	42.32	42.12	41.92	41.72	41.52	41.32	41.11	40.91	40.71
38.8	42.81	42.61	42.41	42.21	42.01	41.81	41.61	41.41	41.21	41.01	40.81
38.9	42.91	42.71	42.51	42.31	42.11	41.91	41.71	41.51	41.31	41.11	40.91
39	43.01	42.81	42.61	42.41	42.21	42.01	41.81	41.61	41.41	41.21	41.01
39.1	43.11	42.91	42.71	42.51	42.31	42.11	41.91	41.71	41.51	41.31	41.11
39.2	43.20	43.00	42.80	42.61	42.41	42.21	42.01	41.81	41.61	41.41	41.21
39.3	43.30	43.10	42.90	42.70	42.50	42.30	42.11	41.91	41.71	41.51	41.31
39.4	43.40	43.20	43.00	42.80	42.60	42.40	42.20	42.00	41.80	41.60	41.40
39.5	43.49	43.30	43.10	42.90	42.70	42.50	42.30	42.10	41.90	41.70	41.50
39.6	43.59	43.39	43.19	43.00	42.80	42.60	42.40	42.20	42.00	41.80	41.60
39.7	43.69	43.49	43.29	43.09	42.89	42.70	42.50	42.30	42.10	41.90	41.70
39.8	43.78	43.59	43.39	43.19	42.99	42.79	42.60	42.40	42.20	42.00	41.80
39.9	43.88	43.68	43.49	43.29	43.09	42.89	42.69	42.49	42.30	42.10	41.90

(续)

单位为%vol

(t)/℃									
15.5	16	16.5	17	17.5	18	18.5	19	19.5	20
36.84	36.64	36.43	36.23	36.02	35.82	35.61	35.41	35.20	35.00
36.94	36.74	36.53	36.33	36.12	35.92	35.71	35.51	35.30	35.10
37.04	36.84	36.63	36.43	36.22	36.02	35.81	35.61	35.40	35.20
37.14	36.94	36.73	36.53	36.32	36.12	35.91	35.71	35.50	35.30
37.24	37.03	36.83	36.63	36.42	36.22	36.01	35.81	35.60	35.40
37.34	37.13	36.93	36.73	36.52	36.32	36.11	35.91	35.70	35.50
37.44	37.23	37.03	36.82	36.62	36.42	36.21	36.01	35.80	35.60
37.54	37.33	37.13	36.92	36.72	36.52	36.31	36.11	35.90	35.70
37.64	37.43	37.23	37.02	36.82	36.62	36.41	36.21	36.00	35.80
37.74	37.53	37.33	37.12	36.92	36.72	36.51	36.31	36.10	35.90
37.84	37.63	37.43	37.22	37.02	36.82	36.61	36.41	36.20	36.00
37.94	37.73	37.53	37.32	37.12	36.92	36.71	36.51	36.30	36.10
38.03	37.83	37.63	37.42	37.22	37.01	36.81	36.61	36.40	36.20
38.13	37.93	37.73	37.52	37.32	37.11	36.91	36.71	36.50	36.30
38.23	38.03	37.83	37.62	37.42	37.21	37.01	36.81	36.60	36.40
38.33	38.13	37.93	37.72	37.52	37.31	37.11	36.91	36.70	36.50
38.43	38.23	38.02	37.82	37.62	37.41	37.21	37.01	36.80	36.60
38.53	38.33	38.12	37.92	37.72	37.51	37.31	37.11	36.90	36.70
38.63	38.43	38.22	38.02	37.82	37.61	37.41	37.21	37.00	36.80
38.73	38.53	38.32	38.12	37.92	37.71	37.51	37.31	37.10	36.90
38.83	38.63	38.42	38.22	38.02	37.81	37.61	37.41	37.20	37.00
38.93	38.72	38.52	38.32	38.12	37.91	37.71	37.51	37.30	37.10
39.03	38.82	38.62	38.42	38.21	38.01	37.81	37.61	37.40	37.20
39.13	38.92	38.72	38.52	38.31	38.11	37.91	37.71	37.50	37.30
39.23	39.02	38.82	38.62	38.41	38.21	38.01	37.81	37.60	37.40
39.32	39.12	38.92	38.72	38.51	38.31	38.11	37.91	37.70	37.50
39.42	39.22	39.02	38.82	38.61	38.41	38.21	38.01	37.80	37.60
39.52	39.32	39.12	38.92	38.71	38.51	38.31	38.11	37.90	37.70
39.62	39.42	39.22	39.01	38.81	38.61	38.41	38.20	38.00	37.80
39.72	39.52	39.32	39.11	38.91	38.71	38.51	38.30	38.10	37.90
39.82	39.62	39.42	39.21	39.01	38.81	38.61	38.40	38.20	38.00
39.92	39.72	39.51	39.31	39.11	38.91	38.71	38.50	38.30	38.10
40.02	39.82	39.61	39.41	39.21	39.01	38.81	38.60	38.40	38.20
40.12	39.91	39.71	39.51	39.31	39.11	38.91	38.70	38.50	38.30
40.22	40.01	39.81	39.61	39.41	39.21	39.01	38.80	38.60	38.40
40.31	40.11	39.91	39.71	39.51	39.31	39.11	38.90	38.70	38.50
40.41	40.21	40.01	39.81	39.61	39.41	39.21	39.00	38.80	38.60
40.51	40.31	40.11	39.91	39.71	39.51	39.30	39.10	38.90	38.70
40.61	40.41	40.21	40.01	39.81	39.61	39.40	39.20	39.00	38.80
40.71	40.51	40.31	40.11	39.91	39.71	39.50	39.30	39.10	38.90
40.81	40.61	40.41	40.21	40.01	39.80	39.60	39.40	39.20	39.00
40.91	40.71	40.51	40.31	40.11	39.90	39.70	39.50	39.30	39.10
41.01	40.81	40.61	40.41	40.20	40.00	39.80	39.60	39.40	39.20
41.11	40.91	40.71	40.50	40.30	40.10	39.90	39.70	39.50	39.30
41.20	41.00	40.80	40.60	40.40	40.20	40.00	39.80	39.60	39.40
41.30	41.10	40.90	40.70	40.50	40.30	40.10	39.90	39.70	39.50
41.40	41.20	41.00	40.80	40.60	40.40	40.20	40.00	39.80	39.60
41.50	41.30	41.10	40.90	40.70	40.50	40.30	40.10	39.90	39.70
41.60	41.40	41.20	41.00	40.80	40.60	40.40	40.20	40.00	39.80
41.70	41.50	41.30	41.10	40.90	40.70	40.50	40.30	40.10	39.90

表 B.1

酒精度(ALC)/(%vol)	酒精计温度										
	10	10.5	11	11.5	12	12.5	13	13.5	14	14.5	15
40	43.98	43.78	43.58	43.39	43.19	42.99	42.79	42.59	42.39	42.20	42.00
40.1	44.08	43.88	43.68	43.48	43.29	43.09	42.89	42.69	42.49	42.29	42.10
40.2	44.17	43.98	43.78	43.58	43.38	43.19	42.99	42.79	42.59	42.39	42.19
40.3	44.27	44.07	43.88	43.68	43.48	43.28	43.09	42.89	42.69	42.49	42.29
40.4	44.37	44.17	43.97	43.78	43.58	43.38	43.18	42.99	42.79	42.59	42.39
40.5	44.46	44.27	44.07	43.87	43.68	43.48	43.28	43.08	42.89	42.69	42.49
40.6	44.56	44.36	44.17	43.97	43.77	43.58	43.38	43.18	42.98	42.79	42.59
40.7	44.66	44.46	44.26	44.07	43.87	43.67	43.48	43.28	43.08	42.88	42.69
40.8	44.75	44.56	44.36	44.17	43.97	43.77	43.58	43.38	43.18	42.98	42.79
40.9	44.85	44.66	44.46	44.26	44.07	43.87	43.67	43.48	43.28	43.08	42.88
41	44.95	44.75	44.56	44.36	44.16	43.97	43.77	43.57	43.38	43.18	42.98
41.1	45.04	44.85	44.65	44.46	44.26	44.07	43.87	43.67	43.48	43.28	43.08
41.2	45.14	44.95	44.75	44.56	44.36	44.16	43.97	43.77	43.57	43.38	43.18
41.3	45.24	45.04	44.85	44.65	44.46	44.26	44.07	43.87	43.67	43.48	43.28
41.4	45.34	45.14	44.95	44.75	44.55	44.36	44.16	43.97	43.77	43.57	43.38
41.5	45.43	45.24	45.04	44.85	44.65	44.46	44.26	44.06	43.87	43.67	43.48
41.6	45.53	45.33	45.14	44.94	44.75	44.55	44.36	44.16	43.97	43.77	43.57
41.7	45.63	45.43	45.24	45.04	44.85	44.65	44.46	44.26	44.07	43.87	43.67
41.8	45.72	45.53	45.33	45.14	44.94	44.75	44.55	44.36	44.16	43.97	43.77
41.9	45.82	45.63	45.43	45.24	45.04	44.85	44.65	44.46	44.26	44.07	43.87
42	45.92	45.72	45.53	45.33	45.14	44.95	44.75	44.56	44.36	44.16	43.97
42.1	46.01	45.82	45.63	45.43	45.24	45.04	44.85	44.65	44.46	44.26	44.07
42.2	46.11	45.92	45.72	45.53	45.33	45.14	44.95	44.75	44.56	44.36	44.17
42.3	46.21	46.01	45.82	45.63	45.43	45.24	45.04	44.85	44.65	44.46	44.26
42.4	46.30	46.11	45.92	45.72	45.53	45.34	45.14	44.95	44.75	44.56	44.36
42.5	46.40	46.21	46.01	45.82	45.63	45.43	45.24	45.05	44.85	44.66	44.46
42.6	46.50	46.30	46.11	45.92	45.72	45.53	45.34	45.14	44.95	44.75	44.56
42.7	46.59	46.40	46.21	46.02	45.82	45.63	45.44	45.24	45.05	44.85	44.66
42.8	46.69	46.50	46.31	46.11	45.92	45.73	45.53	45.34	45.15	44.95	44.76
42.9	46.79	46.60	46.40	46.21	46.02	45.82	45.63	45.44	45.24	45.05	44.86
43	46.88	46.69	46.50	46.31	46.12	45.92	45.73	45.54	45.34	45.15	44.95
43.1	46.98	46.79	46.60	46.41	46.21	46.02	45.83	45.63	45.44	45.25	45.05
43.2	47.08	46.89	46.69	46.50	46.31	46.12	45.92	45.73	45.54	45.34	45.15
43.3	47.17	46.98	46.79	46.60	46.41	46.22	46.02	45.83	45.64	45.44	45.25
43.4	47.27	47.08	46.89	46.70	46.51	46.31	46.12	45.93	45.73	45.54	45.35
43.5	47.37	47.18	46.99	46.79	46.60	46.41	46.22	46.03	45.83	45.64	45.45
43.6	47.46	47.27	47.08	46.89	46.70	46.51	46.32	46.12	45.93	45.74	45.54
43.7	47.56	47.37	47.18	46.99	46.80	46.61	46.41	46.22	46.03	45.84	45.64
43.8	47.66	47.47	47.28	47.09	46.90	46.70	46.51	46.32	46.13	45.93	45.74
43.9	47.76	47.56	47.37	47.18	46.99	46.80	46.61	46.42	46.23	46.03	45.84
44	47.85	47.66	47.47	47.28	47.09	46.90	46.71	46.52	46.32	46.13	45.94
44.1	47.95	47.76	47.57	47.38	47.19	47.00	46.81	46.61	46.42	46.23	46.04
44.2	48.05	47.86	47.67	47.48	47.29	47.09	46.90	46.71	46.52	46.33	46.14
44.3	48.14	47.95	47.76	47.57	47.38	47.19	47.00	46.81	46.62	46.43	46.23
44.4	48.24	48.05	47.86	47.67	47.48	47.29	47.10	46.91	46.72	46.52	46.33
44.5	48.34	48.15	47.96	47.77	47.58	47.39	47.20	47.01	46.81	46.62	46.43
44.6	48.43	48.24	48.05	47.86	47.68	47.48	47.29	47.10	46.91	46.72	46.53
44.7	48.53	48.34	48.15	47.96	47.77	47.58	47.39	47.20	47.01	46.82	46.63
44.8	48.63	48.44	48.25	48.06	47.87	47.68	47.49	47.30	47.11	46.92	46.73
44.9	48.72	48.53	48.35	48.16	47.97	47.78	47.59	47.40	47.21	47.02	46.83
45	48.82	48.63	48.44	48.25	48.07	47.88	47.69	47.50	47.31	47.11	46.92

（续）

单位为%vol

(t)/℃									
15.5	16	16.5	17	17.5	18	18.5	19	19.5	20
41.80	41.60	41.40	41.20	41.00	40.80	40.60	40.46	40.20	40.00
41.90	41.70	41.50	41.30	41.10	40.90	40.70	40.50	40.30	40.10
42.00	41.80	41.60	41.40	41.20	41.00	40.80	40.60	40.40	40.20
42.09	41.90	41.70	41.50	41.30	41.10	40.90	40.70	40.50	40.30
42.19	41.99	41.80	41.60	41.40	41.20	41.00	40.80	40.60	40.40
42.29	42.09	41.89	41.70	41.50	41.30	41.10	40.90	40.70	40.50
42.39	42.19	41.99	41.79	41.60	41.40	41.20	41.00	40.80	40.60
42.49	42.29	42.09	41.89	41.70	41.50	41.30	41.10	40.90	40.70
42.59	42.39	42.19	41.99	41.79	41.60	41.40	41.20	41.00	40.80
42.69	42.49	42.29	42.09	41.89	41.70	41.50	41.30	41.10	40.90
42.79	42.59	42.39	42.19	41.99	41.79	41.60	41.40	41.20	41.00
42.88	42.69	42.49	42.29	42.09	41.89	41.70	41.50	41.30	41.10
42.98	42.79	42.59	42.39	42.19	41.99	41.80	41.60	41.40	41.20
43.08	42.88	42.69	42.49	42.29	42.09	41.90	41.70	41.50	41.30
43.18	42.98	42.79	42.59	42.39	42.19	41.99	41.80	41.60	41.40
43.28	43.08	42.88	42.69	42.49	42.29	42.09	41.90	41.70	41.50
43.38	43.18	42.98	42.79	42.59	42.39	42.19	42.00	41.80	41.60
43.48	43.28	43.08	42.89	42.69	42.49	42.29	42.10	41.90	41.70
43.58	43.38	43.18	42.98	42.79	42.59	42.39	42.20	42.00	41.80
43.67	43.48	43.28	43.08	42.89	42.69	42.49	42.30	42.10	41.90
43.77	43.58	43.38	43.18	42.99	42.79	42.59	42.40	42.20	42.00
43.87	43.68	43.48	43.28	43.09	42.89	42.69	42.49	42.30	42.10
43.97	43.77	43.58	43.38	43.19	42.99	42.79	42.59	42.40	42.20
44.07	43.87	43.68	43.48	43.28	43.09	42.89	42.69	42.50	42.30
44.17	43.97	43.78	43.58	43.38	43.19	42.99	42.79	42.60	42.40
44.27	44.07	43.87	43.68	43.48	43.29	43.09	42.89	42.70	42.50
44.36	44.17	43.97	43.78	43.58	43.39	43.19	42.99	42.80	42.60
44.46	44.27	44.07	43.88	43.68	43.49	43.29	43.09	42.90	42.70
44.56	44.37	44.17	43.98	43.78	43.59	43.39	43.19	43.00	42.80
44.66	44.47	44.27	44.08	43.88	43.68	43.49	43.29	43.10	42.90
44.76	44.56	44.37	44.17	43.98	43.78	43.59	43.39	43.20	43.00
44.86	44.66	44.47	44.27	44.08	43.88	43.69	43.49	43.30	43.10
44.96	44.76	44.57	44.37	44.18	43.98	43.79	43.59	43.40	43.20
45.06	44.86	44.67	44.47	44.28	44.08	43.89	43.69	43.50	43.30
45.15	44.96	44.77	44.57	44.38	44.18	43.99	43.79	43.60	43.40
45.25	45.06	44.86	44.67	44.48	44.28	44.09	43.89	43.70	43.50
45.35	45.16	44.96	44.77	44.58	44.38	44.19	43.99	43.80	43.60
45.45	45.26	45.06	44.87	44.67	44.48	44.29	44.09	43.90	43.70
45.55	45.36	45.16	44.97	44.77	44.58	44.38	44.19	44.00	43.80
45.65	45.45	45.26	45.07	44.87	44.68	44.48	44.29	44.10	43.90
45.75	45.55	45.36	45.17	44.97	44.78	44.58	44.39	44.19	44.00
45.84	45.65	45.46	45.27	45.07	44.88	44.68	44.49	44.29	44.10
45.94	45.75	45.56	45.36	45.17	44.98	44.78	44.59	44.39	44.20
46.04	45.85	45.66	45.46	45.27	45.08	44.88	44.69	44.49	44.30
46.14	45.95	45.76	45.56	45.37	45.18	44.98	44.79	44.59	44.40
46.24	46.05	45.85	45.66	45.47	45.28	45.08	44.89	44.69	44.50
46.34	46.15	45.95	45.76	45.57	45.37	45.18	45.99	44.79	44.60
46.44	46.24	46.05	45.86	45.67	45.47	45.28	45.09	44.89	44.70
46.54	46.34	46.15	45.96	45.77	45.57	45.38	45.19	44.99	44.80
46.63	46.44	46.25	46.06	45.87	45.67	45.48	45.29	45.09	44.90
46.73	46.54	46.35	46.16	45.96	45.77	45.58	45.39	45.19	45.00

表 B.2　酒精计温度(*t*)与 20 ℃时酒精度(ALC)换算表

酒精度 (ALC)/(%vol)	酒精计温度														
	20.5	21	21.5	22	22.5	23	23.5	24	24.5	25	25.5	26	26.5	27	27.5
35	34.80	34.59	34.39	34.18	33.98	33.78	33.57	33.37	33.17	32.96	32.76	32.56	32.36	32.15	31.95
35.1	34.90	34.69	34.49	34.28	34.08	33.88	33.67	33.47	33.27	33.06	32.86	32.66	32.46	32.25	32.05
35.2	35.00	34.79	34.59	34.38	34.18	33.98	33.77	33.57	33.37	33.16	32.96	32.76	32.56	32.35	32.15
35.3	35.10	34.89	34.69	34.48	34.28	34.08	33.87	33.67	33.47	33.26	33.06	32.86	32.66	32.45	32.25
35.4	35.20	34.99	34.79	34.58	34.38	34.18	33.97	33.77	33.57	33.36	33.16	32.96	32.76	32.55	32.35
35.5	35.30	35.09	34.89	34.68	34.48	34.28	34.07	33.87	33.67	33.46	33.26	33.06	32.86	32.65	32.45
35.6	35.40	35.19	34.99	34.78	34.58	34.38	34.17	33.97	33.77	33.56	33.36	33.16	32.96	32.75	32.55
35.7	35.50	35.29	35.09	34.89	34.68	34.48	34.27	34.07	33.87	33.66	33.46	33.26	33.06	32.85	32.65
35.8	35.60	35.39	35.19	34.99	34.78	34.58	34.37	34.17	33.97	33.76	33.56	33.36	33.16	32.96	32.75
35.9	35.70	35.49	35.29	35.09	34.88	34.68	34.48	34.27	34.07	33.87	33.66	33.46	33.26	33.05	32.85
36	35.80	35.59	35.39	35.19	34.98	34.78	34.58	34.37	34.17	33.97	33.76	33.56	33.36	33.15	32.95
36.1	35.90	35.69	35.49	35.29	35.08	34.88	34.68	34.47	34.27	34.07	33.86	33.66	33.46	33.25	33.05
36.2	36.00	35.79	35.59	35.39	35.18	34.98	34.78	34.57	34.37	34.17	33.96	33.76	33.56	33.35	33.15
36.3	36.10	35.89	35.69	35.49	35.28	35.08	34.88	34.67	34.47	34.27	34.06	33.86	33.66	33.45	33.25
36.4	36.20	35.99	35.79	35.59	35.38	35.18	34.98	34.77	34.57	34.37	34.16	33.96	33.76	33.55	33.35
36.5	36.30	36.09	35.89	35.69	35.48	35.28	35.08	34.87	34.67	34.47	34.26	34.06	33.86	33.65	33.45
36.6	36.40	36.19	35.99	35.79	35.58	35.38	35.18	34.97	34.77	34.57	34.36	34.16	33.96	33.76	33.55
36.7	36.50	36.29	36.09	35.89	35.68	35.48	35.28	35.07	34.87	34.67	34.46	34.26	34.06	33.86	33.65
36.8	36.60	36.39	36.19	35.99	35.78	35.58	35.38	35.17	34.97	34.77	34.57	34.36	34.16	33.96	33.75
36.9	36.70	36.49	36.29	36.09	35.88	35.68	35.48	35.27	35.07	34.87	34.67	34.46	34.26	34.06	33.85
37	36.80	36.59	36.39	36.19	35.98	35.78	35.58	35.38	35.17	34.97	34.77	34.56	34.36	34.16	33.95
37.1	36.90	36.69	36.49	36.29	36.08	35.88	35.68	35.48	35.27	35.07	34.87	34.66	34.46	34.26	34.05
37.2	37.00	36.79	36.59	36.39	36.19	35.98	35.78	35.58	35.37	35.17	34.97	34.76	34.56	34.36	34.16
37.3	37.10	36.89	36.69	36.49	36.29	36.08	35.88	35.68	35.47	35.27	35.07	34.86	34.66	34.46	34.26
37.4	37.20	36.99	36.79	36.59	36.39	36.18	35.98	35.78	35.57	35.37	35.17	34.97	34.76	34.56	34.36
37.5	37.30	37.09	36.89	36.69	36.49	36.28	36.08	35.88	35.67	35.47	35.27	35.07	34.86	34.66	34.46
37.6	37.40	37.19	36.99	36.79	36.59	36.38	36.18	35.98	35.78	35.57	35.37	35.17	34.96	34.76	34.56
37.7	37.50	37.29	37.09	36.89	36.69	36.48	36.28	36.08	35.88	35.67	35.47	35.27	35.06	34.86	34.66
37.8	37.60	37.39	37.19	36.99	36.79	36.58	36.38	36.18	35.98	35.77	35.57	35.37	35.17	34.96	34.76
37.9	37.70	37.50	37.29	37.09	36.89	36.69	36.48	36.28	36.08	35.87	35.67	35.47	35.27	35.06	34.86
38	37.80	37.60	37.39	37.19	36.99	36.79	36.58	36.38	36.18	35.98	35.77	35.57	35.37	35.16	34.96
38.1	37.90	37.70	37.49	37.29	37.09	36.89	36.68	36.48	36.28	36.08	35.87	35.67	35.47	35.27	35.06
38.2	38.00	37.80	37.59	37.39	37.19	36.99	36.78	36.58	36.38	36.18	35.97	35.77	35.57	35.37	35.16
38.3	38.10	37.90	37.69	37.49	37.29	37.09	36.88	36.68	36.48	36.28	36.07	35.87	35.67	35.47	35.26
38.4	38.20	38.00	37.79	37.59	37.39	37.19	36.99	36.78	36.58	36.38	36.18	35.97	35.77	35.57	35.37
38.5	38.30	38.10	37.89	37.69	37.49	37.29	37.09	36.88	36.68	36.48	36.28	36.07	35.87	35.67	35.47
38.6	38.40	38.20	37.99	37.79	37.59	37.39	37.19	36.98	36.78	36.58	36.38	36.17	35.97	35.77	35.57
38.7	38.50	38.30	38.09	37.89	37.69	37.49	37.29	37.08	36.88	36.68	36.48	36.28	36.07	35.87	35.67
38.8	38.60	38.40	38.20	37.99	37.79	37.59	37.39	37.19	36.98	36.78	36.58	36.38	36.17	35.97	35.77
38.9	38.70	38.50	38.30	38.09	37.89	37.69	37.49	37.29	37.08	36.88	36.68	36.48	36.28	36.07	35.87
39	38.80	38.60	38.40	38.19	37.99	37.79	37.59	37.39	37.19	36.98	36.78	36.58	36.38	36.17	35.97
39.1	38.90	38.70	38.50	38.29	38.09	37.89	37.69	37.49	37.29	37.08	36.88	36.68	36.48	36.28	36.07
39.2	39.00	38.80	38.60	38.39	38.19	37.99	37.79	37.59	37.39	37.18	36.98	36.78	36.58	36.38	36.17
39.3	39.10	38.90	38.70	38.50	38.29	38.09	37.89	37.69	37.49	37.29	37.08	36.88	36.68	36.48	36.28
39.4	39.20	39.00	38.80	38.60	38.39	38.19	37.99	37.79	37.59	37.39	37.18	36.98	36.78	36.58	36.38
39.5	39.30	39.10	38.90	38.70	38.49	38.29	38.09	37.89	37.69	37.49	37.29	37.08	36.88	36.68	36.48
39.6	39.40	39.20	39.00	38.80	38.60	38.39	38.19	37.99	37.79	37.59	37.39	37.19	36.98	36.78	36.58
39.7	39.50	39.30	39.10	38.90	38.70	38.49	38.29	38.09	37.89	37.69	37.49	37.29	37.08	36.88	36.68
39.8	39.60	39.40	39.20	39.00	38.80	38.60	38.39	38.19	37.99	37.79	37.59	37.39	37.19	36.98	36.78
39.9	39.70	39.50	39.30	39.10	38.90	38.70	38.50	38.29	38.09	37.89	37.69	37.49	37.29	37.09	36.88

（酒精计温度范围 20.5 ℃～35 ℃，间隔 0.5 ℃）

单位为%vol

(t)/℃														
28	28.5	29	29.5	30	30.5	31	31.5	32	32.5	33	33.5	34	34.5	35
31.75	31.55	31.34	31.14	30.94	30.74	30.53	30.33	30.13	29.93	29.73	29.53	29.32	29.12	28.92
31.85	31.64	31.44	31.24	31.04	30.84	30.63	30.43	30.23	30.03	29.83	29.62	29.42	29.22	29.02
31.95	31.74	31.54	31.34	31.14	30.93	30.73	30.53	30.33	30.13	29.93	29.72	29.52	29.32	29.12
32.05	31.84	31.64	31.44	31.24	31.03	30.83	30.63	30.43	30.23	30.02	29.82	29.62	29.42	29.22
32.15	31.94	31.74	31.54	31.34	31.13	30.93	30.73	30.53	30.33	30.12	29.92	29.72	29.52	29.32
32.25	32.04	31.84	31.64	31.44	31.23	31.03	30.83	30.63	30.42	30.22	30.02	29.82	29.62	29.42
32.35	32.14	31.94	31.74	31.54	31.33	31.13	30.93	30.73	30.52	30.32	30.12	29.92	29.72	29.51
32.45	32.24	32.04	31.84	31.64	31.43	31.23	31.03	30.83	30.62	30.42	30.22	30.02	29.82	29.61
32.55	32.34	32.14	31.94	31.74	31.53	31.33	31.13	30.93	30.72	30.52	30.32	30.12	29.91	29.71
32.65	32.44	32.24	32.04	31.84	31.63	31.43	31.23	31.03	30.82	30.62	30.42	30.22	30.01	29.81
32.75	32.54	32.34	32.14	31.94	31.73	31.53	31.33	31.13	30.92	30.72	30.52	30.32	30.11	29.91
32.85	32.64	32.44	32.24	32.04	31.83	31.63	31.43	31.23	31.02	30.82	30.62	30.42	30.21	30.01
32.95	32.74	32.54	32.34	32.14	31.93	31.73	31.53	31.33	31.12	30.92	30.72	30.52	30.31	30.11
33.05	32.84	32.64	32.44	32.24	32.03	31.83	31.63	31.43	31.22	31.02	30.82	30.62	30.41	30.21
33.15	32.95	32.74	32.54	32.34	32.13	31.93	31.73	31.53	31.32	31.12	30.92	30.71	30.51	30.31
33.25	33.05	32.84	32.64	32.44	32.23	32.03	31.83	31.63	31.42	31.22	31.02	30.81	30.61	30.41
33.35	33.15	32.94	32.74	32.54	32.33	32.13	31.93	31.73	31.52	31.32	31.12	30.91	30.71	30.51
33.45	33.25	33.04	32.84	32.64	32.43	32.23	32.03	31.83	31.62	31.42	31.22	31.01	30.81	30.61
33.55	33.35	33.14	32.94	32.74	32.54	32.33	32.13	31.93	31.72	31.52	31.32	31.12	30.91	30.71
33.65	33.45	33.24	33.04	32.84	32.64	32.43	32.23	32.03	31.82	31.62	31.42	31.22	31.01	30.81
33.75	33.55	33.34	33.14	32.94	32.74	32.53	32.33	32.13	31.92	31.72	31.52	31.32	31.11	30.91
33.85	33.65	33.45	33.24	33.04	32.84	32.63	32.43	32.23	32.02	31.82	31.62	31.42	31.21	31.01
33.95	33.75	33.55	33.34	33.14	32.94	32.73	32.53	32.33	32.13	31.92	31.72	31.52	31.31	31.11
34.05	33.85	33.65	33.44	33.24	33.04	32.83	32.63	32.43	32.23	32.02	31.82	31.62	31.41	31.21
34.15	33.95	33.75	33.54	33.34	33.14	32.94	32.73	32.53	32.33	32.12	31.92	31.72	31.51	31.31
34.25	34.05	33.85	33.65	33.44	33.24	33.04	32.83	32.63	32.43	32.22	32.02	31.82	31.62	31.41
34.36	34.15	33.95	33.75	33.54	33.34	33.14	32.93	32.73	32.53	32.32	32.12	31.92	31.72	31.51
34.46	34.25	34.05	33.85	33.64	33.44	33.24	33.04	32.83	32.63	32.43	32.22	32.02	31.82	31.61
34.56	34.35	34.15	33.95	33.75	33.54	33.34	33.14	32.93	32.73	32.53	32.32	32.12	31.92	31.71
34.66	34.45	34.25	34.05	33.85	33.64	33.44	33.24	33.03	32.83	32.63	32.42	32.22	32.02	31.81
34.76	34.56	34.35	34.15	33.95	33.74	33.54	33.34	33.13	32.93	32.73	32.53	32.32	32.12	31.92
34.86	34.66	34.45	34.25	34.05	33.85	33.64	33.44	33.24	33.03	32.83	32.63	32.42	32.22	32.02
34.96	34.76	34.55	34.35	34.15	33.95	33.74	33.54	33.34	33.13	32.93	32.73	32.52	32.32	32.12
35.06	34.86	34.66	34.45	34.25	34.05	33.84	33.64	33.44	33.24	33.03	32.83	32.63	32.42	32.22
35.16	34.96	34.76	34.55	34.35	34.15	33.95	33.74	33.54	33.34	33.13	32.93	32.73	32.52	32.32
35.26	35.06	34.86	34.66	34.45	34.25	34.05	33.84	33.64	33.44	33.23	33.03	32.83	32.62	32.42
35.36	35.16	34.96	34.76	34.55	34.35	34.15	33.95	33.74	33.54	33.34	33.13	32.93	32.73	32.52
35.47	35.26	35.06	34.86	34.66	34.45	34.25	34.05	33.84	33.64	33.44	33.23	33.03	32.83	32.62
35.57	35.36	35.16	34.96	34.76	34.55	34.35	34.15	33.94	33.74	33.54	33.34	33.13	32.93	32.73
35.67	35.47	35.26	35.06	34.86	34.66	34.45	34.25	34.05	33.84	33.64	33.44	33.23	33.03	32.83
35.77	35.57	35.36	35.16	34.96	34.76	34.55	34.35	34.15	33.94	33.74	33.54	33.34	33.13	32.93
35.87	35.67	35.47	35.26	35.06	34.86	34.66	34.45	34.25	34.05	33.84	33.64	33.44	33.23	33.03
35.97	35.77	35.57	35.36	35.16	34.96	34.76	34.55	34.35	34.15	33.94	33.74	33.54	33.34	33.13
36.07	35.87	35.67	35.47	35.26	35.06	34.86	34.66	34.45	34.25	34.05	33.84	33.64	33.44	33.23
36.17	35.97	35.77	35.57	35.37	35.16	34.96	34.76	34.55	34.35	34.15	33.95	33.74	33.54	33.34
36.28	36.07	35.87	35.67	35.47	35.26	35.06	34.86	34.66	34.45	34.25	34.05	33.84	33.64	33.44
36.38	36.18	35.97	35.77	35.57	35.37	35.16	34.96	34.76	34.55	34.35	34.15	33.95	33.74	33.54
36.48	36.28	36.07	35.87	35.67	35.47	35.26	35.06	34.86	34.66	34.45	34.25	34.05	33.84	33.64
36.58	36.38	36.18	35.97	35.77	35.57	35.37	35.16	34.96	34.76	34.56	34.35	34.15	33.95	33.74
36.68	36.48	36.28	36.08	35.87	35.67	35.47	35.27	35.06	34.86	34.66	34.45	34.25	34.05	33.85

表 B.2

酒精度 (ALC)/(%vol)	酒精计温度														
	20.5	21	21.5	22	22.5	23	23.5	24	24.5	25	25.5	26	26.5	27	27.5
40	39.80	39.60	39.40	39.20	39.00	38.80	38.60	38.39	38.19	37.99	37.79	37.59	37.39	37.19	36.98
40.1	39.90	39.70	39.50	39.30	39.10	38.90	38.70	38.50	38.29	38.09	37.89	37.69	37.49	37.29	37.09
40.2	40.00	39.80	39.60	39.40	39.20	39.00	38.80	38.60	38.40	38.19	37.99	37.79	37.59	37.39	37.19
40.3	40.10	39.90	39.70	39.50	39.30	39.10	38.90	38.70	38.50	38.30	38.09	37.89	37.69	37.49	37.29
40.4	40.20	40.00	39.80	39.60	39.40	39.20	39.00	38.80	38.60	38.40	38.20	37.99	37.79	37.59	37.39
40.5	40.30	40.10	39.90	39.70	39.50	39.30	39.10	38.90	38.70	38.50	38.30	38.10	37.89	37.69	37.49
40.6	40.40	40.20	40.00	39.80	39.60	39.40	39.20	39.00	38.80	38.60	38.40	38.20	38.00	37.80	37.59
40.7	40.50	40.30	40.10	39.90	39.70	39.50	39.30	39.10	38.90	38.70	38.50	38.30	38.10	37.90	37.70
40.8	40.60	40.40	40.20	40.00	39.80	39.60	39.40	39.20	39.00	38.80	38.60	38.40	38.20	38.00	37.80
40.9	40.70	40.50	40.30	40.10	39.90	39.70	39.50	39.30	39.10	38.90	38.70	38.50	38.30	38.10	37.90
41	40.80	40.60	40.40	40.20	40.00	39.80	39.60	39.40	39.20	39.00	38.80	38.60	38.40	38.20	38.00
41.1	40.90	40.70	40.50	40.30	40.10	39.90	39.70	39.50	39.30	39.10	38.90	38.70	38.50	38.30	38.10
41.2	41.00	40.80	40.60	40.40	40.20	40.00	39.81	39.61	39.41	39.21	39.01	38.80	38.60	38.40	38.20
41.3	41.10	40.90	40.70	40.50	40.31	40.11	39.91	39.71	39.51	39.31	39.11	38.91	38.71	38.51	38.30
41.4	41.20	41.00	40.80	40.60	40.41	40.21	40.01	39.81	39.61	39.41	39.21	39.01	38.81	38.61	38.41
41.5	41.30	41.10	40.90	40.71	40.51	40.31	40.11	39.91	39.71	39.51	39.31	39.11	38.91	38.71	38.51
41.6	41.40	41.20	41.00	40.81	40.61	40.41	40.21	40.01	39.81	39.61	39.41	39.21	39.01	38.81	38.61
41.7	41.50	41.30	41.10	40.91	40.71	40.51	40.31	40.11	39.91	39.71	39.51	39.31	39.11	38.91	38.71
41.8	41.60	41.40	41.21	41.01	40.81	40.61	40.41	40.21	40.01	39.81	39.61	39.41	39.21	39.01	38.81
41.9	41.70	41.50	41.31	41.11	40.91	40.71	40.51	40.31	40.11	39.91	39.71	39.51	39.31	39.11	38.91
42	41.80	41.60	41.41	41.21	41.01	40.81	40.61	40.41	40.21	40.01	39.82	39.62	39.42	39.22	39.02
42.1	41.90	41.70	41.51	41.31	41.11	40.91	40.71	40.51	40.32	40.12	39.92	39.72	39.52	39.32	39.12
42.2	42.00	41.80	41.61	41.41	41.21	41.01	40.81	40.62	40.42	40.22	40.02	39.82	39.62	39.42	39.22
42.3	42.10	41.91	41.71	41.51	41.31	41.11	40.91	40.72	40.52	40.32	40.12	39.92	39.72	39.52	39.32
42.4	42.20	42.01	41.81	41.61	41.41	41.21	41.02	40.82	40.62	40.42	40.22	40.02	39.82	39.62	39.42
42.5	42.30	42.11	41.91	41.71	41.51	41.31	41.12	40.92	40.72	40.52	40.32	40.12	39.92	39.72	39.53
42.6	42.40	42.21	42.01	41.81	41.61	41.42	41.22	41.02	40.82	40.62	40.42	40.22	40.03	39.83	39.63
42.7	42.50	42.31	42.11	41.91	41.71	41.52	41.32	41.12	40.92	40.72	40.52	40.33	40.13	39.93	39.73
42.8	42.60	42.41	42.21	42.01	41.81	41.62	41.42	41.22	41.02	40.82	40.63	40.43	40.23	40.03	39.83
42.9	42.70	42.51	42.31	42.11	41.92	41.72	41.52	41.32	41.12	40.93	40.73	40.53	40.33	40.13	39.93
43	42.80	42.61	42.41	42.21	42.02	41.82	41.62	41.42	41.23	41.03	40.83	40.63	40.43	40.23	40.03
43.1	42.90	42.71	42.51	42.31	42.12	41.92	41.72	41.52	41.33	41.13	40.93	40.73	40.53	40.34	40.14
43.2	43.00	42.81	42.61	42.41	42.22	42.02	41.82	41.63	41.43	41.23	41.03	40.83	40.64	40.44	40.24
43.3	43.10	42.91	42.71	42.51	42.32	42.12	41.92	41.73	41.53	41.33	41.13	40.94	40.74	40.54	40.34
43.4	43.20	43.01	42.81	42.62	42.42	42.22	42.02	41.83	41.63	41.43	41.23	41.04	40.84	40.64	40.44
43.5	43.30	43.11	42.91	42.72	42.52	42.32	42.13	41.93	41.73	41.53	41.34	41.14	40.94	40.74	40.54
43.6	43.40	43.21	43.01	42.82	42.62	42.42	42.23	42.03	41.83	41.64	41.44	41.24	41.04	40.84	40.65
43.7	43.50	43.31	43.11	42.92	42.72	42.52	42.33	42.13	41.93	41.74	41.54	41.34	41.14	40.95	40.75
43.8	43.60	43.41	43.21	43.02	42.82	42.62	42.43	42.23	42.03	41.84	41.64	41.44	41.25	41.05	40.85
43.9	43.70	43.51	43.31	43.12	42.92	42.73	42.53	42.33	42.14	41.94	41.74	41.54	41.35	41.15	40.95
44	43.80	43.61	43.41	43.22	43.02	42.83	42.63	42.43	42.24	42.04	41.84	41.65	41.45	41.25	41.05
44.1	43.91	43.71	43.51	43.32	43.12	42.93	42.73	42.53	42.34	42.14	41.94	41.75	41.55	41.35	41.16
44.2	44.01	43.81	43.62	43.42	43.22	43.03	42.83	42.64	42.44	42.24	42.05	41.85	41.65	41.45	41.26
44.3	44.11	43.91	43.72	43.52	43.32	43.13	42.93	42.74	42.54	42.34	42.15	41.95	41.75	41.56	41.36
44.4	44.21	44.01	43.82	43.62	43.43	43.23	43.03	42.84	42.64	42.45	42.25	42.05	41.86	41.66	41.46
44.5	44.31	44.11	43.92	43.72	43.53	43.33	43.13	42.94	42.74	42.55	42.35	42.15	41.96	41.76	41.56
44.6	44.41	44.21	44.02	43.82	43.63	43.43	43.24	43.04	42.84	42.65	42.45	42.26	42.06	41.86	41.67
44.7	44.51	44.31	44.12	43.92	43.73	43.53	43.34	43.14	42.95	42.75	42.55	42.36	42.16	41.96	41.77
44.8	44.61	44.41	44.22	44.02	43.83	43.63	43.44	43.24	43.05	42.85	42.65	42.46	42.26	42.07	41.87
44.9	44.71	44.51	44.32	44.12	43.93	43.73	43.54	43.34	43.15	42.95	42.76	42.56	42.36	42.17	41.97

（续）

单位为%vol

(*t*)/℃														
28	28.5	29	29.5	30	30.5	31	31.5	32	32.5	33	33.5	34	34.5	35
36.78	36.58	36.38	36.18	35.97	35.77	35.57	35.37	35.17	34.96	34.76	34.56	34.35	34.15	33.95
36.88	36.68	36.48	36.28	36.08	35.87	35.67	35.47	35.27	35.06	34.86	34.66	34.46	34.25	34.05
36.99	36.78	36.58	36.38	36.18	35.98	35.77	35.57	35.37	35.17	34.96	34.76	34.56	34.35	34.15
37.09	36.89	36.68	36.48	36.28	36.08	35.88	35.67	35.47	35.27	35.07	34.86	34.66	34.46	34.25
37.19	36.99	36.79	36.58	36.38	36.18	35.98	35.78	35.57	35.37	35.17	34.97	34.76	34.56	34.36
37.29	37.09	36.89	36.69	36.48	36.28	36.08	35.88	35.68	35.47	35.27	35.07	34.86	34.66	34.46
37.39	37.19	36.99	36.79	36.59	36.38	36.18	35.98	35.78	35.57	35.37	35.17	34.97	34.76	34.56
37.49	37.29	37.09	36.89	36.69	36.49	36.28	36.08	35.88	35.68	35.47	35.27	35.07	34.87	34.66
37.60	37.39	37.19	36.99	36.79	36.59	36.39	36.18	35.98	35.78	35.58	35.37	35.17	34.97	34.77
37.70	37.50	37.29	37.09	36.89	36.69	36.49	36.29	36.08	35.88	35.68	35.48	35.27	35.07	34.87
37.80	37.60	37.40	37.20	36.99	36.79	36.59	36.39	36.19	35.98	35.78	35.58	35.38	35.17	34.97
37.90	37.70	37.50	37.30	37.10	36.89	36.69	36.49	36.29	36.09	35.88	35.68	35.48	35.28	35.07
38.00	37.80	37.60	37.40	37.20	37.00	36.79	36.59	36.39	36.19	35.99	35.78	35.58	35.38	35.18
38.10	37.90	37.70	37.50	37.30	37.10	36.90	36.69	36.49	36.29	36.09	35.89	35.68	35.48	35.28
38.21	38.01	37.80	37.60	37.40	37.20	37.00	36.80	36.60	36.39	36.19	35.99	35.79	35.58	35.38
38.31	38.11	37.91	37.71	37.50	37.30	37.10	36.90	36.70	36.50	36.29	36.09	35.89	35.69	35.48
38.41	38.21	38.01	37.81	37.61	37.40	37.20	37.00	36.80	36.60	36.40	36.19	35.99	35.79	35.59
38.51	38.31	38.11	37.91	37.71	37.51	37.31	37.10	36.90	36.70	36.50	36.30	36.09	35.89	35.69
38.61	38.41	38.21	38.01	37.81	37.61	37.41	37.21	37.01	36.80	36.60	36.40	36.20	36.00	35.79
38.71	38.51	38.31	38.11	37.91	37.71	37.51	37.31	37.11	36.91	36.70	36.50	36.30	36.10	35.90
38.82	38.62	38.42	38.22	38.01	37.81	37.61	37.41	37.21	37.01	36.81	36.61	36.40	36.20	36.00
38.92	38.72	38.52	38.32	38.12	37.92	37.72	37.51	37.31	37.11	36.91	36.71	36.51	36.30	36.10
39.02	38.82	38.62	38.42	38.22	38.02	37.82	37.62	37.42	37.21	37.01	36.81	36.61	36.41	36.20
39.12	38.92	38.72	38.52	38.32	38.12	37.92	37.72	37.52	37.32	37.12	36.91	36.71	36.51	36.31
39.22	39.02	38.82	38.62	38.42	38.22	38.02	37.82	37.62	37.42	37.22	37.02	36.81	36.61	36.41
39.33	39.13	38.93	38.73	38.53	38.33	38.12	37.92	37.72	37.52	37.32	37.12	36.92	36.72	36.51
39.43	39.23	39.03	38.83	38.63	38.43	38.23	38.03	37.83	37.62	37.42	37.22	37.02	36.82	36.62
39.53	39.33	39.13	38.93	38.73	38.53	38.33	38.13	37.93	37.73	37.53	37.33	37.12	36.92	36.72
39.63	39.43	39.23	39.03	38.83	38.63	38.43	38.23	38.03	37.83	37.63	37.43	37.23	37.03	36.82
39.73	39.53	39.33	39.14	38.94	38.74	38.53	38.33	38.13	37.93	37.73	37.53	37.33	37.13	36.93
39.84	39.64	39.44	39.24	39.04	38.84	38.64	38.44	38.24	38.04	37.84	37.63	37.43	37.23	37.03
39.94	39.74	39.54	39.34	39.14	38.94	38.74	38.54	38.34	38.14	37.94	37.74	37.54	37.33	37.13
40.04	39.84	39.64	39.44	39.24	39.04	38.84	38.64	38.44	38.24	38.04	37.84	37.64	37.44	37.24
40.14	39.94	39.74	39.54	39.34	39.15	38.95	38.75	38.55	38.34	38.14	37.94	37.74	37.54	37.34
40.24	40.04	39.85	39.65	39.45	39.25	39.05	38.85	38.65	38.45	38.25	38.05	37.85	37.64	37.44
40.35	40.15	39.95	39.75	39.55	39.35	39.15	38.95	38.75	38.55	38.35	38.15	37.95	37.75	37.55
40.45	40.25	40.05	39.85	39.65	39.45	39.25	39.05	38.85	38.65	38.45	38.25	38.05	37.85	37.65
40.55	40.35	40.15	39.95	39.75	39.56	39.36	39.16	38.96	38.76	38.56	38.36	38.16	37.95	37.75
40.65	40.45	40.25	40.06	39.86	39.66	39.46	39.26	39.06	38.86	38.66	38.46	38.26	38.06	37.86
40.75	40.56	40.36	40.16	39.96	39.76	39.56	39.36	39.16	38.96	38.76	38.56	38.36	38.16	37.96
40.86	40.66	40.46	40.26	40.06	39.86	39.66	39.46	39.27	39.07	38.87	38.67	38.47	38.26	38.06
40.96	40.76	40.56	40.36	40.16	39.97	39.77	39.57	39.37	39.17	38.97	38.77	38.57	38.37	38.17
41.06	40.86	40.66	40.47	40.27	40.07	39.87	39.67	39.47	39.27	39.07	38.87	38.67	38.47	38.27
41.16	40.96	40.77	40.57	40.37	40.17	39.97	39.77	39.57	39.37	39.18	38.98	38.78	38.58	38.37
41.26	41.07	40.87	40.67	40.47	40.27	40.07	39.88	39.68	39.48	39.28	39.08	38.88	38.68	38.48
41.37	41.17	40.97	40.77	40.57	40.38	40.18	39.98	39.78	39.58	39.38	39.18	38.98	38.78	38.58
41.47	41.27	41.07	40.87	40.68	40.48	40.28	40.08	39.88	39.68	39.48	39.29	39.09	38.89	38.69
41.57	41.37	41.18	40.98	40.78	40.58	40.38	40.18	39.99	39.79	39.59	39.39	39.19	38.99	38.79
41.67	41.47	41.28	41.08	40.88	40.68	40.49	40.29	40.09	39.89	39.69	39.49	39.29	39.09	38.89
41.77	41.58	41.38	41.18	40.98	40.79	40.59	40.39	40.19	39.99	39.79	39.60	39.40	39.20	39.00

表 B.2

酒精度 (ALC)/(%vol)	酒精计温度													
	20.5	21	21.5	22	22.5	23	23.5	24	24.5	25	25.5	26	26.5	27	27.5
45	44.81	44.61	44.42	44.22	44.03	43.83	43.64	43.44	43.25	43.05	42.86	42.66	42.47	42.27	42.07
45.1	44.91	44.71	44.52	44.32	44.13	43.94	43.74	43.55	43.35	43.16	42.96	42.76	42.57	42.37	42.17
45.2	45.01	44.81	44.62	44.43	44.23	44.04	43.84	43.65	43.45	43.26	43.06	42.87	42.67	42.47	42.28
45.3	45.11	44.91	44.72	44.53	44.33	44.14	43.94	43.75	43.55	43.36	43.16	42.97	42.77	42.57	42.38
45.4	45.21	45.01	44.82	44.63	44.43	44.24	44.04	43.85	43.65	43.46	43.26	43.07	42.87	42.68	42.48
45.5	45.31	45.11	44.92	44.73	44.53	44.34	44.14	43.95	43.76	43.56	43.37	43.17	42.97	42.78	42.58
45.6	45.41	45.21	45.02	44.83	44.63	44.44	44.25	44.05	43.86	43.66	43.47	43.27	43.08	42.88	42.68
45.7	45.51	45.31	45.12	44.93	44.73	44.54	44.35	44.15	43.96	43.76	43.57	43.37	43.18	42.98	42.79
45.8	45.61	45.41	45.22	45.03	44.84	44.64	44.45	44.25	44.06	43.86	43.67	43.47	43.28	43.08	42.89
45.9	45.71	45.51	45.32	45.13	44.94	44.74	44.55	44.35	44.16	43.97	43.77	43.58	43.38	43.19	42.99
46	45.81	45.62	45.42	45.23	45.04	44.84	44.65	44.46	44.26	44.07	43.87	43.68	43.48	43.29	43.09
46.1	45.91	45.72	45.52	45.33	45.14	44.94	44.75	44.56	44.36	44.17	43.97	43.78	43.58	43.39	43.19
46.2	46.01	45.82	45.62	45.43	45.24	45.04	44.85	44.66	44.46	44.27	44.08	43.88	43.69	43.49	43.30
46.3	46.11	45.92	45.72	45.53	45.34	45.15	44.95	44.76	44.57	44.37	44.18	43.98	43.79	43.59	43.40
46.4	46.21	46.02	45.82	45.63	45.44	45.25	45.05	44.86	44.67	44.47	44.28	44.08	43.89	43.70	43.50
46.5	46.31	46.12	45.92	45.73	45.54	45.35	45.15	44.96	44.77	44.57	44.38	44.19	43.99	43.80	43.60
46.6	46.41	46.22	46.03	45.83	45.64	45.45	45.26	45.06	44.87	44.68	44.48	44.29	44.09	43.90	43.70
46.7	46.51	46.32	46.13	45.93	45.74	45.55	45.36	45.16	44.97	44.78	44.58	44.39	44.20	44.00	43.81
46.8	46.61	46.42	46.23	46.03	45.84	45.65	45.46	45.26	45.07	44.88	44.68	44.49	44.30	44.10	43.91
46.9	46.71	46.52	46.33	46.13	45.94	45.75	45.56	45.37	45.17	44.98	44.79	44.59	44.40	44.20	44.01
47	46.81	46.62	46.43	46.24	46.04	45.85	45.66	45.47	45.27	45.08	44.89	44.69	44.50	44.31	44.11
47.1	46.91	46.72	46.53	46.34	46.14	45.95	45.76	45.57	45.37	45.18	44.99	44.80	44.60	44.41	44.21
47.2	47.01	46.82	46.63	46.44	46.24	46.05	45.86	45.67	45.48	45.28	45.09	44.90	44.70	44.51	44.32
47.3	47.11	46.92	46.73	46.54	46.35	46.15	45.96	45.77	45.58	45.38	45.19	45.00	44.81	44.61	44.42
47.4	47.21	47.02	46.83	46.64	46.45	46.25	46.06	45.87	45.68	45.49	45.29	45.10	44.91	44.71	44.52
47.5	47.31	47.12	46.93	46.74	46.55	46.36	46.16	45.97	45.78	45.59	45.39	45.20	45.01	44.82	44.62
47.6	47.41	47.22	47.03	46.84	46.65	46.46	46.26	46.07	45.88	45.69	45.50	45.30	45.11	44.92	44.72
47.7	47.51	47.32	47.13	46.94	46.75	46.56	46.37	46.17	45.98	45.79	45.60	45.41	45.21	45.02	44.83
47.8	47.61	47.42	47.23	47.04	46.85	46.66	46.47	46.28	46.08	45.89	45.70	45.51	45.31	45.12	44.93
47.9	47.71	47.52	47.33	47.14	46.95	46.76	46.57	46.38	46.18	45.99	45.80	45.61	45.42	45.22	45.03
48	47.81	47.62	47.43	47.24	47.05	46.86	46.67	46.48	46.29	46.09	45.90	45.71	45.52	45.33	45.13
48.1	47.91	47.72	47.53	47.34	47.15	46.96	46.77	46.58	46.39	46.20	46.00	45.81	45.62	45.43	45.23
48.2	48.01	47.82	47.63	47.44	47.25	47.06	46.87	46.68	46.49	46.30	46.11	45.91	45.72	45.53	45.34
48.3	48.11	47.92	47.73	47.54	47.35	47.16	46.97	46.78	46.59	46.40	46.21	46.02	45.82	45.63	45.44
48.4	48.21	48.02	47.83	47.64	47.45	47.26	47.07	46.88	46.69	46.50	46.31	46.12	45.92	45.73	45.54
48.5	48.31	48.12	47.93	47.74	47.55	47.36	47.17	46.98	46.79	46.60	46.41	46.22	46.03	45.83	45.64
48.6	48.41	48.22	48.03	47.84	47.65	47.46	47.27	47.08	46.89	46.70	46.51	46.32	46.13	45.94	45.74
48.7	48.51	48.32	48.13	47.94	47.75	47.57	47.38	47.18	46.99	46.80	46.61	46.42	46.23	46.04	45.85
48.8	48.61	48.42	48.23	48.05	47.86	47.67	47.48	47.29	47.10	46.90	46.71	46.52	46.33	46.14	45.95
48.9	48.71	48.52	48.33	48.15	47.96	47.77	47.58	47.39	47.20	47.01	46.82	46.62	46.43	46.24	46.05
49	48.81	48.62	48.43	48.25	48.06	47.87	47.68	47.49	47.30	47.11	46.92	46.73	46.54	46.34	46.15
49.1	48.91	48.72	48.54	48.35	48.16	47.97	47.78	47.59	47.40	47.21	47.02	46.83	46.64	46.45	46.25
49.2	49.01	48.82	48.64	48.45	48.26	48.07	47.88	47.69	47.50	47.31	47.12	46.93	46.74	46.55	46.36
49.3	49.11	48.92	48.74	48.55	48.36	48.17	47.98	47.79	47.60	47.41	47.22	47.03	46.84	46.65	46.46
49.4	49.21	49.02	48.84	48.65	48.46	48.27	48.08	47.89	47.70	47.51	47.32	47.13	46.94	46.75	46.56
49.5	49.31	49.12	48.94	48.75	48.56	48.37	48.18	47.99	47.80	47.61	47.42	47.23	47.04	46.85	46.66
49.6	49.41	49.23	49.04	48.85	48.66	48.47	48.28	48.09	47.91	47.72	47.53	47.34	47.15	46.95	46.76
49.7	49.51	49.33	49.14	48.95	48.76	48.57	48.38	48.20	48.01	47.82	47.63	47.44	47.25	47.06	46.87
49.8	49.61	49.43	49.24	49.05	48.86	48.67	48.49	48.30	48.11	47.92	47.73	47.54	47.35	47.16	46.97
49.9	49.71	49.53	49.34	49.15	48.96	48.77	48.59	48.40	48.21	48.02	47.83	47.64	47.45	47.26	47.07
50	49.81	49.63	49.44	49.25	49.06	48.88	48.69	48.50	48.31	48.12	47.93	47.74	47.55	47.36	47.17

（续）

单位为%vol

(*t*)/℃														
28	28.5	29	29.5	30	30.5	31	31.5	32	32.5	33	33.5	34	34.5	35
41.88	41.68	41.48	41.28	41.09	40.89	40.69	40.49	40.29	40.10	39.90	39.70	39.50	39.30	39.10
41.98	41.78	41.58	41.39	41.19	40.99	40.79	40.60	40.40	40.20	40.00	39.80	39.60	39.40	39.20
42.08	41.88	41.69	41.49	41.29	41.09	40.90	40.70	40.50	40.30	40.10	39.91	39.71	39.51	39.31
42.18	41.99	41.79	41.59	41.39	41.20	41.00	40.80	40.60	40.41	40.21	40.01	39.81	39.61	39.41
42.28	42.09	41.89	41.69	41.50	41.30	41.10	40.90	40.71	40.51	40.31	40.11	39.91	39.71	39.51
42.39	42.19	41.99	41.80	41.60	41.40	41.21	41.01	40.81	40.61	40.41	40.22	40.02	39.82	39.62
42.49	42.29	42.10	41.90	41.70	41.51	41.31	41.11	40.91	40.72	40.52	40.32	40.12	39.92	39.72
42.59	42.39	42.20	42.00	41.81	41.61	41.41	41.21	41.02	40.82	40.62	40.42	40.22	40.03	39.83
42.69	42.50	42.30	42.10	41.91	41.71	41.51	41.32	41.12	40.92	40.72	40.53	40.33	40.13	39.93
42.80	42.60	42.40	42.21	42.01	41.81	41.62	41.42	41.22	41.02	40.83	40.63	40.43	40.23	40.03
42.90	42.70	42.51	42.31	42.11	41.92	41.72	41.52	41.33	41.13	40.93	40.73	40.53	40.34	40.14
43.00	42.80	42.61	42.41	42.22	42.02	41.82	41.63	41.43	41.23	41.03	40.84	40.64	40.44	40.24
43.10	42.91	42.71	42.51	42.32	42.12	41.93	41.73	41.53	41.33	41.14	40.94	40.74	40.54	40.35
43.20	43.01	42.81	42.62	42.42	42.22	42.03	41.83	41.63	41.44	41.24	41.04	40.85	40.65	40.45
43.31	43.11	42.91	42.72	42.52	42.33	42.13	41.93	41.74	41.54	41.34	41.15	40.95	40.75	40.55
43.41	43.21	43.02	42.82	42.63	42.43	42.23	42.04	41.84	41.64	41.45	41.25	41.05	40.85	40.66
43.51	43.31	43.12	42.92	42.73	42.53	42.34	42.14	41.94	41.75	41.55	41.35	41.16	40.96	40.76
43.61	43.42	43.22	43.03	42.83	42.64	42.44	42.24	42.05	41.85	41.65	41.46	41.26	41.06	40.86
43.71	43.52	43.32	43.13	42.93	42.74	42.54	42.35	42.15	41.95	41.76	41.56	41.36	41.17	40.97
43.82	43.62	43.43	43.23	43.04	42.84	42.65	42.45	42.25	42.06	41.86	41.66	41.47	41.27	41.07
43.92	43.72	43.53	43.33	43.14	42.94	42.75	42.55	42.36	42.16	41.96	41.77	41.57	41.37	41.18
44.02	43.83	43.63	43.44	43.24	43.05	42.85	42.66	42.46	42.26	42.07	41.87	41.67	41.48	41.28
44.12	43.93	43.73	43.54	43.34	43.15	42.95	42.76	42.56	42.37	42.17	41.97	41.78	41.58	41.38
44.22	44.03	43.84	43.64	43.45	43.25	43.06	42.86	42.67	42.47	42.27	42.08	41.88	41.68	41.49
44.33	44.13	43.94	43.74	43.55	43.35	43.16	42.96	42.77	42.57	42.38	42.18	41.98	41.79	41.59
44.43	44.24	44.04	43.85	43.65	43.46	43.26	43.07	42.87	42.68	42.48	42.28	42.09	41.89	41.70
44.53	44.34	44.14	43.95	43.75	43.56	43.37	43.17	42.98	42.78	42.58	42.39	42.19	42.00	41.80
44.63	44.44	44.25	44.05	43.86	43.66	43.47	43.27	43.08	42.88	42.69	42.49	42.30	42.10	41.90
44.74	44.54	44.35	44.15	43.96	43.77	43.57	43.38	43.18	42.99	42.79	42.60	42.40	42.20	42.01
44.84	44.64	44.45	44.26	44.06	43.87	43.67	43.48	43.28	43.09	42.89	42.70	42.50	42.31	42.11
44.94	44.75	44.55	44.36	44.17	43.97	43.78	43.58	43.39	43.19	43.00	42.80	42.61	42.41	42.21
45.04	44.85	44.66	44.46	44.27	44.07	43.88	43.69	43.49	43.30	43.10	42.91	42.71	42.51	42.32
45.14	44.95	44.76	44.56	44.37	44.18	43.98	43.79	43.59	43.40	43.20	43.01	42.81	42.62	42.42
45.25	45.05	44.86	44.67	44.47	44.28	44.09	43.89	43.70	43.50	43.31	43.11	42.92	42.72	42.53
45.35	45.16	44.96	44.77	44.58	44.38	44.19	43.99	43.80	43.61	43.41	43.22	43.02	42.83	42.63
45.45	45.26	45.06	44.87	44.68	44.49	44.29	44.10	43.90	43.71	43.51	43.32	43.12	42.93	42.73
45.55	45.36	45.17	44.97	44.78	44.59	44.39	44.20	44.01	43.81	43.62	43.42	43.23	43.03	42.84
45.65	45.46	45.27	45.08	44.88	44.69	44.50	44.30	44.11	43.92	43.72	43.53	43.33	43.14	42.94
45.76	45.56	45.37	45.18	44.99	44.79	44.60	44.41	44.21	44.02	43.82	43.63	43.44	43.24	43.05
45.86	45.67	45.47	45.28	45.09	44.90	44.70	44.51	44.32	44.12	43.93	43.73	43.54	43.34	43.15
45.96	45.77	45.58	45.38	45.19	45.00	44.81	44.61	44.42	44.23	44.03	43.84	43.64	43.45	43.25
46.06	45.87	45.68	45.49	45.29	45.10	44.91	44.72	44.52	34.33	44.13	43.94	43.75	43.55	43.36
46.16	45.97	45.78	45.59	45.40	45.20	45.01	44.82	44.63	44.43	44.24	44.04	43.85	43.66	43.46
46.27	46.08	45.88	45.69	45.50	45.31	45.11	44.92	44.73	44.53	44.34	44.15	43.95	43.76	43.56
46.37	46.18	45.99	45.79	45.60	45.41	45.22	45.02	44.83	44.64	44.44	44.25	44.06	43.86	43.67
46.47	46.28	46.09	45.90	45.70	45.51	45.32	45.13	44.93	44.74	44.55	44.35	44.16	43.97	43.77
46.57	46.38	46.19	46.00	45.81	45.61	45.42	45.23	45.04	44.84	44.65	44.46	44.26	44.07	43.88
48.68	46.48	46.29	46.10	45.91	45.72	45.53	45.33	45.14	44.95	44.75	44.56	44.37	44.17	43.98
46.78	46.59	46.40	46.20	46.01	45.82	45.63	45.44	45.24	45.05	44.86	44.66	44.47	44.28	44.08
46.88	46.69	46.50	46.31	46.11	45.92	45.73	45.54	45.35	45.15	44.96	44.77	44.57	44.38	44.19
46.98	46.79	46.60	46.41	46.22	46.03	45.83	45.64	45.45	45.26	45.06	44.87	44.68	44.49	44.29

GB/T 11858—2008《伏特加(俄得克)》国家标准第1号修改单

本修改单业经国家标准化管理委员会于2009年5月27日以国标委农函[2009]33号文批准，自2009年6月1日起实施。

GB/T 11858—2008《伏特加(俄得克)》国家标准修改内容如下：

"表2 理化要求"中的以下内容：

项目		优级	一级	二级
总酯(以乙酸乙酯计)/[mg/L(100%vol 乙醇)]	≤	4	6	8
总醛(以乙醛计)/[mg/L(100%vol 乙醇)]	≤	10	15	25

修改为：

项目		优级	一级	二级
总醛(以乙醛计)/[mg/L(100%vol 乙醇)]	≤	4	6	8
总酯(以乙酸乙酯计)/[mg/L(100%vol 乙醇)]	≤	10	15	25

ICS 47.020.50
U 47

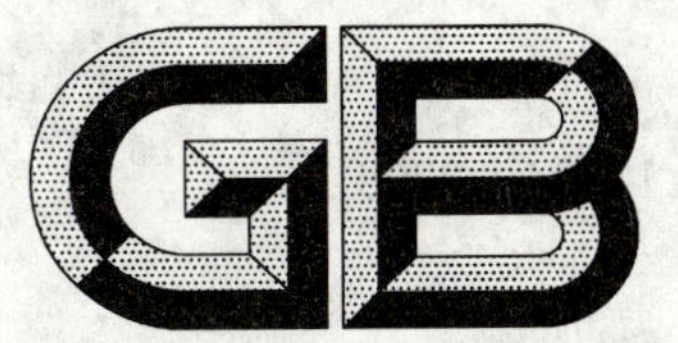

中华人民共和国国家标准

GB/T 11864—2008
代替 GB/T 11864—1989

船用轴流通风机

Marine axial flow fans

2008-03-03 发布　　2008-09-01 实施

中华人民共和国国家质量监督检验检疫总局
中国国家标准化管理委员会 发布

前 言

本标准代替 GB/T 11864—1989《船用轴流通风机》。

本标准与 GB/T 11864—1989 相比，主要技术内容有如下变动：

——扩充了性能参数表，流量扩大了 100 000 m^3/h、120 000 m^3/h、150 000 m^3/h、200 000 m^3/h 四档；

——统一了通风机产品型号表示方法；

——分总体要求和主要组成部套对通风机要求进行了描述；

——细化了通风机产品的包装要求。

本标准由中国船舶重工集团公司提出。

本标准由中国船用机械标准化技术委员会甲板机械及机舱辅机分技术委员会归口。

本标准起草单位：中国船舶重工集团第七〇四研究所。

本标准主要起草人：乔江、丁可金、鞠毅、卜锋斌。

本标准所代替标准的历次版本发布情况为：

——GB/T 11864—1989。

船用轴流通风机

1 范围

本标准规定了单级、单吸船用轴流通风机(以下简称“通风机”)的产品分类、要求、试验方法、检验规则、标志、包装和贮存。

本标准适用于通风换气用通风机的设计、生产、试验和验收。

2 规范性引用文件

下列文件中的条款通过本标准的引用而成为本标准的条款。凡是注日期的引用文件,其随后所有的修改单(不包括勘误的内容)或修订版均不适用于本标准,然而,鼓励根据本标准达成协议的各方研究是否可使用这些文件的最新版本。凡是不注日期的引用文件,其最新版本适用于本标准。

GB/T 191 包装储运图示标志(GB/T 191—2000,eqv ISO 780:1997)

GB/T 1236 工业通风机 用标准化风道进行性能试验(GB/T 1236—2000,idt ISO 5801:1997)

GB/T 1804—2000 一般公差 未注公差的线性和角度尺寸的公差(eqv ISO 2768-1:1989)

GB/T 2888 风机和罗茨鼓风机噪声测量方法

GB/T 3235 通风机基本型式、尺寸参数及性能曲线

GB 8923—1988 涂装前钢材表面锈蚀等级和除锈等级(eqv ISO 8501-1:1988)

GB/T 9438 铝合金铸件

GB/T 13306 标牌

GB/T 13384 机电产品包装通用技术条件

GB/T 16301—2008 船舶机舱辅机振动烈度的测量和评价

CB 1146.1—1996 舰船设备环境试验与工程导则 总则

CB 1146.6—1996 舰船设备环境试验与工程导则 冲击

CB 1146.8—1996 舰船设备环境试验与工程导则 倾斜和摇摆

CB 1146.9—1996 舰船设备环境试验与工程导则 振动

JB/T 6445 通风机叶轮超速试验

JB/T 6886 通风机涂装技术条件

JB/T 9101 通风机转子平衡

JB/T 10214 通风机 铆焊件技术条件

3 术语、定义、符号和单位

3.1

额定工况 rated condition

通风机工作的理论设计效率最高点,为通风机的额定工况。即由额定点压力、额定点流量所确定的工作点。

3.2

标准吸气状态 standard condition of inspiration

即大气压力为101 325 Pa,温度为20℃,相对湿度为50%,空气密度为1.2 kg/m^3。

3.3

标准状态流量 standard condition of flux

通风机实际流量换算到标准吸气状态下的空气体积。

4 产品分类

4.1 型式

通风机的基本型式为电动机直联结构(见图1),叶轮直接安装在电动机轴上。作通风或送风时,叶轮装于上部,电动机装于下部;作排风或抽风时,叶轮装于下部,电动机装于上部。

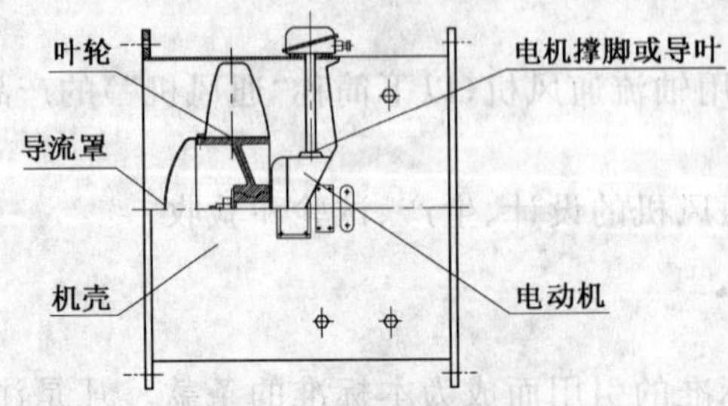

图1 结构示意图

4.2 基本参数

4.2.1 配用50 Hz交流电动机时的基本参数见表1的规定。

表1 通风机的基本参数

流量/m^3/h	静压/Pa(mmH_2O)									
	147 (15)	196 (20)	294 (30)	392 (40)	490 (50)	588 (60)	686 (70)	785 (80)	981 (100)	1 177 (120)
1 200	△	△	△							
1 800	△	△	△	△						
3 000		△	△	△	△					
4 500	△	△	△	△	△	△				
6 000	△	△	△	△	△					
9 000	△	△	△	△		△				
12 000	△	△		△	△					
15 000				△	△					
18 000	△	△	△	△	△	△				
21 000	△	△	△	△	△	△				
24 000	△	△	△	△	△	△				
27 000		△	△	△	△					
30 000		△	△	△		△		△		
33 000		△	△		△	△	△			
36 000			△	△	△	△		△		
39 000			△		△		△			
42 000		△	△	△	△	△	△	△		
48 000		△	△	△		△	△			
54 000		△	△	△	△	△				
60 000			△		△		△			
72 000	△	△	△	△		△				

表 1(续)

流量/ m^3/h	静压/Pa(mmH_2O)									
	147 (15)	196 (20)	294 (30)	392 (40)	490 (50)	588 (60)	686 (70)	785 (80)	981 (100)	1 177 (120)
84 000		△	△		△					
100 000								△	△	△
120 000									△	△
150 000										△
200 000										△

注:表中参数的进气状况为标准状态下的空气状态。

通风机的基本参数以流量和静压的组合“△”表示。

4.2.2 配用 60 Hz 交流电动机时的基本参数见表 2 的规定。

表 2 通风机的基本参数

流量/ m^3/h	静压/Pa(mmH_2O)									
	147 (15)	196 (20)	294 (30)	392 (40)	490 (50)	588 (60)	686 (70)	785 (80)	981 (100)	1 177 (120)
1 200			△	△	△					
1 800	△	△	△	△						
3 000	△	△		△	△	△				
4 500		△	△	△	△	△				
6 000	△	△	△		△	△				
9 000	△	△	△		△					
12 000	△	△		△						
15 000		△	△		△					
18 000	△		△	△	△	△				
21 000		△	△	△	△	△	△	△		
24 000	△		△	△	△	△	△	△		
27 000		△	△		△	△	△			
30 000	△	△	△	△	△	△		△		
33 000			△	△	△		△			
36 000		△	△	△	△	△		△		
39 000			△	△	△		△			
42 000		△	△	△		△	△	△		
48 000	△		△	△	△	△	△			
54 000		△	△	△	△			△		
60 000		△	△	△	△		△			
72 000		△	△	△		△	△			
84 000	△	△	△		△	△				
100 000									△	△
120 000										△
150 000										△

注:表中参数的进气状况为标准状态下的空气状态。

通风机的基本参数以流量和静压的组合“△”表示。

4.3 标记

4.3.1 型号命名准则

通风机的命名应以产品名称、技术特性和标准号组成，产品命名时对于表示产品安装型式的标记不标注，机组明确安装型式后，供货时应在产品名称中填写全部命名。其形成如下(见图 2)：

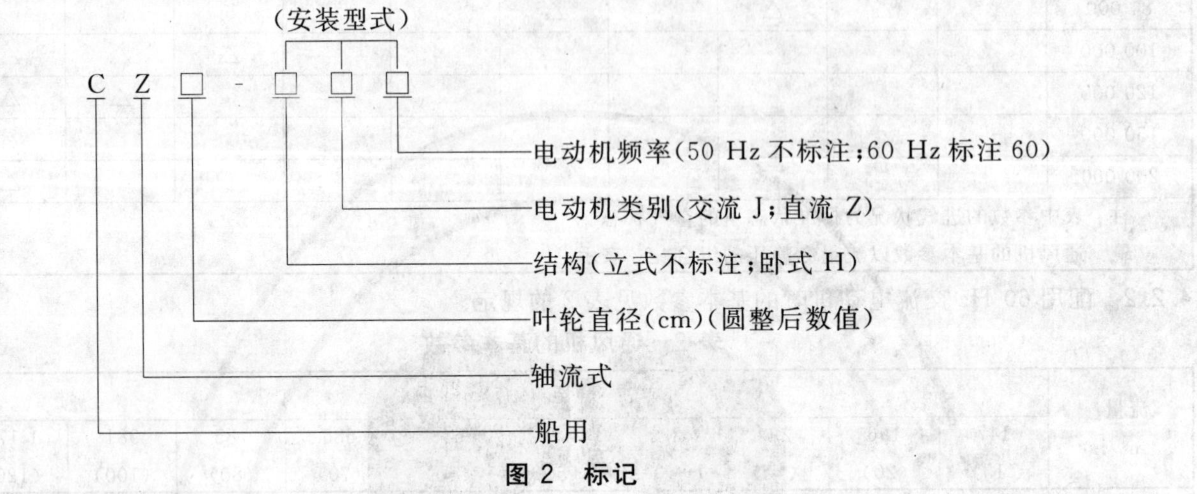

图 2 标记

4.3.2 标记示例

叶轮直径 500 mm，配用 60 Hz 船用交流电动机的卧式安装的轴流通风机标记为：

CZ50-HJ60 或 CZ50 GB/T 11864—2008

5 要求

5.1 外观

通风机外表面应清洁、平整，无压伤、凹凸不平和歪斜等缺陷；焊接处应修理平整。

5.2 尺寸和重量

通风机外形尺寸的公差按 GB/T 1804—2000 中 m 级的规定，重量应不超出规定值的±5%。

5.3 设计和结构

5.3.1 总体要求

5.3.1.1 通风机系列产品的基本型式、尺寸参数及性能曲线应符合 GB/T 3235 的规定。通风机的整机结构，应为气密式结构。

5.3.1.2 通风机内外表面应涂二次船用油漆，涂面漆前应对底层作除锈处理和涂二次底漆，并符合 JB/T 6886 的涂装规定；用不锈钢制成的通风机可不进行涂漆，但外露的不锈钢表面应进行抛光或钝化等处理。

5.3.1.3 通风机的钢制件应进行镀锌处理，镀锌厚度应不小于 0.045 mm。选用钢材材料的锈蚀等级应不得低于 GB 8923—1988 规定的 B 级。喷射或抛射除锈应达到 GB 8923—1988 规定的 Sa3 级，手工和动力工具除锈应达到 GB 8923—1988 规定的 St3 级。

5.3.1.4 通风机制成从电动机端正视，叶轮按顺时针或逆时针方向旋转的结构。也可制成可逆转式结构。

5.3.1.5 通风机铆焊接件应符合 JB/T 10214 的规定。

5.3.2 机壳

5.3.2.1 机壳为圆筒形。根据需要可制成整体式或沿轴向开启式。叶轮直径大于 600 mm 时，机壳上一般应设有起吊用吊耳和支撑用底脚。

5.3.2.2 机壳、法兰的表面应平整并具有足够的刚度，不允许有压伤，凹凸不平和歪斜等缺陷，形位公差应不超过表 3 的规定。

表 3 机壳、法兰形位公差

单位为毫米

叶轮直径	≤500	>500～800	>800～1 200	>1 200～2 200
径向公差	1.5	2.0	2.5	3.0
圆度	0.8	1.0	1.5	2.0
两法兰的平行度	1.0	2.0	3.0	4.0

5.3.2.3 根据电动机的需要，可在机壳上增加电动机加油用的加油管口。

5.3.3 叶轮

5.3.3.1 叶轮的外径处的跳动应不超过表 4 的规定。

表 4 叶轮的外径处的跳动

单位为毫米

叶轮直径	≤500	>500～800	>800～1 200	>1 200～2 200
径向圆跳动	0.8	1.2	1.6	2.0

5.3.3.2 叶轮叶片各截面安装角和静叶安装角的偏差应不大于±1°。

5.3.3.3 叶轮任意三个相邻叶片出口端弦长的公差应不大于表 5 的规定。

表 5 相邻叶片出口端弦长的公差

单位为毫米

叶轮直径	≤500	>500～800	>800～1 200	>1 200～2 200
叶片数≤10	4	6	8	10
叶片数>10	3	4	5	7

5.3.3.4 叶轮铸件的技术要求应符合 GB/T 9438 的规定。

5.3.4 进、出口

5.3.4.1 进、出口法兰上钻孔的孔距公差应不大于±0.5 mm。

5.3.4.2 根据使用条件，进口处应设有收敛型并降低涡流的集流器和流线型壳体的导流罩。

5.4 性能

5.4.1 叶轮静、动平衡

通风机叶轮的平衡精度等级应不低于 G5.6 级。

5.4.2 叶轮超速

通风机叶轮在超过额定转速 20%的超速试验后的尺寸变形量应不大于 0.5‰，检查叶片、铆钉和轮毂，不得有裂纹和损坏的现象。

5.4.3 运转

通风机额定工况运转时应平稳，不得有擦碰，不正常响声和剧烈振动等异常现象。

5.4.4 空气动力性能

通风机在额定流量时的压力值应不超过额定压力值的－5%～＋10%。可逆转通风机逆转时的流量应大于正转时的 60%，此时的压力值不低于正转时的 36%。

5.4.5 振动

通风机的振动烈度不应大于 GB/T 16301—2008 中的 C 级的相应规定。

5.4.6 噪声

通风机在规定流量下的噪声比 A 声级应不高于 34 dB(A)。

5.5 环境适应性

通风机应能在以下条件可靠的工作。试验中通风机应运转正常，不得有擦碰，不正常响声和剧烈振动等异常现象。

a) 输送含有盐雾的海洋空气和油雾等带腐蚀性气体；

b) 温度－25℃～＋50℃；

c) 相对湿度不大于95%；

d) 冲击；

e) 倾斜和摇摆；

f) 振动。

6 试验方法

6.1 外观

目测通风机内、外表面、焊接件和铆接件的表面质量。试验结果应符合5.1的要求。

6.2 尺寸和重量

测量通风机主要尺寸和重量，试验结果应符合5.2的要求。

6.3 叶轮静、动平衡

叶轮按JB/T 9101的规定试验要求进行静、动平衡校正。试验结果应符合5.4.1的要求。

6.4 叶轮超速

叶轮应在超过额定转速20%下至少运转10 min，试验前准备和运转后试验结果的评定按照JB/T 6445的规定进行。试验结果应符合5.4.2的要求。

6.5 运转

通风机在额定工况下，稳定运转观察时间应不少于10 min。试验结果应符合5.4.3的要求。

6.6 空气动力性能

通风机的性能试验按GB/T 1236规定的试验要求进行。试验结果应符合5.4.4的要求。

6.7 振动

通风机在额定工况下运转，按GB/T 16301—2008规定的试验要求进行。试验结果应符合5.4.5的要求。

6.8 噪声

通风机在额定工况下运转，按GB/T 2888规定的试验要求进行。试验结果应符合5.4.6的要求。

6.9 环境适应性

通风机应按船舶上相似的安装方式固定在专用试验台上进行，试验结果应符合5.5的要求。根据使用条件和需要，高温、低温、盐雾、湿热试验也可按照CB 1146.1—1996相关规定的要求进行。

6.9.1 冲击

通风机在额定工况下运转，按CB 1146.6—1996规定的试验要求进行。试验结果应符合5.5的d要求。

6.9.2 倾斜与摇摆

通风机在额定工况下运转，按CB 1146.8—1996规定的试验要求进行。试验结果应符合5.5的e要求。

6.9.3 环境振动

通风机在额定工况下运转，按CB 1146.9—1996规定的试验要求进行。试验结果应符合5.5的f要求。

7 检验规则

7.1 检验分类

通风机的检验分型式检验和出厂检验。

7.2 检验条件

通风机应在外观、尺寸和重量检查合格后，提交检验。

7.3 试验装置

检验装置的组成和测试仪器仪表应符合 GB/T 1236 的规定。

7.4 型式检验

7.4.1 检验时机

具有下列情况之一时，应进行型式检验。

a) 新产品和老产品转厂生产的首制、试制、定型鉴定；

b) 产品设计、结构、材料和工艺有重大改变，并可能影响产品性能时；

c) 产品停产五年后恢复生产时；

d) 出厂检验结果与上次型式检验有较大差异时；

e) 国家质量监督检验机构提出进行型式检验的要求时。

7.4.2 项目和顺序

型式检验的项目和顺序按表 6 规定。

表 6 检验项目和顺序

序号	检验项目	型式检验	出厂检验	要求章号	试验方法章条号
1	外观	●	●	5.1	6.1
2	尺寸和重量	●	●	5.2	6.2
3	叶轮静、动平衡	●	●	5.4.1	6.3
4	叶轮超速	●	○	5.4.2	6.4
5	运转	●	●	5.4.3	6.5
6	空气动力性能	●	○	5.4.4	6.6
7	振动	●	○	5.4.5	6.7
8	噪声	●	○	5.4.6	6.8
9	环境适应性	●	—	5.5	6.9
注：●必检项目；○订购方与承制方协商检验项目；—不检项目。					

7.4.3 受检样品数

鉴定检验的样品数量每一种型号检验数不少于 2 台，对于倾斜与摇摆试验、振动试验、冲击试验、试验同一系列抽其中二个型号进行。

7.4.4 合格判据

当产品所有检验项目均符合要求时，则判为该产品型式检验合格。当产品有任一检验项目不符合要求时，允许采取改进措施，再对该项目进行检验。仍不符合要求时，则应判为该产品型式检验不合格。

7.5 出厂检验

7.5.1 项目和顺序

出厂检验的项目和顺序按表6规定。

7.5.2 受检样品数

出厂检验每台必做。

7.5.3 合格判据

当产品所有检验项目均符合要求时,则判为该产品出厂检验合格。当产品有任一检验项目不符合要求时,允许采取改进措施,再对该项目进行检验。仍不符合要求时,则判为该批产品出厂检验不合格。

8 标志、包装和贮存

8.1 产品标志

8.1.1 每台通风机应设有产品铭牌、转向指示牌和接地标牌等标志牌。标志牌的尺寸和技术要求应符合GB/T 13306的规定。

8.1.2 产品铭牌应至少标明以下内容:

a) 名称与型号;

b) 技术参数:额定流量、全压、转速、电动机功率、重量等;

c) 产品出厂编号、制造日期;

d) 设计单位名称和制造厂名;

e) 检验标记。

8.2 包装标志

8.2.1 包装箱箱面指示标志应符合GB/T 191的规定。并有醒目的"禁止翻滚"、"小心轻放"、"起吊位置"等字样或符号。

8.2.2 包装箱外应有清楚、整齐的发货标志,至少用文字标明下列内容:

a) 收货单位名称和地址;

b) 发货单位名称和地址及制造厂名;

c) 通风机名称、型号及出厂编号;

d) 包装箱外形尺寸、毛重。

8.3 包装

8.3.1 通风机装箱前,易产生锈蚀的金属加工表面应进行防锈处理,外部加盖透明塑料罩。

8.3.2 通风机应垫平、卡紧和用螺栓固定在包装箱内,拆卸工具、备附件和专用工具等一起装箱的零部件应扎紧固定在箱内的空隙处,箱内的每一个单体零部件都应有标签,表明实物的名称、规格和数量。

8.3.3 通风机应用包装箱整体包装,包装箱应符合GB/T 13384的规定,满足防潮、防水要求,根据使用条件,满足防振要求。

8.3.4 随机文件资料应装入密封良好、内装防潮剂的塑料袋中。随机文件资料应包括:

a) 产品合格证、船检证书、出厂试验的试验报告;

b) 产品使用维修说明书;

c) 履历簿;

d) 装箱单;

e) 备件、附件清单和专用工具清单。

8.4 运输

8.4.1 包装箱的结构应便于起吊、搬运和长途运输,以及多次装卸、气候条件等情况,并适合水路和陆路运输。

8.4.2 通风机应尽量整机装箱，允许以零部套为单位，采用分箱包装，在运输部门装运允许范围内，尽量减少分箱数。

8.5 贮存

8.5.1 通风机应垫平放稳，放在不会受到雨淋、日晒、积水浸蚀、干燥通风的库房。通风机与地面的距离不小于 200 mm～300 mm。

8.5.2 防爆通风机应定期开箱检查，更新损坏和剥落的涂料和标志，更换防锈油脂等并做好记录。

ICS 47.020.50
U 47

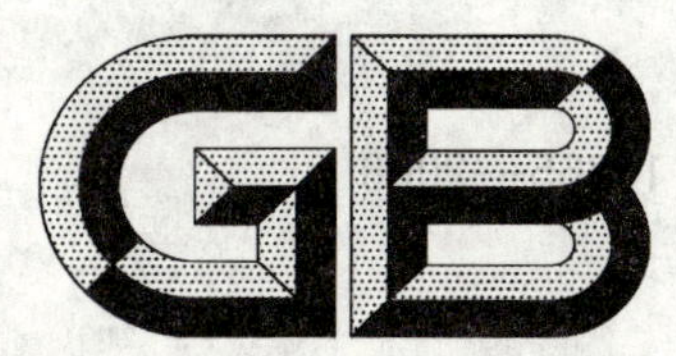

中华人民共和国国家标准

GB/T 11865—2008
代替 GB/T 11865—1989,GB/T 11866—1989

船用离心通风机

Marine centrifugal fans

2008-03-03 发布　　2008-09-01 实施

中华人民共和国国家质量监督检验检疫总局
中国国家标准化管理委员会　发布

前 言

本标准代替 GB/T 11865—1989《船用离心通风机》、GB/T 11866—1989《船用后向式离心通风机》。

本标准与 GB/T 11865—1989、GB/T 11866—1989 相比，主要技术内容有如下变动：

——扩充了性能参数表，流量扩大了 21 000 m^3/h、27 000 m^3/h、32 000 m^3/h、40 000 m^3/h 四档；

——统一了通风机产品型号表示方法；

——分总体要求和主要组成部套对通风机要求进行了描述；

——细化了通风机产品的包装要求；

本标准由中国船舶重工集团公司提出。

本标准由中国船用机械标准化技术委员会甲板机械及机舱辅机分技术委员会归口。

本标准起草单位：中国船舶重工集团第七〇四研究所。

本标准主要起草人：乔江、丁可金、张硕。

本标准所代替标准的历次版本发布情况为：

——GB/T 11865—1989、GB/T 11866—1989。

船用离心通风机

1 范围

本标准规定了单级、单吸船用离心通风机(以下简称“通风机”)的产品分类、要求、试验方法、检验规则、标志、包装、运输和贮存。

本标准适用于通风换气用通风机的设计、生产、试验和验收。

2 规范性引用文件

下列文件中的条款通过本标准的引用而成为本标准的条款。凡是注日期的引用文件,其随后所有的修改单(不包括勘误的内容)或修订版均不适用于本标准,然而,鼓励根据本标准达成协议的各方研究是否可使用这些文件的最新版本。凡是不注日期的引用文件,其最新版本适用于本标准。

GB/T 191 包装储运图示标志(GB/T 191—2000,eqv ISO 780:1997)

GB/T 1236 工业通风机 用标准化风道进行性能试验(GB/T 1236—2000,idt ISO 5801:1997)

GB/T 1804—2000 一般公差 未注公差的线性和角度尺寸的公差(eqv ISO 2768-1:1989)

GB/T 2888 风机和罗茨鼓风机噪声测量方法

GB/T 3235 通风机基本型式、尺寸参数及性能曲线

GB 8923—1988 涂装前钢材表面锈蚀等级和除锈等级(eqv ISO 8501-1:1988)

GB/T 9438 铝合金铸件

GB/T 13306 标牌

GB/T 13384 机电产品包装通用技术条件

GB/T 16301—2008 船舶机舱辅机振动烈度的测量和评价

CB 1146.1—1996 舰船设备环境试验与工程导则 总则

CB 1146.6—1996 舰船设备环境试验与工程导则 冲击

CB 1146.8—1996 舰船设备环境试验与工程导则 倾斜和摇摆

CB 1146.9—1996 舰船设备环境试验与工程导则 振动

JB/T 6445 通风机叶轮超速试验

JB/T 6886 通风机涂装技术条件

JB/T 9101 通风机转子平衡

JB/T 10214 通风机 铆焊件技术条件

3 术语和定义

3.1

额定工况 rated condition

通风机工作的理论设计效率最高点为通风机的额定工况。即由额定点压力、额定点流量所确定的工作点。

3.2

标准吸气状态 standard condition of inspiration

即大气压力为 101 325 Pa、温度为 20℃、相对湿度为 50%、空气密度为 1.2 kg/m^3 的状态。

3.3

标准状态流量 standard condition of flux

通风机实际流量换算到标准吸气状态下的空气体积。

4 产品分类

4.1 型式

通风机的基本型式为电动机直联结构(见图 1),叶轮直接安装在电动机轴上。

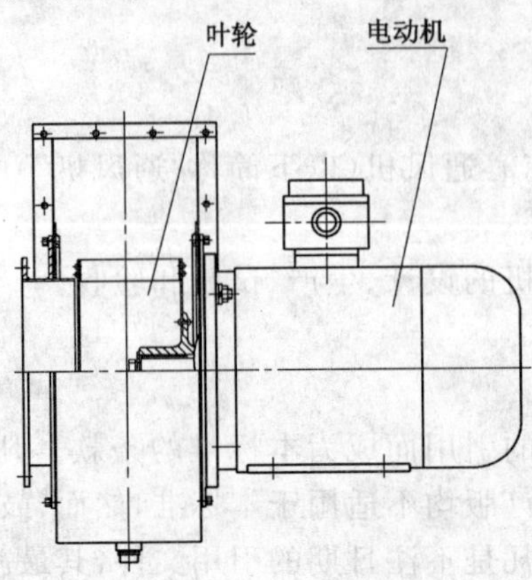

图 1 结构示意图

4.2 基本参数

4.2.1 配用 50 Hz 交流电动机时的基本参数见表 1 的规定。

表 1 通风机的基本参数

流量/m^3/h	静压/Pa(mmH_2O)														
	294 (30)	392 (40)	490 (50)	588 (60)	686 (70)	785 (80)	883 (90)	981 (100)	1 177 (120)	1 373 (140)	1 569 (160)	1 960 (200)	2 450 (250)	3 430 (350)	4 410 (450)
800		△	△	△											
1 200	△	△	△	△	△										
1 500	△		△	△	△	△	△								
2 000	△	△		△	△	△	△	△							
2 500	△	△	△	△	△	△		△	△						
3 000	△	△	△	△		△	△	△	△	△					
4 000		△		△	△			△	△	△	△				
5 000			△	△	△	△	△	△	△						
6 000		△	△	△	△	△	△	△							
7 200		△	△	△	△	△		△							
9 000		△	△	△		△		△	△	△					
12 000		△	△	△	△	△	△	△	△	△	△				
15 000			△	△	△	△	△		△	△	△				
18 000			△	△	△		△		△	△					
21 000					△	△	△	△	△	△	△	△	△	△	△
27 000						△	△	△	△	△	△	△	△	△	
32 000						△	△	△	△	△	△	△	△	△	
40 000								△	△	△	△	△	△	△	△

注:表中参数的进气状况为标准状态下的空气状态。

通风机的基本参数以流量和静压的组合"△"表示。

4.2.2 配用 60 Hz 交流电动机时的基本参数见表 2 的规定。

表 2 防爆通风机的基本参数

流量/ m^3/h	静压/Pa(mmH_2O)														
	196 (20)	294 (30)	392 (40)	490 (50)	588 (60)	686 (70)	785 (80)	883 (90)	981 (100)	1 177 (120)	1 373 (140)	1 569 (160)	1 960 (200)	2 450 (250)	3 430 (350)
800	△	△			△	△	△	△							
1 200	△	△	△	△	△	△	△		△						
1 800	△	△	△	△			△		△	△					
2 400	△	△	△	△			△		△	△	△				
3 000		△	△		△	△	△								
3 600		△	△	△	△	△	△								
4 800		△	△	△	△		△	△	△						
6 000			△	△	△	△	△	△	△	△					
7 800				△	△	△	△		△	△					
9 000				△	△	△	△	△	△		△				
10 800				△		△		△		△					
12 000				△	△		△	△	△		△				
15 000				△	△		△		△						
18 000		△	△	△	△		△		△	△					
21 000							△	△	△	△	△	△	△	△	
27 000									△	△	△	△	△	△	
32 000										△	△	△	△	△	△
40 000											△	△	△	△	△

注：表中参数的进气状况为标准状态下的空气状态。

防爆通风机的基本参数以流量和静压的组合"△"表示。

4.3 型号表示方法

4.3.1 型号命名准则

通风机的命名应以产品名称、技术特性和标准号组成，产品命名时对于表示产品的安装型式的标记不标注，机组明确安装型式后，供货时应在产品名称中填写全部命名。其形成如下：

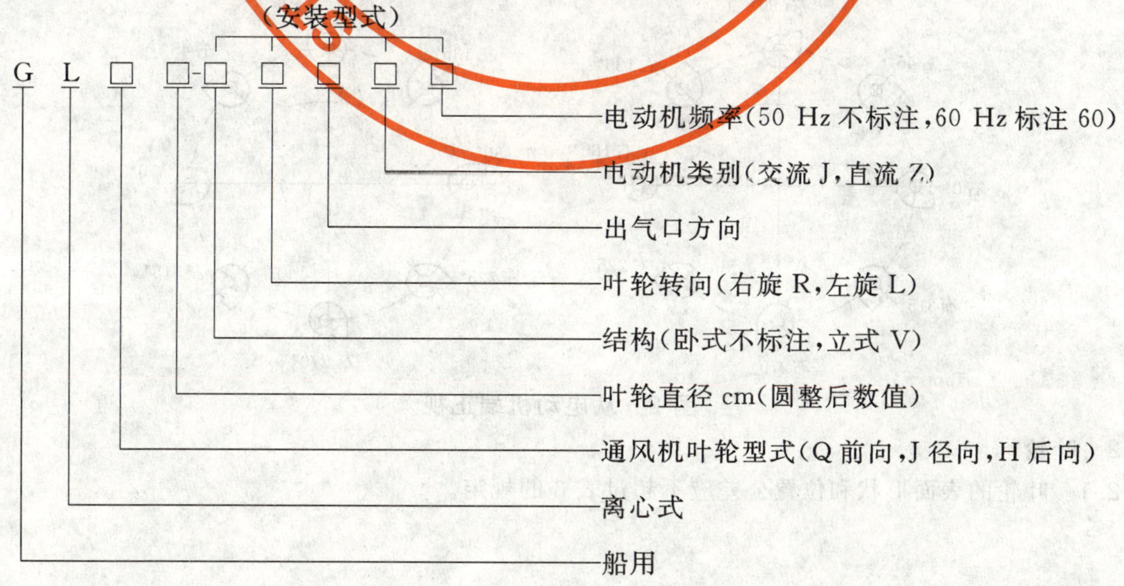

4.3.2 标记示例

前向叶轮、叶轮直径 286 mm、左旋、出口 90°、配用 60 Hz 船用交流电动机的立式离心通风机标记为：

CLQ28-VL90J60 或 CLQ28 GB/T 11865—2008

5 要求

5.1 外观

通风机外表面应清洁、平整，无压伤、凹凸不平和歪斜等缺陷；焊接处应修理平整。

5.2 尺寸和重量

通风机外形尺寸的公差按 GB/T 1804—2000 中 m 级的规定，重量应不超出规定值的±5%。

5.3 设计和结构

5.3.1 总体要求

5.3.1.1 通风机系列产品的基本型式、尺寸参数及性能曲线应符合 GB/T 3235 的规定。通风机的整机结构，应为气密式结构。

5.3.1.2 通风机内外表面应涂二次船用油漆，涂面漆前应对底层作除锈处理和涂二次底漆，并符合 JB/T 6886 的涂装规定；用不锈钢制成的通风机可不进行涂漆，但外露的不锈钢表面应进行抛光或钝化等处理。

5.3.1.3 通风机的钢制件应进行镀锌处理，镀锌厚度应不小于 0.045 mm。选用钢材材料的锈蚀等级应不得低于 GB 8923—1988 规定的 B 级。喷射或抛射除锈应达到 GB 8923—1988 规定的 Sa3 级，手工和动力工具除锈应达到 GB 8923—1988 规定的 St3 级。

5.3.1.4 通风机机壳底部(最低点)应设有放水螺塞。

5.3.1.5 通风机铆接件、焊接件应符合 JB/T 10214 规定。

5.3.1.6 通风机可以制成顺时针旋转(右转)或逆时针方向旋转(左转)。

逆转(左转)——电动机平放，从电动机端正视，运转时其叶轮按逆时针方向旋转，以“L”表示。

顺转(右转)——电动机平放，从电动机端正视，运转时其叶轮按顺时针方向旋转，以“R”表示。

5.3.1.7 通风机出风口位置按叶轮转向制成以下几种基本形式(见图 2)。根据需要，出风口允许采用按 30°的变化形式。

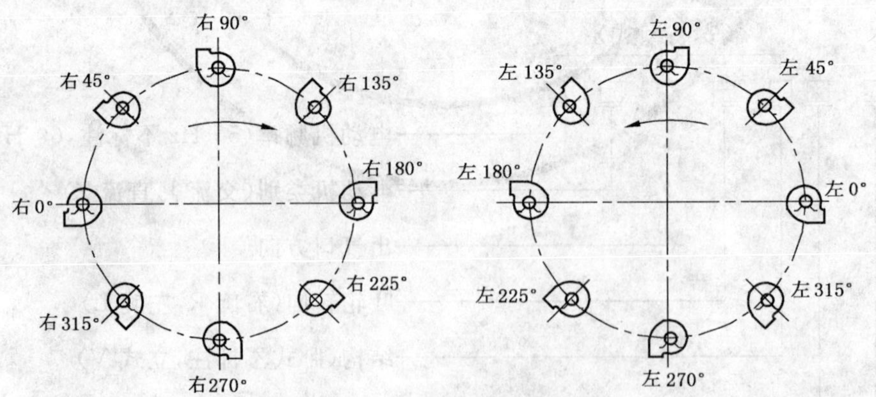

图 2 从电动机端正视

5.3.2 叶轮

5.3.2.1 叶轮的表面形状和位置公差应不超过表 3 的规定。

表 3 叶轮的表面形状和位置公差

单位为毫米

叶轮直径	≤400	>400～800	>800～1 200	>1 200～2 200
前、后盘外径处径向圆跳动	1.0	1.5	2.0	2.5
前、后盘外径处轴向圆跳动	1.5	2.0	3.0	3.0
叶轮叶片出口宽度公差	±2.0	±2.5	±3.0	±3.5
叶片与前、后盘垂直度或其他角度(相对叶片宽度)	2/100	2.5/100	3/100	3.5/100
后盘平面度公差	小于长度尺寸的 4‰			

5.3.2.2 叶片出口安装角的偏差应不大于±1°。

5.3.2.3 叶轮任意三个相邻叶片出口端弦长的公差应不超过弦长的±5%。

5.3.2.4 铸造叶轮的技术要求应符合 GB/T 9438 的规定。

5.3.3 机壳

5.3.3.1 机壳应制成能从进风口侧或电动机侧拆装叶轮。叶轮直径在 600 mm 以上时,机壳上应设有起吊用吊耳和支撑用底脚。

5.3.3.2 机壳侧板的形位公差应不超过表 4 规定。

表 4 机壳侧板和形位公差

单位为毫米

外形尺寸	≤400	>400～800	>800～1 200	>1 200～2 200
侧板平面度	2.5	4.0	6.0	8.0
两侧板圆孔同轴度	ϕ1.0	ϕ1.5	ϕ2.0	ϕ2.5

5.3.4 进、出口

5.3.4.1 进出口法兰的位置偏差应不大于位置尺寸的 1.2%。进出口法兰上钻孔的孔距公差应不大于±0.5 mm。

5.3.4.2 进风口应采用锥形、圆弧形、喷嘴形等降低涡流的集流器。

5.4 性能

5.4.1 叶轮静、动平衡

通风机叶轮的平衡精度等级应不低于 G5.6 级。

5.4.2 叶轮超速

通风机叶轮在超过额定转速 20%的超速试验后的尺寸变形量应不大于 0.5‰,检查叶片、铆钉和轮毂,不得有裂纹和损坏的现象。

5.4.3 运转

通风机额定工况运转时应平稳,不得有擦碰,不正常响声和剧烈振动等异常现象。

5.4.4 空气动力性能

通风机在额定流量时的压力值应不超过额定压力值的−5%～+10%。

5.4.5 振动

通风机的振动烈度不应大于 GB/T 16301—2008 中的 C 级的相应规定。

5.4.6 噪声

通风机在额定工况下的比 A 声级应不高于表 5 的规定。

表 5 通风机噪声限值

通风机型式	比 A 声级/dB
前向叶片离心通风机	≤24
后向板型叶片离心通风机	≤27
机翼型叶片离心通风机	≤22
径向叶片离心通风机	≤22

5.5 环境适应性

通风机应能在以下条件可靠的工作。试验中通风机应运转正常，不得有擦碰，不正常响声和剧烈振动等异常现象。

a) 输送含有盐雾的海洋空气和油雾等带腐蚀性气体；

b) 温度—25℃～＋50℃；

c) 相对湿度不大于 95％；

d) 冲击；

e) 倾斜和摇摆；

f) 振动。

6 试验方法

6.1 外观

目测通风机内、外表面、焊接件和铆接件的表面质量。试验结果应符合 5.1 的要求。

6.2 尺寸和重量

测量通风机主要尺寸和重量，试验结果应符合 5.2 的要求。

6.3 叶轮静、动平衡

叶轮按 JB/T 9101 的规定试验要求进行静、动平衡校正。试验结果应符合 5.4.1 的要求。

6.4 叶轮超速

叶轮应在超过额定转速 20％下至少运转 10 min，试验前准备和运转后试验结果的评定按照 JB/T 6445的规定进行。试验结果应符合 5.4.2 的要求。

6.5 运转

通风机在额定工况下运转，稳定运转观察时间应不少于 10 min。试验结果应符合 5.4.3 的要求。

6.6 空气动力性能

通风机的性能试验按 GB/T 1236 规定的试验要求进行。试验结果应符合 5.4.4 的要求。

6.7 振动

通风机在额定工况下运转，按 GB/T 16301—2008 规定的试验要求进行。试验结果应符合 5.4.5 的要求。

6.8 噪声

通风机在额定工况下运转，按 GB/T 2888 规定的试验要求进行。试验结果应符合 5.4.6 的要求。

6.9 环境适应性

通风机应按船舶上相似的安装方式固定在专用试验台上进行，试验结果应符合 5.5 的要求。根据使用条件和需要，高温、低温、盐雾、湿热试验也可按照 CB 1146.1 相关规定的要求进行。

6.9.1 冲击

通风机在额定工况下运转，按 CB 1146.6 规定的试验要求进行。试验结果应符合 5.5 的 d 要求。

6.9.2 倾斜与摇摆

通风机在额定工况下运转，按 CB 1146.8 规定的试验要求进行。试验结果应符合 5.5 的 e 要求。

6.9.3 环境振动

通风机在额定工况下运转，按 CB 1146.9 规定的试验要求进行。试验结果应符合 5.5 的 f 要求。

7 检验规则

7.1 检验分类

通风机的检验分型式检验和出厂检验。

7.2 检验条件

通风机应在外观、尺寸和重量检查合格后，提交检验。

7.3 试验装置

检验装置的组成和测试仪器仪表应符合 GB/T 1236 的规定。

7.4 型式检验

7.4.1 检验时机

具有下列情况之一时，应进行型式检验。

a) 新产品和老产品转厂生产的首制、试制、定型鉴定；

b) 产品设计、结构、材料和工艺有重大改变，并可能影响产品性能时；

c) 产品停产五年后恢复生产时；

d) 出厂检验结果与上次型式检验有较大差异时；

e) 国家质量监督检验机构提出进行型式检验的要求时。

7.4.2 项目和顺序

型式检验的项目和顺序按表 6 规定。

表 6 检验项目和顺序

序号	检验项目	型式检验	出厂检验	要求章条号	试验方法章条号
1	外观	●	●	5.1	6.1
2	尺寸和重量	●	●	5.2	6.2
3	叶轮静、动平衡	●	●	5.4.1	6.3
4	叶轮超速	●	○	5.4.2	6.4
5	运转	●	●	5.4.3	6.5
6	空气动力性能	●	○	5.4.4	6.6
7	振动	●	○	5.4.5	6.7
8	噪声	●	○	5.4.6	6.8
9	环境适应性	●	—	5.5	6.9
注：●必检项目；○订购方与承制方协商检验项目；—不检项目。					

7.4.3 受检样品数

型式检验的样品数量每一种型号检验数不少于 2 台，对于倾斜与摇摆试验、振动试验、冲击试验、试验同一系列抽其中二个型号进行。

7.4.4 合格判据

当产品所有检验项目均符合要求时，则判为该产品型式检验合格。当产品有任一检验项目不符合要求时，允许采取改进措施，再对该项目进行检验。仍不符合要求时，则应判为该产品型式检验不合格。

7.5 出厂检验

7.5.1 项目和顺序

出厂检验的项目和顺序按表 6 规定。

7.5.2 受检样品数

出厂检验每台必做。

7.5.3 合格判据

当产品所有检验项目均符合要求时，则判为该产品出厂检验合格。当产品有任一检验项目不符合要求时，允许采取改进措施，再对该项目进行检验。仍不符合要求时，则判为该批产品出厂检验不合格。

8 标志、包装、运输和贮存

8.1 产品标志

8.1.1 每台通风机应设有产品铭牌、转向指示牌和接地标牌等标志牌。标志牌的尺寸和技术要求应符合 GB/T 13306 的规定。

8.1.2 产品铭牌应至少标明以下内容：

a) 名称与型号；

b) 技术参数：额定流量、全压、转速、电动机功率、重量等；

c) 产品出厂编号、制造日期；

d) 设计单位名称和制造厂名；

e) 检验标记。

8.2 包装标志

8.2.1 包装箱箱面指示标志应符合 GB/T 191 的规定。并有醒目的“禁止翻滚”、“小心轻放”、“起吊位置”等字样或符号。

8.2.2 包装箱外应有清楚、整齐的发货标志，至少用文字标明下列内容：

a) 收货单位名称和地址；

b) 发货单位名称和地址及制造厂名；

c) 通风机名称、型号及出厂编号；

d) 包装箱外形尺寸、毛重。

8.3 包装

8.3.1 通风机装箱前，易产生锈蚀的金属加工表面应进行防锈处理，外部加盖透明塑料罩。

8.3.2 通风机应垫平、卡紧和用螺栓固定在包装箱内。折卸工具、备件、附件和专用工具等一起装箱的零部件应扎紧固定在箱内的空隙处，箱内的每一个单体零部件都应有标签，表明实物的名称、规格和数量。

8.3.3 通风机应用包装箱整体包装，包装箱应符合 GB/T 13384 的规定，满足防潮、防水要求，根据使用条件，满足防震要求。

8.3.4 随机文件资料应装入密封良好、内装防潮剂的塑料袋中。随机文件资料应包括：

a) 产品合格证、船检证书、出厂试验的试验报告；

b) 产品使用维修说明书；

c) 履历簿；

d) 装箱单；

e) 备件、附件清单和专用工具清单。

8.4 运输

8.4.1 包装箱的结构应便于起吊、搬运和长途运输，以及多次装卸、气候条件等情况，并适合水路和陆路运输。

8.4.2 通风机应尽量整机装箱，允许以零部套为单位，采用分箱包装，在运输部门装运允许范围内，尽量减少分箱数。

8.5 贮存

8.5.1 通风机应垫平放稳，放在不会受到雨淋、日晒、积水浸蚀、干燥通风的库房。通风机与地面的距离不小于 200 mm～300 mm。

8.5.2 通风机应定期开箱检查，更新损坏和剥落的涂料和标志，更换防锈油脂等并做好记录。

ICS 25.120.30
J 46

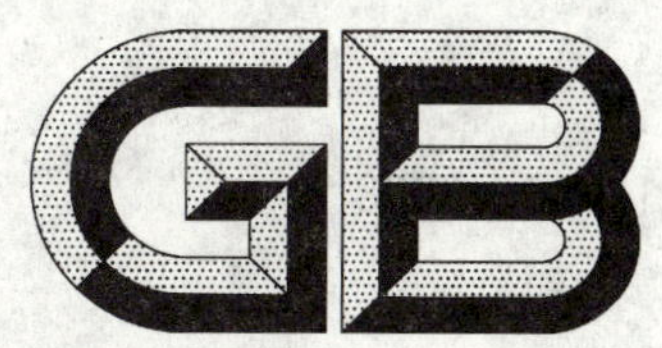

中华人民共和国国家标准

GB/T 11880—2008
代替 GB/T 11880—1989

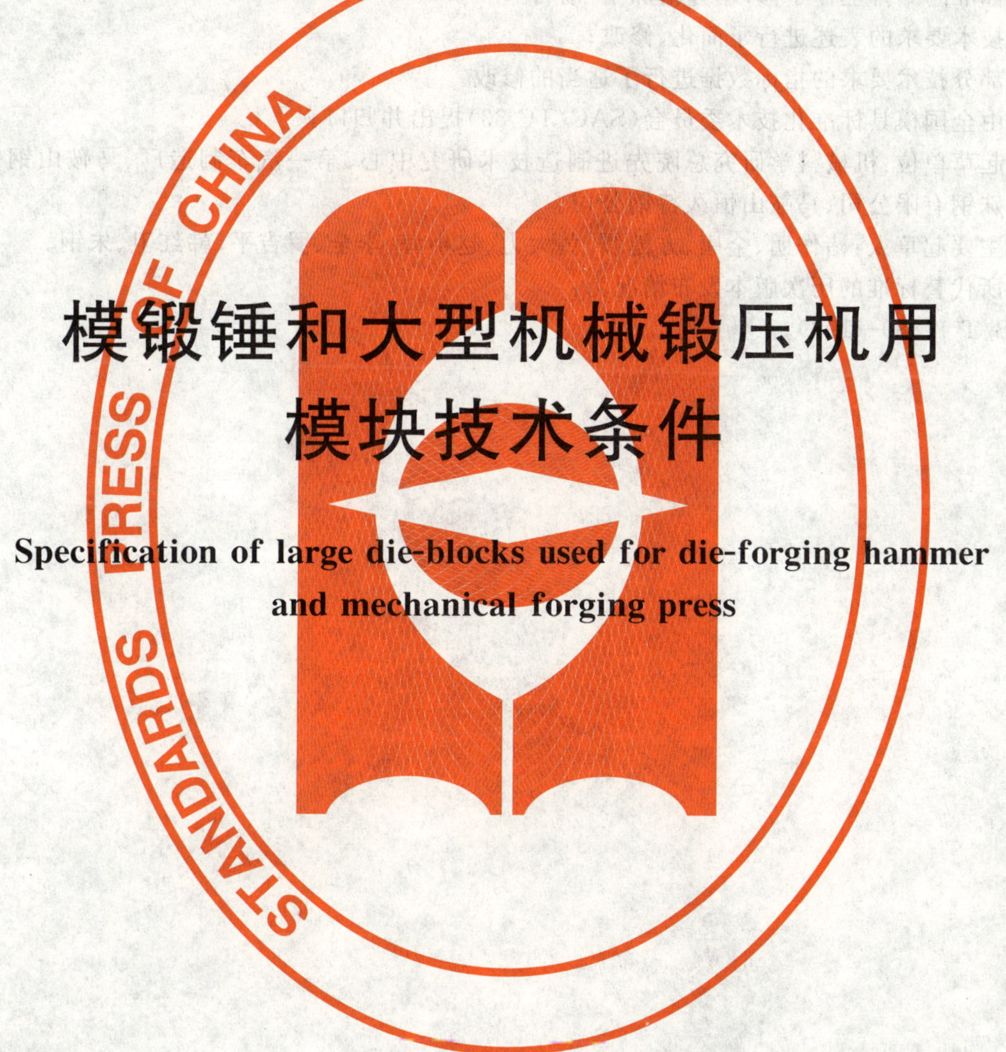

模锻锤和大型机械锻压机用模块技术条件

Specification of large die-blocks used for die-forging hammer and mechanical forging press

2008-06-06 发布　　2009-01-01 实施

中华人民共和国国家质量监督检验检疫总局
中国国家标准化管理委员会　发布

前　言

本标准代替 GB/T 11880—1989《模锻锤和大型机械锻压机用模块技术条件》。

本标准与 GB/T 11880—1989 相比主要变化如下：

——在标准的编排上作了修改，并增加了“前言”；

——对技术要求的表述进行了简化、修改；

——对部分技术要求的指标数据进行了适当的修改。

本标准由全国模具标准化技术委员会(SAC/TC 33)提出并归口。

本标准起草单位：机械科学研究总院先进制造技术研究中心、第一汽车制造厂、马鞍山钢铁公司、太原双丰特殊钢有限公司、马鞍山恒久特钢公司。

本标准主要起草人：褚作明、金康、方健儒、黄大力、赵小海、李全、罗吉平、韩红卫、朱钢。

本标准所代替标准的历次版本发布情况为：

——GB/T 11880—1989。

模锻锤和大型机械锻压机用模块技术条件

1 范围

本标准规定了模锻锤和机械锻压机用模块的技术要求、尺寸规格、试验方法和验收规则。

本标准适用于模锻锤和机械锻压机用大型合金钢锻制模块。

2 规范性引用文件

下列文件中的条款通过本标准的引用而成为本标准的条款。凡是注日期的引用文件，其随后所有的修改单(不包括勘误的内容)或修订版均不适用于本标准，然而，鼓励根据本标准达成协议的各方研究是否可使用这些文件的最新版本。凡是不注日期的引用文件，其最新版本适用于本标准。

GB/T 222　钢的成品化学成分允许偏差

GB/T 231.1　金属布氏硬度试验　第1部分：实验方法

GB/T 1299　合金工具钢

GB/T 6402　钢锻材超声波检验方法

GB/T 10561　钢中非金属夹杂物含量的测定—标准评级图显微检验法

3 要求

3.1 锻件材料应采用电弧炉或其他特种冶金设备冶炼，并尽量采用炉外精炼钢。

3.2 模块用的合金钢化学成分应符合 GB/T 1299 的规定。

3.3 模块截面尺寸规格见表1。

表1 合金钢模块截面尺寸规格

单位为毫米

高度 h	宽度 b															
	250	300	350	400	450	500	550	600	650	700	750	800	850	900	950	1 000
250	×	×	×	×	×											
275		×	×	×	×	×										
300		×	×	×	×	×	×									
325		×	×	×	×	×	×	×								
350			×	×	×	×	×	×	×							
375					×	×	×	×	×	×						
400					×	×	×	×	×	×						
425									×	×	×	×	×		×	
450									×	×	×	×				
475										×		×		×		×
500										×	×	×	×	×	×	×
注：模块长度(l)尺寸，由需方向供方订货时在合同上规定。																

3.3.1 模块尺寸表示方法为：

长度(l)×宽度(b)×高度(h)

标记示例：

模块尺寸 l=500 mm,b=300 mm,h=300 mm

模块 500×300×300

3.3.2 模块尺寸的极限偏差规定如下：

高度方向：为 h 的+4%；

长度和宽度方向：b、l<600 mm 为 b、l 的+3%～-1%，b、l≥600 mm 为 b、l 的+2%～-1%。

3.4 模块的角度公差<5°；圆角半径<10 mm。

3.5 模块表面应光洁，如有裂纹、折叠、斑疤、夹渣、夹砂等缺陷，允许清除，其清除深度不得超过尺寸偏差的2/3，宽度不得小于深度的5倍，并均匀过渡。

3.6 用钢锭制造模块，必须镦粗，镦粗比≥2，锻造比≥3；电渣锭要求锻造比≥2。

3.7 模块内部不允许有白点、裂纹、缩孔等缺陷。

3.8 模块应进行超声波探伤检查，检测方法应符合 GB/T 6402 的相关规定。超声波探伤检查判定如下：

3.8.1 在 100 cm^2 的面积内，当量直径 ϕ2 mm～ϕ4 mm 的冶金缺陷不得超过 3 个，其中当量直径 ϕ3 mm～ϕ4 mm 的冶金缺陷只允许有 1 个。

3.8.2 允许有 2～4 个小于当量直径 ϕ2 mm 的冶金缺陷的密集区，但每区不得超过 10 cm^3，每区之间距不得小于 150 mm；缺陷密集区面积占检测总面积的百分比≤5%。

3.8.3 单件重量超过 5 t 的模块，可允许有 1 个当量直径 ϕ6 mm 的冶金缺陷存在。

3.9 模块须锻后退火，硬度 197 HB～241 HB，硬度检测方法参照 GB/T 231.1。

3.10 钢中的非金属夹杂物检测评级参照 GB/T 10561，应符合下述规定：

脆性夹杂物≤2.5 级，塑性夹杂物≤2.5 级；

脆性夹杂物+塑性夹杂物≤4.5 级。

4 试验方法及验收规则

4.1 模块化学分析的取样方法应符合 GB/T 222 的规定，分析结果应符合 GB/T 1299 的规定。

4.2 模块的化学成分偏差应符合表 2 的规定。

4.3 同一熔炼号，同一热处理炉次的模块为一批组，每批组至少抽样一件进行硬度试验。硬度试验方法应符合 GB/T 231.1 的规定，硬度值应符合 3.9 的规定。

4.4 同一熔炼号的钢材要求进行一次非金属夹杂物的含量测定，测定方法符合 GB/T 10561 的规定。试样规格为 400 mm×200 mm×200 mm，在最大钢锭靠近冒口处取样锻成或在本体上直接截取。其夹杂物级别应符合 3.10 的规定。如不合格，可在同一钢锭取双倍试样复测，复测中如有一块不合格，则判为不合格。

4.5 所有锻件必须逐件进行超声波检验，检验方法和内部质量的判定符合 3.8 的规定。超声波的起始灵敏度可采用对比试块法或底波反射法进行调整。当工件厚度小于 400 mm 时，应从两个相互垂直的方向进行检测；锻件厚度超过 400 mm 时，应增加从相对两端面进行的 100%全面扫测。

表 2　模块化学成分偏差

用百分数表示

成分	规定化学成分的最大值	下列给定面积(mm²)尺寸的分析偏差							
		≤65 000		>65 000～130 000		>130 000～260 000		>260 000～520 000	
		下限	上限	下限	上限	下限	上限	下限	上限
C	<0.3	0.01	0.01	0.02	0.02	0.03	0.03	0.04	0.04
	0.30～0.75	0.02	0.02	0.03	0.03	0.04	0.04	0.05	0.05
	>0.75	0.03	0.03	0.04	0.04	0.05	0.05	0.06	0.06
Si	<0.35	0.02	0.02	0.02	0.02	0.03	0.03	0.04	0.04
	0.35～2.20	0.05	0.05	0.06	0.06	0.06	0.06	0.07	0.07
Mn	<0.90	0.03	0.03	0.04	0.04	0.05	0.05	0.06	0.06
	0.90～2.10	0.04	0.04	0.05	0.05	0.06	0.06	0.07	0.07
P	<0.050	—	0.005	—	0.005	—	0.005	—	0.005
S	<0.060	—	0.005	—	0.005	—	0.005	—	0.005
Cu	<1.00	0.03	0.03	—	—	—	—	—	—
	1.00～2.00	0.05	0.05	—	—	—	—	—	—
Ni	<1.00	0.03	0.03	0.03	0.03	0.03	0.03	0.03	0.03
	1.00～2.00	0.05	0.05	0.05	0.05	0.05	0.05	0.05	0.05
	2.00～5.30	0.07	0.07	0.07	0.07	0.07	0.07	0.07	0.07
	5.30～10.00	0.10	0.10	0.10	0.10	0.10	0.10	0.10	0.10
Cr	<0.90	0.03	0.03	0.04	0.04	0.04	0.04	0.05	0.05
	0.90～2.10	0.05	0.05	0.06	0.06	0.06	0.06	0.07	0.07
	2.10～10.00	0.10	0.10	0.10	0.10	0.12	0.12	0.14	0.14
Mo	<0.20	0.01	0.01	0.01	0.01	0.02	0.02	0.03	0.03
	0.20～0.40	0.02	0.02	0.03	0.03	0.03	0.03	0.04	0.04
	0.40～1.15	0.03	0.03	0.04	0.04	0.05	0.05	0.06	0.06
V	<0.10	0.01	0.01	0.01	0.01	0.01	0.01	0.01	0.01
	0.01～0.25	0.02	0.02	0.02	0.02	0.02	0.02	0.02	0.02
	0.25～0.50	0.03	0.03	0.03	0.03	0.03	0.03	0.03	0.03
	当规定最小值时	0.01	—	0.01	—	0.01	—	0.01	—
W	<1.00	0.04	0.04	0.05	0.05	0.05	0.05	0.06	0.06
	1.00～4.00	0.05	0.05	0.09	0.09	0.10	0.10	0.12	0.12
Al	<1.50	0.10	0.10	0.10	0.10	0.10	0.10	0.10	0.10

注：化学成分偏差系指对模块进行化学成分分析时，允许超出该钢种化学成分规定值上限和低于规定值下限的范围。

4.5.1　对比试块法：

如图1所示：能发现离工件表面200 mm深处有直径ϕ20 mm、深25 mm的平底孔，其反射波达到饱和，工作频率为2 MHz～2.5 MHz，偶合剂用水玻璃或其他偶合剂。

4.5.2　采用底波反射法时，当工件厚度≤400 mm采用ϕ2 mm平底孔当量调整灵敏度；当工件厚度>400 mm采用ϕ3 mm平底孔当量调整灵敏度。

单位为毫米

图1　对比试块法探伤示意图

5　标记

5.1　每块模块应由制造厂打钢印(钢印用25 mm～40 mm字码)，钢印包括生产厂家、合同号、熔炼号、标准号。在纤维平行方向的侧面上打印双箭头"←→"指明本模块的钢材纤维方向。

5.2　交货时应附有下列内容的质量保证书：

模块标记；

各项检验结果；

交货状态；

图号(或规格、数量)；

本标准号。

ICS 17.100
N 13

中华人民共和国国家标准

GB/T 11884—2008
代替 GB/T 11884—2000

弹 簧 度 盘 秤

Spring dial scale

2008-12-30 发布　　2009-09-01 实施

中华人民共和国国家质量监督检验检疫总局
中国国家标准化管理委员会　发布

前　言

本标准代替 GB/T 11884—2000《弹簧度盘秤》。

本标准与 GB/T 11884—2000 相比，在 GB/T 11884—2000《弹簧度盘秤》的基础上，补充完善了以下内容：

——标准规定制造企业在选材时不得低于弹簧度盘秤型式评价时的技术参数；

——标准删减了 GB/T 11884—2000 中的有关杠杆、刀子、刀垫的技术内容；

——标准对弹簧度盘秤的超负荷试验不作推荐性规定；

——偏载试验时对承载器支承点个数 $N>4$ 时暂不作具体规定；

——标准增加了蠕变及回零技术要求及其试验；

——标准对家用和厨房用的弹簧度盘秤规定必须使用法定计量单位。

本标准由中国轻工业联合会提出。

本标准由全国衡器标准化技术委员会归口。

本标准起草单位：杭州市质量技术监督检测院。

本标准参加起草单位：青岛衡器测试中心。

本标准主要起草人：厉志飞、章越海、范吉甫。

本标准参加起草人：王均国、于旭光。

本标准所代替标准的历次版本发布情况为：

——GB 11884—1989、GB/T 11884—2000。

弹 簧 度 盘 秤

1 范围

本标准规定了弹簧度盘秤(以下简称度盘秤)的产品分类、计量要求、技术要求、试验方法、检验规则及标志、包装、运输、贮存。

本标准适用于国家依法管理的、符合中准确度级和普通准确度级的弹簧度盘秤。

2 规范性引用文件

下列文件中的条款通过本标准的引用而成为本标准的条款。凡是注日期的引用文件,其随后所有的修改单(不包括勘误的内容)或修订版均不适用于本标准;然而,鼓励根据本标准达成协议的各方研究是否可使用这些标准的最新版本。凡是不注日期的引用文件,其最新版本适用于本标准。

GB/T 191 包装储运图示标志

GB/T 1805 弹簧术语

GB/T 6388 运输包装收发货标志

GB/T 14250 衡器术语

QB/T 1563 衡器产品型号编制方法

JJG 555—1996 非自动秤通用检定规程

3 术语和定义

GB/T 14250、GB/T 1805 和 JJG 555—1996 确立的以及下列术语和定义适用于本标准。

3.1

弹簧度盘秤 spring dial scale

利用弹簧作为称重元件,以度盘和指针作为指示装置的一种自行指示式机械秤。

4 产品分类

按 QB/T 1563 的规定,度盘秤的型号由汉语拼音字母和阿拉伯数字组成,其内容顺序如下:

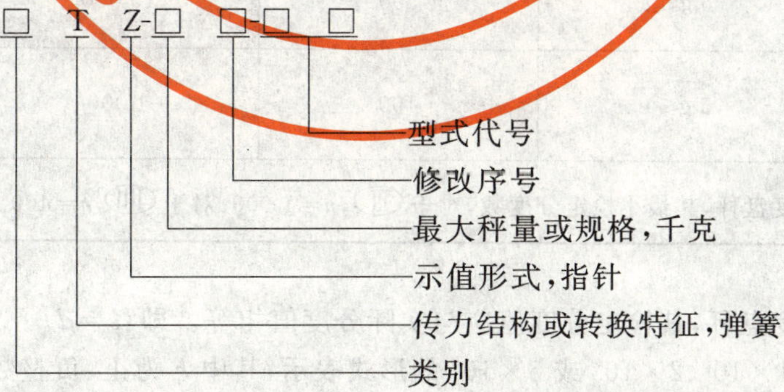

5 计量要求

5.1 准确度等级

度盘秤可分为二个准确度等级:中准确度级和普通准确度级,符号见表 1。

准确度等级符号为任意形状的椭圆,或由两条水平线连接的两个半圆,但不能为圆形。

表 1

中准确度级	(III)
普通准确度级	(IIII)

5.2 最大允许误差

首次检验和影响因子试验的最大允许误差应符合表 2 的规定，适用于度盘秤的加载或减载过程。

使用中检验的最大允许误差应是首次检验最大允许误差的两倍。

表 2

最大允许误差	载荷 m（以检定分度值 e 表示）	
	(III)	(IIII)
$\pm 0.5e$	$0 \leqslant m \leqslant 500$	$0 \leqslant m \leqslant 50$
$\pm 1.0e$	$500 < m \leqslant 2\,000$	$50 < m \leqslant 200$
$\pm 1.5e$	$2\,000 < m \leqslant 10\,000$	$200 < m \leqslant 1\,000$

5.3 称量结果间的允许误差

不管称量结果如何变化，任何一次称量结果的误差，应不大于该秤量的最大允许误差。

5.3.1 重复性

重复性条件下，对同一载荷多次称量的示值之差，应不大于该秤量最大允许误差的绝对值。

5.3.2 偏载

同一载荷在承载器不同位置上的示值，其误差应满足 5.2 的规定。

5.3.3 多指示装置

对给定载荷，多个指示装置的示值之差应不大于相应秤量最大允许误差的绝对值。

5.4 检定分度值，检定分度数和最小秤量的关系

检定分度值，检定分度数和最小秤量的关系见表 3。

表 3

准确度等级	检定分度值 e	检定分度数 $n=Max/e$		最小秤量 Min（下限）
		最小[a]	最大	
中 (III)	$0.1\ \text{g} \leqslant e \leqslant 2\ \text{g}$ $5\ \text{g} \leqslant e$	100 500	10 000 10 000	$20e$ $20e$
普通 (IIII)	$5\ \text{g} \leqslant e$	100	1 000	$10e$

[a] 用于贸易结算的度盘秤，其最小检定分度数，对于(III)，$n=1\,000$；对于(IIII)，$n=400$。

5.5 检定分度值

用于贸易结算的度盘秤，其检定分度值应与实际分度值相等。即：$e=d$。

检定分度值应以 1×10^k、2×10^k 或 5×10^k 的形式表示，其中 k 为正、负整数或零。

5.6 旋转

对于固定悬挂式度盘秤，当旋转至 90°、180°、270°和 360°时，其示值误差应满足 5.2 的规定。

5.7 鉴别力

在平衡稳定的度盘秤上，轻缓地加放或取走一个约等于相应秤量最大允许误差绝对值的附加载荷，此时指针应产生不小于 0.7 倍附加载荷的恒定位移。

5.8 蠕变及回零

当任一载荷放在度盘秤上，施加载荷后立即得到的示值与后续30 min内得到的示值之差不应超过0.5e。而在15 min和30 min得到的示值之差不超过0.2e。若不能满足上述要求，则度盘秤加载后立即得到的示值与后续4 h内观察到的示值之差不应超过施加载荷下最大允许误差的绝对值。

卸下放置在度盘秤上半小时的载荷后，示值刚稳定时的回零偏差不应超过0.5e。

5.9 倾斜

对于非悬挂的度盘秤，在明显处应装备水平调整装置和水平指示装置。当度盘秤倾斜至2/1 000或者是至水平指示器上指示的倾斜极限值(两者中应取其大者)时，其误差应满足5.2的规定。

若度盘秤没有配备水平指示器，当倾斜5%时其误差应满足5.2的规定。

5.10 温度和湿度

在−10 ℃至+40 ℃的温度范围内，度盘秤应满足相应的计量要求。

对于特殊用途的度盘秤，其适用的温度范围可以与上述的要求有所不同。条件是温度范围不小于30 ℃，并应在说明性标志中给予明确标注。

在温度范围的上限和相对湿度为85%时，度盘秤应满足相应的计量要求。

5.11 耐久性

对$Max \leqslant 100$ kg的度盘秤，由于磨损引起的耐久性误差应不大于最大允许误差的绝对值。

6 技术要求

6.1 适应性

6.1.1 用途适应性

度盘秤的设计应适合预期的使用目的。

对设计用途不用于贸易结算的度盘秤，要么在结构上明显区别与用于贸易结算的度盘秤，要么在度盘秤指示装置的显著位置设置永久性标记“不得用于贸易结算”的字样，防止误用。

6.1.2 使用适应性

度盘秤的结构应精工细做，坚固耐用，保证在使用周期内保持其计量性能。

6.2 安全性

6.2.1 欺骗性使用

度盘秤不应具有易于被欺骗性使用的特性。

6.2.2 器件的保护

对禁止接触或禁止调整的器件必须提供保护措施。对直接影响到秤的量值的部位应加印封或铅封，印封或铅封直径至少为5 mm，印封或铅封不破坏不能拆下，印封或铅封破坏后，合格即失效。

6.3 读数品质

在正常使用条件下，主要指示必须可靠，易读和清晰，度盘秤的读数总不准确度应不超过0.2e。构成主要指示的数字、单位、指示符在大小、形状和清晰度应满足易读的要求。

6.4 指示装置

指示装置中的度盘和指针应满足以下要求。

6.4.1 标尺标记的长度和宽度

度盘的标尺标记应由宽度相等的线条组成，该宽度应恒定且在标尺间距的1/10和1/4之间，但不小于0.2 mm，最短的标尺标记长度至少应等于标尺间距。标尺间距应不小于1.25 mm。

6.4.2 标尺标记的排列

度盘的标尺实际分度值d应等于以下形式的质量法定计量单位：1×10^k；2×10^k或5×10^k(k为整数或零)。标尺标记的排列必须是图1中的任一种(连接标尺标记端点的连线是任意的)。

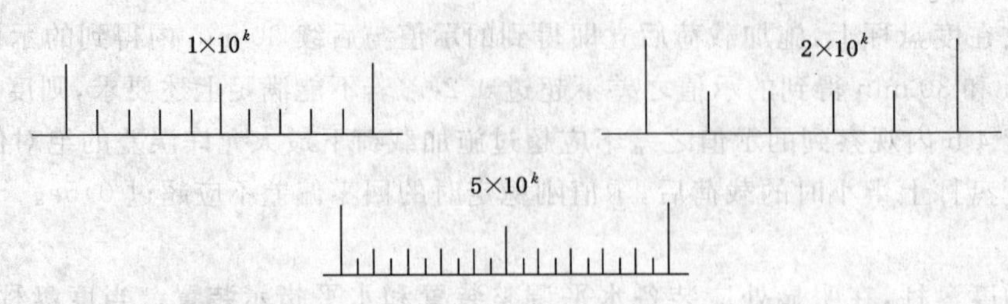

图 1

6.4.3 度盘应平整，标尺、数码和标记应清晰，标尺的延长线应通过度盘中心。

6.4.4 指针

指针端部的宽度约等于度盘刻度宽度，其长度应使指针的顶端不低于最短刻度的中部。指针端部与度盘表面间的垂直距离应不大于 3 mm。

6.4.5 阻尼

允许度盘秤采用阻尼装置，称量时指针摆动的时间不超过 5 s。通常在经 3 至 5 个间谐振荡(振荡的半周期)后示值稳定。

6.5 置零装置

应有置零装置，其置零范围不得大于最大秤量的 4%。

对用于贸易结算的度盘秤不应配备非自动置零装置，除非使用专用工具操作。

6.6 变圈指示装置

采用多圈回转式度盘时，应有变圈指示装置。

6.7 计量弹簧

经过 2×10^5 次疲劳试验后，该弹簧不应出现断裂、裂纹及影响其使用的永久性变形。

6.8 氧化件

氧化件应色泽均匀，不得有斑痕。

6.9 冲压件

表面应平整，棱边平直，不得有裂纹、锈蚀和毛刺。

6.10 铸件、锻件

6.10.1 表面应平整，浇口、冒口、型砂和粘结物应除净。

6.10.2 不得有裂纹、缩松、冷隔、气孔和夹渣等缺陷。

6.11 焊接件

焊缝应平整并符合图样规定；焊渣应除净。

6.12 电镀件

镀层色泽均匀，不允许有斑痕、气泡、露底和划伤等缺陷。

6.13 油漆件、涂塑件

表面应色泽均匀，不得有漏涂、起皱、划伤和脱落等缺陷。

6.14 注塑件

表面应光滑平整，不允许有裂纹、气孔和色泽不均等缺陷。

6.15 运输包装

度盘秤的运输包装应能在正常的流通过程中，抗御环境条件的影响而不发生破损，保证安全、完整、迅速地将货物运至目的地。

6.15.1 耐冲击性

度盘秤的包装在受到垂直冲击时，应具有良好的耐冲击强度及包装对内装物的保护能力。

6.15.2 **抗振性**

度盘秤的包装应具有在正弦变频振动或共振情况下的强度及包装对内装物的保护能力。

6.15.3 **耐碰撞性**

度盘秤的包装应具有良好的耐碰撞强度及包装对内装物的保护能力。

7 试验方法

7.1 质量标准器

试验所用标准砝码的误差应不大于相应秤量最大允许误差的 1/3,通常可选用 M_1 等级砝码。

7.2 温度

试验应在稳定的环境温度下进行。即环境的最大温差不超过度盘秤额定温度范围的 1/5,且不大于 5 ℃,而温度的变化率,每小时不超过 5 ℃。除特殊情况外,一般为室内常温。

7.3 试验前的准备

7.3.1 不带水平指示器的度盘秤,应在水平平板或平台上进行试验。

7.3.2 带水平指示器的度盘秤,试验前应调整至标准位置。

7.4 加载前的置零

零点调整后,分别将 1/5 最大秤量的砝码加放到承载器上 3 次,每次卸载后,指针应能返回零点,否则,应重新调整零点。

7.5 称量性能试验

称量性能试验的任一秤量示值的误差应满足 5.2 的规定。

7.5.1 加、减载试验

从零点起,按递增的方式将砝码逐渐加至最大秤量,然后以相似的逆方向将砝码逐渐递减至零。试验应选择最小秤量、1/4 最大秤量、2/4 最大秤量、3/4 最大秤量和最大秤量。必须试验处于或接近最大允许误差发生改变的那些秤量,如:

中准确度级:500e、2 000e;

普通准确度级:50e、200e;

若该秤量包括在已选择的秤量中,可不再重复试验。

7.5.2 度盘秤的型式评价,测定其初始固有误差时,至少应选择 10 个不同的秤量进行试验。

7.6 偏载试验

在每个支承点上加放的砝码约等于最大秤量的 1/3。使用质量大的砝码要比使用许多小砝码组合的效果好。若使用单一砝码,应放在承载器工作区域的中心位置;若使用小砝码组合,应均匀地分布在整个工作区域,不可过分叠放。

将砝码依次加放在面积约等于承载器的 1/4 工作区域内,如图 2 所示。

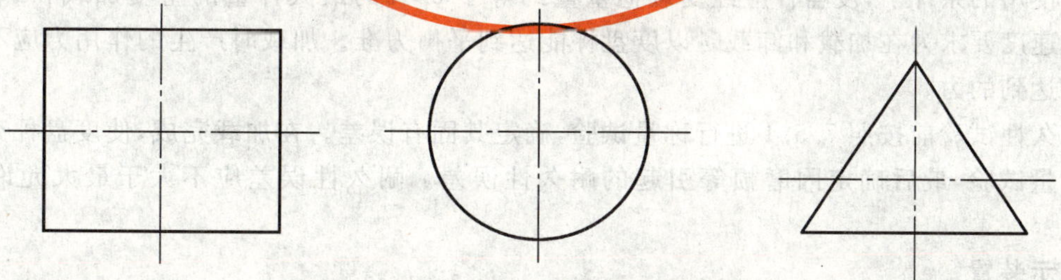

图 2

7.7 旋转试验

对固定悬挂式度盘秤,将 80%最大秤量的砝码加放在承载器上,顺时针旋转 360°,每 90°记录一次示值,然后逆时针重复上述试验。

7.8 鉴别力试验

鉴别力试验应在三个不同的秤量(如最小秤量、1/2 最大秤量和最大秤量)按 5.7 的要求进行。

鉴别力试验可在称量性能试验中进行。

7.9 重复性试验

在相同的条件下,对 1/2 最大秤量和接近最大秤量进行两组试验,每组至少重复试验三次。每次试验前,允许调整零点。同一秤量任意两次示值之差,不应大于其秤量最大允许误差的绝对值。

7.10 蠕变及回零试验

在度盘秤上施加接近最大秤量的砝码,示值刚稳定立即记录读数,然后记录砝码在度盘秤上保持 4 h 期间的示值。试验期间温度的变化不得大于 2 ℃。

如果在第一个 30 min 内,示值变化小于 0.5e,且其中第 15 min 和 30 min 之间的变化小于 0.2e,则此项试验在 30 min 后即可结束。

测定度盘秤上施加接近最大秤量砝码前和半小时后,示值刚稳定时的回零偏差不应超过 0.5e。

7.11 倾斜试验

度盘秤的纵向,向前、后两头倾斜;横向,向左、右两侧倾斜。

7.11.1 空载时的倾斜

在标准位置将度盘秤置零,然后在纵向将其倾斜 2/1 000,或倾斜到其水平指示器的极限值,取两者中的大者,记下其零点示值;再横向倾斜,重复这一试验。

度盘秤处于标准位置(不倾斜)的示值,与处于倾斜位置的示值之差的绝对值应不大于 2e(处于标准位置的度盘秤,空载时已调至零点)。

7.11.2 加载时的倾斜

在标准位置将度盘秤置零,在接近 50e(或 500e)和最大秤量进行两次称量,然后卸载,纵向倾斜置零,倾斜量为 2/1 000 或水平指示器的极限值,二者取其大者,进行称量试验;再横向倾斜,重复这一试验。在最大秤量时的示值误差应满足为最大允许误差的规定(此时度盘秤空载已调至零点)。

7.11.3 不带水平指示器的度盘秤

对易于倾斜而又不带水平指示器的度盘秤,除用 5/100 的倾斜量代替 2/1 000 外,按照 7.11.1 和 7.11.2 的方法进行试验。

7.12 温度和湿度试验

度盘秤的温度和湿度试验应按 JJG 555—1996 中 11.5.3 和 12.2.2 所规定的方法进行试验,示值误差应满足 5.2 的规定。

7.13 耐久性试验

对 $Max \leqslant 100$ kg 的度盘秤应进行耐久性试验,此项试验应列在运输包装试验之前进行。

在正常使用的条件下,度盘秤应经受载荷重量约等于 50% 的最大秤量的重复加载和卸载 10^5 次,加载频率和速度要求为在加载和卸载时以度盘秤能达到平衡为准。加载时产生的作用力应不超过正常加载条件下达到的力。

应在耐久性试验前按照 7.5.1 进行称量试验,确定其固有误差。在加载完成,使度盘秤充分恢复后再次进行称量试验,最后确定因磨损等引起的耐久性误差。耐久性误差应不大于最大允许误差的绝对值。

7.14 多指示装置

具有多个指示装置的度盘秤(如:双面指示的度盘秤),在进行 7.5 至 7.13 试验时其不同装置的示值应满足 5.3 的要求。

7.15 零部件

7.15.1 铸件、锻件、冲压件、焊接件、电镀件、氧化件、油漆件、涂塑件、注塑件应符合 6.8～6.14 的要求。外观均用目视检验,必要时可辅以实物标样或应用仪器进行检验。

7.15.2 计量弹簧

疲劳试验可用相应的试验机进行。使弹簧承受工作极限负荷,然后卸载,反复进行 2×10^5 次。计量弹簧应符合 6.7 的要求。

7.16 运输包装性能

包装跌落试验、包装振动试验和包装碰撞试验可分别按 JJG 555—1996 的 11.7.1、11.7.2 和 11.7.3 所给出的方法进行,满足相应要求。

8 检验规则

8.1 度盘秤应经制造厂的质量检验部门按本标准和有关规定进行检验,合格后签发合格证书,方准予出厂。

8.2 度盘秤的试验分出厂检验和型式评价。

8.3 出厂检验

出厂试验按项目 7.5 至 7.9 逐台试验。

8.4 型式评价

8.4.1 当出现下列情况之一时,应进行型式评价:

a) 新产品定型鉴定;

b) 原有产品在结构、性能、材料、技术特征等方面有重大改进时。

8.4.2 型式评价项目为本标准全部计量要求和技术要求的内容。

9 标志、包装、运输、贮存

9.1 标志

9.1.1 说明标志

a) 产品名称及型号;

b) 商标;

c) 制造厂名、厂址;

d) 准确度级别符号;

e) 最大秤量(Max);

f) 最小秤量(Min);

g) 检定分度值(e);

h) 制造计量器具许可证标志和编号;

i) 执行标准编号;

j) 产品编号;

k) 出厂日期。

9.1.2 包装标志

运输、包装标志应按 GB/T 191 和 GB/T 6388 的规定执行。

9.2 包装

9.2.1 度盘秤在包装时,活动零部件应紧固定位。

9.2.2 包装箱内用衬垫定位,秤体不应在箱内窜动、磕碰。

9.2.3 包装应采取有效的防潮措施。

9.2.4 包装箱内应提供下列随机资料

a) 使用说明书;

b) 产品合格证;

c） 装箱单；

d） 其他有关的技术文件。

9.3 运输

在运输过程中应小心轻放，避免剧烈震动和雨水淋袭，严禁抛掷与机械损伤。

9.4 贮存

度盘秤宜贮存在环境温度为(－5～＋40)℃，相对湿度不大于85％的库房中，室内应无腐蚀性的物品。

ICS 39.060
Y 88

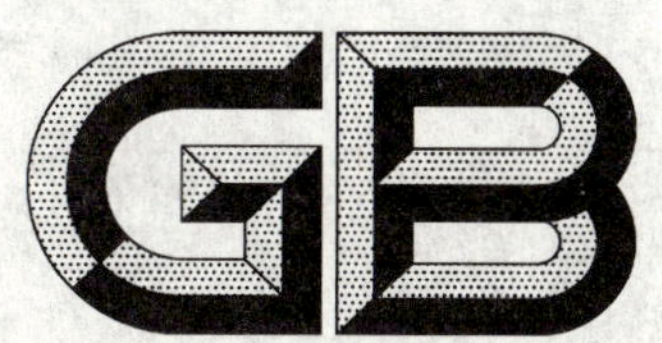

中华人民共和国国家标准

GB 11887—2008
代替 GB 11887—2002

首饰　贵金属纯度的规定及命名方法

Jewellery—Fineness of precious metal alloys and designation

(ISO 9202:1991,Jewellery—Fineness of precious metal alloys,MOD)

2008-12-31 发布　　2009-11-01 实施

中华人民共和国国家质量监督检验检疫总局
中国国家标准化管理委员会　发布

前　言

本标准的第4章、第5章、第7章为强制性的，其余为推荐性的。

本标准修改采用ISO 9202:1991(E)《首饰　贵金属纯度的规定》(英文版)。本标准根据ISO 9202:1991重新起草，为便于比较，在附录A中列出了本国家标准条款和国际标准条款的对照一览表。

根据我国首饰生产和销售的实际情况，本标准在采用国际标准时进行了修改。有关技术性差异用垂直单线标识在它们所涉及的条款的页边空白处。在附录B中给出了这些技术性差异及其原因的一览表以供参考。

本标准代替GB 11887—2002《首饰　贵金属纯度的规定及命名方法》。本标准与GB 11887—2002的主要区别如下：

——在规范性引用文件一章中补充了近年发布的相关标准；

——根据我国首饰生产和销售的实际情况，增加了银、铂、钯首饰的纯度范围，修改了命名和标识方法；

——根据“欧共体欧洲议会和理事会”新版镍指令(2005)，对含镍首饰的规定进行了修改，同时增加了对有害元素的规定；

——增加了银、铂、钯首饰的配件规定。

本标准的附录A、附录B为资料性附录。

本标准由中国轻工业联合会提出。

本标准由全国首饰标准化技术委员会(SAC/TC 256)归口。

本标准起草单位：国家首饰质量监督检验中心。

本标准主要起草人：沈沣、段体玉、李玉鹍、李素青、李武军。

本标准所替代标准的历次版本发布情况为：

——GB/T 11887—1989，GB/T 11887—2000，GB 11887—2002。

引　言

GB/T 11887—1989《首饰　贵金属纯度的规定及命名方法》于1989年首次发布实施。本次修订是对GB/T 11887—1989《贵金属首饰纯度的命名方法》进行的第三次修订。GB 11887—2008《首饰　贵金属纯度的规定及命名方法》是首饰行业的一个重要基础标准，对促进我国首饰行业的发展，保证首饰产品的质量起到了重要的作用。为不断完善标准，使标准更具有可操作性，有利于推动首饰行业的发展和规范市场，对标准再次进行了修订。在本次修订中，根据“欧共体欧洲议会和理事会”新版镍指令(2005)，对含镍首饰的规定进行修改，同时增加了对有害元素的规定；对贵金属首饰配件的规定进行了修订。以上修订内容实行两年过渡期的办法，即从标准发布之日起两年后，所有销售到最终消费者的商品都必须完全符合标准要求。具体过渡期如下：

自标准发布之日起至发布后半年止——生产企业和所有经销商清理库存中不符合本标准的产品；

自标准发布之日起至发布后一年止——生产企业和所有供应商提供不符合本标准产品的最后期限；

自标准发布之日起至发布后两年止——所有销售商销售不符合该标准产品的最后期限。

首饰　贵金属纯度的规定及命名方法

1　范围

本标准规定了首饰中贵金属的纯度范围[1)]、首饰产品标识、测定方法和贵金属首饰的命名方法。

本标准适用于首饰行业和国内生产及销售的首饰。

2　规范性引用文件

下列文件中的条款通过本标准的引用而成为本标准的条款。凡是注日期的引用文件，其随后所有的修改单(不包括勘误的内容)或修订版均不适用于本标准，然而，鼓励根据本标准达成协议的各方研究是否可使用这些文件的最新版本。凡是不注日期的引用文件，其最新版本适用于本标准。

GB/T 9288　金合金首饰　金含量的测定　灰吹法(火试金法)(GB/T 9288—2006,ISO 11426:1997,MOD)

GB/T 16552　珠宝玉石　名称

GB/T 16553　珠宝玉石　鉴定

GB/T 16554　钻石分级

GB/T 18781　养殖珍珠分级

GB/T 17832　银合金首饰　银含量的测定　溴化钾容量法(电位滴定法)(GB/T 17832—2008,ISO 11427:1993,MOD)

GB/T 19719　首饰　镍释放量的测定　光谱法(GB/T 19719—2005,EN 1811:1998,MOD)

GB/T 19720　铂合金首饰　铂、钯含量的测定　氯铂酸铵重量法和丁二酮肟重量法(GB/T 19720—2005,ISO 11210:1995,MOD)

GB/T 21198.6　贵金属合金首饰中贵金属含量的测定　ICP光谱法　第6部分:差减法

QB/T 1689　贵金属饰品术语

SN/T 2004.3—2005　电子电气产品中六价铬的测定　第3部分:二苯碳酰二肼分光光度法

3　术语和定义

下列术语和定义适用于本标准。

3.1

纯度　fineness

贵金属元素的最低质量含量，以贵金属的质量含量千分数计量。

3.2

印记　marking

打印在贵金属首饰上的标识。

3.3

产品标识　mark

用于识别产品及其质量、数量、特征、特性和使用方法所做的各种说明的统称。标识可以用文字、符号、数字、图案及其他形式表示。

---

1)　不包括焊药成分，但成品整体(配件除外)含量不得低于规定的纯度范围。

4 纯度范围

4.1 纯度以最低值表示，不得有负公差。贵金属及其合金的纯度范围见表1。

表1 贵金属及其合金的纯度范围

贵金属及其合金	纯度千分数最小值/‰	纯度的其他表示方法
金及其合金	375	9 K
	585	14 K
	750	18 K
	916	22 K
	990	足金
	(999)	(千足金)
铂及其合金	850	—
	900	—
	950	—
	990	足铂，足铂金，足白金
	(999)	(千足铂，千足铂金，千足白金)
钯及其合金	500	—
	950	—
	990	足钯，足钯金
	(999)	(千足钯，千足钯金)
银及其合金	800	—
	925	—
	990	足银
	(999)	(千足银)
注1：不在括弧内的值和表示方法将优先考虑。 注2：24 K理论纯度为1 000‰。		

4.2 首饰配件材料的纯度应与主体一致。因强度和弹性的需要，配件材料应符合以下规定：

4.2.1 金含量不低于916‰(22 K)的金首饰，其配件的金含量不得低于900‰。

4.2.2 铂含量不低于950‰的铂首饰，其配件的铂含量不得低于900‰。

4.2.3 钯含量不低于950‰的钯首饰，其配件的钯含量不得低于900‰。

4.2.4 足银、千足银首饰，其配件的银含量不得低于925‰。

4.3 贵金属及其合金首饰中所含元素不得对人体健康有害。

4.3.1 首饰中铅、汞、镉、六价铬、砷等有害元素的含量都必须小于1‰。

4.3.2 含镍首饰(包括非贵金属首饰)应符合以下规定：

4.3.2.1 用于耳朵或人体的任何其他部位穿孔，在穿孔伤口愈合过程中摘除或保留的制品，其镍释放量必须小于0.2微克/(厘米^2·星期)。

4.3.2.2 与人体皮肤长期接触的制品如：

——耳环；

——项链、手镯、手链、脚链、戒指；

——手表表壳、表链、表扣；

——按扣、搭扣、铆钉、拉链和金属标牌(如果不是钉在衣服上)。

这些制品与皮肤长期接触部分的镍释放量必须小于0.5微克/(厘米^2·星期)。

4.3.2.3 4.3.2.2中所指定的制品如表面有镀层,其镀层必须保证与皮肤长期接触部分在正常使用的两年内,镍释放量小于0.5微克/(厘米^2·星期)。

4.3.2.4 除了上述4.3.2.1、4.3.2.2、4.3.2.3中所列明的,其他同类制品必须达到同样要求,否则不得进入市场。

5 首饰产品标识

首饰产品标识包括印记和标签。

5.1 印记的内容

印记内容应包括:厂家代号、材料、纯度以及镶钻首饰主钻石(0.10克拉以上)的质量。例如:北京花丝镶嵌厂生产的18 K金镶嵌0.45克拉钻石的首饰印记为:京A18 K金 0.45 ct D。

5.2 纯度印记的表示方法

主体按表1的规定打印记,配件按4.2的规定打印记。

5.2.1 金首饰:纯度千分数(K数)和金、Au或G的组合。例如:金750(18 K金),Au750(Au18 K),G750(G18 K)。

5.2.2 铂首饰:纯度千分数和铂(铂金,白金)或Pt的组合。例如:铂(铂金,白金)900,Pt900。

5.2.3 钯首饰:纯度千分数和钯(钯金)或Pd的组合。例如:钯(钯金)950,Pd950。

5.2.4 银首饰:纯度千分数和银、Ag或S的组合。例如:银925,Ag925,S925。

5.2.5 当采用不同材质或不同纯度的贵金属制作首饰时,材料和纯度应分别表示。

5.2.6 当首饰因过细过小等原因不能打印记时,应附有包含印记内容的标识。

5.3 标签

产品标签中应标明中文,例如:铂950或铂Pt950。

6 测定方法

6.1 贵金属首饰纯度的测定

应采用被认可的方法测定贵金属含量,当测试结果出现分歧时,采用GB/T 9288、GB/T 17832、GB/T 19720、GB/T 21198.6的方法分别对金首饰中的金含量、银首饰中的银含量、铂首饰中的铂含量、钯首饰中的钯含量进行仲裁。

6.2 有害元素的测定

6.2.1 应采用被认可的方法测定首饰中铅、汞、镉、六价铬、砷等有害元素。首饰中铅、汞、镉、砷的测定可参照GB/T 21198.6,六价铬的测定可参照SN/T 2004.3—2005的5.3~5.5。

6.2.2 首饰中的镍释放量采用GB/T 19719测定。

7 命名规则

7.1 贵金属首饰应按纯度、材料、宝石名称、品种的内容命名。

示例1:18 K金红宝石戒指

示例2:Pt900钻石戒指

7.2 贵金属首饰品种的命名依据QB/T 1689的规定。

7.3 镶嵌宝石的鉴定及命名按照GB/T 16552、GB/T 16553、GB/T 16554、GB/T 18781进行。镶嵌首饰上的宝石,其品质分级作为参考级别。

附　录　A
（资料性附录）
本标准章条编号与 ISO 9202:1991 章条编号对照

表 A.1 给出了本标准章条编号与 ISO 9202:1991 章条编号对照一览表。

表 A.1　本标准章条编号与 ISO 9202:1991 章条编号对照

本标准章条编号	对应的国际标准章条编号
1	1
2	—
3.1	2.1
3.2	—
4.1	3
4.2	—
4.3	—
5	—
6	4
7	—

附 录 B
（资料性附录）
本标准与 ISO 9202:1991 技术性差异及其原因

表 B.1 给出了本标准与 ISO 9202:1991 的技术性差异及其原因的一览表。

表 B.1 本标准与 ISO 9202:1991 技术性差异及其原因

本标准的章条编号	技术性差异	原 因
1	增加了标准的使用范围和规定的内容。	符合我国国情及市场需求。
2	增加了规范性引用文件。	便于标准的理解和执行。
3	增加了“印记”的术语和定义。	便于标准的理解。
4.1	表 1 中增加了足金、千足金、足铂、千足铂、足钯、千足钯、足银、千足银等贵金属纯度。	符合我国国情及市场需求。
4.2	增加关于首饰配件的要求。	符合我国国情。
4.3	增加了首饰中有害元素限制的规定。	保护消费者健康。
5	增加了首饰印记的规定。	便于标准的执行。
6	列出了我国相应的检测方法标准。	便于标准的执行。
7	增加了首饰的命名方法。	便于标准的执行。

ICS 29.240.01
K 51

中华人民共和国国家标准

GB/T 11920—2008
代替 GB 11920—1989

电站电气部分集中控制设备及系统通用技术条件

General specification of central control equipment and system for electrical parts in power stations and substations

2008-09-24 发布　　2009-08-01 实施

中华人民共和国国家质量监督检验检疫总局
中国国家标准化管理委员会　发布

前 言

本标准通用基本性能指标参照 IEC 相关标准的有关规定及国内相关的技术标准，单项功能指标根据国内实际使用要求而制定。

本标准代替 GB 11920—1989《电站电气部分集中控制装置通用技术条件》。

本标准与 GB 11920—1989 相比，主要差异如下：

——标准的名称改为“电站电气部分集中控制设备及系统通用技术条件”；

——增加了电磁兼容和网络控制要求的内容；

——其他编辑性修改。

本标准的附录 A 为资料性附录。

本标准由中国电力企业联合会提出。

本标准由全国电力系统管理及其信息交换标准化技术委员会(SAC/TC 82)归口。

本标准主要起草单位：国网南京自动化研究院、国电南京自动化股份有限公司、西北电力设计院、许继集团、华电发电集团扬州发电总厂。

本标准主要起草人：许慕樑、钟泽章、蒋衍君、张钰、李顺、陶学军、邵家祺。

本标准所代替标准的历次版本发布情况为：

——GB 11920—1989。

电站电气部分集中控制设备及系统通用技术条件

1 范围

本标准规定了电站电气部分集中控制设备和集中控制系统的技术要求和性能指标，集中控制设备的测试方法、检验规则、产品的标志、包装、运输、贮存及产品随行文件。

本标准适用于电力系统及其他工矿企业中不同容量变电站或发电厂所涉及的电气部分集中控制设备和系统(以下简称集控设备和系统)；作为制造厂商对该类产品进行设计、制造、测试、贮运及制定其产品标准的依据。

2 规范性引用文件

下列文件中的条款通过本标准的引用而成为本标准的条款。凡是注日期的引用文件，其随后所有的修改单(不包括勘误的内容)或修订版均不适用于本标准，然而，鼓励根据本标准达成协议的各方研究是否可使用这些文件的最新版本。凡是不注日期的引用文件，其最新版本适用于本标准。

GB/T 191—2008 包装储运图示标志(GB/T 191—2008,ISO 780:1997,MOD)

GB/T 2421—1999 电工电子产品环境试验 第1部分 总则(idt IEC 60068-1:1988)

GB/T 2887—2000 电子计算机场地通用规范

GB/T 2900.1—1992 电工术语 基本术语(neq IEC 60050)

GB 4208—2008 外壳防护等级(IP 代码)(IEC 60529:2001,IDT)

GB/T 4728—1996～2005 电气简图用图形符号(系列标准)

GB/T 7261—2000 继电器及装置基本试验方法

GB/T 7267—2003 电力系统二次回路控制、保护屏及柜基本尺寸系列

GB/T 7269—1987 电子设备控制台的布局、型式和基本尺寸

GB/T 9361—1988 计算站场地安全要求

GB/T 9813—2000 微型计算机通用规范

GB/T 11020—2005 固体非金属材料暴露在火焰源时的燃烧性试验方法清单(IEC 60707:1999,IDT)

GB/T 13729—2002 远动终端设备

GB/T 14429—2005 远动设备及系统 第1-3部分:总则 术语(IEC 60870-1-3:1997)

GB/T 15153.1—1998 远动设备及系统 第2部分:工作条件 第1篇:电源和电磁兼容性能(idt IEC 60870-2-1:1995)

GB/T 15153.2—2000 远动设备及系统 第2部分:工作条件 第2篇:环境条件(气候、机械和其他非电影响因素)(idt IEC 60870-2-2:1996)

GB/T 17626.3—2006/IEC 61000-4-3:2002 电磁兼容 试验和测量技术 射频磁场辐射抗扰度试验

GB/T 18700.7—2005/IEC TR 60870-6-505:2002 远动设备和系统 第6-505部分 :与ISO标准和ITU协议 兼容的远动协议 TASE.2用户指南

GB/T 19520.1—2007 电子设备机械结构 482.6 mm(19 in)系列结构尺寸 第1部分:面板和机架(IEC 60297-1:1986,IDT)

GB/T 19520.2—2007　电子设备机械结构 482.6 mm(19 in)系列结构尺寸　第 2 部分:机柜和机架结构的格距(IEC 60297-2:1982,IDT)

GB/T 19520.3—2004　电子设备机械结构 482.6 mm(19 in)系列结构尺寸　第 3 部分:插箱及其插件(IEC 60297-3:1984,IDT)

GB/T 19520.4—2004　电子设备机械结构 482.6 mm(19 in)系列结构尺寸　第 4 部分:插箱及其插件　附加尺寸(IEC 60297-4:1995,IDT)

DL/T 476—1992　电力系统通信应用层数据

DL/T 575　控制中心人机工程设计导则(系列标准)

DL/T 667—1999　远动设备及系统　第 5 部分　传输规约　第 103 篇　继电保护信息接口配套标准(idt IEC 60870-5-103:1997)

DL/T 5065—1996　水力发电厂计算机监控系统设计规定

DL/T 5136—2001　火力发电厂、变电所二次接线设计技术规程

3　术语和定义

GB/T 2900.1—1992 和 GB/T 14429—2005 确定的以及下列术语和定义适用于本标准。

3.1

电气部分集中控制设备　central control equipment for electrical parts

在发电厂和变电站的控制屏、装置面板对其电气设备的运行工况进行集中测量、监视、报警和操作,实现对发电厂和变电站电气设备的集中自动控制的设备,称为电气部分集中控制设备,简称集控设备。

3.2

一对一控制方式　one-to-one control mode

每个控制开关对应于一台断路器,由这只控制开关直接对这台断路器进行跳合闸操作。

3.3

选线控制方式　selective controlled device control mode

用某种方式对断路器进行预选,然后由公用的跳合闸开关(按钮)对断路器进行跳合闸操作。

3.4

成组的顺序控制操作　grouped sequence control operation

通过预定的程序逻辑,将多个相互有关联的控制操作组合在一起,通过一个命令启动,按符合实际操作的逻辑自动顺序执行各个控制操作功能。在执行过程中,一旦某一步没有正常完成,应发出告警信号且可能停止顺序控制操作。

3.5

电气部分集中控制系统　centralized control system for electric devices

在发电厂的电气设备控制室或变电站的控制室内计算机控制系统的终端上,对发电厂或变电站的电气设备的投入和退出运行,进行交互的集中操作,并对运行情况进行集中测量、监视、报警,实现对电气设备的自动控制的计算机控制系统,称为电气部分集中控制系统,简称集控系统。

4　集控设备产品分类

4.1　按断路器控制方式分为:

——一对一控制;

——选线控制;

——成组顺序控制。

4.2 **按控制回路的电压等级分为：**

——强电控制：控制电压大于60 V；

——弱电控制：控制电压为60 V及以下。

5 技术要求

5.1 环境条件

5.1.1 正常工作的大气条件

a) 环境温度：−5 ℃～+40 ℃；−10 ℃～+55 ℃；

b) 相对湿度：5%～95%（设备内部既无凝露，也不应结冰）；

c) 大气压力：80 kPa～106 kPa；70 kPa～106 kPa。

5.1.2 计算机房的环境条件应符合GB/T 15153.2—2000规定的B类场所的要求。

5.1.3 贮存、运输极限环境温度

设备贮存允许的环境温度极限值为−25 ℃～+55 ℃，相对湿度不大于85%；

设备运输允许的环境温度极限值为−40 ℃～+70 ℃，相对湿度不大于85%。

5.1.4 周围环境

设备的使用地点应无爆炸危险，无腐蚀性气体及导电介质，无严重的霉菌，无剧烈振动冲击源；不存在超过5.6规定的电气干扰；有防御雨、雪、风、沙、尘埃及防静电措施。场地应符合GB/T 9361—1988中B类安全要求，接地电阻应符合GB/T 2887—2000中4.4的规定。

5.1.5 特殊环境要求

超出上述环境要求时按供需双方技术协议约定。

5.2 功能

5.2.1 集控设备

5.2.1.1 基本功能

a) 集控设备的人机界面应具有就地显示、监视和反映主接线图的模拟接线图的功能，并支持使用间隔接线图的操作控制及参数设置。

b) 断路器操作功能

——手动投入断路器，每次操作只允许投入一台断路器；

——应有断路器操作闭锁和防止断路器跳跃措施；

——应有防止断路器非同期合闸的措施；

——支持断路器的分相操作。

c) 集控设备采集及计算数据包括电压、电流、有功功率、无功功率、有功电度、无功电度、三相不平衡度、谐波计算等。

d) 集控设备应具有交流采样与发送功能，支持被测量量超越死区定值传送。

e) 当采集非电气量时，集控设备应具备经变送器的模拟量采集与发送功能，支持被测量量超越死区定值传送。

f) 集控设备应具备状态量的采集与发送。包括断路器和隔离刀闸的单、双位置开关量采集，事故或报警信号监视等。

g) 集控设备应具备生成事件顺序记录（SOE）功能。

h) 集控设备应具备数字量和脉冲量采集与发送，包括变压器有载分接开关位置多种编码方式采集等。

i) 集控设备可通过通信接口接收并实现选择、返送校核和执行过程的遥控命令。

j) 集控设备可通过通信接口接收并实现选择、返送校核和执行过程的遥调的设点值命令（模拟量输出）。

k) 集控设备可接收卫星时间同步系统的脉冲对时信号。

l) 集控设备具有TV、TA断线判别，$3U_0$、$3I_0$越限告警等。

m) 当集控设备软件故障时，程序可自恢复。

n) 集控设备应具有预告信号系统与事故信号系统。

o) 双网主备通道可自动切换。如远方控制是经集控设备去执行，集控设备应该具有远方/就地控制开关。集控设备应该可以接收远方的控制命令，但任何时候就地优先于远方。

p) 集控设备具有图形化逻辑可编程功能。

q) 集控设备具有本间隔和间隔间的防误操作闭锁逻辑，防误逻辑可下载，支持发电厂和变电所测控装置输出的模拟量和输出的开关量都能参与逻辑运算，支持软闭锁和硬闭锁。

r) 集控设备可接收执行远方的告警复归命令。

5.2.1.2 主要性能指标

a) 模拟量测量准确度：

——交流电流、电压量：±0.2%；

——有功功率、无功功率：±0.5%；

——有功电度量：非上网关口±0.5%，上网关口±0.2%；

无功电度量：±2.0%；

——频率：±0.01 Hz；

——直流电流、电压量：±0.2%。

b) 电压、电流准确测量范围：0.2%～120%额定值；

c) 频率准确测量范围：45 Hz～55 Hz；55 Hz～65 Hz；

d) 模拟量输出准确度：±0.5%；

e) 脉冲输入量：脉冲宽度不大于10 ms；

f) 事故顺序记录：记录分辨率 ≤2 ms；

g) 对时精度：与标准时钟的误差不大于1 ms；

h) 遥控动作成功率：99.99%；

i) 遥调操作正确率：99.9%；

j) 上传数据响应时间：

——遥信变化响应时间 <1 s；

——遥测信息响应时间 <2 s；

——遥控遥调传输延时 <1 s；

k) 设备可用率：不低于99.9%；

l) 交流采样：被测模拟量交流信号额定值输入交流电压额定值100 V，交流电流额定值5 A或1 A；

m) 直流采样：被测模拟量经变送器直流信号额定值输入直流电压额定值1 V～5 V，0 V～±5 V，0 V～±10 V；输入直流电流额定值4 mA～20 mA，0 mA～±1 mA，0 mA～±10 mA。

5.2.2 集控系统

5.2.2.1 系统基本要求

a) 系统构成

1) 电气集控系统(包括软件及支持硬件设备)应采用开放的分层分布式网络结构。

2) 网络拓扑可采用总线型网络、星型网络或环型网络，并宜按双网配置。网络的抗干扰能力、传输速率及传送距离应满足系统监控和调度要求。网络上各个节点设备宜相互独立。

3) 集控系统与非实时生产信息网络之间以及远动等实时生产信息通过数据网接入设备实现。

b) 软件系统

1) 从软件功能上可分为数据库服务功能、前置采集功能、操作控制功能及监视功能等主要模块；

2) 应用软件和实时数据库应满足监控功能的要求，可以灵活地组态、配置、扩充和修改，具有防止信息丢失的措施；

3) 集控系统宜按多层次软件结构设计，遵循模块化设计原则，所选操作系统应为具有开放性、高可靠性和安全、成熟的产品，并具有良好的实时响应速度和满足集控系统功能要求，以及可维护性和可移植性、可扩充性及界面友好性。除系统软件、应用软件外，还应配置包括数据库管理、人机管理、网络管理、系统管理等在内的支持软件，以及当地及远方在线故障诊断软件。在采用商用数据库管理系统软件时，所选商用数据库管理系统应为当时主流技术产品。

4) 软件应有详细汉字说明，具有汉字操作指南。

c) 网络传输的安全防护

网络传输时，均应配置经过认证的安全防护装置，其安全防护要求应符合有关部门电力二次安全防护规定。

d) 硬件设备

1) 应具有较好的可维护性、可扩充性。

2) 集控系统包括服务器、工作站、显示器、网络设备和配套设备等，均应采用当时的主流技术通用产品。关键设备采用冗余配置，以满足整个系统的功能要求及性能指标要求。

3) 集控设备宜具有点对点通信功能，完成数据采集、就地监控、同期及防误操作闭锁等功能，提供与保护闭锁和智能设备的接口并宜采用强电输入/输出接口以提高抗干扰能力。

4) 发电厂的电气集控系统应该根据电力系统调度的自动发电控制(AGC)指令和自动电压/无功控制(AVC)指令，支持机组有功功率和无功功率的调整。

5) 变电站的电气集控系统应该根据电力系统调度的自动电压/无功控制(AVC)指令，支持静态无功补偿器和变压器分接头的调节和电容器组的投切。

e) 数据通信

1) 网络通信宜采用传输速率不小于 10 M 的以太网；

2) 通信协议：

——集控系统通信协议推荐采用 DL/T 667—1999/IEC 60870-5-103:1997

——与远程集控系统通信协议推荐采用 DL/T 634.5104/IEC 60870-5-104、GB/T 18700.7—2005/IEC 60870-6-505:2002 TASE.2 或 DL/T 476—1992

3) 通信接口及配置由下级标准或产品文件规定。

5.2.2.2 系统功能基本要求

5.2.2.2.1 数据采集

应能采集和接收以下种类的数据：

a) 模拟量；

b) 数字量；

c) 状态量；

d) 脉冲量；

e) 带时间标志的事件顺序记录量；

f) 完整的电能量数据；

g) “五防”系统的联闭锁信息、操作命令；

h) 其他智能装置的信息。

5.2.2.2.2 数据处理

应能实现以下数据处理、运算和存储的功能：

a) 数据合理性检查及处理；

b) 异常数据处理；

c) 事件分类处理；

d) 多源数据处理(选配)；

e) 支持各种常用运算功能，包括参数运算、算术运算、代数运算、三角运算及逻辑运算等；

f) 历史数据处理：

——支持灵活设定历史数据存贮周期的功能；

——具有不少于一年的历史数据的存贮能力；

——具有灵活的统计计算能力；

——具有方便的历史数据查询的能力；

——具有历史数据备份的功能(选配)；

——具有处理并存贮由集控设备发送的带时标的事件顺序记录信息的能力并提供查询手段。

5.2.2.2.3 监视和报警

a) 遥测量异常告警；

b) 遥信变位提示及告警；

c) 计算机系统异常告警；

d) 数据通信异常告警；

e) 告警应有推画面、发音响(语音、笛音)及提示窗等方式；

f) 具有报警管理功能，可对报警信息索引、分类、记录、存贮、打印；

g) 应能方便地确认告警，报警可区分事件的优先级别并设置不同的声、光、色的效果；

h) 具有报警保持、报警确认、报警复归功能；

i) 可以有选择地实现告警抑制。

5.2.2.2.4 控制与操作

a) 应能实现断路器和隔离刀闸的操作及其他设备操作；

b) 能实现断路器、隔离开关及接地刀闸的防误操作闭锁，对不满足闭锁条件的控制操作，应在人机界面/监视画面上显示闭锁原因。并具有特殊情况下的解除闭锁功能；

c) 对于关键性操作，如写或执行控制操作，应该进行确认后执行功能且进行日志记录，可以设置操作员密码校验措施。

5.2.2.2.5 图形功能

a) 应采用全图形、多窗口技术，具有层次显示、画面缩放、漫游、平面叠加等功能；

b) 应能编辑、修改、生成和显示各种画面(接线图、表格、曲线、棒图、饼图、配置图、告警信息表等形式)；

c) 应支持画面拷贝；

d) 可在线修改、增减画面上的静态和动态数据；

e) 屏幕显示应支持多种字体汉字。

5.2.2.2.6 制表与打印

a) 应具有电子报表的基本功能；

b) 应具有各种报表、日志分类记录、各种异常记录、操作记录的打印能力；

c) 应能即时、定时、召唤打印；

d) 制表打印应支持汉化；

e) 应能支持多种打印机。

5.2.2.2.7 网络拓扑动态着色

基于网络拓扑分析，能用特定的颜色和图形动态地显示设备的特定运行状态（如停电、解列、接地等）。

5.2.2.2.8 运行参数及状态人工设置

可人工设置遥测值、遥信状态、计算量、设备参数，及挂/撤各种标志牌。

5.2.2.2.9 防误操作

系统应具有防误操作功能，识别和防止以下误操作并发出提示：

a) 误分、合断路器；

b) 带负荷拉、合隔离开关（包括人工设置隔离开关状态和遥控隔离开关）；

c) 带电挂接地线；

d) 带地线合闸（包括人工设置断路器、隔离开关状态和遥控）；

e) 误入带电隔离区。

5.2.2.2.10 系统对时

系统应能接收卫星时间同步系统的标准时间信号并以此同步系统内各计算机的时钟。

系统应具备下行对时功能，向不具备当地卫星时间同步系统的集中控制设备等发送对时信号。

5.2.2.2.11 趋势曲线显示

应具有用户自定义趋势曲线的功能；

应能显示基于实时数据的趋势曲线和基于历史数据的趋势曲线。

5.2.2.2.12 系统自诊断与自恢复

在冗余系统的一台设备故障时，不影响其他机器的正常运行，并实现功能的自动切换；

在一个网段故障时，可自动切换到另一个正常的网段上进行数据交换，确保系统的正常运行；在线诊断包括整个站控层系统的硬件、软件、通信接口及网络的运行情况，发现异常能立即告警；设置远方诊断接口，可实现远方工程师登陆诊断功能。

5.2.2.2.13 远程维护及故障诊断

具有安全防护措施的远程维护及故障诊断的功能；

5.2.2.2.14 权限控制

应能根据需要设置不同等级的操作权限控制。

5.2.2.2.15 二次开发接口

应提供用户进行二次开发的接口。

5.2.2.3 基本 SCADA 功能性能指标

a) 状态量变位传输时间： ≤1 s；

b) 遥测量变化传输时间： ≤2 s；

c) 遥控命令选择、执行或撤消传输时间： ≤2 s；

d) 实时数据画面在人机界面屏幕整幅调出响应时间：

——85%的画面： ≤3 s；

——其余画面： ≤5 s；

e) 画面数据刷新周期：1 s～10 s（可调）；

f) SOE 分辨率： ≤2ms；

g) 模拟量遥测综合误差： ≤ 1.5%（包括变送器误差 1.0%）；

h) 电网正常情况下 SCADA 主要节点 CPU 负载： ≤30%（1 min 平均值）；

i) 电网事故情况下 SCADA 主要节点 CPU 负载： ≤ 50%（10 s 平均值）；

j) 控制操作正确率： 100%；

k) 遥控动作成功率： 99.99%；

l) 事故时遥信年正确动作率： ≥99.99%；

m) 系统可用率： ≥99.9%；

n) 平均无故障工作时间(MTBF)： ≥20 000 h；

o) 历史数据保存间隔： 分类可调；

p) 历史数据存储时间： ≥2 年。

5.2.3 电源

集控系统的电源应采用交流不间断电源(UPS)或直流电源系统供电，集中控制设备宜采用双路直流电源供电。

5.2.3.1 交流电源

a) 额定电压，单相 220 V，三相 380 V；

b) 允许偏差－15%～＋10%；

c) 波形为正弦波，失真度小于 5%；

d) 频率 50 Hz，允许偏差±5%；

e) UPS 备电的电池在满负荷时的供电时间不小于 30 min。

5.2.3.2 直流电源

a) 额定电压 110 V，220 V；

b) 直流－15%～＋10%(不包含通信电源)；

c) 纹波系数小于 5%。

5.3 集控设备的结构要求

5.3.1 机械结构尺寸

5.3.1.1 集控设备机柜(屏)的结构尺寸应符合 GB/T 19520.1—2007 和 GB/T 19520.2—2007 的规定。

5.3.1.2 控制台的结构尺寸宜参照 GB/T 7269—1987 的要求。

5.3.1.3 插箱及其插件的结构尺寸应符合 GB/T 19520.3—2004 和 GB/T 19520.4—2004 的规定。

5.3.1.4 机柜(屏)的地脚安装尺寸应符合 GB/T 7267—2003 的规定。

5.3.2 机械结构要求

5.3.2.1 集控设备机柜(屏)和控制台的表面覆板应保证足够的机械强度和刚度。

5.3.2.2 机柜(屏)和控制台组装后地脚应平稳，各垂直外表面对底部基准面的垂直度公差应符合表 1 的规定。

表 1 垂直度公差 单位为毫米

基本尺寸	≤400	＞400～1 000	＞1 000～1 600	＞1 600～2 500
公差	1.2	1.5	2.0	2.5

5.3.2.3 机柜(屏)和控制台各外表面应平整，面板、侧板和门板在任意每平方米内的平面度公差为 3 mm。

5.3.2.4 机柜(屏)和控制台各表面均应有良好的涂覆，涂覆层应完整、均匀一致，其色泽不应有明显的差异，不应有反光、炫目现象存在。

5.3.2.5 机柜(屏)和控制台各机构应启闭灵活可靠，各运动部件在运动过程中不应与其他部件发生碰撞或摩擦。

5.3.2.6 集控设备中的插件应插拔方便，锁紧可靠。带电插拔时应保证电流互感器二次回路不开路，电压回路不短路。

5.3.2.7 机柜(屏)和控制台应具有与地基固定的构件以及供运输吊卸的构件。

5.3.2.8 机柜(屏)和控制台的设计应符合人机关系，工作站的布局和尺寸、显示器和控制器的布置等设计要求参见 DL/T 575。

5.3.2.9 机柜门开启、关闭应灵活自如，锁紧应可靠。门的开启角度应大于 120°，必要时应设置柜门的限位机构。

5.3.2.10 机柜(屏)和控制台外形应简洁、美观，缝隙均匀，色彩协调。

5.3.2.11 机柜的 IP 防护等级，户内机柜应不低于 GB 4208—2008 规定的 IP30 的要求，户外机柜应不低于 IP54 的要求。

5.3.3 结构安全性要求

5.3.3.1 机柜(屏)和控制台及其零部件的可触及部分不应有锐边和棱角、毛刺和粗糙的外表，以防止在装配、安装、使用和维护中对人身安全带来伤害。

5.3.3.2 机柜(屏)和控制台的传动、旋转、摆动等运动部件应有限制或防止接触的安全防护措施。

5.3.3.3 机柜(屏)和控制台应能防止未经允许使用工具进入内部。

5.3.3.4 所有结构件、零部件使用的材料的防火性能应不低于 GB/T 11020—2005 中 V2 等级。

5.3.3.5 对于既作连接又作导电用的零件(构成保护电路的连接件除外)，应采用铜质材料。

5.3.3.6 机柜(屏)和控制台的功能地宜与保护地(安全地)分开设置并绝缘，应以双重绝缘或加强绝缘与危险带电部分隔离。

5.3.3.7 机柜(屏)和控制台应设置安全接地构件，并设置醒目的接地标志。所有外露可导电部件都应电气互连并与安全接地端可靠连接，接地端与需要接地的部件之间的连接电阻应不大于 0.5 Ω。

5.4 集控设备的绝缘性能

5.4.1 绝缘电阻

5.4.1.1 正常试验大气条件下绝缘电阻的要求见表 2。

表 2 正常试验条件下的绝缘电阻要求

额定绝缘电压 U_i	绝缘电阻要求
$U_i \leqslant 60$ V	≥5 MΩ(用 250 V 兆欧表)
$U_i > 60$ V	≥5 MΩ(用 500 V 兆欧表)

5.4.1.2 湿热条件(温度 40±2 ℃，相对湿度 90%～95%，大气压力 86～108 kPa)下绝缘电阻的要求见表 3。

表 3 湿热条件下的绝缘电阻要求

额定绝缘电压 U_i	绝缘电阻要求
$U_i \leqslant 60$ V	≥1 MΩ(用 250 V 兆欧表)
$U_i > 60$ V	≥1 MΩ(用 500 V 兆欧表)

5.4.2 绝缘强度

在正常试验大气条件下，装置的被试部分应能承受表 3 中规定的 50 Hz 交流电压历时 1 min 绝缘强度的试验，无击穿与闪络现象。

试验部位：非电连接的两个独立电路之间；各带电回路与金属外壳之间。

不同额定绝缘电压回路的试验电压值见表 4。

表 4 试验电压值

额定绝缘电压 U_i	试验电压有效值
$U_i \leqslant 60$ V	500 V
60 V $< U_i \leqslant 125$ V	1 000 V
125 V $< U_i \leqslant 250$ V	1 500 V

5.5 电源影响

5.5.1 交流电源影响

在环境温度为+5 ℃～+35 ℃、相对湿度为45%～75%(设备内部既无凝露,也不应结冰)、大气压力为80 kPa～106 kPa的大气条件下,按5.2.3.1规定的参数中任一项的选定极限变化(其余为额定值),装置应可靠工作,性能及参数符合5.2要求。

5.5.2 直流电源影响

在环境温度为+5 ℃～+35 ℃、相对湿度为45%～75%(设备内部既无凝露,也不应结冰)、大气压力为80 kPa～106 kPa的大气条件下,按5.2.3.2规定的参数中任一项的选定极限变化(其余为额定值),装置应可靠工作,性能及参数符合5.2要求。

5.6 集控设备的电磁兼容性能

5.6.1 高频干扰

满足GB/T 13729—2002中3.7.1的要求。

5.6.2 快速瞬变脉冲群干扰

满足GB/T 13729—2002中3.7.2的要求。

5.6.3 浪涌干扰

满足GB/T 13729—2002中3.7.3的要求。

5.6.4 静电放电干扰

满足GB/T 13729—2002中3.7.4的要求。

5.6.5 工频磁场和阻尼振荡磁场干扰

满足GB/T 13729—2002中3.7.5的要求。

5.6.6 辐射电磁场干扰

满足GB/T 13729—2002中3.7.6的要求。

5.6.7 电源电压突降和中断

满足GB/T 13729—2002中3.7.7的要求。

5.7 集控设备的机械性能

在正常试验大气条件下,设备的关键部件在经受频率为10 Hz～150 Hz(偏差±2%)单振幅0.075 mm(偏差±15%)两个互相垂直方向(同一平面内),各持续2 h后,主要参数与性能仍应满足5.3、5.4的规定,结构与元件无松动及损坏。

5.8 设计图纸和工艺性要求

5.8.1 主接线模拟图

5.8.1.1 柜(屏)、台正面或操作面上的主接线模拟图的图形符号应符合GB 4728的规定。

5.8.1.2 模拟母线的颜色应符合电力系统的有关规定,详见附录A。

5.8.2 导线及连接

5.8.2.1 柜(屏)、台内各电气部件之间的连接导线应为铜质导线,其额定绝缘电压不低于500 V。

5.8.2.2 导线与电气元件的端子或端子排之间应通过压接的压接头连接。

5.8.2.3 接线端子的额定电压、电流应满足连接电路的要求,电流互感器二次回路的连接端子应为专用试验端子。

5.8.2.4 端子排离柜(屏)顶不小于400 mm,离柜(屏)底面高度不小于200 mm,两排端子排之间的距离不小于150 mm。

5.8.2.5 导线与可拆卸的端子排连接处必须有标号片,标志符号应与图纸一致。

5.8.2.6 导线的截面积应满足DL/T 5136—2001的要求。

5.8.3 电气元件的安装

5.8.3.1 开关面板、把手与位置指示器线条的颜色一般应为黑色或深灰色。当选择其他颜色时,应与模拟母线条的颜色接近。

5.8.3.2 装于交流三相电路或直流电路，分相装设的电气元件，以面对设备正面为准，元件安装位置见表5。

表5 电气元件的安装位置

电路	安装位置		
	从左到右	从上到下	从前到后
交流三相电路	A、B、C、零	A、B、C、零	A、B、C、零
直流电路	+、−	+、−	+、−

5.8.3.3 开关按钮等操作元件的面板上应具有表示功能的文字符号，如“分”、“合”、“投入”、“退出”、“增”、“减”等。

5.8.4 集控设备和集控系统的接地应符合 DL/T 5065—1996 和 DL/T 5136—2001 的规定。

5.9 功率消耗

集控设备在额定负载下所消耗的功率，应在各自装置的技术条件中规定，交流用 VA 表示，直流用 W 表示。

5.10 连续通电

集中控制设备完成调试后，在出厂前进行 40 ℃条件下不少于 72 h 或室温条件下不少于 100 h 的连续稳定通电试验，交直流电压为额定值，各项参数和性能均应符合技术要求。

6 试验方法

6.1 试验的环境条件

a) 除另有规定外，各项试验均在环境温度为+5 ℃～+35 ℃、相对湿度为 45%～75%（设备内部既无凝露，也不应结冰）、大气压力为 80 kPa～106 kPa 的大气条件下进行；

b) 被试验装置和测试仪表必须良好接地，并考虑周围环境电磁干扰对测试结果的影响；

c) 测量仪表准确度等级要求：测量仪表应满足 GB/T 7261—2000 中 4.4 的要求。

6.2 外观检查

按 5.3 及 GB/T 7261—2000 第 5 章的要求逐项进行检查。

6.3 功能及技术性能试验

按 5.2 的要求进行功能及技术性能试验，试验方法由下级标准规定。

6.4 电源影响

按 5.5 的规定和要求进行电源影响试验。

6.5 绝缘电阻

按 5.4.1 规定对装置的台和屏用相应电压的兆欧表测量绝缘电阻，测量时间不小于 5 s。

在试验整机对地绝缘电阻时，应取出装有半导体器件的印制板。

6.6 绝缘强度

按 5.4.2 的规定用击穿电压测试仪进行绝缘强度试验。试验电压从零起始，在 5 s 内逐渐升到规定值并保持 1 min，随后迅速平滑地降到零值。测试完毕断电后用接地线对被试品进行安全放电。

对额定电压为 60 V 以下的半导体器件，在对整机进行绝缘强度试验时应采取防护措施，如拔出有关插件或短接有关电路等。

6.7 低温试验

低温室的温度偏差不大于±2 ℃。装置在低温室内各表面与相应的室内壁之间的最小距离不小于 150 mm。低温室以不超过 1 ℃/min 速度降温，待温度达到+5 ℃并稳定后开始计时，保温 2 h。再将装置连续通电 2 h（交、直流电压均为额定值），检查装置的各种功能应正常，然后将装置断电，以不超过

1 ℃/min 速度升温，待低温室内温度恢复到正常温度并稳定后，将装置取出低温室进行外观检查。

6.8 高温试验

高温室的温度偏差不大于±2 ℃，相对湿度不超过 50%(+35 ℃)。装置在高温室内各表面与相应的室内壁之间的最小距离不小于 150 mm。高温室以不超过 1 ℃/min 速度升温，待温度达到+40 ℃并稳定后开始计时，保温 2 h。再使装置连续通电 2 h(交、直流电源电压均为额定值)，检查装置的各种功能应正常。然后将装置断电，以不超过 1 ℃/min 速度降温，待高温室内温度恢复到正常温度并稳定后，将装置取出高温室进行外观检查。

6.9 温度贮存试验

设备的贮存运输允许的环境温度极限值为－25 ℃～+55 ℃相对湿度不大于 85%。在不施加任何激励量的条件下，设备不应出现不可逆变化。温度恢复后，设备的性能应符合 5.2、5.3 的规定。

6.10 湿热试验

试验室的温度偏差不大于±2 ℃，相对湿度偏差不大于±2%。装置各表面与相应的室内壁之间最小距离不小于 150 mm，凝结水不得滴落在试验样品上。试验室以不超过 1 ℃/min 速度升温，待温度达到+40 ℃并稳定后再加湿到 90%～95%范围内，保持 48 h。在试验过程最后 1 h～2 h 内，按 5.5 规定用相应电压的兆欧表测量绝缘电阻，测量时间不小于 5 s。

试验结束后，先把试验室内的相对湿度在半小时内降到 75±3%，然后在半小时内将试验室的温度恢复到正常温度并稳定后，将装置取出试验室进行外观检查。

注：上述 6.7、6.8、6.9 各项试验对不便进行整机试验的大型产品，根据 GB 2421—1999 可按装置技术条件中的规定对关键部件进行相应试验。

6.11 电磁兼容性能试验

6.11.1 高频干扰试验

按 GB/T 13729—2002 中表 16 的规定，在被试设备处于工作状态下进行。

在施加高频干扰情况下测试被试设备的状态输入量、直流输入量和 SOE 分辨率，其各项技术指标应符合 5.2、5.3 的规定。

6.11.2 快速瞬变脉冲群干扰试验

按 GB/T 13729—2002 表 16 中对快速瞬变脉冲群干扰试验参数的规定对被试设备的信号回路和电源回路施加快速瞬变脉冲群干扰，在被试设备处于工作状态下进行。

在施加快速瞬变脉冲群干扰情况下测试被试设备的状态输入量、直流输入量和 SOE 分辨率，其各项技术指标应符合 5.2 的规定。

6.11.3 浪涌干扰试验

按 GB/T 13729—2002 中表 16 的规定，在被试设备处于工作状态下进行。

在施加浪涌干扰情况下测试被试设备的状态输入量、直流输入量和 SOE 分辨率，其各项技术指标应符合 5.2 的规定。

6.11.4 静电放电干扰试验

按 GB/T 13729—2002 中表 17 静电放电主要参数的规定，在操作人员通常可接触到的被试设备的部位和表面上，按 GB/T 13729—2002 中附录的试验接线进行。

在施加静电放电干扰情况下测试被试设备的状态输入量、直流输入量和 SOE 分辨率，其各项技术指标应符合 5.2 的规定。

6.11.5 工频磁场和阻尼振荡磁场干扰试验

将被试设备放进 GB/T 13729—2002 中表 18 规定的磁场中，测试被试设备的状态输入量、直流输入量和 SOE 分辨率，其各项技术指标应符合 5.2 的规定。

6.11.6 辐射电磁场干扰试验

根据 5.6.6 的要求，按 GB/T 17626.3—2006 规定的方法进行试验。

6.11.7 电源电压突降和电压中断试验

被试设备的直流电源电压突降 ΔU 为 100%，持续时间为 0.5 s 并重复试验 3 次(每次间隔时间为 10 s)，设备应能正常工作，测试被试设备的状态输入量、直流输入量和 SOE 分辨率，其各项技术指标应符合 5.2 的规定。

6.12 机械性能试验

将装置的关键部件按实际使用情况固定在振动台上，给装置施加额定电参数，按 5.7 规定进行振动试验。

7 检验规则

产品检验分出厂检验(交收检验)和型式检验(例行检验)两种。

7.1 出厂检验

7.1.1 每套装置出厂前必须由制造厂技术检验部门在正常试验大气条件下，按以下项目进行成品检验。

a) 绝缘电阻；

b) 绝缘强度；

c) 连续通电；

d) 功能检验；

e) 外观检验。

7.2 型式检验

在正常试验大气条件下，由制造厂技术检验部门对出厂检验合格的装置进行型式检验。

7.2.1 型式检验周期

a) 新产品或老产品转厂生产的试制定型鉴定；

b) 批量生产的设备(每年 100 台以上)每四年一次；小批量生产的装置每五年一次；

c) 正式生产后，如设计、工艺材料、元件有较大改变，可能影响产品性能时；

d) 国家质量监督机构提出进行型式检验的要求时；

e) 产品长期停产后，恢复生产时；

f) 出厂检验结果与上次型式检验有较大差异时。

7.2.2 型式检验抽样与复验

从出厂检验合格的产品中任意抽取 1～2 台进行型式检验。

型式检验各项目全部符合技术要求为合格，发现有不符合技术要求的项目应分析原因，处理缺陷，对产品进行整顿后，再按全部型式检验项目检验。

7.2.3 型式检验项目与顺序

a) 外观检查；

b) 绝缘性能试验；

c) 功率消耗；

d) 功能及技术性能试验；

e) 电源影响试验；

f) 低温、高温及温度贮存试验；

g) 耐湿热试验；

h) 电磁兼容性能试验；

i) 振动试验；

j) 连续通电试验。

注：上述 e)、g)、h)、i) 四项检验项目产品定型时进行。

8 产品的标志、包装、运输和贮存

8.1 标志

8.1.1 每套装置应在屏、台上装铭牌，铭牌上应有下列内容：

a) 装置名称；

b) 产品型号；

c) 制造厂名称和商标；

d) 出厂年月、编号。

8.1.2 外包装箱上应以不能洗刷的涂料作以下标记：

a) 发货厂名、产品名称、型号及交付托运的包装箱件数；

b) 收货单位名称及地址；

c) 箱子总重量、外形尺寸；

d) 按 GB/T 191 在箱子外面加上“防潮”、“向上”等标志。

8.2 包装

8.2.1 产品包装前的检查：

a) 产品的附件、备品、合格证和有关技术文件是否齐备；

b) 产品外观有无损坏；

c) 产品表面有无灰尘。

8.2.2 包装的一般要求

产品应有内包装和外包装箱，插件插箱应锁紧扎牢，包装箱应有防尘、防雨、防震措施，并有吊装设施及标志。

8.3 运输

装置应适于陆运、水运(海运)或空运，运输及装卸按包装箱上的标记进行。

8.4 贮存

包装好的装置应贮存在环境温度－25 ℃～＋65 ℃，相对湿度不大于 85％的库房内，室内无酸、碱、盐及腐蚀性、爆炸性气体，不受灰尘雨雪的侵害。

9 产品随行文件

产品出厂应提供下列随行文件：

——产品合格证；

——产品说明书；

——装箱清单；

——随机备品、备件清单；

——产品图样及设计文件；

——其他有关技术资料。

附 录 A
（资料性附录）
模拟母线涂色的规定

模拟母线涂色见表 A.1。

表 A.1 模拟母线的涂色

序 号	电压 kV	颜 色
1	直流	褐
2	交流 0.10	浅灰
3	交流 0.22	深灰
4	交流 0.38	黄褐
5	交流 3	深绿
6	交流 6	深蓝
7	交流 10	绛红
8	交流 13.8	浅绿
9	交流 15.75	绿
10	交流 18	粉红
11	交流 20	梨黄
12	交流 35	鲜黄
13	交流 63	橙黄
14	交流 110	朱红
15	交流 154	天蓝
16	交流 220	紫
17	交流 330	白
18	交流 500	淡黄
19	交流 750	深蓝
20	交流 1 000	（待定）

注 1：模拟母线的宽度宜为 6 mm～12 mm；

注 2：设备模拟的涂色应与相同电压等级的模拟母线颜色一致；

注 3：变压器中性点引线的模拟母线的颜色为黑色。

参 考 文 件

GB/T 2423.1—2001 电工电子产品环境试验 第2部分:试验方法 试验A:低温(idt IEC 60068-2-1:1990)

GB/T 2423.2—2001 电工电子产品环境试验 第2部分:试验方法 试验B:高温(idt IEC 60068-2-2:1974)

GB/T 2423.9—2001 电工电子产品环境试验 第2部分:试验方法 试验Cb:设备用恒定湿热(idt IEC 60068-2-56:1988)

GB/T 11287—2000 电气继电器 第21部分:量度继电器和保护装置的振动、冲击、碰撞和地震试验 第1篇:振动试验(正弦)(idt IEC 60255-21-1:1988)

GB/T 13850—1998 交流电量转换为模拟量或数字信号的电测量变送器(idt IEC 688:1992)

DL/T 621—1997 交流电气装置的接地

DL/T 630—1997 交流采样远动终端技术条件

DL/T 634.5101—2002/IEC 60870-5-101:2002 远动设备及系统 第5-101部分 传输规约 基本远动任务配套标准

DL/T 634.5104—2002/IEC 60870-5-104:2000 远动设备及系统 第5-101部分 传输规约 采用标准传输协议子集的IEC 60870-5-101网络访问

DL/T 645—1997 多功能电能表通信规约

DL/T 659—1998 火力发电厂分散控制系统在线验收测试规程

DL/T 719—2000 远动设备及系统 第5部分 传输规约 第102篇 电能累计量传输配套标准(idt IEC 60870-5-102:1996)

DL/T 5081—1997 水力发电厂自动化设计技术规程

DL/T 5137—2001 电测量及电能计量装置设计技术规程

DL/T 5149—2001 220 kV～500 kV变电所计算机监控系统设计技术规程

DL/T 5226—2005 火力发电厂电力网络计算机监控系统设计技术规定

IEC 60654-4:1987 工业过程测量和控制设备的操作条件 第4部分:腐蚀性和侵蚀性影响

IEC 60694:1996 高压开关装置和控制装置标准的通用描述

ICS 17.040.30
F 86

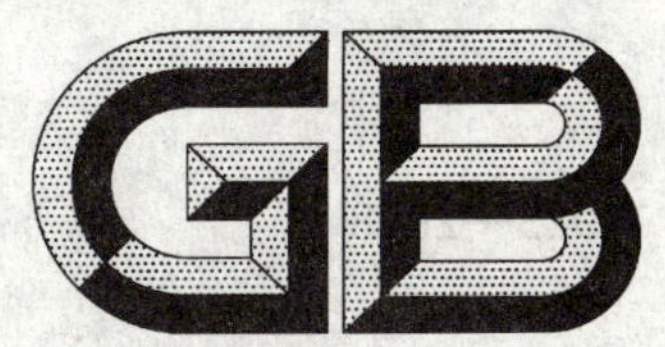

中华人民共和国国家标准

GB/T 11923—2008
代替 GB/T 11923—1989

电离辐射物位计

Level meter utilizing ionizing radiation

(IEC 60982:1989, Level measuring systems utilizing radiation with continuous or switching output, NEQ)

2008-07-02 发布　　　　2009-04-01 实施

中华人民共和国国家质量监督检验检疫总局
中国国家标准化管理委员会　发布

前　言

本标准对应于 IEC 60982：1989《利用电离辐射的带连续或开关输出的物位测量系统》，与 IEC 60982：1989 一致性程度为非等效。

本标准代替 GB/T 11923—1989《电离辐射料位计》。

本标准与 GB/T 11923—1989 的主要差别如下：

——参照 IEC 60982：1989，将本标准的标题改为《电离辐射物位计》；

——更新和增添了规范性引用文件；

——增加了大量的术语和定义；

——删除了原标准的第 4 章"产品分类"；

——修改了"正常工作条件"的分级和要求(4.1.2)；

——修改了开关输出信号和连续输出信号物位计，分别归类列出的技术要求，同时"试验方法"的排列也作相应的调整(第 5 章)；

——增加了电磁兼容性的要求；

——影响量增加了"外界磁场"和"机械振动"(5.3.2.4 和 5.3.2.5)；

——对出厂检验和型式检验作了比较详细的原则性的规定(6.2 和 6.3)。

本标准由中国核工业集团公司提出。

本标准由全国核仪器仪表标准化技术委员会(SAC/TC 30)归口。

本标准起草单位：上海工业自动化仪表研究所、深圳计量质量检测院、核工业标准化研究所。

本标准主要起草人：李佳嘉、李名兆、熊正隆、蔡闻智、周迎春、许晓蔚。

本标准所代替标准的历次版本发布情况为：

——GB/T 11923—1989。

电离辐射物位计

1 范围

本标准规定了电离辐射物位计的术语和定义、技术要求、试验方法、检验规则以及标志、包装、运输和贮存。

本标准适用于带有辐射源并利用其电离辐射对物质表面或者两种密度不同且不相混的物质的分界面位置进行连续或定点(单点或多点)测量的电离辐射物位计。被测物质可以是液体或粉粒状的固体,而输出信号可以是连续量或开关量。

2 规范性引用文件

下列文件中的条款通过本标准的引用而成为本标准的条款。凡是注日期的引用文件,其随后所有的修改单(不包括勘误的内容)或修订版均不适用于本标准,然而,鼓励根据本标准达成协议的各方研究是否可使用这些文件的最新版本。凡是不注日期的引用文件,其最新版本适用于本标准。

GB 190 危险货物包装标志

GB/T 3836.1—2000 爆炸性气体环境用电气设备 第1部分:通用要求(eqv IEC 60079-0:1998)

GB/T 3836.2—2000 爆炸性气体环境用电气设备 第2部分:隔爆型“d”(eqv IEC 60079-1:1990)

GB/T 3836.4—2000 爆炸性气体环境用电气设备 第4部分:本质安全型“i”(eqv IEC 60079-11:1999)

GB/T 4075—2003 密封放射源一般要求和分级(ISO 2919:1999,MOD)

GB/T 8993—1998 核仪器环境条件与试验方法

GB/T 10257—2001 核仪器和核辐射探测器质量检验规则

GB/T 11684—2003 核仪器电磁环境条件与试验方法

GB 11806 放射性物质安全运输规程(GB 11806—2004,IAEA No. TS-R-1:1996/2003,IDT)

GB/T 15479—1995 工业自动化仪表绝缘电阻、绝缘强度 技术要求和试验方法

GB/T 17626(所有部分) 电磁兼容 试验和测量技术(idt IEC 61000-4)

GB/T 18271.2—2000 过程测量和控制装置 通用性能评定方法和程序 第2部分:参比条件下的试验(IEC 61298-2:1995,IDT)

GB/T 18271.3—2000 过程测量和控制装置 通用性能评定方法和程序 第3部分:影响量影响的试验(IEC 61298-3:1998,IDT)

GB/T 18871—2002 电离辐射防护与辐射源安全基本标准

GB/T 19661.1—2005 核仪器及系统安全要求 第1部分:通用要求

GB/T 19661.2—2005 核仪器及系统安全要求 第2部分:放射性防护要求(IEC 60405:2003,Nuclear instrumentation—Constructional requirments and classification of radiometric gauges,MOD)

EJ/T 1059 核仪器产品包装通用技术要求

3 术语和定义

下列术语和定义适用于本标准。

3.1 与测量方法有关的术语和定义

3.1.1

电离辐射物位计 level meter utilizing ionizing radiation

带有电离辐射源，并设计成可测量物质表面或界面位置的测量装置。

3.1.2

透射式物位计 transmission level meter

辐射源和探测器分别放置在被测物质相对的两侧，利用电离辐射穿透被测物质后辐射量的变化，测量容器内物位的装置。

典型的例子如图1～图5所示。

辐射源和探测器可以安装在容器的外部，也可以嵌入容器内。

a) 定点物位测量(物位开关，用于物位监测，见图1)

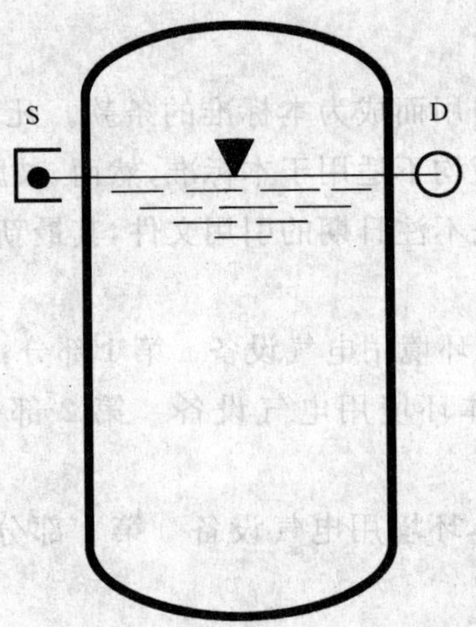

S——源；
D——探测器。

图1 定点物位测量

b) 连续物位测量(连续物位计，见图2～图5)

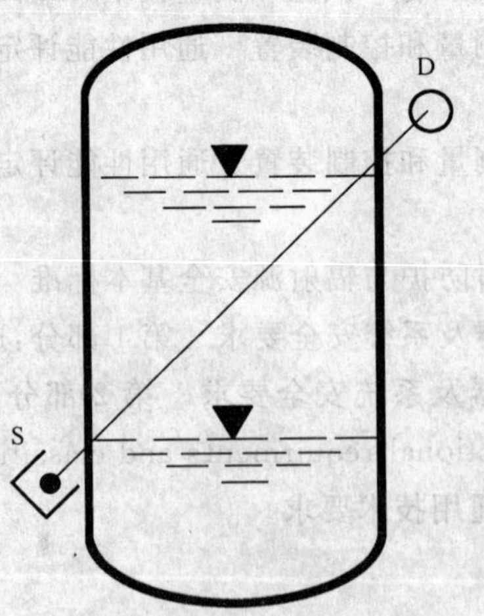

图2 连续物位测量(点源和点探测器)

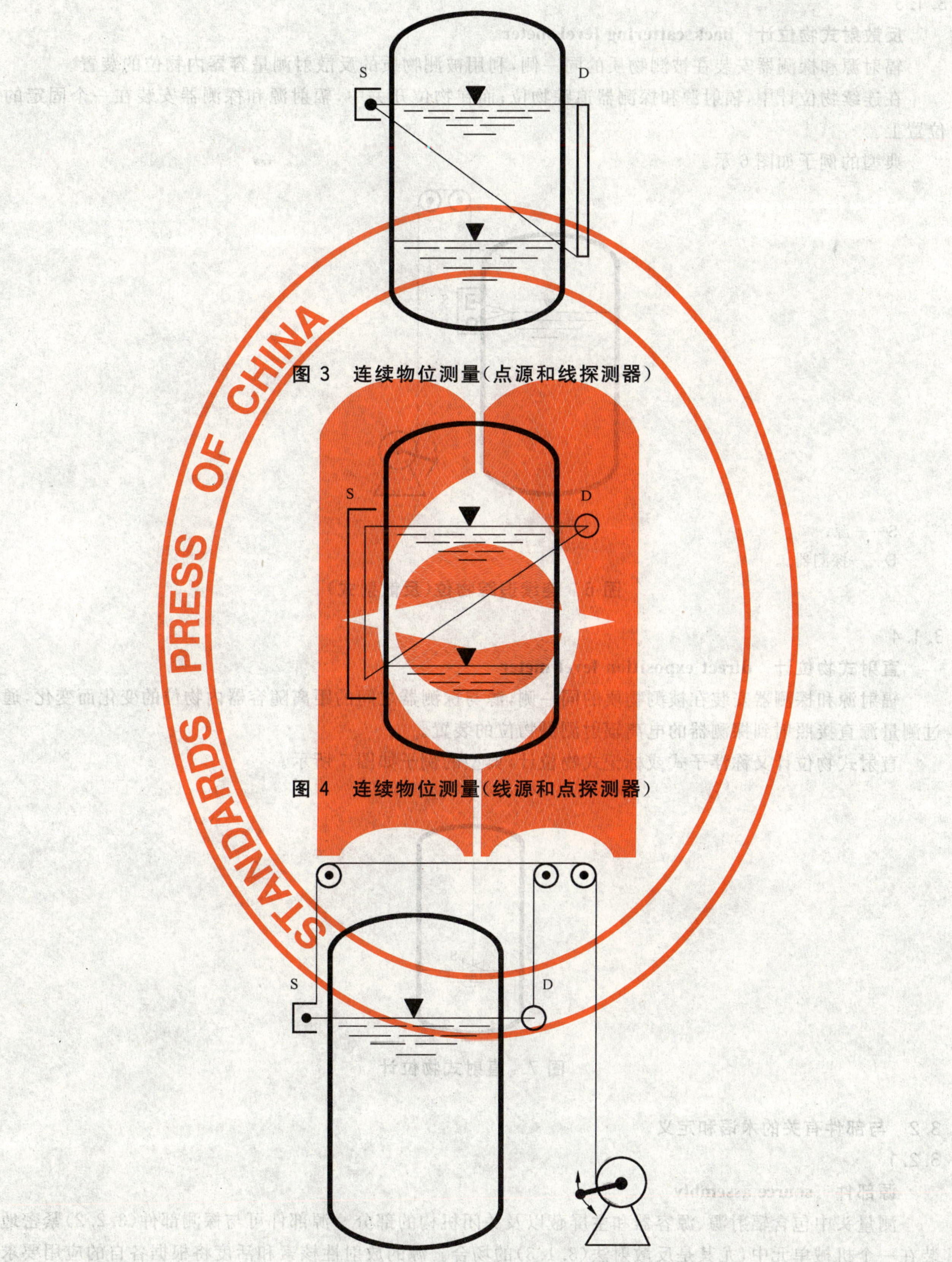

图 3　连续物位测量(点源和线探测器)

图 4　连续物位测量(线源和点探测器)

图 5　连续追踪物位(透射式)

3.1.3

反散射式物位计　backscattering level meter

辐射源和探测器安装在被测物质的同一侧，利用被测物质的反散射测量容器内物位的装置。

在连续物位计中，辐射源和探测器追踪物位；而在物位开关中，辐射源和探测器安装在一个固定的位置上。

典型的例子如图6示。

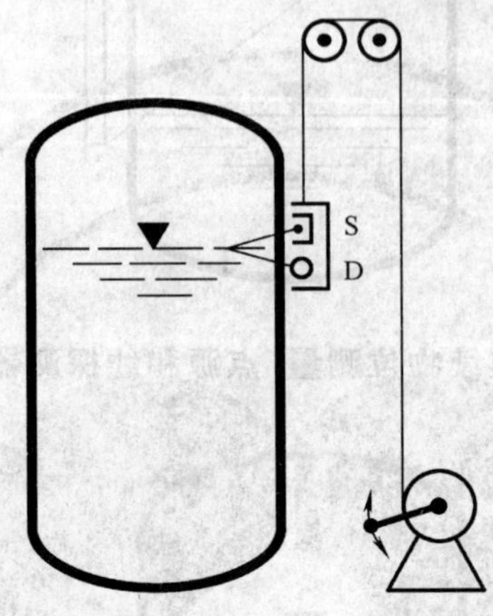

S——源；

D——探测器。

图6　连续追踪物位(反散射式)

3.1.4

直射式物位计　direct exposition level meter

辐射源和探测器安装在被测物质的同一侧，源与探测器之间的距离随容器内物位的变化而变化，通过测量源直接照射到探测器的电离辐射测量物位的装置。

直射式物位计又称浮子式或标记式物位计，典型的例子如图7所示。

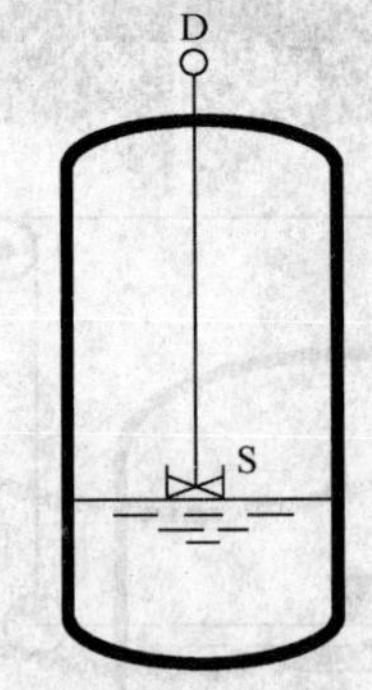

图7　直射式物位计

3.2　与部件有关的术语和定义

3.2.1

源部件　source assembly

测量头中包含辐射源、源容器和主屏蔽以及关闭机构的部分。源部件可与探测部件(3.2.2)紧密地装在一个机械单元中，尤其是反散射法(3.1.3)的场合。源的放射性核素和活度将根据各自的应用要求专门确定。应考虑下述因素的变化：容器形状、辐射衰减系数、被测物质密度、探测器灵敏度、系统预期寿命以及该应用所要求的信噪比等。

3.2.2

探测部件　detector assembly

测量头中包含探测器的部分。由一个或多个探测器和合适的辅助电路组成。探测部件可与源部件(3.2.1)紧密地装在一个机械单元中，尤其是反散射法(3.1.3)的场合。

3.2.3

测量头　measuring head

由一个或多个辐射源和辐射探测器以及能用来测量和校正影响量影响的任何补偿传感器或装置一起组成的子部件。

注：测量头可以由分离的源室和探测器室等子部件组成，它也可包括信号处理用电子装置。

3.2.4

处理单元　processing unit

通过组合的电气和电子器件，用于处理测量头产生的电气量并为测量目的提供具有适宜值的电气量的部件。

注：电测量子部件通常称为主机。

3.2.5

移动装置　movement device

使测量头沿着容器移动而且移动范围超过被测物位范围的装置。移动装置与其他部件组合在一起以便测量过程中整个测量系统追踪物位。

注：移动装置的位移量为非辐射量，所以本标准不涉及这些量。

3.2.6

空气间隙　air gap

容器壁外侧与测量头(或是源部件、或是探测部件)表面之间的距离。见图 8。

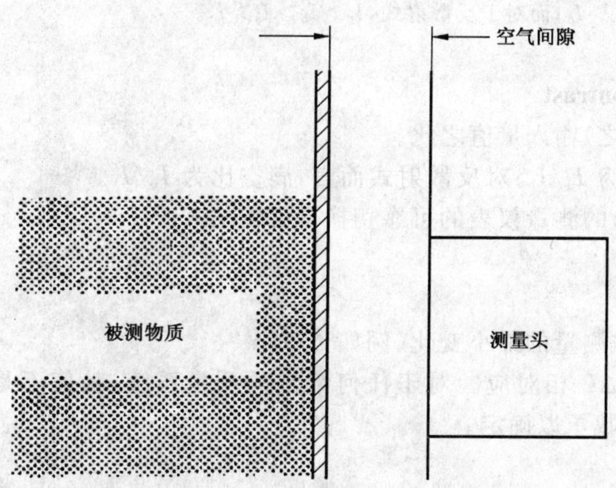

图 8　空气间隙的示意图

3.2.7

总测量路径(透射式)　total measuring path (transmission)

源中心和探测器灵敏体积中心之间的距离“a”。见图 9。

3.2.8

衰减路径(透射式)　attenuation path (transmission)

穿过被照射物质的路径长度“d”。见图 9。

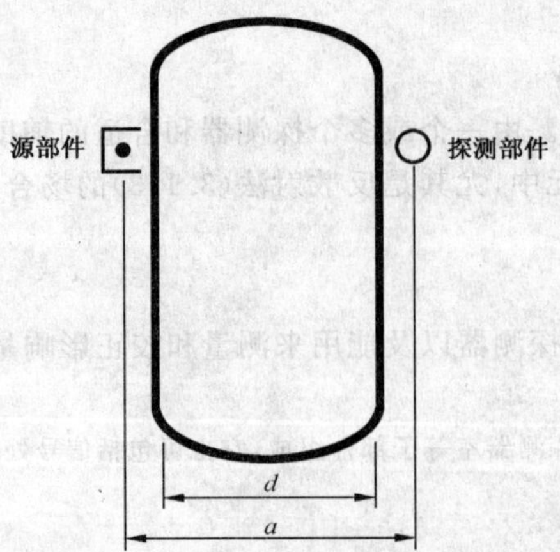

图 9 总测量路径和衰减路径

3.3 与特性有关的术语和定义

3.3.1

输入量 input quantity

探测器可接收的辐射量，本标准中用 I 表示。应考虑该辐射的统计特性。

3.3.2

输入量的极限值 limit value of input quantity

a) I_o为辐射源屏蔽关闭状态下探测器输入量的值。

b) I_p为正常测量时探测器输入量的最大值。

c) I_a为被测物位低于最小可测物位时(例如容器空时)输入量的值。

d) I_b为被测物位高于最大可测物位时(例如容器满时)输入量的值。

注：对于透射式，$I_p > I_a > I_b > I_o$；而对于反散射式，$I_p > I_b > I_a > I_o$。

3.3.3

空满比(或满空比) contrast

容器空时与满时(或反之)输入量值之比。

对透射式而言，空满比为 I_a/I_b；对反散射式而言，满空比为 I_b/I_a。

这个比值对带开关输出的测量仪表的可靠切换是必需的。

3.3.4

分辨力 resolution

能够观察或者检测的被测量的最小变化(例如 ΔI)。

ΔI 与物位的最小变化 ΔL 相对应。对于任何给定的测量系统，其值不是固定的，且与应用有关。ΔL 的值宜根据具体应用参数予以确定。

3.3.5

开关差(带开关输出的) switching difference (with switching output)

保证可靠切换所需最小输入量的变化。它对应于最小的物位变化，而且对于任何给定的测量系统，其值不是固定的，取决于具体应用参数。

3.3.6

开关点(带开关输出的) switching point(with switching output)

开关输出改变状态所对应的输入量阈值。在由开到关和由关到开的状态下，这个阈值通常是不同的。

3.3.7 时间特性 time behaviour

3.3.7.1

时间常数(带模拟信号处理的) time constant (with analog signal processing)

从输入量发生阶跃变化起一直到输出信号达到它的最终平均值(由信号统计特性给定的)的

(1－1/e)×100％＝63.2％为止的平均时间。

3.3.7.2

采样时间(带数字信号处理的)　sampling time (with digital signal processing)

从收集输入量信息到转换成单一数值期间的时间间隔。

3.3.7.3

平均时间(带数字信号处理的)　averaging time (with digital signal processing)

被测量的值以指定方式进行平均期间的最小时间间隔(通常以采样时间的倍数表示)。这些值可表示被测量的时间平均。

3.3.7.4

平均建立时间(带模拟和数字信号处理的)　mean settling time (with analog and digital signal processing)

从输入量发生阶跃变化起一直到输出信号达到并保持在偏离其最终平均值±2σ范围内时为止的平均最短时间。见图10。

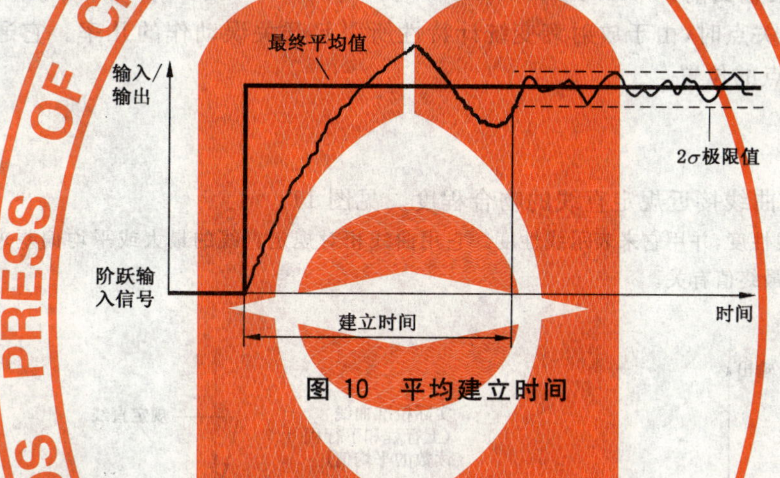

图10　平均建立时间

3.3.7.5

开关时间(带开关输出的)　switching time (with switching output)

从输入量发生阶跃变化起一直到输出开关信号时为止的平均时间。

3.3.8

不稳定性　instability

在参比条件下且所有影响量保持恒定,被测量在有效测量范围内保持不变,仪器在规定时段输出信号的变化。

3.3.8.1

电不稳定性　electrical instability

参比条件下,当所有影响量保持恒定并且辐射探测器没有受到照射时输出信号的变化。

3.3.8.2

辐射测量不稳定性　radiometric instability

电离辐射的统计涨落　statistical fluctuation (ionizing radiation)

源辐射发射及被探测的随机特性单独引起的输出信号变化。当探测器处于辐照状态时,其值规定为输出信号(不包含所有的漂移)平均值的±2σ。

3.3.8.3

综合辐射测量不稳定性　overall radiometric instability

由所有内在影响引起的输出信号变化,但电离辐射统计涨落和源活度衰变引起的漂移除外。如果没有其他规定,漂移可以用一个相对于初始输出信号的输出信号最大变化的时间函数来表示。综合辐射测量不稳定性包括长期漂移和短期漂移。

3.3.8.3.1

长期漂移　long-term drift

在一天直至一年的时段内观察到的漂移，它不包括诸如腐蚀、容器和管道的磨损以及在管道和容器壁上物质粘附等外界因素引起的漂移。

3.3.8.3.2

短期漂移　short-term drift

在短于一天的时段内发生的漂移。

3.3.8.4

源活度衰变不稳定性　source decay instability

源活度衰变以及任何相关补偿电路和算法引起的误差。

3.3.9

统计可靠性（带开关输出的）　statistical reliability (with switching output)

当被测物位靠近开关点时，由于放射衰变统计特性所引起开关误动作的几率。它通常取决于输入量范围(I_a～I_b)内开关点的位置。

3.3.10

线性度　linearity

物位计的实际校准曲线接近规定直线的吻合程度。见图 11。

注：通常测量的是非线性度，并用它来表示线性度。它用曲线相对规定直线的最大或平均偏差来表示。如果没有其他规定，偏差与最终值有关。

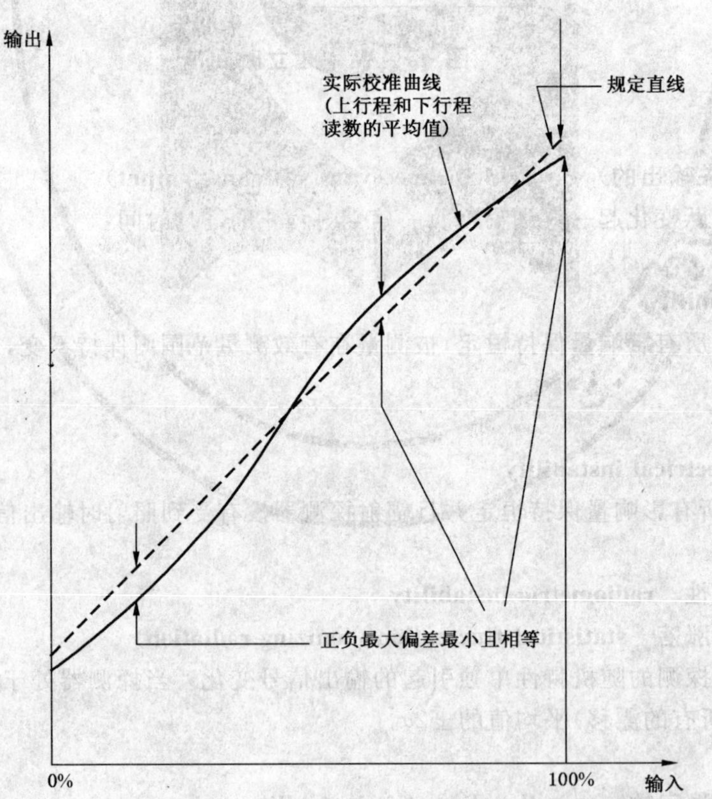

图 11　线性度

3.3.11

移动引起的偏差(连续追踪型) deviation due to movement (for continuously-following type)

测量头在整个物位测量范围内移动所产生的示值误差。

4 技术要求

4.1 一般要求

4.1.1 外观

物位计的外壳和零部件表面的涂复层、面板、铭牌及标志均应光洁完好,不得有剥落和伤痕;标志的文字和符号应清晰;测量头、安装架的表面处理应良好。

4.1.2 正常工作条件

4.1.2.1 大气条件

物位计正常工作的大气条件可从表1中选取。测量头和电测量部件可以选择不同的组别。特殊要求也可由用户和制造厂协商确定。

表1 正常工作大气条件

<table>
<tr><th>组别</th><th>环境温度/℃</th><th>相对湿度/%</th><th>大气压力/kPa</th><th>适用场所</th></tr>
<tr><td>Ⅰ</td><td>+5~+40</td><td>20~80(30℃),无凝露</td><td rowspan="3">86~106</td><td>室内</td></tr>
<tr><td>Ⅱ</td><td>-10~+55</td><td>10~90(35℃),含凝露</td><td>简易房或工棚</td></tr>
<tr><td>Ⅲ</td><td>-20~+60</td><td>5~95(40℃),含凝露</td><td>室外</td></tr>
</table>

4.1.2.2 供电电源和预热时间

物位计的供电电源应符合表2的规定。制造厂宜规定使用物位计的预热时间。

表2 供电电源

<table>
<tr><th colspan="2" rowspan="3">参量</th><th rowspan="3">公称值</th><th colspan="3">允许偏离其公称值的百分数/%</th></tr>
<tr><th colspan="3">偏差级别</th></tr>
<tr><th>1级</th><th>2级</th><th>3级</th></tr>
<tr><td rowspan="3">交流</td><td rowspan="2">电压/V
(有效值)</td><td>单相220</td><td rowspan="2">±10</td><td rowspan="2">+10
-12</td><td rowspan="2">+15
-20</td></tr>
<tr><td>三相380</td></tr>
<tr><td>频率/Hz</td><td>50</td><td>±2</td><td>±5</td><td>±10</td></tr>
<tr><td>直流</td><td>电压/V</td><td>由制造商确定</td><td colspan="3">±10</td></tr>
</table>

4.1.3 辐射源

密度计所用密封放射源应符合GB/T 4075—2003第4章的分级规定、第5章的活度规定和第6章的性能要求。产品的企业标准应明确规定所用放射源的核素、活度和有效时间,或规定辐射发生器所产生辐射的类型、能量和强度。测量结果被测物质的密度、工艺要求、安装方式、探测器的灵敏度等因素有关,应根据具体情况加以确定。物位计的技术性能指标应在说明辐射源的条件下给出。

4.1.4 输出信号

4.1.4.1 开关信号

a) 接点信号:应给出接点容量;

b) 电压信号:应给出高、低电平值以及额定输出电流。

4.1.4.2 模拟信号

a) 直流电流:0 mA~10 mA或4 mA~20 mA,并应说明最大负载电阻;

b) 直流电压:0 V~10 V或1 V~5 V,并应说明最大负载电流。

4.1.4.3 接口

带有计算机输出终端的物位计应采用标准接口电路。

4.1.5 精确度等级

输出为模拟信号的物位计，其精确度等级应从下列数系中选取：

0.1，0.2，0.5，1.0，1.5，2.5，5.0，10。

4.1.6 开关点的稳定性等级

输出为开关信号的物位计应给出其开关点的稳定性等级。按照开关点和开关差的漂移(用输入量或有效测量范围的百分数表示)分为四个等级(见表3)。

表3 开关点的稳定性等级及其漂移

序号	项目		稳定性等级			
			1	2	3	4
1	开关点的漂移/%	8 h	±0.5	±1.0	±2.5	±5.0
		48 h	±0.6	±1.5	±3.0	±6.3
2	开关差的漂移/%	8 h	±0.5	±1.0	±2.5	±5.0
		48 h	±0.6	±1.5	±3.0	±6.3

4.1.7 标度

物位计的标度可按长度的法定计量单位分度，也可按量程的百分数进行分度。

4.2 安全性能

4.2.1 辐射防护

物位计的辐射防护要求，包括辐射防护分级、对电离辐射的防护、级别代码和标志、随行文件等应符合 GB/T 19661.2—2005 的有关规定。在源室的外壳上应有明显的放射性标记，分别给出源闸关闭和开启时离开辐射源一定距离处周围剂量当量率的最大值。

制造商应为物位计中辐射源的安全操作、申购、贮存、倒装和处理以及辐射事故应急处理等制定安全规则。

4.2.2 电气安全

4.2.2.1 绝缘电阻

物位计规定端子之间的绝缘电阻应符合 GB/T 15479—1995 规定的要求，其限值见表4。

表4 绝缘电阻限值

工作电压(直流或交流有效值)/V	直流试验电压/V	绝缘电阻/MΩ			
		正常工作大气条件		湿热条件	
		Ⅰ类防电击	Ⅱ类防电击	Ⅰ类防电击	Ⅱ类防电击
≤60	100	5	7	1	2
60～130	250	7	10	2	5
130～500	500	10	20	5	7
注1：湿热条件按 GB/T 8993—1998 恒定湿热等级划分。					

4.2.2.2 绝缘强度

物位计规定端子之间的绝缘强度应符合 GB/T 15479—1995 规定的要求。其防电击分类见 GB/T 19661.1—2005 的表2。

试验电压见表5。

表 5 绝缘强度试验的试验电压值

额定电压或标称电路电压（直流或交流正弦波有效值）/V	试验电压/kV	
	Ⅰ类防电击	Ⅱ类防电击
≤60	0.5	0.75
>60～130	1.0	1.5
>130～250	1.5	3.0
>250～650	2.0	4.0

4.2.3 防爆

爆炸性气体环境中使用的物位计应按照国家授权的防爆检验机构批准的图样制造，并符合GB/T 3836.1—2000以及与其防爆类型相对应的标准部分(例如，隔爆型为GB/T 3836.2—2000；本质安全型为GB/T 3836.4—2000)规定的要求。经国家指定的防爆机构检验合格，取得“防爆合格证”后，方可使用。

4.2.4 电磁兼容

物位计的电磁环境条件(即电磁兼容试验项目)应按GB/T 17626.1—2006或GB/T 11684—2003的4.6，在具体的产品标准中予以规定，或由制造商和用户协商确定。

电磁兼容试验结果分类见表6，用作评估测量系统或仪表电磁兼容性的依据。从实用的角度出发，物位计电磁兼容试验的结果不宜低于B级。

表 6 电磁兼容性评估等级

评估等级	试验结果
A	在技术要求限值内性能正常
B	功能或性能暂时降低或丧失，但能自行恢复
C	功能或性能暂时降低或丧失，但需操作者干预或系统复位
D	因设备(元件)或软件损坏，或数据丢失而造成不能自行恢复至正常状态的功能降低或丧失

4.3 开关信号输出

4.3.1 基本性能(内部特性)

4.3.1.1 开关点调节范围

物位计的开关点调节范围由具体的产品标准给出，可以用输入量或有效测量范围的百分数表示。

4.3.1.2 稳定性

a) 开关点漂移

物位计的开关点在8 h和48 h内的漂移不应大于表3的规定。

b) 开关差漂移

物位计的开关差在8 h和48 h内的漂移不应大于表3的规定。

4.3.1.3 开关时间

物位计的开关时间宜在0.1 s～60 s的范围内选取。如果开和关的时间不相等，应分别给予说明。

4.3.1.4 统计可靠性

由于统计可靠性与应用条件有关，制造商应给出特定条件下电离辐射统计涨落所引起的开关误动作几率的计算方法或典型的计算数据。

4.3.2 与影响量有关的性能(外部特性)

4.3.2.1 供电电源变化

当直流供电电源电压、交流供电电源电压有效值和频率在正常工作条件范围内变化时，开关点的变化不应超过表7的规定值。

4.3.2.2 环境温度变化

环境温度在正常工作条件范围内变化时，环境温度每变化10℃引起的开关点的变化不应超过表7的规定值。

4.3.2.3 湿热

在正常工作条件规定的高温高湿环境下所引起的开关点的变化不应超过表7的规定值。

4.3.2.4 机械振动

在振幅峰值为3.5 mm(振动频率2 Hz～9 Hz)以及加速度幅值为10 m/s^2(振动频率9 Hz～200 Hz)的机械振动环境中，开关点的变化不应超过表7的规定值。

4.3.2.5 外界磁场

在磁场强度为400 A/m的外界磁场作用下，开关点的变化不应超过表7的规定值。

表7 开关信号输出的物位计的外部特性

输入量或有效测量范围的百分数

影响量	稳定性等级			
	1	2	3	4
供电电源变化	0.3	0.7	1.5	3.0
环境温度变化	0.5	1.0	2.5	5.0
湿热	1.5	3.0	7.5	15.0
机械振动	0.5	1.0	2.5	5.0
外界磁场	0.5	1.0	2.5	5.0
注：其他外部特性的要求，可以根据需要在具体的产品标准中予以规定。				

4.4 连续信号输出

4.4.1 基本性能(内部特性)

4.4.1.1 基本误差

物位计的基本误差不应超过表8规定的基本误差限。

表8 基本误差限

量程的百分数

精确度等级	0.1	0.2	0.5	1.0	1.5	2.5	5.0	10.0
基本误差限	±0.1	±0.2	±0.5	±1.0	±1.5	±2.5	±5.0	±10.0

4.4.1.2 重复性

物位计的示值或输出信号的重复性误差不应超过基本误差限的1/2。

4.4.1.3 统计涨落(±2σ)

物位计的示值或输出信号的统计涨落不应超过基本误差限的2/3。

4.4.1.4 稳定性(随时间的漂移)

物位计的示值或输出信号的8 h和48 h漂移不应超过基本误差限的绝对值。

4.4.1.5 线性度

制造商应给出特定条件下校准曲线非线性度的参考数据。

4.4.1.6 时间响应

物位计的时间常数和平均建立时间宜在0.1 s～60 s的范围内选取。如有特殊需要时，可由用户与制造商协商。

4.4.2 与影响量有关的性能(外部特性)

4.4.2.1 供电电源变化

当直流供电电源电压、交流供电电源电压有效值和频率在正常工作条件范围内变化时,输出信号或示值的变化不应超过表9的规定值。

4.4.2.2 环境温度变化

环境温度在正常工作条件范围内变化时,环境温度每变化10℃引起的输出信号或示值的变化不应超过表9的规定值。

4.4.2.3 湿热

在正常工作条件规定的高温高湿环境下所引起的输出信号或示值的变化不应超过表9的规定值。

4.4.2.4 机械振动

在振幅峰值为3.5 mm(振动频率2 Hz～9 Hz)以及加速度幅值为10 m/s^2(振动频率9 Hz～200 Hz)的机械振动环境中,输出信号或示值的变化不应超过表9的规定值。

4.4.2.5 外界磁场

在磁场强度为400 A/m的外界磁场作用下,输出信号或示值的变化不应超过表9的规定值。

表9 连续信号输出的物位计的外部特性

量程的百分数

影响量	精确度等级							
	0.1	0.2	0.5	1.0	1.5	2.5	5.0	10.0
供电电源变化	0.1	0.2	0.5	1.0	1.5	2.5	5.0	10.0
环境温度变化	0.1	0.2	0.5	1.0	1.5	2.5	5.0	10.0
湿热	0.3	0.6	1.5	3.0	4.5	7.5	15.0	30.0
机械振动	0.1	0.2	0.5	1.0	1.5	2.5	5.0	10.0
外界磁场	0.1	0.2	0.5	1.0	1.5	2.5	5.0	10.0
注:其他外部特性的要求,可以根据需要在具体的产品标准中予以规定。								

注:在物位计的实际应用中,由于容器结构不均匀或内壁结垢、容器中压力变化、被测物质表面不平整以及密度波动等因素会产生示值误差,应通过具体计算或根据实验进行校准。

4.5 运输环境

物位计在包装条件下,应能承受GB/T 8993—1998附录H规定的抗运输环境试验。试验后,应仍能符合4.1.1和4.3.1.1(或4.4.1.1)的要求。

5 试验方法

5.1 一般要求

5.1.1 试验前的准备

首先,检查物位计实物和铭牌标志,确认正常工作条件、辐射源、输出信号、精确度等级或开关点稳定性等级以及标度等是否符合4.1的规定。

物位计试验设备的示值误差不应大于被试物位计的1/5。

当测量头和电测量部件选择不同的气候条件等级时,应分开进行所有试验。

试验前需进行足够时间的通电预热(如果没有规定预热时间,一般不少于30 min)。

5.1.2 参比条件和一般试验条件

基本性能(内部特性)试验,特别是仲裁时,应在参比条件下进行。

外部特性试验一般也规定在参比条件下(除正在关注其变化的影响量外)进行。如果无异议的话,也可以在一般试验条件下进行。但应在试验报告中说明试验时的影响量的具体参数值。

参比条件和一般试验条件的参数及其允差见表10。

表 10　参比条件和一般试验条件

影　响　量	参　比　条　件	一般试验条件
环境温度	20 ℃(或 23 ℃、25 ℃)±2 ℃	15 ℃～35 ℃
环境相对湿度	50%～75%	45%～75%
大气压力	86 kPa～106 kPa	
交流供电电压	(1±0.01)电压公称值	
交流供电频率	(1±0.01)频率公称值	
直流供电电压	(1±0.01)电压公称值	
外界磁场	除地磁场外，其他外界磁场的影响小到可以忽略	
环境放射性	不高于本底水平	
日光照射	无直射	

5.1.3　外观

用目视法检查物位计的外观。

5.2　安全性能

5.2.1　辐射安全

按照 GB/T 19661.2—2005 的规定检查被试测量系统或仪表实物以及它的铭牌、标志和随行文件，确认其使用的辐射源以及所采取的防护措施是否符合 4.2.1 的要求。

所有参加试验的人员在进行操作之前应熟悉制造商制定的安全使用规则，掌握有关的放射性安全防护知识，并在整个试验过程中严格执行。

5.2.2　电气安全

5.2.2.1　绝缘电阻

被试测量系统或仪表的绝缘电阻试验应使用直流电压合适的兆欧表(或绝缘电阻表)，并按照 GB/T 15479—1995 中 5.3 的规定进行。

注：试验设备的其他要求见 GB/T 15479—1995 中 5.2.1。

5.2.2.2　绝缘强度

被试测量系统或仪表的绝缘强度试验应使用功率不小于表 11 规定值的交流耐压试验仪(或耐压绝缘测试装置)，并按照 GB/T 15479—1995 中 5.4 的规定进行。

注：为了试验时操作安全、尽量避免设备和被试测量系统或仪表的损坏、以及便于具体检测，在具体的产品标准中可以规定绝缘回路泄漏电流的允许值作为判定试验结果的依据。

表 11　绝缘强度试验设备的功率

试验电压/kV	设备功率/(kV·A)
≤1.5	0.25
>1.5～3.0	0.5
>3.0	1.0
注：设备的其他要求见 GB/T 15479—1995 中 5.2.2。	

5.2.3　防爆

防爆试验由国家授权的防爆监测检验机构按照 GB/T 3836.1—2000 以及与其防爆类型相对应的标准部分(例如，隔爆型为 GB/T 3836.2—2000；本质安全型为 GB/T 3836.4—2000)的规定进行。

5.2.4　电磁兼容

电磁兼容试验应根据确定的项目，按 GB/T 17626(相关部分)或 GB/T 11684—2003 第 5 章和附录 B 的规定进行。对试验结果进行评估并予以报告。

5.3 开关信号输出

5.3.1 基本性能(内部特性)

5.3.1.1 开关点和开关差测量

5.3.1.1.1 方法一

用信号发生器的输出信号来模拟探测器的输出信号,该模拟信号的大小及信号源内阻应尽可能地与探测器输出信号相同,而且信号发生器的性能不应影响物位计的性能。

试验前,用模拟试验源求得该模拟量与输入量之间的对应关系。

试验时,预先设定开关点。在物位计电测量部件的信号输入端输入模拟信号,调节该信号使开关输出信号发生跳变(状态切换)。此瞬间的模拟信号所换算成的相应输入量,即为物位计的开关点;而开关信号正、负跳变时相应的输入量之差,即为物位计的开关差。

5.3.1.1.2 方法二

试验前,先将模拟试验源和探测器安装在模拟试验装置上,调节两者之间的距离,以改变输入量的大小(在 $I_a \sim I_b$ 范围内变化)。

试验时,预先设定开关点。改变模拟试验源与探测器之间的距离使开关输出信号发生跳变(状态切换)。此时的输入量即为开关点;而开关信号正、负跳变时相应的输入量之差,即为物位计的开关差。为了减小电离辐射统计涨落的影响,试验时允许人为增大电路的时间常数。

注:物位计的开关点和开关差可以用上述两种方法中的任何一种进行测量。如果两种方法的试验结果不一致,则以方法一为准。

5.3.1.2 开关点的调节范围

按 5.3.1.1 的方法,在规定的开关点的调节范围内选择 5 个点(包括开关点调节范围的两端),检查开关状态切换是否正常。

5.3.1.3 稳定性

物位计的开关点和开关差的稳定性试验按 5.3.1.1 的方法进行。

试验时,将物位计的开关点设定在 $0.5I_a$ 处。在做 8 h 稳定性试验时,每隔 2 h 测量一次开关点和开关差;在做 48 h 稳定性试验时,每隔 4 h 测量一次开关点和开关差。

为了计入测量头的不稳定性,在使用方法一时,每次测量开关点和开关差之前,都需使用模拟试验源对模拟信号进行校正。

开关点的最大漂移量相对设定开关点的百分数即为物位计开关点的漂移;开关差的最大漂移量相对开关差的百分数即为物位计开关差的漂移。

5.3.1.4 开关时间

首先,将物位计的开关点设定在 $0.5I_a$ 处。然后,在模拟试验源和传感器之间迅速插入一个吸收体(插入时间应小于开关时间的 1/10),使照射到传感器的电离辐射量从 I_a 阶跃变化到 $0.25I_a$,测量从插入吸收体开始到开关输出信号发生跳变所需的时间,即为物位计的开关时间,同时应说明 I_a 的数值。

注:根据实际应用情况,也可使用迅速抽出吸收体施加反向阶跃,测量开关时间。

5.3.1.5 统计可靠性

根据实际应用条件,按照制造厂给出的方法计算并确认由于电离辐射统计涨落所引起的开关误动作几率。

5.3.2 与影响量有关的性能(外部特性)

5.3.2.1 供电电源的变化

根据正常工作条件中允许的变化范围,按照 5.3.1.1 的方法进行开关点测量。

直流供电为电压上限值、额定值和下限值,共三组。

交流供电为电压的上限值、额定值、下限值和频率的上限值、额定值、下限值之间的组合,共 9 组。

计算各组的开关点变化。

5.3.2.2 环境温度变化

根据正常工作条件中环境温度的上下限，分别按 GB/T 8993—1998 的附录 A 和附录 B 规定的方法进行低温试验和高温试验。按照 5.3.1.1 的方法进行开关点测量，并计算环境温度每变化 10 ℃引起的开关点变化。

5.3.2.3 湿热

根据正常工作条件中环境温度和相对湿度的上限，按 GB/T 8993—1998 的附录 D 规定的方法进行湿热试验。按照 5.3.1.1 的方法进行开关点测量，并计算湿热环境引起的开关点变化。

5.3.2.4 外界磁场

试验按照 GB/T 18271.3—2000 第 15 章的方法进行。按照 5.3.1.1 的方法进行开关点测量，并计算外界磁场引起的开关点变化。

5.3.2.5 机械振动

试验按照 GB/T 18271.3—2000 第 7 章的方法进行。按照 5.3.1.1 的方法进行开关点测量，并计算机械振动引起的开关点变化。

注：试验也可以按照 GB/T 8993—1998 附录 E 的方法进行。

5.4 连续信号输出

5.4.1 基本性能（内部特性）

5.4.1.1 基本误差

试验在试验容器上进行。物位计的基本误差（不精确度）按照 GB/T 18271.2—2000 第 4 章的规定进行测量。

5.4.1.2 重复性

物位计示值或输出信号的重复性按照 GB/T 18271.2—2000 第 4 章的规定进行测量。

5.4.1.3 统计涨落

利用模拟试验源和吸收体，使物位计工作在有效测量范围内量程的 10%、50%、90%点上，记录输出信号，由统计涨落引起的不稳定性用偏离输出信号统计平均值的 $\pm 2\sigma$ 表示，可以三个测量点分别表示，也可取三者的最大值为该物位计的统计涨落。

5.4.1.4 稳定性（随时间的漂移）

使物位计工作在有效测量范围内量程到 25%处，分别记录物位计在 8 h 和 48 h 内的输出信号，用其统计平均值与初始输出信号的统计平均值的最大偏离表示该物位计的稳定性。

5.4.1.5 线性度

试验可在使用现场或试验室容器上进行。

使容器内物位递增和递减，在物位计有效测量范围内均匀分布的 10 个物位测量点上进行多次循环测量后；分别取各物位测量点上所测结果的平均值来确定物位计的校准曲线。线性度可以用校准曲线与规定直线（用使正、负最大偏差最小并相等的方法获得）之间的最大偏差表示（如图 10）；也可以用回归分析法，用线性相关系数表示。同时应说明 $\pm 2\sigma$（标准偏差）的极限值。

5.4.1.6 时间响应

5.4.1.6.1 时间常数

本试验用电信号模拟探测器输出信号的方法进行。在电测量部件的信号输入端上产生一个规定的阶跃变化（所需时间不得大于被测时间常数的 1/10），使用高速记录仪、示波器或其他合适的仪器获取阶跃变化所引起响应的记录或图形等数据。确定从被测量产生阶跃变化开始到输出信号第一次达到最终变化量的 63.2%时所需的时间。重复进行三次试验，取其中的最小值作为物位计的时间常数。

注：也可以使用在试验源与探测器之间迅速插入(或取出)吸收体的方法模拟被测量(物位)增加(或减小)的阶跃变化。

5.4.1.6.2 平均建立时间

本试验使用在试验源与探测器之间迅速插入(或取出)吸收体的方法模拟被测量(物位)增加(或减小)的阶跃变化。

使被测量产生一个规定的阶跃变化(通常取在给定量程范围的30%～80%之间;所需时间不得大于被测平均建立时间的1/10),使用高速记录仪、示波器或其他合适的仪器获取阶跃变化所引起响应的记录或图形等数据。确定从被测量发生阶跃变化时起,到输出信号达到并保持在最终平均值$\pm 2\sigma$的标准偏差带内所需的最短时间。

通常取三次测量结果的平均值。

被测量增大和减小时的平均建立时间都需要测量。

对带数字信号处理的测量系统,平均建立时间宜以采样时间的倍数给出。

5.4.2 与影响量有关的性能(外部特性)

5.4.2.1 供电电源变化

根据正常工作条件中允许的变化范围,按照GB/T 18271.3—2000的12.1进行。

直流供电为电压上限值、额定值和下限值,共三组。

交流供电为电压的上限值、额定值、下限值和频率的上限值、额定值、下限值之间的组合,共9组。

计算各组的示值变化。

5.4.2.2 环境温度变化

根据正常工作条件中环境温度的上下限,分别按GB/T 8993—1998的附录A和附录B规定的方法进行低温试验和高温试验,并计算环境温度每变化10 ℃引起的示值变化。

5.4.2.3 湿热

根据正常工作条件中环境温度和相对湿度的上限,按GB/T 8993—1998的附录D规定的方法进行,并计算湿热环境引起的示值变化。

5.4.2.4 外界磁场

试验按照GB/T 18271.3—2000第15章的方法进行,并计算外界磁场引起的示值变化。

5.4.2.5 机械振动

试验按照GB/T 18271.3—2000第7章的方法进行,并计算机械振动引起的示值变化。

注：试验也可以按照GB/T 8993—1998附录E的方法进行。

5.5 运输环境

各项抗运输性能的试验按照GB/T 8993—1998附录H规定进行。试验后,再次检查4.3.1.1和4.3.1.1(或4.4.1.1)的要求。

6 检验规则

6.1 检验的分类

检验可以分为出厂检验和型式检验两种。按GB/T 10257—2001规定检验项目及其分组,确定全检或抽检,选择抽样方案,检查水平和合格质量水平(AQL),见表12。

6.2 出厂检验

每台产品(物位计)应逐项进行出厂检验项目的检验。经检验合格,并附上产品合格证,方可出厂。

对出厂检验,当产品批量小时推荐全检,批量大时可抽检。

表 12 检验项目

组别	序号	检验项目		技术要求条号	试验方法条号	型式检验	出厂检验	抽样方案	检查水平	AQL
A1	1	外观		4.1.1	5.1.3	▲	▲	全检	—	—
	2	放射性安全		4.2.1	5.2.1	▲	▲			
	3	开关点调节范围(开关)		4.3.1.1	5.3.1.2	▲	▲			
	4	基本误差(连续)		4.4.1.1	5.4.1.1	▲	▲			
A2	5	开关	稳定性	4.3.1.2	5.3.1.3	▲	△	一次正常检查抽样方案	一般检查水平Ⅱ	4
	6		开关时间	4.3.1.3	5.3.1.4	▲	△			
	7		统计可靠性	4.3.1.4	5.3.1.5	▲	△			
	8	连续	重复性	4.4.1.2	5.4.1.2	▲	▲			
	9		统计涨落	4.4.1.3	5.4.1.3	▲	△			
	10		稳定性	4.4.1.4	5.4.1.4	▲	△			
	11		线性度	4.4.1.5	5.4.1.5	▲	△			
	12		时间响应	4.4.1.6	5.4.1.6	▲	△			
	13	绝缘电阻		4.2.2.1	5.2.2.1	▲	▲			10
	14	绝缘强度		4.2.2.2	5.2.2.2	▲	△			
B	15	开关	环境温度变化	4.3.2.2	5.3.2.2	▲	△			6.5
	16		湿热	4.3.2.3	5.3.2.3	▲	△			
	17	连续	环境温度变化	4.4.2.2	5.4.2.2	▲	△			
	18		湿热	4.4.2.3	5.4.2.3	▲	△			
C	19	机械振动(开关)		4.3.2.5	5.3.2.5	▲	△		特殊检查水平 S-2	10
	20	机械振动(连续)		4.4.2.5	5.4.2.5	▲	△			
	21	抗运输环境性能		4.5	5.5	▲	△			
D	22	开关	供电电源变化	4.3.2.1	5.3.2.1	▲	△			
	23		外界磁场	4.3.2.4	5.3.2.4	▲	△			
D	24	连续	供电电源变化	4.4.2.1	5.4.2.1	▲	△	一次正常检查抽样方案	特殊检查水平 S-2	10
	25		外界磁场	4.4.2.4	5.4.2.4	▲	△			
	26	电磁兼容		4.2.4	5.2.4	▲	△			
F	27	防爆		4.2.3	5.2.3	▲	△			15

注：▲——必检项目；△——选检项目。

6.3 型式检验

有下列情况之一时，应进行型式检验：

a) 新产品或老产品转厂生产的试制定型鉴定；

b) 正常生产后，如结构、材料、工艺有较大改变，可能影响产品性能时；

c) 正常生产时，定期进行；

d) 产品长期停产后，恢复生产时；

e) 出厂检验结果与上次型式检验有较大差异时；

f) 国家质量监督机构提出进行型式检验要求时。

除非另有规定，型式检验应按本标准规定的全部技术要求项目进行。

注：防爆产品在其“防爆合格证”有效期内，只要产品按照国家指定的防爆检验机构批准的图样制造，可以不进行防爆试验。

7 标志、包装、运输和贮存

7.1 标志

7.1.1 产品(或电测量部件)

产品(或电测量部件)应有铭牌，应标明以下内容：

——产品型号和名称；

——产品制造日期、编号或生产批号；

——制造厂名或商标。

必要时，还可标明：

——被测物质及其特性；

——测量范围；

——精确度等级；

——供电电源；

——外形尺寸、重量及安装尺寸；

——电缆的连接方式和最大长度；

——测量间距及其可调范围等。

7.1.2 源部件

源容器的外壳上应有明显的放射性标志和屏蔽性能的级别标记。放射性标志(包括必要时使用的警告标志)应符合 GB/T 18871—2002 规定。

源部件的铭牌上至少应有下列内容：

——放射源的核素、活度和有效时间，或辐射发生器所产生辐射的类型、能量和强度；

——辐射源的辐射安全级别；

——源部件的编号。

注：铭牌上的内容可根据需要进行增补。

7.1.3 防爆产品

防爆产品的标志和铭牌内容还应符合 GB/T 3836.1—2000 的规定。

7.2 包装

7.2.1 要求

产品的包装应符合 EJ/T 1059 的要求。

带辐射源的产品(或部件)的包装箱，其箱外标志应符合 GB 190 的规定。

7.2.2 随行文件

包装箱内的随行文件包括：产品合格证、产品使用说明书、装箱单、随机备件或附件清单、安装图及其他有关技术资料。

7.3 运输

产品在包装条件下，应允许用汽车、飞机、轮船等任意方式运输。带辐射源的产品(或部件)的运输应按 GB 11806 的规定进行，托运前应经相关辐射安全主管部门检查并获得认可证书。

7.4 贮存

产品在包装条件下，贮存在温度为－40 ℃～＋60 ℃、相对湿度不超过 95%、无有害的腐蚀性气体的环境中。

当辐射源不使用时应交有关部门处理或贮存在专用的辐射源存放处，并有专人负责保管。

ICS 27.060;01.100
J 98

中华人民共和国国家标准

GB/T 11943—2008
代替 GB/T 11943—1989

锅炉制图

Boiler drawings

2008-01-31 发布　　2008-07-01 实施

中华人民共和国国家质量监督检验检疫总局
中国国家标准化管理委员会　发布

前　言

本标准代替 GB/T 11943—1989《锅炉制图》。

本标准与 GB/T 11943—1989 相比主要变化如下：

——在第 3 章总则中，增加了对锅炉总图、部件图的要求，明确了锅炉左右侧水冷壁、集箱的划分原则；

——在第 4 章管子的画法和尺寸标注中，增加了管子用单根粗实线表示的图例和膜式水冷壁及轴测图的画法等；

——在第 5 章锅筒、集箱的画法和尺寸标注中，增加了按锅筒内表面展开图的图例、管孔尺寸相近和不等节距交错孔排的标注方法；

——在第 6 章钢结构的画法和尺寸标注中，增加了锅炉钢结构总图的要求和钢架总图、刚性梁布置图等用单根粗实线表示的图例；

——在第 7 章剖面符号和图形符号中，增加了孔的图形符号、管道系统中阀门和附件的图形符号；

——增加了附录 A(资料性附录)管子轴测图；

——增加了附录 B(资料性附录)炉墙保温材料剖面符号。

本标准的附录 A、附录 B 为资料性附录。

本标准由全国锅炉压力容器标准化技术委员会(SAC/TC 262)提出并归口。

本标准由全国锅炉压力容器标准化技术委员会锅炉分技术委员会(SC1)组织修订。

本标准起草单位：北京巴布科克·威尔科克斯有限公司。

本标准主要起草人：郭毅、骆声。

本标准所代替标准的历次版本发布情况为：

——JB 2632—1981；

——GB/T 11943—1989。

锅 炉 制 图

1 范围

本标准规定了绘制锅炉产品图样的专门要求。

本标准适用于锅炉本体、锅炉钢结构、锅炉范围内管道、附件和辅助设备图样的绘制。

2 规范性引用文件

下列文件中的条款通过本标准的引用而成为本标准的条款。凡是注日期的引用文件,其随后所有的修改单(不包括勘误的内容)或修订版均不适用于本标准,然而,鼓励根据本标准达成协议的各方研究是否可使用这些文件的最新版本。凡是不注日期的引用文件,其最新版本适用于本标准。

GB/T 4458.1 机械制图 图样画法 视图(GB/T 4458.1—2002,ISO 128-34:2001,MOD)

GB/T 4458.4 机械制图 尺寸注法

GB/T 4458.5 机械制图 尺寸公差与配合注法

GB/T 4458.6 机械制图 图样画法 剖视图和断面图(GB/T 4458.6—2002,ISO 128-44:2000,MOD)

GB/T 6567.5 管路系统的图形符号 管路、管件和阀门等图形符号的轴测图画法

3 总则

3.1 锅炉总图应满足以下基本要求:

a) 锅炉总图只表示各部、组件之间的装配关系,图样上可不引零部件的序号和布置明细栏,有关部、组件在锅炉总清单中按顺序列出;

b) 锅炉总图标题栏中应标明锅炉产品型号;

c) 锅炉总图由数张图样组成时,锅炉的技术规范和技术要求应位于首页。

3.2 锅炉部、组件图应绘出部、组件整体布置,对于其重复结构应力求简化。

3.3 锅炉左、右侧水冷壁、集箱等,以面对锅炉前墙来划分"左"、"右"件。一般对称件宜用"正"、"反"件表示。

3.4 锅炉零、部件,应单独绘制图样,在下述情况下允许不单独绘制零、部件图:

a) 由型钢垂直冲剪或切割后不再进行其他加工的零件。

b) 由钢板冲剪或气割制成的简单零件,可在装配图或部、组件图上绘制详图。

c) 外购成品件。外购零、部件若仍需局部加工,除加工部分详图表示外,其余部分可省略表示。

3.5 对称的零件、部组件,一般只绘制一张图样,图上仅表示出其中一个零件、部组件的图形,另一个零件、部组件在其对称部位用假想线示出,此时图样上应分别注明"左"、"右"件或"正"、"反"件。

3.6 结构相同或形状相似的零件、部组件,一般宜绘制成表格图。

3.7 在下述情况下可省略视图:

a) 能用一个视图表示清楚的不必再配置第二个视图;

b) 锅炉零部件上的开孔,没有特殊表示即为通孔;

c) 标注尺寸时,应尽量使用符号和缩略语,见表1;

表 1 符号和缩略语

名称	直径	球直径	半径	球半径	厚度	方形	均布	平面
符号、缩略语	ϕ	$S\phi$	R	SR	t	□	EQS	⊠

d) 用弯曲或冲压等方法制成的零件,仅提供展开后的长度或外形尺寸即可满足要求时,不必绘

制展开图。

3.8 零件图的主视图应尽量与其所属部件的装配图(即工作位置)相一致。

3.9 管子零件图和冷作件装配图允许标注成封闭尺寸。

3.10 锅炉图样应按比例绘制,优先采用的比例按表2的规定选取。

表2 比例

名称	优先采用的比例
原值比例	1∶1
缩小比例	1∶1.5 1∶2 1∶2.5 1∶3 1∶4 1∶5 1∶10 1∶15 1∶20 1∶25 1∶50 1∶100
放大比例	2∶1 2.5∶1 4∶1 5∶1 10∶1

3.11 表格图、标准件图、系统图和示意图等不标注比例。

3.12 图样上有关符号、代号和计量单位应符合相关标准的规定。

3.13 标高符号及注法规定如下:

a) 标高符号一般采用图1的形式;

b) 标高数值写在标高符号横线的上方,单位为mm;

c) 标高为“零”时,标注成“0”,正标高前不加“+”号,负标高前必须加注“-”号。

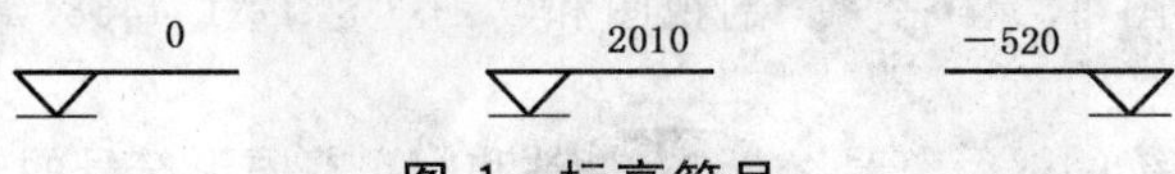

图1 标高符号

3.14 尺寸线终端形式一般按表3选取。

表3 尺寸线终端形式

名称	图形	备注
箭头	→	优先采用
斜线	⁄	仅限于小尺寸处使用

4 管子的画法和尺寸标注

4.1 单根受热面管子(光管、鳍片管、内螺纹管)、连接管和下降管等,应用与管子中心线重合的单根粗实线表示,见图2、图3。

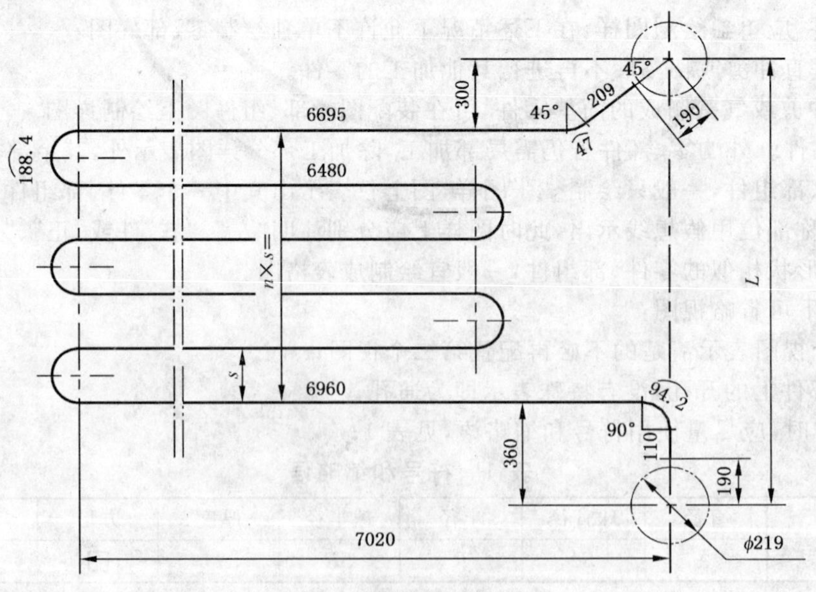

图2 省煤气蛇形管

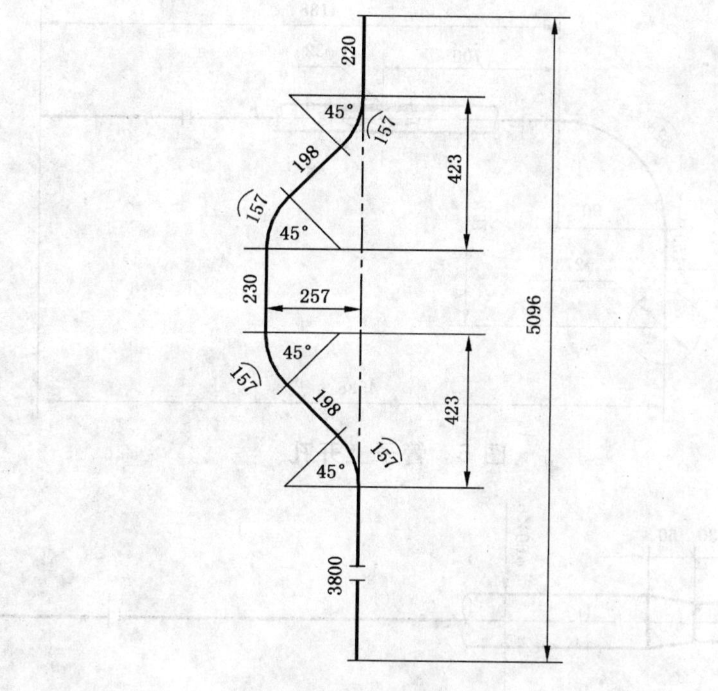

图 3　人孔弯管

4.2　鳍片管除用单根粗实线表示外，如需表示鳍片的方向和位置时，可画出其剖面图，见图 4。如不画剖面图，则表示鳍片处于管子弯曲平面的垂直方向。

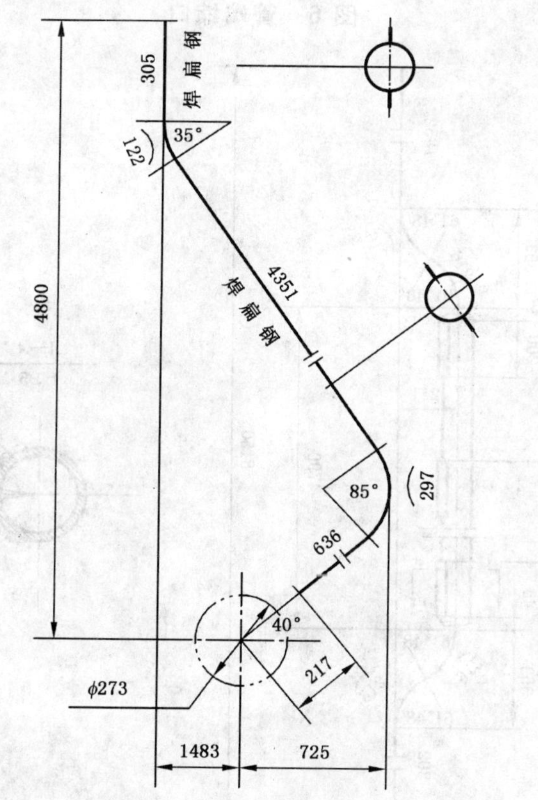

图 4　水冷壁鳍片管

4.3　管子上开孔、管端缩口或焊有其他零件处的管段一般用管子轮廓表示，见图 5、图 6、图 7。

4.4　管子上焊有其他零件若仍用单根粗实线绘制时，则可用局部视图或剖视图表示其装配关系，见图 8。

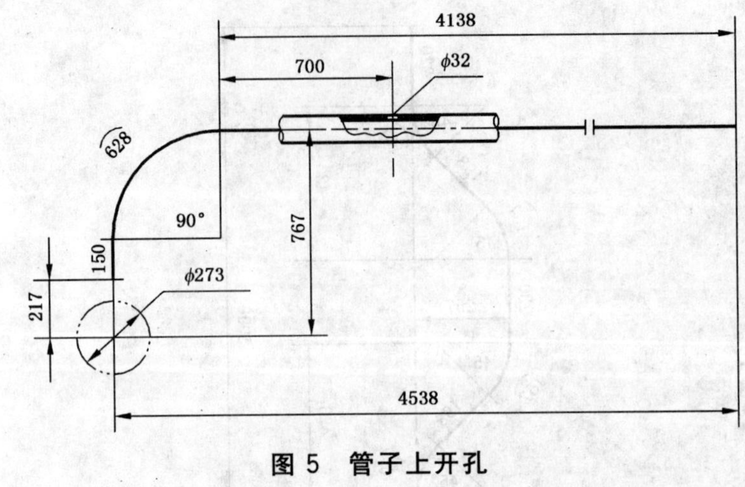

图 5　管子上开孔

φ45×5　30　50　φ60×5

3425

图 6　管端缩口

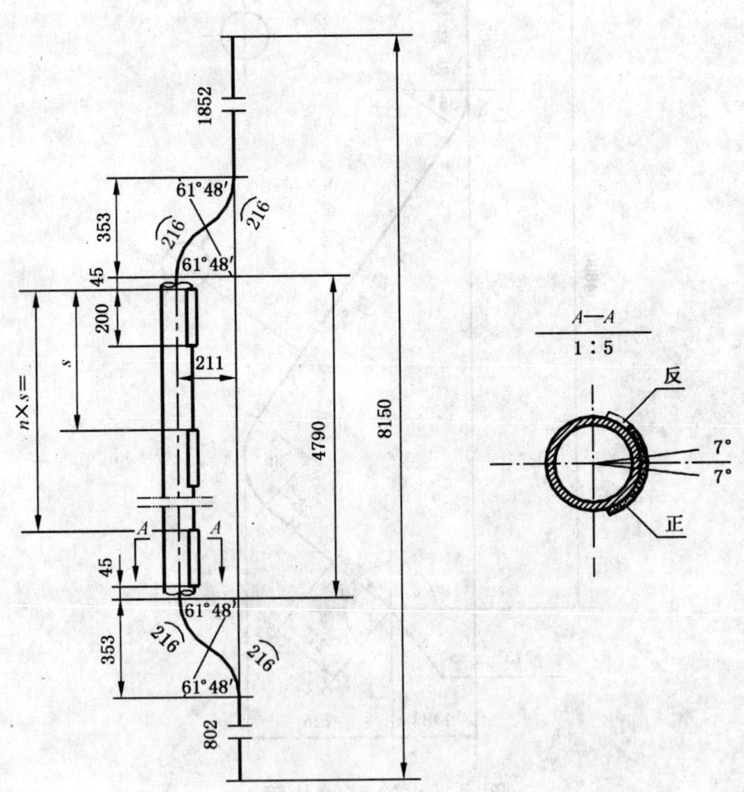

图 7　管子上焊有附件

图 8　销钉管

4.5　管子与三通、弯头、过渡管等组成管路时，三通、弯头、过渡管等可用轮廓或符号表示，见图 9、图 10。

图 9　管子与其他零件组成管路(一)

图 10　管子与其他零件组成管路(二)

4.6　空间弯管应配置必要的视图，见图 11、图 12。

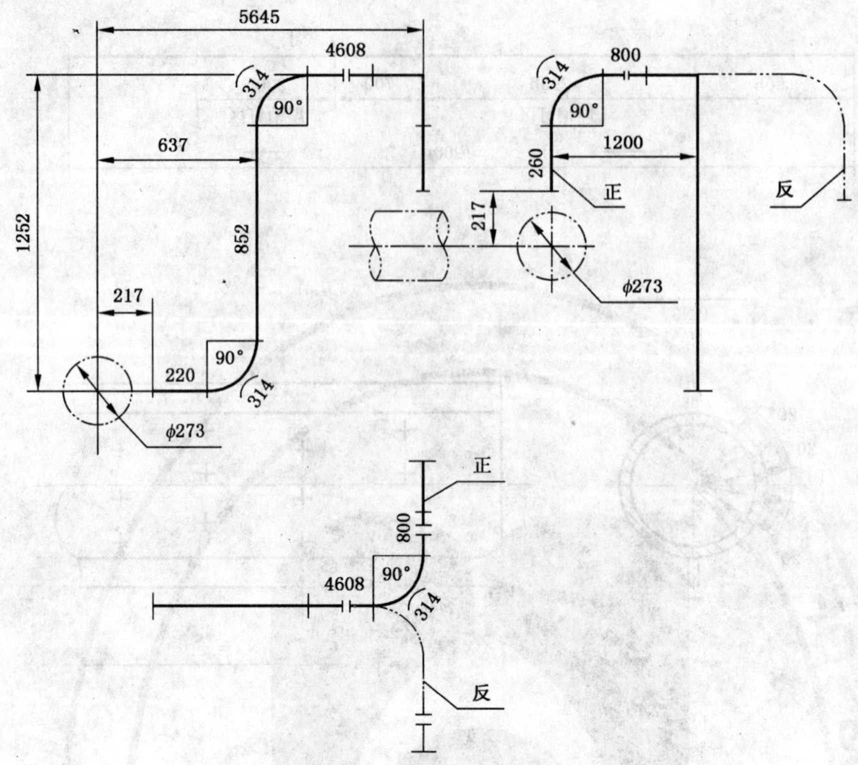

图 11　空间管正、反件

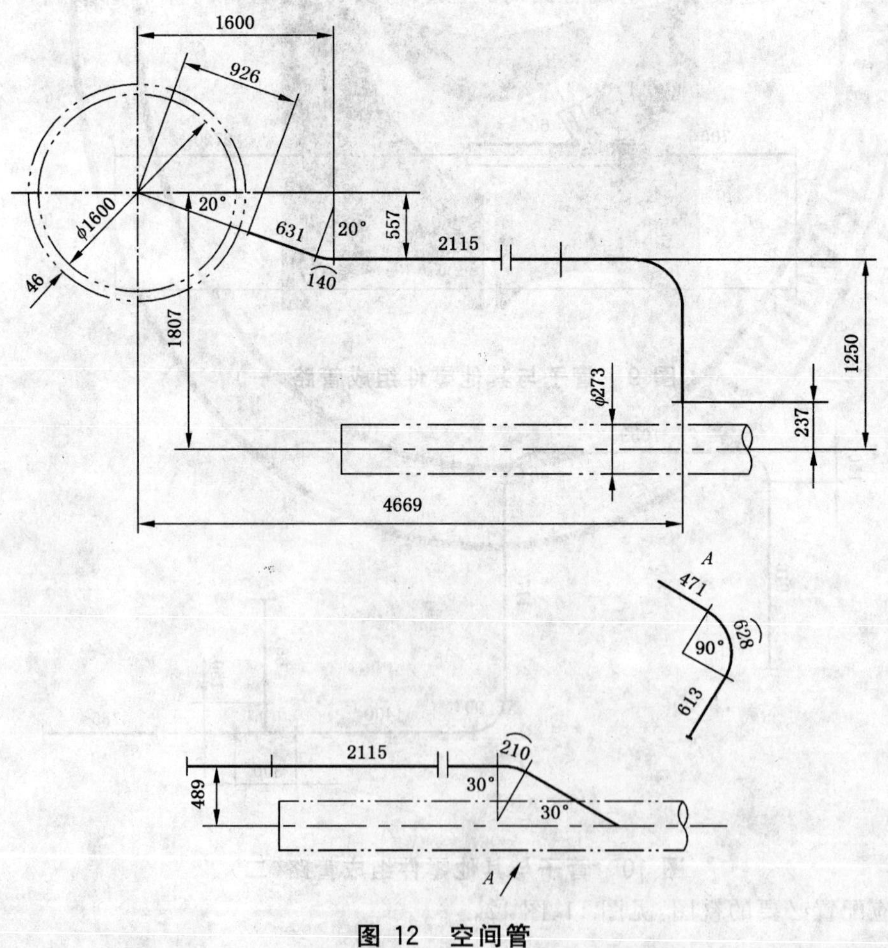

图 12　空间管

4.7 管子断开时，应在其直段部位用细实线断开，在倾斜部位断开时，允许断开处不错开，见图 4。

4.8 管子零件图中的向视图，必须用箭头指明投射方向，并尽量在箭头的正前方布置视图。在向视图的上方用字母标出向视图的名称，如“*A*”，见图 12、图 13、图 14。

4.9 对称的两根管子一般按 3.5 的规定绘制，见图 13、图 14。

4.10 结构相同或形状近似的零件可按 3.6 的规定绘制表格图，见图 15、图 16。

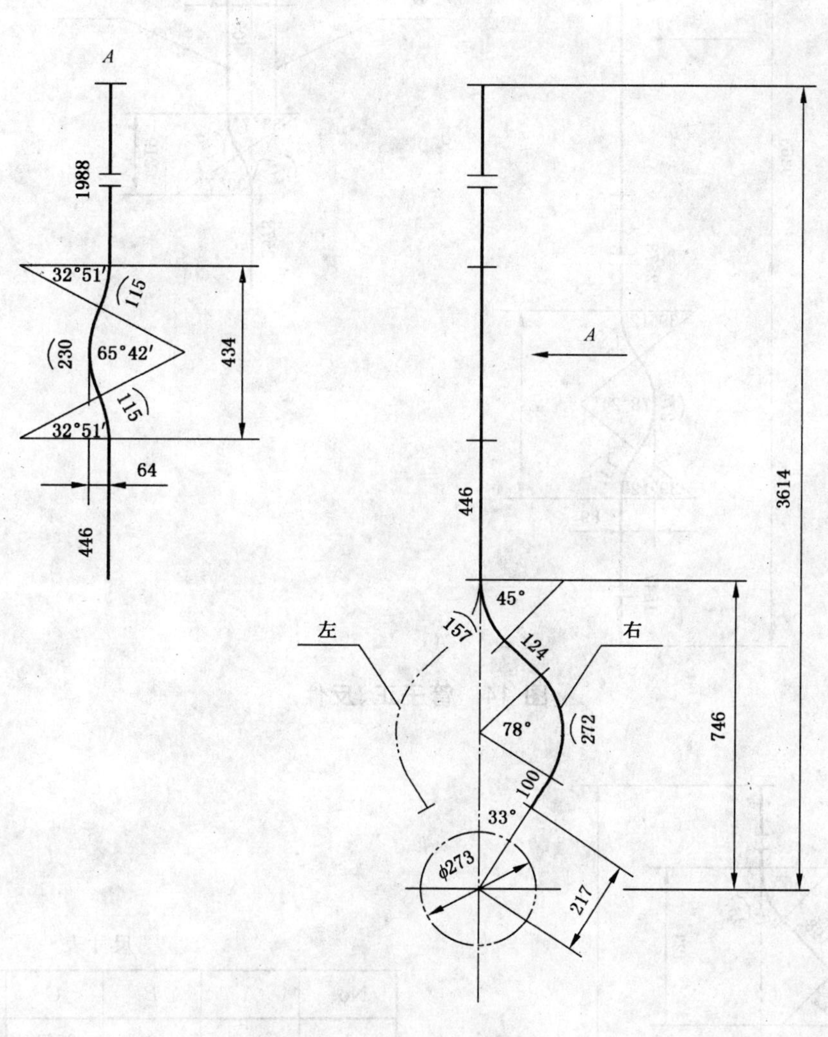

图 13 管子左、右件

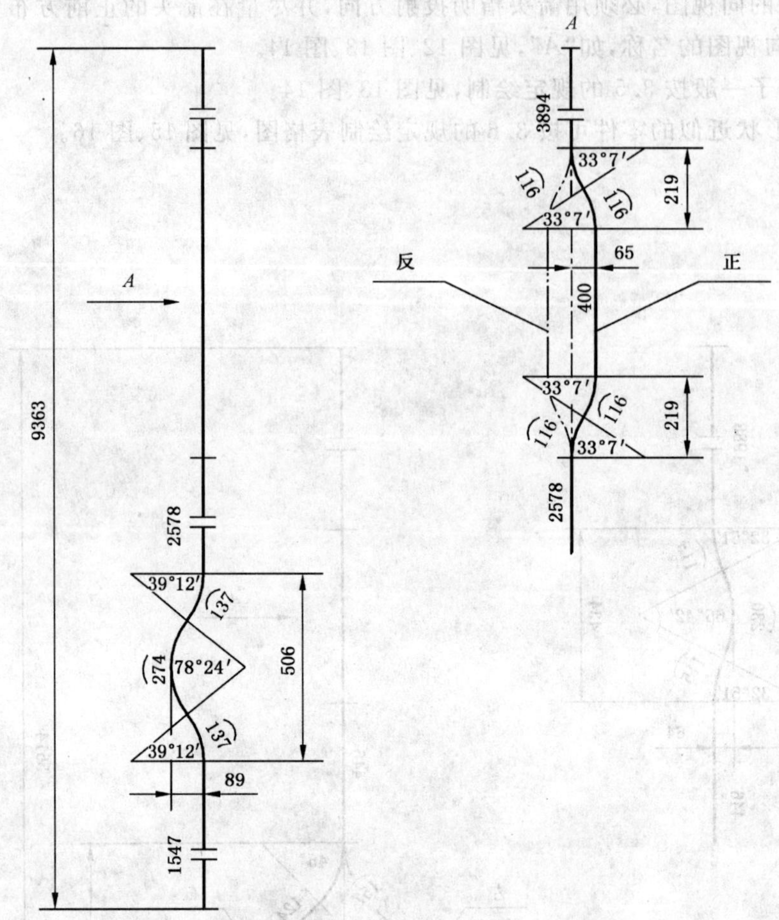

图 14 管子正、反件

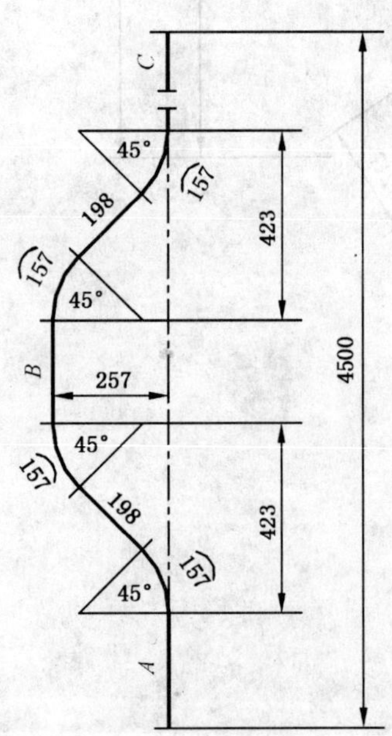

尺寸表

No.	A	B	C	展开长度 L
1	677	0	2977	4678
2	622	110	2922	4678
3	596	162	2896	4678
4	570	214	2870	4678

图 15 表格图(一)

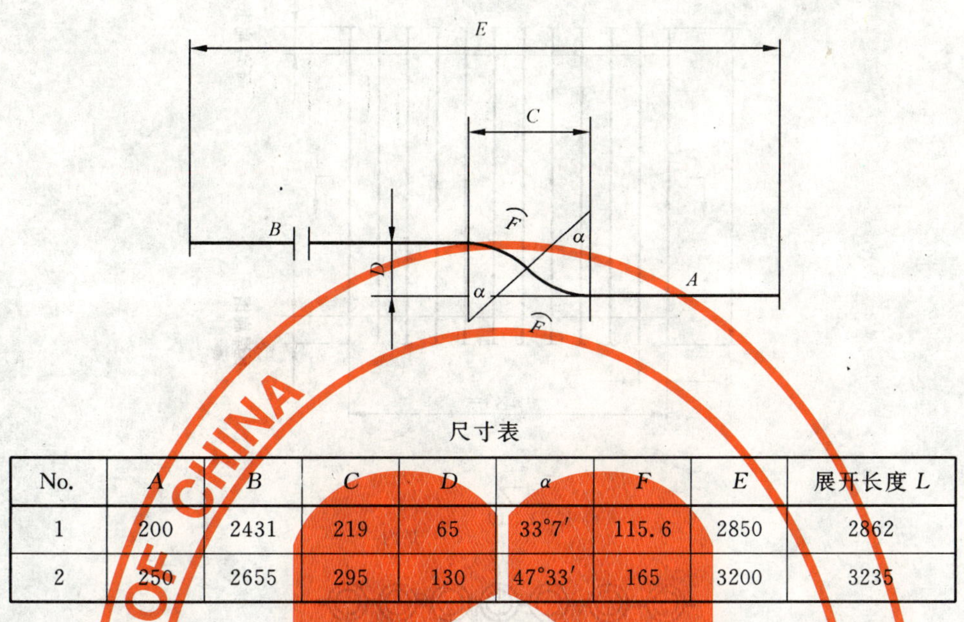

尺寸表

No.	A	B	C	D	α	F	E	展开长度 L
1	200	2431	219	65	33°7′	115.6	2850	2862
2	250	2655	295	130	47°33′	165	3200	3235

图 16 表格图(二)

4.11 锅炉管路系统图中,管子与阀门采用焊接连接,可将单根粗实线与阀门符号相连,见图 17。若管子通过法兰连接,则可在阀门符号的端部画一短粗实线以表示法兰,见图 18。

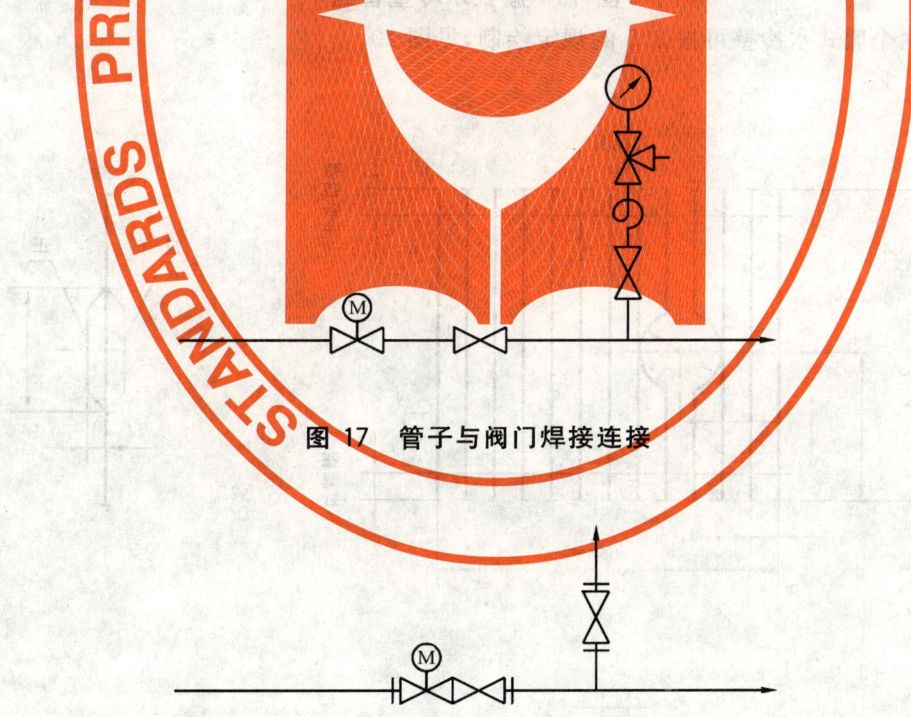

图 17 管子与阀门焊接连接

图 18 管子与阀门法兰连接

4.12 膜式水冷壁可用单根粗实线表示管子的中心位置,管间扁钢在主视图上允许省略表示,见图 19、图 20。

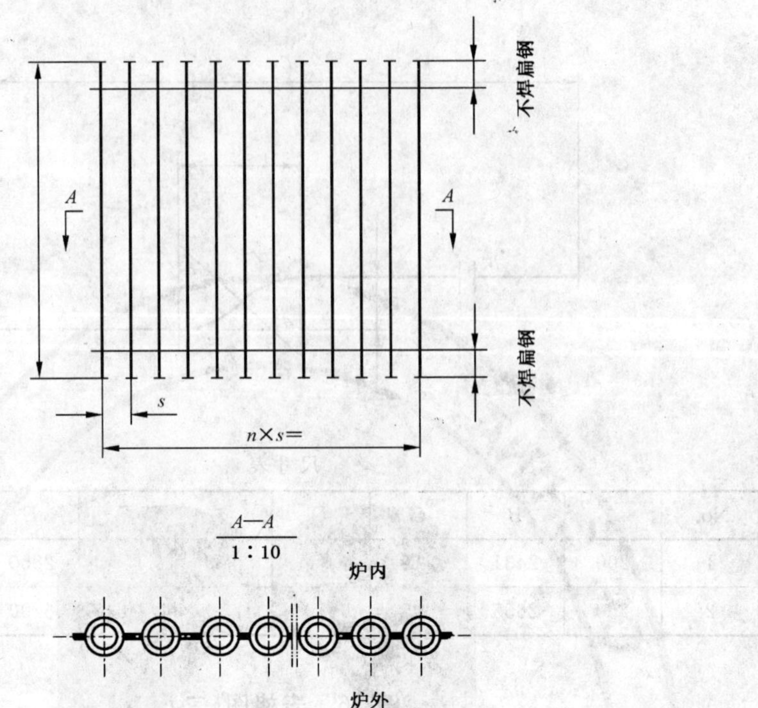

图 19 膜式水冷壁管组

4.13 对称的两个膜式水冷壁可按 3.5 的规定绘制，见图 20。

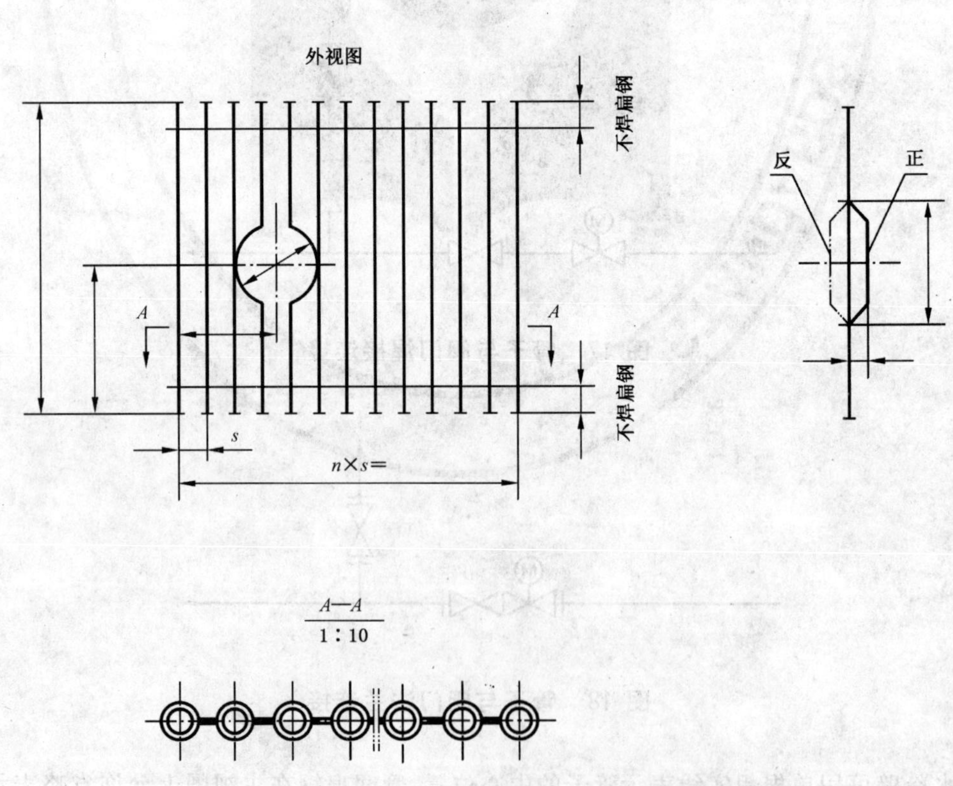

图 20 膜式水冷壁正、反件

4.14 对称的两个膜式水冷壁除按 3.5 的规定绘制外,也可将另一件用轮廓示意表示,见图 21。

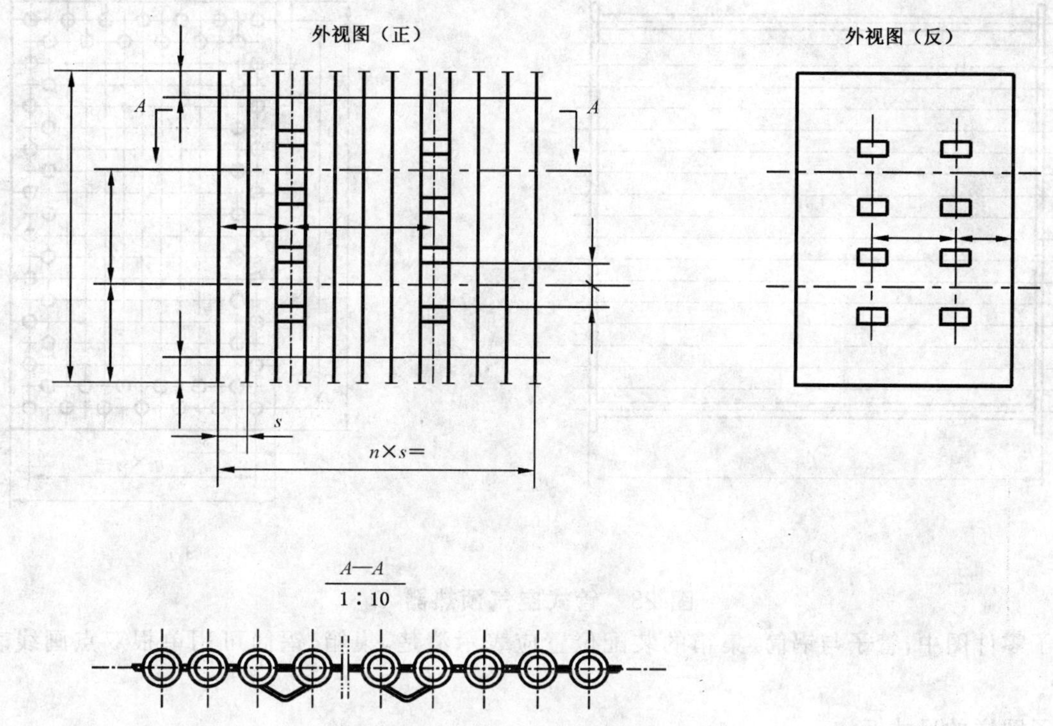

图 21 膜式水冷壁正、反件轮廓表示

4.15 膜式水冷壁部件或组件,可用轮廓示意表示,见图 22。

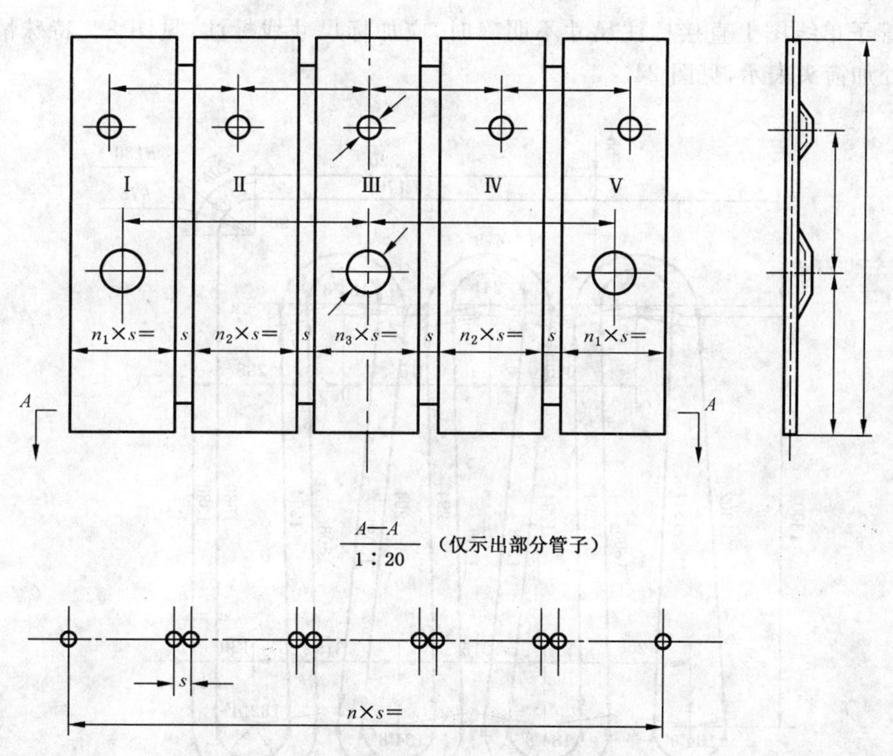

图 22 膜式水冷壁部件轮廓表示

4.16 管式空气预热器等部件中的密集管束,最外一排画出管子轮廓,其余管子用中心线表示,见图 23a),四周画出管孔(或管子断面图)其余部分用相交中心线表示,见图 23b)。

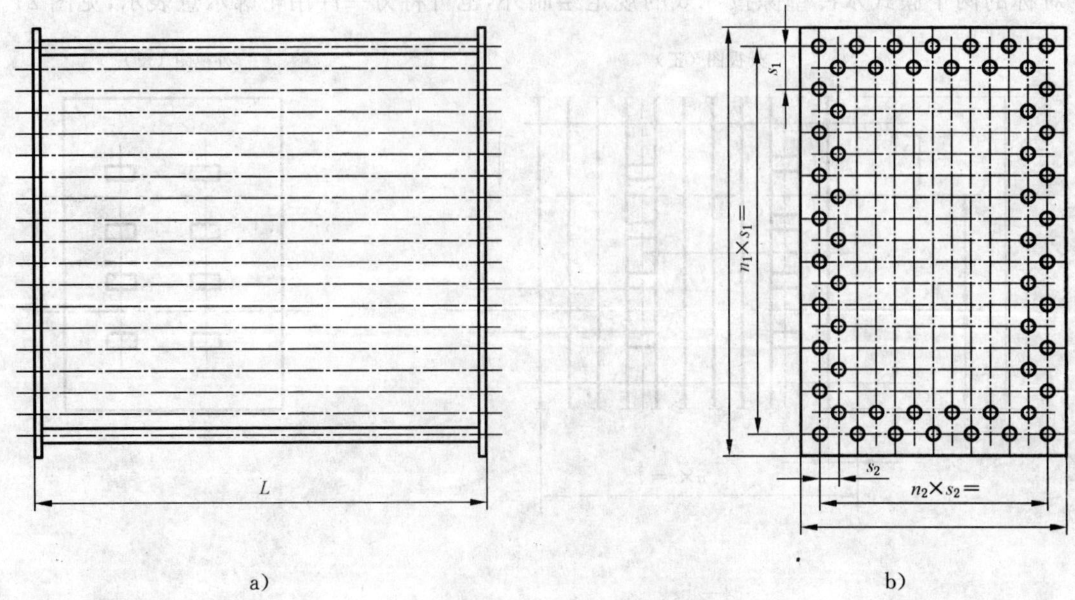

图 23 管式空气预热器

4.17 管子零件图中，管子与锅筒、集箱的装配位置应表示清楚，集箱、锅筒可用单根双点画线表示轮廓，见图 2。

4.18 管子图样的尺寸标注

4.18.1 在管子单线图上标注尺寸或角度时，只引出尺寸界线（尺寸界线穿过管子），尺寸数值标注在管段上，角度数值应水平标注，见图 2、图 3、图 4。

4.18.2 管子弧长尺寸指管子中心线的展开长度，弧长尺寸允许按数字修约后取整，见图 2、图 3。

4.18.3 若在管子单线图上直接标注尺寸不明确时，应加标尺寸线标注，见图 8。特殊情况下，允许在管子尺寸界线处加箭头表示，见图 24。

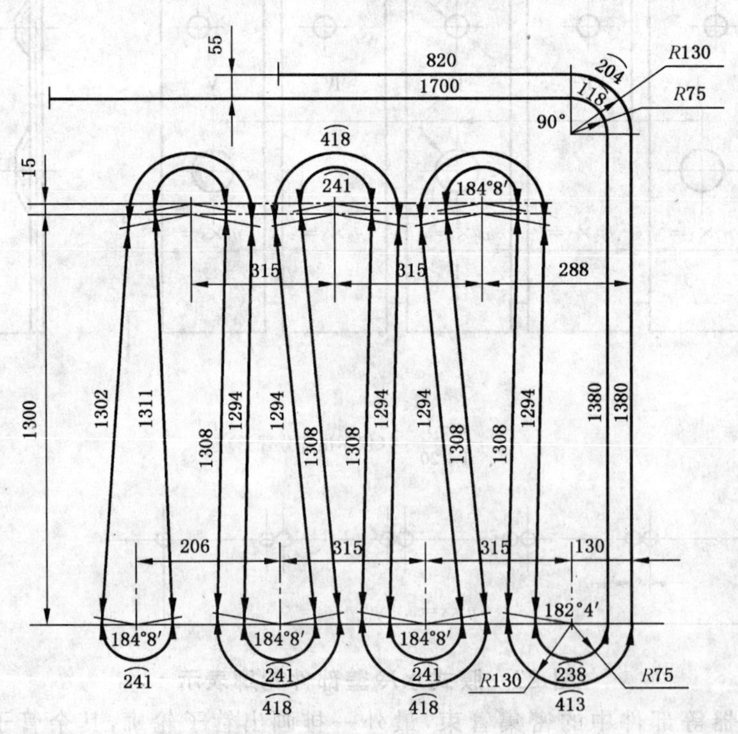

图 24 过热器蛇形管

4.18.4 管子的长度尺寸、弧长尺寸数值按图25所示的方向书写，在图示30°范围内的长度尺寸一般引出标注，当不致引起误解时也可直接标在管段上，见图25。

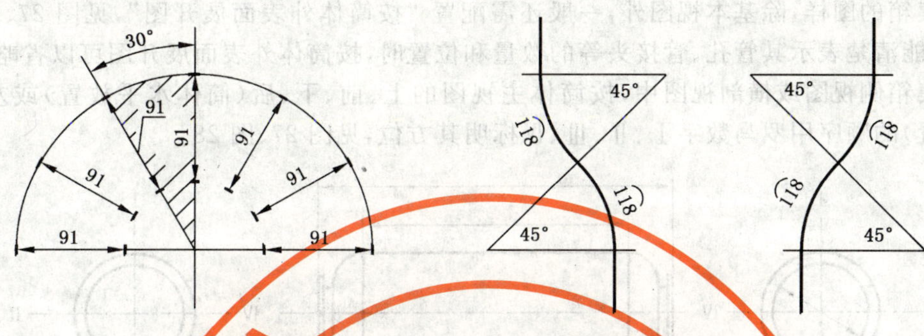

图25 管子尺寸标注规定

4.18.5 空间弯管的尺寸应标注在反映真实投影的管段上，见图11、图12。

4.18.6 管子弯曲角度除180°可省略标注外，其余角度(含90°)均需标出。角度精确到"分"，见图7、图13、图14。

4.18.7 受热面管子的尺寸，一般以集箱、锅筒的中心线作为尺寸基准，图中的定位尺寸和管子的外形尺寸应加标注尺寸线，见图2、图4。

4.18.8 管子弯曲半径可直接标在图形上，也可在技术要求中用文字说明。

4.18.9 管子零件图应给出管子规格和展开长度。

4.18.10 管子单线图中一般标出尺寸即可，必要时，允许在尺寸线的下方用文字说明，见图4、图8、图19。

4.18.11 对于胀接管，一般标出管端到内表面的距离，厚壁筒体可标出插入深度。

4.18.12 省煤器、过热器和膜式水冷壁等，节距相等时应标出节距 s 和 $n \times s$ 的值，见图2、图19、图23。

4.18.13 对称的管子、膜式水冷壁等，假想线图形上一般不标注尺寸，见图13、图14。

4.18.14 表格图中，尺寸、角度和弧长代号的标注方法，见图15、图16。

4.19 当管子零件图不用单根粗实线表示时，应按GB/T 4458.1、GB/T 4458.4～4458.6的规定绘制和标注尺寸，见图26。

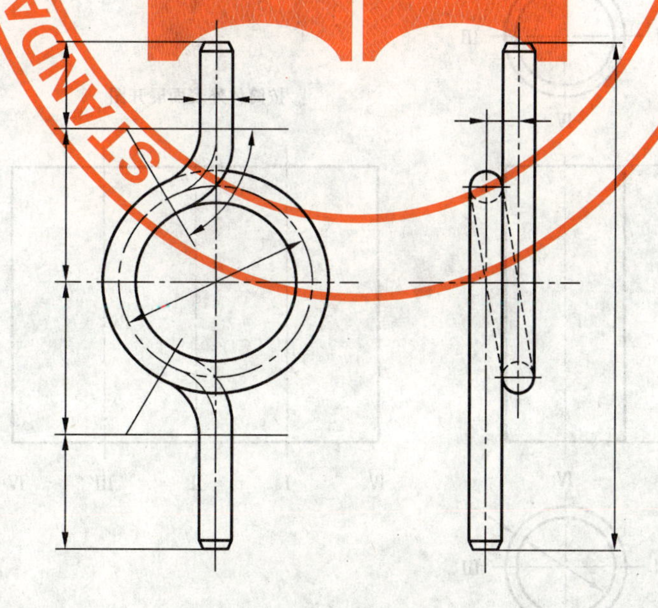

图26 压力表弯管

4.20 管子轴测图的画法见GB/T 6567.5的规定，或参见附录A。

5 锅筒、集箱的画法和尺寸标注

5.1 锅筒和集箱的图样，除基本视图外，一般还需配置“按筒体外表面展开图”，见图 27、图 28。当集箱的基本视图能清楚表示其管孔、管接头等的数量和位置时，按筒体外表面展开图可以省略不画。

5.2 锅筒和集箱侧视图或横剖视图中，按筒体主视图的上、前、下、后（筒体水平放置）或左、前、右、后（筒体竖直放置）的顺序用罗马数字Ⅰ、Ⅱ、Ⅲ、Ⅳ标明其方位，见图 27、图 28。

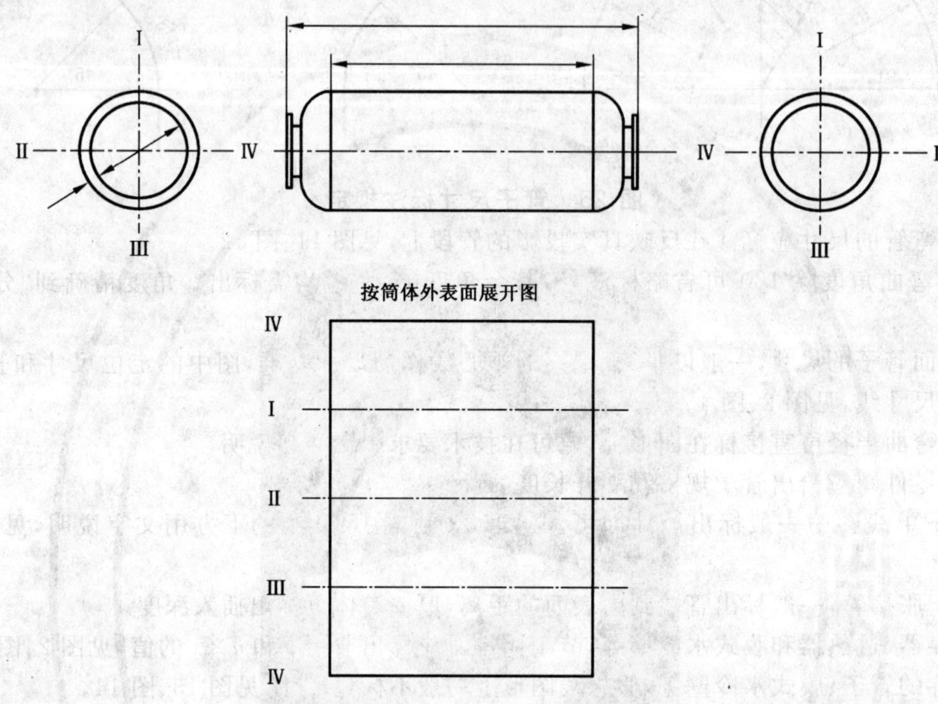

图 27 水平筒体的方位标注

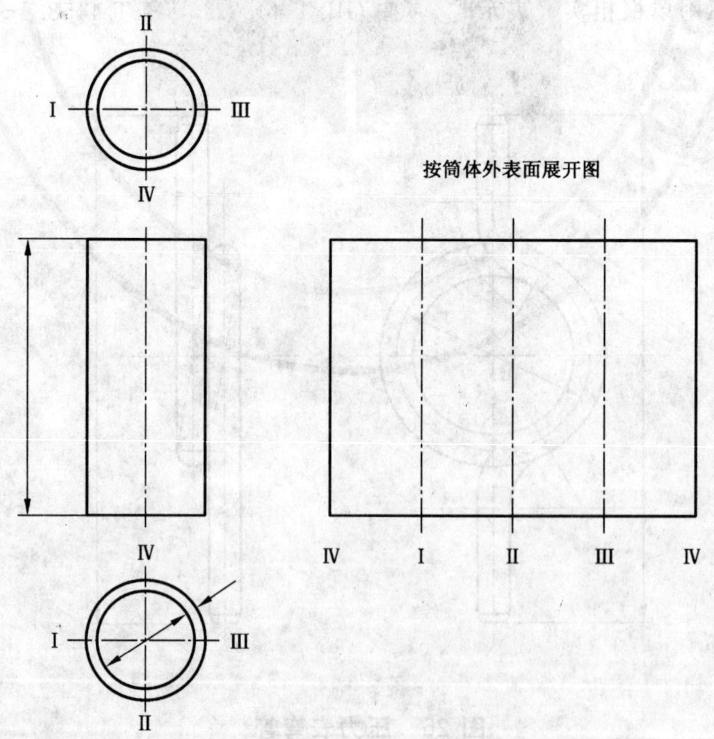

图 28 竖直筒体的方位标注

5.3 锅筒和集箱主视图上，每排管孔或管接头除两端绘出外，其余可用相交中心线表示，见图29。管接头可在每排两端各画一个，其余用中心线表示，见图30、图32。

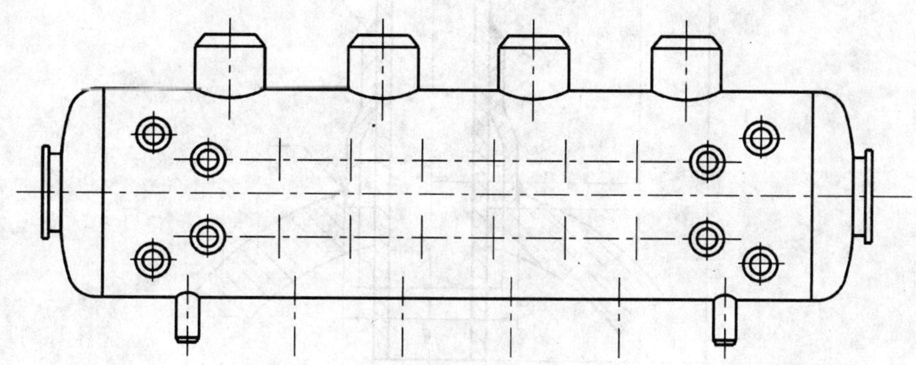

图29 锅筒主视图

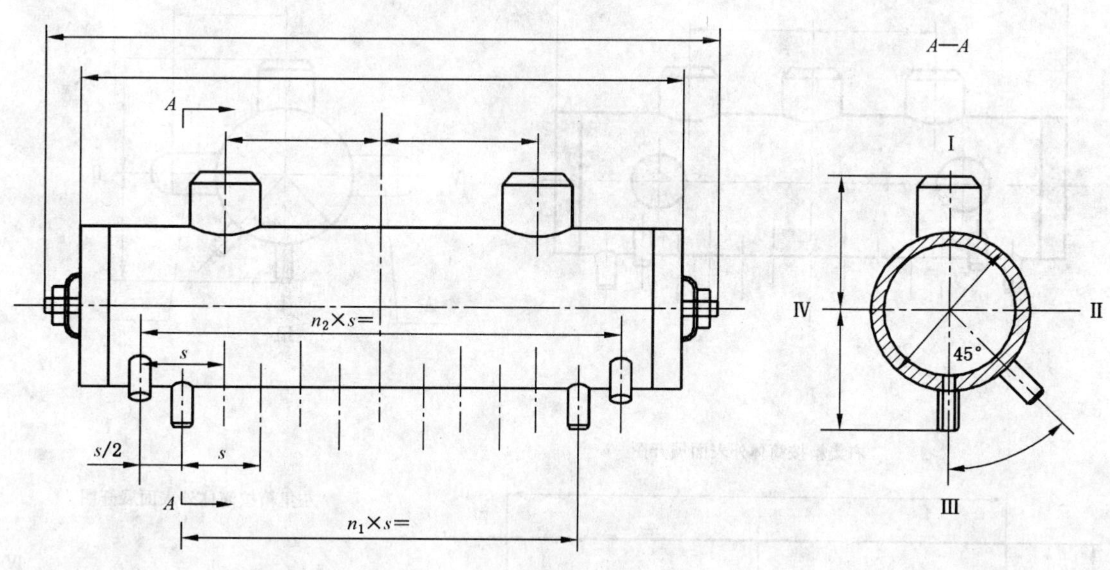

图30 集箱图

锅筒和集箱侧视图(剖视图)上，管孔和管接头应按GB/T 4458.1、GB/T 4458.4～4458.6的规定绘制。

5.4 锅筒、集箱上的管接头、封头、端盖和法兰等，如采用标准件或标准规定的坡口和焊缝型式，可不绘详图，否则，应画出其结构详图，见图31。

5.5 对称的两个集箱可按3.5的规定绘制，另一件展开图允许示意画出其主要区别，见图32。

5.6 锅筒、集箱上的非径向管孔或管接头，一般用剖面图表示，在展开图上宜用文字说明。

5.7 锅筒、集箱按筒体外表面展开图的画法规定如下：

5.7.1 按筒体外表面展开图的上方应标明“按筒体外表面展开图”，见图33、图34。

5.7.2 按筒体外表面展开图从Ⅳ号位置按外径展开，展开图中用罗马数字顺序标明沿筒体周长的位置，并与锅筒或集箱侧视图中规定的位置相对应，见图27、图28、图32。

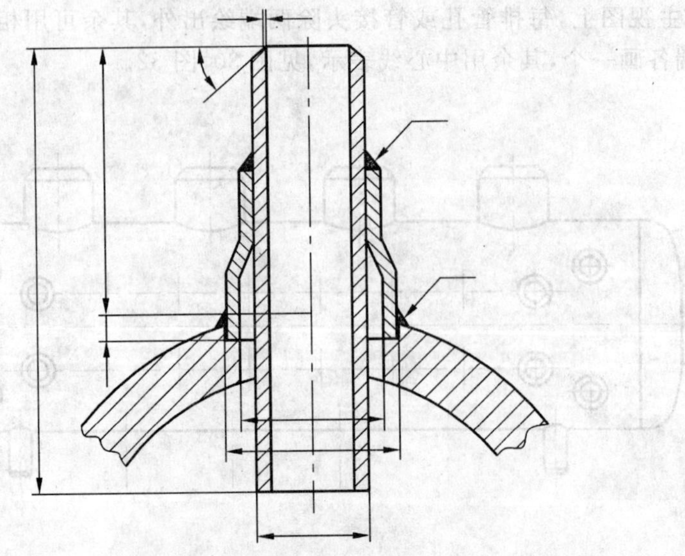

图 31　锅筒给水管接头

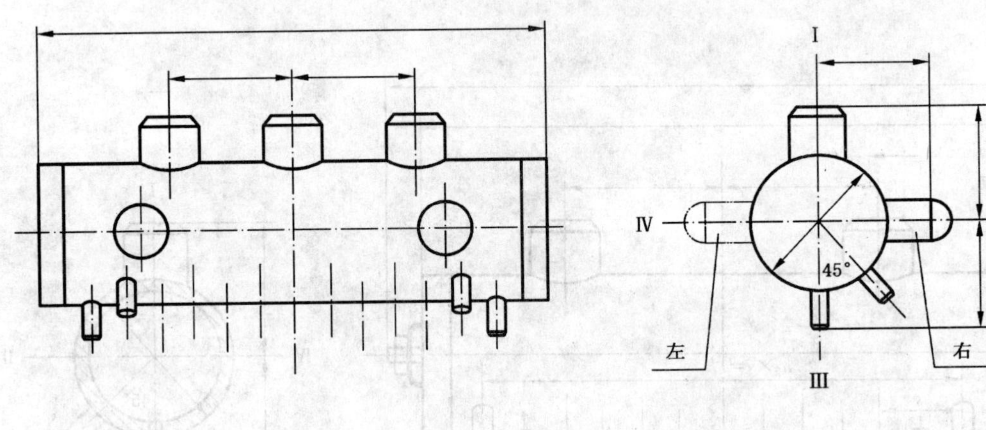

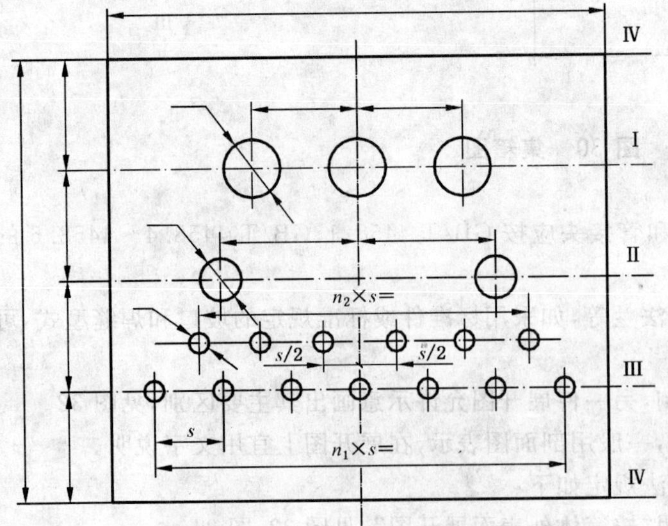

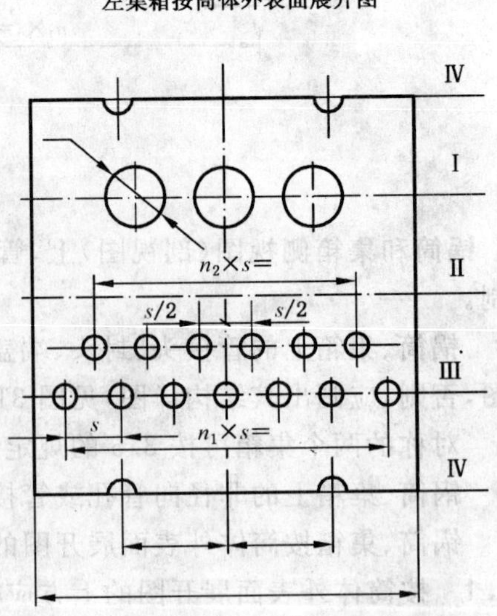

图 32　集箱左、右件

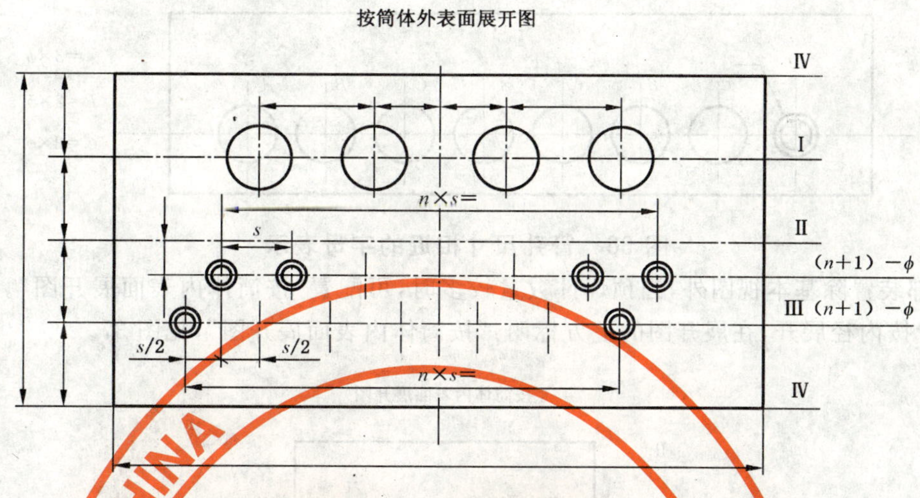

图 33　集箱展开图

5.7.3　按筒体外表面展开图上的管孔应全部画出，见图 32。也可在每一孔排两端各画一个，其余用相交中心线表示，见图 33。

5.7.4　锅筒对流管束区和再热器集箱等管孔较多的区域，允许仅把密集管区四周管孔画出，中间管孔用相交中心线表示，见图 34。

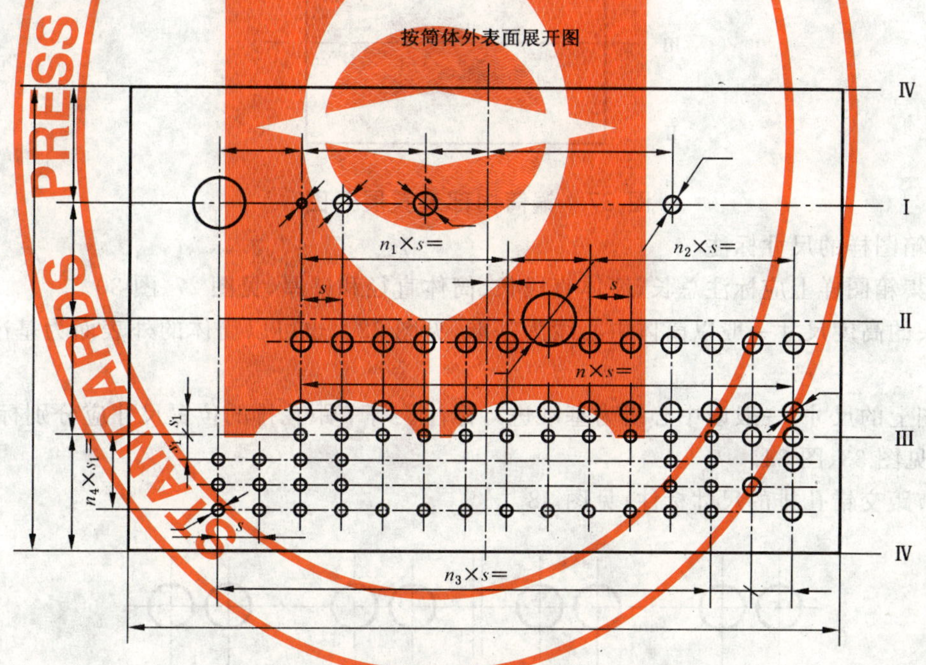

图 34　锅筒展开图

5.7.5　尺寸相近的管孔，可用同样部位的涂色标记加以区别，见图 35。或用大写拉丁字母表示，见图 36。

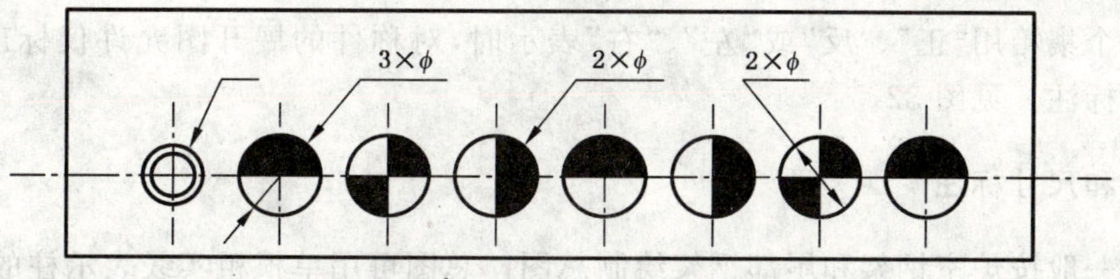

图 35　管孔尺寸相近的涂色表示

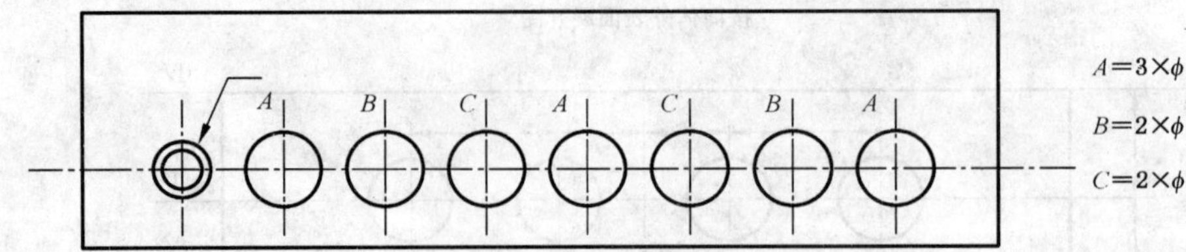

图 36 管孔尺寸相近的字母表示

5.8 锅筒内部装置除基本视图外，当预焊件数量较多时，可配置“按筒体内表面展开图”。内表面展开图从 II 号位置按内径展开，在展开图的上方标明：“按筒体内表面展开图”，见图 37。

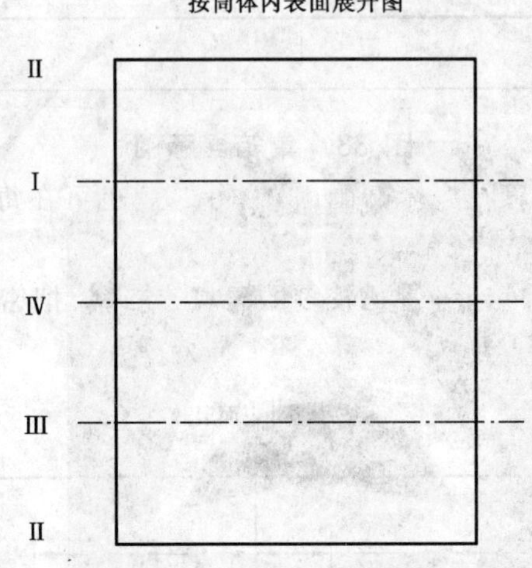

图 37 锅筒内部装置展开图

5.9 锅筒、集箱图样的尺寸标注

5.9.1 锅筒、集箱图样上应标注总长、筒体直段长、筒体直径和壁厚，见图 27、图 30。

5.9.2 管接头的高度尺寸一般以筒体中心线为基准，见图 32。也可以筒体的外表面为基准进行标注，见图 30。

5.9.3 展开图上的尺寸，一般以中心线为基准进行标注。等节距孔排的位置尺寸应分别标注其间距 S 和 $n\times s$ 的值，见图 33、图 34。

5.9.4 不等节距交错孔排的尺寸标注，见图 38。

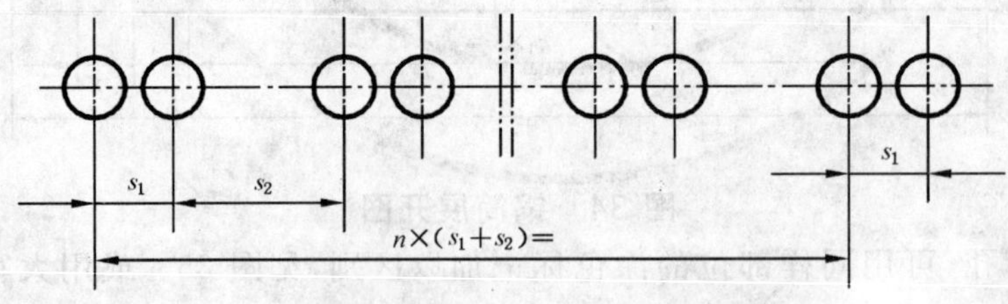

图 38 不等节距交错孔排的标注

5.9.5 对称的两个集箱用“正”、“反”或“左”、“右”表示时，对称件的展开图允许仅标出主要尺寸的区别，其余尺寸省略标注。见图 32。

6 钢结构的画法和尺寸标注

6.1 锅炉钢结构一般按炉室钢架和尾部钢架绘制总图。总图可用单根粗实线表示柱的中心位置，并配有相应的柱布置图，柱的断面用粗实线示意表示其外形，见图 39。

6.2 刚性梁的布置图中，可用单根粗实线表示梁的中心位置，梁断面用单根粗实线表示其外形，见图40。

6.3 不同标高层的平台楼梯平面布置图可绘制在同一图样内，每层平台应分别注明其标高和代号。平面图中一般绘出栏杆柱的投影。在平面布置图中，楼梯必须绘出箭头，表示向上走向，见图41。

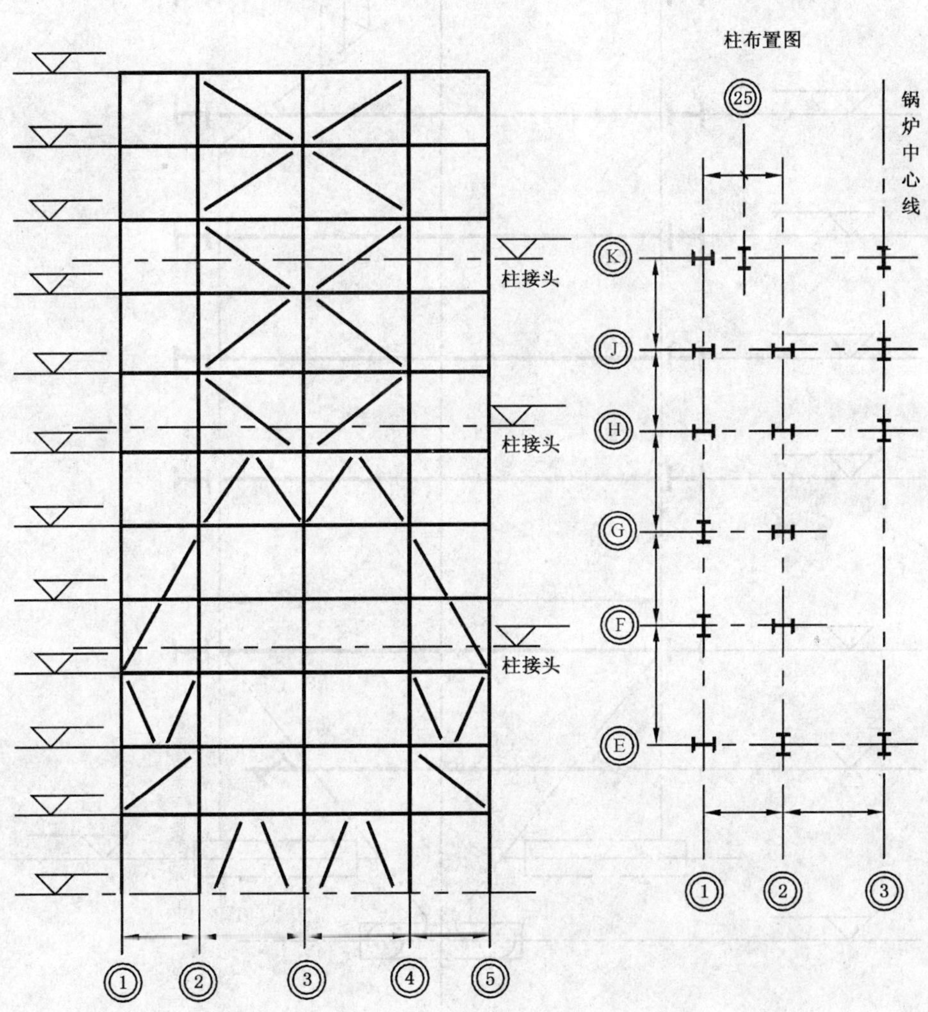

图39 钢架前墙图

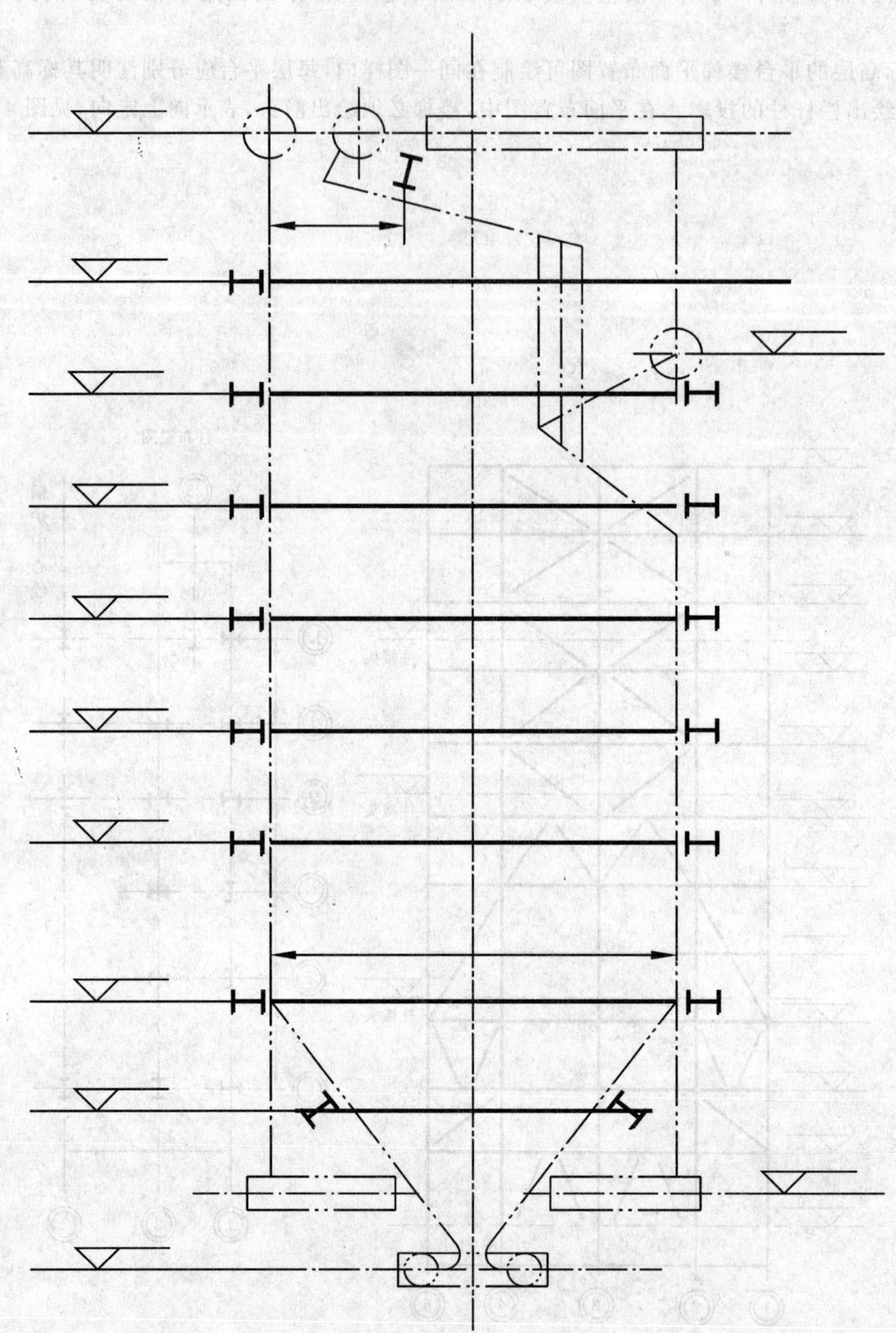

图 40 刚性梁布置图

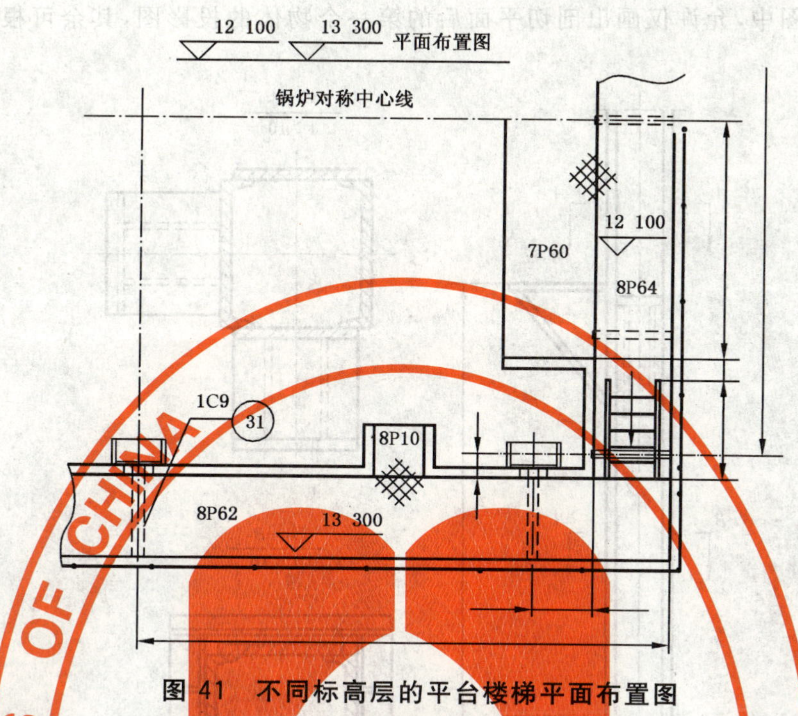

图 41 不同标高层的平台楼梯平面布置图

6.4 平台楼梯布置图中,栏杆和栏杆柱用单根粗实线表示,见图 42、图 43。不同规格的平台楼梯和撑架写出相应的代号表示,见图 41、图 42。

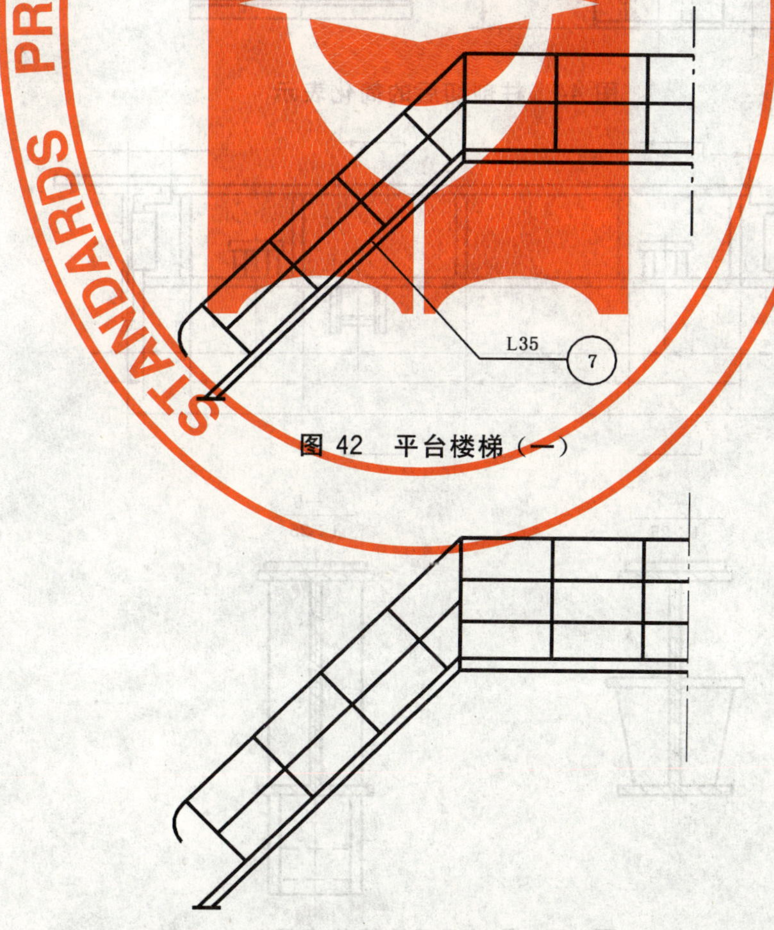

图 42 平台楼梯(一)

图 43 平台楼梯(二)

6.5 柱和梁的剖视图中，允许仅画出剖切平面后的第一个物体的投影图，其余可根据需要绘制，见图44、图45。

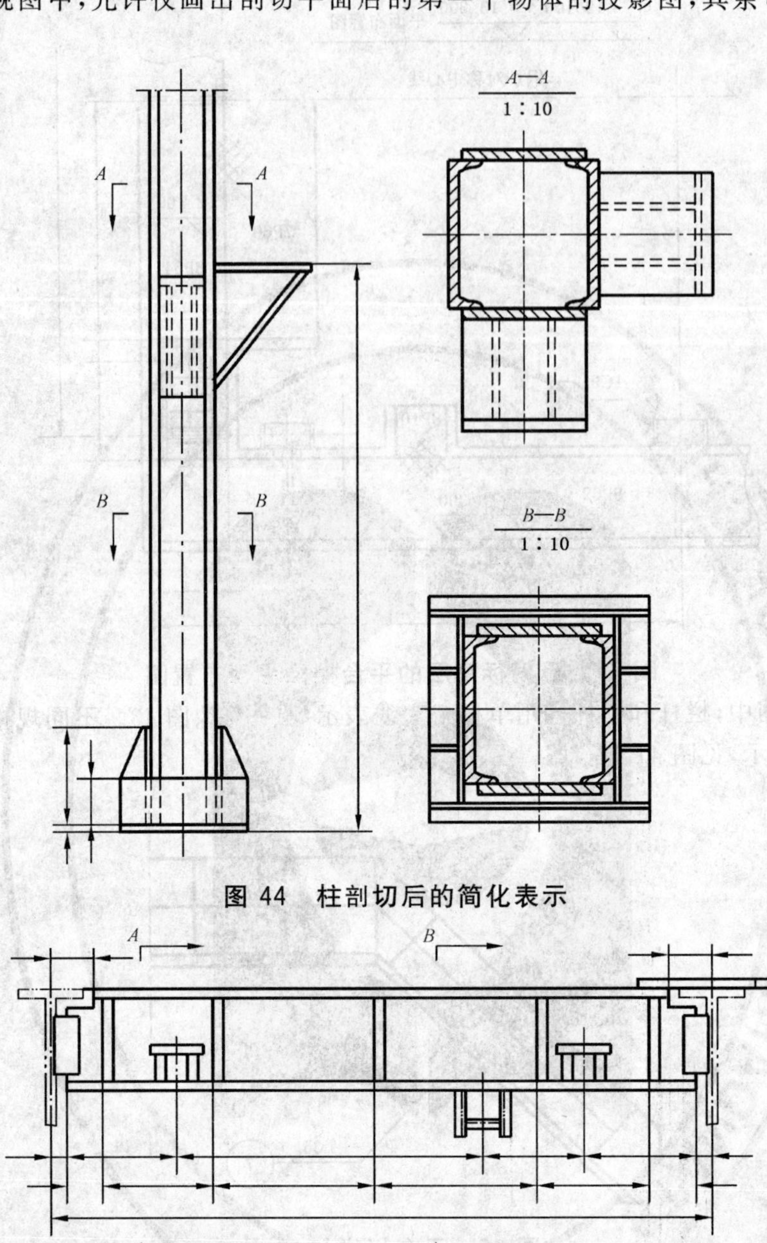

图44 柱剖切后的简化表示

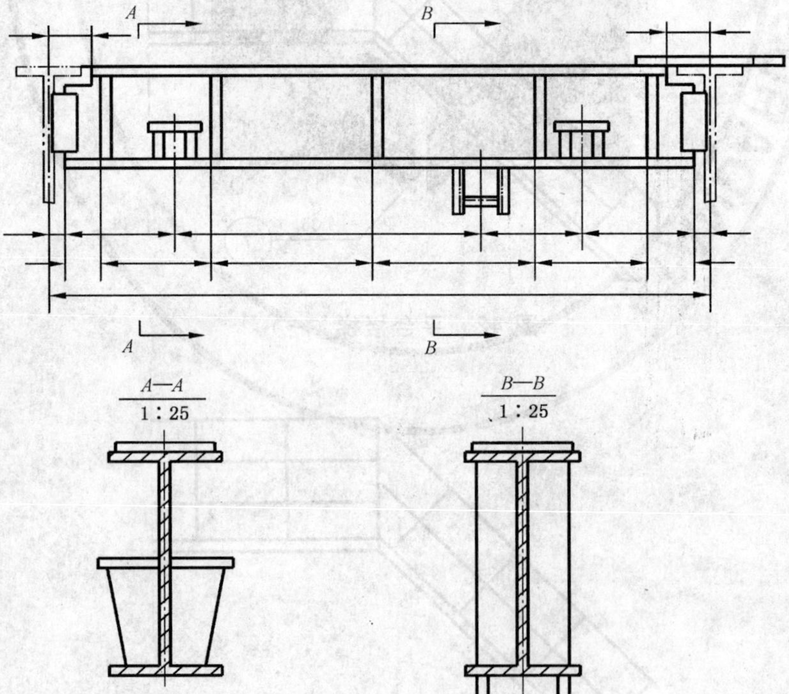

A—A
1∶25

B—B
1∶25

图45 梁剖切后的简化表示

6.6 单根柱的装配图中应有柱布置示意图，并用涂色表示所画的柱，用箭头表示该柱的投影方向，见图46。若在其他图样中已能清楚表达柱布置情况时，示意图可省略不画。

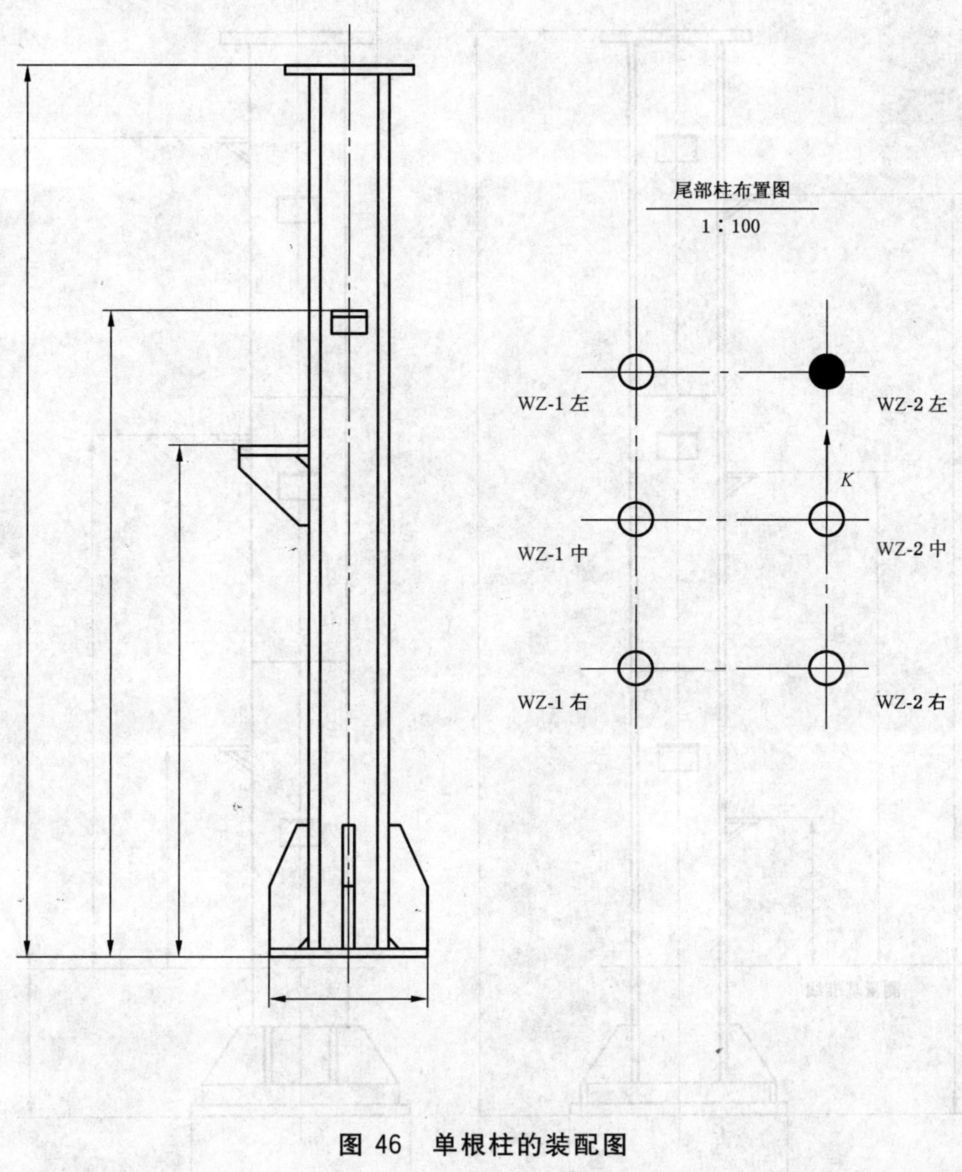

图 46 单根柱的装配图

单根分段柱的装配图见图47。

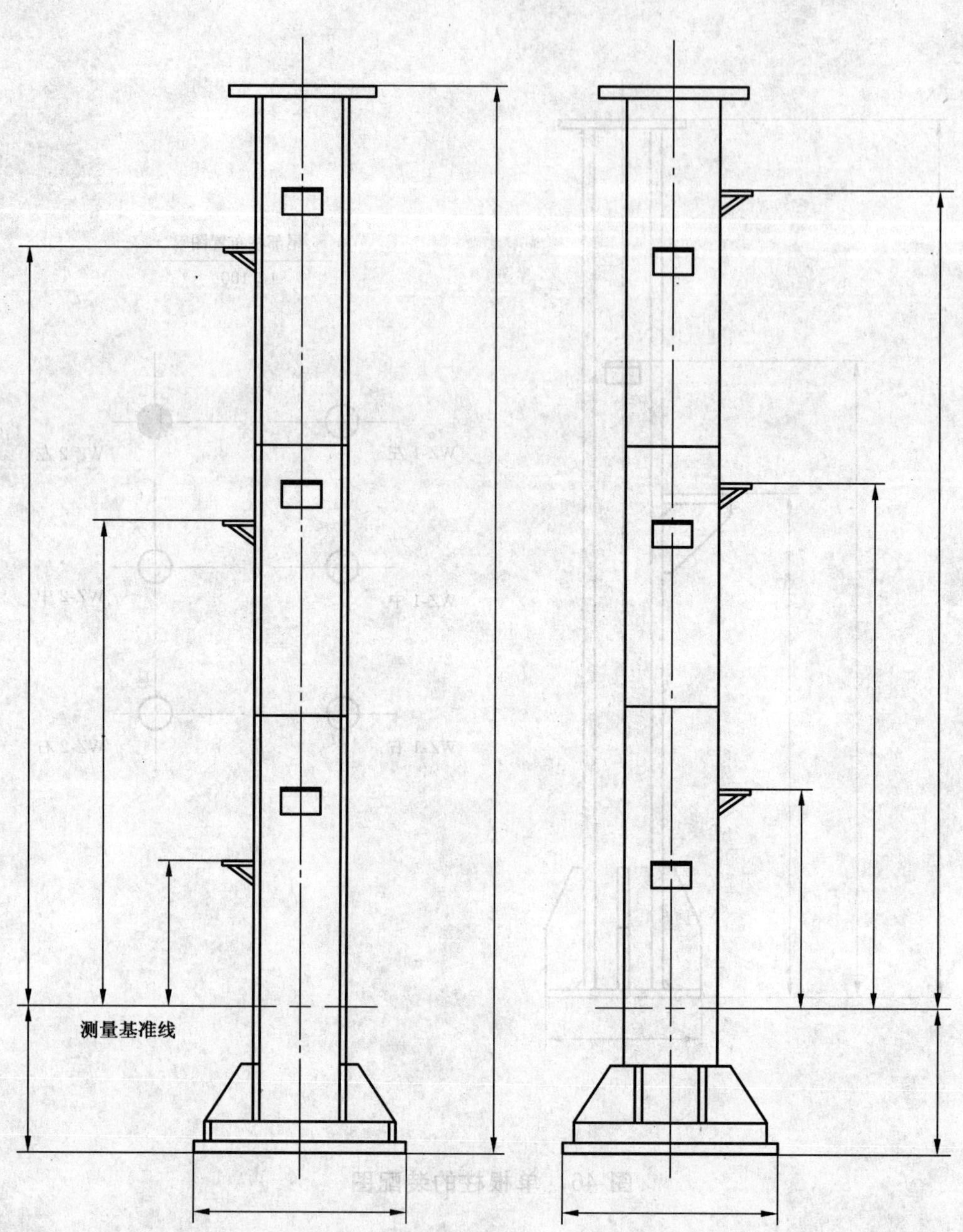

图47 单根分段柱的装配图

6.7 锅炉框架护板、平台剖视图中,允许用单根粗实线表示钢板,用涂色表示型钢断面,型钢翼缘投影简化成单线条。型钢腹板在剖视图中已表示清楚时,则在其他视图中的虚线可省略不画,见图48。

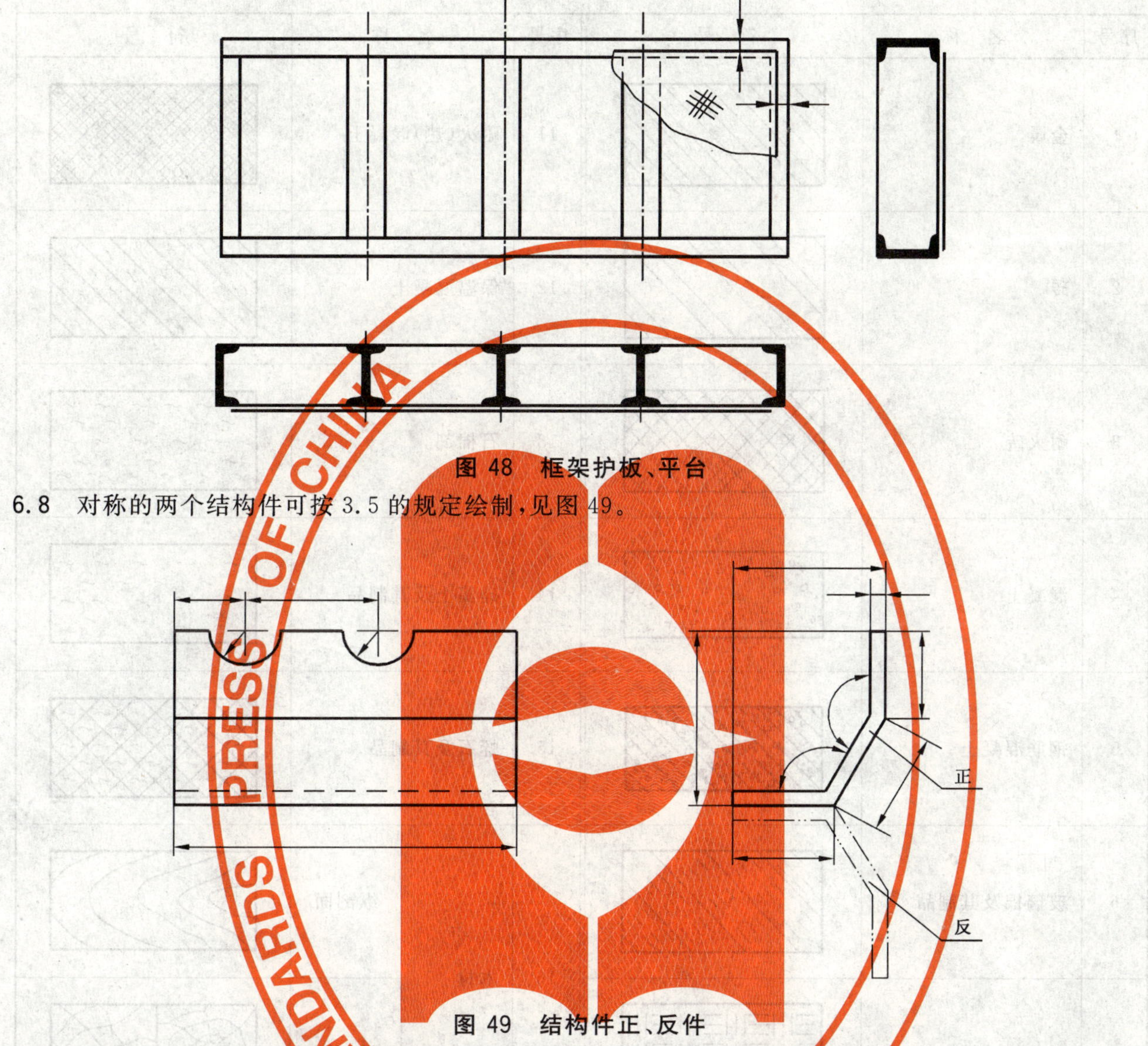

图 48 框架护板、平台

6.8 对称的两个结构件可按 3.5 的规定绘制，见图 49。

图 49 结构件正、反件

6.9 钢结构图样的尺寸标注

6.9.1 锅炉钢架和平台楼梯的位置尺寸，一般以柱的中心线、炉膛中心线或尾部烟道中心线为基准进行标注，见图 39、图 41。

6.9.2 柱的平面图中，由前到后(炉深方向)用大写拉丁字母顺序表示，从左至右(炉宽方向)用阿拉伯数字顺序标注，见图 39。也可采用其他方法以示区别，柱的位置表示形式应避免与装配图中引序号的形式相混。

6.9.3 不同标高的平台楼梯平面布置在同一图样内，每层平台应分别注明其标高、代号。扶梯和撑架引出序号处可写出相应尺寸代号，见图 41、图 42。

6.9.4 单根柱以底面为尺寸基准进行标注，见图 46。

6.9.5 单根柱分段时，底部柱以底面为尺寸基准，顶部柱以顶面为尺寸基准，中间柱以中间分段面为尺寸基准进行标注，见图 47。

7 剖面符号和图形符号

7.1 锅炉图样的剖视和剖面图中，剖面符号应按表 4 的规定绘制。其余剖面符号可参见附录 B。

表4 剖面符号

序号	名 称	符 号	序号	名 称		符 号
1	金属		11	耐火(热)混凝土		
2	砖		12	保温混凝土		
3	耐火砖		13	石棉剂		
4	混凝土		14	硅藻土及其制品		
5	钢筋混凝土		15	蛭石及其制品		
6	玻璃棉及其制品		16	木材	纵剖面	
7	矿渣棉及其制品				横剖面	
8	珍珠岩及其制品		17	密封涂料		
9	塑料、皮革、橡皮		18	玻璃及透明材料		
10	阀门用方型密封填料		19	型砂、陶瓷、粉末冶金、绝缘材料		

表 4(续)

序号	名 称	符 号	序号	名 称	符 号
20	铁丝网、筛网过滤网		22	液体	
21	基础周围泥土				

7.2 锅炉总图和炉墙总图中,门和孔的图形符号按表 5 的规定绘制。

表 5 门和孔的图形符号

序号	名 称	符 号	序号	名 称	符 号
1	烟风道		7	人孔	
2	防爆门		8	测量孔	
3	吹灰孔		9	窥视孔	
4	备用吹灰孔		10	火焰监视孔	
5	打焦孔、拨火孔		11	绳孔	
6	落灰门、掏灰门		12	点火孔	

7.3 锅炉管道系统中的阀门和附件的图形符号按表6的规定绘制。

表6 阀门和附件的图形符号

序号	名称	符号	序号	名称	符号
1	截止阀		18	隔膜阀	
2	电动截止阀	M	19	给水分配阀	
3	闸阀		20	球阀	
4	电动闸阀	M	21	电动球阀	M
5	调节阀		22	碟阀	
6	电动调节阀	M	23	旋塞阀	
7	气动调节阀	P	24	疏水阀	
8	电磁阀		25	快速排污阀	
9	电磁泄压阀		26	三通阀	
10	安全装置 主安全阀		27	四通阀	
11	安全装置 脉冲安全阀		28	自动记录压力表	
12	杠杆安全阀		29	水位表	
13	弹簧安全阀		30	水银温度计	
14	角阀		31	热电偶插座	
15	节流阀		32	平衡容器	
16	止回阀	流向	33	面式减温器、 加热器	
17	减压阀	高压端 低压端	34	喷水减温器	

表 6(续)

序号	名 称	符 号	序号	名 称	符 号
35	混合器		40	流量计	G
36	过滤器		41	工业电视	TV
37	流量孔板		42	压力表	
38	回转塞板		43	压力表弯管	
39	节流圈		44	供货范围	

7.4　表中未规定的剖面符号和图形符号应在锅炉图样中绘出图例。

附　录　A
（资料性附录）
管子轴测图

A.1 管子轴测图见图 A.1～图 A.3。

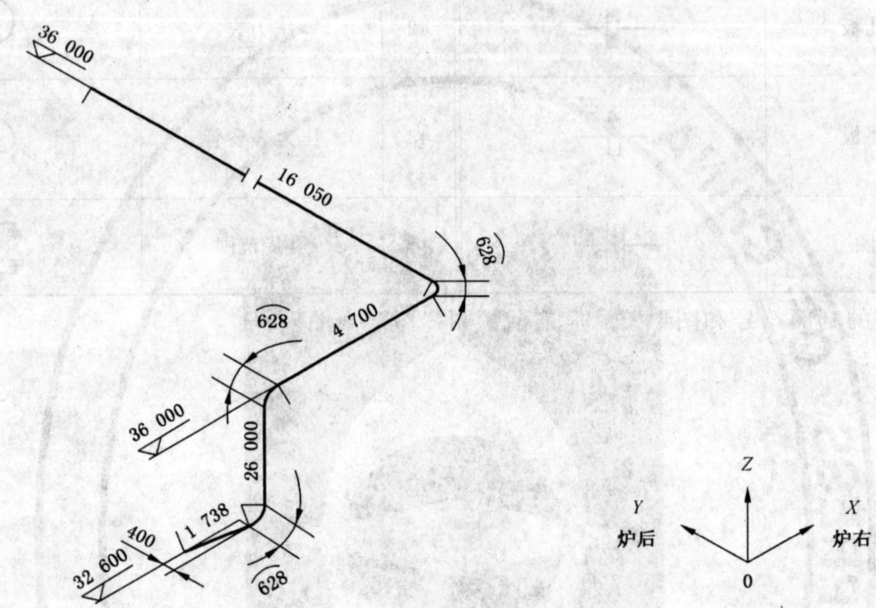

图 A.1　喷水管道(一)

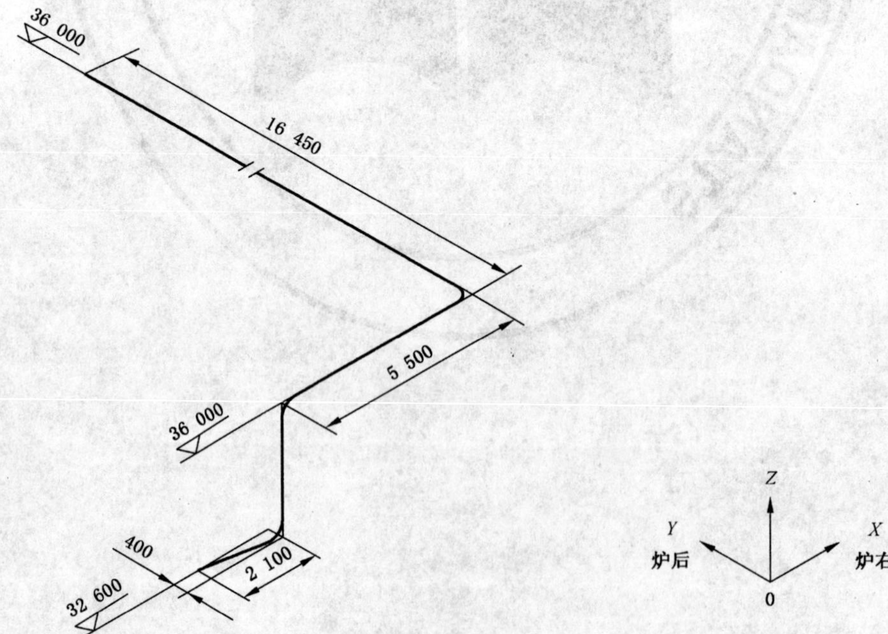

图 A.2　喷水管道(二)

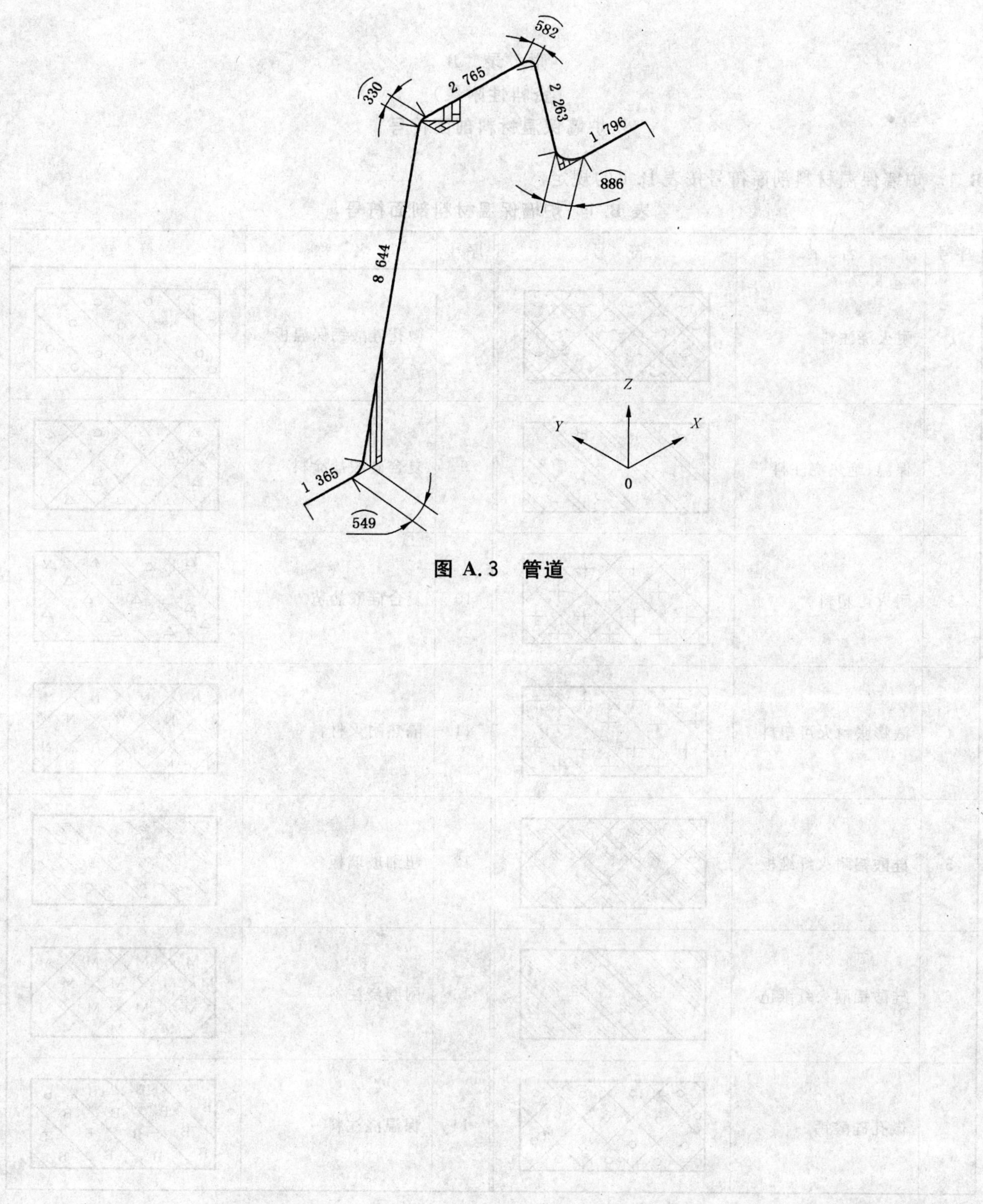

图 A.3 管道

附　录　B
（资料性附录）
炉墙保温材料剖面符号

B.1　炉墙保温材料剖面符号按表 B.1 的规定。

表 B.1　炉墙保温材料剖面符号

序号	名　称	符　号	序号	名　称	符　号
1	耐火浇注料	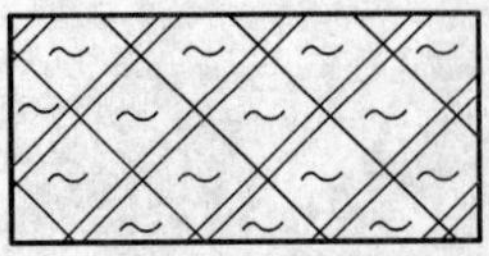	8	微孔硅酸钙保温板	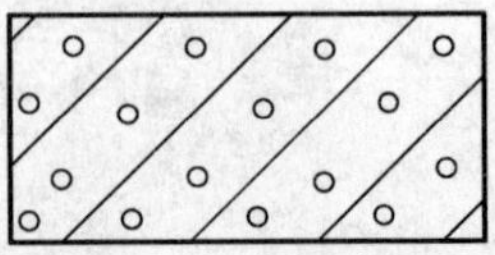
2	保温、绝热浇注料	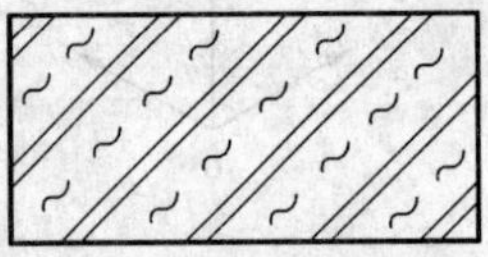	9	复合硅酸盐涂料	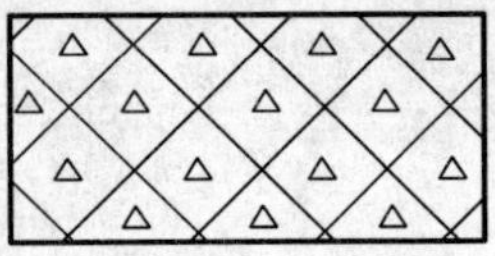
3	耐火可塑料	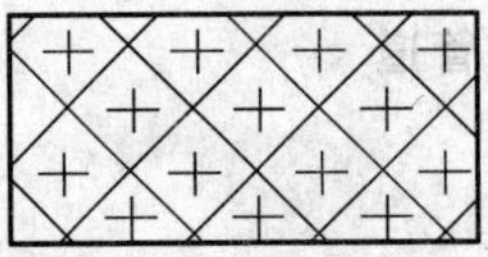	10	复合硅酸盐毡	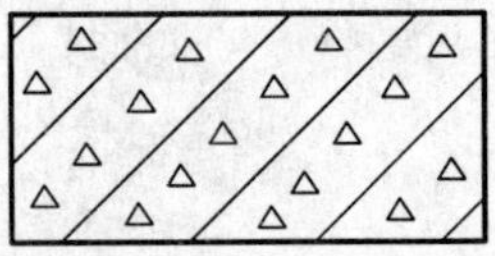
4	微膨胀耐火可塑料	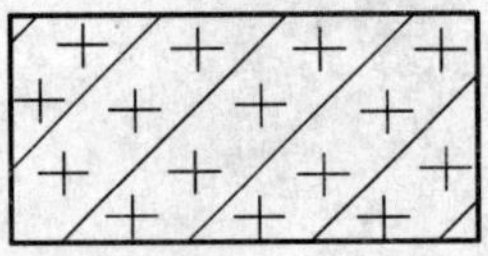	11	隔热耐火材料	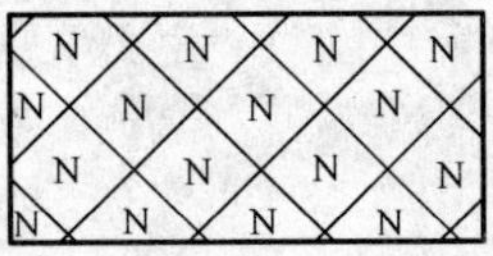
5	硅酸铝耐火纤维板	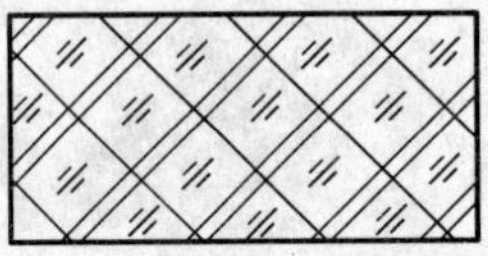	12	超细玻璃板	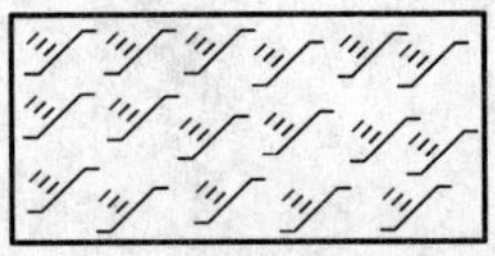
6	硅酸铝耐火纤维毡	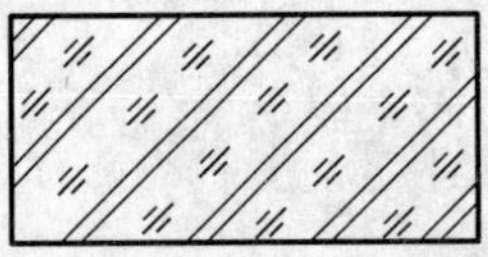	13	耐磨浇注料	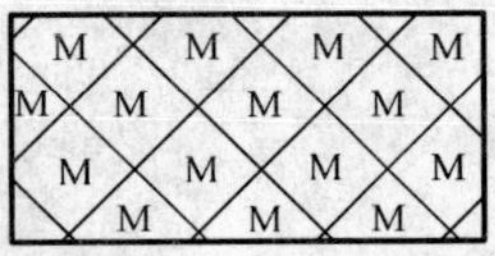
7	微孔硅酸钙	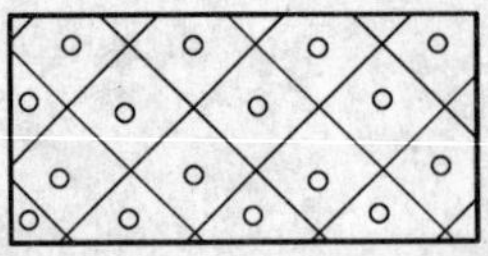	14	保温浇注料	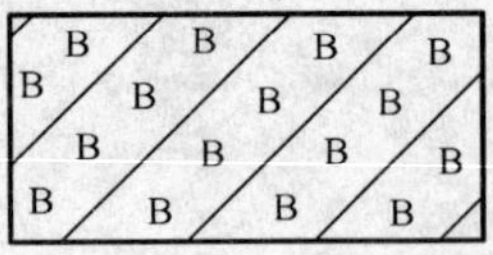

ICS 33.160.30
G 83

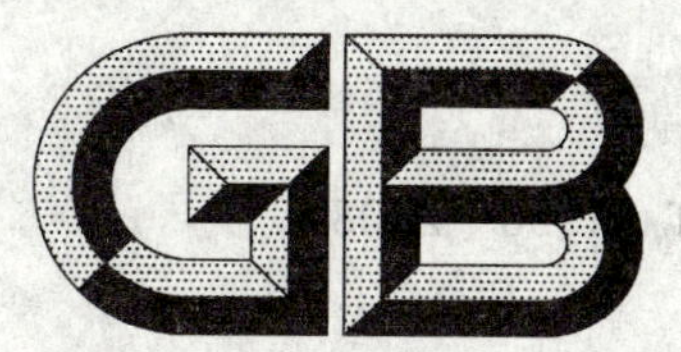

中华人民共和国国家标准

GB/T 11956—2008
代替 GB/T 11956—1989

高速复制录音磁带

High speed duplicate audio tape

(IEC 60094-4:1994 Magnetic tape sound recording and reproducing systems—Part 4:Mechanical magnetic tape properties,NEQ)
(IEC 60094-5:1994 Magnetic tape sound recording and reproducing systems—Part 5:Electrical Magnetic Tape Properties,NEQ)

2008-09-24 发布　　　　2009-05-01 实施

中华人民共和国国家质量监督检验检疫总局
中国国家标准化管理委员会　发布

前 言

本标准对应于 IEC 60094-4:1994《磁带录放音系统　第 4 部分:磁带机机械性能》(英文版)和 IEC 60094-5:1994《磁带录放音系统　第 5 部分:磁带电性能》(英文版),与 IEC 60094-4:1994 和 IEC 60094-5:1994 的一致程度为非等效,主要差异为:

——排版格式按 GB/T 1.1—2000 进行了修改;

——在采用的相关项目上,增加了具体的技术指标要求。

本标准修订并代替 GB/T 11956—1989《高速复制录音磁带》。

本标准与 GB/T 11956—1989 的主要差异如下:

——在编排格式上按 GB/T 1.1—2000,对原标准做了一些结构调整和编辑性修改;

——将"4　产品规格"改为"4　分类";

——删去原标准产品规格中的长度 2 000 m、2 250 m、2 500 m,以"按合同规定"形式放入尺寸一览表中;

——以"5.2　尺寸"和"5.3　机械性能"代替原标准中的"5.3　几何尺寸和机械性能";

——删去了"机械性能"中的"拉断强度",增加了"剩余伸长";

——对耐磨性的要求改为"按合同规定";

——电性能部分只给出相当于合格的最低要求,删去"优级"和"一级"两个等级;

——删去了相对灵敏度中 3.15 kHz 和 12.5 kHz 两项要求;

——测试中使用的基准带用"Y348M"替换原来的"R723DG";

——相对灵敏度中的 315 Hz 和 10 kHz 要求值分别以－3 dB 和－5 dB 代替原标准中的－1.5 dB 和－4 dB;

——对"屈服力"、"参考电平对偏磁噪声比(A)"和"复印比"指标做了一些调整;

——机械性能试验方法,以直接引用 GB/T 7309—2000 中相应的试验方法代替原标准的方法;

——检验规则中删去了"型式检验"部分,增加了验收检验项目和具体抽样方案;

——将"7　检验规则"重新进行了编写。

本标准中的附录 A 和附录 B 为规范性附录。

本标准由中国石油和化学工业协会提出。

本标准由全国感光材料标准化技术委员会(SAC/TC 102)归口。

本标准起草单位:保定乐凯磁信息材料有限公司。

本标准起草人:郝应赐、李娜。

本标准所代替标准的版本发布情况为:

——GB/T 11956—1989。

高速复制录音磁带

1 范围

本标准规定了高速复制录音磁带的要求、试验方法、检验规则、标志标签、包装及贮运。

本标准适用于带宽为 3.81 mmγ-氧化铁型的标准型和长型高速复制录音磁带。

2 规范性引用文件

下列文件中的条款通过本标准的引用而成为本标准的条款。凡是注日期的引用文件，其随后所有的修改单(不包括勘误的内容)或修订版均不适用于本标准，然而，鼓励根据本标准达成协议的各方研究是否可使用这些文件的最新版本。凡是不注日期的引用文件，其最新版本适用于本标准。

GB/T 191　包装储运图示标志

GB/T 2828.1　计数抽样检验程序　第1部分：按接收质量限(AQL)检索的逐批检查抽样计划

GB/T 4013—1995　录音录像术语

GB/T 6388　运输包装收发货标准

GB/T 7309—2000　盒式录音磁带通用规范

GB 18455—2001　包装回收标志

3 术语和定义

GB/T 4013 确立的以及下列术语和定义适用于本标准。

3.1

参考电平　reference level

重放参考磁平校准带时，录音机放音通道的输出电平，定为"0 dB"。

3.2

校准带　calibration tape

录有符合规定特性的信号，用以校准录音机放音通道的信号磁带。

3.3

基准带　reference tape

具有规定特性，测试磁带电性能时选作比较基准的空白磁带。

3.4

基准偏磁　reference bias

基准带所要求的最佳偏磁。本标准规定，使基准带的 315 Hz 和 10 kHz 最大输出电平之差为12 dB时的偏磁为基准偏磁。

3.5

额定输入电平　rated input level

使用基准偏磁在基准带上获得 315 Hz 信号的参考磁平时，录音机的输入电平为额定输入电平。

4 分类

按带盒可灌装的长度分为标准型(相当于空白带 C60 型)和长型(相当于空白带 C90 型)两种。

按每盘磁带长度分为 2 000 m、2 250 m、2 500 m 三种规格(全长不允许有接头)，也可按合同规定。

5 要求

5.1 外观

5.1.1 磁带上不允许有皱折、鼓棱和漏涂。

5.1.2 磁带应切边整齐，且无明显波状变形。

5.1.3 磁带应卷绕平整、松紧适度，无放射状变形，无脱盘。

5.2 尺寸

磁带的宽度和厚度应符合表1的规定。

表1 尺寸

项目	标准型	长型
宽度/mm	$3.81_{-0.05}^{0}$	
厚度/μm	≤20	≤13.5

5.3 机械性能

磁带的机械性能应符合表2的规定。

表2 机械性能

项目	要求
屈服力(F3)/N	≥4
剩余伸长/%	≤0.2
层间粘连	无磁层剥落，粘连角 θ ≤15°
耐磨性	按合同规定

5.4 电性能

磁带的电性能指标应符合表3的规定。

表3 电性能

项目		要求
最大输出电平(MOL)	315 Hz	≥ −1 dB
	10 kHz	≥−12 dB
相对灵敏度	315 Hz	≥ −3 dB
	10 kHz	≥ −5 dB
参考电平对偏磁噪声比(A)		≥52 dB
复印比 500 Hz		≥48 dB
均匀性	315 Hz	≤1 dB
	3.15 kHz	≤2 dB
整体消磁噪声电平		≤−56.0 dB

6 试验方法

6.1 试验条件

6.1.1 试验环境

温度：(20±5)℃；

相对湿度：45%～75%。

试验前,被测带应在该环境下存放 24 h,并经过整体消磁。

6.1.2 校准带

其特性应符合附录 A 的规定。

6.1.3 基准带

IEC I 型基准带 Y348M

MOL,315 Hz:+5.7 dB

10 kHz:−6.3 dB

6.1.4 测试用录音机及仪器设备

a) 测试用录音机;

b) 信号发生器;

c) 电子毫伏表;

d) 带通滤波器;

e) 电平记录仪;

f) A 线计权网络;

g) 读数显微镜;

h) 测微仪;

i) 拉力试验机;

j) 高速复录子机(或耐磨性测试装置)。

有关上述仪器设备的要求见附录 B。

6.2 尺寸测定

6.2.1 宽度

按 GB/T 7309—2000 中 5.4.2 规定的方法。

6.2.2 厚度

按 GB/T 7309—2000 中 5.4.3.1 规定的方法。

6.3 机械性能测定

6.3.1 屈服力

按 GB/T 7309—2000 中 5.5.1 规定的方法。

6.3.2 剩余伸长

按 GB/T 7309—2000 中 5.5.3 规定的方法。

6.3.3 层间粘连

按 GB/T 7309—2000 中 5.5.6 规定的方法。

6.3.4 耐磨性

将长度为 2 000 m 的满盘被测带装在高速复录子机上,以 64 倍带速和 −10 dB 输入电平在磁带上记录 315 kHz 信号(子机输入信号频率为 201.6 kHz),同时在子机检测磁头测量输出电平变化,计算出全长记录过程中输出电平下降的最大值,以 dB 表示。

6.4 电性能测定

经供需双方协商,除本规定外,也可按 GB/T 7309—2000 中 5.2 和 5.6 的规定进行测定,若用于仲裁应按本标准的规定。

6.4.1 总则

测试用录音机按 B.1 的规定,录放通道应使用校准带和基准带进行校准。

除另有说明外,应在一条内磁迹上测试。

测试系统的仪器连接如图 1 所示。

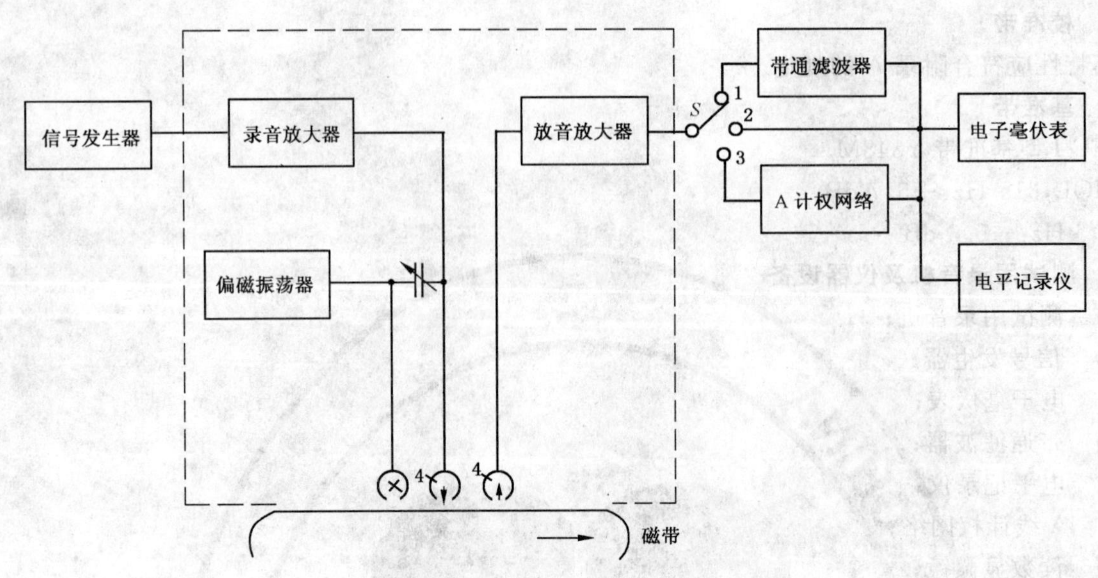

图1 电性能测试系统

6.4.2 **最大输出电平(315 Hz)**

以基准偏磁在被测带上记录315 Hz信号,调整输入电平,使输出信号的三次谐波失真达3%,测出该输出信号电平,以其相对于参考电平的dB表示。

6.4.3 **最大输出电平(10 kHz)**

以基准偏磁在被测带上记录10 kHz信号,逐渐增大输入电平,直至输出电平不再增加。测出最大的信号输出电平,以其相对于参考电平的dB表示。

6.4.4 **相对灵敏度**

以基准偏磁和−20 dB输入电平在基准带上记录规定频率的信号,记下输出电平值。然后以相同的输入条件在被测带上记录,测量输出电平,并计算其与基准带输出电平之差,以dB表示。

6.4.5 **参考电平对偏磁噪声比(A)**

切断输入信号,以基准偏磁在被测带上记录,测量经过A线计权网络后的噪声输出电平。计算参考电平与噪声电平之差,以dB表示。

6.4.6 **复印比**

以基准偏磁在被测带上间断记录参考磁平的500 Hz信号。每次记录应小于收带盘旋转一周所用的时间,然后切断输入信号空录10周。此程序重复3次后,将磁带保存在收带盘上。

将已录磁带在测试环境中放置24 h后放音,用电平记录仪记录经过500 Hz带通滤波器后的原录信号和复印信号输出电平曲线,并计算两输出电平之差,以dB表示。

输入电位器量程为75 dB。

当仲裁测试时,已录磁带的保存温度应为(20±1)℃。

6.4.7 **均匀性**

以基准偏磁和−20 dB输入电平在被测带上记录规定频率的信号,并用电平记录仪记录输出电平变化曲线。一般在全盘被测带上均匀取三段记录,每次记录时间不得小于1 min。

长期均匀性用315 Hz信号测量,计算曲线上持续时间大于1 s的电平变化的最大差值,以dB表示。

短期均匀性在两条外磁迹和一条内磁迹上用3.15 kHz测量,计算曲线上持续在40 ms~1 s之间的电平变化的最大差值(不包括信号失落),以dB表示。

量程电位器：10 dB；纸速：1 mm/s。

6.4.8　整体消磁噪声电平

将被测带在测试录音机上放音，测量经过A线计权网络后的噪声输出电平，以其相对于参考电平的dB表示。

7　检验规则

7.1　出厂检验由供方质量监督部门负责进行，保证出厂产品符合本标准的规定，并附产品合格证明。

7.2　需方的验收检验，应按合同规定进行。如有异议，应以书面形式在三个月内向供方提出。若需仲裁由双方协商确定。

如无合同规定，经需方同意也可按以下规则进行。

7.2.1　组批

以同一型号，相同规格同时到货的量为检验批。

7.2.2　检验项目与抽样方案

如表4所示。

表4　检验项目与抽样方案

项　　目	AQL	检验水平	抽样方案
外观 卷饶	6.5	S-2	正常检验二次
宽度 厚度 层间粘着 屈服力 耐磨性	4	S-2	正常检验二次
最大输出电平 相对灵敏度 参考电平偏磁噪声比 均匀性 整体消磁噪声电平 复印比	10	S-2	正常检验二次

7.2.3　抽样方法

按GB/T 2828.1用简单随机抽样法进行计数抽样。抽样单位为包装箱，每箱抽一件产品。

7.2.4　批合格与否的判定

按表4规定的抽样方案所对应的接收数Ac和拒收数Re判受检批是否合格。

8　标志、标签、包装和贮存

8.1　标志与标签

a）每盘磁带应在适当位置标注商标。

b）包装箱上应有以下标志或标签；

1）商标、产品名称、规格、型号、数量及执行标准号；

2）厂名、厂址；

3）符合GB/T 191的如“防水”、“防晒”、“防震”、“防磁”等储运图示标志或字样，符合GB/T 6388要求的收发货标志，以及符合GB 18455—2001要求的包装回收标志等。

8.2 包装

8.2.1 内包装可采取单盘或多盘包装的形式。

8.2.2 大包装由含若干个单盘或组包装。包装箱内应采取防尘减震措施。

8.2.3 每个包装箱内应附有检验合格证书。

8.3 贮运

8.3.1 搬运

搬运时应稳持稳放,避免摔碰、撞击和包装箱破裂、变形。

8.3.2 贮存

高速复制录音磁带应存放于阴凉、干燥、清洁处,远离磁场。

长期存放时,应置于温度(20±5)℃、相对湿度45%~75%的仓库内。

附 录 A
（规范性附录）
校准带特性

A.1 参考磁平校准带

频率：315 Hz

短路带磁通：250 nWb/m

A.2 磁头方位校准带

频率：315 Hz，10 kHz

磁平：－20 dB

A.3 幅频响应校准带

参考频率：315 Hz

磁平：－20 dB

图 A.1 短路带磁通频响曲线

附 录 B
（规范性附录）
测试用设备和仪器

B.1 测试用录音机（开盘式质量鉴定机）

a） 带宽：3.81 mm；

b） 带速：4.76 cm/s，带速误差±0.2%；

c） 带张力：(0.5±0.2)N；

d） 包角：6°±2°；

e） 放音头隙缝长度：1 μm(2 道 4 迹)，
录音头隙缝长度：4 μm(2 道 4 迹)；

f） 放音通道频响：重放幅频响应校准带时，可获得不超过图 B.1 规定允差范围的特性；

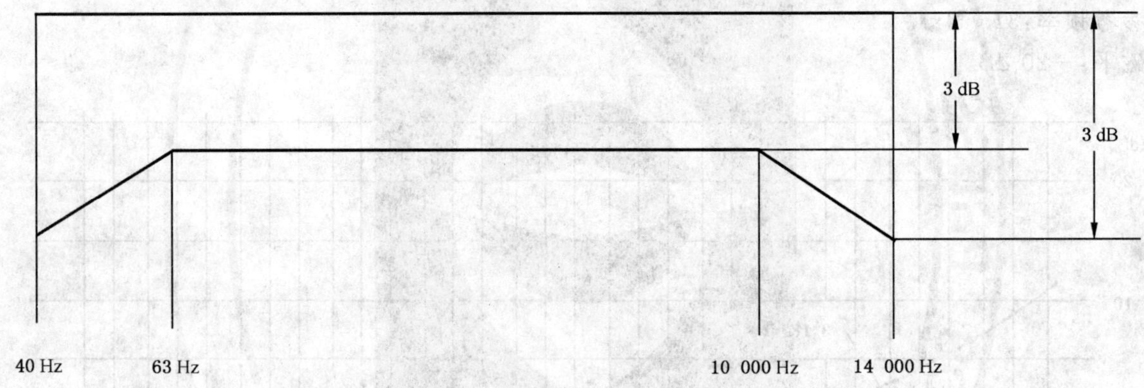

图 B.1 录音机频响允差

g） 录放通道频响：在测量范围内输入恒幅信号时，可使录音头得到恒电流。当使用基准带记录 −20 dB 输入信号时，录放系统的频响应在图 B.1 规定的允差范围之内；

h） 录音通道三次谐波失真：≤0.02%；
放音通道三次谐波失真：≤0.02%；

i） 录放通道噪声：录放通道产生的计权噪声应低于设备噪声与磁带噪声合成值 12 dB，否则，应按 GB/T 7309—2000 附录 A 中的规定予以修正；

j） 消磁和偏磁电流
频率：≥80 kHz；
偶次谐波：≤0.05%；

k） 抖晃率：≤0.1%。

B.2 盒式录音机座

当以盒式录音机座代用时，其技术性能也应符合上述要求。

B.3 音频信号发生器

a） 频率范围；20 Hz～20 kHz；

b） 频率误差：±2%，±1 Hz；

c) 幅度误差：±0.5 dB；

d) 总谐波失真：≤0.1%。

B.4 电子毫伏表

a) 量程：1 mV～100 V满刻度有效值；

b) 频响：20 Hz～20 kHz：±0.25 dB；

20 kHz～200 kHz：±0.7 dB；

c) 测量误差：±5%。

ICS 71.100.60
X 44

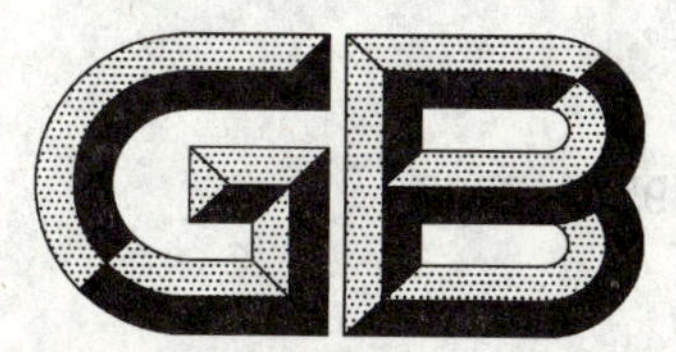

中华人民共和国国家标准

GB 11959—2008
代替 GB 11959—1989

食品添加剂 香叶(精)油

Food additive—Oil of geranium (*Pelargonium gravedens* Her.)

(ISO 4731:2006, Oil of geranium, MOD)

2008-09-10 发布 2009-03-01 实施

中华人民共和国国家质量监督检验检疫总局
中国国家标准化管理委员会 发布

前言

本标准中4.2、4.3、4.4、4.10为强制性条款，其余为推荐性条款。

本标准修改采用ISO 4731:2006《香叶油》。本标准与ISO 4731:2006相比，主要技术差异如下：

——删除了ISO 4731:2006的取样方法；

——试验方法采用我国相关国家标准，见第2章；

——增加了“酯值”、“羰值”；

——将ISO 4731:2006中4.9的内容作为附录B；

——增加了“检验规则”；

——对标志、包装、运输、贮存及保质期内容进行了具体规定。

本标准代替GB 11959—1989《食品添加剂　香叶油》。

本标准与GB/T 11959—1989相比主要变化如下：

——增加了第3章术语和定义；

——GB 11959—1989中规定相对密度(20 ℃/20 ℃)为0.882～0.889，本标准为0.882～0.899；

——GB 11959—1989中规定折光指数(20 ℃)为1.461 5～1.469 0，本标准为1.460 0～1.472 0；

——GB 11959—1989中规定酸值≤8.0，本标准为酸值≤10.0；

——删除了“乙酰化后酯值”，增加了“香茅醇”、“香叶醇”的含量；

——增加了附录A和附录B。

本标准的附录A、附录B是资料性附录。

本标准由中国轻工业联合会提出。

本标准由全国香料香精化妆品标准化技术委员会归口。

本标准起草单位：上海香料研究所、北京北大正元科技有限公司。

本标准主要起草人：金其璋、王俊、徐易、曹怡。

本标准所代替标准的历次版本发布情况为：

——GB 11959—1989。

食品添加剂 香叶(精)油

1 范围

本标准规定了食品添加剂香叶(精)油的要求、试验方法、检验规则及标志、包装、运输、贮存和保质期。

本标准适用于食品添加剂香叶(*Pelargonium gravedens* Her.)(精)油。

2 规范性引用文件

下列文件中的条款通过本标准的引用而成为本标准的条款。凡是注日期的引用文件,其随后所有的修改单(不包括勘误的内容)或修订版均不适用于本标准,然而,鼓励根据本标准达成协议的各方研究是否可使用这些文件的最新版本。凡是不注日期的引用文件,其最新版本适用于本标准。

GB/T 11538—2006 精油 毛细管柱气相色谱分析 通用法(ISO 7609:1985,IDT)

GB/T 11540 香料 相对密度的测定(GB/T 11540—2008,ISO 279:1998,MOD)

GB/T 14454.2 香料 香气评定法

GB/T 14454.4 香料 折光指数的测定(GB/T 14454.4—2008,ISO 280:1998,MOD)

GB/T 14454.5 香料 旋光度的测定(GB/T 14454.5—2008,ISO 592:1998,MOD)

GB/T 14454.13—2008 香料 羰值和羰基化合物含量的测定(ISO 1271:1983,ISO 1279:1996,MOD)

GB/T 14455.3 香料 乙醇中溶解(混)度的评估(GB/T 14455.3—2008,ISO 875:1999,MOD)

GB/T 14455.5 香料 酸值或含酸量的测定(GB/T 14455.5—2008,ISO 1242:1999,MOD)

GB/T 14455.6 香料 酯值或含酯量的测定(GB/T 14455.6—2008,ISO 709:2001,MOD)

3 术语和定义

下列术语和定义适用于本标准。

3.1

香叶(精)油 oil of geranium

用水蒸气蒸馏法从生长在中国的香叶(*Pelargonium gravedens* Her.)的新鲜茎、叶中提取的精油。

4 要求

4.1 色状:绿黄色或琥珀色流动液体。

4.2 香气:具有薄荷样香韵和玫瑰香气。

4.3 相对密度(20 ℃/20 ℃):0.882～0.899。

4.4 折光指数(20 ℃):1.460 0～1.472 0。

4.5 旋光度(20 ℃):－14.0°～－7.0°。

4.6 溶混度(20 ℃):1 体积试样混溶于 3 体积 70%(体积分数)乙醇中,呈澄清溶液。

4.7 酸值:≤10.0。

4.8 酯值:50～80。

4.9 羰值:≤58。

4.10 特征组分含量(GC):见表 1。

表 1　特征组分含量

特征组分	含量/%
香茅醇	32.0～43.0
香叶醇	5.0～12.0

5　试验方法

5.1　色状的检定

将试样置于比色管内，用目测法观察。

5.2　香气的评定

按 GB/T 14454.2 的规定。

5.3　相对密度的测定

按 GB/T 11540 的规定。

5.4　折光指数的测定

按 GB/T 14454.4 的规定。

5.5　旋光度的测定

按 GB/T 14454.5 的规定。

5.6　溶混度的评估

按 GB/T 14455.3 的规定。

5.7　酸值的测定

按 GB/T 14455.5 的规定。

5.8　酯值的测定

按 GB/T 14455.6 的规定。

5.9　羰值的测定

按 GB/T 14454.13—2008 中第一法的规定。

5.10　特征组分含量的测定

5.10.1　仪器

5.10.1.1　色谱仪、记录仪和积分仪按 GB/T 11538—2006 中第 5 章的规定。

5.10.1.2　毛细管柱。

5.10.1.3　氢火焰离子化检测器。

5.10.2　测定方法

面积归一化法：按 GB/T 11538—2006 中 10.4 指定的方法测定特征组分的含量。

5.10.3　重复性及结果表示

按 GB/T 11538—2006 中 11.4 的规定进行。

食品添加剂香叶(精)油典型气相色谱图(面积归一化法)参见附录 A。

食品添加剂香叶(精)油代表性和特征性组分含量范围(面积归一化法)参见附录 B。

6　检验规则

6.1　食品添加剂香叶(精)油应由生产厂质量检验部门负责检验，生产厂应保证出厂产品都符合本标准的要求，每批出厂产品都应附有质量合格证书。色状、香气、相对密度、折光指数、特征组分含量为出厂检验项目，而旋光度、溶混度、酸值、酯值、羰值为型式检验项目，每季度检验一次。

6.2　验收单位有权按照本标准的各项规定检验所收到的产品质量是否符合本标准的要求，每一批号作一次验收，不同批号分别验收。

6.3 抽样方法：每批的包装单位1个～2个，全抽；3个～100个抽取2个；100个以上增加部分再抽取3%。用取样器从每个包装单位中均匀抽取试样50 mL～100 mL，将所抽取的试样全部置于混样器内充分混匀，分别装入两个清洁、干燥、密闭的惰性容器中，避光保存，一瓶作检验用，另一瓶留存备查。容器上贴标签，注明：生产厂名、产品名称、生产日期、批号、数量及取样日期。

6.4 如检验结果中有一项指标不符合本标准要求时，可会同生产厂重新加倍抽取试样复验。如复验结果仍有指标不合格，则该批产品不能验收。

6.5 当供需双方对产品质量发生异议时，可由双方协议解决或由法定检验机构进行仲裁。

7 标志、包装、运输、贮存和保质期

7.1 标志

产品包装外应注明："食品添加剂"字样、产品名称、生产厂名和地址、商标、批号、净含量、生产日期和保质期、许可证号及标准编号。顾客如有特殊要求，可与生产厂另订协议。

7.2 包装

食品添加剂香叶(精)油应装于清洁无杂味的镀锌铁桶或食品级塑料桶内，或按顾客要求包装。

7.3 运输

在运输过程中应轻装轻卸，防止日晒雨淋，不得与有毒、有害物质混装、混运，并应符合有关部门的规定。闪点约为84 ℃。

7.4 贮存

应贮存在阴凉、干燥、通风的仓库内，避免杂气污染，远离火源。

7.5 保质期

在符合规定的贮运条件，包装完整、未经启封的情况下，保质期为一年。逾期重新按本标准进行检验，合格仍可使用。

附 录 A
（资料性附录）
食品添加剂香叶(精)油典型气相色谱图
（面积归一化法）

食品添加剂香叶(精)油典型气相色谱操作条件为：

a) 柱：毛细管柱，长 50 m，内径约 0.25 mm；

b) 固定相：聚乙二醇；

c) 膜厚：0.25 μm；

d) 色谱炉温度：从 65 ℃线性程序升温至 230 ℃，速率 2 ℃/min；

e) 进样口温度：230 ℃；

f) 检测器温度：250 ℃；

g) 检测器：火焰离子化检测器；

h) 载气：氮气；

i) 载气流速：1.1 mL/min；

j) 进样量：约 0.2 μL；

k) 分流比：1 ∶ 100。

食品添加剂香叶(精)油典型气相色谱图见图 A.1。

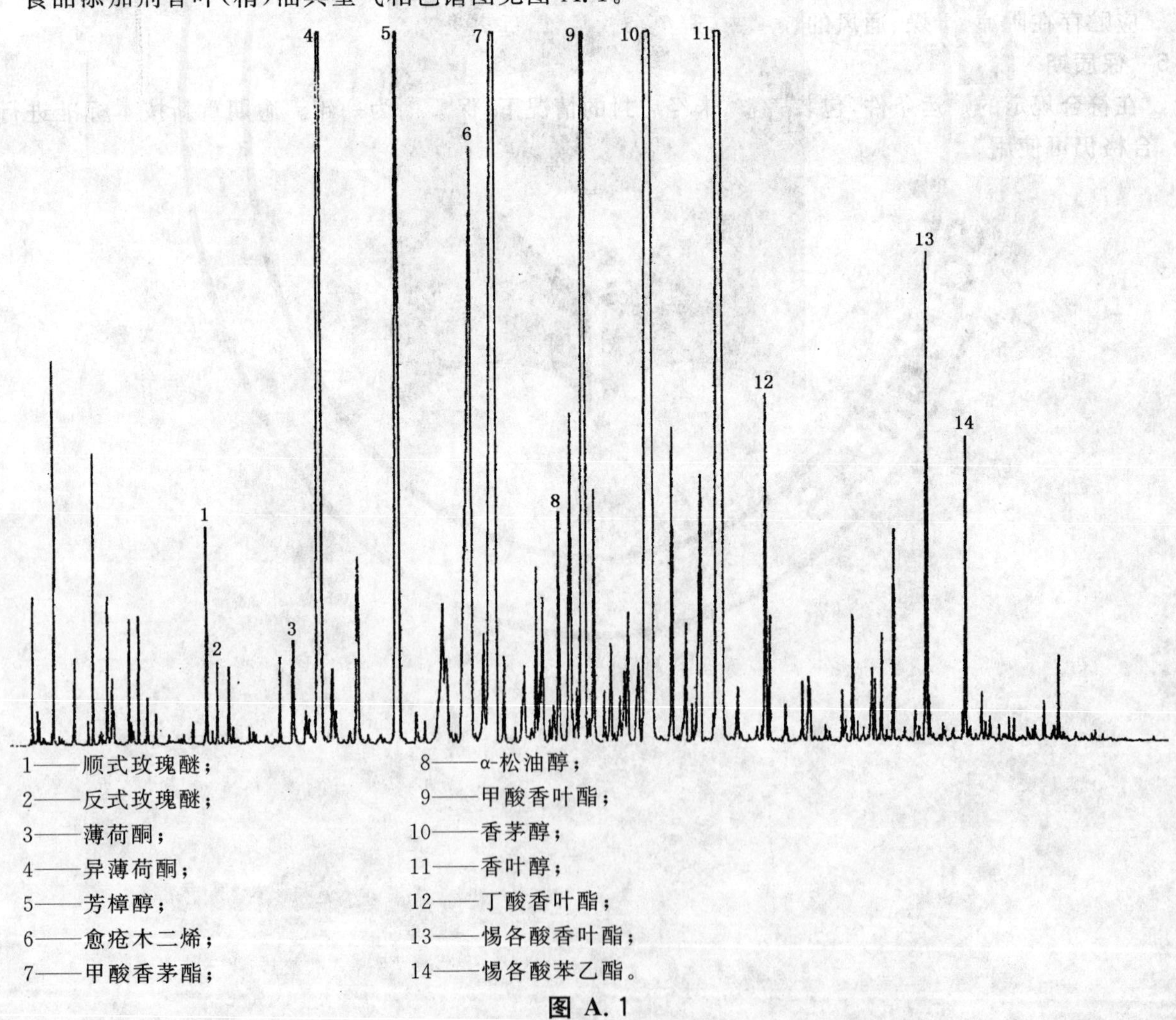

1——顺式玫瑰醚；
2——反式玫瑰醚；
3——薄荷酮；
4——异薄荷酮；
5——芳樟醇；
6——愈疮木二烯；
7——甲酸香茅酯；
8——α-松油醇；
9——甲酸香叶酯；
10——香茅醇；
11——香叶醇；
12——丁酸香叶酯；
13——惕各酸香叶酯；
14——惕各酸苯乙酯。

图 A.1

附 录 B
（资料性附录）
食品添加剂香叶（精）油代表性和特征性组分含量范围
（面积归一化法）

表 B.1

组分	最低含量/%	最高含量/%
顺式玫瑰醚	1.3	3.5
反式玫瑰醚	0.5	1.5
薄荷酮	—	2.5
异薄荷酮	4.0	7.0
芳樟醇	2.0	4.5
愈疮木二烯	4.0	7.0
甲酸香茅酯	7.0	12.0
α-松油醇	0.1	0.5
甲酸香叶酯	1.0	3.0
香茅醇	32.0	43.0
香叶醇	5.0	12.0
丁酸香叶酯	0.4	1.0
惕各酸香叶酯	1.0	1.6
惕各酸苯乙酯	0.4	1.0

ICS 71.100.60
X 44

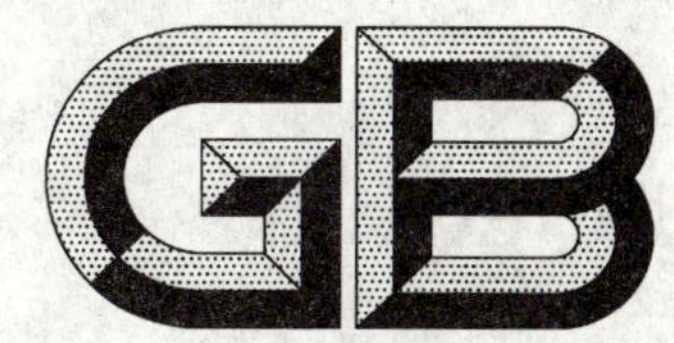

中华人民共和国国家标准

GB 11960—2008
代替 GB 11960—1989

食品添加剂 留兰香油

Food additive—Oil of spearmint

2008-12-03 发布 2009-06-01 实施

中华人民共和国国家质量监督检验检疫总局
中国国家标准化管理委员会 发布

前　言

本标准的第4章为强制性的，其余为推荐性的。

本标准与美国食品化学品法典FCC(Ⅴ):2004《留兰香油》的一致性程度为非等效。

本标准代替GB 11960—1989《食品添加剂　留兰香油》。

本标准与GB 11960—1989相比，主要修改内容如下：

——增加了“3　术语和定义”一章；

——80%留兰香油折光指数由“1.490 0～1.496 0”改为“1.488 0～1.496 0”，旋光度由“－60°～－55°”改为“－59°～－50°”；60%留兰香油旋光度由“－70°～－55°”改为“－70°～－53°”；

——增加了卫生指标；

——增加了附录A典型气相色谱图。

本标准的附录A为资料性附录。

本标准由中国轻工业联合会提出。

本标准由全国食品添加剂标准化技术委员会归口。

本标准由上海香料研究所、安徽省六安香料厂和安徽丰乐香料有限责任公司负责起草。

本标准主要起草人：张新君、徐易、金其璋、段启凌、孙清华。

本标准所代替标准的历次版本发布情况为：

——GB 11960—1989。

食品添加剂　留兰香油

1　范围

本标准规定了食品添加剂留兰香油的要求、试验方法、检验规则、标志、包装、运输、贮存及保质期。

本标准适用于对食品添加剂留兰香(*Mentha spicata* Linnalus)油的质量进行分析评价。

2　规范性引用文件

下列文件中的条款通过本标准的引用而成为本标准的条款。凡是注日期的引用文件，其随后所有的修改单(不包括勘误的内容)或修订版均不适用于本标准，然而，鼓励根据本标准达成协议的各方研究是否可使用这些文件的最新版本。凡是不注日期的引用文件，其最新版本适用于本标准。

GB/T 5009.74　食品添加剂中重金属限量试验

GB/T 5009.76　食品添加剂中砷的测定

GB/T 11540　香料　相对密度的测定(GB/T 11540—2008，ISO 279:1998，MOD)

GB/T 14454.2　香料　香气评定法

GB/T 14454.4　香料　折光指数的测定(GB/T 14454.4—2008，ISO 280:1998，MOD)

GB/T 14454.5　香料　旋光度的测定(GB/T 14454.5—2008，ISO 592:1998，MOD)

GB/T 14454.13—2008　香料　羰值和羰基化合物含量的测定(ISO 1271:1983，ISO 1279:1996，MOD)

GB/T 14455.3　香料　乙醇中溶解(混)度的评估(GB/T 14455.3—2008，ISO 875:1999，MOD)

3　术语和定义

下列术语和定义适用于本标准。

3.1

留兰香油　oil of spearmint

用水蒸气蒸馏法从开花期的留兰香草(*Mentha spicata* Linnalus)的地上部分提取的精油，再经精馏加工制得的含酮量最低为60％和80％两种规格的留兰香油。

4　要求

食品添加剂留兰香油的技术要求应符合表1。

表 1

项　目	要　求	
	含酮量 60％	含酮量 80％
色状	浅黄至绿黄色液体	
香气	具有留兰香叶的特征香气和香味	
相对密度(20 ℃/20 ℃)	0.918～0.938	0.942～0.954
折光指数(20 ℃)	1.485 0～1.491 0	1.488 0～1.496 0
旋光度(20 ℃)	−70°～−53°	−59°～−50°
溶混度(20 ℃)	1体积试样混溶于1体积 80％(体积分数)乙醇中，呈澄清溶液	
含酮量	≥60.0％	≥80.0％
重金属含量(以Pb计)	≤10 mg/kg	
砷含量	≤3 mg/kg	

5 试验方法

5.1 色状的检定

将试样置于比色管内，用目测法观察。

5.2 香气的评定

按 GB/T 14454.2 的规定。

5.3 相对密度的测定

按 GB/T 11540 的规定。

5.4 折光指数的测定

按 GB/T 14454.4 的规定。

5.5 旋光度的测定

按 GB/T 14454.5 的规定。

5.6 溶混度的评估

按 GB/T 14455.3 的规定。

5.7 含酮量的测定

按 GB/T 14454.13—2008 中第三法的规定。

食品添加剂留兰香油典型气相色谱图(面积归一化法)参见附录 A。

5.8 重金属含量(以 Pb 计)的测定

按 GB/T 5009.74 的规定。

5.9 砷含量的测定

按 GB/T 5009.76 的规定。

6 检验规则

6.1 食品添加剂留兰香油应由生产厂质量检验部门负责检验，生产厂应保证出厂产品都符合本标准的要求，每批出厂产品都应附有质量合格证书。色状、香气、相对密度、折光指数、旋光度、溶混度、含酮量为出厂检验项目，而砷含量、重金属含量(以 Pb 计)为型式检验项目，每半年检验一次。

6.2 验收单位有权按照本标准的各项规定检验所收到的产品质量是否符合本标准的要求，每一批号作一次验收，不同批号分别验收。

6.3 抽样方法：每批的包装单位 1 个～2 个，全抽；3 个～100 个抽取 2 个；100 个以上增加部分再抽取 3%。用取样器从每个包装单位中均匀抽取试样 50 mL～100 mL，将所抽取的试样全部置于混样器内充分混匀，分别装入两个清洁干燥密闭的惰性容器中，避光保存。容器上贴标签，注明：生产厂名、产品名称、生产日期、批号、数量及取样日期，一瓶作检验用，另一瓶留存备查。

6.4 如验收结果中有一项指标不符合本标准要求时，可会同生产厂重新加倍抽取试样复验。如复验结果仍有指标不合格，则该批产品不能验收。

6.5 当供需双方对产品质量发生异议时，可由双方协议解决或由法定检验机构进行仲裁。

7 标志、包装、运输、贮存及保质期

7.1 标志

产品包装外应注明：“食品添加剂”字样、产品名称、生产厂名和地址、商标、批号、净含量、生产日期和保质期、许可证号及标准编号。顾客如有特殊要求，可与生产厂另订协议。

7.2 包装

食品添加剂留兰香油应装于清洁无杂味的镀锌铁桶、食品级塑料桶内，或按顾客要求包装。

7.3 运输

在运输过程中应轻装轻卸，防止日晒雨淋，不得与有毒、有害物质混装、混运，并应符合有关部门的规定。

7.4 贮存

产品应贮存在阴凉、干燥、通风的仓库内，避免杂气污染，远离火源。

7.5 保质期

在符合规定的贮运条件、包装完整、未经启封的情况下，产品保质期为一年。逾期重新检验是否符合本标准要求，合格仍可使用。

附 录 A
（资料性附录）
食品添加剂留兰香油典型气相色谱图
（面积归一化法）

A.1 食品添加剂留兰香油典型气相色谱图

见图 A.1。

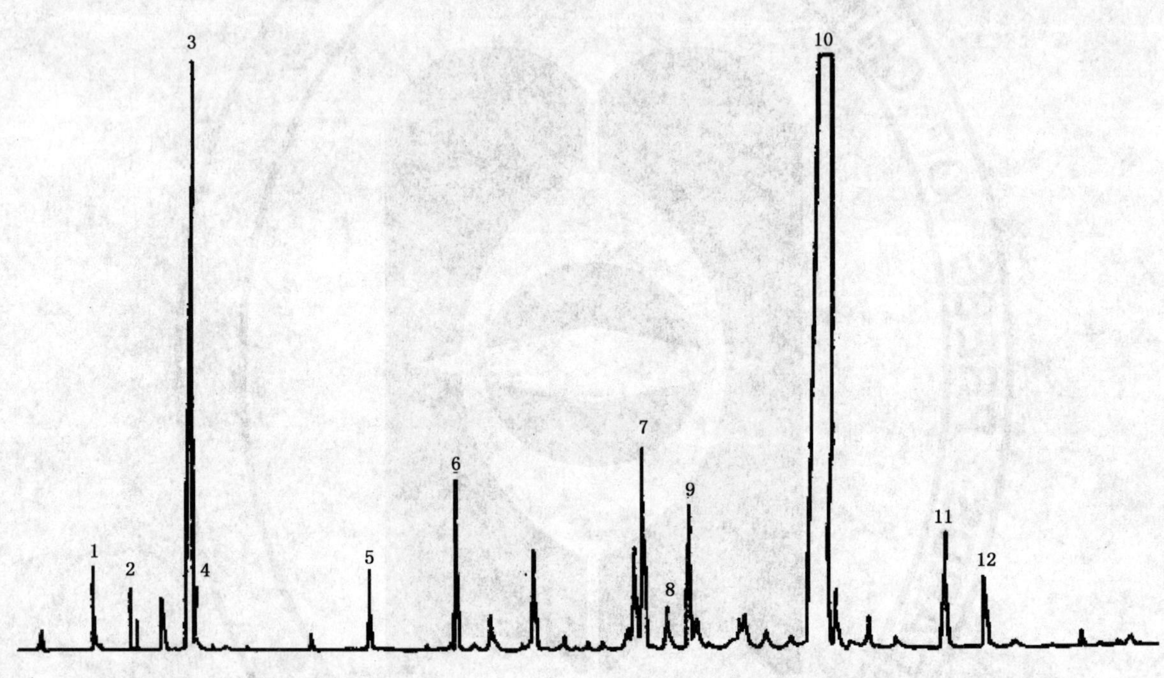

峰号：
1——α-蒎烯；
2——β-蒎烯；
3——苧烯；
4——1,8-桉叶素；
5——辛醇-3；
6——薄荷酮；
7——新薄荷脑；
8——二氢香芹酮；
9——薄荷脑；
10——香芹酮；
11——反式香芹酮；
12——顺式香芹酮。

图 A.1

A.2 操作条件

A.2.1 柱:长 25 m～50 m、内径约 0.24 mm 的毛细管柱。

A.2.2 固定相:PEG-20M。

A.2.3 色谱炉温度:线性程序升温从 70 ℃至 180 ℃,速率 2 ℃/min。

A.2.4 进样口温度:230 ℃。

A.2.5 检测器温度:230 ℃。

A.2.6 检测器:氢火焰离子化检测器。

A.2.7 载气:氮气。

A.2.8 进样量:约 0.2 μL。

A.2.9 分流比:100/1。

ICS 75.140
E 43

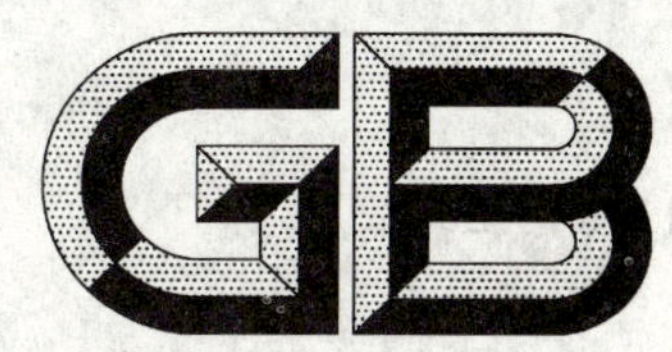

中华人民共和国国家标准

GB/T 11964—2008
代替 GB/T 11964—1989

石油沥青蒸发损失测定法

Test method for loss on heating of asphalt

2008-02-13 发布　　　　2008-09-01 实施

中华人民共和国国家质量监督检验检疫总局
中国国家标准化管理委员会　发布

前言

本标准修改采用美国材料与试验协会标准 ASTM D6—95(2000)《石油与沥青化合物加热损失测定法》(英文版)。

本标准根据 ASTM D6—95(2000)重新起草。

为适合我国国情，本标准在采用 ASTM D6—95(2000)时进行了部分修改。本标准与 ASTM D6—95(2000)的主要差异如下：

——本标准采用国际单位制，删去 ASTM D6—95(2000)中括号内的非国际单位制；

——本标准删去 5.1 有关烘箱包括图 1 的内容，采用符合 GB/T 5304 所规定的技术要求的烘箱；

——本标准通过资料性附录 A 规定温度计规格；

——删去 9.1 和 9.2，沿用 GB/T 11964—1989 精密度要求；

——增加了试样蒸发后的质量分数计算式。

本标准代替 GB/T 11964—1989《石油沥青蒸发损失测定法》。本标准与 GB/T 11964—1989 相比主要变化如下：

——第 1 章增加了“本标准未涉及有关使用的安全规定，标准使用者有责任在使用前制定合适的安全应用规程”；

——增加了第 4 章意义和用途；

——将 GB/T 11964—1989 第 5 章 5.1 中“加热最高温度不得超过 150℃”改为“应在尽可能低的温度下加热样品并慢慢搅拌避免样品中产生泡沫，加热最高温度不得高于试样估计软化点 90℃，加热时间应少于 30 min”。

本标准附录 A 为资料性附录。

本标准由全国石油产品和润滑剂标准化技术委员会(SAC/TC 280)提出。

本标准由中国石油大学(华东)重质油研究所归口。

本标准起草单位：中国石油大学(华东)重质油研究所。

本标准主要起草人：刘国祥、林元奎。

本标准于 1989 年 12 月首次发布，本次修订为第 1 次修订。

石油沥青蒸发损失测定法

1 范围

本标准规定了测定石油沥青在规定条件下加热时的质量(不包括水)变化。

本标准适用于石油沥青。

本标准未涉及有关使用的安全规定,标准使用者有责任在使用前制定合适的安全应用规程。

2 规范性引用文件

下列文件中的条款通过本标准的引用而成为本标准的条款。凡是注日期的引用文件,其随后所有的修改单(不包括勘误的内容)或修订版均不适用于本标准,然而,鼓励根据本标准达成协议的各方研究是否可使用这些文件的最新版本。凡是不注日期的引用文件,其最新版本适用于本标准。

GB/T 5304 石油沥青薄膜烘箱试验法

GB/T 11147 石油沥青取样法

3 方法概要

将试样放在直径 55 mm 的盛样皿中,于 163℃±1℃ 的烘箱中保持 5 h。计算试样蒸发试验前后质量的变化量占试样的质量分数。

4 意义和用途

本方法通过测定石油沥青在标准试验条件下的质量变化表征其性质。

5 仪器与材料

5.1 恒温烘箱:采用 GB/T 5304 所规定烘箱,或其他符合相应技术条件的烘箱。

5.2 温度计:155℃～170℃,参见附录 A 规定。

5.3 盛样皿:平底圆筒形皿,内径 55 mm±1 mm,深 35 mm±1 mm,由金属或玻璃制成。

5.4 天平:感量为 0.001 g。

6 试验准备

6.1 按 GB/T 11147 取样。

6.2 将足够量的试样放在合适的容器中,加热至流体状态,并搅拌均匀。应在尽可能低的温度下加热样品并慢慢搅拌避免样品中产生泡沫,加热最高温度不得高于试样估计软化点 90℃,加热时间应少于 30 min。如试样中含有水分,应通过适当的方法脱去水分,或取一份不含水的试样。

6.3 称量洁净干燥的盛样皿,称准至 0.001 g,将熔化的 50 g±0.5 g 沥青试样倒入盛样皿中,冷却到室温后称准至 0.001 g。

7 试验步骤

7.1 调整烘箱成水平,使转盘在水平面上旋转,将温度计挂在转盘轴的支架上,使水银球底部位于转盘上面 6 mm 处。温度计支撑点位置距转盘中心和外边缘的距离应相等。保持烘箱温度 163℃±1℃。

7.2 将两个盛有试样的盛样皿放在烘箱的转盘上,关闭烘箱门,转盘的转速为 5 r/min～6 r/min。当烘箱内温度上升到 162℃ 时开始计时,试验时间为 5 h,试样在烘箱中的总时间不应超过试验时间

15 min。

注:不允许将不同牌号的沥青同时放在同一个烘箱中进行试验。

7.3 加热结束,取出盛样皿,在空气中冷却至室温后进行称量,称准至 0.001 g。在试验过程中如果发现并确认有泡沫产生,必须用适当的方法对样品进行脱水,重新进行试验。

8 计算

试样蒸发损失的质量分数 w(%)按下式计算:

$$w = \frac{m - m_s}{m_s} \times 100$$

式中:

m_s——试样质量的数值,单位为克(g)。

m——试样蒸发后质量,单位为克(g)。

9 精密度

用下述规定判断试验结果的可靠性。

9.1 重复性

同一操作者在同一实验室使用同一设备对同一样品进行实验,两个测定结果之差的绝对值不应超过下列数值:

蒸发后质量分数的绝对值/%	重复性/%
≤0.5	0.10
0.5~1.0	0.20
>1.0	0.30 或平均值的 10%(取大值)

9.2 再现性

不同试验人员在不同实验室使用不同设备对同一样品进行实验,两个测定结果之差的绝对值不应超过下述数值:

蒸发后质量分数/%	再现性/%
≤0.5	0.20
0.5~1.0	0.40
>1.0	0.60 或平均值的 20%(取大值)

10 报告

如果两个试验结果未超出重复性的要求,取两个试验结果的平均值作为试验结果。试验结果保留两位小数。如果样品蒸发后质量增加,试验结果报告为正值;如果样品蒸发后质量减少,试验结果报告为负值。

附 录 A
（资料性附录）
烘箱所用温度计规格

A.1 本规格符合 ASTM E1 13C 的规格。

A.2 本温度计应符合下列要求：

温度范围/℃	155～170
浸入深度	全浸
最小分度/℃	0.5
每一较长刻度/℃	1
刻数字/℃	155,160,165,170
刻度误差/℃	≤0.5
膨胀室允许加热温度/℃	200
全长/mm	150～160
杆直径/mm	5.5～7.0
水银球长/mm	10～15
水银球直径/mm	5.0
球底部到 150℃刻度距离/mm	40～60
球底至储液球上部距离/mm	30

ICS 91.100.30
Q 14

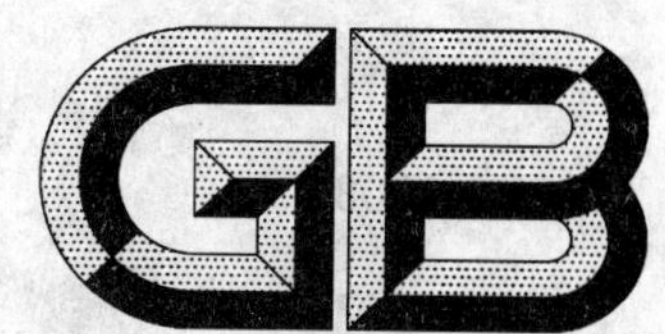

中华人民共和国国家标准

GB/T 11969—2008
代替 GB/T 11969～11975—1997

蒸压加气混凝土性能试验方法

Test methods of autoclaved aerated concrete

2008-07-30 发布　　　　2009-03-01 实施

中华人民共和国国家质量监督检验检疫总局
中国国家标准化管理委员会　发布

前 言

本标准代替GB/T 11969—1997《加气混凝土性能试验方法总则》、GB/T 11970—1997《加气混凝土体积密度、含水率和吸水率试验方法》、GB/T 11971—1997《加气混凝土力学性能试验方法》、GB/T 11972—1997《加气混凝土干燥收缩试验方法》、GB/T 11973—1997《加气混凝土抗冻性试验方法》、GB/T 11974—1997《加气混凝土碳化试验方法》、GB/T 11975—1997《加气混凝土干湿循环试验方法》。

本标准与GB/T 11969～11975—1997相比，主要变化如下：

——修改了抗压强度试验的含水率要求。

——增加了干燥收缩特性曲线绘制方法。

本标准由中国建筑材料联合会提出。

本标准由全国水泥制品标准化技术委员会归口。

本标准主要起草单位：中国加气混凝土协会、中国新型建筑材料公司常州建材研究设计所。

本标准参加起草单位：上海伊通有限公司、北京市现代建筑材料有限公司、浙江开元新型墙体材料有限公司、爱舍(上海)新型建材有限公司、北京市加气混凝土有限公司。

本标准主要起草人：姜勇、苏宇峰、鲍俊海、齐子刚、程安宁、郑华道。

本标准委托中国加气混凝土协会解释。

本标准所代替标准的历次版本发布情况为：

——GB 11969—1989、GB/T 11969—1997；

——GB 11970—1989、GB/T 11970—1997；

——GB 11971—1989、GB/T 11971—1997；

——GB 11972—1989、GB/T 11972—1997；

——GB 11973—1989、GB/T 11973—1997；

——GB 11974—1989、GB/T 11974—1997；

——GB 11975—1989、GB/T 11975—1997。

蒸压加气混凝土性能试验方法

1 范围

本标准规定了蒸压加气混凝土的干密度、含水率、吸水率、力学性能(抗压强度、劈裂抗拉强度、抗折强度、轴心抗压强度、静力受压弹性模量)、干燥收缩、抗冻性、碳化、干湿循环的试验方法、结果评定和试验报告。

本标准适用于蒸压加气混凝土。

2 干密度、含水率和吸水率

2.1 仪器设备

2.1.1 电热鼓风干燥箱:最高温度 200 ℃。

2.1.2 托盘天平或磅秤:称量 2 000 g,感量 1 g。

2.1.3 钢板直尺:规格为 300 mm,分度值为 0.5 mm。

2.1.4 恒温水槽:水温 15 ℃～25 ℃。

2.2 试件

2.2.1 试件的制备,采用机锯或刀锯,锯切时不得将试件弄湿。

2.2.2 试件应沿制品发气方向中心部分上、中、下顺序锯取一组,"上"块上表面距离制品顶面 30 mm,"中"块在制品正中处,"下"块下表面离制品底面 30 mm。制品的高度不同,试件间隔略有不同,以高度 600 mm 的制品为例,试件锯取部位如图 1。

单位为毫米

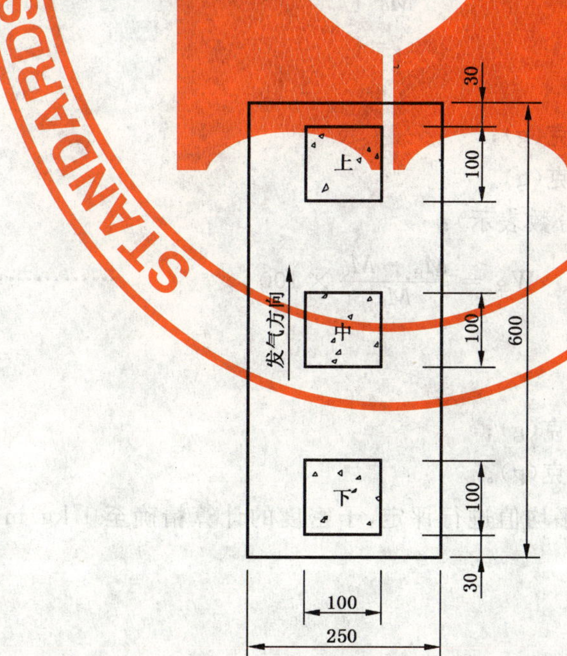

图 1 立方体试件锯取示意图(1)

2.2.3 试件表面必须平整,不得有裂缝或明显缺陷,尺寸允许偏差为±2 mm;试件应逐块编号,标明锯取部位和发气方向。

2.2.4 试件为 100 mm×100 mm×100 mm 正立方体,共二组 6 块。

2.3 干密度和含水率试验步骤

2.3.1 取试件一组3块，逐块量取长、宽、高三个方向的轴线尺寸，精确至1 mm，计算试件的体积；并称取试件质量M，精确至1 g。

2.3.2 将试件放入电热鼓风干燥箱内，在(60±5)℃下保温24 h，然后在(80±5)℃下保温24 h，再在(105±5)℃下烘至恒质(M_0)。恒质指在烘干过程中间隔4 h，前后两次质量差不超过试件质量的0.5%。

2.4 吸水率试验步骤

2.4.1 取另一组3块试件放入电热鼓风干燥箱内，在(60±5)℃下保温24 h，然后在(80±5)℃下保温24 h，再在(105±5)℃下烘至恒质(M_0)。

2.4.2 试件冷却至室温后，放入水温为(20±5)℃的恒温水槽内，然后加水至试件高度的1/3，保持24 h，再加水至试件高度的2/3，经24 h后，加水高出试件30 mm以上，保持24 h。

2.4.3 将试件从水中取出，用湿布抹去表面水分，立即称取每块质量(M_g)，精确至1 g。

2.5 结果计算与评定

2.5.1 干密度按式(1)计算：

$$r_0 = \frac{M_0}{V} \times 10^6 \quad \cdots\cdots(1)$$

式中：

r_0——干密度，单位为千克每立方米(kg/m³)；

M_0——试件烘干后质量，单位为克(g)；

V——试件体积，单位为立方毫米(mm³)。

2.5.2 含水率按式(2)计算：

$$W_S = \frac{M - M_0}{M_0} \times 100 \quad \cdots\cdots(2)$$

式中：

W_S——含水率，%；

M_0——试件烘干后质量，单位为克(g)；

M——试件烘干前质量，单位为克(g)。

2.5.3 吸水率按式(3)计算(以质量分数表示)：

$$W_R = \frac{M_g - M_0}{M_0} \times 100 \quad \cdots\cdots(3)$$

式中：

W_R——吸水率，%；

M_0——试件烘干后质量，单位为克(g)；

M_g——试件吸水后质量，单位为克(g)。

2.5.4 结果按3块试件试验的算术平均值进行评定，干密度的计算精确至1 kg/m³，含水率和吸水率的计算精确至0.1%。

3 力学性能

3.1 仪器设备

3.1.1 材料试验机：精度(示值的相对误差)不应低于±2%，其量程的选择应能使试件的预期最大破坏荷载处在全量程的20%～80%范围内。

3.1.2 托盘天平或磅秤：称量2 000 g，感量1 g。

3.1.3 电热鼓风干燥箱:最高温度 200 ℃。

3.1.4 钢板直尺:规格为 300 mm,分度值为 0.5 mm。

3.1.5 劈裂抗拉钢垫条的直径为 75 mm,如图 2 所示。钢垫条与试件之间应垫以木质三合板垫层,垫层宽度应为(15～20)mm,厚(3～4)mm,长度不应短于试件边长,垫层不得重复使用。

单位为毫米

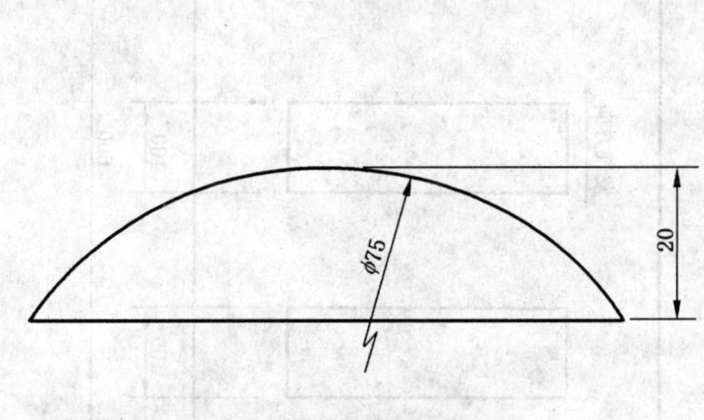

图 2 劈裂抗拉钢垫条

3.1.6 变形测量仪表:精度不应低于 0.001 mm,当使用镜式引伸仪时,允许精度不低于 0.002 mm。

3.2 试件

3.2.1 抗压、劈裂抗拉试件制备按 2.2.1、2.2.2 和 2.2.3 进行。

3.2.2 抗折试件制备按 2.2.1 和 2.2.3 在制品中心部分平行于制品发气方向锯取,试件锯取部位如图 3。

3.2.3 轴心抗压、弹性模量试件制备按 2.2.1、2.2.2 和 2.2.3 进行,试件锯取部位如图 4。

单位为毫米

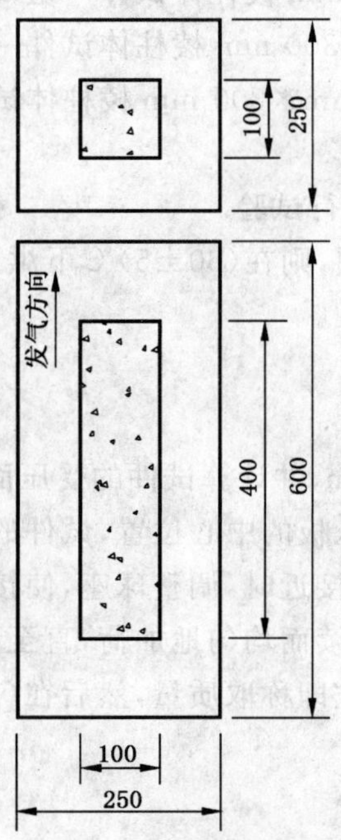

图 3 抗折强度试件锯取示意图

单位为毫米

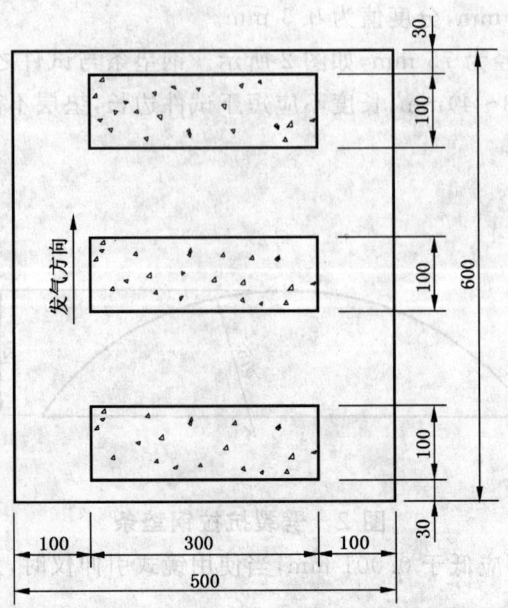

图 4　轴心抗压、弹性模量试件锯取示意图

3.2.4　试件承压面的不平度应为每 100 mm 不超过 0.1 mm，承压面与相邻面的不垂直度不应超过 ±1°。

3.2.5　试件数量

抗压强度：100 mm×100 mm×100 mm 立方体试件一组 3 块；

劈裂抗拉强度：100 mm×100 mm×100 mm 立方体试件一组 3 块；

抗折强度：100 mm×100 mm×400 mm 棱柱体试件一组 3 块；

轴心抗压强度：100 mm×100 mm×300 mm 棱柱体试件一组 3 块；

静力受压弹性模量：100 mm×100 mm×300 mm 棱柱体试件二组 6 块。

3.2.6　试件含水状态

3.2.6.1　试件在含水率 8%～12%下进行试验。

3.2.6.2　如果含水率超过上述规定范围，则在(60±5)℃下烘至所要求的含水率。

3.3　试验步骤

3.3.1　抗压强度

3.3.1.1　检查试件外观。

3.3.1.2　测量试件的尺寸，精确至 1 mm，并计算试件的受压面积(A_1)。

3.3.1.3　将试件放在材料试验机的下压板的中心位置，试件的受压方向应垂直于制品的发气方向。

3.3.1.4　开动试验机，当上压板与试件接近时，调整球座，使接触均衡。

3.3.1.5　以(2.0±0.5)kN/s 的速度连续而均匀地加荷，直至试件破坏，记录破坏荷载(p_1)。

3.3.1.6　将试验后的试件全部或部分立即称取质量，然后在(105±5)℃下烘至恒质，计算其含水率。

3.3.2　劈裂抗拉强度(劈裂法)

3.3.2.1　检查试件外观。

3.3.2.2　在试件中部划线定出劈裂面的位置，劈裂面垂直于制品发气方向，测量尺寸，精确至 1 mm，计算劈裂面面积(A_2)。

3.3.2.3　将试件放在试验机下压板的中心位置，在上、下压板与试件之间垫以劈裂抗拉钢垫条及垫层各一条。钢垫条与试件中心线重合，如图 5 所示。

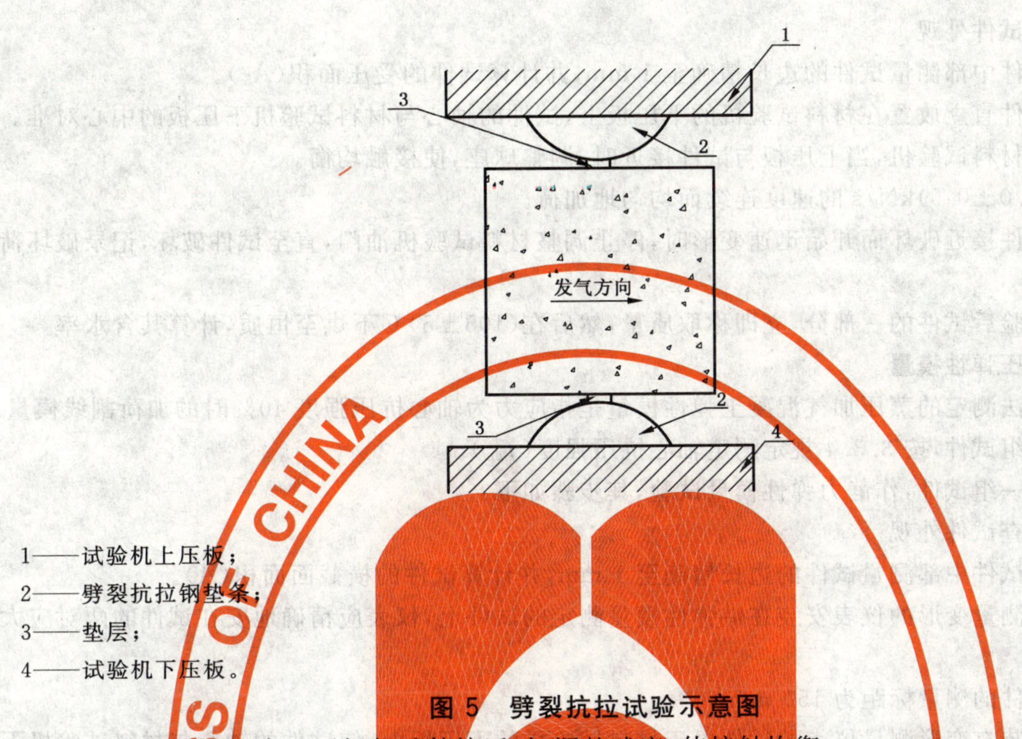

1——试验机上压板；

2——劈裂抗拉钢垫条；

3——垫层；

4——试验机下压板。

图 5 劈裂抗拉试验示意图

3.3.2.4 开动试验机，当上压板与试件接近时，调整球座，使接触均衡。

3.3.2.5 以(0.20±0.05)kN/s 的速度连续而均匀地加荷，直至试件破坏，记录破坏荷载(p_2)。

3.3.2.6 将试验后的试件全部或部分称取质量，然后在(105±5)℃下烘至恒质，计算其含水率。

3.3.3 抗折强度

3.3.3.1 检查试件外观。

3.3.3.2 在试件中部测量其宽度和高度，精确至 1 mm。

3.3.3.3 将试件放在抗弯支座辊轮上，支点间距为 300 mm，开动试验机，当加压辊轮与试件接近时，调整加压辊轮及支座辊轮，使接触均衡，其所有间距的尺寸偏差不应大于±1 mm。加荷方式如图 6 所示。

单位为毫米

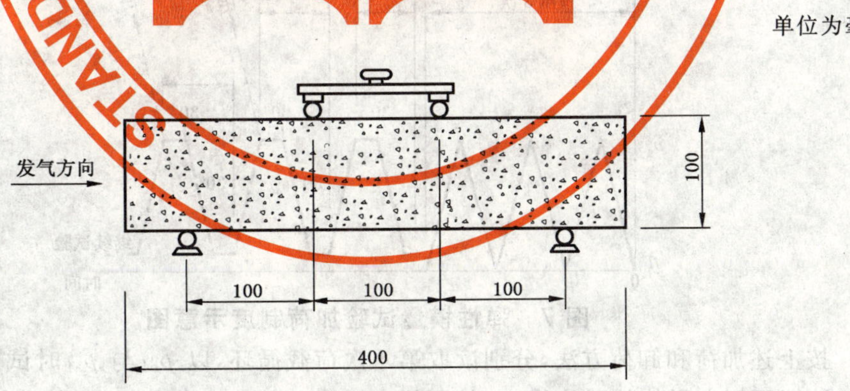

图 6 抗折强度试验示意图

3.3.3.4 试验机与试件接触的两个支座辊轮和两个加压辊轮应具有直径为 30 mm 的弧形顶面，并应至少比试件的宽度长 10 mm。其中 3 个(一个支座辊轮及两个加压辊轮)尽量做到能滚动并前后倾斜。

3.3.3.5 以(0.20±0.05) kN/s 的速度连续而均匀地加荷，直至试件破坏，记录破坏荷载(p)及破坏位置。

3.3.3.6 将试验后的短半段试件，立即称取质量，然后在(105±5)℃下烘至恒质，计算其含水率。

3.3.4 轴心抗压强度

3.3.4.1 检查试件外观。

3.3.4.2 在试件中部测量试件的边长精确至 1 mm，并计算试件的受压面积(A_3)。

3.3.4.3 将试件直立放置在材料试验机的下压板上，试件的轴心与材料试验机下压板的中心对准。

3.3.4.4 开动材料试验机，当上压板与试件接近时，调整球座，使接触均衡。

3.3.4.5 以(2.0±0.5)kN/s 的速度连续而均匀地加荷。

3.3.4.6 当试件接近破坏而开始迅速变形时，停止调整材料试验机油门，直至试件破坏，记录破坏荷载(p_3)。

3.3.4.7 取试验后试件的一部分，立即称取质量，然后在(105±5)℃下烘至恒质，计算其含水率。

3.3.5 静力受压弹性模量

3.3.5.1 本方法测定的蒸压加气混凝土弹性模量是指应力为轴心抗压强度 40%时的加荷割线模量。

3.3.5.2 取一组试件，按 3.3.4 规定测定轴心抗压强度(f_{cp})。

3.3.5.3 取另一组试件，作静力弹性模量试验，其步骤如下：

3.3.5.3.1 检查试件外观。

3.3.5.3.2 在试件中部测量试件的边长精确至 1 mm，并计算试件的横截面面积(A)。

3.3.5.3.3 将测量变形的仪表安装在供弹性模量测定的试件上，仪表应精确地安在试件的两对应大面的中心线上。

3.3.5.3.4 试件的测量标距为 150 mm。

3.3.5.3.5 将装有变形测量仪表的试件置于材料试验机的下压板上，使试件的轴心与材料试验机下压板的中心对准。

3.3.5.3.6 启动材料试验机，当上压板与试件接近时，调整球座，使之接触均衡。

3.3.5.3.7 以(2.0±0.5)kN/s 的速度连续而均匀地加荷。当达到应力为 0.1 MPa 的荷载 p_{b1} 时，保持该荷载 30 s，然后以同样的速度加荷至应力为 $0.4f_{cp}$ 的荷载 p_{a1}，保持该荷载 30 s，然后以同样的速度卸荷至应力为 0.1 MPa 的荷载 p_{b2}，保持该荷载 30 s。如此反复预压 3 次(图 7)。

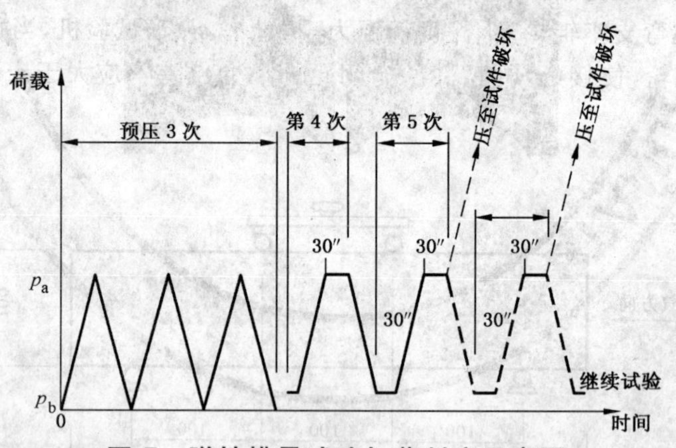

图 7 弹性模量试验加荷制度示意图

3.3.5.3.8 按上述加荷和卸荷方法，分别读取第 4 次荷载循环，以 p_{b4} 与 p_{a4} 时试件两侧相应的变形读数 δ_{b4} 与 δ_{a4}，计算两侧变形值的平均值 δ_4，按同样方法进行第 5 次荷载循环，并计算 δ_5。

3.3.5.3.9 如果 δ_4 与 δ_5 之差不大于 0.003 mm，则卸除仪表，以同样速度加荷至试件破坏，并计算轴心抗压强度 f_{cp}。

3.3.5.3.10 如果 δ_4 与 δ_5 之差大于 0.003 mm，继续按上述方法加荷与卸荷，直至相邻两次两侧变形平均值之差不大于 0.003 mm 为止。并按最后一次的变形平均值计算弹性模量值。但在试验报告中应注明计算时的次数。

3.3.5.3.11 取试验后试件的一部分立即称取质量，然后在(105±5)℃下烘至恒质，计算其含水率。

3.4 结果计算与评定

3.4.1 抗压强度按式(4)计算:

$$f_{cc}=\frac{p_1}{A_1} \qquad \cdots\cdots(4)$$

式中:

f_{cc}——试件的抗压强度,单位为兆帕(MPa);

p_1——破坏荷载,单位为牛(N);

A_1——试件受压面积,单位为平方毫米(mm^2)。

3.4.2 抗折强度按式(5)计算:

$$f_f=\frac{p\cdot L}{b\cdot h^2} \qquad \cdots\cdots(5)$$

式中:

f_f——试件的抗折强度,单位为兆帕(MPa);

p——破坏荷载,单位为牛(N);

b——试件宽度,单位为毫米(mm);

h——试件高度,单位为毫米(mm);

L——支座间距即跨度(mm),精确至 1 mm。

3.4.3 劈裂抗拉强度按式(6)计算:

$$f_{ts}=\frac{2p_2}{\pi A_2}\approx 0.637\frac{p_2}{A_2} \qquad \cdots\cdots(6)$$

式中:

f_{ts}——试件的劈裂抗拉,单位为兆帕(MPa);

p_2——破坏荷载,单位为牛(N);

A_2——劈裂面面积,单位为平方毫米(mm^2)。

3.4.4 轴心抗压强度按式(7)计算:

$$f_{cp}=\frac{p_3}{A_3} \qquad \cdots\cdots(7)$$

式中:

f_{cp}——轴心抗压强度,单位为兆帕(MPa);

p_3——破坏荷载,单位为牛(N);

A_3——试件中部截面面积,单位为平方毫米(mm^2)。

3.4.5 静力弹性模量按式(8)计算:

$$E_c=\frac{p_a-p_b}{A}\times\frac{l}{\delta_5} \qquad \cdots\cdots(8)$$

式中:

E_c——试件静力弹性模量,单位为兆帕(MPa);

p_a——应力为 $0.4f_{cp}$ 时的荷载,单位为牛(N);

p_b——应力为 0.1 MPa 时的荷载,单位为牛(N);

A——试件的横截面面积,单位为平方毫米(mm^2);

δ_5——第五次荷载循环时试件两侧变形平均值,单位为毫米(mm);

l——测点标距,150 mm。

3.4.6 抗压强度和轴心抗压强度的计算精确至 0.1 MPa;抗拉强度和抗折强度的计算精确至 0.01 MPa;静力弹性模量的计算精确至 100 MPa。

3.4.7 结果评定

静力弹性模量按3块试件测试值的算术平均值计算，如果其中一个试件的轴心抗压强度 f'_{cp} 与 f_{cp} 之差超过 f_{cp} 的20%，则弹性模量值按另二个试件测值的算术平均值计算；如有两个试件与 f_{cp} 之差超过 f_{cp} 的20%，则试验结果无效。其他按3块试件试验值的算术平均值进行评定，精确至0.1 MPa。

4 干燥收缩

4.1 仪器设备

4.1.1 立式收缩仪：精度为0.01 mm。

4.1.2 收缩头：采用黄铜或不锈钢制成，如图8所示：

单位为毫米

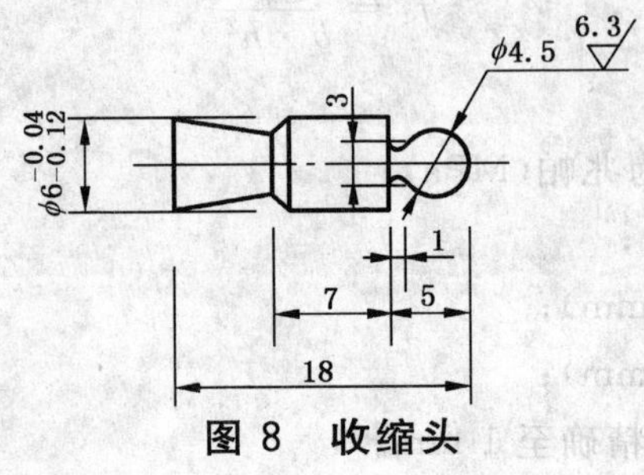

图8 收缩头

4.1.3 电热鼓风干燥箱：最高温度200 ℃。

4.1.4 调温调湿箱：最高工作温度150 ℃，最高相对湿度(95±3)%。

4.1.5 天平：称量500 g，感量0.1 g。

4.1.6 干燥器。

4.1.7 干湿球温度计：最高温度100 ℃

4.1.8 恒温水槽：水温(20±2)℃。

4.2 试件

4.2.1 试件按2.2.1从当天出釜的制品中部锯取，试件长度方向平行于制品的发气方向，其锯取部位如图9所示。锯好后立即将试件密封，以防碳化。

单位为毫米

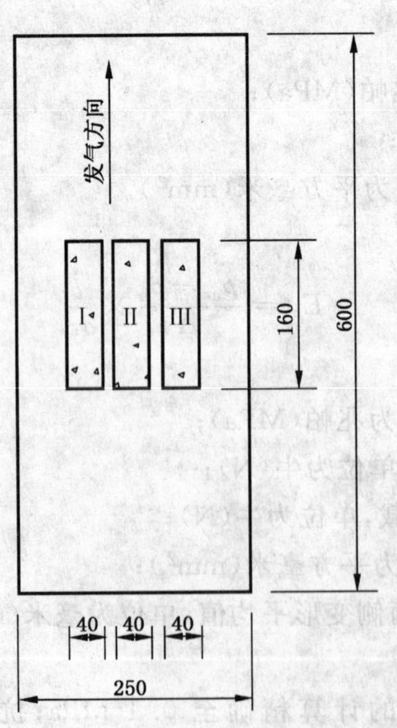

图9 干燥收缩试件锯取示意图

4.2.2 试件尺寸和数量

40 mm×40 mm×160 mm 一组 3 块；尺寸允许偏差为$_{-1}^{0}$ mm。

4.2.3 试件处理

4.2.3.1 在试件的两个端面中心，各钻一个直径 6 mm～10 mm，深度 13 mm 孔洞。

4.2.3.2 在孔洞内灌入水玻璃水泥浆（或其他粘结剂），然后埋置收缩头，收缩头中心线应与试件中心线重合，试件端面必须平整。2 h 后，检查收缩头安装是否牢固，否则重装。

4.3 试验步骤

4.3.1 标准试验方法

4.3.1.1 试件放置 1 d 后，浸入水温为(20±2)℃恒温水槽中，水面应高出试件 30 mm，保持 72 h。

4.3.1.2 将试件从水中取出，用湿布抹去表面水分，并将收缩头擦干净，立即称取试件的质量。

4.3.1.3 用标准杆调整仪表原点（一般取 5.00 mm），然后按标明的测试方向立即测定试件初始长度，记下初始百分表读数。

4.3.1.4 试件长度测试误差为±0.01 mm，称取质量误差为±0.1 g。

4.3.1.5 将试件放在温度为(20±2)℃，相对湿度为(43±2)%的调温调湿箱中。

4.3.1.6 试验的前五天每天将试件在(20±2)℃的房间内测长度一次，以后每隔 4 d 测长度一次，直至质量变化小于 0.1%为止，测前需校准仪器原点，要求每组试件在 10 min 内测完。

4.3.1.7 每测一次长度，应同时称取试件的质量。

4.3.1.8 试验结束，将试件按 2.3.2 烘至恒质，并称取质量。

4.3.2 快速试验法

4.3.2.1 同 4.3.1.1。

4.3.2.2 同 4.3.1.2。

4.3.2.3 同 4.3.1.3。

4.3.2.4 同 4.3.1.4。

4.3.2.5 将试件置于调温调湿箱内，控制箱内温度为(50±1)℃，相对湿度为(30±2)%（当箱内湿度至35%左右时，放入盛有氯化钙饱和溶液的瓷盘，用以调节箱内湿度；如果湿度不易下降时，用无水氯化钙调节）。

4.3.2.6 试验的前二天每 4 h 从箱内取出试件测长度一次，以后每天测长度一次。当试件取出后应立即放入无吸湿剂的干燥器中，在(20±2)℃的房间内冷却 3 h 后进行测试。测前须校准仪器的百分表原点，要求每组试件在 10 min 内测完。

4.3.2.7 按 4.3.2.5、4.3.2.6 所述反复进行干燥、冷却和测试，直到质量变化小于 0.1%为止。

4.3.2.8 每测一次长度，应同时称取试件的质量。

4.3.2.9 试验结束，将试件按 2.3.2 烘至恒质，并称取质量。

4.4 结果处理与评定

4.4.1 干燥收缩值按式(9)计算：

$$\Delta = \frac{s_1 - s_2}{s_0 - (y_0 - s_1) - s} \times 1\,000 \qquad \cdots\cdots(9)$$

式中：

Δ——干燥收缩值，单位为毫米每米(mm/m)；

s_0——标准杆长度，单位为毫米(mm)；

y_0——百分表的原点，单位为毫米(mm)；

s_1——试件初始长度（百分表读数），单位为毫米(mm)；

s_2——试件干燥后长度（百分表读数），单位为毫米(mm)；

s——二个收缩头长度之和，单位为毫米(mm)。

4.4.2 收缩值以3块试件试验值的算术平均值进行评定，精确至0.01 mm/m。

4.4.3 含水率按式(2)计算。

4.4.4 干燥收缩特性曲线绘制

干燥收缩特性曲线是反映蒸压加气混凝土在不同含水状态下至干燥后收缩曲线，由各测试点的计算干燥收缩值绘制。

4.4.4.1 各测试点的含水率按式(2)计算。

4.4.4.2 各测试点的干燥收缩值按式(10)计算：

$$\Delta_i = \frac{s_i - s_2}{s_0 - (y_0 - s_i) - s} \times 1\,000 \quad \cdots\cdots(10)$$

式中：

Δ_i——各测试点干燥收缩值，单位为毫米每米(mm/m)；

s_0——标准杆长度，单位为毫米(mm)；

y_0——百分表的原点，单位为毫米(mm)；

s_i——试件在各测试点长度(百分表读数)，单位为毫米(mm)；

s_2——试件干燥后长度(百分表读数)，单位为毫米(mm)；

s——二个收缩头长度之和，单位为毫米(mm)。

4.4.4.3 以三块试件在各测试点的收缩值和含水率的算术平均值(精确至0.01 mm/m)，在图10中描绘出对应于含水率的干燥收缩曲线。

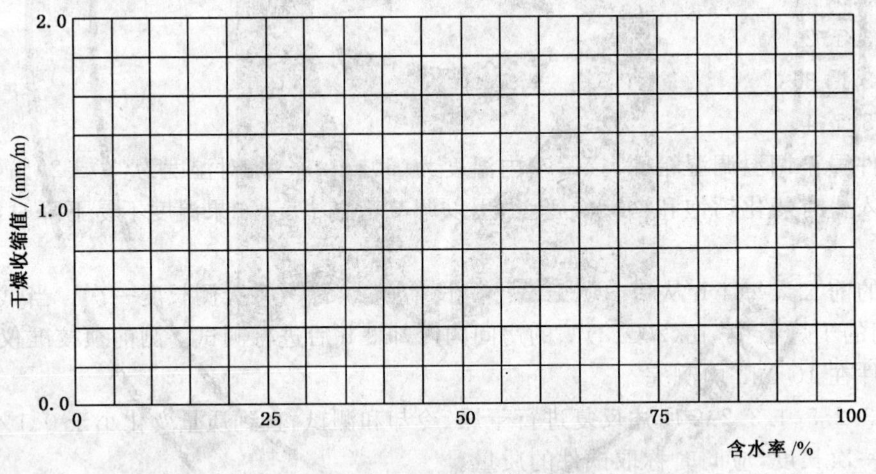

图10 干燥收缩特性曲线绘制格式

5 抗冻性

5.1 仪器设备

5.1.1 低温箱或冷冻室：最低工作温度－30 ℃以下。

5.1.2 恒温水槽：水温(20±5)℃。

5.1.3 托盘天平或磅秤：称量2 000 g，感量1 g。

5.1.4 电热鼓风干燥箱：最高温度200 ℃。

5.2 试件

5.2.1 试件按试件制备按2.2.1、2.2.2和2.2.3进行。

5.2.2 试件尺寸和数量

100 mm×100 mm×100 mm立方体试件一组3块。

5.3 试验步骤

5.3.1 将冻融试件放在电热鼓风干燥箱内,在(60±5)℃下保温 24 h,然后在(80±5)℃下保温 24 h.再在(105±5)℃下烘至恒质。

5.3.2 试件冷却至室温后,立即称取质量,精确至 1 g,然后浸入水温为(20±5)℃恒温水槽中,水面应高出试件 30 mm,保持 48 h。

5.3.3 取出试件,用湿布抹去表面水分,放入预先降温至－15 ℃以下的低温箱或冷冻室中,其间距不小于 20 mm,当温度降至－18 ℃时记录时间。在(－20±2)℃下冻 6 h 取出,放入水温为(20±5)℃的恒温水槽中,融化 5 h 作为一次冻融循环,如此冻融循环 15 次为止。

5.3.4 每隔 5 次循环检查并记录试件在冻融过程中的破坏情况。

5.3.5 冻融过程中,发现试件呈明显的破坏,应取出试件,停止冻融试验,并记录冻融次数。

5.3.6 将经 15 次冻融后的试件,放入电热鼓风干燥箱内,按 5.3.1 规定烘至恒质。

5.3.7 试件冷却至室温后,立即称取质量,精确至 1 g。

5.3.8 将冻融后试件按 3.3.1 有关规定,进行抗压强度试验。

5.4 结果计算与评定

5.4.1 质量损失率按式(11)计算:

$$M_m = \frac{M_0 - M_s}{M_0} \times 100 \qquad \cdots\cdots(11)$$

式中:

M_m——质量损失率,%;

M_0——冻融试件试验前的干质量,单位为克(g);

M_s——经冻融试验后试件的干质量,单位为克(g)。

5.4.2 冻后试件的抗压强度按式(4)计算。

5.4.3 抗冻性按冻融试件的质量损失率平均值和冻后的抗压强度平均值进行评定。质量损失率精确至 0.1%。

6 碳化

6.1 仪器设备和试剂

6.1.1 碳化箱:下部设有进气孔,上部设有排气孔,且有湿度观察装置,盖(门)必须严密。

6.1.2 二氧化碳钢瓶。

6.1.3 转子流量计。

6.1.4 气体分析仪。

6.1.5 电热鼓风干燥箱:最高温度 200 ℃。

6.1.6 托盘天平或磅秤:称量 2 000 g,感量 1 g。

6.1.7 干湿球温度计:最高温度 100 ℃。

6.1.8 二氧化碳气体:浓度(质量分数)大于 80%。

6.1.9 钠石灰。

6.1.10 工业用硝酸镁(保湿剂)。

6.1.11 质量分数 1%酚酞溶液:用浓度(质量分数)为 70%的乙醇配制。

6.1.12 质量分数 30%氢氧化钾溶液。

6.2 试件

6.2.1 试件制备按 2.2.1 和 2.2.3 进行。

6.2.2 试件在同一块制品中心部分,沿制品发气方向中心部分的上、中、下顺序相邻部位锯取两组试件。相邻对应两组试件锯取部位如图 11 所示。

单位为毫米

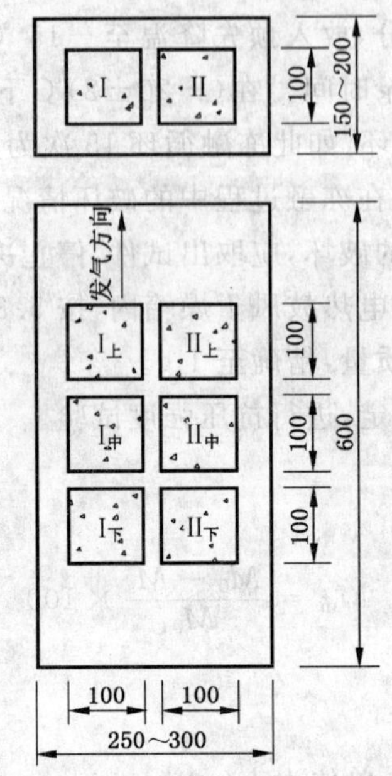

图 11 立方体试件锯取示意图(2)

6.2.3 试件数量

100 mm×100 mm×100 mm 立方体试件五组共 15 块。一组 3 块为对比试件;四组 12 块为碳化试件,其中三组 9 块用于碳化深度检查,一组 3 块用于测定碳化后强度。

6.3 试验条件

6.3.1 湿度

碳化过程的相对湿度为(55±5)%。

空气和二氧化碳分别通过盛有硝酸镁(保湿剂)过饱和溶液(以 1 kg 工业纯硝酸镁,200 mL 水的比例配制)的广口瓶,以控制介质湿度。应经常保持溶液中有硝酸镁固相存在。

6.3.2 二氧化碳浓度

6.3.2.1 二氧化碳浓度的测定

每隔一定时期对箱内的二氧化碳浓度作一次测定,一般在第一、二天每隔 2 h 测定一次,以后每隔 4 h 测定一次。并根据测得的二氧化碳浓度,随时调节其流量,保湿剂也应经常予以更换。

二氧化碳浓度采用气体分析仪测定,精确至 1%(质量分数)。

6.3.2.2 二氧化碳浓度的调节和控制

如图 12 所示,装配人工碳化装置,分别调节二氧化碳钢瓶和空气压缩机上的针形阀,通过流量计控制二氧化碳浓度为(20±3)%(质量分数)。

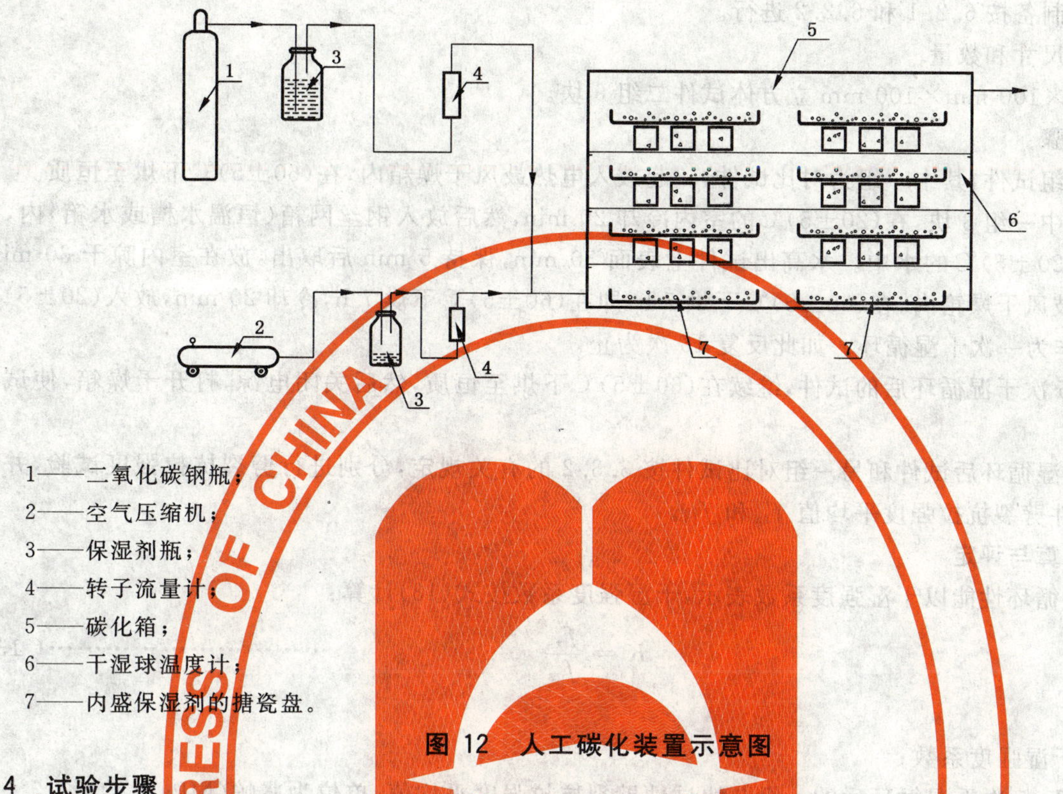

1——二氧化碳钢瓶；
2——空气压缩机；
3——保湿剂瓶；
4——转子流量计；
5——碳化箱；
6——干湿球温度计；
7——内盛保湿剂的搪瓷盘。

图 12 人工碳化装置示意图

6.4 试验步骤

6.4.1 试件放入温度(60±5)℃的电热鼓风干燥箱内，烘至恒质。电热鼓风干燥箱内需放入适量的钠石灰，以吸收箱内的二氧化碳。

6.4.2 取一组试件，按 3.3.1 有关规定测定抗压强度(f_{cc})。

6.4.3 其余四组试件放入碳化箱进行碳化，试件间隔不得小于 20 mm。4 d 后，每天取一块试件劈开，用 1%(m/m)酚酞溶液测定碳化深度，直至试件中心不显红色，则认为试件已完全碳化。此时，取一组试件按 3.3.1 有关规定测定其碳化后的抗压强度(f_c)。

6.5 结果计算与评定

6.5.1 碳化系数按式(12)计算：

$$K_c = \frac{f_c}{f_{cc}} \qquad \cdots\cdots (12)$$

式中：

K_c——碳化系数；

f_c——碳化后试件抗压强度平均值，单位为兆帕(MPa)；

f_{cc}——对比试件抗压强度平均值，单位为兆帕(MPa)。

6.5.2 试验结果按 3 块试件试验的算术平均值进行评定，精确至 0.01。

7 干湿循环

7.1 仪器设备

7.1.1 电热鼓风干燥箱：最高温度 200 ℃。

7.1.2 恒温水槽或水箱：水温(20±5)℃。

7.1.3 托盘天平或磅秤：称量 2 000 g，感量 1 g。

7.1.4 钢板直尺：规格为 300 mm，精度为 0.5 mm。

7.2 试件

7.2.1 试件制备按6.2.1和6.2.2进行。

7.2.2 试件尺寸和数量

100 mm×100 mm×100 mm立方体试件二组6块。

7.3 试验步骤

7.3.1 将二组试件,其中一组为对比试件,一起放入电热鼓风干燥箱内,在(60±5)℃下烘至恒质。

7.3.2 取其中一组3块,在(20±5)℃的室内冷却20 min,然后放入钢丝网箱(恒温水槽或水箱)内,并浸入水温为(20±5)℃的水中。水高出试件上表面30 min,保持5 min后取出,放在室内晾干30 min。再放入电热鼓风干燥箱内,在(60±5)℃下烘7 h,即在(60±5)℃下烘7 h,冷却20 min,放入(20±5)℃水中5 min作为一次干湿循环。如此反复15次为止。

7.3.3 经15次干湿循环后的试件,继续在(60±5)℃下烘至恒质,然后关闭电源,打开干燥箱,使试件冷却至室温。

7.3.4 将干湿循环后试件和另一组对比试件按3.3.2的有关规定,分别进行劈裂抗拉强度试验,并计算其3块试件劈裂抗拉强度平均值f'_{ts}和f_{ts}。

7.4 结果计算与评定

7.4.1 干湿循环性能以干湿强度系数表示,干湿强度系数按式(13)计算:

$$K=\frac{f'_{ts}}{f_{ts}} \qquad \cdots\cdots(13)$$

式中:

K——干湿强度系数;

f'_{ts}——经15次干湿循环后的一组3块试件劈裂抗拉强度平均值,单位为兆帕(MPa);

f_{ts}——对比试件劈裂抗拉强度平均值,单位为兆帕(MPa)。

7.4.2 试验结果按3块试件试验的算术平均值进行评定,精确至0.01。

8 试验报告

a) 产品名称;

b) 标准编号、试验项目;

c) 试件编号、尺寸及数量;

d) 试验条件;

e) 所用的主要试验仪器;

f) 试验结果:每项性能试验的单个值和每组的算术平均值。同时给出相应的含水率和体积密度,干燥收缩试验还应给出干燥收缩曲线图;

g) 试验单位、试验人、报告审核人、日期及其他。

ICS 91.010.30
P 30

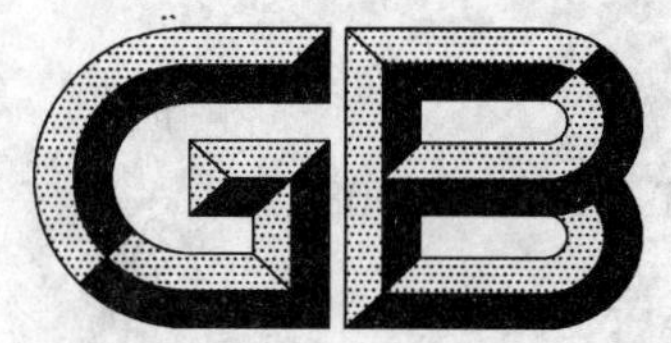

中华人民共和国国家标准

GB/T 11977—2008
代替 GB/T 11977—1989

住宅卫生间功能及尺寸系列

Functions and dimensions series of bathrooms in housing

2008-11-04 发布 2009-06-01 实施

中华人民共和国国家质量监督检验检疫总局
中国国家标准化管理委员会 发布

前 言

本标准代替 GB/T 11977—1989《住宅卫生间功能及尺寸系列》。

本标准与 GB/T 11977—1989 相比，主要变化如下：

——增加了住宅无障碍卫生间；

——增加了整体卫生间；

——增加了住宅卫生间扩展空间；

——增加了住宅卫生间同层排水。

本标准附录 A、附录 B、附录 C、附录 D 均为资料性附录。

本标准由中华人民共和国住房和城乡建设部提出。

本标准由住房和城乡建设部建筑制品与构配件产品标准化技术委员会归口。

本标准负责起草单位：中国建筑标准设计研究院。

本标准参加起草单位：清华大学建筑学院、清华大学建筑设计研究院、中国建筑装饰协会厨卫工程委员会、北京市工商联厨卫行业商会、青岛海尔卫浴设施有限公司、唐山惠达陶瓷（集团）股份有限公司、温州东意住宅设备有限公司、苏州有巢氏系统卫浴有限公司、北京华耐立家建材有限公司。

本标准主要起草人：张树君、马韵玉、李端文、周燕珉、林菊英、付昕、田万良、胡亚南、王庆峰、牟勇、王莉、江宏、陈兆忠、龙俊介、贾锋。

本标准所代替标准的历次版本发布情况为：

——GB/T 11977—1989。

住宅卫生间功能及尺寸系列

1 范围

本标准规定了住宅卫生间功能及尺寸系列的范围、术语和定义、分类和标记、要求。

本标准适用于新建、改建城镇住宅卫生间、无障碍卫生间和整体卫生间的功能及尺寸系列。

2 规范性引用文件

下列文件中的条款通过本标准的引用而成为本标准的条款。凡是注日期的引用文件，其随后所有的修改单(不包括勘误的内容)或修订版均不适用于本标准，然而，鼓励根据本标准达成协议的各方研究是否可使用这些文件的最新版本。凡是不注日期的引用文件，其最新版本适用于本标准。

GB/T 13095 整体浴室

GB/T 50100 住宅建筑模数协调标准

JGJ 50 城市道路和建筑物无障碍设计规范

3 术语和定义

下列术语和定义适用于本标准。

3.1

住宅卫生间 bathrooms in housing

住宅中供居住者进行便溺、盥洗、洗浴等活动的空间。

3.2

无障碍卫生间 accessible bathroom

住宅中供乘轮椅残疾人、老年人使用的无障碍设施齐全的卫生间。

3.3

整体卫生间 entirety bathroom

用浴盆和防水盘(或组合)、洗面器和台板(或组合)、壁板和顶板构成的整体框架，与卫生洁具形成的独立卫生单元。具有便溺、盥洗、淋浴和盆浴功能或以上各功能的任意组合。

3.4

便溺单元 lavatory unit

卫生间中用于大小便的空间。

3.5

盥洗单元 washroom unit

卫生间中用于洗手、洗脸、刷牙、漱口的洗漱空间。

3.6

洗浴单元 bathroom unit

卫生间中用于淋浴、盆浴的洗浴空间。

3.7

洗衣单元 washhouse unit

卫生间中用于洗衣等的空间。

3.8

单间单元 single unit

卫生间中用于单一功能的空间。

3.9

合间单元 unitary unit

卫生间中用于两个或两个以上多个功能的空间。

3.10

同层排水 same-floor drainage system

排水支管不穿越本层楼板到下层空间，与卫生洁具同层敷设并接入排水立管。

4 分类和标记

4.1 分类

4.1.1 住宅卫生间根据使用对象和生产制作方式可分为普通卫生间、无障碍卫生间和整体卫生间。住宅卫生间分类和代号应符合表1的规定。

表1 住宅卫生间分类和代号

类型	代号
普通卫生间	B
无障碍卫生间	AB
整体卫生间	EB

4.1.2 住宅卫生间的基本使用功能应包括便溺、盥洗、洗浴、洗衣和保洁等。根据不同功能组合可分为单间单元和合间单元。卫生功能单元分类和代号应符合表2的规定。

表2 卫生功能单元分类和代号

卫生功能单元类型		代号	功能
单间单元	便溺单元	01	供大小便使用的空间
	盥洗单元	02	供洗漱、化妆使用的空间
	洗浴单元	03	供洗澡使用的空间
	洗衣单元	04	供洗衣及相关功能使用的空间
合间单元	便溺、盥洗单元	05	供大小便、洗漱使用的空间
	便溺、洗浴单元	06	供大小便、洗澡使用的空间
	便溺、洗衣单元	07	供大小便、洗衣使用的空间
	盥洗、洗浴单元	08	供洗漱、洗浴使用的空间
	盥洗、洗衣单元	09	供洗漱、洗衣使用的空间
	洗浴、洗衣单元	10	供洗澡、洗衣使用的空间
	便溺、盥洗、洗浴单元	11	供大小便、洗漱、洗澡使用的空间
	便溺、盥洗、洗浴、洗衣单元	12	供大小便、洗漱、洗澡、洗衣使用的空间
注：住宅保洁所需的吸尘器、拖把、扫把、畚箕等用具可放置在不同功能的卫生间内，也可放置在独立设置的家居保洁单元内。			

4.2 标记

住宅卫生间的标记由卫生间类型和卫生功能单元类型组成：

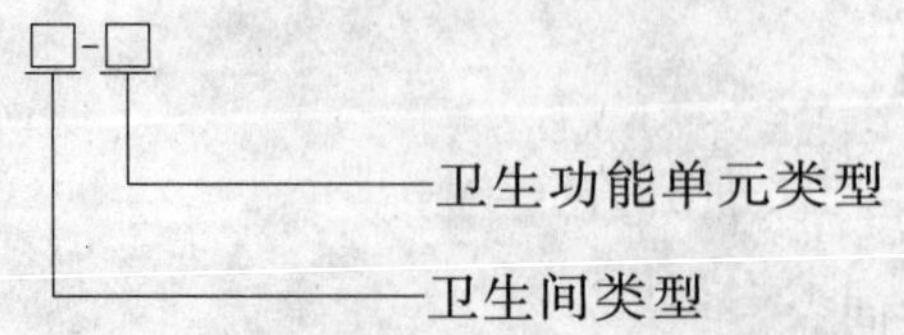

4.3 标记示例

示例 1:B-02 普通卫生间盥洗单元。

示例 2:AB-08 无障碍卫生间盥洗、洗浴单元。

示例 3:EB-11 整体卫生间便溺、盥洗、洗浴单元。

5 要求

5.1 一般规定

5.1.1 住宅卫生间的建筑模数应符合 GB/T 50100 的规定。卫生间基本卫生洁具尺寸参见附录 A,整体卫生间尺寸参见附录 B。

5.1.2 住宅卫生间按不同卫生洁具组合的使用面积不应小于下列规定:

a) 设便器、洗浴器(浴缸或喷淋)、洗面器(三件卫生洁具)的为 3.0 m^2,参见附录 C 中图 C.1、图 C.2;

b) 设便器、洗浴器(二件卫生洁具)的为 2.50 m^2,参见附录 C 中图 C.3;

c) 设便器、洗面器(二件卫生洁具)的为 2.0 m^2,参见附录 C 中图 C.4;

d) 单设便器的为 1.10 m^2,参见附录 C 中图 C.5 和图 C.6;

e) 单设洗衣机的为 1.10 m^2,参见附录 C 中图 C.7。

注:卫生间中的通风道、管井等未计入使用面积。

5.1.3 无障碍卫生间按不同卫生洁具组合的使用面积应符合下列规定:

a) 设坐便器、浴盆、洗面器(三件卫生洁具),不应小于 4.50 m^2,参见附录 C 中图 C.8;

b) 设坐便器、浴盆(二件卫生洁具),不应小于 3.50 m^2;

c) 设坐便器、洗面器 (二件卫生洁具),不应小于 2.50 m^2;

d) 单设坐便器,不应小于 2.00 m^2。

注:卫生间中的通风道、管井等未计入使用面积。

5.1.4 整体卫生间最小安装尺寸应符合下列规定:

a) 整体卫生间有安装管道的侧面与墙面之间不应小于 50 mm;无安装管道的侧面与墙面之间不应小于 30 mm。

b) 整体卫生间的底部与楼地面之间不应小于 150 mm。

c) 整体卫生间的顶部与天棚底部不应小于 250 mm。

5.1.5 住宅卫生间的卫生洁具应为节水器具。设施管线布置应方便卫生洁具的更换。管线综合设计示例参见附录 D 中图 D.1 和图 D.2。

5.1.6 设施管线立管与表具布置在住宅套内时,宜与住宅卫生间共用管线区,参见附录 C 中图 C.9 和附录 D 中图 D.3。

5.2 卫生间设施配置

5.2.1 单间单元设施配置要求

5.2.1.1 便溺单元设施配置应符合表 3 的规定。

表 3 便溺单元设施配置

序号	应设置		推荐设置
1	蹲便器、小便器	给水管、中水管、排水管、排气道(暗单元)、照明灯具、电源插座、手纸盒	排气扇及电源插座
2	坐便器、小便器		

5.2.1.2 盥洗单元设施配置应符合表4的规定。

表4 盥洗单元设施配置

<table>
<tr><th>序号</th><th colspan="3">应设置</th><th>推荐设置</th></tr>
<tr><td>1</td><td>小型洗面器</td><td rowspan="2">给水管、热水管、排水管、照明灯具、电源插座、毛巾杆</td><td>小型镜箱(或镜子搁板)</td><td rowspan="2"></td></tr>
<tr><td>2</td><td>中型洗面器</td><td>中型镜箱(或镜子搁板)</td></tr>
</table>

5.2.1.3 浴室单元设施配置应符合表5的规定。

表5 洗浴单元设施配置

<table>
<tr><th>序号</th><th colspan="2">应设置</th><th>推荐设置</th></tr>
<tr><td>1</td><td>淋浴器</td><td rowspan="3">给水管、热水管、排水管、地漏、排气道(暗单元)、照明灯具、电源插座、散热器(或采暖设施)、淋浴器、挂衣钩、浴巾杆、浴帘杆、搁板、等电位联结</td><td rowspan="3">排气扇及电源插座、洗浴扶手</td></tr>
<tr><td>2</td><td>小型浴盆</td></tr>
<tr><td>3</td><td>中型浴盆</td></tr>
</table>

5.2.1.4 洗衣单元设施配置应符合表6的规定。

表6 洗衣单元设施配置

应设置	推荐设置
洗衣机位、给水管、排水管、给水龙头、地漏、照明灯具、单项三眼电源插座	电源插座、热水管、晾衣杆(架)

5.2.2 合间单元设施配置要求

5.2.2.1 便溺、盥洗单元设施配置应符合表7的规定。

表7 便溺、盥洗单元设施配置

<table>
<tr><th>序号</th><th colspan="3">应设置</th><th>推荐设置</th></tr>
<tr><td>1</td><td>蹲便器、小便器
小型洗面器</td><td rowspan="2">给水管、排水管、中水管、排气道(暗单元)、照明灯具、毛巾杆、电源插座</td><td>小型镜箱(或镜子搁板)</td><td rowspan="2">排气扇及电源插座、热水管</td></tr>
<tr><td>2</td><td>坐便器、小便器
中型洗面器</td><td>中型镜箱(或镜子搁板)</td></tr>
</table>

5.2.2.2 便溺、洗浴单元设施配置应符合表8的规定。

表8 便溺、洗浴单元设施配置

<table>
<tr><th>序号</th><th colspan="2">应设置</th><th>推荐设置</th></tr>
<tr><td>1</td><td>蹲便器、小便器、淋浴器</td><td rowspan="3">给水管、热水管、中水管、排水管、地漏、排气道(暗单元)、散热器(或采暖设施)、照明灯具、手纸盒、浴巾杆、浴帘杆、搁板、电源插座、等电位联结</td><td rowspan="3">排气扇及电源插座、洗浴扶手</td></tr>
<tr><td>2</td><td>坐便器、小便器、小型浴盆(或淋浴器)</td></tr>
<tr><td>3</td><td>坐便器、小便器、中型浴盆带淋浴器</td></tr>
</table>

5.2.2.3 便溺、洗衣单元设施配置应符合表9的规定。

表 9 便溺、洗衣单元设施配置

<table>
<tr><th colspan="2">序 号</th><th>应 设 置</th><th>推荐设置</th></tr>
<tr><td>1</td><td>蹲便器、小便器</td><td rowspan="2">洗衣机位、给水管、中水管、排水管、给水龙头、地漏、照明灯具、单项三眼电源插座、给水龙头、手纸盒、排气道(暗单元)</td><td rowspan="2">排气扇及电源插座、热水管、晾衣杆(架)</td></tr>
<tr><td>2</td><td>坐便器、小便器</td></tr>
</table>

5.2.2.4 盥洗、洗浴单元设施配置应符合表10的规定。

表 10 盥洗、洗浴单元设施配置

<table>
<tr><th colspan="2">序 号</th><th colspan="2">应 设 置</th><th>推荐设置</th></tr>
<tr><td>1</td><td>淋浴器
小型洗面器</td><td rowspan="2">给水管、热水管、排水管、地漏、排气道(暗单元)、散热器(或采暖设施)、照明灯具、电源插座、毛巾杆、浴巾杆、浴帘杆、洗浴扶手、搁板、等电位联结</td><td>小型镜箱
(或镜子搁板)</td><td rowspan="2">排气扇及电源插座、洗浴扶手</td></tr>
<tr><td>2</td><td>小型浴盆
中型洗面器</td><td>中型镜箱
(或镜子搁板)</td></tr>
</table>

5.2.2.5 盥洗、洗衣单元设施配置应符合表11的规定。

表 11 盥洗、洗衣单元设施配置

<table>
<tr><th colspan="2">序 号</th><th colspan="2">应 设 置</th><th>推荐设置</th></tr>
<tr><td>1</td><td>小型洗面器</td><td rowspan="2">给水管、排水管、照明灯具、电源插座、毛巾杆、给水龙头、单项三眼电源插座、洗衣机位、地漏</td><td>小型镜箱
(或镜子搁板)</td><td rowspan="2">热水管、排气扇及电源插座、晾衣杆(架)</td></tr>
<tr><td>2</td><td>中型洗面器</td><td>中型镜箱
(或镜子搁板)</td></tr>
</table>

5.2.2.6 洗浴、洗衣单元设施配置应符合表12的规定。

表 12 洗浴、洗衣单元设施配置

<table>
<tr><th colspan="2">序 号</th><th>应 设 置</th><th>推荐设置</th></tr>
<tr><td>1</td><td>淋浴器</td><td rowspan="3">给水管、热水管、排水管、地漏、排气道(暗单元)、照明灯具、电源插座、散热器(或采暖设施)、淋浴器、挂衣钩、浴巾杆、浴帘杆、搁板、等电位联结、洗衣机位、单项三眼电插座、给水龙头</td><td rowspan="3">排气扇及电源插座、洗浴扶手</td></tr>
<tr><td>2</td><td>小型浴盆</td></tr>
<tr><td>3</td><td>中型浴盆</td></tr>
</table>

5.2.2.7 便溺、浴室、盥洗单元设施配置应符合表13的规定。

表 13 便溺、盥洗、洗浴单元设施配置

<table>
<tr><th colspan="2">序 号</th><th colspan="2">应 设 置</th><th>推荐设置</th></tr>
<tr><td>1</td><td>蹲便器、小便器
小型洗面器
淋浴器</td><td rowspan="3">给水管、热水管、中水管、排水管、地漏、排气道(暗单元)、散热器(或采暖设施)、照明灯具、电源插座、毛巾杆、浴巾杆、浴帘杆、洗浴扶手、搁板、等电位联结</td><td>小型镜箱
(或镜子搁板)</td><td rowspan="3">排气扇及电源插座、洗浴扶手</td></tr>
<tr><td>2</td><td>坐便器、小便器
中型洗面器
小型浴盆</td><td>中型镜箱
(或镜子搁板)</td></tr>
<tr><td>3</td><td>坐便器、小便器
中型洗面器
中型浴盆带淋浴器</td><td>中型镜箱
(或镜子搁板)</td></tr>
</table>

5.2.2.8 便溺、盥洗、洗浴、洗衣单元设施配置应符合表 14 的规定。

表 14 便溺、盥洗、洗浴、洗衣单元设施配置

<table>
<tr><th>序号</th><th colspan="3">应设置</th><th>推荐设置</th></tr>
<tr><td>1</td><td>蹲便器、小便器
小型洗面器
淋浴器</td><td rowspan="2">给水管、热水管、中水管、排水管、地漏、排气道(暗单元)、照明灯具、电源插座、手纸盒、毛巾杆、搁板、等电位联结、洗衣机位、单项三眼电插座、给水龙头</td><td>小型镜箱
(或镜子搁板)</td><td rowspan="2">排气扇及电源插座、洗浴扶手</td></tr>
<tr><td>2</td><td>坐便器、小便器
中型洗面器
中型浴盆带淋浴器</td><td>中型镜箱
(或镜子搁板)</td></tr>
</table>

5.2.3 无障碍卫生间设施配置除应符合本标准 5.2.1 和 5.2.2 的规定外,还应符合下列要求:

a) 便溺单元应设置坐便器。坐便器高 450 mm。

b) 按照 JGJ 50 的规定配置水平和垂直安全抓杆、求助呼叫按钮等。

c) 地面与室内地面应平齐,无高差且防滑。

5.2.4 整体卫生间设施配置应符合本标准 5.2.1 和 5.2.2 的规定。整体卫生间作为无障碍卫生间时,其设施应符合本标准 5.2.3 的规定。

5.3 普通卫生间尺寸系列

普通卫生间尺寸系列应符合表 15 的规定。

表 15 普通卫生间尺寸系列

方向	卫生间尺寸系列(净尺寸)/mm
长向	1 200、1 300、1 500、1 600、1 800、2 100、2 200、2 400、2 700
短向	900、1 100、1 200、1 300、1 500、1 600、1 700、1 800
高度	≥2 200

5.4 无障碍卫生间

5.4.1 坐便器两侧和洗浴单元应设高 650 mm 水平抓杆,在墙面一侧应设高 1 400 mm 的垂直抓杆,如图 1 所示。

5.4.2 安全抓杆直径应为 30 mm~40 mm。安全抓杆内侧距墙面 40 mm。

5.4.3 洗面器的上缘距地的最大高度宜为 750 mm,下方的净空间不宜小于 650 mm,深度不宜小于 350 mm,如图 2 所示;洗面器挑出宽度宜为 600 mm。

5.4.4 距洗面器两侧和前缘 50 mm 宜设安全抓杆。

5.4.5 洗面器处镜子底面距地高度不宜大于 950 mm。

5.4.6 洗面器前应有 1 100 mm×800 mm 乘坐轮椅者使用空间。

5.4.7 洗浴单元门应向外开启并采用门外可紧急开启的门插销。

5.5 整体卫生间

5.5.1 整体卫生间产品应符合 GB/T 13095 的规定。

5.5.2 整体卫生间作为无障碍卫生间时除应满足本标准 5.4 的要求外,还应符合下列要求:

a) 整体卫生间的门扇应向外开启,门扇开启的净宽不应小于 800 mm;

b) 门扇上有防止轮椅脚踏板碰撞的防护板,且门扇内侧应设关门拉手;

c) 冷热水龙头应选用混合式调节的单柄或掀压式恒温水咀;

d) 距地面高 400 mm~500 mm 处应设求助呼叫按钮。

单位为毫米

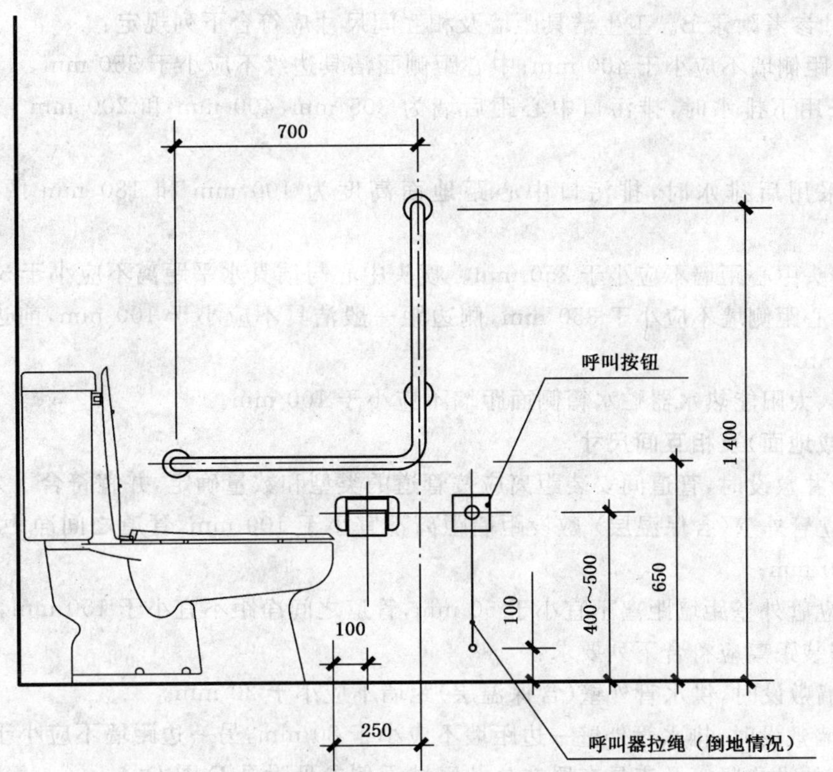

图 1　坐便器侧墙安全抓杆示意

单位为毫米

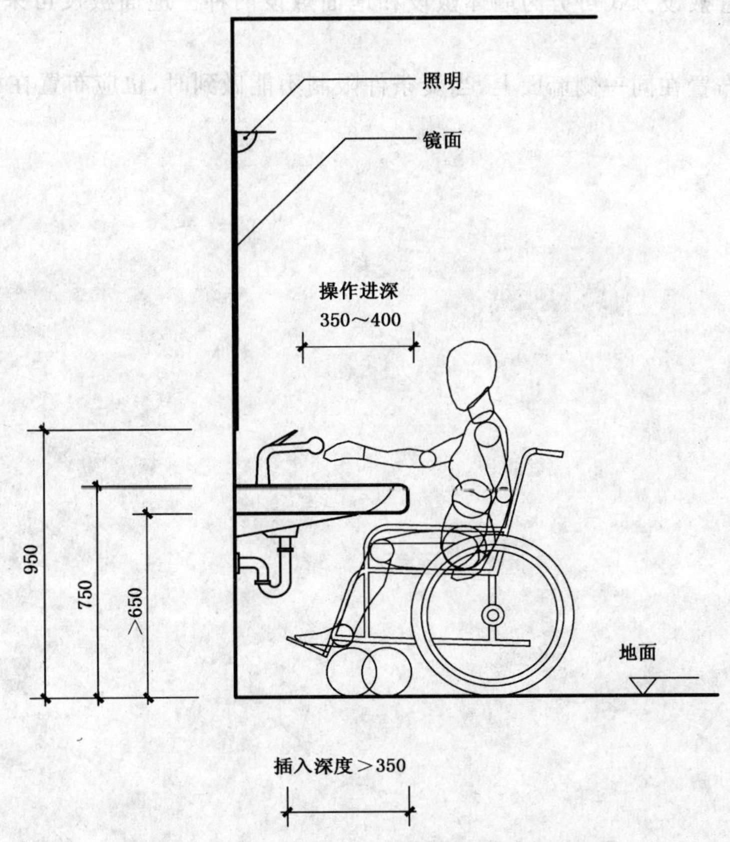

图 2　无障碍卫生间洗面器部分剖面示意

5.6 卫生洁具距墙及相互间尺寸

卫生洁具尺寸参考附录B。卫生洁具距墙及相互间尺寸应符合下列规定：

5.6.1 便器中心距侧墙不应小于400 mm；中心距侧面洁具边缘不应小于350 mm。

5.6.2 坐便器采用下排水时，排污口中心距后墙为305 mm、400 mm和200 mm三种，推荐尺寸为305 mm。

5.6.3 坐便器采用后排水时，排污口中心距地面高度为100 mm和180 mm两种，推荐尺寸为180 mm。

5.6.4 淋浴器喷头中心距墙不应小于350 mm。喷头中心与洁具水平距离不应小于350 mm。

5.6.5 洗面器中心距侧墙不应小于350 mm，侧边距一般洁具不应小于100 mm，前边距墙、距洁具边缘不应小于600 mm。

5.6.6 电热水器、太阳能热水器贮水箱侧面距墙不应小于100 mm。

5.7 管道距墙(或地面)及相互间尺寸

5.7.1 管道在管井敷设时，管道间安装距离应按管道的类型和数量确定，并宜符合下列要求：

a) 有压管立管外壁(含保温层)敷设距墙距离不宜小于100 mm，管道之间净距(含保温层)不宜小于150 mm；

b) 无压管立管外壁距墙距离不宜小于50 mm，管道之间净距不宜小于150 mm。

5.7.2 管道间安装距离应符合下列要求：

a) 管道沿墙敷设时，供水管外壁(含保温层)距墙不应小于20 mm。

b) 管道沿墙敷设时，排水管外壁一边距墙不应小于80 mm，另一边距墙不应小于50 mm。

5.7.3 有压力管的设施竖管及表具布置在公共区域示例参见附录D图D.4。

5.8 同层排水

5.8.1 同层排水横管敷设方式可分为墙体敷设和地面敷设两种。地面敷设可采用结构整体降板或局部降板的形式。

5.8.2 卫生洁具宜布置在同一侧墙面上，当受条件限制不能做到时，也应布置在相邻墙面。

附 录 A
（资料性附录）
基本卫生洁具参考尺寸

A.1 基本卫生洁具参考尺寸如表A.1。

表 A.1 基本卫生洁具参考尺寸

设备名称	型 号	外形平面标志尺寸(长×宽)/(mm×mm)
浴盆	小 型	1 200×700
	中 型	1 500×750
	大 型	1 700×850
大便器	蹲便器	560～640×280～470
	坐便器	740～780×420～500(分体式) 680～740×380～540(连体式)
小便器	小便器	220～360×310～475
洗衣机	双 缸	700×420
	全自动	600×600

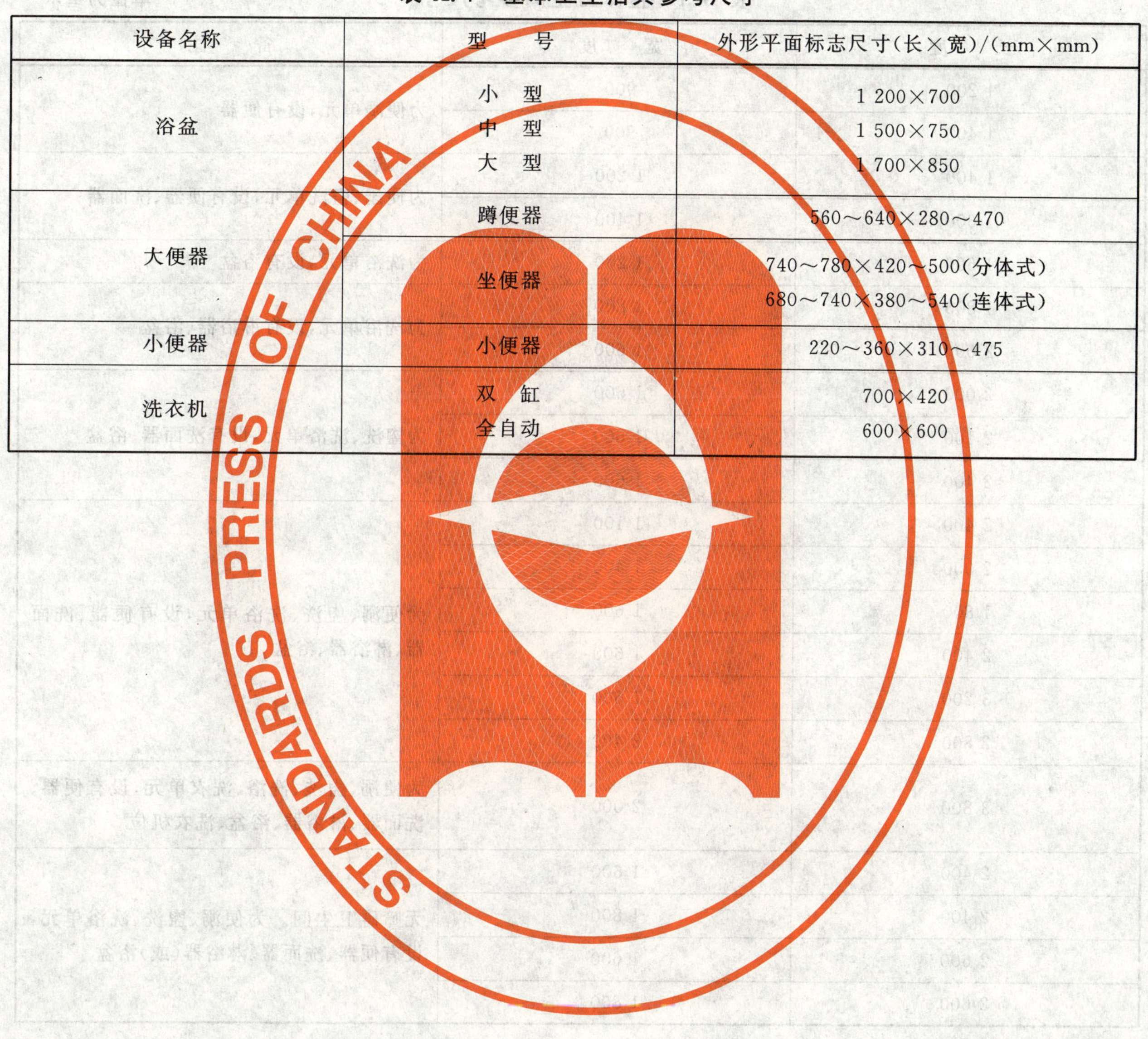

附 录 B
（资料性附录）
整体卫生间参考尺寸

B.1 整体卫生间参考尺寸如表B.1。

表 B.1 整体卫生间参考尺寸

单位为毫米

长 度	宽 度	备 注
1 200	900	为便溺单元，设有便器
1 400	900	
1 400	1 200	为便溺、盥洗单元，设有便器、洗面器
1 600	1 400	
1 600	1 200	为洗浴单元，设有浴盆
1 800	1 800	为洗浴单元，设有淋浴器、浴盆
2 000	1 600	
2 000	1 600	为盥洗、洗浴单元，设有洗面器、浴盆
2 100	1 600	
2 400	1 600	
2 400	1 100	为便溺、盥洗、洗浴单元，设有便器、洗面器、淋浴器、浴盆
2 000	1 400	
1 800	1 600	
2 400	1 600	
3 200	1 600	
2 800	2 400	
3 800	2 000	为便溺、盥洗、洗浴、洗衣单元，设有便器、洗面器、淋浴器、浴盆、洗衣机位
2 400	1 600	无障碍卫生间。为便溺、盥洗、洗浴单元，设有便器、洗面器、淋浴器(或)浴盆
2 400	1 800	
2 600	1 600	
2 600	1 800	

附 录 C
（资料性附录）
住宅卫生间典型平面布置示例

C.1 住宅卫生间典型平面布置示例如图C.1～图C.9。

单位为毫米

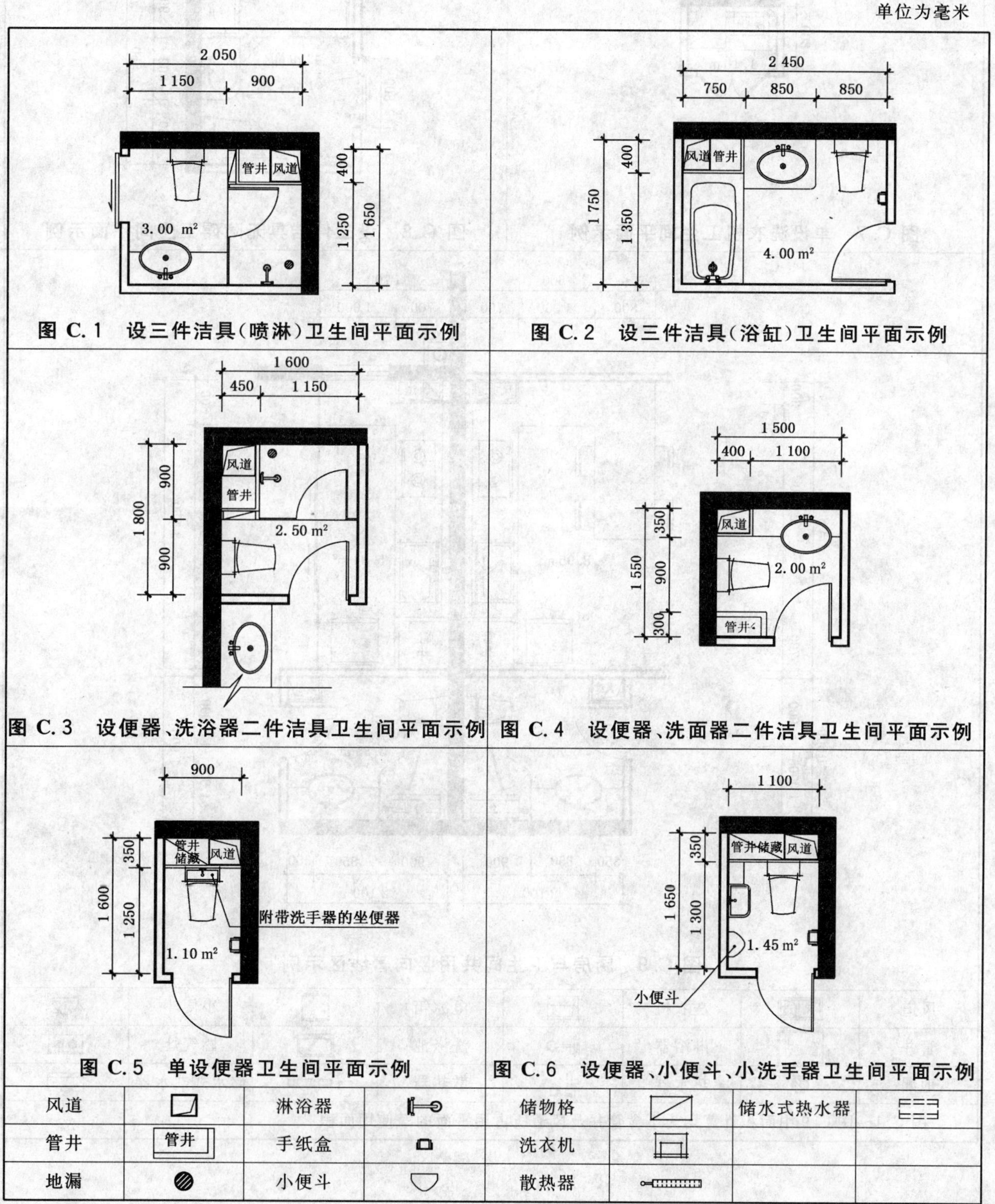

图 C.1 设三件洁具（喷淋）卫生间平面示例

图 C.2 设三件洁具（浴缸）卫生间平面示例

图 C.3 设便器、洗浴器二件洁具卫生间平面示例

图 C.4 设便器、洗面器二件洁具卫生间平面示例

图 C.5 单设便器卫生间平面示例

图 C.6 设便器、小便斗、小洗手器卫生间平面示例

单位为毫米

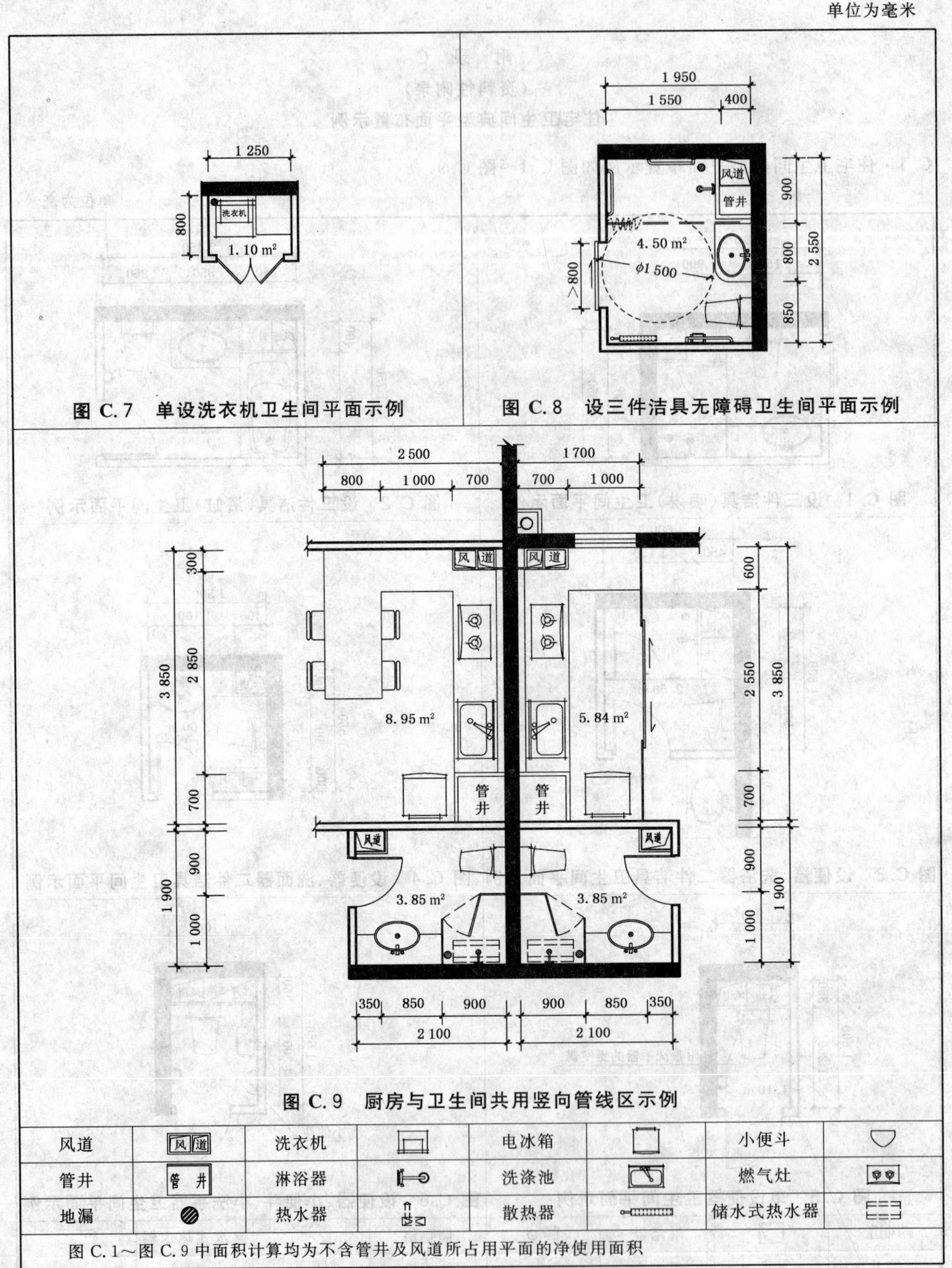

图 C.7　单设洗衣机卫生间平面示例

图 C.8　设三件洁具无障碍卫生间平面示例

图 C.9　厨房与卫生间共用竖向管线区示例

风道	风道(图例)	洗衣机	(图例)	电冰箱	(图例)	小便斗	(图例)
管井	管井(图例)	淋浴器	(图例)	洗涤池	(图例)	燃气灶	(图例)
地漏	(图例)	热水器	(图例)	散热器	(图例)	储水式热水器	(图例)

图 C.1～图 C.9 中面积计算均为不含管井及风道所占用平面的净使用面积

附 录 D
（资料性附录）
住宅卫生间管线综合设计示例

D.1 住宅卫生间管线综合设计示例如图 D.1 和图 D.2。厨卫共用管线区示例如图 D.3。有压力管的设施竖管及表具布置在公共区域示例如图 D.4。

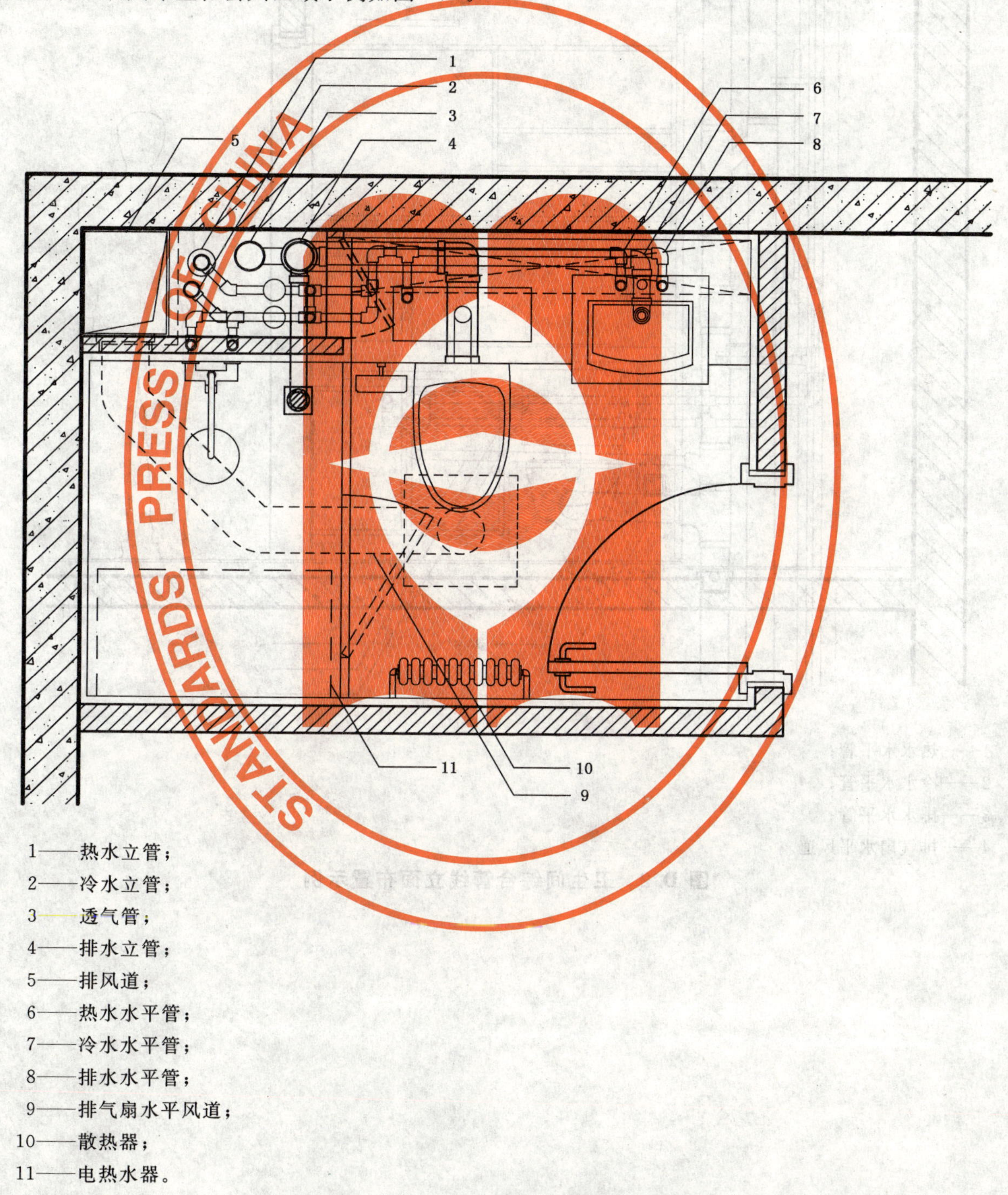

1——热水立管；
2——冷水立管；
3——透气管；
4——排水立管；
5——排风道；
6——热水水平管；
7——冷水水平管；
8——排水水平管；
9——排气扇水平风道；
10——散热器；
11——电热水器。

图 D.1 卫生间综合管线平面布置示例

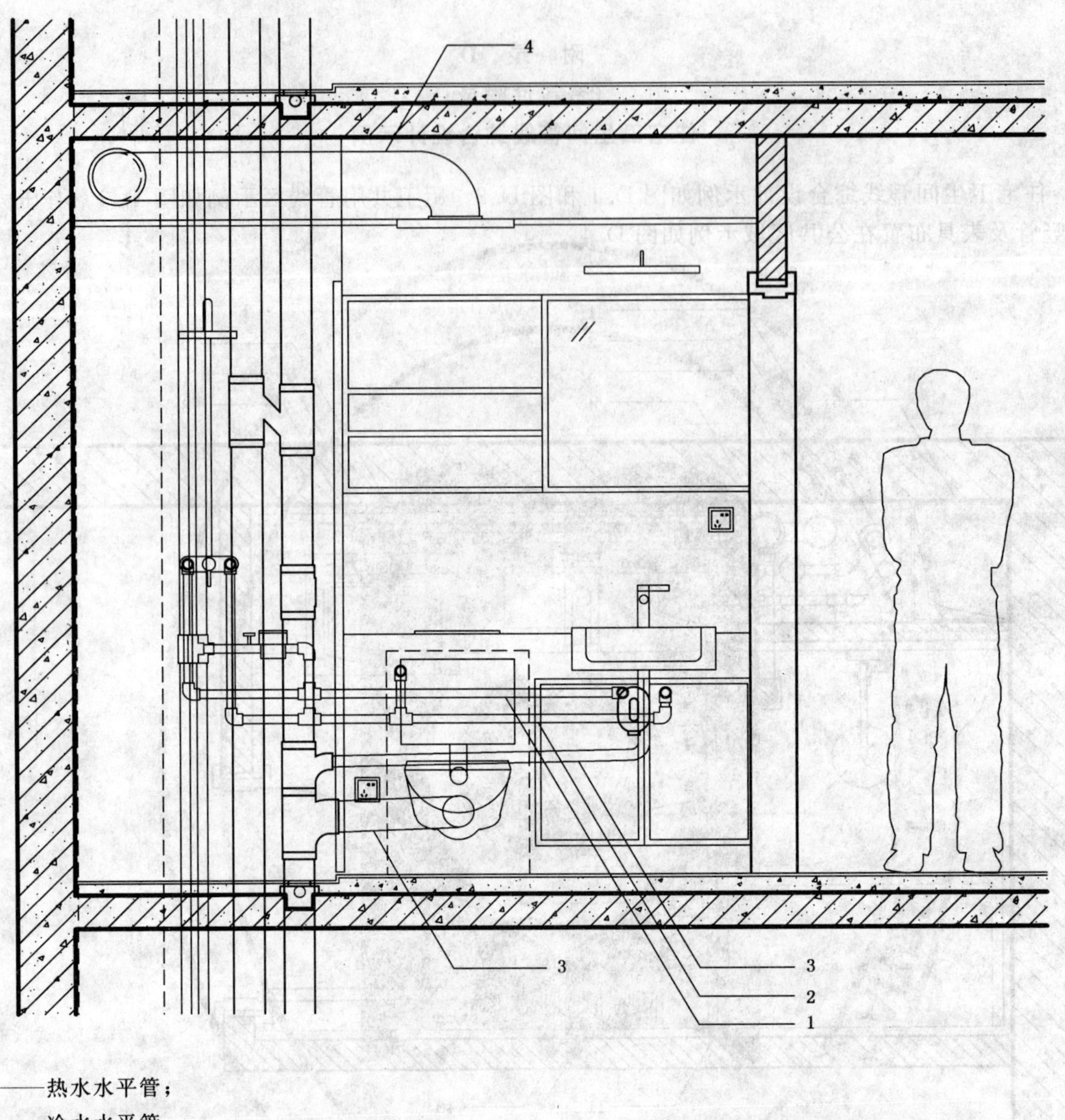

1——热水水平管；

2——冷水水平管；

3——排水水平管；

4——排气扇水平风道。

图 D.2 卫生间综合管线立面布置示例

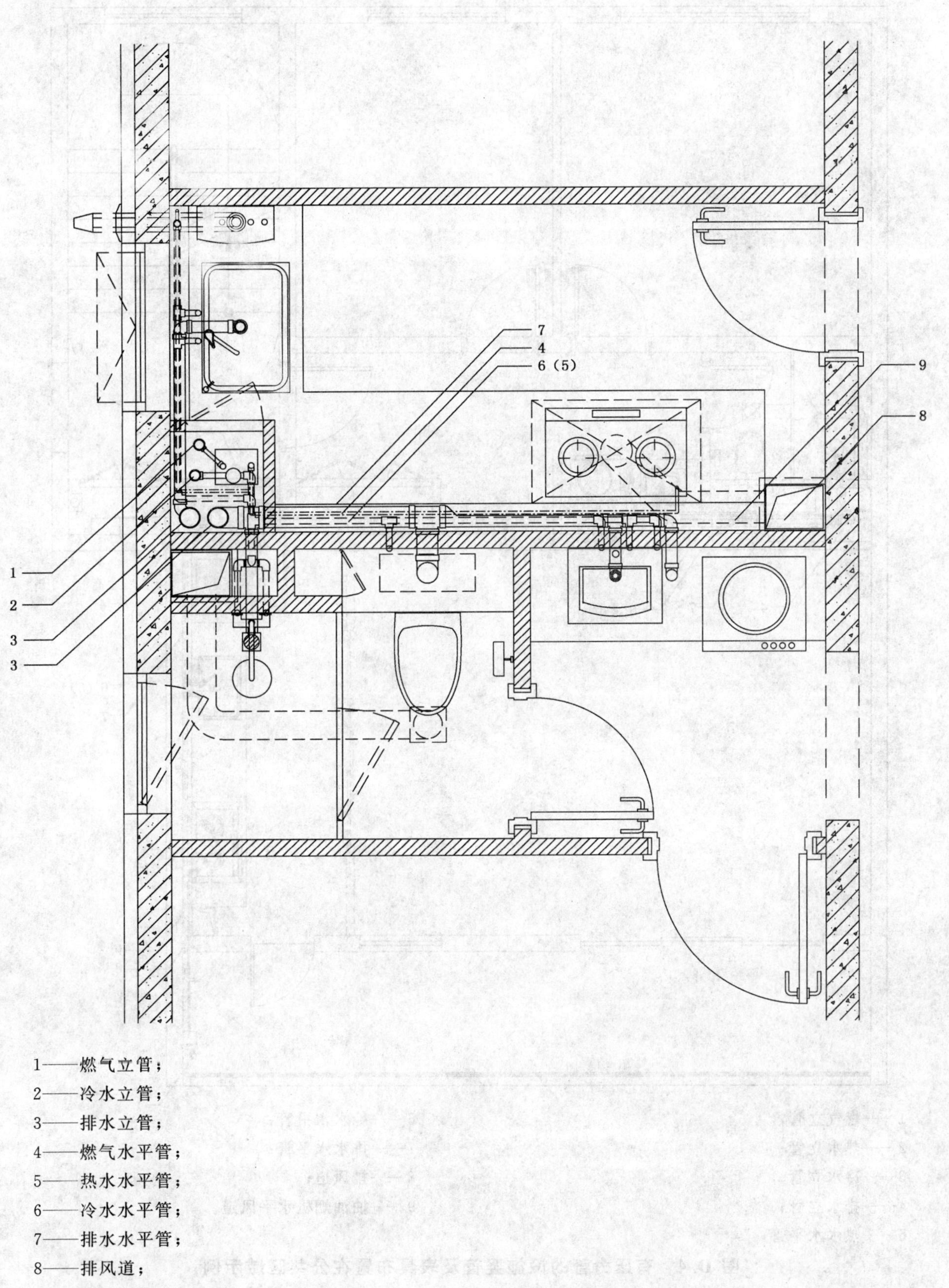

1——燃气立管；
2——冷水立管；
3——排水立管；
4——燃气水平管；
5——热水水平管；
6——冷水水平管；
7——排水水平管；
8——排风道；
9——抽油烟机水平风道。

图 D.3 厨卫共用管线区示例

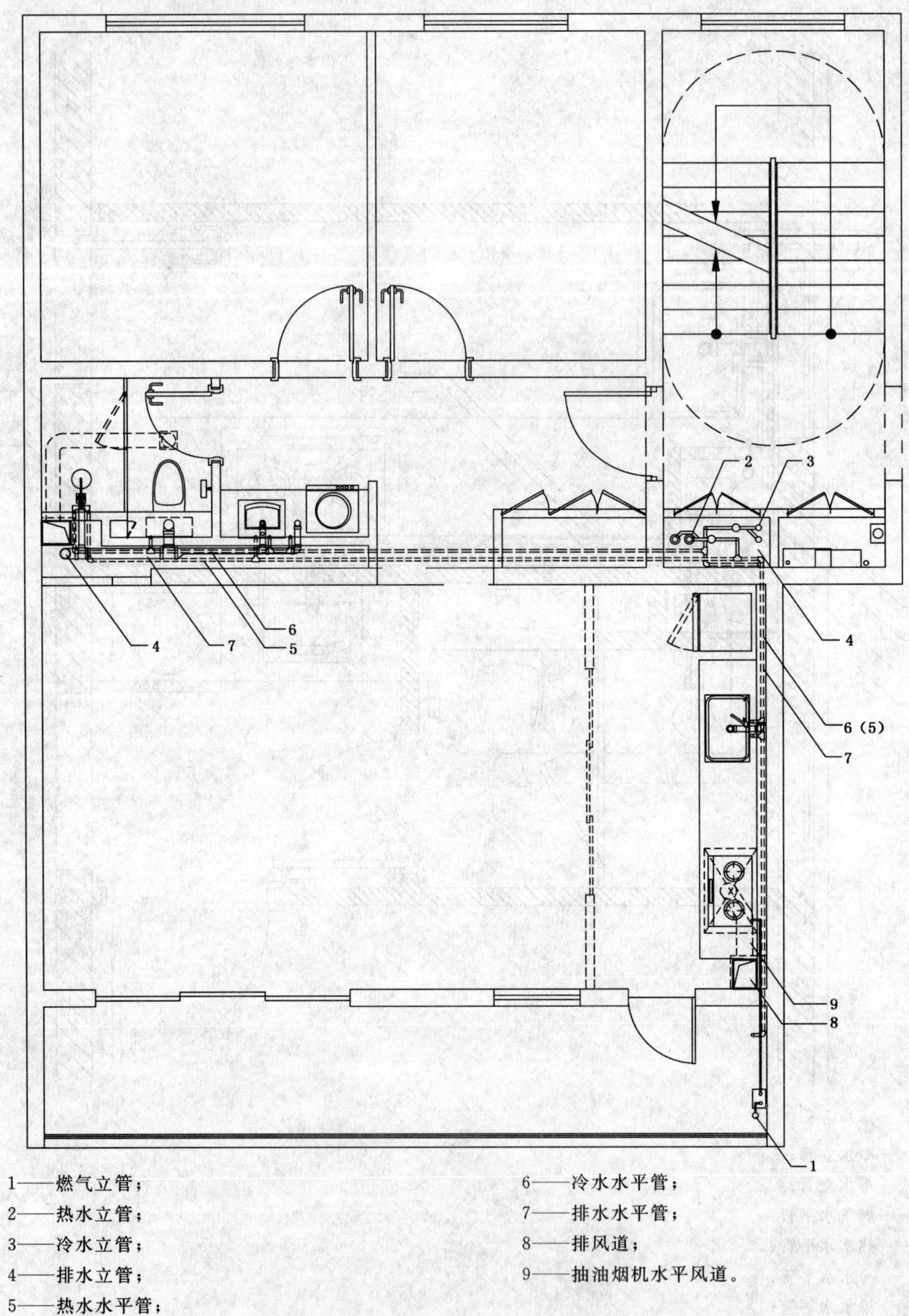

1——燃气立管；
2——热水立管；
3——冷水立管；
4——排水立管；
5——热水水平管；
6——冷水水平管；
7——排水水平管；
8——排风道；
9——抽油烟机水平风道。

图 D.4 有压力管的设施竖管及表具布置在公共区域示例

ICS 91.060
Q 73

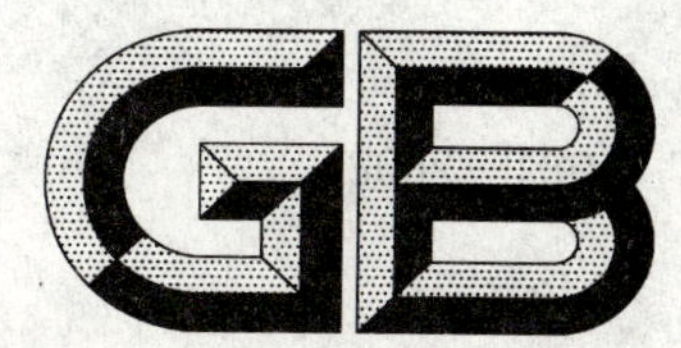

中华人民共和国国家标准

GB/T 11981—2008
代替 GB/T 11981—2001

建筑用轻钢龙骨

Steel furring for building

2008-01-09 发布　　2008-08-01 实施

中华人民共和国国家质量监督检验检疫总局
中国国家标准化管理委员会　发布

前　言

本标准与日本 JIS A 6517:2002《建筑用轻钢龙骨》标准、美国 ASTM C 635—2000《吸音天花金属悬吊系统的制造、性能和测试》标准的一致性程度为非等效。本标准自实施之日起，代替 GB/T 11981—2001《建筑用轻钢龙骨》。

本标准与 GB/T 1198—2001 相比主要变化如下：

——引用文件的规则修改为：区分注日期和不注日期的引用文件，并修改、增加了规范性引用文件(2001 年版的第 2 章；本版的第 2 章)；

——取消了冷轧钢板(带)作原料(2001 年版的 3.1.1；本版的 3.1)；

——增加了 L 型直卡式承载龙骨、L 型收边龙骨和 CH 型墙体竖龙骨(本版的 3.3.13、3.3.14、4.1.1.10和表 1)；

——增加了不等边龙骨及标记示例(本版的表 1 和 4.2.2)；

——对龙骨的种类进行重新划分并调整了部分龙骨的规格尺寸(2001 年版的表 3；本版的表 1)；

——取消了产品分等并对技术要求进行了部分修改(2001 年版的第 5 章；本版的第 5 章)；

——增加了涂层钢板(带)外观质量的要求(本版的 5.1)；

——增加了涂层钢板(带)表面防锈的要求及相应的试验方法(本版的 5.3.2、6.3.6.3 和6.3.6.4)；

——修改了双面镀锌量的测试方法(2001 年版的 6.3.6.1；本版的 6.3.6.1)；

——增加了龙骨力学性能测试中荷载值及垫板的重量要求(本版的 6.3.7)；

——增加了墙体龙骨力学性能测试中对用自攻螺钉进行组装时的要求并明确应采用普通纸面石膏板(2001 年版的 6.3.7.1；本版的 6.3.7.1)；

——调整了 D60 龙骨的承载力(本版的 6.3.7.4)；

——将 T 型主龙骨的承载能力分为轻型和中型两种，并增加了中型承载能力 T 型主龙骨的承载力要求(本版的表 1 和 6.3.7.6)；

——对型式检验的要求进行了部分修改(2001 年版的 7.1.2；本版的 7.1.2)；

——修改了抽样方法(2001 年版的 7.2；本版的 7.2)；

——增加了单项检验结果的判定方法(本版的 7.3.1)；

——修改了判定规则(2001 年版的 7.3；本版的 7.3)；

——增加了规范性附录"耐盐雾试验方法"(本版的附录 A)。

本标准的附录 A 为规范性附录。

本标准由中国建筑材料联合会提出。

本标准由全国轻质与装饰装修建筑材料标准化技术委员会(SAC/TC 195)归口。

本标准负责起草单位：中国建筑装饰装修材料协会、中国新型建筑材料工业杭州设计研究院。

本标准参加起草单位：张家港市五原钢制品有限公司、可耐福石膏板(芜湖)有限公司、浙江裕丰建材有限公司、优时吉中北建筑材料(深圳)有限公司、大连舒心门业有限公司、上海华新顿-阿姆斯壮金属制品有限公司、深圳市鹏龙装饰材料有限公司、上海拉法基石膏建材有限公司、上海桐井建材有限公司、北新集团建材股份有限公司、奥来国信(北京)工程材料检测有限责任公司、浙江省建工集团有限责任公司轻钢龙骨厂、北京新型材料建筑设计研究院有限公司。

本标准主要起草人：翟跃忠、陈旭晔、魏超平、耿直。

本标准委托中国新型建筑材料工业杭州设计研究院负责解释。

本标准所代替标准的历次版本发布情况为：

——GB 11981—1989、GB/T 11981—2001。

建筑用轻钢龙骨

1 范围

本标准规定了建筑用轻钢龙骨的术语和定义、分类和标记、技术要求、试验方法、检验规则、标志、包装、运输和贮存。

本标准适用于以纸面石膏板、装饰石膏板、矿物棉装饰吸声板等轻质板材作饰面的非承重墙体和吊顶的建筑用轻钢龙骨。

建筑用轻钢龙骨在组合墙体、吊顶骨架时所用的配件标准为 JC/T 558。

2 规范性引用文件

下列文件中的条款通过本标准的引用而成为本标准的条款。凡是注日期的引用文件，其随后所有的修改单(不包括勘误的内容)或修订版均不适用于本标准，然而，鼓励根据本标准达成协议的各方研究是否可使用这些文件的最新版本。凡是不注日期的引用文件，其最新版本适用于本标准。

GB/T 1250　极限数值的表示方法和判定方法

GB/T 1839—2003　钢产品镀锌层质量试验方法(ISO 1460:1992,Metallic coatings—Hot dip galvanized coatings on ferrous materials—Gravimetric determination of the mass per unit area,MOD)

GB/T 2518—2004　连续热镀锌钢板及钢带

GB/T 6739　色漆和清漆　铅笔法测定漆膜硬度

GB/T 9775　纸面石膏板(GB/T 9775—1999,eqv ISO 6308:1980)

3 术语和定义

下列术语和定义适用于本标准。

3.1

建筑用轻钢龙骨　steel furring for building

建筑用轻钢龙骨(简称龙骨)是以连续热镀锌钢板(带)或以连续热镀锌钢板(带)为基材的彩色涂层钢板(带)作原料，采用冷弯工艺生产的薄壁型钢。

3.2

墙体龙骨　wall furring

用于墙体骨架的轻钢龙骨(见图 1)。

3.2.1

横龙骨　top and floor furring

墙体骨架和建筑结构的连接构件。

3.2.2

竖龙骨　erect furring

墙体骨架中主要受力构件。

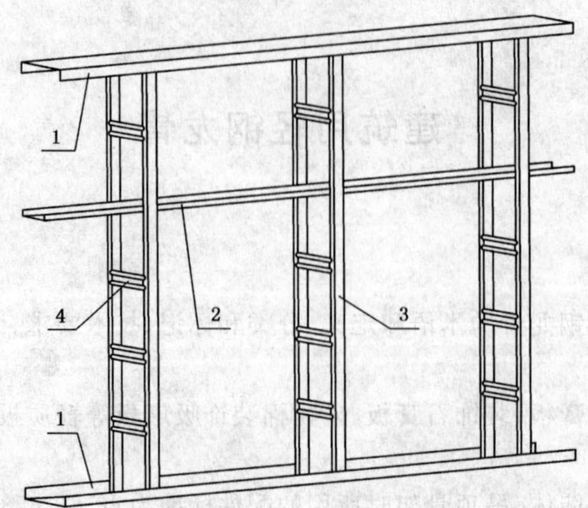

1——横龙骨；
2——通贯龙骨；
3——竖龙骨；
4——支撑卡。

图 1 墙体龙骨示意图

3.2.3

通贯龙骨 through furring

墙体骨架中竖龙骨的中间连接构件。

3.2.4

支撑卡 bracing clip

覆面板材与龙骨固定时起支撑作用的配件。

3.3

吊顶龙骨 ceiling furring

用于吊顶的轻钢龙骨(见图 2、图 3、图 4、图 5)。

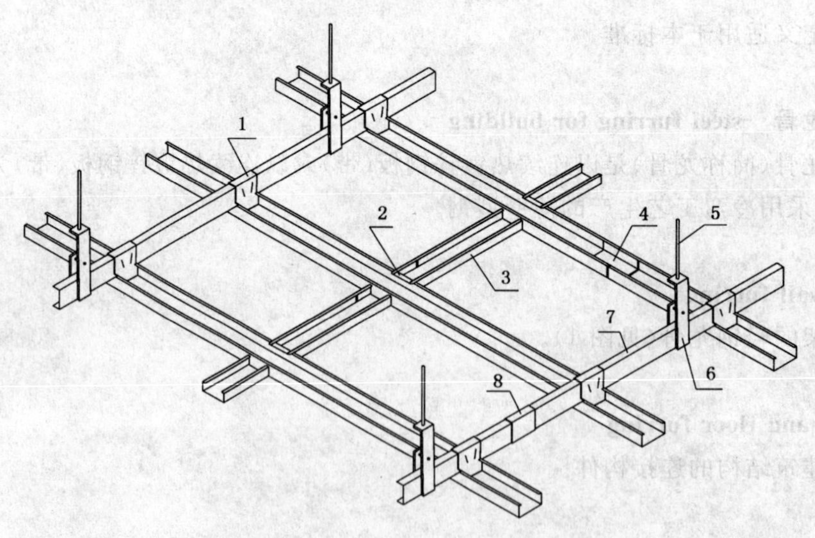

1——挂件；
2——挂插件；
3——覆面龙骨；
4——覆面龙骨连接件；
5——吊杆；
6——吊件；
7——承载龙骨；
8——承载龙骨连接件。

图 2 U型、C型龙骨吊顶示意图

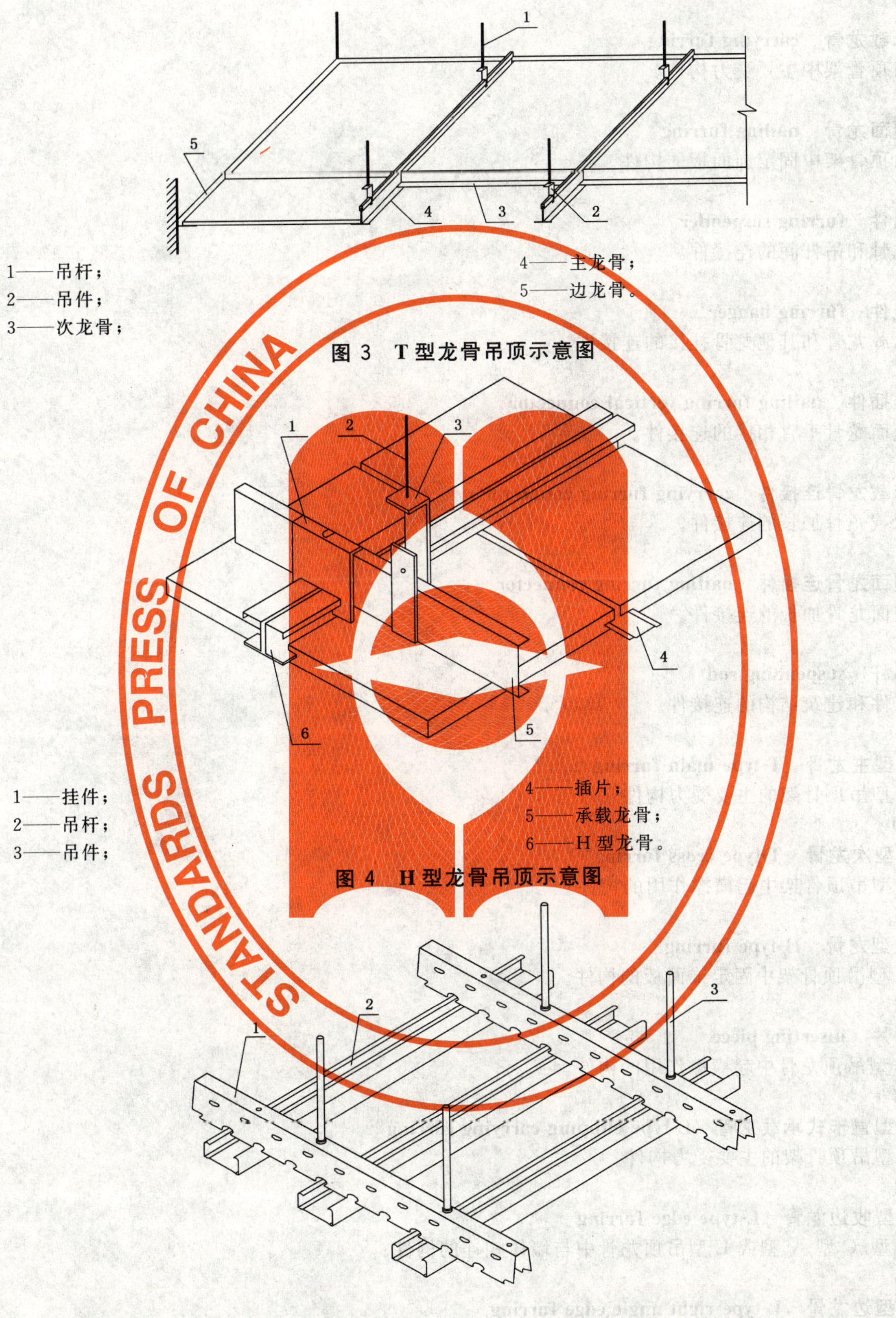

1——吊杆；
2——吊件；
3——次龙骨；
4——主龙骨；
5——边龙骨。

图 3 T 型龙骨吊顶示意图

1——挂件；
2——吊杆；
3——吊件；
4——插片；
5——承载龙骨；
6——H 型龙骨。

图 4 H 型龙骨吊顶示意图

1——承载龙骨；
2——覆面龙骨；
3——吊件。

图 5 V 型直卡式龙骨吊顶示意图(L 型替换 V 型为 L 型直卡式龙骨吊顶示意)

3.3.1

承载龙骨　carrying furring

吊顶骨架中主要受力构件。

3.3.2

覆面龙骨　nailing furring

吊顶骨架中固定饰面板的构件。

3.3.3

吊件　furring suspender

龙骨和吊杆间的连接件。

3.3.4

挂件　furring hanger

承载龙骨和其他龙骨挂接的连接件。

3.3.5

挂插件　nailing furring vertical connector

覆面龙骨垂直相接的连接件。

3.3.6

承载龙骨连接件　carrying furring connector

承载龙骨加长的连接件。

3.3.7

覆面龙骨连接件　nailing furring connector

覆面龙骨加长的连接件。

3.3.8

吊杆　suspending rod

吊件和建筑结构的连接件。

3.3.9

T 型主龙骨　T-type main furring

T 型吊顶骨架的主要受力构件。

3.3.10

T 型次龙骨　T-type cross furring

T 型吊顶骨架中起横撑作用的构件。

3.3.11

H 型龙骨　H-type furring

H 型吊顶骨架中固定饰面板的构件。

3.3.12

插片　inserting piece

H 型吊顶龙骨中起横撑作用的构件。

3.3.13

L 型直卡式承载龙骨　L-type clipping carrying furring

L 型吊顶骨架的主要受力构件。

3.3.14

L 型收边龙骨　L-type edge furring

U 型、C 型、V 型或 L 型吊顶龙骨中与墙体相连的构件。

3.3.15

L 型边龙骨　L-type right angle edge furring

T 型或 H 型吊顶龙骨中与墙体相连的构件。

3.3.16

V 型直卡式承载龙骨　V-type clipping carrying furring

V 型吊顶骨架的主要受力构件。

3.3.17

V 型直卡式覆面龙骨　V-type clipping nailing furring

V 型吊顶骨架中固定饰面板的构件。

4　分类和标记

4.1　代号和分类

4.1.1　代号

4.1.1.1　Q 表示墙体龙骨。

4.1.1.2　D 表示吊顶龙骨。

4.1.1.3　ZD 表示直卡式吊顶龙骨。

4.1.1.4　U 表示龙骨断面形状为 ⊔ 形。

4.1.1.5　C 表示龙骨断面形状为 匚 形。

4.1.1.6　T 表示龙骨断面形状为 T 形。

4.1.1.7　L 表示龙骨断面形状为 L 形

4.1.1.8　H 表示龙骨断面形状为 H 形。

4.1.1.9　V 表示龙骨断面形状为 ∨ 或 ∧ 形。

4.1.1.10　CH 表示龙骨断面形状为 ⊔H 形。

4.1.2　分类及规格

龙骨按使用场合分为墙体龙骨和吊顶龙骨二种类别，按断面形状分为 U、C、CH、T、H、V 和 L 型七种型式。龙骨产品分类及规格见表 1，若有其他规格要求由供需双方商定。

表 1　龙骨产品分类及规格

单位为毫米

类别	品种		断面形状	规格	备注
墙体龙骨 Q	CH 型龙骨	竖龙骨	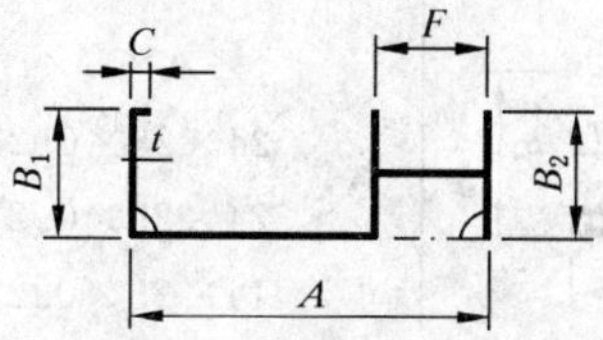	$A \times B_1 \times B_2 \times t$ 75(73.5)$\times B_1 \times B_2 \times$0.8 100(98.5)$\times B_1 \times B_2 \times$0.8 150(148.5)$\times B_1 \times B_2 \times$0.8 $B_1 \geqslant 35$；$B_2 \geqslant 35$	当 $B_1 = B_2$ 时，规格为 $A \times B \times t$
	C 型龙骨	竖龙骨	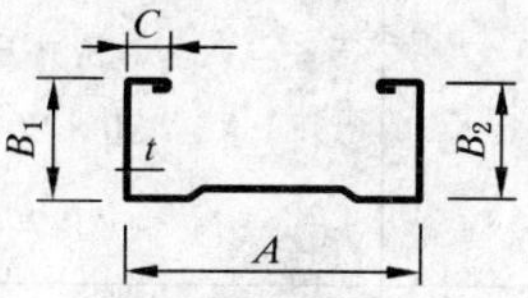	$A \times B_1 \times B_2 \times t$ 50(48.5)$\times B_1 \times B_2 \times$0.6 75(73.5)$\times B_1 \times B_2 \times$0.6 100(98.5)$\times B_1 \times B_2 \times$0.7 150(148.5)$\times B_1 \times B_2 \times$0.7 $B_1 \geqslant 45$；$B_2 \geqslant 45$	
	U 型龙骨	横龙骨	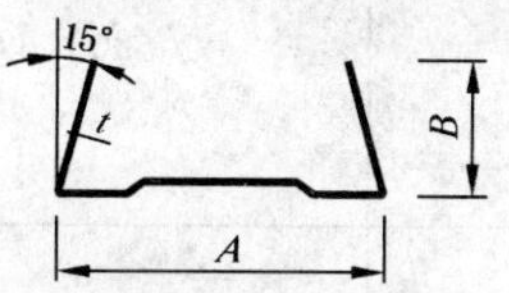	$A \times B \times t$ 52(50)$\times B \times$0.6 77(75)$\times B \times$0.6 102(100)$\times B \times$0.7 152(150)$\times B \times$0.7 $B \geqslant 35$	
		通贯龙骨		$A \times B \times t$ 38×12×1.0	

表 1(续)

单位为毫米

类别	品种		断面形状	规格	备注
吊顶龙骨 D	U型龙骨	承载龙骨	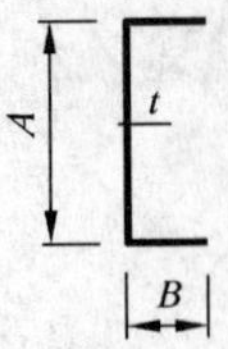	$A\times B\times t$ $38\times12\times1.0$ $50\times15\times1.2$ $60\times B\times1.2$	$B=24\sim30$
	C型龙骨	承载龙骨	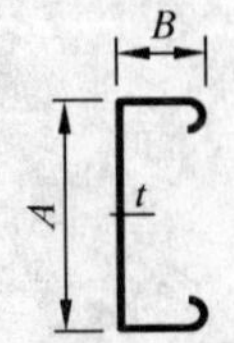	$A\times B\times t$ $38\times12\times1.0$ $50\times15\times1.2$ $60\times B\times1.2$	
		覆面龙骨	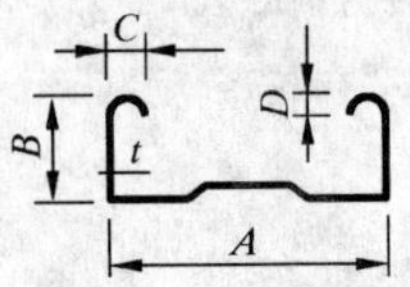	$A\times B\times t$ $50\times19\times0.5$ $60\times27\times0.6$	
	T型龙骨	主龙骨	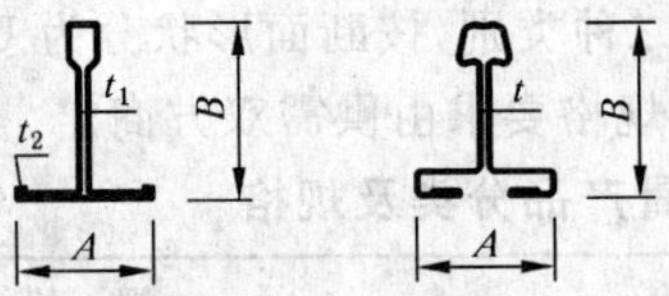	$A\times B\times t_1\times t_2$ $24\times38\times0.27\times0.27$ $24\times32\times0.27\times0.27$ $14\times32\times0.27\times0.27$	1. 中型承载龙骨 $B\geqslant38$，轻型承载龙骨$B<38$； 2. 龙骨由一整片钢板(带)成型时，规格为 $A\times B\times t$
		次龙骨	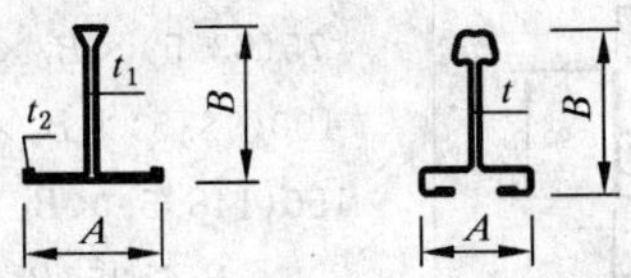	$A\times B\times t_1\times t_2$ $24\times28\times0.27\times0.27$ $24\times25\times0.27\times0.27$ $14\times25\times0.27\times0.27$	
	H型龙骨		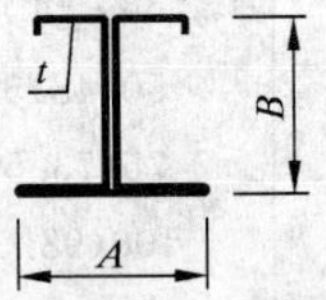	$A\times B\times t$ $20\times20\times0.3$	
	V型龙骨	承载龙骨	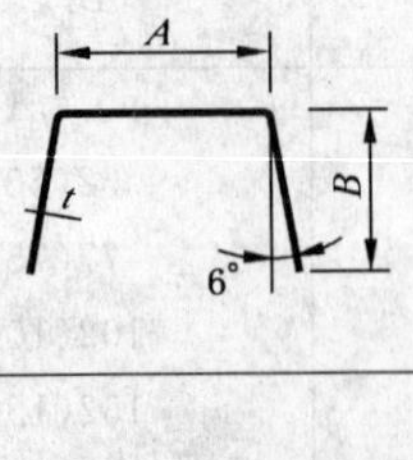	$A\times B\times t$ $20\times37\times0.8$	造型用龙骨规格为 $20\times20\times1.0$
		覆面龙骨	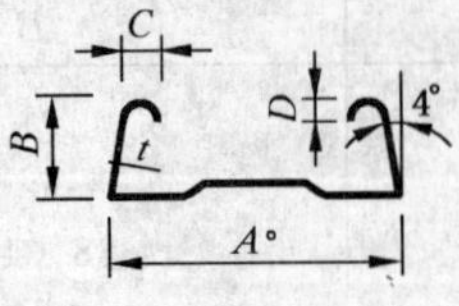	$A\times B\times t$ $49\times19\times0.5$	

表 1(续)　　　　单位为毫米

类别	品种		断面形状	规格	备注
吊顶龙骨 D	L 型龙骨	承载龙骨		$A\times B\times t$ $20\times 43\times 0.8$	
		收边龙骨		$A\times B_1\times B_2\times t$ $A\times B_1\times B_2\times 0.4$ $A\geqslant 20;B_1\geqslant 25,B_2\geqslant 20$	
		边龙骨		$A\times B\times t$ $A\times B\times 0.4$ $A\geqslant 14;B\geqslant 20$	

4.2 标记

4.2.1 标记方法

标记顺序为：产品名称、代号、断面形状的宽度、高度、钢板带厚度和标准号。

4.2.2 标记示例

示例 1：断面形状为 U 形，宽度为 50 mm，高度为 15 mm，钢板带厚度为 1.2 mm 的吊顶承载龙骨标记为：

建筑用轻钢龙骨　DU50×15×1.2　GB/T 11981—2008

示例 2：断面形状为 C 形，宽度为 75 mm，高度为 45 mm，钢板带厚度为 0.7 mm 的墙体竖龙骨标记为：

建筑用轻钢龙骨　QC75×45×0.7　GB/T 11981—2008

示例 3：断面形状为 C 形，宽度为 75 mm，高度两侧分别为 48 mm 和 45 mm，钢板带厚度为 0.7 mm 的墙体竖龙骨标记为：

建筑用轻钢龙骨　QC75×48×45×0.7　GB/T 11981—2008

5 要求

5.1 外观

龙骨外形要平整、棱角清晰，切口不应有毛刺和变形。镀锌层应无起皮、起瘤、脱落等缺陷，无影响使用的腐蚀、损伤、麻点，每米长度内面积不大于 1 cm^2 的黑斑不多于 3 处。涂层应无气泡、划伤、漏涂、颜色不均等影响使用的缺陷。

5.2 尺寸

5.2.1 龙骨的断面形状和尺寸见表 1，公称厚度不小于表 1 所示。尺寸允许偏差应符合表 2 规定，尺寸 C、D、E 应符合表 3 规定。

表 2　尺寸允许偏差　　　　单位为毫米

项目		允许偏差
长度 L	U、C、H、V、L、CH 型	±5
	T 型孔距	±0.3

表 2(续) 单位为毫米

项目		允许偏差
覆面龙骨断面尺寸	尺寸 A	≤1.0
	尺寸 B	≤0.5
其他龙骨断面尺寸	尺寸 A	≤0.5
	尺寸 B	≤1.0
	尺寸 F(内部净空)	≤0.5
厚度 t、t_1、t_2		应符合 GB/T 2518—2004 表 7 中“公称宽度大于 600 mm小于等于 1 200 mm栏”的要求

表 3 尺寸 C、D、E 单位为毫米

项目	品种	要求
尺寸 C	CH 型墙体竖龙骨、C 型吊顶覆面龙骨、L 型承载龙骨	≥5.0
	C 型墙体竖龙骨	≥6.0
尺寸 D	覆面龙骨	≥3.0
	L 型承载龙骨	≥7.0
尺寸 E	L 型承载龙骨	≥30.0

5.2.2 底面和侧面的平直度应符合表 4 的规定。

表 4 侧面和底面平直度

类别	品种	检测部位	平直度/(mm/1 000 mm)
墙体	横龙骨和竖龙骨	侧面	≤1.0
		底面	≤2.0
	通贯龙骨	侧面和底面	
吊顶	承载龙骨和覆面龙骨	侧面和底面	≤1.5
	T 型、H 型龙骨	底面	≤1.3

5.2.3 弯曲内角半径 R 应符合表 5 的规定。

表 5 弯曲内角半径 R(不包括 T 型、H 型和 V 型龙骨) 单位为毫米

钢板厚度 t	$t \leq 0.70$	$0.70 < t \leq 1.00$	$1.00 < t \leq 1.20$	$t > 1.20$
弯曲内角半径 R	≤1.50	≤1.75	≤2.00	≤2.25

5.2.4 角度偏差应符合表 6 的规定。

表 6 角度允许偏差(不包括 T 型、H 型龙骨)

成型角较短边尺寸 B	允许偏差
$B \leq 18$ mm	≤2°00′
$B > 18$ mm	≤1°30′

5.3 表面防锈

5.3.1 龙骨表面采用镀锌防锈时，其双面镀锌量或双面镀锌层厚度应符合表 7 的规定。

表 7 双面镀锌量和双面镀层厚度

项 目	技 术 要 求
双面镀锌量/(g/m²)	≥100
双面镀锌层厚度/μm	≥14
注:表面镀锌防锈的最终裁定以双面镀锌量为准。	

5.3.2 龙骨表面采用彩色涂层(烤漆涂层)防锈时,彩色涂层钢板(带)的性能应符合表 8 的规定。

表 8 彩色涂层钢板(带)的性能

项 目	技 术 要 求
涂镀层厚度/μm	≥35
涂层铅笔硬度	≥HB(HB 铅笔硬度)

5.3.3 在高湿度、高盐环境或室外使用时,根据需方要求并经供需双方商定,可增加耐盐雾性能试验,龙骨表面应无起泡、生锈现象。

5.4 力学性能

墙体及吊顶龙骨组件的力学性能应符合表 9 的规定。

表 9 龙骨组件的力学性能

<table>
<tr><th colspan="2">类 别</th><th colspan="2">项 目</th><th>要 求</th></tr>
<tr><td colspan="2" rowspan="2">墙体</td><td colspan="2">抗冲击性试验</td><td>残余变形量不大于 10.0 mm,龙骨不得有明显的变形</td></tr>
<tr><td colspan="2">静载试验</td><td>残余变形量不大于 2.0 mm</td></tr>
<tr><td rowspan="3">吊顶</td><td rowspan="2">U、C、V、L 型
(不包括造型用
V 型龙骨)</td><td rowspan="3">静载试验</td><td>覆面龙骨</td><td>加载挠度不大于 5.0 mm
残余变形量不大于 1.0 mm</td></tr>
<tr><td>承载龙骨</td><td>加载挠度不大于 4.0 mm
残余变形量不大于 1.0 mm</td></tr>
<tr><td>T、H 型</td><td>主龙骨</td><td>加载挠度不大于 2.8 mm</td></tr>
</table>

6 试验方法

6.1 试验设备及仪器

6.1.1 1 000 mm×2 000 mm 检测平台或长度为 1 000 mm 的平尺:精度Ⅱ级。

6.1.2 百分表:量程 0 mm～30 mm,分度值 0.01 mm。

6.1.3 游标卡尺:量程 0 mm～300 mm,分度值 0.02 mm。

6.1.4 钢卷尺:量程 10 m,分度值 1 mm。

6.1.5 塞尺:分度值 0.01 mm。

6.1.6 半径样板:测量范围 1 mm～6.5 mm,精度Ⅰ级。

6.1.7 万能角度尺:量程 0°～360°,分度值 5′。

6.1.8 千分尺:量程 0 mm～25 mm,分度值 0.01 mm。

6.1.9 天平:感量 0.000 1 g。

6.1.10 磁性测厚仪:精度值 1 μm。

6.1.11 铅笔硬度测定仪。

6.1.12 盐雾试验箱。

6.2 试样

6.2.1 用于检查和测定外观质量、形状和尺寸要求、双面镀锌层厚度、涂镀层厚度,以三根试件为一组试样。

6.2.2 吊顶龙骨力学性能试验，按表 10、表 11、表 12 规定抽取试样；除配套材料(吊、挂件和 T 型次龙骨等)外，其余龙骨可采用经外观尺寸检查后的试件。

表 10 吊顶 U、C、V、L 型龙骨力学性能试验用试件和配套材料的数量和尺寸

品种		数量	长度/mm
试件	承载龙骨	2 根	1 200
	覆面龙骨	2 根	1 200
配套材料	吊件	4 件	—
	挂件	4 件	—
注：V、L 型直卡式吊顶龙骨力学性能试验不需要配套材料。			

表 11 吊顶 T 型龙骨力学性能试验用试件和配套材料的数量和尺寸

品种		数量	长度/mm
试件	主龙骨	2 根	1 200
配套材料	次龙骨	1 200 mm 长主龙骨上安装次龙骨的孔数	600
	吊件或挂件	4 件	—

表 12 吊顶 H 型龙骨力学性能试验用试件和配套材料的数量和尺寸

品种		数量	长度/mm
试件	H 型龙骨	2 根	1 200
配套材料	吊件	4 件	—
	挂件	4 件	—

6.2.3 墙体龙骨力学性能试验，按表 13 规定抽取试样；其中横、竖龙骨可采用经外观尺寸检查后的试件。

6.2.4 在经外观尺寸检查和力学性能测试后的三根试件上，各切取一块约 900 mm^2 的样品用于双面镀锌量的测量；烤漆带沿长度方向各切取 150 mm 用于测定铅笔硬度和 100 mm 用于耐盐雾试验性能试验。

6.3 试验步骤

表 13 墙体龙骨力学性能试验用试件和配套材料的数量和尺寸

规格	试件				配套材料		
	横龙骨		竖龙骨		支撑卡	通贯龙骨	
	数量/根	长度/mm	数量/根	长度/mm	数量/只	数量/根	长度/mm
Q100 及以上	2	1 200	3	5 000	27	4	1 200
Q75	2	1 200	3	4 000	21	3	1 200
Q50	2	1 200	3	2 700	15	—	—
注 1：根据用户需求，确定是否安装支撑卡和通贯龙骨。 注 2：Q50 竖龙骨不应开通贯孔，Q75 及以上竖龙骨通贯孔间距≥1 200 mm。							

6.3.1 外观

在距试件 500 mm 处光照明亮的条件下，按 5.1 的内容对试件进行目测检查，记录缺陷情况。

6.3.2 尺寸

6.3.2.1 长度

测量时，钢卷尺应与龙骨纵向侧边平行。每根龙骨在底面和两个侧面测定三个长度值，并以三个值

中的最大偏差作为该试件的实际偏差值,精确至 1 mm。T 型龙骨测定止口尺寸。

6.3.2.2 断面尺寸

在距龙骨两端 200 mm 及龙骨长度方向的中间点共三处,用游标卡尺分别测量龙骨的断面尺寸 *A*、*B*、*C*、*D*、*E*、*F* 值。计算 *A* 偏差绝对值的平均值作为 *A* 值的偏差值;分别计算两边 *B*、*F* 偏差绝对值的平均值,取单边平均值的最大值作为 *B*、*F* 值的偏差值;分别计算两边 *C*、*D*、*E* 的平均测定值,取单边平均值的最小值作为 *C*、*D*、*E* 值,精确至 0.1 mm。

6.3.2.3 厚度

在距龙骨两端 200 mm 及龙骨长度方向的中间点共三处,用千分尺测厚度,取平均值,精确至0.01 mm。

6.3.3 平直度

6.3.3.1 侧面平直度

将龙骨侧面平放在平台或平尺上,用塞尺测量两边侧面变形,取最大值作为试件的侧面平直度,精确至 0.1 mm。

6.3.3.2 底面平直度

将龙骨底面平放在平台或平尺上,用塞尺测量底面变形,取最大值作为试件的底面平直度,精确至 0.1mm。

6.3.4 弯曲内角半径 *R*

在距龙骨两端 200 mm 及龙骨长度方向的中间点共三处,用半径样板测定两侧内角半径 *R*,分别计算每侧内角半径的平均值,取其中最大值作为试件的 *R* 值。

6.3.5 角度偏差

在距龙骨两端 200 mm 及龙骨长度方向的中间点共三处,用万能角度尺进行测量。对于断面标准角度为 90°的试件,测定龙骨两侧的角度偏差绝对值;对于断面标准角度不是 90°的试件,测定龙骨两侧实际角度后,计算出角度偏差绝对值。分别计算每侧角度偏差绝对值的平均值,取其中最大值作为试件的角度偏差值,精确至 5′。

6.3.6 表面防锈

6.3.6.1 双面镀锌量

按 GB/T 1839—2003 测定双面镀锌量。计算三个试件的平均值作为试样的测定值,精确至 1 g/m^2。

6.3.6.2 双面镀锌层厚度

在距龙骨端头 200 mm 及龙骨长度方向的中间点共三处,用磁性测厚仪分别测定正面及背面各三个点的镀锌层厚度,分别计算正面平均测定值和背面平均测定值,两面平均测定值之和即为该试件的双面镀锌层厚度。取三根试件测定结果的平均值,精确至 1 μm。

6.3.6.3 涂镀层厚度

在距龙骨端头 200 mm 及龙骨长度方向的中间点共三处,用磁性测厚仪测定正面三个点的涂镀层厚度,计算三个点的平均测定值作为该试件的涂镀层厚度。取三根试件测定结果的平均值,精确至 1 μm。

6.3.6.4 涂层铅笔硬度

按 GB/T 6739 进行试验。

6.3.6.5 耐盐雾性能

按附录 A 进行试验。

6.3.7 力学性能

6.3.7.1 墙体静载试验

按图 6 用钢质材料组成坚固的测试台架。将横龙骨固定在测试台架相对的两个边长,将竖龙骨按规定间距 450 mm 装入横龙骨,并在竖龙骨上每隔 600 mm 安装一个支撑卡,且支撑卡和两端横龙骨间隙为 20 mm～25 mm。然后在两面用自攻螺钉各装一层符合 GB/T 9775 标准要求的 12 mm 厚的普通纸面石膏板，要求上下两层纸面石膏板互相错缝，试件组装后，不应有松动和偏斜。自攻螺钉四周边部间距应为 150 mm～200 mm，中间间距应为 250 mm～300 mm，螺钉与石膏板边距离应为 10 mm～15 mm，钉头略埋入板内且不应损坏纸面。

加载点在石膏板中线距 A 端 1 500 mm 处，在加载点处放置 350 mm ×350 mm×15 mm 重量为 9 N±2 N的木质垫板，将 160 N±2 N 的荷载放在垫板上，持续 5 min，卸载，3 min 后测定加载点背面石膏板的最大残余变形量，精确至 0.1 mm。

6.3.7.2 墙体抗冲击性试验

按 6.3.7.1 装置，将重量为 300 N±3 N 的砂袋，从 300 mm 高处自由落到垫板上，持续 5 s，将砂袋取下，3 min 后测定石膏板的最大残余变形量，精确至 0.1 mm。

6.3.7.3 吊顶 C 型覆面龙骨静载试验

按图 7 所示组装吊顶龙骨，试件组装后，不应有松动和偏斜。在中间两根覆面龙骨上，放置450 mm×450 mm×24 mm 重量为 30 N±3 N 的木质层压垫板，在上面加载 300 N±3 N，5 min 后分别测定两根龙骨的最大挠度值；卸载 3 min 后，分别测定两根龙骨的残余变形量，取其平均值为测定值，精确至 0.1 mm。

单位为毫米

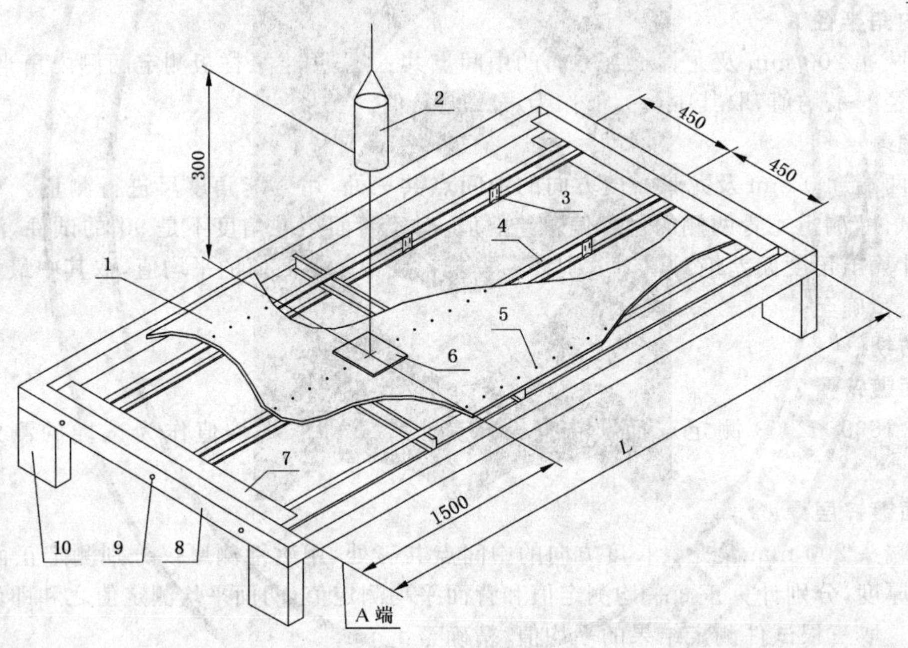

1——普通纸面石膏板；
2——砂袋；
3——支撑卡；
4——竖龙骨；
5——自攻螺钉 M4×25 mm；
6——垫板；
7——横龙骨；
8——测试台架；
9——横龙骨固定螺丝 M6；
10——支座；
L 值——Q50 型为 2 700 mm、Q75 型为 4 000 mm、Q100 型及以上为 5 000 mm。

图 6 墙体龙骨的测试装配

单位为毫米

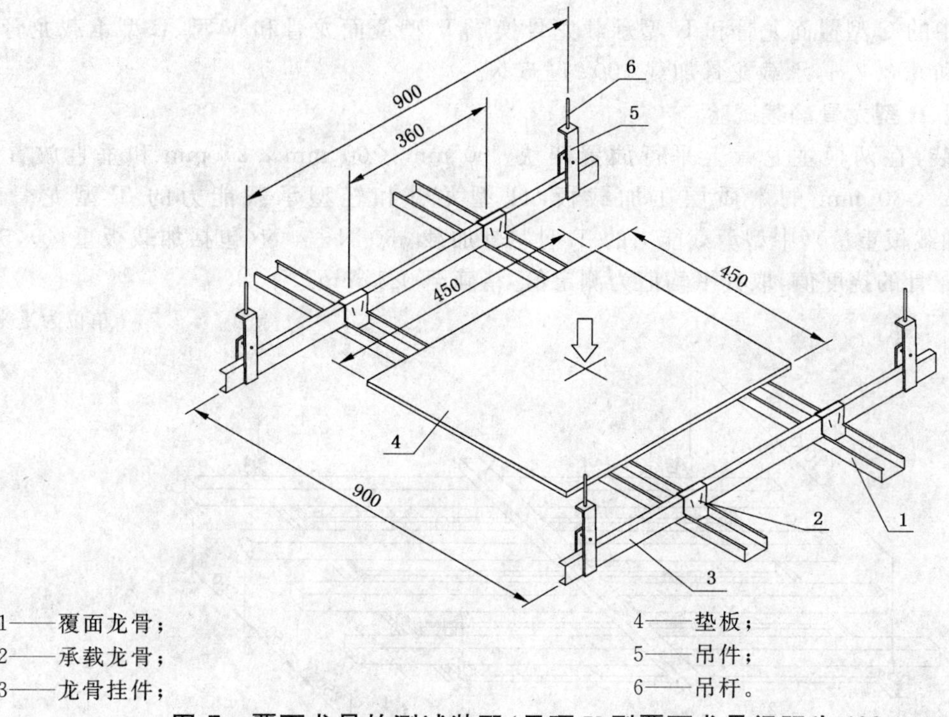

1——覆面龙骨；
2——承载龙骨；
3——龙骨挂件；
4——垫板；
5——吊件；
6——吊杆。

图 7 覆面龙骨的测试装配(吊顶 V 型覆面龙骨间距为 400 mm)

6.3.7.4 吊顶 U、C 型承载龙骨静载试验

按图 8 所示，在两根承载龙骨上放置 1 200 mm×400 mm×24 mm 重量为 95 N±10 N 的木质层压垫板，D60 龙骨加载 1 000N±10 N，D50 龙骨加载 800 N±8 N，D38 龙骨加载 500 N±5 N，5 min 后分别测定两根龙骨的最大挠度值；卸载 3 min 后，分别测定两根龙骨的残余变形量，取其平均值为测定值，精确至 0.1 mm。

单位为毫米

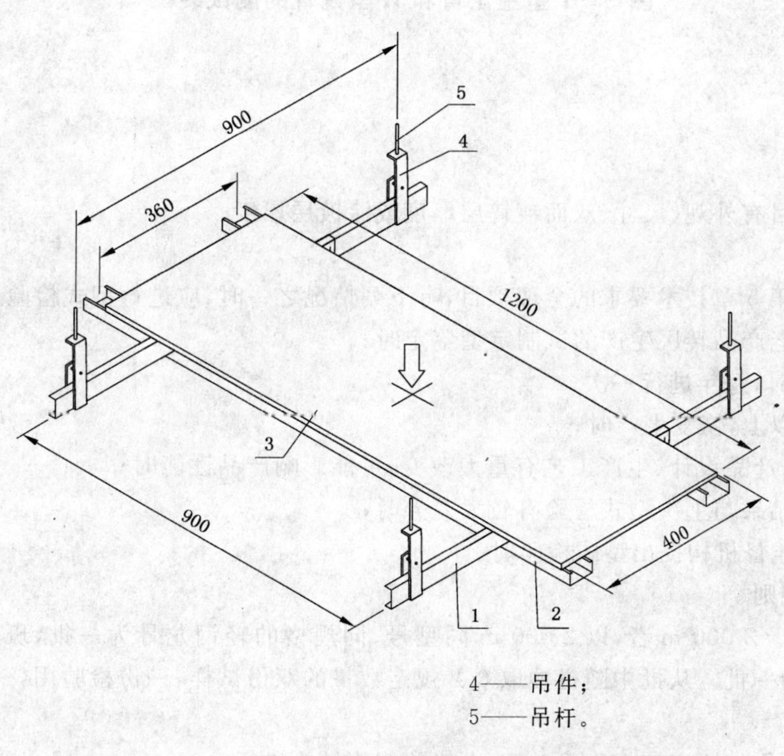

1——覆面龙骨；
2——承载龙骨；
3——垫板；
4——吊件；
5——吊杆。

图 8 承载龙骨的测试装配

6.3.7.5　**吊顶 V 型、L 型龙骨静载试验**

将图 7 和图 8 中的 C 型覆面龙骨和 U 型承载龙骨换成 V 型覆面龙骨和 V 型、L 型承载龙骨。试验要求同 6.3.7.3 和 6.3.7.4，承载龙骨加载 500 N±5 N。

6.3.7.6　**吊顶 T 型、H 型龙骨静载试验**

将图 9 所示组装，在两根主龙骨上平行放置四块 700 mm×60 mm×27 mm 和垂直放置一块 1 200 mm×60 mm×30 mm 的木质层压加载板，H 型龙骨和轻型承载能力的 T 型龙骨加载 145 N±1 N(包括加载板重量)，中型承载能力的 T 型龙骨加载 350 N±4 N(包括加载板重量)，5 min 后分别测定两根主龙骨的挠度值，取其平均值为测定值，精确至 0.1 mm。

单位为毫米

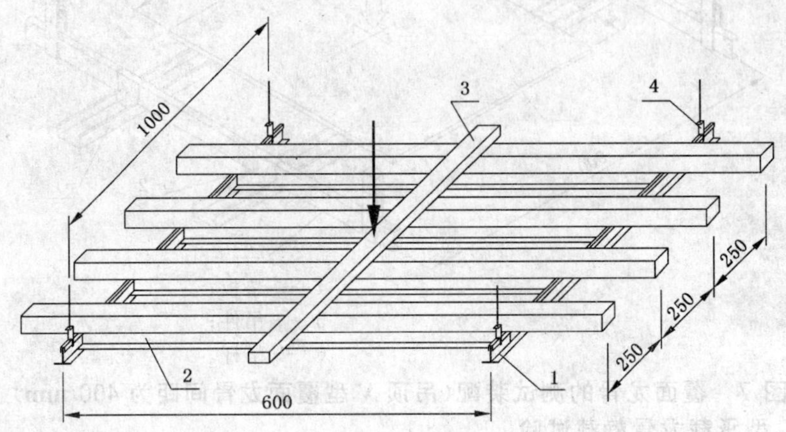

1——主龙骨；
2——次龙骨；
3——吊件；
4——加载板。

图 9　T 型主龙骨和 H 型龙骨的测试装配

7　检验规则

7.1　检验分类

7.1.1　出厂检验

出厂检验的项目有外观、尺寸、双面镀锌层厚度或涂镀层厚度。

7.1.2　型式检验

型式检验包括第 5 章技术要求的全部项目，有下列情况之一时，应进行型式检验：

a)　新产品或老产品转厂生产的试制定型鉴定时；

b)　正常生产时，每年进行一次；

c)　停产半年以上，恢复生产时；

d)　当原材料、产品设计、生产工艺有重大改变，可能影响产品性能时；

e)　出厂检验结果与上次型式检验有较大差异时；

f)　质量技术监督机构提出型式检验时。

7.2　抽样与组批规则

班产量大于等于 2 000 m 者，以 2 000 m 同型号、同规格的轻钢龙骨为一批，班产量小于 2 000 m 者，以实际班产量为一批。从批中随机抽取 6.2 规定数量的双份试样，一份检验用，一份备用。

7.3　判定规则

7.3.1　单项检验结果的判定按 GB/T 1250 中修约值比较法进行。

7.3.2　对于龙骨的外观、断面尺寸 A、B、E、F、长度、弯曲内角半径、角度偏差、侧面平直度和底面平直度指标，在一根试件上其中有二项及二项以上指标不合格，即为不合格试件。三根龙骨中不合格试件多于一根，则判为该批不合格。

7.3.3　对于龙骨的厚度、尺寸 C 和 D，三根龙骨均应合格，否则判为该批不合格。

7.3.4　对于龙骨的力学性能和表面防锈性能，均应合格，否则判为该批不合格。

7.3.5　不符合 7.3.2、7.3.3 和 7.3.4 要求的批，可用备用样对不合格项进行复检，若仍不合格，则判为批不合格；如复检合格，则判该批合格。

8　标志、包装、运输和贮存

8.1　标志

在每一包装件上应标明制造厂名、厂址、商标、产品标记、数量、制造日期或批号，T 型龙骨应标明轻型或中型承载龙骨。

8.2　包装

8.2.1　产品出厂前应打捆包装，每捆重量不宜超过 50 kg，并附产品合格证。

8.2.2　有装饰面的龙骨宜用纸箱包装，并附产品合格证。

8.3　运输

产品在运输过程中，不允许扔摔、碰撞。产品要平放，以防变形。

8.4　贮存

8.4.1　产品应存放在无腐蚀性危害的室内，注意防潮。

8.4.2　产品堆放时，底部需垫适当数量的垫条，防止变形。堆放高度不宜超过 1.8 m。

附 录 A
（规范性附录）
耐盐雾试验方法

A.1 测量仪器和材料

a) 盐雾试验箱，箱内应配有1支或多支雾化喷嘴，可连续喷雾。另外，还应有盐水贮存槽、空气饱和器和无油灰尘的压缩空气供给系统。

b) 氯化钠。

c) 去离子水。

A.2 试件

试件表面应无油污、灰尘和损伤。

A.3 试验条件

A.3.1 试验箱温度为35℃±2℃。

A.3.2 盐水质量浓度50 g/L±5 g/L，冷凝后的pH值应为6.5～7.2。

A.3.3 喷雾量每80 cm^2 水平面，每小时收集到的降雾量应为1.0 mL～2.0 mL（以24 h喷雾时间计）。

A.4 试验步骤

A.4.1 将试件边部用耐蚀性不低于试样涂、镀层的涂料或胶带封闭保护。

A.4.2 配制盐水，调整试验箱，使其达到规定的试验条件。

A.4.3 将试件与垂直方向成15°～30°角放置在盐雾箱内。

A.4.4 连续喷雾试验至供需双方商定的时间后，取出试件，在清水中洗净。

A.4.5 立即观察龙骨涂、镀层起泡或生锈等受腐蚀的情况。

ICS 71.100.40
G 72

中华人民共和国国家标准

GB/T 11983—2008
代替 GB/T 11983—1989

表面活性剂 润湿力的测定 浸没法

Surface active agents—Determination of wetting power—Immersion method

(ISO 8022:1990,MOD)

2008-12-30 发布　　　　2009-09-01 实施

中华人民共和国国家质量监督检验检疫总局
中国国家标准化管理委员会　发布

前 言

本标准修改采用国际标准 ISO 8022:1990《表面活性剂 浸没法测定润湿力》。

本标准根据 ISO 8022:1990 重新起草。对于修改采用 ISO 标准的内容,所存在的技术性差异用垂直线标示在它们所涉及调控的页边右侧空白处,并在附录 A 中列出了本标准与 ISO 8022:1990 的技术性差异及其原因,以供参考。

本标准代替 GB/T 11983—1989《表面活性剂 润湿力的测定 浸没法》。

本标准与 GB/T 11983—1989 相比主要变化如下:

——将对照原胚布修订为未经退浆、煮练和漂白处理的原胚布,因经过退浆和煮练的棉布具有很好的吸水性能,不可用作标准对照布;

——更新了对照原棉布所引用的参照标准有效版本:GB/T 2909—1994《橡胶工业用棉帆布》。

本标准的附录 A 为资料性附录。

本标准由中国轻工业联合会提出。

本标准由全国表面活性剂和洗涤用品标准化技术委员会归口。

本标准起草单位:国家洗涤用品质量监督检验中心(太原)、中国日用化学工业研究院。

本标准主要起草人:严方、姚晨之、马洁薇、郭建平。

本标准所代替标准的历次版本发布情况为:

——GB/T 11983—1989。

表面活性剂
润湿力的测定 浸没法

1 范围

本标准规定了一种用原棉布圆片浸没法测定表面活性剂溶液润湿力的方法。

本标准适用于在中性、弱酸性或弱碱性浴中用作纺织润湿剂的所有表面活性剂(不管其离子特性如何)。

本标准不适用于丝光助剂(强碱性浴)或碳化助剂(强酸性浴)。

2 规范性引用文件

下列文件中的条款通过本标准的引用而成为本标准的条款。凡是注日期的引用文件,其随后所有的修改单(不包括勘误的内容)或修订版均不适用于本标准,然而,鼓励根据本标准达成协议的各方研究是否可使用这些文件的最新版本。凡是不注日期的引用文件,其最新版本适用于本标准。

GB/T 2909—1994 橡胶工业用棉帆布

3 术语和定义

下列术语和定义适用于本标准。

3.1

润湿力(浸没法) wetting power(immersion method)

棉布浸没于表面活性剂溶液时,溶液取代棉布中包藏的空气的能力。

测定原棉布圆片浸没于被测表面活性剂溶液,或已知浓度的标准润湿剂溶液中的润湿时间,对相应的浓度绘制润湿时间浓度曲线,可评价表面活性剂的润湿力。

4 原理

将已知特性的棉布圆片夹在浸没夹内,浸没于已知浓度的表面活性剂溶液中。由于棉布中包藏空气,棉布圆片趋向于浮到液面,可借助特制的浸没夹,使棉布圆片保持完全浸没于溶液中。空气被取代,溶液渗透进棉布后,棉布圆片开始下沉。测量棉布圆片从浸没到开始下沉的时间间隔来测定润湿时间。

分别测定两种标准(或两种已知润湿特性)的表面活性剂和被测表面活性剂五种不同浓度溶液的润湿时间。绘制润湿时间-浓度曲线,比较曲线的相对位置,以确定被测表面活性剂的润湿力。

5 试剂和材料

除非另有说明,在分析中仅使用确认为分析纯的试剂和无二氧化碳的蒸馏水或去离子水或纯度相当的水。

5.1 两种或两种以上已知润湿特性的表面活性剂(如二正己基琥珀酸酯磺酸钠和二正庚基琥珀酸酯磺酸钠)。

5.2 对照原棉布:使用 GB/T 2909—1994 中规定的 202 号帆布,该帆布应为未经退浆、煮练和漂白处理的原胚布。

纱号×股(英制支数/股)=28×8(21/8)×28×8(21/8);

经纱密度:142 根/10 cm;

纬纱密度：(110±4)根/10 cm；

面密度：560 g/m^2。

5.3 乙醇。

5.4 三氯乙烯。

5.5 重铬酸钾-硫酸洗液。

6 仪器

常用实验室仪器和以下仪器。

6.1 烧杯：1 000 mL。

6.2 量筒：1 000 mL。

6.3 浸没夹：由直径约 2 mm 的不锈钢丝制成，尺寸见图 1。图 2 为一种典型的固定式同平面三叉臂浸没夹，这个三叉臂安装在如图 1 所示的滑动杆上，这个设计非常重要，当夹有对照原棉布片的浸没夹浸没在盛有 700 mL 测试液的 1 000 mL 烧杯(6.1)中时，对照原棉布片应在溶液液面下大约 400 mm 处。同样重要的设计是浸没夹的尖端只能张开 6 mm，可以保证浸没夹中的对照原棉布片在溶液中始终维持近乎垂直状态。

单位为毫米

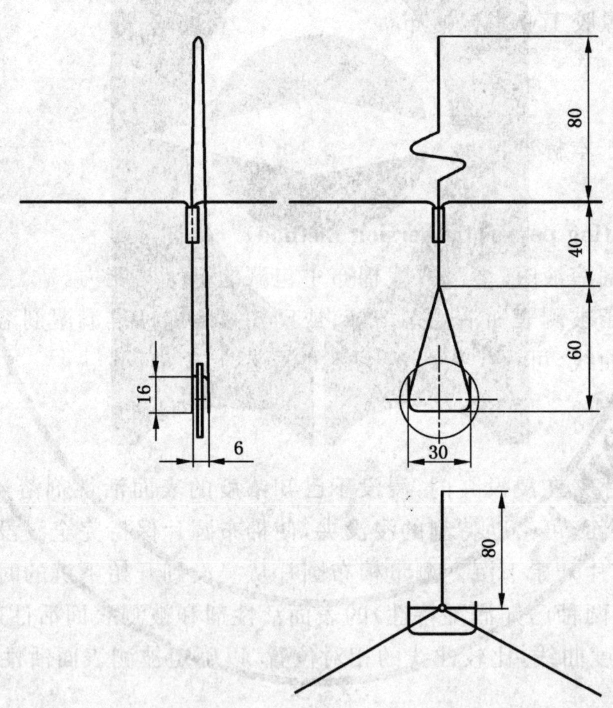

图 1 浸没夹尺寸

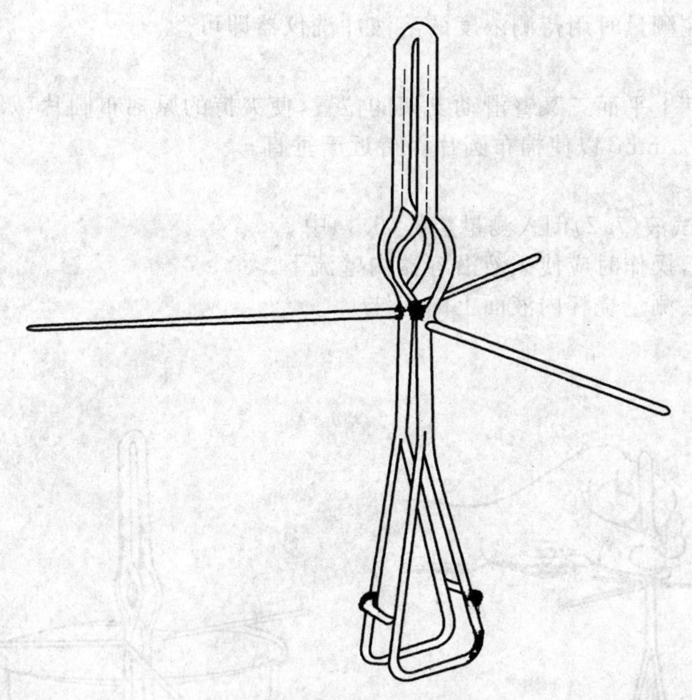

图 2 浸没夹式样图

6.4 冲头(打孔器):直径 30 mm,用挥发性溶剂(例如二氯甲烷)仔细除去油污。

6.5 秒表:精确度 0.1 s。

7 程序

7.1 试验份

称量实验室样品于 100 mL 烧杯中,称准至 0.1 g。其量应足够配制所需浓度的五种溶液各 1 L。

第一种测定浓度应为 1 g/L。由所得润湿时间决定其他测定浓度,见 7.7.7 和 7.7.8。

7.2 表面活性剂溶液的配制

溶解试验份(7.1)于水中,可先用 40 ℃温水将表面活性剂调成浆状,然后用约 20 ℃的水稀释,并定量移入 1 000 mL 容量瓶中,用水稀释至刻度,并混匀。

取计算量的上述溶液至 1 000 mL 容量瓶中,用水稀释至刻度并混匀,以配制所需浓度的溶液。

如果表面活性剂的克拉夫特(Krafft)温度高于 40 ℃,则调浆和溶解温度至少要与其克拉夫特温度相同。

将溶液保持在(20±2)℃,直至试验开始。试验应在溶液配制后 15 min~2 h 内进行。

除上述规定的条件(水的硬度或 pH 值、温度、可能的助剂)外,尚可选择其他条件,但应在试验报告中注明。

7.3 对照棉布圆片的制备

用冲头(6.4)在原棉布(5.2)上截取直径 30 mm 的圆片。为了不使棉布表面沾污脂肪和汗渍而影响测量,应避免用手指触摸棉布。

7.4 仪器的清洗

所用的仪器清洁与否,在某种程度上决定了试验能否成功。

若有可能,试验前应将烧杯(6.1)用重铬酸钾-硫酸洗液浸泡过夜,用蒸馏水冲洗至中性,最后用少量表面活性剂试验溶液冲洗。

注:其他清洗液也可使用,但应在试验报告中注明。

将浸没夹(6.3)在乙醇和三氯乙烯共沸混合物中清洗 30 min,晾干后再用少量表面活性剂试验溶液冲洗。

对同一样品，仅需在测量时用待测浓度的溶液冲洗仪器即可。

7.5 仪器的安装

调节浸没夹(6.3)柄上平面三叉臂滑动支架的位置，使夹持的原棉布圆片(7.3)于液面下约 40 mm 处。浸没夹应仅张开约 6 mm，以使棉布圆片保持近于垂直。

7.6 溶液的注入

用量筒取 700 mL 试液(7.2)倒入测量烧杯(6.1)中。

为了避免产生泡沫，操作时应使试液沿容器内壁流下。

必要时，用滤纸除去测量烧杯内液面上的泡沫。

7.7 测定

7.7.1 操作图解见图 3。

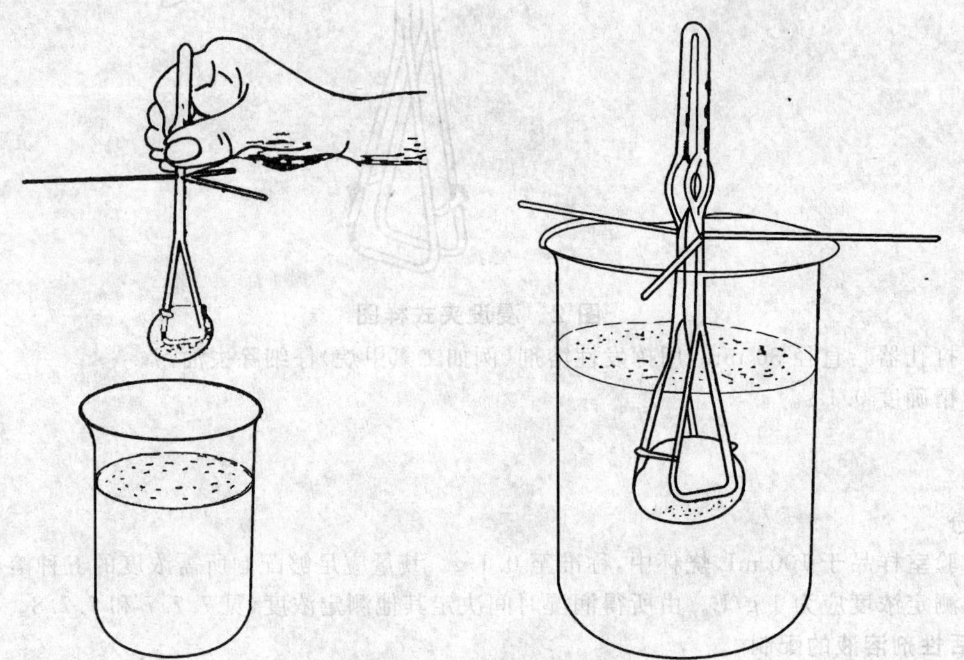

图 3 操作图解

7.7.2 测量溶液温度，准确至 1 ℃。

7.7.3 用浸没夹(6.3)夹住原棉布圆片(7.3)，浸入试液，当布片下端一接触溶液时，立即启动秒表，同时将平面三叉臂放在烧杯口上，并使浸没夹张开。

7.7.4 当布片开始自动下沉时，停止秒表。

注：若溶液温度高，则应在该温度下至少稳定 15 min 后再行测定。

7.7.5 使用同一溶液相继重复测量九次，每次测量后弃去用过的棉布圆片。

7.7.6 取十次测量的算术平均值作为所测浓度的润湿时间。

7.7.7 对五种不同浓度的溶液，应以逐次增大浓度进行测量。最低浓度溶液的润湿时间应约为 300 s，最高浓度溶液的润湿时间应为(5±1)s。

7.7.8 有时要用饱和溶液来确定最短的润湿时间。

7.8 棉布的校准

使用新的一批对照棉布或欲比较两种不同对照棉布所得结果时，可选定一种已知润湿特性的表面活性剂，在相同温度和相对湿度条件下，按 7.7 所述程序，测定五种不同浓度溶液的润湿时间，绘制润湿时间-浓度曲线，并进行比较。

8 结果表示

在双对数坐标纸上绘制被测表面活性剂和已知润湿特性表面活性剂的润湿时间-浓度曲线(见图 4)。

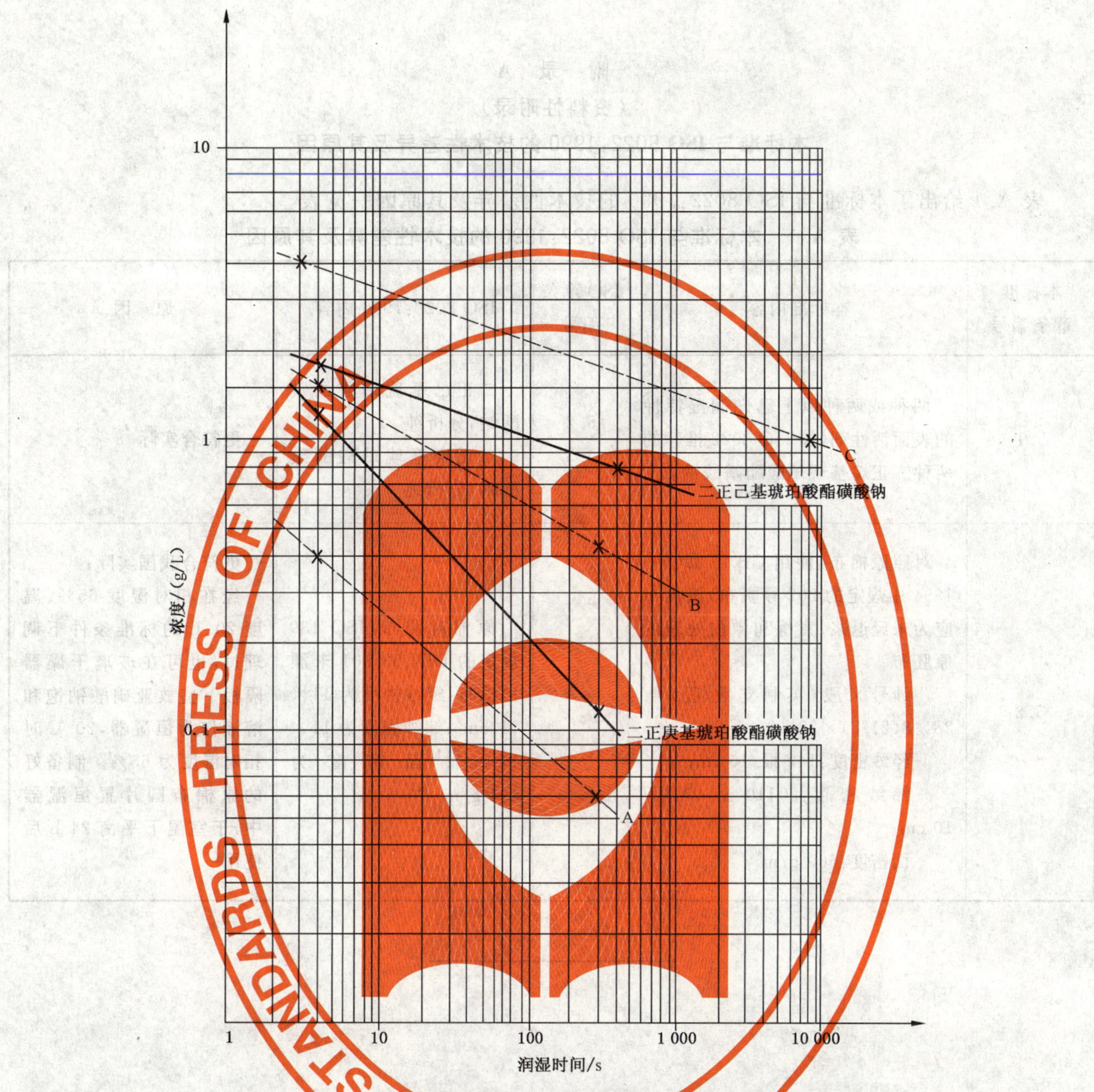

图 4　表面活性剂 A、B、C 与标准的润湿时间-浓度关系曲线

比较被测表面活性剂和已知润湿特性表面活性剂的曲线的相对位置，对被测表面活性剂的润湿力做出评价。

9　试验报告

试验报告应包括下列内容：

a）　完全鉴别样品所需的所有资料；

b）　切取棉布圆片所用原棉布的特性；

c）　所用的参考方法；

d）　所用水和助剂的性质；

e）　测定时的准确温度；

f）　结果和所用表示方法(例如：图示法)；

g）　本标准未规定的或任选的任何操作细节，以及会影响结果的任何情况。

附 录 A
（资料性附录）
本标准与 ISO 8022:1990 的技术性差异及其原因

表 A.1 给出了本标准与 ISO 8022:1990 的技术性差异及其原因一览表。

表 A.1 本标准与 ISO 8022:1990 的技术性差异及其原因

本标准章条编号	本标准内容	ISO 章条编号	ISO 8022:1990 内容	原 因
5.1	两种或两种以上已知润湿特性的表面活性剂(如 ISO 8022 推荐的两种二正烷基琥珀酸酯磺酸钠)	5.2 5.3	二正己基琥珀酸酯磺酸钠,分析纯 二正庚基琥珀酸酯磺酸钠,分析纯	更符合实际
5.2	对照原棉布:使用 GB/T 2909—1994 中规定的 202 号帆布,该帆布应为未经退浆、煮练和漂白处理的原胚布。 纱号×股(英制支数/股)=28×8(21/8)×28×8(21/8); 经纱密度:142 根/10 cm; 纬纱密度:(110 ± 4)根/10 cm; 面密度:560 g/m²	5.4	原棉对照布,ISO 139 规定的 DIN 53 901 未漂白棉布:经纱密度为 11×11/cm²;纬纱密度为 11×11/cm²;面密度为 494 g/m²	更符合我国实际; 经在相对湿度 65%、温度 20 ℃的标准条件下调理过,也可在玻璃干燥器隔板下盛放亚硝酸钠饱和溶液作为恒湿器,20 ℃时相对湿度为 65%。制备好的原棉布圆片置恒湿器中,于室温下平衡 24 h 后使用

ICS 13.300
C 70

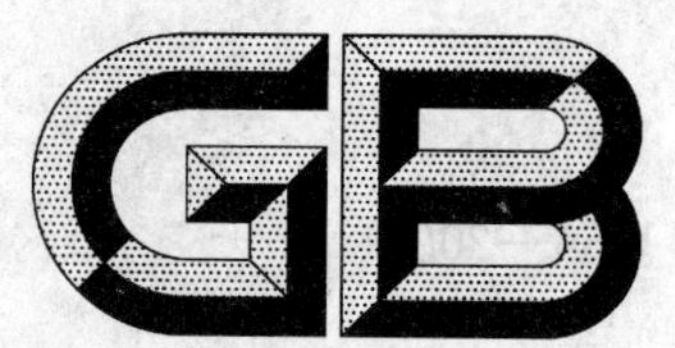

中华人民共和国国家标准

GB 11984—2008
代替 GB 11984—1989

氯气安全规程

Safety regulation for chlorine

2008-12-23 发布　　2009-12-01 实施

中华人民共和国国家质量监督检验检疫总局
中国国家标准化管理委员会　发布

前　言

本标准的全部技术内容为强制性。

本标准代替 GB 11984—1989《氯气安全规程》。

本标准与 GB 11984—1989 相比主要变化如下：

——修改了氯气单位应遵守的防火和卫生相关标准(1989 年版的 4.2、4.3，本版的 3.3、3.4)；

——增加了氯气生产企业应遵守的卫生防护距离要求(见 3.5)；

——修改了氯气单位应配备的抢修器材和防护器材(1989 年版的 4.6，本版的 3.8)；

——增加了氯气单位作业场所应设置报警仪(见 3.10)；

——增加了氯气单位应编制应急预案(见 3.17)；

——增加了对三氯化氮指标的要求(见 4.6)；

——增加了液氯气瓶及液氯汽车罐车和铁路罐车的充装安全(见 5.2)；

——增加了充装量为 100 kg 的气瓶的有关安全要求(见 6.1.3、6.1.4、8.1.3、8.1.13)；

——修改了气瓶加热水温的指标(1989 年版的 6.1.10，本版的 6.1.5)；

——增加了液氯汽车罐车和铁路罐车的使用安全(见 6.2)；

——增加了液氯贮罐区应设置事故围堰(见 7.2.4)；

——增加了液氯汽车罐车和铁路罐车的运输安全(见 8.2)；

——删除了预防泄漏和抢救的相关内容(1989 年版的第 7 章)。

本标准由国家安全生产监督管理总局提出。

本标准由全国安全生产标准化技术委员会化学品安全分技术委员会(SAC/TC 288/SC 3)归口。

本标准主要起草单位：北京市劳动保护科学研究所、中国化学品安全协会。

本标准主要起草人：邓九兰、岳涛、汪彤、刘利民、常虹、张志航、齐书芳、淡默、路念明、王小庆。

本标准所代替标准的历次版本发布情况为：

——GB 11984—1989。

氯气安全规程

1 范围

本标准规定了氯气在生产、充装、使用、贮存、运输等方面的安全要求。

本标准适用于氯气的生产、使用、贮存和运输等单位。本标准所指氯气系液氯或气态氯。

2 规范性引用文件

下列文件中的条款通过本标准的引用而成为本标准的条款。凡是注日期的引用文件，其随后所有的修改单(不包括勘误的内容)或修订版均不适用于本标准，然而，鼓励根据本标准达成协议的各方研究是否可使用这些文件的最新版本。凡是不注日期的引用文件，其最新版本适用于本标准。

GB 5138 工业用液氯

GB 7144 气瓶颜色标志

GB 18071 氯碱厂(电解法制碱)卫生防护距离标准

GB 50016 建筑设计防火规范

AQ/T 9002 生产经营单位安全生产事故应急预案编制导则

3 一般要求

3.1 凡生产、贮存、运输、使用氯气的单位和个人应遵守国家相关法律法规的规定。

3.2 新建、扩建、改建的氯气单位，应遵守国家相关行政许可制度，未经批准不应建设。

3.3 生产、使用、贮存氯气的厂房、库房建(构)筑应符合 GB 50016 中的有关规定。

3.4 生产、使用、贮存氯气的工业企业选址应依据国家城乡规划、环境保护及卫生等法规、标准和拟建项目特征进行综合分析而确定。

3.5 新建、扩建、改建的氯气生产企业应满足 GB 18071 中的有关规定。

3.6 氯气生产、使用、贮存、运输单位相关从业人员，应经专业培训、考试合格，取得合格证后，方可上岗操作。

3.7 氯气生产、使用、贮存、运输车间(部门)负责人(含技术人员)，应熟练掌握工艺过程和设备性能，并具备氯气事故处理能力。

3.8 生产、贮存、运输、使用等氯气作业场所，都应配备应急抢修器材和防护器材(见表1、表2)，并定期维护。

表1 常备抢修器材表

器材名称	规 格	常备数量
瓶阀堵漏、调换专用工具		1套
瓶阀出口铜六角螺帽、垫片		2～3个
专用扳手		1把
活动扳手	12″	1把
手锤	0.5磅	1把
克丝钳		1把
竹签、木塞、铅塞、橡皮塞	ϕ3 mm～ϕ10 mm 大小不等	各5个

表 1（续）

器材名称	规　　格	常备数量
铁丝	8 号	20 m
铁箍	ϕ800 mm×50 mm×3 mm ϕ600 mm×50 mm×3 mm	各 2 个
橡胶垫	500 mm×50 mm×5mm	2 条
密封用带		1 盘
氨水	10%	0.2 L

表 2　常备防护用品表

<table>
<tr><th>名　　称</th><th>种　　类</th><th>常用数</th><th>备用数</th></tr>
<tr><td rowspan="2">过滤式防毒面具</td><td>防毒面具</td><td rowspan="2">与作业人数相同</td><td rowspan="2">2 套</td></tr>
<tr><td>防毒口罩</td></tr>
<tr><td>呼吸器</td><td>正压式空
(氧)气呼吸器</td><td>与紧急作业人数相同</td><td>1 套</td></tr>
<tr><td>防护服
防护手套
防护靴</td><td>橡胶或乙烯类
聚合物材料</td><td>与作业人数相同</td><td>适量</td></tr>
</table>

3.9　对于半敞开式氯气生产、使用、贮存等厂房结构，应充分利用自然通风条件换气；不能采用自然通风的场所，应采用机械通风，但不宜使用循环风。对于全封闭式氯气生产、使用、贮存等厂房结构，应配套吸风和事故氯气吸收处理装置。

3.10　生产、使用氯气的车间(作业场所)及贮氯场所应设置氯气泄漏检测报警仪，作业场所和贮氯场所空气中氯气含量最高允许浓度为 1 mg/m^3。

3.11　用氯设备(容器、反应罐、塔器等)设计制造，应符合压力容器有关规定。液氯管道的设计、制造、安装、使用应符合压力管道的有关规定：

a)　氯气系统管道应完好，连接紧密，无泄漏；

b)　用氯设备和氯气管道的法兰垫片应选用耐氯垫片；

c)　用氯设备应使用与氯气不发生化学反应的润滑剂；

d)　液氯气化器、贮罐等设施设备的压力表、液位计、温度计，应装有带远传报警的安全装置。

3.12　设备、管道检修时应符合有关安全检修作业规程。

3.13　使用液氯气瓶，应执行气瓶的有关安全规定。

3.14　使用液氯铁路罐车应执行铁路罐车的有关安全规定。

3.15　使用液氯汽车罐车应执行汽车罐车的有关安全规定，使用液氯集装箱罐应符合国家有关规定。

3.16　贮罐按压力容器加强管理，并按有关压力容器安全规程中规定的周期定期检验。

3.17　氯气生产、贮存和使用单位应制定氯气泄漏应急预案，预案的编制应符合 AQ/T 9002 中的有关内容，并按规定向有关部门备案，定期组织应急人员培训、演练和适时修订。

4　生产安全

4.1　液氯应符合 GB 5138 中的有关规定。

4.2　氯气总管中含氢≤0.4%。氯气液化后尾气含氢应≤4.0%。

4.3　充装液氯的压力不应超过 1.1 MPa。

4.4 液氯贮罐、计量槽、气化器中液氯充装量不应大于容器容积的80%。液氯充装结束，应采取措施，防止管道处于满液封闭状态。

4.5 不应将液氯气化器中的液氯充入液氯气瓶。

4.6 液氯气化器、预冷器及热交换器等设备，应装有排污(NCl_3)装置和污物处理设施，并定期分析NCl_3含量，排污物中NCl_3含量不应大于60 g/L，否则需增加排污次数和排污量，并加强监测。

4.7 为防止氯压机或纳氏泵的动力电源断电，造成电解槽氯气外溢，应采用下列措施之一：

a) 氯气生产系统安装防止氯气外溢的氯气吸收装置；

b) 配备氯压机、纳氏泵出口氯气连锁阀门或逆止阀；

c) 配备电解直流电源、氯压机、纳氏泵出口阀门以及氯气吸收装置启动电源等与氯压机、纳氏泵动力电源联锁的装置。

4.8 氯气设备、管道和阀门，安装前应经清洗、吹扫、干燥处理，定期清除滞留在反应设备和管道内的反应生成物，消除堵塞。阀门应逐只做耐压试验，对于重要管道和阀门应建立定期更换制度。

5 充装安全

5.1 液氯气瓶的充装安全

5.1.1 每班应对计量器具检查校零。充装用的计量器具应由具有计量器具检验资质的检验检测单位每三个月检验一次，计量器具的最大称量值应为常用称量的1.5～3.0倍。计量器具应设有超装警报或自动切断液氯装置。

5.1.2 液氯气瓶的充装系数为1.25 kg/L，不应超装。

5.1.3 充装前的检查记录、充装操作记录、充装后复验和检查记录应完整，内容至少应包括：气瓶编号、气瓶容积、实际充装量、发现的异常情况、检查者、充装者和复称者姓名或代号、充装日期，记录应妥善保存、备查。

5.1.4 气瓶充装前应有专人对气瓶逐只进行充装前的检查，确认完好无缺陷和无异物方可充装，并做好记录。气瓶有以下情况时，不应充装：

a) 颜色标记不符合GB 7144规定或未对瓶内介质确认的；

b) 钢印标记不全或不能识别；

c) 新瓶无合格证；

d) 超过技术检验期限；

e) 瓶体存在明显损伤或缺陷，安全附件不全、损坏或不符合规定；

f) 瓶阀和螺塞(丝堵)上紧后，螺扣外露不足三扣；

g) 瓶体温度超过40 ℃。

5.1.5 充装后的气瓶应复验充装量，两次称重误差不应超过允许充装量的1%。复称时应换人换衡器。充装后应逐只检查气瓶，发现泄漏或其他异常情况，应妥善处理。

5.1.6 入库前应有产品合格证。合格证应注明：瓶号、容量、重量、充装日期、充装人和复称人姓名或代号。

5.2 液氯汽车罐车和铁路罐车的充装安全

5.2.1 充装前应有专人对汽车罐车和铁路罐车进行全面检查，确认无缺陷，对铁路罐车按规定用干燥空气进行密封试验后，方可充装；充装用装卸软管应每半年进行一次水压试验并有试验结果记录和试验人员签字。

5.2.2 汽车罐车和铁路罐车充装前应采用汽车衡或铁路轨道衡核验罐车的重量，充装后的罐车应再次称重，其充装系数为1.20 kg/L，不应超装。

5.2.3 罐车充装结束后，应进行下列检查并认真填写罐车运输交接单：

a) 关闭压力表座阀和紧急切断阀；

b） 各密封面进行泄漏检查；

c） 气、液相阀门加盲板；

d） 检查封车压力(不应超过环境温度下的液氯饱和蒸汽压力)。

5.2.4 充装前后和复检的计量值均应登记,作为使用期的跟踪档案。

5.2.5 充装后按规定填报运输路单及充装记录。

5.2.6 罐车有以下情况之一时,不应充装：

a） 新罐车无合格证；

b） 超过技术检验期限(包括车辆行驶部分)；

c） 安全附件不全、损坏或不符合规定；

d） 车辆行驶部分或罐体部分有缺陷不符合规定；

e） 罐体温度超过 40 ℃；

f） 其他有安全隐患的情况。

5.2.7 罐车上卸液氯用的压缩空气,应经过干燥处理,保证干燥后空气含水量低于 0.01%。

5.2.8 铁路罐车卸氯时,罐车的压力应高于贮罐压力 0.15 MPa～0.2MPa。罐车最高压送压力不应超过 1.4 MPa。

5.2.9 罐车液氯卸车完毕后,应通过气相连接管将罐车气体进行泄压处理。罐体内应保留有不少于充装量 0.5%或 100 kg 的余量,且应留有不低于 0.1 MPa 的余压。

5.2.10 液氯充装站应负责液氯气瓶和罐车的统一管理,包括统一编号、原始档案、检验周期和周转去向等。

5.3 液氯的贮罐的充装安全

5.3.1 充装液氯贮罐时,应先缓慢打开贮罐的通气阀,确认进入罐车内的干燥压缩空气或气化氯的压力高于贮罐内的压力时,方可充装。

5.3.2 采用液氯气化法向贮罐压送液氯时,要严格控制气化器的压力和温度,液氯气化器应用热水加热,不应用蒸汽加热,进口水温不应超过 40 ℃,气化压力不应超过 1 MPa。

5.3.3 充装结束时,应先将罐车的阀门关闭,再关闭贮罐阀门,然后将连接管线残存液氯处理干净,并做好记录。

6 使用安全

6.1 液氯气瓶的使用安全

6.1.1 液氯用户应持公安部门的准购证或购买凭证,液氯生产厂方可为其供氯。生产厂应建立用户档案。

6.1.2 使用液氯的单位不应任意将液氯自行转让他人使用。

6.1.3 充装量为 50 kg 和 100 kg 的气瓶,使用时应直立放置,并有防倾倒措施;充装量为 500 kg 和 1 000 kg 的气瓶,使用时应卧式放置,并牢靠定位。

6.1.4 使用气瓶时,应有称重衡器;使用前和使用后均应登记重量,瓶内液氯不能用尽;充装量为50 kg 和 100 kg 的气瓶应保留 2 kg 以上的余氯,充装量为 500 kg 和 1 000 kg 的气瓶应保留 5 kg 以上的余氯。使用氯气系统应装有膜片压力表(如采用一般压力表时,应采取硅油隔离措施)、调节阀等装置。操作中应保持气瓶内压力大于瓶外压力。

6.1.5 不应使用蒸汽、明火直接加热气瓶。可采用 40 ℃以下的温水加热。

6.1.6 不应将油类、棉纱等易燃物和与氯气易发生反应的物品放在气瓶附近。

6.1.7 气瓶与反应器之间应设置截止阀,逆止阀和足够容积的缓冲罐,防止物料倒灌,并定期检查以防失效。

6.1.8 连接气瓶用紫铜管应预先经过退火处理,金属软管应经耐压试验合格。

6.1.9 不应将气瓶设置在楼梯、人行道口和通风系统吸气口等场所。

6.1.10 开启气瓶应使用专用扳手。

6.1.11 开启瓶阀要缓慢操作，关闭时亦不能用力过猛或强力关闭。

6.1.12 气瓶出口端应设置针型阀调节氯流量，不允许使用瓶阀直接调节。

6.1.13 作业结束后应立即关闭瓶阀，并将连接管线残存氯气回收处理干净。

6.1.14 使用液氯气瓶处应有遮阳棚，气瓶不应露天曝晒。

6.1.15 空瓶返回生产厂时，应保证安全附件齐全。

6.1.16 液氯气瓶长期不用，因瓶阀腐蚀而形成“死瓶”时，用户应与供应厂家取得联系，并由供应厂家安全处置。

6.2 液氯汽车罐车和液氯铁路罐车的使用安全

6.2.1 汽车罐车和铁路罐车的押运员和驾驶员应熟悉其所运输介质的物理、化学性质和安全防护措施，了解装卸的有关要求，具备处理故障和异常情况的能力。

6.2.2 液氯用户不应将单车式汽车罐车作为贮罐和气化罐使用。

6.3 液氯贮罐的使用安全

6.3.1 贮罐的贮存量不应超过贮罐容量的 80%。

6.3.2 贮罐输入和输出管道，应分别设置两个截止阀门，定期检查，确保正常。

7 贮存安全

7.1 液氯气瓶的贮存安全

7.1.1 气瓶不应露天存放，也不应使用易燃、可燃材料搭设的棚架存放，应贮存在专用库房内。

7.1.2 空瓶和充装后的重瓶应分开放置，不应与其他气瓶混放，不应同室存放其他危险物品。

7.1.3 重瓶存放期不应超过三个月。

7.1.4 充装量为 500 kg 和 1 000 kg 的重瓶，应横向卧放，防止滚动，并留出吊运间距和通道。存放高度不应超过两层。

7.2 液氯贮罐的贮存安全

7.2.1 贮罐区 20 m 范围内，不应堆放易燃和可燃物品。

7.2.2 大贮量液氯贮罐，其液氯出口管道，应装设柔性连接或者弹簧支吊架，防止因基础下沉引起安装应力。

7.2.3 贮罐库区范围内应设有安全标志，配备相应的抢修器材，有效防护用具及消防器材。

7.2.4 地上液氯贮罐区地面应低于周围地面 0.3 m～0.5 m 或在贮存区周边设 0.3 m～0.5 m 的事故围堰，防止一旦发生液氯泄漏事故，液氯气化面积扩大。

8 运输安全

8.1 液氯气瓶的运输安全

8.1.1 气瓶装卸、搬运时，应戴好瓶帽、防震圈，不应撞击。

8.1.2 充装量为 50 kg 的气瓶装卸时，应用橡胶板衬垫，用手推车搬运时，应加以固定。

8.1.3 充装量为 100 kg、500 kg 和 1 000 kg 的气瓶装卸时，应采用起重机械，起重量应大于重瓶重量的一倍以上，并挂钩牢固。不应使用叉车装卸。

8.1.4 夜间装卸时，场地应有足够的照明。

8.1.5 危险化学品运输车辆运输气瓶时，应严格遵守当地公安交通管理部门规定的行车路线，不应在人口稠密区和有明火、高热等场所停靠。

8.1.6 危险化学品运输车辆应按规定悬挂危险品标志。

8.1.7 不应同车混装其他物品或让无关人员搭乘。

8.1.8 车辆停车时应可靠制动,并留人值班看管。

8.1.9 高温季节应根据当地公安交通管理部门规定的时间运输。

8.1.10 充装单位应对危险化学品运输车辆进行检查,证照不齐全的,不应充装。

8.1.11 运输液氯气瓶的车辆不应从隧道过江。

8.1.12 车辆运输气瓶时,瓶阀一律朝向车辆行驶方向的右侧。

8.1.13 充装量为 50 kg 的气瓶应横向装运,堆放高度不应超过两层;充装量为 100 kg、500 kg 和 1 000 kg 的气瓶装运,只允许单层放置,并牢靠固定防止滚动。

8.1.14 不应用自卸车、挂车、畜力车运输液氯气瓶。

8.1.15 船舶装运液氯气瓶应严格遵守交通、港口部门制定的船舶运输危险化学物品规定。

8.2 液氯汽车罐车和液氯铁路罐车的运输安全

8.2.1 应选派持有押运员证的人员跟车押运监护。

8.2.2 铁道押运人员在押运过程中不应擅离职守,到编组站应及时与车站联系,办妥有关手续。

8.2.3 押运人员在发生氯气泄漏时应迅速处理,防止事态扩大,并应立即通知当地政府有关部门。

9 急救和防护用品的管理

9.1 防护用品应定期检查,定期更换。防护用品放置位置应便于作业人员使用。

9.2 若吸入氯气,应迅速脱离现场至空气新鲜处,保持呼吸道通畅。呼吸困难时给输氧,给予 2%～4%碳酸氢钠溶液雾化吸入,立即就医。

ICS 71.100.40
G 72

中华人民共和国国家标准

GB/T 11988—2008
代替 GB/T 11988—1989

表面活性剂　工业烷烃磺酸盐 烷烃单磺酸盐平均相对分子质量 及含量的测定

Surface active agents—Technical alkane sulfonates—Determination of mean relative molecular mass and content of the alkane monosulfonate

(ISO 6845:1989, Surface active agents—Technical alkane sulfonates—Determination of the mean relative molecular mass of the alkane monosulfonates and the alkane monosulfonate content, MOD)

2008-12-30 发布　　2009-09-01 实施

中华人民共和国国家质量监督检验检疫总局
中国国家标准化管理委员会　发布

前　言

本标准修改采用国际标准 ISO 6845:1989《表面活性剂　工业烷烃磺酸盐　烷烃单磺酸盐平均相对分子质量及含量的测定》。

本标准根据 ISO 6845:1989 重新起草。由于我国的法律要求和工业的特殊要求，对于修改采用 ISO 标准的内容，其技术性差异用垂直线标识在它们所涉及条款的页边右侧空白处，并在本标准的附录 A 中给出了本标准与 ISO 6845:1989 的技术性差异及其原因一览表，以供参考。

本标准代替 GB/T 11988—1989《表面活性剂　工业烷烃磺酸盐　烷烃单磺酸盐平均相对分子量及含量的测定》。

本标准与 GB/T 11988—1989 相比主要变化如下：

——增加了判断烷基单磺酸是否萃取完全的方法；

——增加了萃取物进柱前的处理方法；

——增加了萃取时判断水、乙醇和盐酸的比例是否合适的具体方法；

——增加了离子交换柱的前处理方法。

本标准的附录 A 为资料性附录。

本标准由中国轻工业联合会提出。

本标准由全国表面活性剂和洗涤用品标准化技术委员会归口。

本标准起草单位：国家洗涤用品质量监督检验中心（太原）、中国日用化学工业研究院。

本标准主要起草人：严方、姚晨之、耿馘。

本标准所代替标准的历次版本发布情况为：

——GB/T 11988—1989。

表面活性剂 工业烷烃磺酸盐 烷烃单磺酸盐平均相对分子质量及含量的测定

1 范围

本标准规定了一种测定仅含微量烷烃的工业烷烃磺酸盐中的烷烃单磺酸盐平均相对分子质量及含量的方法。

本标准适用于烷烃磺氯酰化和磺氧化产品的所有碱金属盐。

为了应用直接两相滴定法测定烷烃单磺酸盐含量,应知道烷烃单磺酸盐的平均相对分子质量。当测定典型样品的平均分子质量时,同时测定样品的烷烃单磺酸盐含量。

2 规范性引用文件

下列文件中的条款通过本标准的引用而成为本标准的条款。凡是注日期的引用文件,其随后所有的修改单(不包括勘误的内容)或修订版均不适用于本标准,然而,鼓励根据本标准达成协议的各方研究是否可使用这些文件的最新版本。凡是不注日期的引用文件,其最新版本适用于本标准。

GB/T 13173—2008 表面活性剂 洗涤剂试验方法(ISO 607:1980,ISO 2996:1974,MOD)

QB/T 2739—2005 洗涤用品常用试验方法 滴定分析(容量分析)用试验溶液的制备

3 术语和定义

下列术语和定义适用于本标准。

3.1

烷烃单磺酸盐 alkane monosulfonates

在12～20碳原子直链烷烃的磺氯酰化和磺氧化物中和的工业产品中存在的单磺酸碱金属盐。

4 原理

用乙醇溶解试验份,并用盐酸酸化该乙醇溶液。

在液-液萃取器内用石油醚萃取,使烷烃单磺酸转入石油醚相中,烷烃二磺酸盐和硫酸根离子留在水-乙醇相,二者得以定量分离。

蒸发石油醚相并加乙醇溶解,通过阳离子交换柱除去痕量碱。

以无碳酸盐的氢氧化钠溶液中和流出液,然后干燥和称量得到的烷烃单磺酸钠,计算平均相对分子质量及其含量。

5 试剂与材料

除非另有说明,在分析中仅使用确认为分析纯的试剂和无二氧化碳的蒸馏水或去离子水或纯度相当的水。

5.1 丙酮。

5.2 95%乙醇。

5.3 乙醇,50%溶液(体积分数)。

5.4 石油醚,馏程 30 ℃～60 ℃。

5.5 盐酸,$\rho 20=1.18$ g/mL。

5.6 氢氧化钠,c(NaOH)＝0.1 mol/L 标准乙醇溶液,无碳酸盐。

5.6.1 溶液的制备:参照 QB/T 2739—2005 中 4.1 及 4.2 配制和标定,溶剂瓶需配有碱-石灰干燥管。

5.6.2 无碳酸盐的检验:转移少量溶液于试管中,加入相同体积的硝酸钡溶液(c＝130 g/L),若溶液至少在 5 min 内澄清,则此溶液可使用。

5.7 酚酞,10 g/L 指示液。

5.8 阳离子交换树脂,强酸性(磺酸基),具有相当 2%的二乙烯基苯的交联度,粒度 0.3 mm～1.00 mm。

6 仪器

常用实验室仪器和以下仪器。

6.1 液-液萃取器:容积约 300 mL,上下有磨砂玻璃接头,见图 1。

6.2 平底烧瓶:500 mL,磨砂玻璃颈与萃取器(6.1)下部的玻璃接头相配。

6.3 平底烧瓶:250 mL,具有磨砂玻璃塞。

6.4 回流冷凝器:下部有磨砂玻璃接头,与液-液萃取器上部磨砂玻璃接口相配。

6.5 离子交换树脂柱:ϕ12 mm,长 150 mm。

6.6 烧杯:150 mL。

6.7 无塞滴定管:25 mL。

6.8 水浴:能控温 70 ℃至水沸。

6.9 电热恒温箱:能控温(120±2)℃。

6.10 干燥器:内放变色硅胶。

单位为毫米

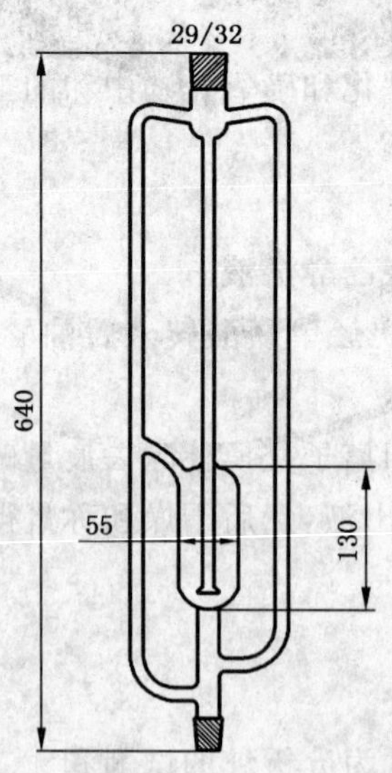

图 1 液-液萃取器(约 300 mL)

7 分样

按 GB/T 13173—2008 中第 4 章规定执行。

8 程序

8.1 试验份

称取含约 0.6 g～0.8 g 烷烃单磺酸盐(准确至 0.001 g)的试验份于 150 mL 烧杯(6.6)中。

8.2 阳离子交换柱的制备

取 10 mL 阳离子交换树脂于 150 mL 烧杯中,加入 10 mL 盐酸(5.5)和 20 mL 水的混合液,浸泡 24 h。

将此树脂转移至离子交换柱中,并不断搅动以除去气泡。先用 300 mL～500 mL 蒸馏水洗涤,再用乙醇(5.2)洗涤,直至流出液中不再检出氯离子为止。

8.3 阳离子交换树脂的再生

大约测定 100 次后,用 10 mL 盐酸(5.5)与 20 mL 水的混合液流经柱子,并用 300 mL～500 mL 蒸馏水洗涤,再用乙醇(5.2)洗涤,直至流出液中不含氯离子为止。

注:不应使离子交换柱流干,树脂应总浸没在液体里,填充、洗涤或再生时,洗提速率应调至约 6 mL/min。从未被使用过的离子交换柱,在使用乙醇洗涤前,先用盐酸及温水洗涤数次。

8.4 测定

加入 50 mL 乙醇(5.3)溶解试验份,再加入 20 mL 盐酸(5.5),然后将溶液转移至液-液萃取器,用 30 mL 乙醇(5.3)冲洗烧杯,洗涤液并入液-液萃取器。

将萃取器安装到盛有约 400 mL 石油醚的 500 mL 烧瓶(6.2)上,上部装回流冷凝器。在 70 ℃～80 ℃水浴上加热烧瓶内容物到沸腾,以约 1.5 L/h 的蒸馏速率进行萃取。当测定平均相对分子质量时回流萃取 5 h,若测定含量需更换新鲜石油醚,则再继续萃取 2 h。检验是否萃取完全,可用氢氧化钠标准滴定溶液(5.6)滴定最后一份萃取液中的烷烃单磺酸,先蒸去石油醚,再用 50 mL 乙醇(5.2)溶解,以酚酞指示剂指示,用氢氧化钠标准滴定溶液滴定,若消耗溶液体积少于 0.5 mL 则视为萃取完全。

注:萃取 5 h 后,中间相应消失,否则即是水、乙醇和盐酸的比例不当,应调节后萃取一新试验份。

停止回流,拆下烧瓶并与索氏抽提器相连,在 70 ℃水浴上回收石油醚,然后在沸水浴上蒸发至干(应在通风橱中操作)。

将蒸干物用 50 mL 乙醇(5.2)溶解,对检验是否萃取完全而用碱溶液滴定过的萃取物,需在检验后立即用 0.1 mol/L 的盐酸调至淡粉红色消失,呈无色透明状。将溶液一并通过预先制备好的阳离子交换柱,再用 100 mL 乙醇(5.2)洗提离子交换柱,流出液一起收集在预先恒重的平底烧瓶(6.3)中。

加几滴酚酞指示剂(5.7)至流出液,用氢氧化钠标准滴定溶液滴定至淡粉红色并保持 30 s 不褪色即为终点。

在沸水浴上将此中和液蒸发至干后,加丙酮处理残余物三次,以除去痕量水分,即每次加 10 mL 丙酮溶解残余物,然后在沸水浴上蒸干。

在(120±2)℃的烘箱中干燥残余物 1 h,然后放入干燥器内冷却,称量,称准至 0.001 g。

重复干燥、冷却和称量操作,直至两次相继称量之差不超过 0.001 g。

9 结果的表示

9.1 计算方法

工业烷烃磺酸盐中的烷烃单磺酸盐(以钠盐计)的平均相对分子质量 $\overline{M}$,按式(1)计算:

$$\overline{M}=\frac{1\ 000\ m}{Vc} \qquad (1)$$

式中:

m——由 8.4 得到的单磺酸钠的质量,单位为克(g);

V——中和萃取的单磺酸耗用的氢氧化钠标准滴定溶液的体积,单位为毫升(mL);

c——氢氧化钠标准滴定溶液的浓度，单位为摩尔每升(mol/L)。

工业烷烃磺酸盐中的烷烃单磺酸盐含量 X，用烷烃单磺酸钠的质量分数表示，按式(2)计算：

$$X = \frac{m}{m_0} \times 100\% \qquad \cdots\cdots(2)$$

式中：

m——由 8.4 得到的单磺酸钠的质量，单位为克(g)；

m_0——试验份的质量，单位为克(g)。

9.2 精密度

对含总可溶物约 25%的烷烃磺酸盐，在重复性条件下获得的两次独立测定结果的相对偏差：烷烃单磺酸盐平均相对分子质量不大于 2；烷烃单磺酸盐含量不大于 3%，以大于以上规定的情况不超过 5%为前提。

附 录 A
（资料性附录）
本标准与 ISO 6845:1989 的技术性差异及其原因

表 A.1 给出了本标准与 ISO 6845:1989 的技术性差异及其原因一览表。

表 A.1 本标准与 ISO 6845:1989 技术性差异及其原因

本标准章条编号	本标准内容	ISO 章条编号	ISO 6845:1989 内容	原因
5.4	石油醚，馏程 30 ℃～60 ℃	5.4	石油醚，馏程 40 ℃～60 ℃	结合我国化学试剂的实际情况
5.6.1	参照 QB/T 2739—2005 中 4.1 及 4.2 配制和标定，溶剂瓶需配有碱-石灰干燥管。 QB/T 2739—2005 中 4.1 规定，称取 100 g NaOH 溶于 100 mL 无二氧化碳水中，摇匀，置于聚乙烯容器内，密闭放置至溶液清亮，用无二氧化碳水稀释至 1 000 mL，按表格规定的体积用塑料管量取所要配制浓度 NaOH 清液，滴定干燥至恒重的基准试剂邻苯二甲酸氢钾，酚酞指示剂指示终点，同时做试剂空白试验；4.2 规定，称取 160 g KOH 溶于 100 mL 无二氧化碳水中，摇匀，置于聚乙烯容器内，密闭放置 24 h，至溶液清亮，用 95%乙醇（必要时采用优级醇无水乙醇）稀释至 1 000 mL，表格规定的体积用塑料管量取所要配制浓度 KaOH 清液，滴定干燥至恒重的基准试剂邻苯二甲酸氢钾，酚酞指示剂指示终点，同时做试剂空白试验	5.6	取 8.1 g NaOH（准至1 mg），用 100 mL 50%乙醇-水溶解，冷却后，使大部分 $NaCO_3$ 沉降，移取100 mL至 200 mL 容量瓶，用无二氧化碳的水定容，基准试剂邻苯二甲酸氢钾，酚酞指示剂指示终点	更符合实际，配制方法更科学、灵活
5.8	树脂粒度 0.3 mm～1.0 mm	5.8	树脂粒度无规定	统一要求
6.2	平底烧瓶 500 mL	6.2	圆底烧瓶 500 mL	为操作方便
6.7	滴定管，容量 25 mL	6.6	滴定管，容量 50 mL	更符合实际需要
6.9	电热恒温箱	6.10	真空烘箱	能满足试验需要
7	按 GB/T 13173—2008 中第 4 章规定执行。 GB/T 13173—2008 第 4 章中详细规定了对粉状、颗粒状、膏状及液体样品分样的原理，所用仪器，称样质量，具体的操作步骤和注意事项。这些规定最终保证了取得试验样品的样本代表性	6	无具体操作步骤和必要注意事项说明	操作更加规范、科学

表 A.1（续）

本标准章条编号	本标准内容	ISO 章条编号	ISO 6845:1989 内容	原因
8.2	取 10 mL 阳离子交换树脂于 150 mL 烧杯中，加入 10 mL 盐酸和 20 mL 水的混合液，浸泡 24 h，将此树脂转移至离子交换柱中，并不断搅拌以除去气泡。先用 300 mL～500 mL 蒸馏水洗涤，再用乙醇洗涤，直至流出液中不再检出氯离子为止	8.2	取 10 mL 阳离子交换树脂于加入 30 mL 盐酸溶液(10 mL 盐酸和 20 mL 水的混合液)的 150 mL 烧杯中，用磁力搅拌器缓慢搅拌 2 h 后；再用 30 mL 95%(体积分数)乙醇搅拌 1 h	使柱子分离效果更好。离子交换树脂处理得好，可提高柱子的分离效果
8.3	用 300 mL～500 mL 蒸馏水洗涤	8.3	用 50 mL 水洗	使柱子的分离效果更好
8.4	① 在 70 ℃～80 ℃水浴上加热到沸腾；② 回收石油醚，然后在沸水浴上蒸干；③ 酚酞指示剂指示终点；④ 使用盛有变色硅胶的干燥器	8.4	① 保持于 70 ℃水浴上加热；② 不回收石油醚，在通风橱内和 70 ℃水浴上蒸发至干，并在液面上通缓和氮气以加快蒸发；③ 溴酚蓝指示剂指示终点；④ 使用盛五氧化二磷的干燥器	① 浴温为 70 ℃，一般情况是可以的，但冬季若室温低于 18 ℃时，因散热严重，回流速度减慢，可将浴温升至 80 ℃；② 减少污染；③ 用溴酚蓝指示剂，以强碱滴定强酸用溴酚蓝指示剂不合适，故本标准改用酚酞指示剂；④ 能达到规定的干燥效果

ICS 71.100.40
G 72

中华人民共和国国家标准

GB/T 11989—2008
代替 GB/T 11989—1989

阴离子表面活性剂 石油醚溶解物含量的测定

**Anionic surface active agents—
Determination of soluble matter content in light petroleum**

2008-05-28 发布　　2008-12-01 实施

中华人民共和国国家质量监督检验检疫总局
中国国家标准化管理委员会　发布

前 言

本标准修改采用ISO 894:1977《表面活性剂　工业伯烷基硫酸钠　分析方法》(英文版)中的石油醚可萃取物的测定方法。本标准是对GB/T 11989—1989《阴离子表面活性剂　石油醚溶解物含量的测定》的修订。

本标准代替GB/T 11989—1989《阴离子表面活性剂　石油醚溶解物含量的测定》。

本标准与GB/T 11989—1989的主要变化如下：

——明确了本标准系修改采用了国际标准ISO 894:1977中的部分内容；

——增加了一项引用标准，即GB/T 8447—1995《工业直链烷基苯磺酸》；

——增加采用具塞量筒及虹吸管进行萃取操作的方法。

本标准由中国轻工业联合会提出。

本标准由全国表面活性剂和洗涤用品标准化技术委员会归口。

本标准起草单位：国家洗涤用品质量监督检验中心(太原)、中国日用化学工业研究院。

本标准主要起草人：耿䓍。

本标准首次发布于1989年，本次为第一次修订。

阴离子表面活性剂
石油醚溶解物含量的测定

1 范围

本标准规定了阴离子表面活性剂中石油醚溶解物含量的测定方法。

本标准适用于液体、浆状和粉状烷基苯磺酸盐、烷基磺酸盐、烷基硫酸盐中石油醚溶解物含量的测定。

注：阴离子表面活性剂中石油醚溶解物通常包括未磺(硫酸)化物和不能磺(硫酸)化物以及虽含硫，但在水中不离解的产物。

2 规范性引用文件

下列文件中的条款通过本标准的引用而成为本标准的条款。凡是注日期的引用文件，其随后所有的修改单(不包括勘误的内容)或修订版均不适用于本标准，然而，鼓励根据本标准达成协议的各方研究是否可使用这些文件的最新版本。凡是不注日期的引用文件，其最新版本适用于本标准。

GB/T 8447—1995 工业直链烷基苯磺酸

QB/T 2739—2005 洗涤用品常用试验方法 滴定分析(容量分析)用试验溶液的制备

3 原理

从试验份的醇水溶液用石油醚萃取石油醚可萃取物，蒸去石油醚后，干燥，称量。产物的挥发性应予以考虑。

4 试剂

除非另有说明，在分析中仅使用确认为分析纯的试剂和蒸馏水或去离子水或纯度相当的水。

4.1 无水硫酸钠(GB/T 9853)。

4.2 95%乙醇(GB/T 679)。

4.3 乙醇(GB/T 679)，50%(体积分数)溶液。

4.4 石油醚(GB/T 15894)，沸程 30℃～60℃，蒸馏残余物应不大于 0.002%(质量分数)。

4.5 氢氧化钠(GB/T 629)，约 0.1 mol/L 溶液。

4.6 酚酞(GB/T 10729)，1 g/L 指示液，按 QB/T 2739—2005 中 5.1 配制。

4.7 丙酮(GB/T 686)。

5 仪器

普通实验室仪器和

5.1 平底烧瓶，250 mL，带磨口玻璃颈。

5.2 玻璃冷凝器，长 300 mm。

5.3 分液漏斗，500 mL。

5.4 锥形烧瓶，250 mL。

5.5 具塞量筒，250 mL(或 300 mL)，带磨砂玻璃塞。

5.6 虹吸管，内径 3 mm～4 mm，管端内径 1 mm～2 mm，管端弯曲朝上。

5.7 水浴，可控温 70℃。

6 程序

6.1 试验份

于 100 mL 烧杯中称取约 4 g～6 g 阴离子表面活性剂试样(约含活性物 1 g～1.5 g),称准至 0.01 g。

6.2 测定

6.2.1 溶解试验份(6.1)于 50 mL 约 70℃热水中,溶解时充分搅拌,然后边搅拌边加入 50 mL 乙醇(4.2),将溶液转移至 500 mL 分液漏斗(5.3)A 中,用乙醇(4.3)将烧杯内残留物洗涤至分液漏斗,直至总体积约 300 mL。

6.2.2 用酚酞(4.6)检查溶液是否呈弱碱性,根据需要用氢氧化钠溶液(4.5)调至碱性,摇匀,冷却,加入 50 mL 石油醚(4.4),振摇 30 s,使之静置分层,必要时加入少量乙醇(4.2)破乳。

6.2.3 将下层醇水相放至另一分液漏斗(5.3)B 中,加入 50 mL 石油醚萃取。如此用三只分液漏斗交替萃取水相共五次。

亦可采用具塞量筒及虹吸管进行萃取操作,见 GB/T 8447—1995 中 4.3。

6.2.4 合并石油醚相于分液漏斗中,每次用 50 mL 乙醇(4.3)洗涤醚相,至洗液不呈碱性。将石油醚萃取液放至干燥的锥形烧瓶(5.4)中,加入 10 g 硫酸钠(4.1),振摇,静置 30 min。用滤纸过滤到已恒重的平底烧瓶(5.1)中,用 50 mL 石油醚分 3 次～5 次洗涤锥形烧瓶、硫酸钠、漏斗及滤纸,洗涤液并入平底烧瓶。

6.2.5 将冷凝器(5.2)与烧瓶连接,在 70℃水浴中加热蒸发石油醚,待溶剂基本蒸干,冷却至约 30℃,拆去冷凝器,加 3 mL 丙酮(4.7)于烧瓶中,再置水浴中蒸发,溶剂基本蒸干后,冷却烧瓶至约 30℃,缓缓通入冷的干燥空气流以除去痕量溶剂。将烧瓶外壁擦干,置于干燥器中 20 min 后称量。

如含有低碳石油醚溶解物,如十二醇,尤其当含有痕量水分时,颇易挥发损失,因此驱赶溶剂,特别是吹空气流时要注意。为此,若还能嗅到溶剂气味时,就要将烧瓶冷却至室温。

6.2.6 重新将烧瓶加热至 30℃,并吹空气流,擦干,冷却,称量。重复操作,直至相继两次称量之差不大于 1 mg。

7 结果的表示

7.1 计算方法

阴离子表面活性剂中石油醚溶解物含量 x 以质量分数表示,按式(1)计算:

$$x = \frac{m_1}{m_0} \times 100\% \qquad (1)$$

式中:

m_1——石油醚萃取物的质量,单位为克(g);

m_0——试验份(6.1)的质量,单位为克(g)。

7.2 再现性

同一样品在两个不同实验室所得结果之差应不超过 1%。

ICS 83.080.01
G 31

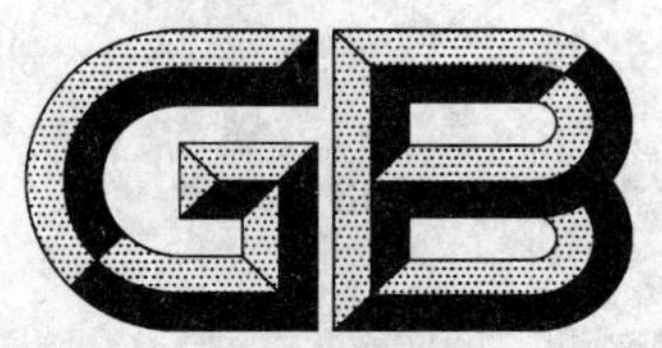

中华人民共和国国家标准

GB/T 11991—2008
代替 GB/T 11991—1989

离子交换树脂转型膨胀率测定方法

Determination of reversible swelling of exchange resins

2008-06-30 发布　　2009-02-01 实施

中华人民共和国国家质量监督检验检疫总局
中国国家标准化管理委员会　发布

前　言

本标准代替 GB/T 11991—1989《离子交换树脂转型膨胀率测定方法》。

与 GB/T 11991—1989 相比，本标准对文字等进行了编辑性修改。

本标准由中国石油和化学工业协会提出。

本标准由全国塑料标准化技术委员会通用方法和产品分会(SAC/TC 15/SC 4)归口。

本标准主要起草单位：西安热工研究院有限公司、国家合成树脂质检中心、淄博东大化工股份有限公司、江苏苏青水处理工程集团公司、浙江争光实业股份有限公司。

本标准主要起草人：王广珠、翟静华、王建东、彭章华、钱平、沈建华。

本标准所代替标准的历次版本发布情况为：

——GB/T 11991—1989。

离子交换树脂转型膨胀率测定方法

1 范围

本标准规定了测定离子交换树脂从一种离子型态变为另一种离子型态时体积变化的方法。

本标准适用于各种类型离子交换树脂转型膨胀率测定。对于含较多弱型基团的树脂,可按弱型树脂进行测定。

2 规范性引用文件

下列文件中的条款通过本标准的引用而成为本标准的条款。凡是注日期的引用文件,其随后所有的修改单(不包括勘误的内容)或修订版均不适用于本标准,然而,鼓励根据本标准达成协议的各方研究是否可使用这些文件的最新版本。凡是不注日期的引用文件,其最新版本适用于本标准。

GB/T 5475 离子交换树脂取样方法

GB/T 5476 离子交换树脂预处理方法

GB/T 5760 氢氧型阴离子交换树脂交换容量测定方法

GB/T 6682 分析实验室用水规格和试验方法

3 方法概要

用酸碱溶液反复处理消除树脂的不可逆膨胀后,将树脂转成单一离子型。强型树脂用纯水洗去树脂颗粒外部的酸或碱。盐型的弱型树脂用相应的低浓度酸、碱溶液洗涤,使它们最终处于(0.005~0.01)mol/L的酸、碱溶液中,在量筒中测定无规则排列的树脂体积,根据树脂在不同离子型下的体积计算转型膨胀率。

4 仪器和设备

4.1 玻璃交换柱:同 GB/T 5760。

4.2 分液漏斗:同 GB/T 5760。

4.3 量筒:50.0 mL。

5 试剂和溶液

5.1 盐酸溶液[$c(HCl)=(1.00\pm0.01)$mol/L]:用化学纯配制。

5.2 氢氧化钠溶液[$c(NaOH)=(1.00\pm0.01)$mol/L]:用化学纯配制。

5.3 盐酸洗涤溶液[$c(HCl)=(0.005-0.01)$mol/L]:用化学纯配制。

5.4 氢氧化钠洗涤溶液[$c(NaOH)=(0.005-0.01)$mol/L]:用化学纯配制。

5.5 试剂水:满足 GB/T 6682 规定的三级试剂水。

6 试样准备

6.1 取样按 GB/T 5475 进行。

6.2 试样的预处理按 GB/T 5476 进行。

6.3 取约 25 mL 试样转入玻璃交换柱内,试样层中应无气泡(如有气泡用玻璃棒搅动赶出)。试样层上保留液位(4~5)cm。

7 操作步骤

7.1 在分液漏斗中按试样种类分别加入表1所规定的溶液，以(15～20)mL/min的流量通过试样层。再将洗涤液以同样流量通过试样层直至终点，然后将试样用纯水转移至50 mL量筒中，敲实至体积不变后读数，读至小数点后一位，记录试样体积V_1。

表1 第一步定型树脂种类用溶液及用量

树脂种类	第一步定型用溶液及用量	洗涤溶液	洗涤终点
强酸性阳树脂	1 mol/L NaOH(5.2) 500 mL	纯水	pH≤8.3(酚酞指示剂无色)
强碱性阴树脂	1 mol/L HCl(5.1) 500 mL	纯水	pH≥4.3(甲基橙指示剂橙色)
弱酸性阳树脂	1 mol/L HCl(5.1) 500 mL	纯水	pH≥4.3(甲基橙指示剂橙色)
弱碱性阴树脂	1 mol/L NaOH(5.2) 500 mL	纯水	pH≤8.3(酚酞指示剂无色)

7.2 将试样全部转回交换柱，在分液漏斗中按试样种类分别加入表2所规定的溶液，以(15～20) mL/min的流量通过试样层。再将洗涤液以同样流量通过试样层直至终点，然后将试样用相应洗涤溶液转移至50 mL量筒中，敲实至体积不变后读数，读至小数点后一位，记录试样体积V_2。

表2 第二步定型树脂种类用溶液及用量

树脂种类	第一步定型用溶液及用量	洗涤溶液	洗涤终点
强酸性阳树脂	1 mol/L HCl (5.1) 750 mL	纯水	pH≥4.3(甲基橙指示剂橙色)
强碱性阴树脂	1 mol/L NaOH(5.2) 500 mL	纯水	pH≤8.3(酚酞指示剂无色)
弱酸性阳树脂	1 mol/L NaOH(5.2) 500 mL	(0.005～0.01)mol/L NaOH	洗涤溶液500 mL通完既为终点
弱碱性阴树脂	1 mol/L HCl (5.1) 500 mL	(0.005～0.01)mol/L HCl	洗涤溶液500 mL通完既为终点

7.3 将试样全部转到交换柱中，按7.1和7.2操作，直至相近两次测定的转型膨胀率之差小于重复性限为止。

8 结果表示

离子交换树脂转型膨胀率按式(1)计算，计算结果均保留小数点后一位，取二次测定结果的平均值。

$$Z = \frac{V_2 - V_1}{V_1} \qquad \cdots\cdots(1)$$

式中：

Z——离子交换树脂转型膨胀率，%；

V_1——7.1中记录的试样体积，单位为毫升(mL)；

V_2——7.2中记录的试样体积，单位为毫升(mL)。

9 精密度

重复性限(r)：0.208＋0.264 lg(100Z)

再现性限(R)：－0.451＋1.17 lg(100Z)

式中：

Z——两次测定值的平均值，%。

10 试验报告

试验报告应包括下列各项：

a） 试验方法和标准号；

b） 受检产品的完整标识：包括产品名称、型号、生产厂名等；

c） 测量结果；

d） 试验人员和试验日期。

ICS 83.080.01
G 32

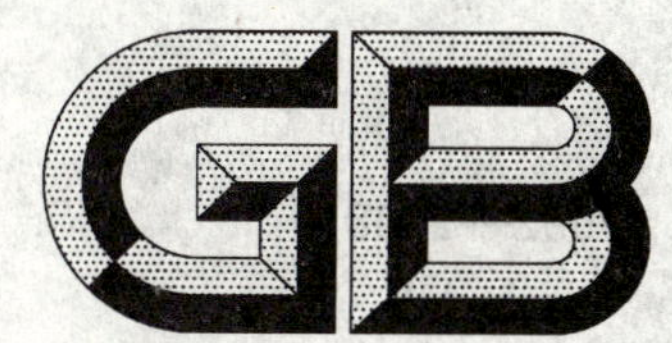

中华人民共和国国家标准

GB/T 11992—2008
代替 GB/T 11992—1989

氯型强碱性阴离子交换树脂交换容量测定方法

Determination of exchange capacity of strong basic anion exchange resins in chloride form

2008-08-04 发布　　　　2009-04-01 实施

中华人民共和国国家质量监督检验检疫总局
中国国家标准化管理委员会　发布

前　言

本标准代替 GB/T 11992—1989《氯型强碱性阴离子交换树脂交换容量测定方法》。

与 GB/T 11992—1989 版标准相比，本标准发生了如下主要变化：

——给出了二种氯型强碱性阴离子交换树脂交换容量测定方法。

本标准由中国石油和化学工业协会提出。

本标准由全国塑料标准化技术委员会通用方法和产品分会(SAC/TC 15/SC 4)归口。

本标准主要起草单位：西安热工研究院有限公司、江苏苏青水处理工程集团公司、淄博东大化工股份有限公司、浙江争光实业股份有限公司、国家合成树脂质检中心。

本标准主要起草人：王广珠、钱平、蔡小华、翟静华、沈建华、崔焕芳、王建东。

本标准所代替标准的历次版本发布情况为：

——GB/T 11992—1989。

氯型强碱性阴离子交换树脂交换容量测定方法

1 范围

本标准规定了氯型强碱性阴离子交换树脂中全部活性基团毫摩尔数及能同中性盐进行交换反应的活性基团毫摩尔数的测定方法。

本标准适用于氯型强碱性阴离子交换树脂交换容量的测定。

2 规范性引用文件

下列文件中的条款通过本标准的引用而成为本标准的条款。凡是注日期的引用文件,其随后所有的修改单(不包括勘误的内容)或修订版均不适用于本标准,然而,鼓励根据本标准达成协议的各方研究是否可使用这些文件的最新版本。凡是不注日期的引用文件,其最新版本适用于本标准。

GB/T 601 化学试剂 标准滴定溶液的制备

GB/T 603 化学试剂 试验方法中所用制剂及制品的制备

GB/T 5475 离子交换树脂取样方法

GB/T 5476 离子交换树脂预处理方法

GB/T 5757 离子交换树脂含水量测定方法

GB/T 5760 氢氧型阴离子交换树脂交换容量测定方法

GB/T 6682 分析实验室用水规格和试验方法

3 方法一

3.1 方法概要

将样品转为氯型,用氨水洗脱非中性盐分解基团上的氯离子。用氯化钠溶液恢复同时被流出的少量中性盐分解基团上的氯离子。再用硝酸钠溶液洗脱中性盐分解基团上的氯离子,此氯离子的毫摩尔数为中性盐分解容量。它与洗脱下来的全部非中性盐分解基团上的氯离子毫摩尔数之和为全交换容量。

3.2 仪器

3.2.1 玻璃交换柱:见 GB/T 5760。

3.2.2 分液漏斗:见 GB/T 5760。

3.2.3 玻璃离心过滤管:见 GB/T 5757。

3.2.4 电动离心沉淀机:见 GB/T 5757。

3.2.5 秒表:分度 0.02 s。

3.2.6 电热恒温水浴锅:水温波动±1 ℃。

3.2.7 称量瓶:ϕ40 mm×20 mm。

3.2.8 具塞三角烧瓶:250 mL。

3.2.9 滴定管:酸式滴定管 25 mL;棕色滴定管 25 mL。

3.2.10 移液管:100 mL。

3.2.11 容量瓶:1 000 mL。

3.2.12 三角烧瓶:25 mL。

3.2.13 分析天平:精度 0.1 mg。

3.2.14 架盘天平:精度 1 g。

3.3 试剂和溶液

3.3.1 盐酸标准滴定溶液[c(HCl)=0.1 mol/L]:按 GB/T 601 配制。

3.3.2 硝酸银标准滴定溶液[$c(AgNO_3)$=0.1 mol/L]:按 GB/T 601 配制。

3.3.3 1%酚酞指示液:按 GB/T 603 配制。

3.3.4 氨水(1+19):将 1 份体积的氨水(化学纯)倒入 19 份体积的纯水中,摇匀。

3.3.5 盐酸溶液(1+9):将 1 份体积的盐酸(化学纯)倒入 9 份体积的纯水中,摇匀。

3.3.6 硝酸溶液(1+9):将 1 份体积的浓硝酸(化学纯)倒入 9 份体积的纯水中,摇匀。

3.3.7 氯化钠溶液(50 g/L):将 50 g 氯化钠(化学纯)溶于纯水中,用纯水稀释至 1 L,摇匀。

3.3.8 硝酸钠溶液(20 g/L):将 20 g 硝酸钠(化学纯)溶于 500 mL 纯水中,用纯水稀释至 1 L,摇匀。

3.3.9 溴甲酚绿指示液:将 0.1 g 溴甲酚绿溶于 2.9 mL 浓度为 0.02 mol/L 的氢氧化钠溶液中,用纯水稀释至 100 mL。

3.3.10 0.1%甲基橙指示液:按 GB/T 603 配制。

3.3.11 1%酚酞指示液:按 GB/T 603 配制。

3.3.12 铬酸钾指示液:将 5.0 g 铬酸钾(化学纯)溶于 50 mL 纯水中,用纯水稀释至 100 mL,摇匀。

3.3.13 异丙醇:化学纯。

3.3.14 试剂水:满足 GB/T 6682 规定的三级试剂水。

3.4 操作步骤

3.4.1 取样

按 GB/T 5475 进行。

3.4.2 试样预处理

按 GB/T 5476 进行。

3.4.3 按 GB/T 5757 除去树脂外部水分,置于称量瓶中。

3.4.4 含水量的测定

按 GB/T 5757 进行。

3.4.5 强碱性阴离子交换树脂交换容量测定

3.4.5.1 将玻璃交换柱用纯水自下而上赶去柱内气泡,关闭旋塞,保证砂芯下部没有气泡,否则重新操作。然后从旋塞下部放水直至液面高出砂芯 5 cm。

3.4.5.2 称取 10.0 g(精确至 0.1 mg)试样置于 100 mL 烧杯中。同时按 GB/T 5757 测定含水量。

3.4.5.3 用纯水将烧杯中的试样全部淋洗入玻璃交换柱中,在分液漏斗中分次加入 1 L 盐酸溶液(3.3.5)以 20 mL/min~25 mL/min 的流速将它通过试样。在此过程中应使试样浸没在溶液中。接着将酸液排放至试样同样高度,弃去排出的酸液。

3.4.5.4 取下分液漏斗,用纯水充分淋洗,接着用异丙醇淋洗 3 次,每次 10 mL。然后装上分液漏斗,加入异丙醇,以 20 mL/min~25 mL/min 的流速通过试样,直至 10 mL 的异丙醇流出液与 10 mL 纯水的混合液的 pH 值在 3.9 以上或使甲基橙指示液呈黄色为止。将异丙醇排放至试样同样高度,弃去排出的异丙醇。

3.4.5.5 把 1 L 的容量瓶置于玻璃交换柱下面。在分液漏斗中加入 500 mL 氨水溶液(3.3.4)以 20 mL/min~25 mL/min 的流速通过试样,在此过程中应保持试样浸没在溶液中。当分液漏斗中氨水溶液流完后,将纯水以同样流速继续充分淋洗试样。将氨水溶液和水的流出液一起收集于容量瓶中,直至 1 L 为止。

3.4.5.6 将 1 L 流出液充分摇匀，吸取两份 100 mL 的溶液分别置于 250 mL 的三角烧瓶中，各加入 3 滴甲基橙指示液(3.3.10)，滴加硝酸溶液(3.3.6)至溶液变为红色，再滴加氨水溶液(3.3.4)直至溶液刚变为黄色，再加入 1 mL 铬酸钾指示液(3.3.12)，用硝酸银标准溶液(3.3.2)在剧烈摇动下滴定，直至溶液变为桔红色，维持 30 s 不变色为止。记录所用硝酸银标准溶液的毫升数，准确至 0.02 mL。

3.4.5.7 将 1 L 容量瓶置于玻璃交换柱下面，将 200 mL 氯化钠溶液(3.3.7)加入分液漏斗中，以 20 mL/min～25 mL/min 的流速通过试样，并保持试样浸没在溶液中。取下分液漏斗用纯水淋洗 3 次。然后装上分液漏斗，加入纯水，以 20 mL/min～25 mL/min 的流速淋洗试样。将氯化钠溶液和水的流出液一起收集于容量瓶中，直至 1 L 为止。将 1 L 的流出液充分摇匀，吸取两份 100 mL 溶液分别置于 250 mL 三角烧瓶中，各加入 2 滴溴甲酚绿指示液(3.3.9)，用盐酸标准溶液(3.3.1)滴定至溶液由蓝色变淡黄色时为止，记录所用盐酸标准溶液的毫升数，准确至 0.02 mL。

3.4.5.8 将 1 L 容量瓶置于玻璃交换柱下面，在分液漏斗中分次加入硝酸钠溶液(3.3.8)，以 20 mL/min～25 mL/min 的流速通过试样，并保持试样浸没在溶液中，直至流出液达 1 L 为止。将 1 L 流出液充分摇匀，吸取两份 100 mL 的溶液分别置于 250 mL 三角烧瓶中，各加入 1 滴酚酞指示液(3.3.11)和 1 滴甲基橙指示液(3.3.10)，滴加硝酸溶液(3.3.6)或氨水(3.3.4)来调节 pH 值，直至酚酞为无色，而甲基橙为黄色，再加入 1 mL 铬酸甲指示液(3.3.12)，在剧烈摇动下用 0.1 mol/L 硝酸银标准溶液(3.3.2)滴定，直至溶液变为桔红色维持 30 s 不变为止。记录所用硝酸银标准溶液的毫升数，准确至 0.2 mL。

3.5 结果表示

3.5.1 中性盐分解容量按式(1)计算：

$$Q_1 = \frac{10 \times V_3 c_1}{m(1-w)} \quad \cdots\cdots\cdots\cdots (1)$$

式中：

Q_1——阴离子交换树脂干基中性盐分解容量，单位为毫摩尔每克(mmol/g)；

c_1——硝酸银($AgNO_3$)标准溶液的浓度，单位为摩尔每升(mol/L)；

m——试样的质量，单位为克(g)；

V_3——按 3.4.5.8 规定滴定时所用硝酸银标准溶液的平均体积，单位为毫升(mL)；

w——试样的含水量，%。

3.5.2 全交换容量按式(2)计算：

$$Q_2 = \frac{10 \times [(V_1 + V_2)c_1 - V_2 c_2]}{m(1-w)} \quad \cdots\cdots\cdots\cdots (2)$$

式中：

Q_2——阴离子交换树脂干基全交换容量，单位为毫摩尔每克(mmol/g)；

c_1——硝酸银($AgNO_3$)标准溶液的浓度，单位为摩尔每升(mol/L)；

c_2——盐酸标准溶液的浓度，单位为摩尔每升(mol/L)；

m——试样的质量，单位为克(g)；

V_1——按 3.4.5.6 规定滴定时所用硝酸银溶液的平均体积，单位为毫升(mL)；

V_2——按 3.4.5.7 规定滴定时所用盐酸标准溶液的平均体积，单位为毫升(mL)；

w——试样的含水量，%。

平行测定两次，取其算术平均值为测定结果。结果保留至小数点后两位。

3.6 精密度

3.6.1 重复性限(r)

中性盐分解容量：0.054 mmol/g。

全交换容量:0.118 mmol/g。

3.6.2 再现性限(R):

中性盐分解容量:0.083 mmol/g。

全交换容量:0.215 mmol/g。

4 方法二

4.1 方法概要

氯型强碱性阴离子交换树脂在动态条件下通过过量的硫酸钠溶液,交换基团中氯离子被硫酸根离子取代至溶液中,其反应式为:

$$2RCl + Na_2SO_4 \longrightarrow R_2SO_4 + 2NaCl$$

收集全部流出液,测定其中的氯离子量,用于计算树脂的氯型强型基团容量。

4.2 仪器和设备

见方法一。

4.3 试剂和溶液

4.3.1 Na_2SO_4 溶液[$c(Na_2SO_4)=1.0$ mol/L]:称取 85 g 分析纯无水 Na_2SO_4,加水溶解后稀释至 1 000 mL。

4.3.2 硝酸银标准溶液[$c(AgNO_3)=0.1$ mol/L]:按 GB/T 601 配制和标定。

4.3.3 5%铬酸钾指示液:将 5 g 化学纯铬酸钾溶于 50 mL 纯水中,用纯水稀释至 100 mL,摇匀。

4.3.4 试剂水:满足 GB/T 6682 规定的三级试剂水。

4.4 操作步骤

4.4.1 在分析天平上称取经 GB/T 5757 方法除去外部水分的氯型基准型试样 1.0 g~1.2 g(精确至 0.000 1 g)2 份,分别置于小交换柱中,加入约 5 mL 纯水。

4.4.2 在每个置样的交换柱上装好分液漏斗,在分液漏斗中加入 100 mL 浓度为 0.5 mol/L 的 Na_2SO_4 溶液,以 2 mL/min~3 mL/min 的流量通过树脂层,收集流出液于 250 mL 三角烧瓶中。

4.4.3 在流出液中加入 1 mL 5%铬酸钾指示液,在剧烈摇动下用 0.1 mol/L 硝酸银标准溶液滴定至微砖红色保持 15 s 不褪色为止,记录消耗硝酸银标准溶液的体积(mL);同时做空白试验,记录空白试验耗用硝酸银标准溶液的体积(mL)。

4.5 结果表示

氯型强碱性阴离子交换树脂强型基团容量按式(3)计算,计算结果均保留小数点后二位,取二次测定结果的平均值。

$$Q=\frac{(V_2-V_1)c_1}{m(1-w)} \qquad \cdots\cdots(3)$$

式中:

Q——氯型强碱性阴离子交换树脂强型基团容量,单位为毫摩尔每克(mmoL/g);

V_2——滴定流出液耗用硝酸银标准溶液的体积,单位为毫升(mL);

V_1——空白试验耗用硝酸银标准溶液的体积,单位为毫升(mL);

c_1——硝酸银标准溶液的浓度,单位为摩尔每升(mol/L);

m——试样的质量,单位为克(g);

w——试样的含水量,%。

4.6 精密度

重复性限(r):0.05 mmoL/g。

再现性限(R):0.09 mmoL/g。

5 试验报告

试验报告应包括下列各项：

a) 试验方法和标准号；

b) 受检产品的完整标识：包括产品名称、型号、生产厂名等；

c) 测量结果；

d) 试验人员和试验日期。

ICS 83.080.01
G 31

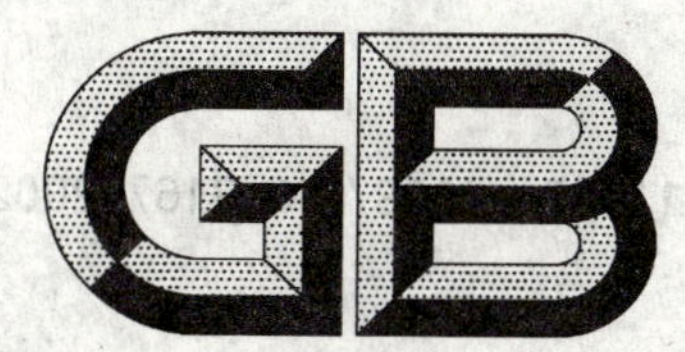

中华人民共和国国家标准

GB/T 11997—2008/ISO 3167:2002
代替 GB/T 11997—1989

塑料 多用途试样

Plastic—Multipurpose test specimens

(ISO 3167:2002,IDT)

2008-08-24 发布　　2009-04-01 实施

中华人民共和国国家质量监督检验检疫总局
中国国家标准化管理委员会　发布

前　言

本标准等同翻译 ISO 3167:2002《塑料——多用途试样》(英文版)制定。本标准与 ISO 3167:2002 技术内容等同。

本标准代替 GB/T 11997—1989《塑料多用途试样的制备和使用》。本标准与 GB/T 11997—1989 技术内容一致,仅做了编辑性修改。

本标准附录 A 和附录 B 为资料性附录。

本标准由中国石油化工集团公司提出。

本标准由全国塑料标准化技术委员会石化塑料树脂产品分会(SAC/TC 15/SC 1)归口。

本标准起草单位:中国石化北京燕山分公司树脂应用研究所、四川大学、中蓝晨光化工研究院有限公司。

本标准主要起草人:陈宏愿、吴世见、王建东、苗翠霞、于洋、王晓丽、张昌怡、张友玲。

本标准于 1989 年首次发布,本次为第一次修订。

塑料　多用途试样

1　范围

本标准规定了有关模塑料注塑或直接压塑的多用途试样制备的要求。

A 型和 B 型试样是拉伸试样，经过简单的机加工，可得到其他各种试验用试样(见附录 A)。由于其用途广泛，本标准将这些拉伸试样称为多用途试样。

多用途试样的主要优点是，附录 A 中提到的全部试验方法，均能在可比的模塑制品的基础上完成。这样因为所有试样是在同一条件下测试的因此测试性能具有一致性。换而言之，可以预计到一组试样的试验结果不会因无意地改变模塑条件而发生明显变化。另一方面，如果需要，很容易估定出模塑条件和(或)不同状态的试样对测试性能的影响。

对于质量控制，多用途试样可以作为不易制备试样的方便来源，而且其优点是只需一副模具。

由于多用途试样的性能可能与相关试验方法规定的其他试样的性能存在明显的差异，因此多用途试样的使用应征得有关利益双方的同意。

注：本标准对前版标准的主要修订内容是降低了 A 型和 B 型试样肩部半径的允许误差。考虑到基于以前版本标准的许多模具仍在使用的事实，修订内容只做推荐使用，在下一次修订版中将强制执行。允许在十年的时间内，逐渐过渡到标准模具，见附录 B。

2　规范性引用文件

下列文件中的条款通过本标准的引用而成为本标准的条款。凡是注日期的引用文件，其随后所有的修改单(不包括勘误的内容)或修订版均不适用于本标准，然而，鼓励根据本部分达成协议的各方研究使用下列标准最新版本的可能性。凡是不注日期的引用文件，其最新版本适用于本标准。

GB/T 5471—2008　塑料　热固性塑料试样的压塑(ISO 295:2004,IDT)

GB/T 9352—2008　塑料　热塑性塑料材料试样的压塑(ISO 293:2004,IDT)

GB/T 17037.1—1997　塑料　热塑性材料的注塑试样制备　第 1 部分：一般原理和多用途试样及长条试样的制备(idt ISO 294-1:1996)

ISO 2818:1994　塑料——采用机械加工制备试样

ISO 10724-1:1998　塑料——热固性粉末模塑化合物的注塑试样——第 1 部分：总则和多用途模塑试样

3　试样尺寸

本标准推荐的多用途试样是如图 1 所示的 A 型拉伸试样，由于其窄部平行部分的长度 L_1 为 80 mm±2 mm，因此可通过简单的切削制成适合其他试验的试样。

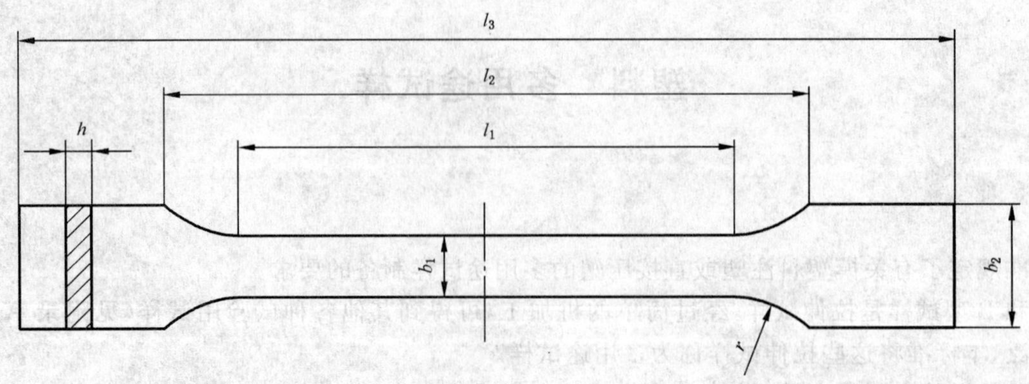

单位:毫米

<table>
<tr><th colspan="2">试样类型</th><th>A</th><th>B</th></tr>
<tr><td>l_3</td><td>总长度[a]</td><td>≥150
推荐值[b] 170</td><td>≥150</td></tr>
<tr><td>l_1</td><td>窄部平行部分长度</td><td>80±2</td><td>60.0±0.5</td></tr>
<tr><td>r</td><td>圆弧半径</td><td>20～25
推荐值[b] 24±1</td><td>≥60[c]
推荐值[b] 60.0±0.5</td></tr>
<tr><td>l_2</td><td>宽部平行部分之间的距离[d]</td><td>104～113</td><td>106～120
推荐值[b] 106～110</td></tr>
<tr><td>b_2</td><td>端部宽度</td><td colspan="2">20.0±0.2</td></tr>
<tr><td>b_1</td><td>窄部平行部分宽度</td><td colspan="2">10.0±0.2</td></tr>
<tr><td>h</td><td>厚度</td><td colspan="2">4.0±0.2</td></tr>
</table>

a 推荐 A 型样条的总长度为 170 mm 与 GB/T 17037.1 和 ISO 10724-1 一致。某些材料可能需要延长端部长度(例如总长为 200 mm),以免在测试仪器夹具间断裂或滑动。

b 推荐值和范围将在本标准的下一版中强制执行。已发现较小的半径公差降低了窄部平行部分和圆弧间过渡部分的应力集中范围。同时由于 B 型试样宽平行部分之间间距也采用较小公差,因此在拉伸测试时,A、B 试样可以使用相同的夹具间距(见 GB/T 1040.2)。

c $r=\dfrac{(l_2-l_1)^2+(b_2-b_1)^2}{4(b_2-b_1)}$

d 由 l_1、r、b_1 和 b_2 得到,但在指示公差内。

图 1　A 型和 B 型多用途试样

4　试样制备

4.1　总则

应按相关材料标准制备试样。如无材料标准,则应按 GB/T 9352—2008、GB/T 17037.1—1997、GB/T 5471—2008 或 ISO 10724-1:1998 及其他适宜的标准,直接压塑或注塑试样,或者按 ISO 2818:1994 从模塑料注塑或压塑成型的试片上机加工制备试样。

为确保一组试验的全部试样实际状态相同,严格控制试样制备条件是必要的。

试样的表面不能有裂纹、划痕和其他缺陷,如果模塑试样存在飞边,应当去除,但注意不要损坏试样表面。

每个试样的较宽的端部应做适当的标识,对于注塑试样,可区分模具的动模板和静模板面(见

GB/T 17037.1—1997或ISO 10724-1:1998),对于模压和机加工试样,可识别模塑过程潜在因素导致的任何不对称性。

注:试样厚度的不对称可影响试样的弯曲性能,以及负荷变形温度(见附录A)。

对于注塑试样,试样的动模板面和静模板面可以由顶杆压痕和脱模斜度来确定。而压塑和机加工试样应在其肩部做标识,取自多用途试样中间部分的标准矩形试样应在其中心40 mm(即弯曲试验时加负荷的部分)以外做标识。

4.2 多用途试样的注塑

应按GB/T 17037.1或ISO 10724-1及其他适宜的标准注塑A型试样,并应符合有关标准规定的试样制备条件。

4.3 多用途试样的压塑

应按GB/T 9352或ISO 295及其他适宜的标准直接模压到最终的尺寸以压塑B型试样,并应符合有关标准规定的试样制备条件。

4.4 多用途试样的机加工

4.4.1 应按ISO 2818的规定或者有关利益双方的约定机加工试样。

4.4.2 宽度为10 mm的试样应从多用途试样中间平行部分对称地切割。

试样中间平行部分的表面应保持模塑状态:

a) 试样机加工部位的宽度不应小于试样中间平行部分的宽度,但最多不宜超过后者宽度0.2 mm;

b) 机加工时,应注意避免对试样中间部分模塑表面的任何损伤。

对长度超过80 mm的试样,应将A型多用途试样(或长度超过60 mm的B型试样)的宽端加工至中间平行部分的宽度。

4.4.3 B型多用途试样应从合适条件压塑的试片上机加工制备(见4.3)。

5 试样制备报告

报告应包括下列内容:

a) 注明采用本标准;

b) 标明试样类型(A型或B型);

c) 如果知道,应注明材料类型、来源、制造厂代码、等级和形状,包括历史等;

d) 使用的模塑方法和条件;

e) 使用的机加工方法和条件;

f) 试样数量;

g) 状态调节的标准环境,及有关材料或产品标准要求的任何特殊的调节处理;

h) 制样日期。

附 录 A
（资料性附录）
多用途试样或由其制备试样的推荐应用

表 A.1 列出了多用途试样或由其制备试样的推荐应用情况。

表 A.1 多用途试样或由其制备试样的推荐应用

试验方法	采用标准[a]	试样类型和(或)尺寸/mm
拉伸试验	GB/T 1040.2—2006/ISO 527-2:1993	A 或 B
拉伸蠕变试验	GB/T 11546.1—2008/ISO 899-1:2003	A 或 B
弯曲试验	GB/T 9341—2008/ISO 178:2001	80×10×4
弯曲蠕变试验	ISO 899-2:2003	80×10×4
压缩试验	GB/T 1041—2008/ISO 604:2002	(10～50)×10×4
简支梁冲击强度	GB/T 1043.1—2008/ISO 179-1:2000 和 ISO 179-2:1997	80×10×4
悬臂梁冲击强度	GB/T 1843—2008/ISO 180:2000	80×10×4
拉伸冲击强度	ISO 8256:2004	80×10×4
负荷变形温度	GB/T 1634.2—2004/ISO 75-2:2003	80×10×4
维卡软化温度	GB/T 1633—2000/ISO 306:1994 和 ISO 306:2004	(≥10)×10×4
硬度(球压痕法)	GB/T 3398.1—2008/ISO 2039-1:2001	(≥20)×20×4
环境应力开裂	ISO 22088-2:2006、ISO 22088-3:2006 和 ISO 22088-4:2006	A 或 B 或 80×10×4
密度	ISO 1183-3:1999	30×10×4
氧指数	ISO 4589-2:1996 和 ISO 4589-3:1996	80×10×4
相比漏电起痕指数(CTI)	GB/T 4207—2003/IEC 60112:1979	15×15×4
电解腐蚀	GB/T 10582—1989(eqv IEC 60426:1973)	30×10×4
线膨胀系数	ISO 11359-2:1999	(>30)×10×4

[a] 见参考文献。

附　录　B
（资料性附录）
本标准对试样尺寸修订的结果

B.1　试样长度

对于一些材料来说，当夹具之间距离为 115 mm 时，170 mm 的长度可能太短了，尽管对于大多数拉伸试验来说，170 mm 的试样长度是足够的，但对于高增强的及高韧性的材料，偶尔会产生一些夹具夹紧的问题。

如果对于某些材料 170 mm 的试样长度太短，那么前一版标准规定的使用≥150 mm 则显得更短了。在本标准中，"≥"标记表示允许使用>170 mm 的试样长度。这与 GB/T 17037.1 的规定是一致的。

B.2　半径的公差

考虑到公差，肩部间的长度 l_2 为

$106.125\ \text{mm} \leqslant l_2 \leqslant 112.526\ \text{mm}$（本版）

$103.996\ \text{mm} \leqslant l_2 \leqslant 112.526\ \text{mm}$（前版）

夹具间距（ISO 527-2 规定的）未改变：

$L = 115\ \text{mm} \pm 1\ \text{mm}$

夹具到试样肩部的最小可能距离是：

$S_{\min} = 0.737$（与本版、前版相同）

夹具到试样肩部的最大可能距离是：

4.932 mm（本版）

6.002 mm（前版）

这些变化不大，但影响了有效长度，它通常可用于测定屈服前的标称应变数据，例如在严格的条件即不能用引伸计的情况下（例如在温度控制区内只用独立的夹具）测定模量。然而，有效长度对半径的变化相当敏感，而且，应用本方法时，限制半径公差可减少可能的误差源。这些可能在下一版的 GB/T 1040.2 中介绍。

减小机加工试样的圆弧半径公差的目的是为了与注塑试样使用相同的夹具间距（115±1 mm）。这是本标准修订的主要有利之处。

B.3　切口因数

除 B 型试样（$r \geqslant 60$ mm）外，前版 ISO 3167 也介绍圆弧半径为 20 mm～25 mm 的 A 型试样，对这两种试样做了数据的对比。

对于线弹性材料，已知切口因数为 1.045（$r=60$ mm）和 1.143（$r=20$ mm），因此可预测拉伸强度有约 10%的差异，脆性材料的机加工试样得到了验证。测试注塑试样时，其在屈服点的拉伸应力的减少量约为 1%±1%（22 种材料的平均值）。相对于半径从 60 mm～20 mm 的减小来说，推荐的从（20 mm～25 mm）到（23 mm～25 mm）的增加，会导致切口因数只有很小的减小，其对试验结果的影响可忽略。

对于注塑试样，由于半径的减小而导致拉伸屈服应力的变化是不可预测的，拉伸断裂应变值可能会略有增加。

参考文献

[1] GB/T 1040.2—2006 塑料 拉伸性能的测定 第2部分:模塑和挤塑塑料试验条件

[2] GB/T 1041—2008 塑料 压缩性能的测定

[3] GB/T 1043.1—2008 塑料 简支梁冲击性能的测定 第1部分:非仪器化冲击试验

[4] GB/T 1633—2000 热塑性塑料维卡软化温度(VST)的测定

[5] GB/T 1634.2—2004 塑料 负荷变形温度的测定 第2部分:塑料、硬橡胶和长纤维增强复合材料

[6] GB/T 1843—2008 塑料 悬臂梁冲击强度的测定

[7] GB/T 3398.1—2008 塑料 硬度的测定 第1部分:球压痕法

[8] GB/T 4207—2003 固体绝缘材料在潮湿条件下相比电痕化指数和耐电起痕化指数的测定方法

[9] GB/T 9341—2008 塑料 弯曲性能的测定

[10] GB/T 10582—1989 测定因绝缘材料引起的电解腐蚀试验方法

[11] GB/T 11546.1—2008 塑料 蠕变性能的测定 第1部分:拉伸蠕变

[12] ISO 179-2:1997 塑料——简支梁冲击性能的测定——第2部分:仪器化冲击试验

[13] ISO 306:2004 塑料——热塑性材料——维卡软化温度的测定(VST)

[14] ISO 899-2:2003 塑料 蠕变性能的测定 第2部分:三点弯曲蠕变

[15] ISO 1183-3:1999 塑料——非泡沫塑料密度的测定——第3部分:气体比重瓶法

[16] ISO 4589-2:1996 塑料——氧指数测定燃烧性能——第2部分:常温试验

[17] ISO 4589-3:1996 塑料——氧指数测定燃烧性能——第3部分:高温试验

[18] ISO 8256:2004 塑料——拉伸冲击强度的测定

[19] ISO 11359-2:1999 塑料——聚合物的热机分析法(TMA)——第2部分:线性热膨胀系数和玻璃化转变温度的测定

[20] ISO 22088-2:2006 塑料——耐环境应力开裂(ESC)的测定——第2部分:恒定拉伸负荷法

[21] ISO 22088-3:2006 塑料——耐环境应力开裂(ESC)的测定——第3部分:弯曲试条法

[22] ISO 22088-4:2006 塑料——耐环境应力开裂(ESC)的测定——第4部分:球或针压痕法

ICS 83.080.01
G 31

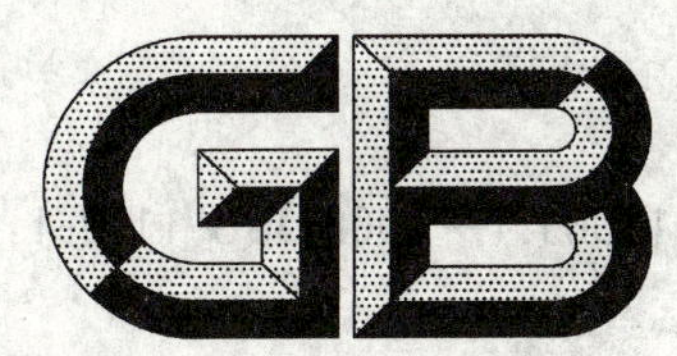

中华人民共和国国家标准

GB/T 12001.1—2008/ISO 1163-1:1995
代替 GB/T 12001.1—1989

塑料 未增塑聚氯乙烯模塑和挤出材料 第1部分:命名系统和分类基础

Plastics—Unplasticized poly(vinyl chloride)(PVC-U) moulding and extrusion materials—Part 1:Designation system and basis for specifications

(ISO 1163-1:1995,IDT)

2008-09-18 发布 2009-05-01 实施

中华人民共和国国家质量监督检验检疫总局
中国国家标准化管理委员会 发布

前　言

GB/T 12001《塑料　未增塑聚氯乙烯模塑和挤出材料》分为以下两个部分：

——第1部分：命名系统和分类基础；

——第2部分：试样制备与性能测定。

本部分为GB/T 12001的第1部分，本部分等同采用ISO 1163-1:1995《塑料　未增塑聚氯乙烯(PUC-U)模塑和挤塑材料　第1部分：命名系统和基本规范》(英文版)。

本部分等同翻译ISO 1163-1:1995。

为便于使用，本部分做了下列编辑性修改：

a) 删除了ISO 1163-1:1995的前言；

b) "ISO 1163的本部分"改为"GB/T 12001的本部分"或"本部分"；

c) 对于ISO 1163-1:1995引用的国际标准，引用了等同采用其修订的国家标准。

本部分代替GB/T 12001.1—1989《未增塑聚氯乙烯窗用模塑料　第1部分：命名》

本部分与GB/T 12001.1—1989相比主要变化如下：

a) 名称修改为《塑料　未增塑聚氯乙烯模塑和挤出材料　第1部分：命名系统和分类基础》；

b) 字符组2中增加了一些代号；

c) 修改了表2中的符号及其代表的数值范围。

本部分由中国石油和化学工业协会提出。

本部分由全国塑料标准化技术委员会塑料树脂通用方法和产品分会(SAC/TC 15/SC 4)归口。

本部分主要起草单位：中石化北化院国家化学建筑材料测试中心(材料测试部)。

本部分参加起草单位：国家合成树脂质量监督检验中心、中石化燕山石化树脂所。

本部分主要起草人：胡孝义、李生德、孙泉、王建东、陈宏愿。

本部分所代替标准的历次版本发布情况为：GB/T 12001.1—1989。

塑料　未增塑聚氯乙烯模塑和挤出材料 第1部分:命名系统和分类基础

1　范围

1.1　GB/T 12001 的本部分规定了可作为未增塑聚氯乙烯(PVC-U)热塑性材料分类基础的命名系统。

1.2　不同类型的未增塑聚氯乙烯热塑性材料用一种分类系统加以区分。该系统以适用的下列特征性能值的范围以及有关推荐用途和(或)加工方法、重要性能、添加剂、着色剂、填料和增强材料等信息为基础。

a)　维卡软化温度;

b)　简支梁缺口冲击强度;

c)　弹性模量。

1.3　本部分适用于所有氯乙烯均为未增塑均聚物、氯乙烯的质量分数不低于50%的未增塑共聚物的混合物。同时也适用于氯化聚氯乙烯的混合物和以上提及的聚合物的一种和多种质量分数不低于50%的混合物。

本部分适用于常规为粉状、颗粒或碎粒状,未改性或经着色剂、添加剂、填料等改性的材料。

本部分不适用于泡沫塑料。

1.4　本部分不意味着命名相同的材料必定具有相同的性能。本部分不提供用于说明材料特殊用途和(或)加工方法所需的工程字符、性能字符或加工条件字符。

如果需要,可按 GB/T 12001 第2部分中规定的试验方法确定这些附加性能。

1.5　为了说明某种未增塑聚氯乙烯材料的特殊用途或为了确保加工的重现性,可以在第5字符组中给出附加要求(见第3章的介绍段落)。

2　规范性引用文件

下列文件中的条款通过 GB/T 12001 的本部分的引用而成为本部分的条款。凡是注日期的引用文件,其随后所有的修改单(不包括勘误的内容)或修订版均不适用于本部分,然而,鼓励根据本部分达成协议的各方研究是否可使用这些文件的最新版本。凡是不注日期的引用文件,其最新版本适用于本部分。

GB/T 1844.1—2008　塑料　符号与缩略语　第1部分:基础聚合物及其特征性能(ISO 1043-1:1996,IDT)

GB/T 12001.2—2008　塑料　未增塑聚氯乙烯模塑和挤出材料　第2部分:试样制备与性能测定(ISO 1163-2:1995,IDT)

3　命名和规范系统

未增塑聚氯乙烯的命名和分类系统基于下列标准模式:

<table>
<tr><th colspan="7">命　名</th></tr>
<tr><td rowspan="3">描述组(可选项)</td><td colspan="6">特征项目组</td></tr>
<tr><td rowspan="2">国家标准号组</td><td colspan="5">独立项目组</td></tr>
<tr><td>字符组1</td><td>字符组2</td><td>字符组3</td><td>字符组4</td><td>字符组5</td></tr>
</table>

命名包含标示为"热塑性塑料"可选的描述组和特征组,特征组包含本国家标准号组和独立项目组。

为了明确名独立项目组分成5个子组,包含以下信息:

字符组1:按照GB/T 1844.1—2008(见3.1)规定的未增塑聚氯乙烯代号PVC-U。

字符组2:位置1:推荐用途和加工方法(见3.2)。

位置2到8:重要性能、添加剂和补充信息(见3.2)。

字符组3:特征性能(见3.3)。

字符组4:填料或增强材料以及其标称含量(不包含在本部分的)。

字符组5:为达到分类的目的,可增加第5字符组给出附加信息。

独立项目组的第一个字母为连字符。字符组之间应用逗号分隔,如果某个字符组没有应用,应用双倍的分隔符号,比如双逗号(,,)。

3.1 字符组1

在此字符组中,按照GB/T 1844.1—2008以符号PVC-U表示的塑料标识。

3.2 字符组2

在此字符组中,用途和/或加工方法列在位置1上,重要性能、添加剂和补充信息列在位置2到8上,代号见表1。

表1 字符组2中所用的代号

代号	位置1	代号	位置2到8
B	吹塑	B	抗粘连
C	压延	C	着色的
D	光盘制造加工方式	D	粉末状
E	挤出	E	可发性的
F	挤出薄膜	F	特殊阻燃性的
G	一般用途	G	颗粒
H	涂覆	H	热稳定性的
L	挤出单丝	L	光或气候稳定性的
M	注塑		
		N	本色(未着色的)
		P	冲击改性的
Q	压塑		
R	旋转模塑	R	脱模剂
S	烧结	S	加润滑剂
T	窄带	T	透明的
V	加热成型		
X	未说明		
		Y	提高导电性的
		Z	抗静电的

3.3 字符组3

在此字符组中,三个数字组成的代号表示维卡软化温度(见3.3.1),用两个数字组成的代号表示冲击强度(见3.3.2),用两个数字组成的代号表示弹性模量,各代号间用一个连字符隔开。

如果性能值落入某一代号限定的范围内或接近限定的范围,制造商应当指出哪个代号命名该材料。如果后来的独立测试结果在某一代号限定的范围内或由于制造公差在某一代号限定的范围两侧,命名不受影响。

注：不是所有特征性能的组合代表的材料都可能成为现有的聚合物。

表 2　字符组 3 中的命名性能的数字代码

维卡软化温度		冲击强度		弹性模量	
数字代码	范围/℃	数字代码	范围/(kJ/m²)	数字代码	范围/MPa
058	≤60	05	≤10	18	≤2 000
062	>60 且≤64	25	>10 且≤40	23	>2 000 且≤2 500
066	>64 且≤68	50	>40	28	>2 500 且≤3 000
070	>68 且≤72			33	>3 000
074	>72 且≤76				
078	>76 且≤80				
082	>80 且≤84				
086	>84 且≤88				
090	>88 且≤92				
094	>92 且≤96				
098	>96 且≤100				
102	>100 且≤104				
106	>104 且≤108				
110	>108 且≤112				
114	>112 且≤116				
118	>116 且≤120				
122	>120				

3.3.1　维卡软化温度

维卡软化温度应按照 GB/T 12001.2—2008 进行测定。

可能的维卡软化温度数值用三个数字组成的符号表示，详见表 2。

3.3.2　冲击强度

缺口简支梁冲击强度应按照 GB/T 12001.2—2008 进行测定。

冲击强度的可能值被分成了三个范围，每个范围用两个数字组成的符号表示，详见表 2。

3.3.3　弹性模量

弹性模量应按照 GB/T 12001.2—2008 进行测定。

弹性模量的可能值被分成了四个范围，每个范围用两个数字组成的符号表示，详见表 2。拉伸弹性模量在代表范围的符号之前用字母 T(Tension)标明。

3.4　字符组 4

不包含在 GB/T 12001 的本部分。

3.5　字符组 5

在这个可选用的字符组中附加要求是一种将材料的命名转换成特定用途规格的方法。例如对已确定规格的产品可参考合适的国家标准或类似标准进行。

4　命名示例

热塑性未增塑聚氯乙烯塑料(PVC-U)，用于挤出管材(E)，颗粒(G)，光稳定的(L)，维卡软化温度 82 ℃(082)，冲击强度 8 kJ/m²(05)，拉伸弹性模量 3 700 MPa(T33)，其命名为：

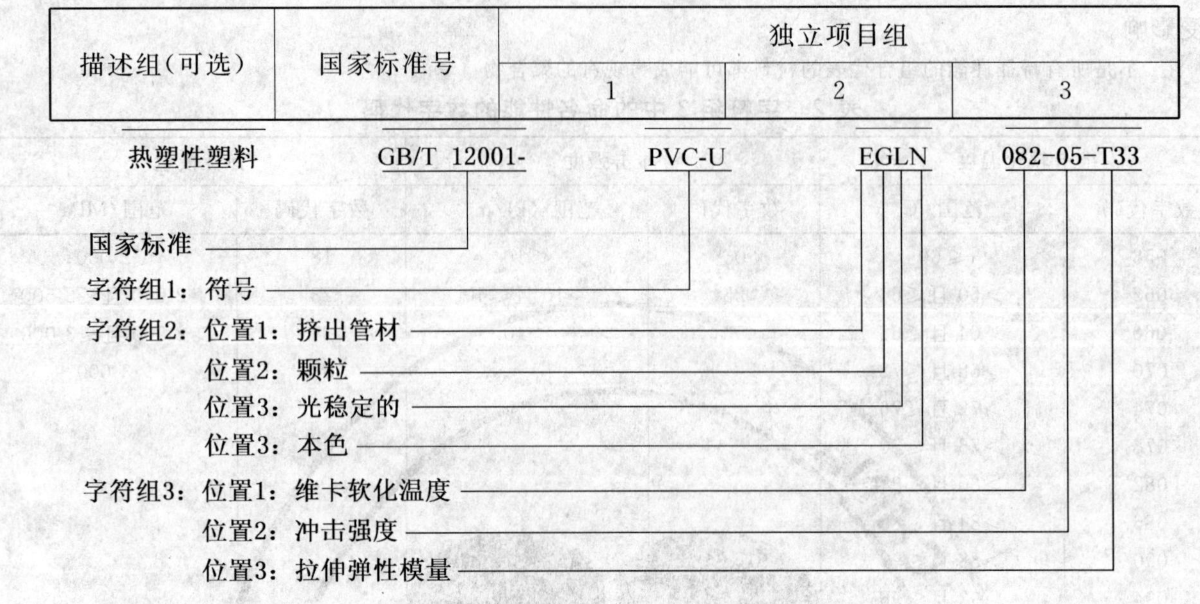

命名:GB/T 12001-PVC-U,EGLN,082-05-T33

热塑性未增塑聚氯乙烯塑料(PVC-U),用于吹膜(B),粉末状(D),透光的(T),维卡软化温度 74 ℃(074),冲击强度 25 kJ/m²(25),拉伸弹性模量 2 670 MPa(T28),其命名为:

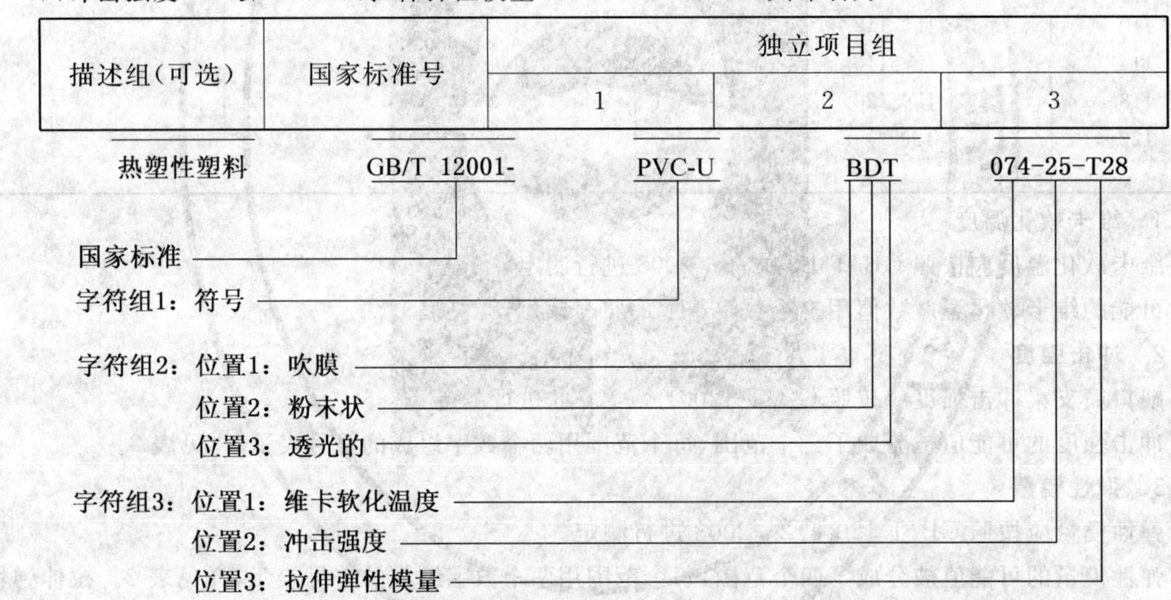

命名:GB/T 12001-PVC-U,BDT,074-25-T28

ICS 83.080.01
G 31

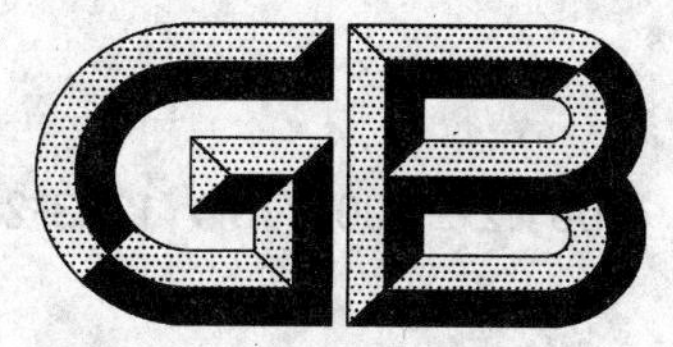

中华人民共和国国家标准

GB/T 12001.2—2008/ISO 1163-2:1995
代替 GB/T 12001.2—1989、GB/T 12001.3—1989

塑料 未增塑聚氯乙烯模塑和挤出材料 第2部分:试样制备和性能测定

Plastics—Unplasticized poly(vinyl chloride)(PVC-U) moulding and extrusion materials—Part 2: Preparation of test specimens and determination of properties

(ISO 1163-2:1995,IDT)

2008-09-18 发布　　　　2009-05-01 实施

中华人民共和国国家质量监督检验检疫总局
中国国家标准化管理委员会　发布

前　言

GB/T 12001《塑料　未增塑聚氯乙烯模塑和挤出材料》分为以下两个部分：

——第1部分：命名系统和分类基础；

——第2部分：试样制备和性能测定。

本部分为GB/T 12001的第2部分。本部分等同采用ISO 1163-2:1995《塑料　未增塑聚氯乙烯(PUC-U)模塑和挤塑材料　第2部分：试样制备和性能测定》(英文版)。

本部分等同翻译ISO 1163-2:1995。

为便于使用，本部分做了下列编辑性修改：

a) 删除了ISO 1163－2:1995的前言；

b) “ISO 1163的本部分”改为“GB/T 12001的本部分”或“本部分”；

c) 对于ISO 1163-2:1995引用的国际标准中，有被等同采用为我国标准的本部分用引用我国标准代替国际标准，其余未有等同采用为我国标准的，在标准中均被直接引用。

本部分代替GB/T 12001.2—1989《未增塑聚氯乙烯窗用模塑料　第2部分：质量规格》、GB/T 12001.3—1989《未增塑聚氯乙烯窗用模塑料　第3部分：性能试验方法》，将GB/T 12001.2—1989与12001.3—1989整合修订，取消了GB/T 12001.2—1989的要求。

本部分与GB/T 12001.3—1989相比主要变化如下：

a) 标准名称修改为《塑料　未增塑聚氯乙烯模塑和挤出材料　第2部分：试样制备和性能测定》；

b) 将力学性能改为机械性能，并增加了拉伸蠕变、拉伸缺口冲击强度，取消了邵氏硬度；

c) 电性能增加了相对介电常数、介质损耗因数、表面电阻、介电强度、相比漏电起痕指数；

d) 将阻燃性能并到热学性能；

e) 取消了腐蚀度。

本部分由中国石油和化学工业协会提出。

本部分由全国塑料标准化技术委员会塑料树脂通用方法和产品分会(SAC/TC 15/SC 4)归口。

本部分负责起草单位：中石化北化院国家化学建筑材料测试中心(材料测试部)。

本部分参加起草单位：国家合成树脂质量监督检验中心、中石化燕山石化树脂所。

本部分主要起草人：胡孝义、李生德、孙泉、王建东、陈宏愿。

本部分所代替标准的历次版本发布情况为：

——GB/T 12001.2—1989；

——GB/T 12001.3—1989。

塑料 未增塑聚氯乙烯模塑和挤出材料 第2部分:试样制备和性能测定

1 范围

GB/T 12001 的本部分规定了未增塑聚氯乙烯(PVC-U)模塑和挤出材料的试样制备和性能测试的方法。本部分以及第1部分列出的所有性能应按本部分提及的相应方法进行测定。

这些性能可能没有可引用的数据。命名 PVC-U 热塑性材料所需的特征性能在本标准的第1部分给出。所有性能应通过本部分提及的相应方法进行测定,所获得的值应按 GB/T 19467.1—2004 进行表示。

根据本部分测定的结果与使用不同尺寸试样和(或)使用不同方法制备的试样获得的结果不一定相同。模塑塑料的性能取决于模塑塑料组成、形状、测试方法和各向异性状况。影响性能的因素还有模具的浇口以及模塑条件,例如温度、压力和注射速度。任何后处理如老化或退火也会影响其性能,例如老化或退火。

热历史、内应力对热性能、机械性能以及耐环境应力开裂性能影响很大,但可能对电性能影响很小,电性能取决于模塑塑料的化学组成。

为了获得可重复的测试结果,应做到以下两点:

——使用规定尺寸和条件的试样;

——使用本部分规定的测试程序。

2 规范性引用文件

下列文件中的条款通过 GB/T 12001 的本部分的引用而成为本部分的条款。凡是注日期的引用文件,其随后所有的修改单(不包括勘误的内容)或修订版均不适用于本部分,然而,鼓励根据本部分达成协议的各方研究是否可使用这些文件的最新版本。凡是不注日期的引用文件,其最新版本适用于本部分。

GB/T 1033.1—2008 塑料 非泡沫塑料密度的测定 第1部分:浸渍法、液体比重瓶法和滴定法(ISO 1183-1:2004,IDT)

GB/T 1034—2008 塑料 吸水性的测定(ISO 62:1999, IDT)

GB/T 1040.1—2006 塑料 拉伸性能的测定 第1部分:总则 (ISO 527-1:1993,IDT)

GB/T 1040.2—2006 塑料 拉伸性能的测定 第2部分:模塑和挤塑塑料的试验条件(ISO 527-2:1993,IDT)

GB/T 1040.4—2006 塑料 拉伸性能的测定 第4部分:各向同性和正交各向异性纤维增强复合材料的试验条件(ISO 527-4:1997,IDT)

GB/T 1043.1—2008 塑料 简支梁冲击性能的测定 第1部分:非仪器化冲击试验(ISO 179-1:2000,IDT)

GB/T 1408.1—2006 绝缘材料电气强度试验方法 第1部分:工频下试验(IEC 60243-1:1998,IDT)

GB/T 1410—2006 固体绝缘材料体积电阻率和表面电阻率试验方法(IEC 60093:1980, IDT)

GB/T 1633—2000 热塑性塑料维卡软化温度(VST)的测定(ISO 306:1994,IDT)

GB/T 1634.1—2004 塑料 负荷变形温度的测定 第1部分:通用试验方法 (ISO 75-1:2003,IDT)

GB/T 1634.2—2004 塑料 负荷变形温度的测定 第2部分:塑料、硬橡胶和长纤维增强复合材料(ISO 75-2:2003,IDT)

GB/T 2408—2008 塑料燃烧性能试验方法 水平法和垂直法(IEC 60695-11-10:1999, IDT)

GB/T 2918—1998 塑料试样状态调节和试验的标准环境(ISO 291:1997, IDT)

GB/T 4207—2003 固体绝缘材料在潮湿条件下相比电痕化指数和耐电痕化指数的测定方法(IEC 60112:1979, IDT)

GB/T 9341—2008 塑料 弯曲性能的测试(ISO 178:2001, IDT)

GB/T 11546.1—2008 塑料 蠕变行为的测定 第1部分:拉伸蠕变(ISO 899-1:2003, IDT)

GB/T 12001.1—2008 塑料 未增塑聚氯乙烯模塑和挤出材料 第1部分:命名系统和分类基础(ISO 1163-1:1995, IDT)

ISO 293:1986 热塑性塑料压缩试样的制备

ISO 2818:1994 塑料 试样的机加工制备

ISO 3167:1983 塑料多用途试样的制备和使用

ISO 4589:1984 塑料燃烧性能试验方法 氧指数法

ISO 8256:1990 塑料 拉伸冲击性能的测定

ISO 10350-1:1998 塑料 可比单点数据的获得和表示 第1部分:模塑材料

IEC 60250:1969 测量电气绝缘材料在工频、音频、高频(包括米波波长在内)下电容率和介质损耗因数的推荐方法

IEC 60296:1982 变压器油

3 试样制备

试样需通过压塑成型方法制备。

使用的方法应在性能后面列出,用代号字母“Q”表示压塑成型。

用同一方法制备的所有试样需按照表1和表2中的同一加工条件制备。

3.1 压塑之前的预处理

在压塑之前,需要按照表1中的条件在双辊混炼机中预塑化(混炼)。

3.2 压塑成型

将混炼好的片材,交叉层铺放到预热的模具中并按照表2中给出的条件,根据ISO 293:1986进行压塑。

测试样条需要按照ISO 2818:1994标准根据不同的性能从压塑的片上机加工制备。

表1 试样预塑化条件

材料	混炼辊表面温度/℃	混炼时间/min	混炼辊表面速度/(m/min)	速比	辊间隙/mm	辊直径/mm	辊宽度/mm
所有级	VST/B+90(±10)	5±1	推荐:10	1:1.2	推荐:1	推荐:150	推荐:300

表2 试样压塑条件

材料	压塑温度/℃	平均冷却速率/(℃/min)	脱模温度/℃	全压压力/MPa	保压时间/min	预热压力/MPa	预热时间/min
所有级	VST/B+100(±10)	15±3	≤40	7.5±2.5	3.5±1.5	~0.5	~5

4 状态调节

在温度(23±2)℃,相对湿度(50±5)%的环境下按照 GB/T 2918—1998 状态调节不少于 16 h。

除电性能外的性能测试应在试样制备至少 16 h 后进行,进行电性能测定时,应放置 24 h 以上。

5 性能的测定

在性能测定以及结果表述中,要应用表 3 中所列的标准、方法及试样,并参照 ISO 10350-1:1998 的补充说明和注解。

除表 3 中特殊说明的,所有测试需在温度(23±2)℃,相对湿度为(50±5)%条件下进行。

表 3 性能以及测试条件

性能	单位	试验方法	试样类型和尺寸/mm	试样制备[a]	试验条件与附加说明
机械性能					
拉伸弹性模量	MPa	GB/T 1040.1 GB/T 1040.2 GB/T 1040.4	见 GB/T 11997	Q	速度 1 mm/min
屈服拉伸应力					速度 50 mm/min
屈服拉伸应变	%				速度 50 mm/min
断裂拉伸应变					速度 50 mm/min
50%应变时应力					速度 50 mm/min
拉伸蠕变模量	MPa	GB/T 11546			1 h,应变≤0.5% 1 000 h,应变≤0.5%
弯曲模量		GB/T 9341	80×10×4		速度 2 mm/min
弯曲强度					
简支梁缺口冲击强度[b]	kJ/m²	GB/T 1043.1	80×10×4 V 型缺口,r=0.25		1 eA
拉伸缺口冲击强度		ISO 8256	80×10×4 双 V 缺口,r=1		简支梁缺口冲击不断裂时采用
热性能					
负载变形温度	℃	GB/T 1634.1 GB/T 1634.2	110×10×4 或80×10×4	Q	1.8 MPa
维卡软化温度		GB/T 1633	10×10×4		升温速率为 50 ℃/h,负载 50 N
燃烧性能	mm/min	GB/T 2408	125×13×3		方法 A 水平燃烧速率
	s				方法 B 垂直燃烧余辉与余烬时间
	%	GB/T 2406	80×10×4		方法 A 顶端点燃

表 3（续）

性能	单位	试验方法	试样类型和尺寸/mm	试样制备[a]	试验条件与附加说明
电性能					
相对介电常数 介质损耗因数	—	GB/T 1409	(≥80)×(≥80)×1	Q	频率 1 kHz（补偿电极边缘的影响）
体积电阻	Ω·m	GB/T 1410	(≥80)×(≥80)×1		电压 500 V
表面电阻	Ω				
介电强度	kV/mm	GB/T 1408.1	(≥80)×(≥80)×1		用 25 mm/75 mm 同轴柱状电极。浸在 GB 2536 变压器油中。用短时间测试
相比漏电起痕指数	—	GB/T 4207	(≥15)×(≥15)×4		用溶液 A
其他性能					
吸水性	%	GB/T 1034	50×50×4	Q	23 ℃水中浸泡 24 h
密度	kg/m^3	GB/T 1033	10×10×4		—

[a] Q=压塑成型；

[b] 命名性能。

ICS 83.080.01
G 31

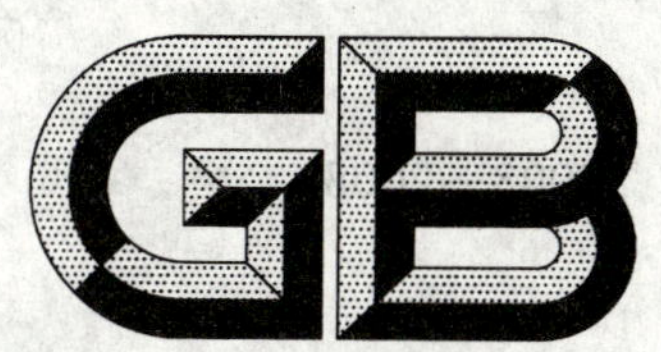

中华人民共和国国家标准

GB/T 12003—2008
代替 GB/T 12003—1989

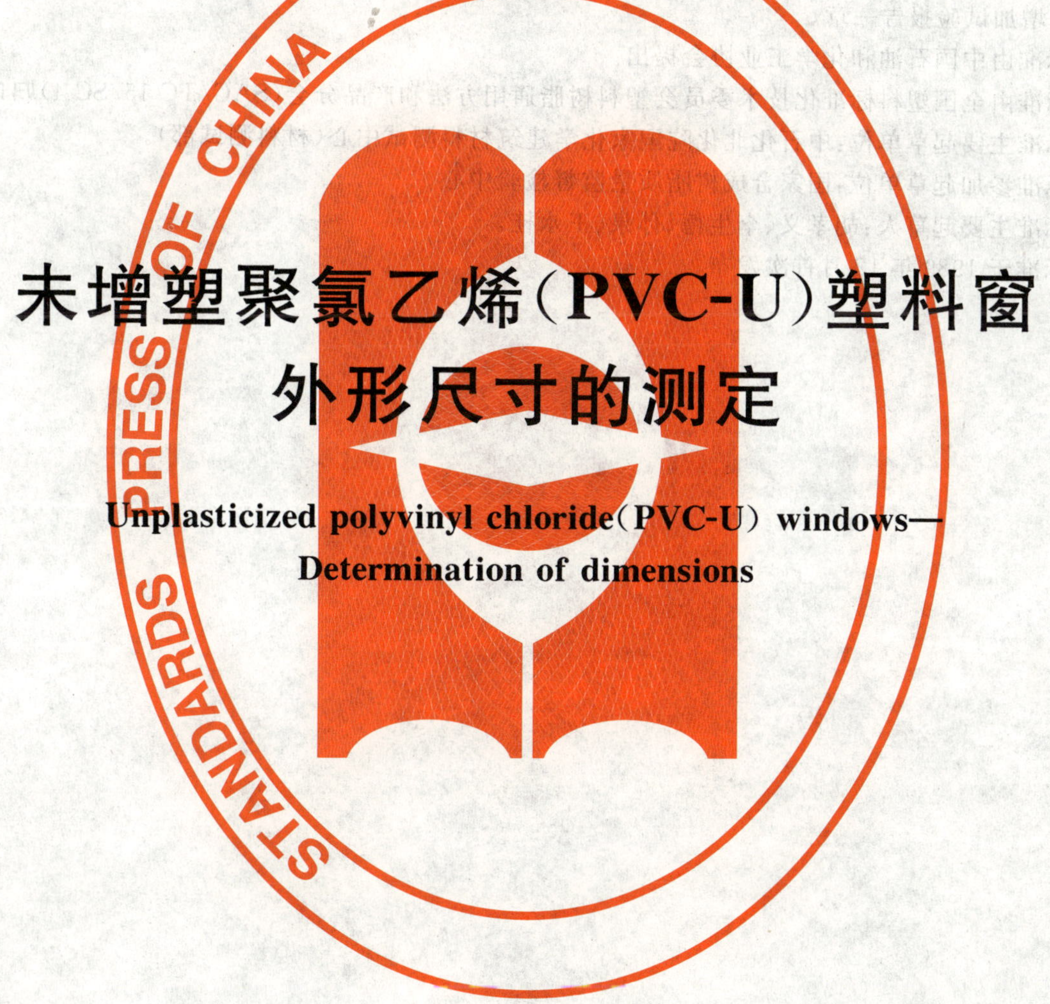

未增塑聚氯乙烯(PVC-U)塑料窗外形尺寸的测定

Unplasticized polyvinyl chloride(PVC-U) windows—Determination of dimensions

2008-08-04 发布　　　　2009-04-01 实施

中华人民共和国国家质量监督检验检疫总局
中国国家标准化管理委员会　发布

前言

本标准代替 GB/T 12003—1989《塑料窗基本尺寸公差》。

本标准与 GB/T 12003—1989 相比主要变化如下：

a） 名称改为“未增塑聚氯乙烯(PVC-U)塑料窗　外形尺寸的测定”；

b） 将“对角线尺寸公差”修改为“窗框对角线尺寸之差”；

c） 增加试验报告一章。

本标准由中国石油和化学工业协会提出。

本标准由全国塑料标准化技术委员会塑料树脂通用方法和产品分会(SAC/TC 15/SC 4)归口。

本标准主要起草单位：中石化北化院国家化学建筑材料测试中心(材料测试部)。

本标准参加起草单位：国家合成树脂质量监督检验中心。

本标准主要起草人：胡孝义、李生德、孙泉、王永桂。

本标准于 1989 年 12 月首次发布。

未增塑聚氯乙烯(PVC-U)塑料窗
外形尺寸的测定

1 范围

本标准规定了未增塑聚氯乙烯(PVC-U)塑料窗外形基本尺寸的测量方法。

本标准适用于矩形和非矩形窗的矩形部分外形尺寸的测定。

2 仪器

钢卷尺和钢直尺,分度值 0.5 mm。

3 检测方法

用本标准中第 2 章规定的量具,检测窗对角线和窗高、窗宽尺寸。

3.1 检测对角线尺寸

如图 1 所示,测量时,以窗框或扇的型材中心线交于窗角处的交点作为测量窗对角线的端点,测量两端点的距离。

单位为毫米

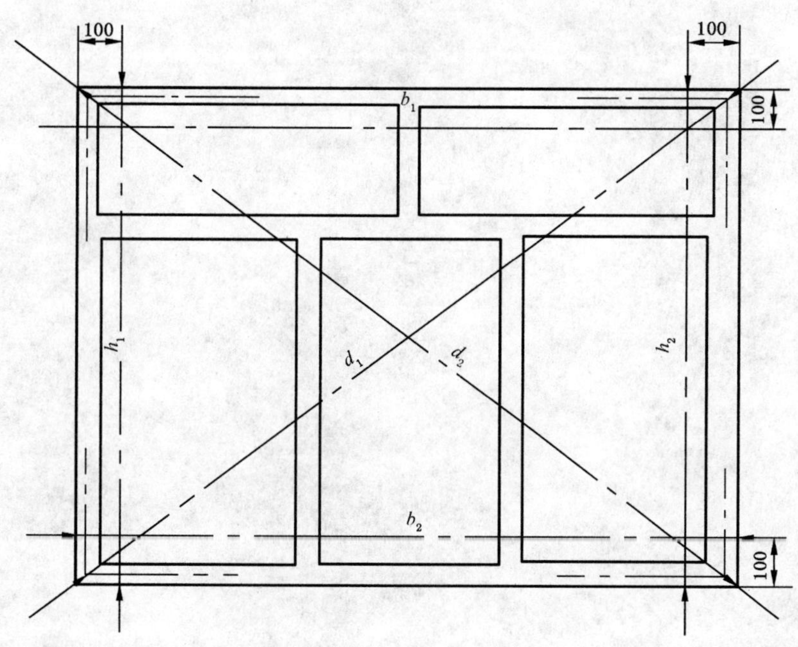

b_1、b_2——窗宽度;

h_1、h_2——窗高度;

d_1、d_2——窗对角线长度。

图 1 检测窗图例

3.2 检测窗高、窗宽尺寸

如图 1 所示,测量前应先从宽或高两端向内各标出 100 mm 间距,并做一记号,然后测量高或宽两端记号间距离,即为检测的实际尺寸。

4 试验报告

试验报告应该包含以下信息和内容：

a） 注明引用 GB/T 12003；

b） 试验样品的完整标识；

c） 试验结果，单次测试值以及算术平均值。

ICS 83.080.20
G 31

中华人民共和国国家标准

GB/T 12010.1—2008/ISO 15023-1:2001
代替 GB/T 12010.1—1989

塑料 聚乙烯醇(PVAL)材料 第1部分:命名系统和分类基础

Plastics—Poly(vinyl alcohol)(PVAL) materials—
Part 1:Designation system and basis for specifications

(ISO 15023-1:2001,IDT)

2008-09-04 发布 2009-04-01 实施

中华人民共和国国家质量监督检验检疫总局
中国国家标准化管理委员会 发布

前　言

GB/T 12010《塑料　聚乙烯醇(PVAL)材料》共分为三个部分:

——第1部分:命名系统和分类基础;

——第2部分:性能测定;

——第3部分:产品规格。

本部分为GB/T 12010的第1部分,等同采用ISO 15023-1:2001《塑料——聚乙烯醇材料——第1部分:命名方法和规格基础》(英文版)。

本部分同等翻译ISO 15023-1:2001,在技术内容上完全一致。

为便于使用,本部分做了下列编辑性修改:

a) 把“本国际标准”一词改为“本标准”或“GB/T 12010”,把“ISO 15023:2001的本部分”改成“GB/T 12010的本部分”或“本部分”;

b) 删除了ISO 15023-1:2001的前言;

c) 增加了我国标准本部分的前言;

d) 对于ISO 15023-1:2001引用的其他国际标准中有被等同采用为我国标准的,本部分用引用我国国家标准代替对应的国际标准,其余未有等同采用为我国标准的国际标准,在本部分中均被直接引用。

本部分代替GB/T 12010.1—1989《聚乙烯醇树脂命名》。

本部分与GB/T 12010.1—1989相比主要变化如下:

——更改了标准名称、增加了前言;

——本部分根据聚乙烯醇的醇解度、黏度及关于基础聚合物参数、预定用途和(或)加工方法、重要性质、添加剂、着色剂、填料和增强材料的信息组成的分类体系进行区分。

本部分由中国石油和化学工业协会提出。

本部分由全国塑料标准化技术委员会(SAC/TC 15)归口。

本部分负责起草单位:国家合成树脂质量监督检验中心。

本部分参加起草单位:中石化四川维尼纶厂、湖南省湘维有限公司、云维股份有限公司。

本部分主要起草人:王永桂、王建东、蒲利均、阳小陆、冷革辉。

本部分所代替标准的历次版本发布情况为:

——GB/T 12010.1—1989。

塑料 聚乙烯醇(PVAL)材料
第1部分:命名系统和分类基础

1 范围

1.1 GB/T 12010的本部分规定了聚乙烯醇(PVAL)材料命名系统,该系统可作为分类基础。

1.2 聚乙烯醇(PVAL)材料以下列特征性能为基础以及相关基础聚合物参数、预定用途和(或)加工方法、重要性质、添加剂、着色剂、填料和增强材料的信息组成的分类体系进行区分:

a) 醇解度;

b) 规定条件下水溶液黏度。

1.3 本部分适用于醇解度不小于70%(摩尔分数)的聚乙烯醇材料。

它适用于通用的粉状、粒状材料,也适用于未改性的或添加着色剂、添加剂、填料等改性的材料。

1.4 命名相同的材料不一定具有相同的性能。本部分不提供特殊应用和(或)加工方法可需的工程数据、性能数据或加工条件数据。

如果需要,应按ISO 15023-2:2003中规定的试验方法测定这些附加性能。

1.5 为了说明一种特殊应用的材料或确保加工的重复性,附加的要求可在字符组5中给出(3.1)。

2 规范性引用文件

下列文件中的条款通过GB/T 12010的本部分的引用而成为本部分的条款。凡是注日期的引用文件,其随后所有的修改单(不包括勘误的内容)或修订版均不适用于本部分,然而,鼓励根据本部分达成协议的各方研究是否可使用这些文件的最新版本。凡是不注日期的引用文件,其最新版本适用于本部分。

GB/T 1844.1—2008 塑料 符号和缩略语 第1部分:基础聚合物及其特征性能(ISO 1043-1:2001,IDT)

ISO 15023-2:2003 塑料——聚乙烯醇(PVAL)材料——第2部分:性能测定

3 命名方法

3.1 概述

热塑性塑料的命名方法按照以下标准的模式:

<table>
<tr><td colspan="7">命　名</td></tr>
<tr><td rowspan="3">说明组
(可选择的)</td><td colspan="6">标 识 组</td></tr>
<tr><td rowspan="2">国家标准号</td><td colspan="5">单 项 组</td></tr>
<tr><td>字符组1</td><td>字符组2</td><td>字符组3</td><td>字符组4</td><td>字符组5</td></tr>
</table>

命名是由一个可选择的说明组(称作"热塑性塑料")和包含国家标准号及单项组所组成的标识组构成的。为了明确代号,单项组细分成5个字符组,各字符组由以下信息组成:

字符组1: 按GB/T 1844.1—2008用它的符号PVAL标识该塑料(见3.2)。

字符组2: 位置1:预定用途和(或)加工方法(见3.3)。

位置2到8:重要性能、添加剂和附加信息(见3.3)。

字符组3: 指定的性质(见3.4)。

字符组4: 填料或增强材料及其标称含量(见3.5)。

字符组 5： 为了规范，字符组 5 可以增加一些附加信息(见 3.6)。

单项组的第一符号是连字号，四个字符组彼此用逗号隔开。

如果某个字符组不用，用双分号，即两个逗号(,,)来表示。

3.2 字符组 1

在这个字符组中，在连字号后面，聚乙烯醇聚合物按 GB/T 1844.1—2008 用符号 PVAL 来标识。

3.3 字符组 2

在这个字符组中，位置 1 给出了有关预定用途和(或)加工方法的信息，位置 2 到 8 给出了有关重要性能、添加剂和着色剂的信息。表 1 中规定了运用的字母代号。

如果位置 2 到 8 中给出信息，而位置 1 未给出规定的信息，字母 X 就插在位置 1 处。

表 1 字符组 2 中所用的字母代号

字母代号	位置 1	字母代号	位置 2 到 8
A	黏合剂	A	加工稳定性的
B	吹塑	B	抗粘连
B1	挤出吹塑		
B2	注射吹塑		
C	压延	C	着色的
		D	粉末
E	挤出		
F	薄膜	F	特殊燃烧性的
G	一般用途	G	颗粒
		G1	粒料
		G2	扁粒
		G3	珠粒
H	涂布	H	热老化稳定性的
		K1	防蚀剂
		K2	耐真菌性的
		K3	消泡剂
L	单丝挤出		
M	注塑		
N	乳化	N	本色的(未着色的)
		P	冲击改性的
		R	脱膜剂
		S	润滑的
V	热成型	V	热收缩性的
		W	醇解稳定性的
X	未指明	X	可交链的
Y	纺织纱线、纺纱	Y	增加电导率的
		Z	抗静电的

3.4 字符组 3

3.4.1 概述

在这个字符组，醇解度用一个三位数字代号表示(见 3.4.2)，黏度用一个两位数字代号表示(见 3.4.3)。

如果性能值落在或接近范围极限值，制造商应说明指定材料的范围。因为制造公差，如果以后个别试验值处于或落在极限的任一方，其命名不受影响。

注：不是所有特征性能值的组合物都可能成为现有的聚合物。

3.4.2 醇解度

醇解度可按照 ISO 15023-2:2003 附录 D 进行测定。

按醇解度划分为 11 个范围，每一范围用表 2 中规定的三位数字代号表示。

表 2 在字符组 3 中用于表示醇解度的数字代号

数字代号	醇解度(摩尔分数)/%
100	醇解度≥99
098	97≤醇解度<99
096	95≤醇解度<97
094	93≤醇解度<95
092	91≤醇解度<93
090	89≤醇解度<91
088	87≤醇解度<89
086	85≤醇解度<87
083	80≤醇解度<85
078	75≤醇解度<80
073	70≤醇解度<75

3.4.3 4%水溶液黏度

水溶液黏度可按 ISO 15023-2:2003 附录 E 进行测定。

按黏度值划分为 10 个范围，每一范围用表 3 中规定的两位数字代号表示。

表 3 在字符组 3 中用于表示黏度的数字代号

数字代号	黏度范围/(mPa·s)
01	黏度≤2
03	2<黏度≤4
05	4<黏度≤6
08	6<黏度≤10
13	10<黏度≤16
20	16<黏度≤24
27	24<黏度≤30
35	30<黏度≤40
50	40<黏度≤60
60	黏度>60

3.5 字符组 4

在这个字符组中，位置 1 用一位字母代号表示填料和(或)增强材料的类型，位置 2 用另一个字母代号表示其物理形态，见表 4。位置 3 和位置 4 用一个两位数字代号表示质量分数。

表 4 在字符组 4 中用于表示填料和(或)增强材料的字母代号

字母代号	材料	字母代号	形状
B C	硼 碳[a]	B C	珠状、球体 片状、切片
		D	粉末
E	黏土		
		F	纤维
G	玻璃	G	研磨
		H	晶须
K	碳酸钙		
L	纤维素[a]	L	层状
M	矿物[a,b]、金属[a]		
		N	无纺织物
P	云母[a]	P	纸
Q	硅		
S	合成有机物[a]	S	鳞片、薄片
T	滑石		
W	木		
X	未规定	X	未规定
		Y	纱
Z	其他[a]	Z	其他[a]

a 这些材料可进一步用它们的化学符号定义，或按相应的标准定义附加的符号。例如金属(M)，基本上是用其化学符号表明金属类型。

b 如果有适宜的符号，应该用来更精确地命名矿物填料。材料混合物和(或)形状可用“＋”号将相关的代号组合起来进行表示，并把整个组合放在括号里。例如，25％的玻璃纤维(GF)和 10％矿物粉末(MD)的混合物，用(GF25＋MD10)来表示。

3.6 字符组 5

在这个可选择的字符组里，指出的附加要求是将材料的命名转换成特殊应用材料规格的一种方法。通常建立规范时使用这种做法的示例，可参考适当的国家标准或类似标准。

4 命名示例

用于一般用途(G)、粉末状(D)、醇解度为 79.0％ (078)、黏度为 5.3 mPa·s(05)，没有特别添加剂的聚乙烯醇(PVAL)材料，命名为：

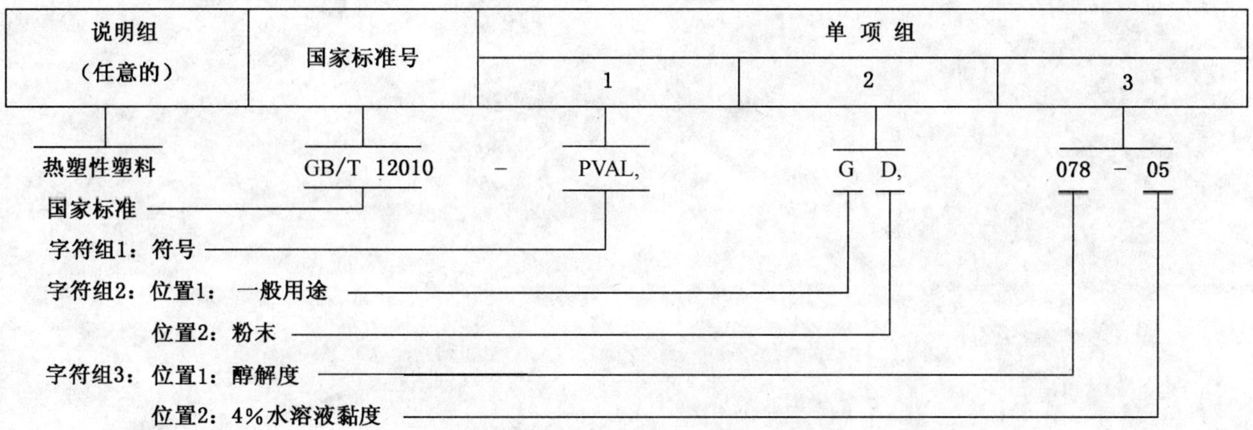

命名为:GB/T 12010-PVAL,GD,078-05

用于黏合剂(A)、抗粘连(B)、颗粒状(G)、醇解度为98.5%(098)、黏度为27.8 mPa·s(27),添加5%合成粉末的聚乙烯醇(PVAL)材料,命名为:

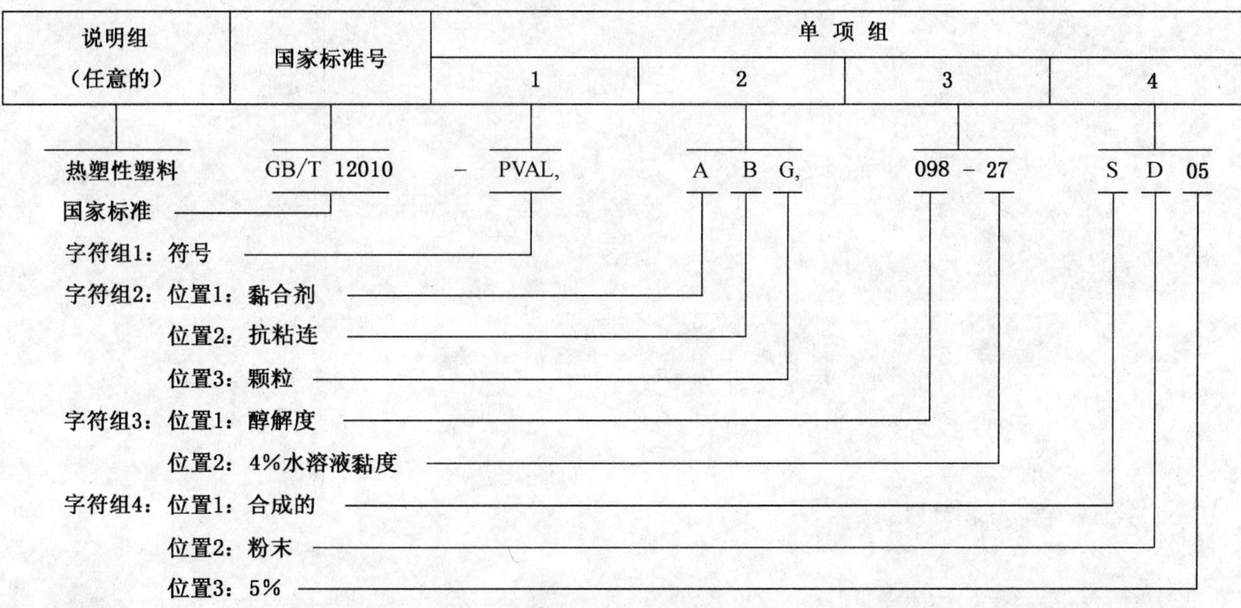

命名为:GB/T 12010-PVAL,ABG,098-27,SD05

ICS 27.010
F 01

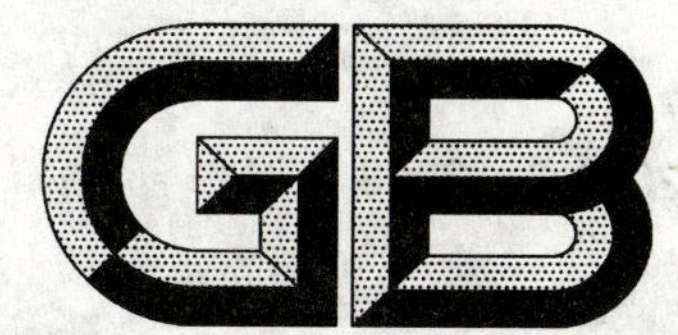

中华人民共和国国家标准

GB 12021.2—2008
代替 GB 12021.2—2003

家用电冰箱耗电量限定值及能源效率等级

The maximum allowable values of the energy consumption and energy efficiency grade for household refrigerators

2008-10-08 发布　　2009-05-01 实施

中华人民共和国国家质量监督检验检疫总局
中国国家标准化管理委员会　发布

前　言

本标准的4.3和4.4是强制性的，其余是推荐性的。

本标准代替GB 12021.2—2003《家用电冰箱耗电量限定值及能源效率等级》。

本标准此次修订与GB 12021.2—2003相比，主要变化如下：

a) 增加了气候类型的修正系数CC(4.1)。

b) 对如下类型的电冰箱的耗电量方程进行了修订(4.3)：

——含有15 L及以上容积且具有冰温区功能的变温间室电冰箱；

——容积小于或等于100 L电冰箱；

——容积大于400 L并带有穿透式自动制冰功能的电冰箱。

c) 增加了基准耗电量定义和计算方程(3.3,4.2)。

本标准由国家发展和改革委员会资源节约和环境保护司、国家标准化管理委员会工业一部提出。

本标准由全国能源基础与管理标准化技术委员会归口。

本标准起草单位：中国标准化研究院、北京工业大学、博西华家用电器有限公司、青岛海尔股份有限公司、河南新飞电器有限公司、中国家用电器研究院、广州市万宝冰箱有限公司、江苏白雪电器股份有限公司、海信科龙电器股份有限公司、中国电器科学研究院、无锡松下冷机有限公司、美的集团有限公司、青岛澳柯玛股份有限公司、合肥美菱股份有限公司、浙江华日实业投资有限公司、苏州三星电子有限公司。

本标准主要起草人：成建宏、李红旗、李军、王东宁、张献峰、杨超、李慧强、周小波、李砚泉、陈伟升、刘建新、江明波、徐玉峰、尚殿波、何少勇、赵杏根、张天会、刘伟。

本标准自实施日起，GB 12021.2—2003废止。

本标准所代替标准的历次版本发布情况为：

——GB 12021.2—1999；

——GB 12021.2—2003。

家用电冰箱耗电量限定值及能源效率等级

1 范围

本标准规定了家用电冰箱(以下简称电冰箱)耗电量限定值、能源效率等级与节能评价值判定方法、耗电量试验方法及检验规则。

本标准适用于电机驱动压缩式、供家用的电冰箱(含 500 L 以上的电冰箱)。不适用于嵌入式、透明门展示用或其他特殊用途的电冰箱产品。

2 规范性引用文件

下列文件中的条款通过本标准的引用而成为本标准的条款。凡是注日期的引用文件,其随后所有的修改单(不包括勘误的内容)或修订版均不适用于本标准,然而,鼓励根据本标准达成协议的各方研究是否可使用这些文件的最新版本。凡是不注日期的引用文件,其最新版本适用于本标准。

GB/T 2828.1 计数抽样检验程序 第1部分:按接收质量限(AQL)检索的逐批检验抽样计划

GB/T 2829 周期检验计数抽样程序及表(适用于对过程稳定性的检验)

GB/T 8059(所有部分) 家用制冷器具

3 术语和定义

下列术语和定义适用于本标准。

3.1

电冰箱耗电量限定值 the maximum allowable values of energy consumption

E_{max}

电冰箱在稳定运行状态下运行 24 h 耗电量的最大允许值。

3.2

调整容积 adjusted volume

V_{adj}

电冰箱不同类型间室有效容积的加权和。

3.3

电冰箱能源效率指数 energy efficiency index

η

能源效率指数(简称能效指数)是电冰箱实测耗电量(E_{test})与基准耗电量(E_{base})之比。其中,基准耗电量是作为产品比较的基准线,保持数值不变。

3.4

电冰箱能源效率等级 energy efficiency grade

能源效率等级(简称能效等级)是表示电冰箱产品能源效率高低差别的一种分级方法,分成 1、2、3、4 和 5 等级,1 级表示能源效率最高。

3.5

电冰箱额定能效等级 rated energy efficiency grade

由制造商标称的电冰箱能效等级。

3.6

电冰箱节能评价值 the evaluating values of energy conservation

η_{EE}

达到节能型产品所允许的最低能效指数。

4 耗电量限定值及计算

4.1 电冰箱调整容积的计算

电冰箱调整容积按照式(1)计算：

$$V_{adj} = \sum_{c=1}^{n} V_c \times F_c \times W_c \times CC \qquad \cdots\cdots(1)$$

式中：

V_{adj}——调整容积，单位为升(L)；

n——电冰箱不同类型间室的数量；

V_c——某一类型间室的实测有效容积，单位为升(L)；

F_c——常数，电冰箱中采用无霜系统制冷的间室等于1.4，其他类型间室等于1.0；

CC——气候类型修正系数，当电冰箱气候类型为N或SN型时等于1，当气候类型为ST型时等于1.1，当气候类型为T型时等于1.2；

W_c——各类型间室的加权系数，见表1。

表1 电冰箱各类型间室的加权系数 W_c

间室类型	冷藏室	冷却室	冰温室	1星级室	2星级室	3星级室	冷冻室
T_c/℃	5	10	0	−6	−12	−18	−18
W_c	1.00	0.75	1.25	1.55	1.85	2.15	2.15

对于表1中未包含的间室类型，其加权系数 W_c 则按式(2)计算：

$$W_c = \frac{25 - T_c}{20} \qquad \cdots\cdots(2)$$

式中：

T_c——某一类型间室的设计温度或生产企业所注明的特性温度，单位为摄氏度(℃)。

4.2 基准耗电量

基准耗电量是作为产品耗电量比较的基准线，按照式(3)计算保持数值不变。

$$E_{base} = (M \times V_{adj} + N + CH) \times S_r / 365 \qquad \cdots\cdots(3)$$

式中：

E_{base}——基准耗电量，单位：kW·h/24 h；

M——参数，单位为千瓦时每升(kW·h/L)；其值从表2查得；

N——参数，单位为千瓦时(kW·h)；其值从表2查得；

CH——变温室修正系数，取值见表3注1；

S_r——穿透式自动制冷功能修正系数，取值见表3注2。

表2 M、N取值

类型	类别	M/(kW·h/L)	N/(kW·h)
1	无星级室的冷藏箱	0.221	233
2	带1星级室的冷藏箱	0.611	181
3	带2星级室的冷藏箱	0.428	233

表 2（续）

类型	类别	M/(kW·h/L)	N/(kW·h)
4	带 3 星级室的冷藏箱	0.624	223
5	冷藏冷冻箱	0.697	272
6	冷冻食品储藏箱	0.530	190
7	食品冷冻箱	0.567	205

4.3 电冰箱耗电量限定值

电冰箱的耗电量限定值按照表 3 计算。

表 3 电冰箱的耗电量限定值

类　型	类　别	电冰箱耗电量限定值 E_{max}/(kW·h/24 h)
1	无星级室的冷藏箱	$0.9\times(0.221\times V_{adj}+233+CH)\times S_r/365$
2	带 1 星级室的冷藏箱	$0.9\times(0.611\times V_{adj}+181+CH)\times S_r/365$
3	带 2 星级室的冷藏箱	$0.9\times(0.428\times V_{adj}+233+CH)\times S_r/365$
4	带 3 星级室的冷藏箱	$0.9\times(0.624\times V_{adj}+223+CH)\times S_r/365$
5	冷藏冷冻箱	$0.8\times(0.697\times V_{adj}+272+CH)\times S_r/365$
6	冷冻食品储藏箱	$0.9\times(0.530\times V_{adj}+190+CH)\times S_r/365$
7	食品冷冻箱	$0.9\times(0.567\times V_{adj}+205+CH)\times S_r/365$

注 1：当电冰箱内含有 15 L 及以上容积、具有冰温区功能的变温间室时，CH 取值为 50 kW·h，否则取值为零。

注 2：当电冰箱容积小于或等于 100 L 或容积大于 400 L 并带有穿透式自动制冰功能时，S_r 取值为 1.10，否则取值为 1.00。

注 3：无法归入表 3 中所给出类别时，按照其最低温度间室的设计温度，归入最接近的电冰箱类别。

4.4 目标耗电量限定值

自本标准实施之日起四年后，电冰箱耗电量限定值见表 4。

表 4 四年后实施的电冰箱耗电量限定值

类　型	类　别	电冰箱耗电量限定值 E_{max}/(kW·h/24 h)
1	无星级室的冷藏箱	$0.8\times(0.221\times V_{adj}+233+CH)\times S_r/365$
2	带 1 星级室的冷藏箱	$0.8\times(0.611\times V_{adj}+181+CH)\times S_r/365$
3	带 2 星级室的冷藏箱	$0.8\times(0.428\times V_{adj}+233+CH)\times S_r/365$
4	带 3 星级室的冷藏箱	$0.8\times(0.624\times V_{adj}+223+CH)\times S_r/365$
5	冷藏冷冻箱	$0.7\times(0.697\times V_{adj}+272+CH)\times S_r/365$

4.5 电冰箱的实测耗电量

根据 GB/T 8059 中的产品抽样方案，抽取三台样品，测试耗电量，取其平均值为该产品的实测耗电量(E_{test})。电冰箱产品的实测耗电量与耗电量额定值应不大于耗电量限定值(E_{max})。

对于具有可变温间室的电冰箱，分别测试不同设定温度条件下的耗电量，各测试结果均应满足相应类别的耗电量限定值要求。

5 能效等级判定方法

5.1 能效指数的计算

电冰箱的能效指数按照式(4)计算：

$$\eta = \frac{E_{test}}{(M \times V_{adj} + N + CH) \times S_r/365} \times 100\% \quad \cdots\cdots(4)$$

式中：

η——能效指数；

E_{test}——实测耗电量，单位：kW·h/24 h。

5.2 能效等级的判定

根据表5判定该产品的能效等级，此能效等级不应低于该产品的额定能效等级。对于可变温间室，分别计算不同设定温度条件下的能效等级，均不应低于该产品的额定能效等级。

表5 电冰箱能效等级的能效指数

能效等级	能效指数 η	
	冷藏冷冻箱	其他类型(类型1、2、3、4、6、7)
1	$\eta \leqslant 40\%$	$\eta \leqslant 50\%$
2	$40\% < \eta \leqslant 50\%$	$50\% < \eta \leqslant 60\%$
3	$50\% < \eta \leqslant 60\%$	$60\% < \eta \leqslant 70\%$
4	$60\% < \eta \leqslant 70\%$	$70\% < \eta \leqslant 80\%$
5	$70\% < \eta \leqslant 80\%$	$80\% < \eta \leqslant 90\%$

6 节能评价值

电冰箱的节能评价值见表6。

表6 电冰箱节能评价值

类型	节能评价值 η_{EE}
冷藏冷冻箱	$\eta_{EE} = 50\%$
其他类型(类型1、2、3、4、6、7)	$\eta_{EE} = 60\%$

7 有效容积和耗电量的试验方法

7.1 试验条件

对所有气候类型的电冰箱(N、SN、ST、T型)，测试时环境温度均设定为25 ℃，其他试验条件应符合GB/T 8059中的有关规定。

7.2 测量仪器

按照GB/T 8059中型式检验对仪器的要求，选用测量仪器。

7.3 试验方法

按GB/T 8059中的有效容积和耗电量试验方法进行。

8 检验规则

8.1 出厂检验

8.1.1 耗电量限定值应作为电冰箱出厂检验项目。检验方案根据GB/T 2828.1和GB/T 2829由制造商质量检验部门自行决定。

8.1.2 经检验认定为不合格的产品，不允许出厂。

8.2 型式检验

8.2.1 电冰箱在下列情况之一时，应进行型式检验：

a) 试制的新产品；

b) 当产品在设计、工艺或所用材料有重大改变时；

c) 连续生产中的产品，每年不少于一次；

d) 时隔一年以上再生产时；

e) 出厂检验结果与上次型式检验有较大差异时；

f) 国家质量监督部门提出进行型式检验的要求。

8.2.2 型式检验的抽样，每次抽三台，如发现仅有一台的耗电量不符合本标准的耗电量限定值要求时，应从该批产品中另抽出双倍数量重复检验，如仍有一台不符合要求时，则该批产品为不合格；如有一台以上时，则判定该批产品为不合格。

8.3 验收

订货方有权检查产品的耗电量、能效等级是否符合本标准的要求。

9 能效等级标识

9.1 制造商应根据本标准的要求，对其生产的产品进行耗电量和有效容积的检测。

9.2 制造商根据测试结果，确定产品的额定能效等级。

9.3 制造商应在其产品的说明书上注明该产品的额定能效等级、所依据的标准号。并依据中国家用电冰箱能效标识实施规则的规定，在产品的明显位置处进行粘贴。

ICS 27.010
F 01

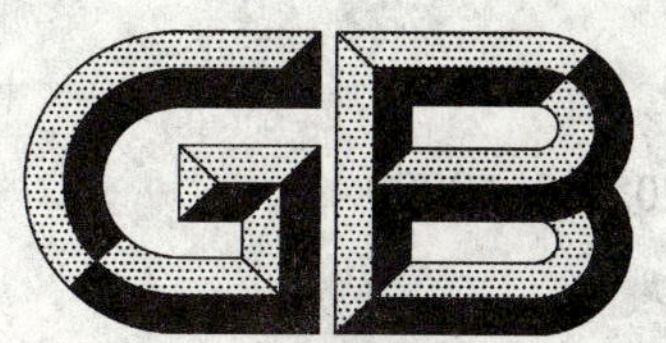

中华人民共和国国家标准

GB 12021.6—2008
代替 GB 12021.6—1989

自动电饭锅能效限定值及能效等级

Minimum allowable values of energy efficiency and energy efficiency grades for automatic electric rice cookers

2008-10-20 发布　　　　2009-06-01 实施

中华人民共和国国家质量监督检验检疫总局
中国国家标准化管理委员会　发布

前言

本标准的4.3、4.5和4.6为强制性条款，其余为推荐性条款。

本标准代替GB 12021.6—1989《自动电饭锅效率、保温电耗限定值及测试方法》。

本标准与GB 12021.6—1989相比主要变化如下：

——本标准名称改为《自动电饭锅能效限定值及能效等级》；

——范围中增加了能效等级、节能评价值、待机能耗；

——规范性引用文件、术语和定义也有相应改变；

——原标准中电耗限定值改为能效限定值；

——原标准中测试方法一章内容全部删除，名称改为试验方法；

——本标准中规定的试验方法的内容放在了附录A中；

——出厂检验和型式检验内容作了较大调整；

——原标准中第7章的内容全部删除。

本标准的附录A是规范性附录。

本标准由国家发展和改革委员会资源节约和环境保护司、国家标准化管理委员会工业一部提出。

本标准由全国能源基础与管理标准化技术委员会合理用电分委员会归口。

本标准主要起草单位：中国标准化研究院、美的集团有限公司、广州威凯检测技术研究所、北京家电研究院、珠海格力电器股份有限公司、浙江苏泊尔电器制造有限公司。

本标准主要起草人：刘伟、成建宏、李家勋、李新义、王攀、王巧东、柏长升、孟诚诚、王若虹。

本标准所代替标准的历次版本发布情况为：

——GB 12021.6—1989。

自动电饭锅能效限定值及能效等级

1 范围

本标准规定了自动电饭锅的能效等级、能效限定值、节能评价值、待机能耗、保温能耗、试验方法和检验规则。

本标准适用于电热元件为加热源的在常压下工作的额定功率小于2 000 W的自动电饭锅。

2 规范性引用文件

下列文件中的条款通过本标准的引用而成为本标准的条款。凡是注日期的引用文件，其随后所有的修改单(不包括勘误的内容)或修订版均不适用于本标准，然而，鼓励根据本标准达成协议的各方研究是否可使用这些文件的最新版本。凡是不注日期的引用文件，其最新版本适用于本标准。

GB/T 2828.1 计数抽样检验程序 第1部分：按接收质量限(AQL)检索的逐批检验抽样计划(GB/T 2828.1—2003，ISO 2859-1：1999，IDT)

GB/T 2829 周期检验计数抽样程序及表(适用于对过程稳定性的检验)

GB 4706.19—2004 家用和类似用途电器的安全 液体加热器的特殊要求(IEC 60335-2-15：2000，IDT)

QB/T 3899—1999 自动电饭锅

3 术语和定义

下列术语和定义适用于本标准。

3.1

自动电饭锅能效限定值 minimum allowable values of energy efficiency for automatic electric rice cookers

在满足待机能耗和保温能耗要求的前提下，自动电饭锅在标准规定测试条件下的最低允许热效率。

3.2

自动电饭锅节能评价值 evaluating values of energy conservation for automatic electric rice cookers

在满足待机能耗和保温能耗要求的前提下，自动电饭锅在标准规定测试条件下达到节能产品认证要求的最低热效率。

3.3

自动电饭锅待机能耗 standby power consumption for automatic electric rice cookers

产品连接到供电电源上且处于等待状态(电热元件不加热)时每小时的耗电量。

4 技术要求

4.1 基本要求

本标准所适用的自动电饭锅，应符合QB/T 3899和GB 4706.19的要求。

4.2 能效等级

自动电饭锅能效等级分为5级(见表1)，其中1级能效最高。各等级产品的能效值应不低于表1的规定。对于有多种功能的产品，其某一等级的产品应至少有一个功能不低于表1的规定。

表 1 自动电饭锅能效等级

额定功率 P/W	热效率值/%				
	能效等级				
	1	2	3	4	5
P≤400	85	81	76	72	60
400<P≤600	86	82	77	73	61
600<P≤800	87	83	78	74	62
800<P≤1 000	88	84	79	75	63
1 000<P≤2 000	89	85	80	76	64

4.3 能效限定值

对于金属内锅类自动电饭锅，其能效限定值为表 1 中能效等级的 4 级。对于非金属内锅的自动电饭锅，其能效限定值为表 1 中能效等级的 5 级。对于有两种或两种以上内锅的产品，均应满足表 1 中对应的能效限定值。

4.4 节能评价值

对于金属内锅类自动电饭锅，其节能评价值为表 1 中能效等级的 2 级。对于非金属内锅的自动电饭锅，其节能评价值为表 1 中能效等级的 3 级。对于有两种或两种以上内锅的产品，应至少有一种能满足表 1 中对应的节能评价值。

4.5 待机能耗

具有待机功能的自动电饭锅，其待机能耗不允许超过 2 W·h。能效等级 3 级及以上的产品，其待机能耗不允许超过 1.6 W·h。

4.6 保温能耗

具有保温功能的自动电饭锅，其每小时保温能耗应不大于表 2 的规定。

表 2 自动电饭锅保温能耗

额定功率 P/W	保温能耗/(W·h)
P≤400	40
400<P≤600	50
600<P≤800	60
800<P≤1 000	70
1 000<P≤2 000	80

5 试验方法

自动电饭锅的试验条件及方法按附录 A 的规定进行。

6 检验规则

6.1 出厂检验

6.1.1 检验方案参照 GB/T 2828.1 和 GB/T 2829，由生产厂家质量检验部门自行决定。

6.1.2 经检验认定能效限定值、待机能耗和保温能耗不满足 4.3、4.5 和 4.6 要求的产品不允许出厂。

6.2 型式检验

6.2.1 自动电饭锅产品出现下列情况之一时，应进行能效限定值检验：

a) 试制的新产品；

b） 改变产品设计、工艺或所用材料明显影响其性能；

c） 时隔一年以上再生产；

d） 出厂检验结果与上次型式检验有较大差异；

e） 质量技术监督部门提出检验要求。

6.2.2 型式检验的抽样，每次抽3台，其中两台试验，一台备用。试验结果两台均符合本标准要求，则该批为合格；如果两台均不符合本标准要求，则该批为不合格。如果有一台不符合本标准要求，应对备用样品进行测试，如测试结果符合则判定为合格；如测试结果仍不符合要求，则判定为不合格。

附 录 A
（规范性附录）
试 验 方 法

A.1 试验条件

A.1.1 电源电压

电饭锅应在额定电压±1%，额定频率±0.5 Hz的条件下工作。如果器具规定了额定电压范围，则试验按器具使用时所在国的供电电压进行试验。

A.1.2 试验环境

a) 相对湿度：45%～75%；

b) 大气压力：86 kPa～106 kPa；

c) 环境温度：23 ℃±2 ℃，且试验室内无气流及热辐射影响。

A.1.3 试验仪器

a) 电压表、功率表、电能表、温度记录仪的准确度应不低于±0.5%；

b) 测量温度用的仪器分辨率为0.1 ℃；

c) 衡器在满量程时，相对误差不超过±0.1%，最小显示（刻度）值为5 g；

d) 计时器的精度为±2 s/h；

e) 热电偶应用线径不大于0.3 mm的细线热电偶。

A.1.4 水

试验使用自来水。

A.1.5 电饭锅的初始条件

每次试验前，内锅、发热盘、锅外壳与环境温度之差在5 ℃以内或电饭锅至少有6 h没有工作。

A.1.6 控制装置设置

试验在正常煮饭功能档进行。对于有多种功能的电饭锅，试验在使用说明书中明示的最节能档进行。

A.2 试验方法

A.2.1 电饭锅热效率的试验方法

测试时，初始水温应与环境温度一致，用称重法向内锅加水，达到内锅额定容积的80%，测量初始水温 t_1，将热电偶穿过锅盖，应不影响电饭锅的正常煮饭状态，设法将热电偶测温点固定在内锅中心 ϕ50 mm的圆柱体内，距锅底（10±5）mm的测试点，然后按A.1.1规定通电，并用电度表测量电饭锅的耗电能（量）。当内锅水温升到90 ℃时，立即切断电源，读取耗电能（量）。断电后，由于发热盘的热容量及滞后原因，内锅水温在断电后还会上升，观察水温升高到下降为止，读取内锅中水温最高温度值 t_2。按式（A.1）计算热效率：

$$\eta = \frac{1.16G(t_2 - t_1)}{E} \times 100 \qquad \text{(A.1)}$$

式中：

η——热效率，以百分数表示（%），精确到小数点后一位；

G——试验前水量，单位为千克（kg）；

t_1——试验前初始水温，单位为摄氏度（℃）；

t_2——试验后最高水温，单位为摄氏度（℃）；

E——耗电量，单位为瓦时(W·h)。

A.2.2 待机能耗的测定

测定自动电饭锅在待机状态下4 h的能耗，然后计算出每小时的耗电量。

A.2.3 保温能耗的测定

向内锅加入额定容积80%的水并通电加热，设法将热电偶测温点固定在内锅中心ϕ50 mm的圆柱体内，距锅底(10±5)mm的测试点，待水温达到90 ℃时强制使器具进入保温状态，并同时开始记录耗电量。在第4小时、4小时30分、5小时三个时刻点，分别测量温度值，取三次读数的平均值为保温温度。实验过程中，保温温度在60 ℃～80 ℃之间。测定5 h内的耗电量，然后计算出每小时耗电量。

A.2.4 输入功率偏差的试验方法按GB 4706.19—2004第10章进行。电饭锅输入功率偏差应≤+5%且≥-10%。

A.2.5 内锅实际容积的试验方法按QB/T 3899—1999的3.3进行。电饭锅内锅实际容积偏差应不小于额定容积的95%。

ICS 27.010
F 01

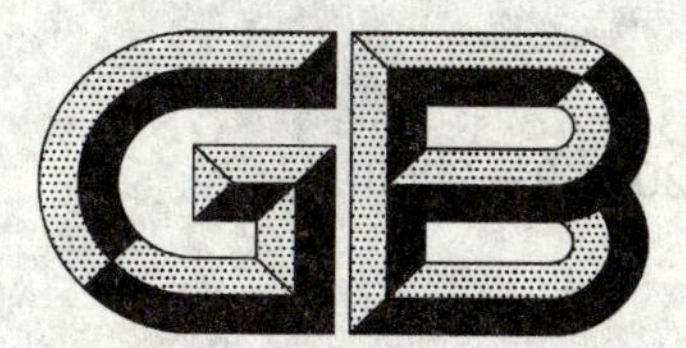

中华人民共和国国家标准

GB 12021.9—2008
代替 GB 12021.9—1989

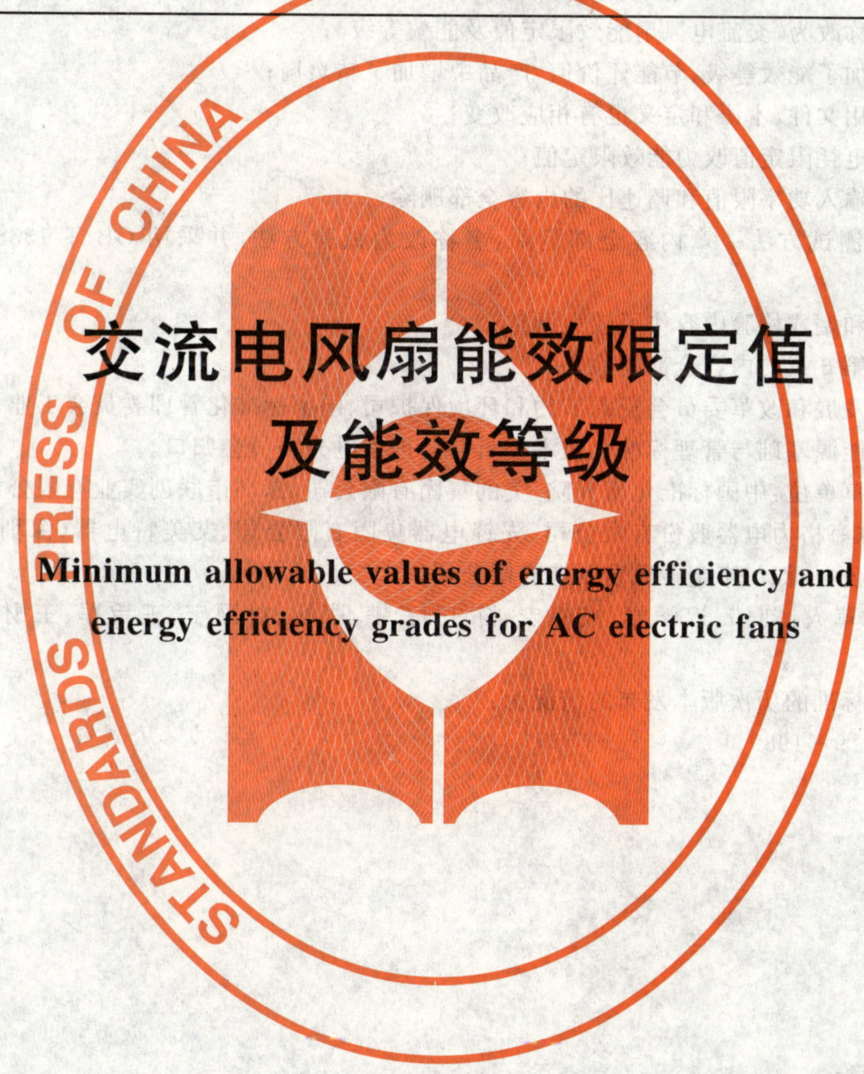

交流电风扇能效限定值及能效等级

Minimum allowable values of energy efficiency and energy efficiency grades for AC electric fans

2008-10-20 发布　　　　2009-06-01 实施

中华人民共和国国家质量监督检验检疫总局
中国国家标准化管理委员会　发布

前　言

本标准 4.3 是强制性的，其余条款是推荐性的。

本标准代替 GB 12021.9—1989《电风扇电耗限定值及测试方法》。

本标准与 GB 12021.9—1989 相比主要变化如下：

——本标准名称改为《交流电风扇能效限定值及能效等级》；

——范围中增加了能效等级、节能评价值，产品中增加了转页扇；

——规范性引用文件、术语和定义也有相应改变；

——原标准中电耗限定值改为能效限定值；

——原标准中输入功率限值和调速比的内容全部删除；

——原标准中测试方法一章内容全部删除，名称改为试验方法，并采用 GB/T 13380 中的试验方法；

——出厂检验和型式检验内容作了较大调整；

——原标准中第 6 章的内容全部删除。

本标准由国家发展和改革委员会资源节约和环境保护司、国家标准化管理委员会工业一部提出。

本标准由全国能源基础与管理标准化技术委员会合理用电分委员会归口。

本标准主要起草单位：中国标准化研究院、美的集团有限公司、深圳市联创实业有限公司、广州威凯检测技术研究所、珠海格力电器股份有限公司、先锋电器集团有限公司、艾美特电器（深圳）有限公司、上海华生电器有限公司、江门市金羚风扇制造有限公司。

本标准主要起草人：刘伟、迟学君、成建宏、陈午、王攀、张桃、姚国宁、王旨军、王财富、赵建江、王若虹。

本标准所代替标准的历次版本发布的情况为：

——GB 12021.9—1989。

交流电风扇能效限定值及能效等级

1　范围

本标准规定了交流电风扇的能效等级、能效限定值、节能评价值、试验方法和检验规则。

本标准适用于单相额定电压不超过250 V,其他额定电压不超过480 V,由交流电动机驱动的台扇、转页扇、壁扇、台地扇、落地扇和吊扇。

2　规范性引用文件

下列文件中的条款通过本标准的引用而成为本标准的条款。凡是注日期的引用文件,其随后所有的修改单(不包括勘误的内容)或修订版均不适用于本标准,然而,鼓励根据本标准达成协议的各方研究是否可使用这些文件的最新版本。凡是不注日期的引用文件,其最新版本适用于本标准。

GB/T 2828.1　计数抽样检验程序　第1部分:按接收质量限(AQL)检索的逐批检验抽样计划(GB/T 2828.1—2003,ISO 2859-1:1999,IDT)

GB/T 2829　周期检验计数抽样程序及表(适用于对过程稳定性的检验)

GB/T 13380　交流电风扇和调速器(GB/T 13380—2007,IEC 60879:1986, MOD)

3　术语和定义

GB/T 13380确定的以及下列术语和定义适用于本标准。

3.1

交流电风扇能效限定值　minimum allowable values of energy efficiency for AC electric fans

标准规定测试条件下交流电风扇的最低允许能效值,单位为立方米每分瓦[m^3/(min·W)]。

3.2

交流电风扇节能评价值　evaluating values of energy conservation for AC electric fans

标准规定测试条件下交流电风扇达到节能产品认证要求的最低能效值,单位为立方米每分瓦[m^3/(min·W)]。

4　技术要求

4.1　基本要求

本标准所适用的交流电风扇,其性能应符合GB/T 13380的要求。

4.2　能效等级

交流电风扇的能效等级分为3级(见表1),其中1级能效最高。各等级产品的能效值应不低于表1的规定。

表 1 交流电风扇能效等级

种类		规格/mm	能效值/[m³/(min·W)]		
			能效等级		
			1	2	3
台扇、转页扇、壁扇、台地扇、落地扇	电容式	200	0.71	0.60	0.54
	罩极式		0.63	0.51	0.45
	电容式	230	0.84	0.70	0.64
	罩极式		0.65	0.57	0.50
	电容式	250	0.91	0.79	0.74
	罩极式		0.72	0.61	0.54
	电容式	300	0.98	0.86	0.80
		350	1.08	0.95	0.90
		400	1.25	1.06	1.00
		450	1.42	1.19	1.10
		500	1.45	1.25	1.13
		600	1.65	1.43	1.30
吊扇	电容式	900	2.95	2.87	2.75
		1 050	3.10	2.93	2.79
		1 200	3.22	3.08	2.93
		1 400	3.45	3.32	3.15
		1 500	3.68	3.52	3.33
		1 800	3.81	3.67	3.47

4.3 能效限定值

交流电风扇的能效限定值为表 1 中能效等级的 3 级。

4.4 节能评价值

交流电风扇的节能评价值为表 1 中能效等级的 2 级。

5 试验方法

交流电风扇的输入功率按照 GB/T 13380 中的相应要求进行测试；扇页直径 400 mm 以上的交流电风扇的风量按照 GB/T 13380 的方法测量；扇页直径 400 mm 以下(含 400 mm)的交流电风扇应使用风量自动测量装置进行测试。

注：输入功率为扇叶驱动电动机的实测功率；风量测量结果以测量结果稳定时的数据为准。

6 检验规则

6.1 出厂检验

6.1.1 检验方案参照 GB/T 2828.1 和 GB/T 2829，由生产厂家质量检验部门自行决定。

6.1.2 经检验认定能效值不能满足 4.3 要求的产品不允许出厂。

6.2 型式检验

6.2.1 出现下列情况之一时，应进行能效限定值检验：

a） 试制的新产品；

b） 改变产品设计、工艺或所用材料明显影响其性能；

c） 时隔一年以上再生产；

d） 出厂检验结果与上次型式检验有较大差异；

e） 质量技术监督部门提出检验要求。

6.2.2 型式检验的抽样，每次抽3台，其中两台试验，一台备用。试验结果两台均符合本标准要求，则该批为合格；如果两台均不符合本标准要求，则该批为不合格。如果有一台能效限定值不符合本标准要求，应对备用样品进行测试，如测试结果符合则判定为合格；如测试结果仍不符合要求，则判定为不合格。

ICS 85-010
Y 30

中华人民共和国国家标准

GB/T 12033—2008
代替 GB/T 12033—1989

造纸原料和纸浆中糖类组分的气相色谱的测定

Determination of carbohydrate composition in raw materials and pulps by gas chromatography

2008-08-19 发布　　2009-05-01 实施

中华人民共和国国家质量监督检验检疫总局
中国国家标准化管理委员会　发布

前　言

本标准是对 GB/T 12033—1989《造纸原料和纸浆中糖类组分的气相色谱法测定》的修订。

本标准代替 GB/T 12033—1989。

本标准与 GB/T 12033—1989 相比主要变化如下：

——增加了前言；

——将主题内容与适用范围修改为范围，并修改其内容(1989 年版的第 1 章)；

——将引用标准修改为规范性引用文件并对其他相关措辞进行相应变动(1989 年版的第 2 章；本版的第 2 章)，增加引用的标准；

——修改了原理(1989 年版的第 3 章，本版的第 3 章)；

——将试剂修改为试剂和材料，修改了试剂的要求，增加引用试剂(1989 年版的第 4 章；本版的第 4 章)；

——修改了仪器的要求，增加了引用仪器(1989 年版的第 5 章，本版的第 5 章)；

——修改了试验步骤，将试验过程分成六部分，并对个别步骤进行修改(1989 年版的第 7 章，本版的第 7 章)；

——修改了计算公式和结果的表述(1989 年版的第 8 章；本版的第 8 章)；

——增加检测低限和回收率(本版的第 9 章)；

——删除了原附录 A 和附录 B，将其内容在试验步骤中描述，修改原附录 B 中的色谱条件，改填充色谱柱为毛细管色谱柱；

——增加新的附录 A 和附录 B；

——删除了附加说明。

本标准的附录 A 和附录 B 为资料性附录。

本标准由中国轻工业联合会提出。

本标准由全国造纸工业标准化技术委员会归口。

本标准起草单位：深圳出入境检验检疫局、中国制浆造纸研究院。

本标准主要起草人：杨左军、王成云、徐嵘、顾浩飞、李丽霞、张伟亚、樊秀荣、刘闽。

本标准所代替标准的历次版本发布情况为：

——GB/T 12033—1989。

本标准由全国造纸工业标准化技术委员会负责解释。

造纸原料和纸浆中糖类组分的气相色谱的测定

1 范围

本标准规定了造纸原料和纸浆中主要糖类组分的气相色谱测定方法。

本标准适用于各种造纸原料及各种纸浆中糖类组分的测定。

2 规范性引用文件

下列文件中的条款通过本标准的引用而成为本标准的条款。凡是注日期的引用文件，其随后所有的修改单(不包括勘误的内容)或修订版均不适用于本标准，然而，鼓励根据本标准达成协议的各方研究是否可使用这些文件的最新版本。凡是不注日期的引用文件，其最新版本适用于本标准。

GB/T 462 纸、纸板和纸浆 分析试样水分的测定(GB/T 462—2008,ISO 287:1985,ISO 638:1978,MOD)

3 原理

用硫酸在高温高压的条件下，将造纸原料或纸浆中的纤维素和半纤维素水解成单糖溶液，以碳酸铅中和后采用硼氢化钠进行还原，使之成为糖醇。在高温条件下，用乙酸酐进行衍生化，形成挥发性衍生物，然后进行气相色谱分析，内标法定量。

4 试剂和材料

除非另有说明，在分析中仅使用确认为分析纯的试剂和蒸馏水或去离子水或相当纯度的水。

4.1 碱式碳酸铅[$Pb(OH)_2 \cdot 2PbCO_3$]。

4.2 硼氢化钠($NaBH_4$)。

4.3 乙酸(CH_3COOH):浓度为36%。

4.4 二氯甲烷(CH_2Cl_2):色谱纯。

4.5 无水乙醇(C_2H_5OH)。

4.6 乙酸酐($C_4H_6O_3$)。

4.7 乙酸丁酯($C_6H_{12}O_2$)。

4.8 硫酸溶液：用蒸馏水将优级纯的硫酸配制成浓度为72%。

4.9 盐酸溶液：浓度为1 mol/L。

4.10 内标物：肌醇标准品($C_6H_{12}O_6$)，纯度大于98.5%。

4.11 葡萄糖标准品($C_6H_{12}O_6$):纯度大于98.5%。

4.12 半乳糖标准品($C_6H_{12}O_6$):纯度大于98.5%。

4.13 甘露糖标准品($C_6H_{12}O_6$):纯度大于98.5%。

4.14 木糖标准品($C_5H_{10}O_5$):纯度大于98.5%。

4.15 阿拉伯糖标准品($C_5H_{10}O_5$):纯度大于98.5%。

4.16 内标物溶液：准确称取适量内标物(4.10)，用蒸馏水配制成所需浓度的内标物溶液。

4.17 混合标准溶液：准确称取适量的葡萄糖标准品(4.11)、半乳糖标准品(4.12)、甘露糖标准品(4.13)、木糖标准品(4.14)、阿拉伯糖标准品(4.15)及内标物(4.10)，用蒸馏水配制成所需浓度的混合标准溶液。

4.18 强酸型阳离子交换树脂。

5 仪器和设备

实验室常用仪器及以下仪器。

5.1 气相色谱仪:配有氢火焰检测器(FID)。

5.2 电子天平,感量 0.000 1 g。

5.3 恒温水浴锅。

5.4 医用高压锅。

5.5 旋转蒸发器:可控制温度至 75 ℃,能抽真空至 750 mmHg。

5.6 烘箱:可调至(120±2)℃。

5.7 真空干燥器,干燥剂为五氧化二磷。

6 试样制备

如果是原料测定,应将原料磨碎至 40 目～60 目;如果是纸浆测定,应将纸浆抄成纸片后撕碎。风干 24 h 后,各称取 2 份 2 g 试样,按 GB/T 462 测定其绝干质量。

7 试验步骤

7.1 水解

称取绝干质量约为 0.3 g(准确至 0.000 5 g)的试样于 15 mL 离心试管中,置于真空干燥器(5.7)内,抽真空后,放置过夜。移取 3 mL 硫酸溶液(4.8)加入其中,插入尖头玻璃棒搅拌均匀,在(30±1)℃水浴锅(5.3)中水浴 1 h 进行水解,用 66 mL 蒸馏水分数次清洗至 200 mL 烧杯中。加入 10 mL 内标物溶液(4.16)后,置于医用高压锅(5.4)中,在 120 ℃水解 1 h,取出。

7.2 还原

上述水解溶液冷却后,从中取 10 mL 清液于 50 mL 烧杯中,加适量碱式碳酸铅(4.1),中和 pH 至 5,过滤。在滤液中加入 0.2 g 硼氢化钠(4.2),置于(40±1)℃水浴锅(5.3)中水浴 0.5 h,然后滴加乙酸(4.3)至无气泡为止。将此溶液转移至 10 mL 量筒中,加蒸馏水至 10 mL 刻度,用玻璃棒轻轻上下搅均后进行离子交换。

7.3 离子交换

将强酸型阳离子交换树脂(4.18)风干,磨碎至 150 目～200 目。用蒸馏水浸泡数小时后,注入内塞有少许玻璃棉的 10 mL 酸式滴定管中约 3 mL,制备成强酸型阳离子交换柱,用盐酸溶液(4.9)淋洗,使其成为 H^+ 型。然后用蒸馏水洗涤该强酸型阳离子交换柱内残余的盐酸,直至中性为止。移取 1 mL 上述还原并稀释后的溶液,注入该强酸型阳离子交换柱,再用蒸馏水淋洗,流速控制约为 0.2 mL/min,直至流出液为中性。

7.4 衍生化

将所收集到的流出液用旋转蒸发器(5.5)在 55 ℃浓缩至干,加入 5 mL 无水乙醇(4.5),蒸干,再加入 5 mL 无水乙醇(4.5),再蒸干。加入乙酸酐(4.6)和乙酸丁酯(4.7)各 1 mL ,在(120±2)℃的烘箱(5.6)中酯化 1.5 h。取出后,加 5 mL 蒸馏水,用旋转蒸发器(5.5)在 75 ℃浓缩至干,再加 1 mL 蒸馏水,蒸干,用 1 mL 二氯甲烷(4.4)定容后,供气相色谱分析。

7.5 标准工作液的制备

准确吸取适量的混合标准溶液(4.17),按 7.2、7.3、7.4 步骤操作。

7.6 测定

7.6.1 气相色谱条件

由于测定结果取决于所使用的仪器，因此不可能给出气相色谱的通用参数。设定的参数应保证色谱测定时被测定组分与其他组分能够得到有效的分离，下面给出的参数证明是可行的。

a) 色谱柱：30 m×0.32 mm(内径)×0.25 μm(膜厚)，DB-5 石英毛细管柱；

b) 色谱柱温度程序：220 ℃保持 15 min，然后以 2 ℃/min 程序升温至 260 ℃，保持 10 min；

c) 进样口温度：300 ℃；

d) 检测器温度：300 ℃；

e) 载气：氮气，纯度≥99.99%，0.7 mL/min；

f) 进样方式：分流进样，分流比为 1∶20，0.75 min 后开阀；

g) 进样量：1.0 μL。

7.6.2 气相色谱测定

根据样液中被测物的含量情况，选定浓度相近的标准工作溶液(7.5)。按 7.6.1 的条件，分别对标准工作液(7.5)和试样溶液进行分析。用色谱峰保留时间定性，内标法定量，标准工作液和样品溶液中的单糖衍生物的响应值应在仪器检测的线性范围内。单糖衍生物的保留时间参见附录 A，典型气相色谱图参见附录 B。

8 结果计算

按式(1)计算单糖校正因子：

$$K = \frac{A_c \times m_5}{A_5 \times m_c} \qquad \cdots\cdots(1)$$

式中：

K——各单糖对内标物的校正因子；

A_c——标准工作溶液中标准单糖色谱峰面积；

m_c——标准工作溶液中标准单糖的质量，单位为毫克(mg)；

A_5——标准工作溶液中内标物色谱峰面积；

m_5——标准工作溶液中内标物质量，单位为毫克(mg)。

注：确定 K 需称五种标准单糖，各种标准单糖称量数值应尽量接近样品中实际的各种单糖的质量。一般要求的分析可按下述称量：葡萄糖 0.13 g，半乳糖和阿拉伯糖各 0.01 g，甘露糖和木糖各 0.03 g。

按式(2)和式(3)计算试样中单糖和聚糖的绝对含量(%)：

$$\text{单糖含量} = \frac{A \times m_5}{A_5 \times m \times K} \times 100\% \qquad \cdots\cdots(2)$$

$$\text{聚糖含量} = B \times \text{单糖含量}\ \% \qquad \cdots\cdots(3)$$

式中：

A——试样溶液中各单糖的峰面积；

A_5——试样溶液中内标物峰面积；

m_5——试样溶液中内标物质量，单位为毫克(mg)；

m——试样的绝干质量，单位为克(g)；

B——单糖与聚糖的转换系数。对葡萄糖、半乳糖、甘露糖，B=0.9；对木糖、阿拉伯糖，B=0.88。

按式(4)和式(5)计算试样中单糖和聚糖的相对含量(%)：

$$\text{单糖相对含量} = \frac{\text{单糖绝对含量}}{\text{全部单糖绝对含量总和}} \times 100\% \qquad \cdots\cdots(4)$$

$$\text{聚糖相对含量} = \frac{\text{聚糖绝对含量}}{\text{全部聚糖绝对含量总和}} \times 100\% \qquad \cdots\cdots(5)$$

9 检测低限和回收率

9.1 检测低限

本标准对阿拉伯糖、木糖、葡萄糖、甘露糖、半乳糖的检测低限均为0.1%。

9.2 回收率

本标准中五种糖类组分的回收率见表1。

表1 五种糖类组分的回收率

组分	水平Ⅰ		水平Ⅱ		水平Ⅲ	
	加入量/mg	回收率/%	加入量/mg	回收率/%	加入量/mg	回收率/%
阿拉伯糖	0.47	91～109	1.41	91～102	14.07	94～99
木糖	10.88	94～103	43.52	95～101	217.60	94～99
葡萄糖	22.44	93～101	44.88	94～100	89.76	97～102
甘露糖	1.49	95～106	7.94	93～104	39.68	96～101
半乳糖	0.49	92～106	1.46	97～105	14.55	96～102

9.3 精密度

在同一实验室，由同一操作者使用相同设备，按相同的测定方法，并在短时间内对同一被测对象相互独立进行测定，所获得的两次独立测定结果的绝对差值不大于这两个测定值的算术平均值的10%。以大于这两个测定值的算术平均值的10%的情况不超过5%为前提。

10 试验报告

试验报告应包括以下内容：

a) 本标准的编号；

b) 鉴定样品所必需的全部资料；

c) 结果与所采用的表示方法；

d) 测定过程中观察到的任何不寻常现象；

e) 用数值表示结果；

f) 试验中所观察到的任何异常现象；

g) 本标准或规范性引用文件中未规定的足以影响测定结果的任何操作方法。

附　录　A
（资料性附录）
五种单糖及内标物的衍生物气相色谱保留时间

五种单糖及内标物的衍生物气相色谱保留时间，见表 A.1。

表 A.1　五种单糖及内标物的衍生物气相色谱保留时间

序号	化合物名称	保留时间/min
1	阿拉伯糖　L(＋)arabinose	8.467
2	木糖　D(＋)xylose	8.823
3	肌醇　inosite	15.509
4	葡萄糖　glucose anhydrous	16.139
5	甘露糖　D-mannose	16.358
6	半乳糖　D(＋)galactose	16.632

附　录　B
（资料性附录）
五种单糖及内标物衍生物的典型气相色谱图

图 B.1 给出了五种单糖及内标物衍生物的典型气相色谱图。

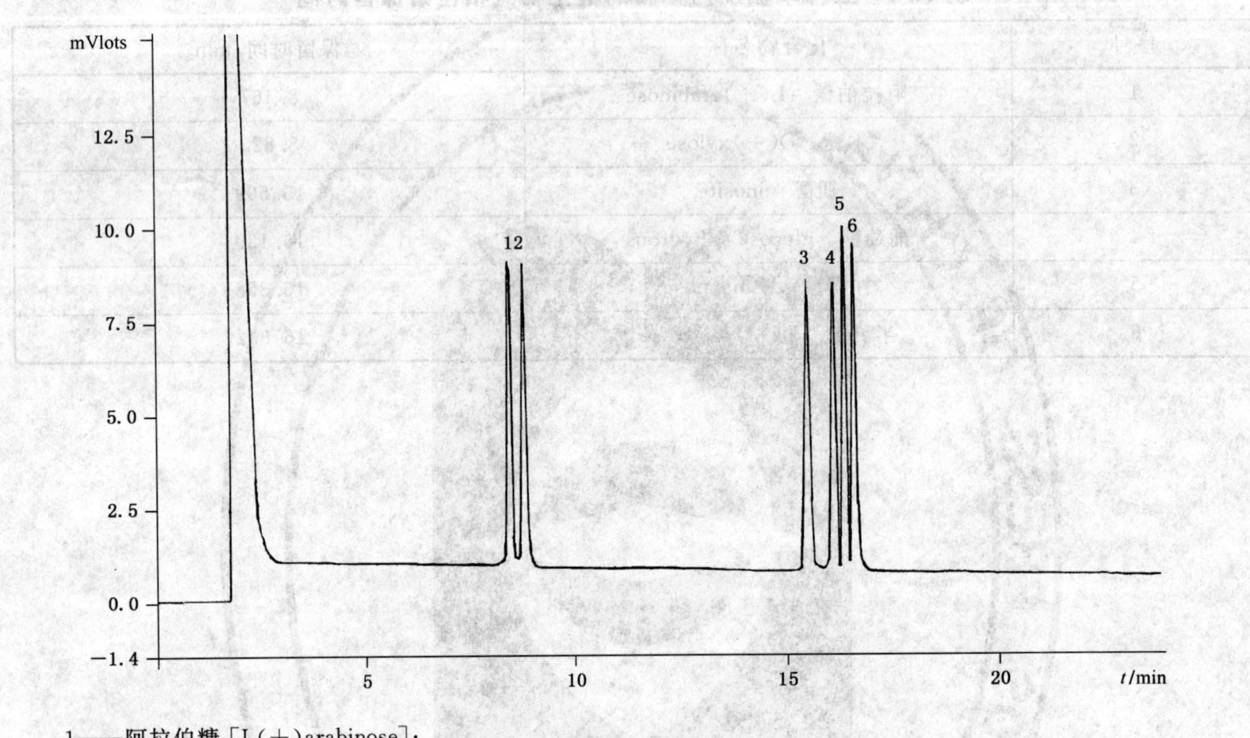

1——阿拉伯糖［L(＋)arabinose］；
2——木糖［D(＋)xylose］；
3——肌醇（inositel）；
4——无水葡萄糖（glucose anhydrous）；
5——甘露糖（D-mannose）；
6——半乳糖［D(＋)galactose］。

图 B.1　五种单糖及内标物衍生物的典型气相色谱图

ICS 35.040
L 71

中华人民共和国国家标准

GB 12041.2—2008
代替 GB/T 12044—1989

信息技术　汉字编码字符集(基本集)48点阵字型　第2部分:黑体

Information technology—Chinese ideogram coded character set(basic set)—48 dot matrix font—Part 2:Hei Ti

2008-08-06 发布　　2009-07-01 实施

中华人民共和国国家质量监督检验检疫总局
中国国家标准化管理委员会　发布

ICS 35.040
L 71

中华人民共和国国家标准

GB 12041.2—2008
代替 GB 12041—1989

信息技术 汉字编码字符集（基本集）48点阵字型 第2部分：黑体

Information technology—Chinese ideogram coded character set (basic set)—48 dot matrix font—Part 2: Hei Ti

2008-08-06 发布　　2009-02-01 实施

中华人民共和国国家质量监督检验检疫总局
中国国家标准化管理委员会　发布

前　言

GB 12041 的本部分除字表中 1 区至 11 区外的全部技术内容为强制性。

GB 12041《信息技术　汉字编码字符集(基本集)　48 点阵字型》分为如下四个部分：

第 1 部分：宋体；

第 2 部分：黑体；

第 3 部分：楷体；

第 4 部分：仿宋体。

本部分为 GB 12041 的第 2 部分。

本部分规定的 48 点阵汉字字型是以《第一批异体字整理表》、《简化字总表》、《印刷通用汉字字形表》和《现代汉语通用字表》(见参考文献)为依据，按照现行汉字字形整理原则进行设计。

本部分从实施之日起代替并废止 GB/T 12044—1989。

本部分是对 GB/T 12044—1989 的修订，GB/T 12044—1989 是依据 GB 2312—1980《信息交换用汉字编码字符集　基本集》制定的。本部分与 GB/T 12044—1989 相比的主要变化为：为了进一步提高字型质量和保证标准间的协调统一，对上一版本中 1 区的数学符号错误进行了修正；对 3 区、10 区的字符错误、小写英文字母偏离基准线错误进行了修正；对 4 区、5 区日文假名/片假名部分字符进行了重新设计；对上一版本中不正确的汉字字型进行了修正。

本部分的附录 A、附录 B 是规范性附录。

本部分由中华人民共和国信息产业部提出。

本部分由中国电子技术标准化研究所归口。

本部分起草单位：中国电子技术标准化研究所、北京仓颉博雅信息技术有限公司、第二炮兵装备研究院第四研究所。

本部分起草人：代红、熊涛、周济萍、王啸、王立建、翟广臣、戴涌。

本部分所代替标准的历次版本发布情况为：

——GB/T 12044—1989。

引　言

有关字型数据的授权转让使用事宜，字型标准数据的维护、更新及修订工作，统一由归口单位负责。

地址：北京市东城区安定门东大街1号(北京市1101信箱)

邮编：100007

电话：64007689　84029173

传真：64007681

E-mail：daihong@cesi.ac.cn

信息技术　汉字编码字符集(基本集) 48点阵字型　第2部分:黑体

1　范围

GB 12041的本部分规定了GB 2312—1980《信息交换用汉字编码字符集　基本集》中图形字符的48点阵黑体字型。

本部分主要适用于各种电子信息产品、各种数字化产品,也可用于其他有关设备。

2　规范性引用文件

下列文件中的条款通过GB 12041的本部分的引用而成为本部分的条款。凡是注日期的引用文件,其随后所有的修改单(不包括勘误的内容)或修订版均不适用于本部分,然而,鼓励根据本部分达成协议的各方,研究是否可使用这些文件的最新版本。凡是不注日期的引用文件,其最新版本适用于本部分。

GB 2312—1980　信息交换用汉字编码字符集　基本集

3　术语和定义

下列术语和定义适用于GB 12041的本部分。

3.1

字形　glyph

一种可辨认的抽象的图形符号,它不依赖于任何特定的设计。

3.2

字型　font

具有同一基本设计的字形图像的集合,如:黑体。

3.3

点阵字型　dot matrix font

以点的集合来表现图形字符的型(形)。

3.4

字序　character order

图形字符在集合中按一定规则排列的次序。

4　汉字图形字符

根据GB 2312—1980规定,相应提供了:

1区～9区　外文字母及其他图形字符682个;

16区～55区　第一级汉字3 755个;

56区～87区　第二级汉字3 008个。

另外在8区27位至32位补充了6个字符;10区01位至94位补充了94个半角图形字符;11区01位至32位补充了32个汉语拼音的半角字符,见附录A。

本部分共提供图形字符7 577个。

5 标准数据的管理

为加强对电子信息技术产品使用汉字字型标准数据的管理，保证本部分在实施中数据的正确性和一致性，有关字型数据的授权转让使用事宜，字型标准数据的维护、更新及修订工作，统一由归口单位负责。

6 点阵字型的表示方法

6.1 栅格

栅格由若干条等距离的垂直线与水平线相交叉而形成。

本部分规定的是48点阵字型，其栅格是横向48格，纵向48格。每个方格的中心定为点的中心位置。

栅格仅对构成点阵的各点进行定位，48点阵栅格图如图1所示。

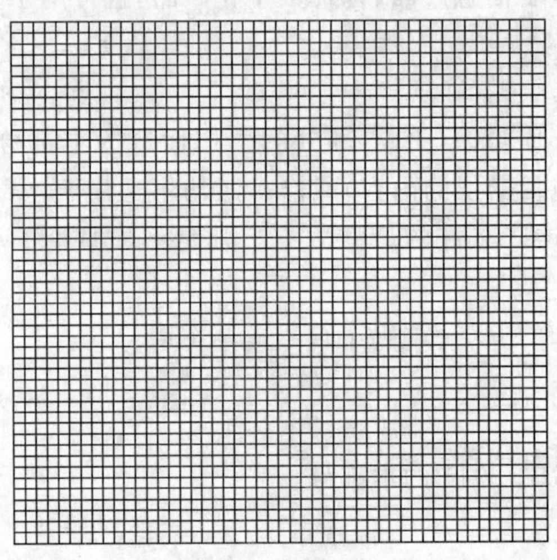

图1 48点阵栅格图

6.2 点

点是构成点阵字型的最小单位，以圆形表示，它是位于各方格内的黑色区域。

6.3 点阵字样

汉字点阵字型的字样，由置于栅格内的若干个点的集合来表示。汉字“永”的48点阵字样如图2所示。

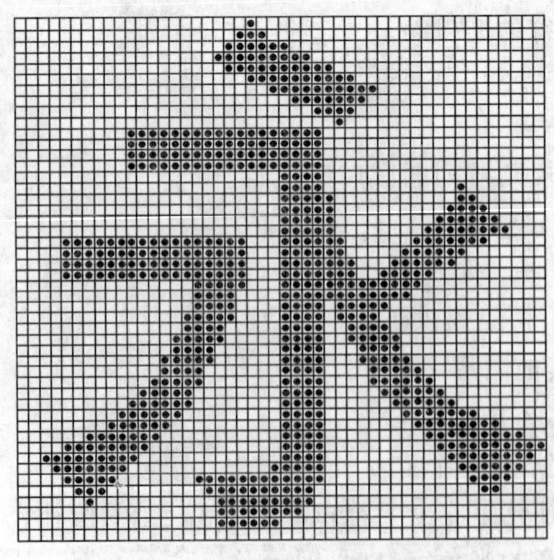

图2 48点阵汉字“永”的字样

6.4　字型数据

48 点阵字型数据的表示，见附录 B。

6.5　点阵字型表

本部分提供了 GB 2312—1980 规定的 7 445 个汉字/图形字符及补充的 132 个图形字符的 48 点阵黑体字型。

本部分的点阵字型列表如下：

1区	0	1	2	3	4	5	6	7	8	9	10	11	12	13	14	15	16	17	18	19
010			、	。	·	ˉ	ˇ	¨	〃	々	—	～	‖	…	‘	’	“	”	〔	〕
012	〈	〉	《	》	「	」	『	』	〖	〗	【	】	±	×	÷	∶	∧	∨	∑	∏
014	∪	∩	∈	∷	√	⊥	∥	∠	⌒	⊙	∫	∮	≡	≌	≈	∽	∝	≠	≮	≯
016	≤	≥	∞	∵	∴	♂	♀	°	′	″	℃	＄	¤	￠	￡	‰	§	№	☆	★
018	○	●	◎	◇	◆	□	■	△	▲	※	→	←	↑	↓	〓					

2区	0	1	2	3	4	5	6	7	8	9	10	11	12	13	14	15	16	17	18	19
020																		⒈	⒉	⒊
022	⒋	⒌	⒍	⒎	⒏	⒐	⒑	⒒	⒓	⒔	⒕	⒖	⒗	⒘	⒙	⒚	⒛	⑴	⑵	⑶
024	⑷	⑸	⑹	⑺	⑻	⑼	⑽	⑾	⑿	⒀	⒁	⒂	⒃	⒄	⒅	⒆	⒇	①	②	③
026	④	⑤	⑥	⑦	⑧	⑨	⑩			㈠	㈡	㈢	㈣	㈤	㈥	㈦	㈧	㈨	㈩	
028		Ⅰ	Ⅱ	Ⅲ	Ⅳ	Ⅴ	Ⅵ	Ⅶ	Ⅷ	Ⅸ	Ⅹ	Ⅺ	Ⅻ							

3区	0	1	2	3	4	5	6	7	8	9	10	11	12	13	14	15	16	17	18	19
030		！	＂	＃	￥	％	＆	＇	（	）	＊	＋	，	－	．	／	０	１	２	３
032	４	５	６	７	８	９	：	；	＜	＝	＞	？	＠	Ａ	Ｂ	Ｃ	Ｄ	Ｅ	Ｆ	Ｇ
034	Ｈ	Ｉ	Ｊ	Ｋ	Ｌ	Ｍ	Ｎ	Ｏ	Ｐ	Ｑ	Ｒ	Ｓ	Ｔ	Ｕ	Ｖ	Ｗ	Ｘ	Ｙ	Ｚ	［
036	＼	］	＾	＿	｀	ａ	ｂ	ｃ	ｄ	ｅ	ｆ	ｇ	ｈ	ｉ	ｊ	ｋ	ｌ	ｍ	ｎ	ｏ
038	ｐ	ｑ	ｒ	ｓ	ｔ	ｕ	ｖ	ｗ	ｘ	ｙ	ｚ	｛	｜	｝	￣					

4区	0	1	2	3	4	5	6	7	8	9	10	11	12	13	14	15	16	17	18	19
040		ぁ	あ	ぃ	い	ぅ	う	ぇ	え	ぉ	お	か	が	き	ぎ	く	ぐ	け	げ	こ
042	ご	さ	ざ	し	じ	す	ず	せ	ぜ	そ	ぞ	た	だ	ち	ぢ	っ	つ	づ	て	で
044	と	ど	な	に	ぬ	ね	の	は	ば	ぱ	ひ	び	ぴ	ふ	ぶ	ぷ	へ	べ	ぺ	ほ
046	ぼ	ぽ	ま	み	む	め	も	ゃ	や	ゅ	ゆ	ょ	よ	ら	り	る	れ	ろ	ゎ	わ
048	ゐ	ゑ	を	ん																

5区	0	1	2	3	4	5	6	7	8	9	10	11	12	13	14	15	16	17	18	19
050		ァ	ア	ィ	イ	ゥ	ウ	ェ	エ	ォ	オ	カ	ガ	キ	ギ	ク	グ	ケ	ゲ	コ
052	ゴ	サ	ザ	シ	ジ	ス	ズ	セ	ゼ	ソ	ゾ	タ	ダ	チ	ヂ	ッ	ツ	ヅ	テ	デ
054	ト	ド	ナ	ニ	ヌ	ネ	ノ	ハ	バ	パ	ヒ	ビ	ピ	フ	ブ	プ	ヘ	ベ	ペ	ホ
056	ボ	ポ	マ	ミ	ム	メ	モ	ャ	ヤ	ュ	ユ	ョ	ヨ	ラ	リ	ル	レ	ロ	ヮ	ワ
058	ヰ	ヱ	ヲ	ン	ヴ	ヵ	ヶ													

6区	0	1	2	3	4	5	6	7	8	9	10	11	12	13	14	15	16	17	18	19
060		Α	Β	Γ	Δ	Ε	Ζ	Η	Θ	Ι	Κ	Λ	Μ	Ν	Ξ	Ο	Π	Ρ	Σ	Τ
062	Υ	Φ	Χ	Ψ	Ω									α	β	γ	δ	ε	ζ	η
064	θ	ι	κ	λ	μ	ν	ξ	ο	π	ρ	σ	τ	υ	φ	χ	ψ	ω			
066																				
068																				

7区	0	1	2	3	4	5	6	7	8	9	10	11	12	13	14	15	16	17	18	19
070		А	Б	В	Г	Д	Е	Ё	Ж	З	И	Й	К	Л	М	Н	О	П	Р	С
072	Т	У	Х	Ф	Ц	Ч	Ш	Щ	Ъ	Ы	Ь	Э	Ю	Я						
074										а	б	в	г	д	е	ё	ж	з	и	й
076	к	л	м	н	о	п	р	с	т	у	ф	х	ц	ч	ш	щ	ъ	ы	ь	э
078	ю	я																		

8区	0	1	2	3	4	5	6	7	8	9	10	11	12	13	14	15	16	17	18	19
080		ā	á	ǎ	à	ē	é	ě	è	ī	í	ǐ	ì	ō	ó	ǒ	ò	ū	ú	ǔ
082	ù	ǖ	ǘ	ǚ	ǜ	ü	ê	ɑ	ḿ	ń	ň	ǹ	ɡ					ㄅ	ㄆ	ㄇ
084	ㄈ	ㄉ	ㄊ	ㄋ	ㄌ	ㄍ	ㄎ	ㄏ	ㄐ	ㄑ	ㄒ	ㄓ	ㄔ	ㄕ	ㄖ	ㄗ	ㄘ	ㄙ	ㄚ	ㄛ
086	ㄜ	ㄝ	ㄞ	ㄟ	ㄠ	ㄡ	ㄢ	ㄣ	ㄤ	ㄥ	ㄦ	ㄧ	ㄨ	ㄩ						
088																				

9区	0	1	2	3	4	5	6	7	8	9	10	11	12	13	14	15	16	17	18	19
090					─	━	│	┃	┄	┅	┆	┇	┈	┉	┊	┋	┌	┍	┎	┏
092	┐	┑	┒	┓	└	┕	┖	┗	┘	┙	┚	┛	├	┝	┞	┟	┠	┡	┢	┣
094	┤	┥	┦	┧	┨	┩	┪	┫	┬	┭	┮	┯	┰	┱	┲	┳	┴	┵	┶	┷
096	┸	┹	┺	┻	┼	┽	┾	┿	╀	╁	╂	╃	╄	╅	╆	╇	╈	╉	╊	╋
098																				

10区	0	1	2	3	4	5	6	7	8	9	10	11	12	13	14	15	16	17	18	19
100		!	"	#	¥	%	&	'	(	)	*	+	,	-	.	/	0	1	2	3
102	4	5	6	7	8	9	:	;	<	=	>	?	@	A	B	C	D	E	F	G
104	H	I	J	K	L	M	N	O	P	Q	R	S	T	U	V	W	X	Y	Z	[
106	\	]	^	_	`	a	b	c	d	e	f	g	h	i	j	k	l	m	n	o
108	p	q	r	s	t	u	v	w	x	y	z	{	|	}	‾					

11区	0	1	2	3	4	5	6	7	8	9	10	11	12	13	14	15	16	17	18	19
110		ā	á	ǎ	à	ē	é	ě	è	ī	í	ǐ	ì	ō	ó	ǒ	ò	ū	ú	ǔ
112	ù	ǖ	ǘ	ǚ	ǜ	ü	ê	ɑ	ḿ	ń	ň	ǹ	ɡ							
114																				
116																				
118																				

16区 0 1 2 3 4 5 6 7 8 9 10 11 12 13 14 15 16 17 18 19

160 　啊阿埃挨哎唉哀皑癌蔼矮艾碍爱隘鞍氨安俺

162 按暗岸胺案肮昂盎凹敖熬翱袄傲奥懊澳芭捌扒

164 叭吧笆八疤巴拔跋靶把耙坝霸罢爸白柏百摆佰

166 败拜稗斑班搬扳般颁板版扮拌伴瓣半办绊邦帮

168 梆榜膀绑棒磅蚌镑傍谤苞胞包褒剥

17区 0 1 2 3 4 5 6 7 8 9 10 11 12 13 14 15 16 17 18 19

170 　薄雹保堡饱宝抱报暴豹鲍爆杯碑悲卑北辈背

172 贝钡倍狈备惫焙被奔苯本笨崩绷甭泵蹦迸逼鼻

174 比鄙笔彼碧蓖蔽毕毙毖币庇痹闭敝弊必辟壁臂

176 避陛鞭边编贬扁便变卞辨辩辫遍标彪膘表鳖憋

178 别瘪彬斌濒滨宾摈兵冰柄丙秉饼炳

18区 0 1 2 3 4 5 6 7 8 9 10 11 12 13 14 15 16 17 18 19

180 　病并玻菠播拨钵波博勃搏铂箔伯帛舶脖膊渤

182 泊驳捕卜哺补埠不布步簿部怖擦猜裁材才财睬

184 踩采彩菜蔡餐参蚕残惭惨灿苍舱仓沧藏操糙槽

186 曹草厕策侧册测层蹭插叉茬茶查碴搽察岔差诧

188 拆柴豺搀掺蝉馋谗缠铲产阐颤昌猖

19区 0 1 2 3 4 5 6 7 8 9 10 11 12 13 14 15 16 17 18 19

190 　场尝常长偿肠厂敞畅唱倡超抄钞朝嘲潮巢吵

192 炒车扯撤掣彻澈郴臣辰尘晨忱沉陈趁衬撑称城

194 橙成呈乘程惩澄诚承逞骋秤吃痴持匙池迟弛驰

196 耻齿侈尺赤翅斥炽充冲虫崇宠抽酬畴踌稠愁筹

198 仇绸瞅丑臭初出橱厨躇锄雏滁除楚

20区 0 1 2 3 4 5 6 7 8 9 10 11 12 13 14 15 16 17 18 19

200 础储矗搐触处揣川穿椽传船喘串疮窗幢床闯
202 创吹炊捶锤垂春椿醇唇淳纯蠢戳绰疵茨磁雌辞
204 慈瓷词此刺赐次聪葱囱匆从丛凑粗醋簇促蹿篡
206 窜摧崔催脆瘁粹淬翠村存寸磋撮搓措挫错搭达
208 答瘩打大呆歹傣戴带殆代贷袋待逮

21区 0 1 2 3 4 5 6 7 8 9 10 11 12 13 14 15 16 17 18 19

210 怠耽担丹单郸掸胆旦氮但惮淡诞弹蛋当挡党
212 荡档刀捣蹈倒岛祷导到稻悼道盗德得的蹬灯登
214 等瞪凳邓堤低滴迪敌笛狄涤翟嫡抵底地蒂第帝
216 弟递缔颠掂滇碘点典靛垫电佃甸店惦奠淀殿碉
218 叼雕凋刁掉吊钓调跌爹碟蝶迭谍叠

22区 0 1 2 3 4 5 6 7 8 9 10 11 12 13 14 15 16 17 18 19

220 丁盯叮钉顶鼎锭定订丢东冬董懂动栋侗恫冻
222 洞兜抖斗陡豆逗痘都督毒犊独读堵睹赌杜镀肚
224 度渡妒端短锻段断缎堆兑队对墩吨蹲敦顿囤钝
226 盾遁掇哆多夺垛躲朵跺舵剁惰堕蛾峨鹅俄额讹
228 娥恶厄扼遏鄂饿恩而儿耳尔饵洱二

23区 0 1 2 3 4 5 6 7 8 9 10 11 12 13 14 15 16 17 18 19

230 贰发罚筏伐乏阀法珐藩帆番翻樊矾钒繁凡烦
232 反返范贩犯饭泛坊芳方肪房防妨仿访纺放菲非
234 啡飞肥匪诽吠肺废沸费芬酚吩氛分纷坟焚汾粉
236 奋份忿愤粪丰封枫蜂峰锋风疯烽逢冯缝讽奉凤
238 佛否夫敷肤孵扶拂辐幅氟符伏俘服

24区	0	1	2	3	4	5	6	7	8	9	10	11	12	13	14	15	16	17	18	19
240		浮	涪	福	袱	弗	甫	抚	辅	俯	釜	斧	脯	腑	府	腐	赴	副	覆	赋
242	复	傅	付	阜	父	腹	负	富	讣	附	妇	缚	咐	噶	嘎	该	改	概	钙	盖
244	溉	干	甘	杆	柑	竿	肝	赶	感	秆	敢	赣	冈	刚	钢	缸	肛	纲	岗	港
246	杠	篙	皋	高	膏	羔	糕	搞	镐	稿	告	哥	歌	搁	戈	鸽	胳	疙	割	革
248	葛	格	蛤	阁	隔	铬	个	各	给	根	跟	耕	更	庚	羹					

25区	0	1	2	3	4	5	6	7	8	9	10	11	12	13	14	15	16	17	18	19
250		埂	耿	梗	工	攻	功	恭	龚	供	躬	公	宫	弓	巩	汞	拱	贡	共	钩
252	勾	沟	苟	狗	垢	构	购	够	辜	菇	咕	箍	估	沽	孤	姑	鼓	古	蛊	骨
254	谷	股	故	顾	固	雇	刮	瓜	剐	寡	挂	褂	乖	拐	怪	棺	关	官	冠	观
256	管	馆	罐	惯	灌	贯	光	广	逛	瑰	规	圭	硅	归	龟	闺	轨	鬼	诡	癸
258	桂	柜	跪	贵	刽	辊	滚	棍	锅	郭	国	果	裹	过	哈					

26区	0	1	2	3	4	5	6	7	8	9	10	11	12	13	14	15	16	17	18	19
260		骸	孩	海	氦	亥	害	骇	酣	憨	邯	韩	含	涵	寒	函	喊	罕	翰	撼
262	捍	旱	憾	悍	焊	汗	汉	夯	杭	航	壕	嚎	豪	毫	郝	好	耗	号	浩	呵
264	喝	荷	菏	核	禾	和	何	合	盒	貉	阂	河	涸	赫	褐	鹤	贺	嘿	黑	痕
266	很	狠	恨	哼	亨	横	衡	恒	轰	哄	烘	虹	鸿	洪	宏	弘	红	喉	侯	猴
268	吼	厚	候	后	呼	乎	忽	瑚	壶	葫	胡	蝴	狐	糊	湖					

27区	0	1	2	3	4	5	6	7	8	9	10	11	12	13	14	15	16	17	18	19
270		弧	虎	唬	护	互	沪	户	花	哗	华	猾	滑	画	划	化	话	槐	徊	怀
272	淮	坏	欢	环	桓	还	缓	换	患	唤	痪	豢	焕	涣	宦	幻	荒	慌	黄	磺
274	蝗	簧	皇	凰	惶	煌	晃	幌	恍	谎	灰	挥	辉	徽	恢	蛔	回	毁	悔	慧
276	卉	惠	晦	贿	秽	会	烩	汇	讳	诲	绘	荤	昏	婚	魂	浑	混	豁	活	伙
278	火	获	或	惑	霍	货	祸	击	圾	基	机	畸	稽	积	箕					

28区	0	1	2	3	4	5	6	7	8	9	10	11	12	13	14	15	16	17	18	19
280		肌	饥	迹	激	讥	鸡	姬	绩	缉	吉	极	棘	辑	籍	集	及	急	疾	汲
282	即	嫉	级	挤	几	脊	己	蓟	技	冀	季	伎	祭	剂	悸	济	寄	寂	计	记
284	既	忌	际	妓	继	纪	嘉	枷	夹	佳	家	加	荚	颊	贾	甲	钾	假	稼	价
286	架	驾	嫁	歼	监	坚	尖	笺	间	煎	兼	肩	艰	奸	缄	茧	检	柬	碱	硷
288	拣	捡	简	俭	剪	减	荐	槛	鉴	践	贱	见	键	箭	件					

29区	0	1	2	3	4	5	6	7	8	9	10	11	12	13	14	15	16	17	18	19
290		健	舰	剑	饯	渐	溅	涧	建	僵	姜	将	浆	江	疆	蒋	桨	奖	讲	匠
292	酱	降	蕉	椒	礁	焦	胶	交	郊	浇	骄	娇	嚼	搅	铰	矫	侥	脚	狡	角
294	饺	缴	绞	剿	教	酵	轿	较	叫	窖	揭	接	皆	秸	街	阶	截	劫	节	桔
296	杰	捷	睫	竭	洁	结	解	姐	戒	藉	芥	界	借	介	疥	诫	届	巾	筋	斤
298	金	今	津	襟	紧	锦	仅	谨	进	靳	晋	禁	近	烬	浸					

30区	0	1	2	3	4	5	6	7	8	9	10	11	12	13	14	15	16	17	18	19
300		尽	劲	荆	兢	茎	睛	晶	鲸	京	惊	精	粳	经	井	警	景	颈	静	境
302	敬	镜	径	痉	靖	竟	竞	净	炯	窘	揪	究	纠	玖	韭	久	灸	九	酒	厩
304	救	旧	臼	舅	咎	就	疚	鞠	拘	狙	疽	居	驹	菊	局	咀	矩	举	沮	聚
306	拒	据	巨	具	距	踞	锯	俱	句	惧	炬	剧	捐	鹃	娟	倦	眷	卷	绢	撅
308	攫	抉	掘	倔	爵	觉	决	诀	绝	均	菌	钧	军	君	峻					

31区	0	1	2	3	4	5	6	7	8	9	10	11	12	13	14	15	16	17	18	19
310		俊	竣	浚	郡	骏	喀	咖	卡	咯	开	揩	楷	凯	慨	刊	堪	勘	坎	砍
312	看	康	慷	糠	扛	抗	亢	炕	考	拷	烤	靠	坷	苛	柯	棵	磕	颗	科	壳
314	咳	可	渴	克	刻	客	课	肯	啃	垦	恳	坑	吭	空	恐	孔	控	抠	口	扣
316	寇	枯	哭	窟	苦	酷	库	裤	夸	垮	挎	跨	胯	块	筷	侩	快	宽	款	匡
318	筐	狂	框	矿	眶	旷	况	亏	盔	岿	窥	葵	奎	魁	傀					

32区	0	1	2	3	4	5	6	7	8	9	10	11	12	13	14	15	16	17	18	19
320		馈	愧	溃	坤	昆	捆	困	括	扩	廓	阔	垃	拉	喇	蜡	腊	辣	啦	莱
322	来	赖	蓝	婪	栏	拦	篮	阑	兰	澜	谰	揽	览	懒	缆	烂	滥	琅	榔	狼
324	廊	郎	朗	浪	捞	劳	牢	老	佬	姥	酪	烙	涝	勒	乐	雷	镭	蕾	磊	累
326	儡	垒	擂	肋	类	泪	棱	楞	冷	厘	梨	犁	黎	篱	狸	离	漓	理	李	里
328	鲤	礼	莉	荔	吏	栗	丽	厉	励	砾	历	利	傈	例	俐					

33区	0	1	2	3	4	5	6	7	8	9	10	11	12	13	14	15	16	17	18	19
330		痢	立	粒	沥	隶	力	璃	哩	俩	联	莲	连	镰	廉	怜	涟	帘	敛	脸
332	链	恋	炼	练	粮	凉	梁	粱	良	两	辆	量	晾	亮	谅	撩	聊	僚	疗	燎
334	寥	辽	潦	了	撂	镣	廖	料	列	裂	烈	劣	猎	琳	林	磷	霖	临	邻	鳞
336	淋	凛	赁	吝	拎	玲	菱	零	龄	铃	伶	羚	凌	灵	陵	岭	领	另	令	溜
338	琉	榴	硫	馏	留	刘	瘤	流	柳	六	龙	聋	咙	笼	窿					

34区	0	1	2	3	4	5	6	7	8	9	10	11	12	13	14	15	16	17	18	19
340		隆	垄	拢	陇	楼	娄	搂	篓	漏	陋	芦	卢	颅	庐	炉	掳	卤	虏	鲁
342	麓	碌	露	路	赂	鹿	潞	禄	录	陆	戮	驴	吕	铝	侣	旅	履	屡	缕	虑
344	氯	律	率	滤	绿	峦	挛	孪	滦	卵	乱	掠	略	抡	轮	伦	仑	沦	纶	论
346	萝	螺	罗	逻	锣	箩	骡	裸	落	洛	骆	络	妈	麻	玛	码	蚂	马	骂	嘛
348	吗	埋	买	麦	卖	迈	脉	瞒	馒	蛮	满	蔓	曼	慢	漫					

35区	0	1	2	3	4	5	6	7	8	9	10	11	12	13	14	15	16	17	18	19
350		谩	芒	茫	盲	氓	忙	莽	猫	茅	锚	毛	矛	铆	卯	茂	冒	帽	貌	贸
352	么	玫	枚	梅	酶	霉	煤	没	眉	媒	镁	每	美	昧	寐	妹	媚	门	闷	们
354	萌	蒙	檬	盟	锰	猛	梦	孟	眯	醚	靡	糜	迷	谜	弥	米	秘	觅	泌	蜜
356	密	幂	棉	眠	绵	冕	免	勉	娩	缅	面	苗	描	瞄	藐	秒	渺	庙	妙	蔑
358	灭	民	抿	皿	敏	悯	闽	明	螟	鸣	铭	名	命	谬	摸					

36区	0	1	2	3	4	5	6	7	8	9	10	11	12	13	14	15	16	17	18	19
360		摹	蘑	模	膜	磨	摩	魔	抹	末	莫	墨	默	沫	漠	寞	陌	谋	牟	某
362	拇	牡	亩	姆	母	墓	暮	幕	募	慕	木	目	睦	牧	穆	拿	哪	呐	钠	那
364	娜	纳	氖	乃	奶	耐	奈	南	男	难	囊	挠	脑	恼	闹	淖	呢	馁	内	嫩
366	能	妮	霓	倪	泥	尼	拟	你	匿	腻	逆	溺	蔫	拈	年	碾	撵	捻	念	娘
368	酿	鸟	尿	捏	聂	孽	啮	镊	镍	涅	您	柠	狞	凝	宁					

37区	0	1	2	3	4	5	6	7	8	9	10	11	12	13	14	15	16	17	18	19
370		拧	泞	牛	扭	钮	纽	脓	浓	农	弄	奴	努	怒	女	暖	虐	疟	挪	懦
372	糯	诺	哦	欧	鸥	殴	藕	呕	偶	沤	啪	趴	爬	帕	怕	琶	拍	排	牌	徘
374	湃	派	攀	潘	盘	磐	盼	畔	判	叛	乓	庞	旁	耪	胖	抛	咆	刨	炮	袍
376	跑	泡	呸	胚	培	裴	赔	陪	配	佩	沛	喷	盆	砰	抨	烹	澎	彭	蓬	棚
378	硼	篷	膨	朋	鹏	捧	碰	坯	砒	霹	批	披	劈	琵	毗					

38区	0	1	2	3	4	5	6	7	8	9	10	11	12	13	14	15	16	17	18	19
380		啤	脾	疲	皮	匹	痞	僻	屁	譬	篇	偏	片	骗	飘	漂	瓢	票	撇	瞥
382	拼	频	贫	品	聘	乒	坪	苹	萍	平	凭	瓶	评	屏	坡	泼	颇	婆	破	魄
384	迫	粕	剖	扑	铺	仆	莆	葡	菩	蒲	埔	朴	圃	普	浦	谱	曝	瀑	期	欺
386	栖	戚	妻	七	凄	漆	柒	沏	其	棋	奇	歧	畦	崎	脐	齐	旗	祈	祁	骑
388	起	岂	乞	企	启	契	砌	器	气	迄	弃	汽	泣	讫	掐					

39区	0	1	2	3	4	5	6	7	8	9	10	11	12	13	14	15	16	17	18	19
390		恰	洽	牵	扦	钎	铅	千	迁	签	仟	谦	乾	黔	钱	钳	前	潜	遣	浅
392	谴	堑	嵌	欠	歉	枪	呛	腔	羌	墙	蔷	强	抢	橇	锹	敲	悄	桥	瞧	乔
394	侨	巧	鞘	撬	翘	峭	俏	窍	切	茄	且	怯	窃	钦	侵	亲	秦	琴	勤	芹
396	擒	禽	寝	沁	青	轻	氢	倾	卿	清	擎	晴	氰	情	顷	请	庆	琼	穷	秋
398	丘	邱	球	求	囚	酋	泅	趋	区	蛆	曲	躯	屈	驱	渠					

40区	0	1	2	3	4	5	6	7	8	9	10	11	12	13	14	15	16	17	18	19
400		取	娶	龋	趣	去	圈	颧	权	醛	泉	全	痊	拳	犬	券	劝	缺	炔	瘸
402	却	鹊	榷	确	雀	裙	群	然	燃	冉	染	瓤	壤	攘	嚷	让	饶	扰	绕	惹
404	热	壬	仁	人	忍	韧	任	认	刃	妊	纫	扔	仍	日	戎	茸	蓉	荣	融	熔
406	溶	容	绒	冗	揉	柔	肉	茹	蠕	儒	孺	如	辱	乳	汝	入	褥	软	阮	蕊
408	瑞	锐	闰	润	若	弱	撒	洒	萨	腮	鳃	塞	赛	三	叁					

41区	0	1	2	3	4	5	6	7	8	9	10	11	12	13	14	15	16	17	18	19
410		伞	散	桑	嗓	丧	搔	骚	扫	嫂	瑟	色	涩	森	僧	莎	砂	杀	刹	沙
412	纱	傻	啥	煞	筛	晒	珊	苫	杉	山	删	煽	衫	闪	陕	擅	赡	膳	善	汕
414	扇	缮	墒	伤	商	赏	晌	上	尚	裳	梢	捎	稍	烧	芍	勺	韶	少	哨	邵
416	绍	奢	赊	蛇	舌	舍	赦	摄	射	慑	涉	社	设	砷	申	呻	伸	身	深	娠
418	绅	神	沈	审	婶	甚	肾	慎	渗	声	生	甥	牲	升	绳					

42区	0	1	2	3	4	5	6	7	8	9	10	11	12	13	14	15	16	17	18	19
420		省	盛	剩	胜	圣	师	失	狮	施	湿	诗	尸	虱	十	石	拾	时	什	食
422	蚀	实	识	史	矢	使	屎	驶	始	式	示	士	世	柿	事	拭	誓	逝	势	是
424	嗜	噬	适	仕	侍	释	饰	氏	市	恃	室	视	试	收	手	首	守	寿	授	售
426	受	瘦	兽	蔬	枢	梳	殊	抒	输	叔	舒	淑	疏	书	赎	孰	熟	薯	暑	曙
428	署	蜀	黍	鼠	属	术	述	树	束	戍	竖	墅	庶	数	漱					

43区	0	1	2	3	4	5	6	7	8	9	10	11	12	13	14	15	16	17	18	19
430		恕	刷	耍	摔	衰	甩	帅	栓	拴	霜	双	爽	谁	水	睡	税	吮	瞬	顺
432	舜	说	硕	朔	烁	斯	撕	嘶	思	私	司	丝	死	肆	寺	嗣	四	伺	似	饲
434	巳	松	耸	怂	颂	送	宋	讼	诵	搜	艘	擞	嗽	苏	酥	俗	素	速	粟	僳
436	塑	溯	宿	诉	肃	酸	蒜	算	虽	隋	随	绥	髓	碎	岁	穗	遂	隧	祟	孙
438	损	笋	蓑	梭	唆	缩	琐	索	锁	所	塌	他	它	她	塔					

44区	0	1	2	3	4	5	6	7	8	9	10	11	12	13	14	15	16	17	18	19
440		獭	挞	蹋	踏	胎	苔	抬	台	泰	酞	太	态	汰	坍	摊	贪	瘫	滩	坛
442	檀	痰	潭	谭	谈	坦	毯	袒	碳	探	叹	炭	汤	塘	搪	堂	棠	膛	唐	糖
444	倘	躺	淌	趟	烫	掏	涛	滔	绦	萄	桃	逃	淘	陶	讨	套	特	藤	腾	疼
446	誊	梯	剔	踢	锑	提	题	蹄	啼	体	替	嚏	惕	涕	剃	屉	天	添	填	田
448	甜	恬	舔	腆	挑	条	迢	眺	跳	贴	铁	帖	厅	听	烃					

45区	0	1	2	3	4	5	6	7	8	9	10	11	12	13	14	15	16	17	18	19
450		汀	廷	停	亭	庭	挺	艇	通	桐	酮	瞳	同	铜	彤	童	桶	捅	筒	统
452	痛	偷	投	头	透	凸	秃	突	图	徒	途	涂	屠	土	吐	兔	湍	团	推	颓
454	腿	蜕	褪	退	吞	屯	臀	拖	托	脱	鸵	陀	驮	驼	椭	妥	拓	唾	挖	哇
456	蛙	洼	娃	瓦	袜	歪	外	豌	弯	湾	玩	顽	丸	烷	完	碗	挽	晚	皖	惋
458	宛	婉	万	腕	汪	王	亡	枉	网	往	旺	望	忘	妄	威					

46区	0	1	2	3	4	5	6	7	8	9	10	11	12	13	14	15	16	17	18	19
460		巍	微	危	韦	违	桅	围	唯	惟	为	潍	维	苇	萎	委	伟	伪	尾	纬
462	未	蔚	味	畏	胃	喂	魏	位	渭	谓	尉	慰	卫	瘟	温	蚊	文	闻	纹	吻
464	稳	紊	问	嗡	翁	瓮	挝	蜗	涡	窝	我	斡	卧	握	沃	巫	呜	钨	乌	污
466	诬	屋	无	芜	梧	吾	吴	毋	武	五	捂	午	舞	伍	侮	坞	戊	雾	晤	物
468	勿	务	悟	误	昔	熙	析	西	硒	矽	晰	嘻	吸	锡	牺					

47区	0	1	2	3	4	5	6	7	8	9	10	11	12	13	14	15	16	17	18	19
470		稀	息	希	悉	膝	夕	惜	熄	烯	溪	汐	犀	檄	袭	席	习	媳	喜	铣
472	洗	系	隙	戏	细	瞎	虾	匣	霞	辖	暇	峡	侠	狭	下	厦	夏	吓	掀	锨
474	先	仙	鲜	纤	咸	贤	衔	舷	闲	涎	弦	嫌	显	险	现	献	县	腺	馅	羡
476	宪	陷	限	线	相	厢	镶	香	箱	襄	湘	乡	翔	祥	详	想	响	享	项	巷
478	橡	像	向	象	萧	硝	霄	削	哮	嚣	销	消	宵	淆	晓					

48区 0 1 2 3 4 5 6 7 8 9 10 11 12 13 14 15 16 17 18 19

480 小孝校肖啸笑效楔些歇蝎鞋协挟携邪斜胁谐
482 写械卸蟹懈泄泻谢屑薪芯锌欣辛新忻心信衅星
484 腥猩惺兴刑型形邢行醒幸杏性姓兄凶胸匈汹雄
486 熊休修羞朽嗅锈秀袖绣墟戌需虚嘘须徐许蓄酗
488 叙旭序畜恤絮婿绪续轩喧宣悬旋玄

49区 0 1 2 3 4 5 6 7 8 9 10 11 12 13 14 15 16 17 18 19

490 选癣眩绚靴薛学穴雪血勋熏循旬询寻驯巡殉
492 汛训讯逊迅压押鸦鸭呀丫芽牙蚜崖衙涯雅哑亚
494 讶焉咽阉烟淹盐严研蜒岩延言颜阎炎沿奄掩眼
496 衍演艳堰燕厌砚雁唁彦焰宴谚验殃央鸯秧杨扬
498 佯疡羊洋阳氧仰痒养样漾邀腰妖瑶

50区 0 1 2 3 4 5 6 7 8 9 10 11 12 13 14 15 16 17 18 19

500 摇尧遥窑谣姚咬舀药要耀椰噎耶爷野冶也页
502 掖业叶曳腋夜液一壹医揖铱依伊衣颐夷遗移仪
504 胰疑沂宜姨彝椅蚁倚已乙矣以艺抑易邑屹亿役
506 臆逸肄疫亦裔意毅忆义益溢诣议谊译异翼翌绎
508 茵荫因殷音阴姻吟银淫寅饮尹引隐

51区 0 1 2 3 4 5 6 7 8 9 10 11 12 13 14 15 16 17 18 19

510 印英樱婴鹰应缨莹萤营荧蝇迎赢盈影颖硬映
512 哟拥佣臃痈庸雍踊蛹咏泳涌永恿勇用幽优悠忧
514 尤由邮铀犹油游酉有友右佑釉诱又幼迂淤于盂
516 榆虞愚舆余俞逾鱼愉渝渔隅予娱雨与屿禹宇语
518 羽玉域芋郁吁遇喻峪御愈欲狱育誉

52区	0	1	2	3	4	5	6	7	8	9	10	11	12	13	14	15	16	17	18	19
520		浴	寓	裕	预	豫	驭	鸳	渊	冤	元	垣	袁	原	援	辕	园	员	圆	猿
522	源	缘	远	苑	愿	怨	院	曰	约	越	跃	钥	岳	粤	月	悦	阅	耘	云	郧
524	匀	陨	允	运	蕴	酝	晕	韵	孕	匝	砸	杂	栽	哉	灾	宰	载	再	在	咱
526	攒	暂	赞	赃	脏	葬	遭	糟	凿	藻	枣	早	澡	蚤	躁	噪	造	皂	灶	燥
528	责	择	则	泽	贼	怎	增	憎	曾	赠	扎	喳	渣	札	轧					

53区	0	1	2	3	4	5	6	7	8	9	10	11	12	13	14	15	16	17	18	19
530		铡	闸	眨	栅	榨	咋	乍	炸	诈	摘	斋	宅	窄	债	寨	瞻	毡	詹	粘
532	沾	盏	斩	辗	崭	展	蘸	栈	占	战	站	湛	绽	樟	章	彰	漳	张	掌	涨
534	杖	丈	帐	账	仗	胀	瘴	障	招	昭	找	沼	赵	照	罩	兆	肇	召	遮	折
536	哲	蛰	辙	者	锗	蔗	这	浙	珍	斟	真	甄	砧	臻	贞	针	侦	枕	疹	诊
538	震	振	镇	阵	蒸	挣	睁	征	狰	争	怔	整	拯	正	政					

54区	0	1	2	3	4	5	6	7	8	9	10	11	12	13	14	15	16	17	18	19
540		帧	症	郑	证	芝	枝	支	吱	蜘	知	肢	脂	汁	之	织	职	直	植	殖
542	执	值	侄	址	指	止	趾	只	旨	纸	志	挚	掷	至	致	置	帜	峙	制	智
544	秩	稚	质	炙	痔	滞	治	窒	中	盅	忠	钟	衷	终	种	肿	重	仲	众	舟
546	周	州	洲	诌	粥	轴	肘	帚	咒	皱	宙	昼	骤	珠	株	蛛	朱	猪	诸	诛
548	逐	竹	烛	煮	拄	瞩	嘱	主	著	柱	助	蛀	贮	铸	筑					

55区	0	1	2	3	4	5	6	7	8	9	10	11	12	13	14	15	16	17	18	19
550		住	注	祝	驻	抓	爪	拽	专	砖	转	撰	赚	篆	桩	庄	装	妆	撞	壮
552	状	椎	锥	追	赘	坠	缀	谆	准	捉	拙	卓	桌	琢	茁	酌	啄	着	灼	浊
554	兹	咨	资	姿	滋	淄	孜	紫	仔	籽	滓	子	自	渍	字	鬃	棕	踪	宗	综
556	总	纵	邹	走	奏	揍	租	足	卒	族	祖	诅	阻	组	钻	纂	嘴	醉	最	罪
558	尊	遵	昨	左	佐	柞	做	作	坐	座										

56区 0 1 2 3 4 5 6 7 8 9 10 11 12 13 14 15 16 17 18 19

560 亍丌兀丐廿卅丕亘丞鬲孬噩丨禺丿匕乇夭爻

562 卮氐囟胤馗毓睾鼗丶亟鼐乜乩亓芈孛啬嘏仄厍

564 厝厣厥厮靥赝匚叵匦匮匾赜卦卣刂刈刎刭刳刿

566 剀剌剞剡剜蒯剽劂劁劐劓冂罔亻仃仉仂仨仡仫

568 仞伛仳伢佤仵伥伧伉伫佞佧攸佚佝

57区 0 1 2 3 4 5 6 7 8 9 10 11 12 13 14 15 16 17 18 19

570 佟佗伲伽佶佴侑侉侃侏佾佻侪佼侬侔俦俨俪

572 俅俚俣俜俑俟俸倩偌俳倬倏倮倭俾倜倌倥倨偾

574 偃偕偈偎偬偻傥傧傩傺僖儆僭僬僦僮儇儋仝氽

576 佘佥俎龠汆籴兮巽黉馘冁夔勹匍訇匐凫夙兕亠

578 兖亳衮袤亵脔裒禀嬴蠃羸冫冱冽冼

58区 0 1 2 3 4 5 6 7 8 9 10 11 12 13 14 15 16 17 18 19

580 凇冖冢冥讠讦讧讪讴讵讷诂诃诋诏诎诒诓诔

582 诖诘诙诜诟诠诤诨诩诮诰诳诶诹诼诿谀谂谄谇

584 谌谏谑谒谔谕谖谙谛谘谝谟谠谡谥谧谪谫谮谯

586 谲谳谵谶卩卺阝阢阡阱阪阽阼陂陉陔陟陧陬陲

588 陴隈隍隗隰邗邛邝邙邬邡邴邳邶邺

59区 0 1 2 3 4 5 6 7 8 9 10 11 12 13 14 15 16 17 18 19

590 邸邰郏郅邾郐郄郇郓郦郢郜郗郛郫郯郾鄄鄢

592 鄞鄣鄱鄯鄹酃酆刍奂劢劬劭劾哿勐勖勰叟燮矍

594 廴凵凼鬯厶弁畚巯坌垩垡塾墼壅壑圩圬圪圳圹

596 圮圯坜圻坂坩垅坫垆坼坻坨坭坶坳垭垤垌垲埏

598 垧垴垓垠埕埘埚埙埒垸埴埯埸埤埝

60区	0	1	2	3	4	5	6	7	8	9	10	11	12	13	14	15	16	17	18	19
600		堋	堍	埽	埭	堀	堞	堙	塄	堠	塥	塬	墁	墉	墚	墀	馨	鼙	懿	艹
602	艽	艿	芏	芊	芨	芄	芎	芑	芗	芙	芫	芸	芾	芰	苈	苊	苣	芘	芷	芮
604	苋	苌	苁	芩	芴	芡	芪	芟	苄	苎	芤	苡	茉	苷	苤	茏	茇	苜	苴	苒
606	苘	茌	苻	苓	茑	茚	茆	茔	茕	苠	苕	茜	荑	荛	荜	茈	莒	茼	茴	茱
608	莛	荞	茯	荏	荇	荃	荟	荀	茗	荠	茭	茺	茳	荦	荥					

61区	0	1	2	3	4	5	6	7	8	9	10	11	12	13	14	15	16	17	18	19
610		荨	茛	荩	荬	荪	荭	荮	莰	荸	莳	莴	莠	莪	莓	莜	莅	荼	莶	莩
612	荽	莸	荻	莘	莞	莨	莺	莼	菁	萁	菥	菘	堇	萘	萋	菝	菽	菖	萜	萸
614	萑	萆	菔	菟	萏	萃	菸	菹	菪	菅	菀	萦	菰	菡	葜	葑	葚	葙	葳	蒇
616	蒈	葺	蒉	葸	萼	葆	葩	葶	蒌	蒎	萱	葭	蓁	蓍	蓐	蓦	蒽	蓓	蓊	蒿
618	蒺	蓠	蒡	蒹	蒴	蒗	蓥	蓣	蔌	甍	蔸	蓰	蔹	蔟	蔺					

62区	0	1	2	3	4	5	6	7	8	9	10	11	12	13	14	15	16	17	18	19
620		蕖	蔻	蓿	蓼	蕙	蕈	蕨	蕤	蕞	蕺	瞢	蕃	蕲	蕻	薤	薨	薇	薏	蕹
622	薮	薜	薅	薹	薷	薰	藓	藁	藜	藿	蘧	蘅	蘩	蘖	蘼	廾	弈	夼	奁	耷
624	奕	奚	奘	匏	尢	尥	尬	尴	扌	扪	抟	抻	拊	拚	拗	拮	挢	拶	挹	捋
626	捃	掭	揶	捱	捺	掎	掴	捭	掬	掊	捩	掮	掼	揲	揸	揠	揿	揄	揞	揎
628	摒	揆	掾	摅	摁	搋	搛	搠	搌	搦	搡	摞	撄	摭	撖					

63区	0	1	2	3	4	5	6	7	8	9	10	11	12	13	14	15	16	17	18	19
630		摺	撷	撸	撙	撺	擀	擐	擗	擤	擢	攉	攥	攮	弋	忒	甙	弑	卟	叱
632	叽	叩	叨	叻	吒	吖	吆	呋	呒	呓	呔	呖	呃	吡	呗	呙	吣	吲	咂	咔
634	呷	呱	呤	咚	咛	咄	呶	呦	咝	哐	咭	哂	咴	哒	咧	咦	哓	哔	呲	咣
636	哕	咻	咿	哌	哙	哚	哜	咩	咪	咤	哝	哏	哞	唛	哧	唠	哽	唔	哳	唢
638	唣	唏	唑	唧	唪	啧	喏	喵	啉	啭	啁	啕	唿	啐	唼					

64区	0	1	2	3	4	5	6	7	8	9	10	11	12	13	14	15	16	17	18	19
640		唷	啖	啵	啶	啷	唳	唰	啜	喋	嗒	喃	喱	喹	喈	喁	喟	啾	嗖	喑
642	啻	嗟	喽	喾	喔	喙	嗪	嗷	嗉	嘟	嗑	嗫	嗬	嗔	嗦	嗝	嗄	嗯	嗥	嗲
644	嗳	嗌	嗍	嗨	嗵	嗤	辔	嘞	嘈	嘌	嘁	嘤	嘣	嗾	嘀	嘧	嘭	噘	嘹	噗
646	嘬	噍	噢	噙	噜	噌	噔	嚆	噤	噱	噫	噻	噼	嚅	嚓	嚯	囔	囗	囝	囡
648	囵	囫	囹	囿	圄	圊	圉	圜	帏	帙	帔	帑	帱	帻	帼					

65区	0	1	2	3	4	5	6	7	8	9	10	11	12	13	14	15	16	17	18	19
650		帷	幄	幔	幛	幞	幡	岌	屺	岍	岐	岖	岈	岘	岙	岑	岚	岜	岵	岢
652	岽	岬	岫	岱	岣	峁	岷	峄	峒	峤	峋	峥	崂	崃	崧	崦	崮	崤	崞	崆
654	崛	嵘	崾	崴	崽	嵬	嵛	嵯	嵝	嵫	嵋	嵊	嵩	嵴	嶂	嶙	嶝	豳	嶷	巅
656	彳	彷	徂	徇	徉	後	徕	徙	徜	徨	徭	徵	徼	衢	彡	犭	犰	犴	犷	犸
658	狃	狁	狎	狍	狒	狨	狯	狩	狲	狴	狷	猁	狳	猃	狺					

66区	0	1	2	3	4	5	6	7	8	9	10	11	12	13	14	15	16	17	18	19
660		狻	猗	猓	猡	猊	猞	猝	猕	猢	猹	猥	猬	猸	猱	獐	獍	獗	獠	獬
662	獯	獾	舛	夥	飧	夤	夂	饣	饧	饨	饩	饪	饫	饬	饴	饷	饽	馀	馄	馇
664	馊	馍	馐	馑	馓	馔	馕	庀	庑	庋	庖	庥	庠	庹	庵	庾	庳	赓	廒	廑
666	廛	廨	廪	膺	忄	忉	忖	忏	怃	忮	怄	忡	忤	忾	怅	怆	忪	忭	忸	怙
668	怵	怦	怛	怏	怍	怩	怫	怊	怿	怡	恸	恹	恻	恺	恂					

67区	0	1	2	3	4	5	6	7	8	9	10	11	12	13	14	15	16	17	18	19
670		恪	恽	悖	悚	悭	悝	悃	悒	悌	悛	惬	悻	悱	惝	惘	惆	惚	悴	愠
672	愦	愕	愣	惴	愀	愎	愫	慊	慵	憬	憔	憧	憷	懔	懵	忝	隳	闩	闫	闱
674	闳	闵	闶	闼	闾	阃	阄	阆	阈	阊	阋	阌	阍	阏	阒	阕	阖	阗	阙	阚
676	丬	爿	戕	氵	汔	汜	汊	沣	沅	沐	沔	沌	汨	汩	汴	汶	沆	沩	泐	泔
678	沭	泷	泸	泱	泗	沲	泠	泖	泺	泫	泮	沱	泓	泯	泾					

68区	0	1	2	3	4	5	6	7	8	9	10	11	12	13	14	15	16	17	18	19
680		洹	洧	洌	浃	浈	洇	洄	洙	洎	洫	浍	洮	洵	洚	浏	浒	浔	洳	涑
682	浯	涞	涠	浞	涓	涔	浜	浠	浼	浣	渚	淇	淅	淞	渎	涿	淠	渑	淦	淝
684	淙	渖	涫	渌	涮	渫	湮	湎	湫	溲	湟	溆	湓	湔	渲	渥	湄	滟	溱	溘
686	滠	漭	滢	溥	溧	溽	溻	溷	滗	溴	滏	溏	滂	溟	潢	潆	潇	漤	漕	滹
688	漯	漶	潋	潴	漪	漉	漩	澉	澍	澌	潸	潲	潼	潺	濑					

69区	0	1	2	3	4	5	6	7	8	9	10	11	12	13	14	15	16	17	18	19
690		濉	澧	澹	澶	濂	濡	濮	濞	濠	濯	瀚	瀣	瀛	瀹	瀵	灏	灞	宀	宄
692	宕	宓	宥	宸	甯	骞	搴	寤	寮	褰	寰	蹇	謇	辶	迓	迕	迥	迮	迤	迩
694	迦	迳	迨	逅	逄	逋	逦	逑	逍	逖	逡	逵	逶	逭	逯	遄	遑	遒	遐	遨
696	遘	遢	遛	暹	遴	遽	邂	邈	邃	邋	彐	彗	彖	彘	尻	咫	屐	屙	孱	屣
698	屦	羼	弪	弩	弭	艴	弼	鬻	屮	妁	妃	妍	妩	妪	妣					

70区	0	1	2	3	4	5	6	7	8	9	10	11	12	13	14	15	16	17	18	19
700		妗	姊	妫	妞	妤	姒	妲	妯	姗	妾	娅	娆	姝	娈	姣	姘	姹	娌	娉
702	娲	娴	娑	娣	娓	婀	婧	婊	婕	娼	婢	婵	胬	媪	媛	婷	婺	媾	嫫	媲
704	嫒	嫔	媸	嫠	嫣	嫱	嫖	嫦	嫘	嫜	嬉	嬗	嬖	嬲	嬷	孀	尕	尜	孚	孥
706	孳	孑	孓	孢	驵	驷	驸	驺	驿	驽	骀	骁	骅	骈	骊	骐	骒	骓	骖	骘
708	骛	骜	骝	骟	骠	骢	骣	骥	骧	纟	纡	纣	纥	纨	纩					

71区	0	1	2	3	4	5	6	7	8	9	10	11	12	13	14	15	16	17	18	19
710		纭	纰	纾	绀	绁	绂	绉	绋	绌	绐	绔	绗	绛	绠	绡	绨	绫	绮	绯
712	绱	绲	缍	绶	绺	绻	绾	缁	缂	缃	缇	缈	缋	缌	缏	缑	缒	缗	缙	缜
714	缛	缟	缡	缢	缣	缤	缥	缦	缧	缪	缫	缬	缭	缯	缰	缱	缲	缳	缵	幺
716	畿	巛	甾	邕	玎	玑	玮	玢	玟	珏	珂	珑	玷	玳	珀	珉	珈	珥	珙	顼
718	琊	珩	珧	珞	玺	珲	琏	琪	瑛	琦	琥	琨	琰	琮	琬					

72区	0	1	2	3	4	5	6	7	8	9	10	11	12	13	14	15	16	17	18	19
720		琛	琚	琯	瑜	瑗	瑕	瑙	瑷	瑭	瑾	璜	璎	璀	璁	璇	璋	璞	璨	璩
722	璐	璧	瓒	璺	韪	韫	韬	杌	杓	杞	杈	杩	枥	枇	杪	杳	枘	枧	杵	枨
724	枞	枭	枋	杷	杼	柰	栉	柘	栊	柩	枰	栌	柙	枵	柚	枳	柝	栀	柃	枸
726	柢	栎	柁	柽	栲	栳	桠	桡	桎	桢	桄	桤	梃	栝	桕	桦	桁	桧	桀	栾
728	桊	桉	栩	梵	梏	桴	桷	梓	桫	棂	楮	棼	椟	椠	棹					

73区	0	1	2	3	4	5	6	7	8	9	10	11	12	13	14	15	16	17	18	19
730		椤	椰	椋	椁	楗	棣	椐	楱	椹	楠	楂	楝	榄	楫	榀	榘	楸	椴	槌
732	榇	榈	槎	榉	楦	楣	楹	榛	榧	榻	榫	榭	槔	榱	槁	槊	槟	榕	槠	榍
734	槿	樯	槭	樗	樘	橥	槲	橄	樾	檠	橐	橛	樵	檎	橹	樽	樨	橘	橼	檑
736	檐	檩	檗	檫	猷	獒	殁	殂	殇	殄	殒	殓	殍	殚	殛	殡	殪	轫	轭	轱
738	轲	轳	轵	轶	轸	轷	轹	轺	轼	轾	辁	辂	辄	辇	辋					

74区	0	1	2	3	4	5	6	7	8	9	10	11	12	13	14	15	16	17	18	19
740		辍	辎	辏	辘	辚	軎	戋	戗	戛	戟	戢	戡	戥	戤	戬	臧	瓯	瓴	瓿
742	甏	甑	甓	攴	旮	旯	旰	昊	昙	杲	昃	昕	昀	炅	曷	昝	昴	昱	昶	昵
744	耆	晟	晔	晁	晏	晖	晡	晗	晷	暄	暌	暧	暝	暾	曛	曜	曦	曩	贲	贳
746	贶	贻	贽	赀	赅	赆	赈	赉	赇	赍	赕	赙	觇	觊	觋	觌	觎	觏	觐	觑
748	牮	犟	牝	牦	牯	牾	牿	犄	犋	犍	犏	犒	挈	挲	掰					

75区	0	1	2	3	4	5	6	7	8	9	10	11	12	13	14	15	16	17	18	19
750		搿	擘	耄	毪	毳	毽	毵	毹	氅	氇	氆	氍	氕	氘	氙	氚	氡	氩	氤
752	氪	氲	攵	敕	敫	牍	牒	牖	爰	虢	刖	肟	肜	肓	肼	朊	肽	肱	肫	肭
754	肴	肷	胧	胨	胩	胪	胛	胂	胄	胙	胍	胗	朐	胝	胫	胱	胴	胭	脍	脎
756	胲	胼	朕	脒	豚	脶	脞	脬	脘	脲	腈	腌	腓	腴	腙	腚	腱	腠	腩	腼
758	腽	腭	腧	塍	媵	膈	膂	膑	滕	膣	膪	臌	朦	臊	膻					

76区	0	1	2	3	4	5	6	7	8	9	10	11	12	13	14	15	16	17	18	19
760		臁	膦	欤	欷	欹	歃	歆	歙	飑	飒	飓	飕	飙	飚	殳	彀	毂	觳	斐
762	齑	斓	於	旆	旄	旃	旌	旎	旒	旖	炀	炜	炖	炝	炻	烀	炷	炫	炱	烨
764	烊	焐	焓	焖	焯	焱	煳	煜	煨	煅	煲	煊	煸	煺	熘	熳	熵	熨	熠	燠
766	燔	燧	燹	爝	爨	灬	焘	煦	熹	戾	戽	扃	扈	扉	礻	祀	祆	祉	祛	祜
768	祓	祚	祢	祗	祠	祯	祧	祺	禅	禊	禚	禧	禳	忑	忐					

77区	0	1	2	3	4	5	6	7	8	9	10	11	12	13	14	15	16	17	18	19
770		怼	恝	恚	恧	恁	恙	恣	悫	愆	愍	慝	憩	憝	懋	懑	戆	肀	聿	沓
772	泶	淼	矶	矸	砀	砉	砗	砘	砑	斫	砭	砜	砝	砹	砺	砻	砟	砼	砥	砬
774	砣	砩	硎	硭	硖	硗	砦	硐	硇	硌	硪	碛	碓	碚	碇	碜	碡	碣	碲	碹
776	碥	磔	磙	磉	磬	磲	礅	磴	礓	礤	礞	礴	龛	黹	黻	黼	盱	眄	眍	盹
778	眇	眈	眚	眢	眙	眭	眦	眵	眸	睐	睑	睇	睃	睚	睨					

78区	0	1	2	3	4	5	6	7	8	9	10	11	12	13	14	15	16	17	18	19
780		睢	睥	睿	瞍	睽	瞀	瞌	瞑	瞟	瞠	瞰	瞵	瞽	町	畀	畎	畋	畈	畛
782	畲	畹	疃	罘	罡	罟	詈	罨	罴	罱	罹	羁	罾	盍	盥	蠲	钅	钆	钇	钋
784	钊	钌	钍	钏	钐	钔	钗	钕	钚	钛	钜	钣	钤	钫	钪	钭	钬	钯	钰	钲
786	钴	钶	钷	钸	钹	钺	钼	钽	钿	铄	铈	铉	铊	铋	铌	铍	铎	铐	铑	铒
788	铕	铖	铗	铙	铘	铛	铞	铟	铠	铢	铤	铥	铧	铨	铪					

79区	0	1	2	3	4	5	6	7	8	9	10	11	12	13	14	15	16	17	18	19
790		铩	铫	铮	铯	铳	铴	铵	铷	铹	铼	铽	铿	锃	锂	锆	锇	锉	锊	锍
792	锎	锏	锒	锓	锔	锕	锖	锘	锛	锝	锞	锟	锢	锪	锫	锩	锬	锱	锲	锴
794	锶	锷	锸	锼	锾	锿	镂	锵	镄	镅	镆	镉	镌	镎	镏	镒	镓	镔	镖	镗
796	镘	镙	镛	镞	镟	镝	镡	镢	镤	镥	镦	镧	镨	镩	镪	镫	镬	镯	镱	镲
798	镳	锺	矧	矬	雉	秕	秭	秣	秫	稆	嵇	稃	稂	稞	稔					

80区	0	1	2	3	4	5	6	7	8	9	10	11	12	13	14	15	16	17	18	19
800		稹	稷	穑	黏	馥	穰	皈	皎	皓	皙	皤	瓞	瓠	甬	鸠	鸢	鸨	鸩	鸪
802	鸫	鸬	鸲	鸱	鸶	鸸	鸷	鸹	鸺	鸾	鹁	鹂	鹄	鹆	鹇	鹈	鹉	鹋	鹌	鹎
804	鹑	鹕	鹗	鹚	鹛	鹜	鹞	鹣	鹦	鹧	鹨	鹩	鹪	鹫	鹬	鹱	鹭	鹳	疒	疔
806	疖	疠	疝	疬	疣	疳	疴	疸	痄	疱	疰	痃	痂	痖	痍	痣	痨	痦	痤	痫
808	痧	瘃	痱	痼	痿	瘐	瘀	瘅	瘌	瘗	瘊	瘥	瘘	瘕	瘙					

81区	0	1	2	3	4	5	6	7	8	9	10	11	12	13	14	15	16	17	18	19
810		瘛	瘼	瘢	瘠	癀	瘭	瘰	瘿	瘵	癃	瘾	瘳	癍	癞	癔	癜	癖	癫	癯
812	翊	竦	穸	穹	窀	窆	窈	窕	窦	窠	窬	窨	窭	窳	衤	衩	衲	衽	衿	袂
814	袢	裆	袷	袼	裉	裢	裎	裣	裥	裱	褚	裼	裨	裾	裰	褡	褙	褓	褛	褊
816	褴	褫	褶	襁	襦	襻	疋	胥	皲	皴	矜	耒	耔	耖	耜	耠	耢	耥	耦	耧
818	耩	耨	耱	耋	耵	聃	聆	聍	聒	聩	聱	覃	顸	颀	颃					

82区	0	1	2	3	4	5	6	7	8	9	10	11	12	13	14	15	16	17	18	19
820		颉	颌	颍	颏	颔	颚	颛	颞	颟	颡	颢	颥	颦	虍	虔	虬	虮	虿	虺
822	虼	虻	蚨	蚍	蚋	蚬	蚝	蚧	蚣	蚪	蚓	蚩	蚶	蛄	蚵	蛎	蚰	蚺	蚱	蚯
824	蛉	蛏	蚴	蛩	蛱	蛲	蛭	蛳	蛐	蜓	蛞	蛴	蛟	蛘	蛑	蜃	蜇	蛸	蜈	蜊
826	蜍	蜉	蜣	蜻	蜞	蜥	蜮	蜚	蜾	蝈	蜴	蜱	蜩	蜷	蜿	螂	蜢	蝽	蝾	蝻
828	蝠	蝰	蝌	蝮	螋	蝓	蝣	蝼	蝤	蝙	蝥	螓	螯	螨	蟒					

83区	0	1	2	3	4	5	6	7	8	9	10	11	12	13	14	15	16	17	18	19
830		蟆	螈	螅	螭	螗	螃	螫	蟥	螬	螵	螳	蟋	蟓	螽	蟑	蟀	蟊	蟛	蟪
832	蟠	蟮	蠖	蠓	蟾	蠊	蠛	蠡	蠹	蠼	缶	罂	罄	罅	舐	竺	竽	笈	笃	笄
834	笕	笊	笫	笏	筇	笸	笪	笙	笮	笱	笠	笥	笤	笳	笾	笞	筘	筚	筅	筵
836	筌	筝	筠	筮	筻	筢	筲	筱	箐	箦	箧	箸	箬	箝	箨	箅	箪	箜	箢	箫
838	箴	篑	篁	篌	篝	篚	篥	篦	篪	簌	篾	篼	簏	簖	簋					

84区	0	1	2	3	4	5	6	7	8	9	10	11	12	13	14	15	16	17	18	19
840		簟	簪	簦	簸	籁	籀	臾	舁	舂	舄	臬	衄	舡	舢	舣	舭	舯	舨	舫
842	舸	舻	舳	舴	舾	艄	艉	艋	艏	艚	艟	艨	衾	袅	袈	裘	裟	襞	羝	羟
844	羧	羯	羰	羲	籼	敉	粑	粝	粜	粞	粢	粲	粼	粽	糁	糇	糌	糍	糈	糅
846	糗	糨	艮	暨	羿	翎	翕	翥	翡	翦	翩	翮	翳	糸	絷	綦	綮	繇	纛	麸
848	麴	赳	趄	趔	趑	趱	赧	赭	豇	豉	酊	酐	酎	酏	酤					

85区	0	1	2	3	4	5	6	7	8	9	10	11	12	13	14	15	16	17	18	19
850		酢	酡	酰	酩	酯	酽	酾	酲	酴	酹	醌	醅	醐	醍	醑	醢	醣	醪	醭
852	醮	醯	醵	醴	醺	豕	鹾	趸	跫	踅	蹙	蹩	趵	趿	趼	趺	跄	跖	跗	跚
854	跞	跎	跏	跛	跆	跬	跷	跸	跣	跹	跻	跤	踉	跽	踔	踝	踟	踬	踮	踣
856	踯	踺	蹀	踹	踵	踽	踱	蹉	蹁	蹂	蹑	蹒	蹊	蹰	蹶	蹼	蹯	蹴	躅	躏
858	躔	躐	躜	躞	豸	貂	貊	貅	貘	貔	斛	觖	觞	觚	觜					

86区	0	1	2	3	4	5	6	7	8	9	10	11	12	13	14	15	16	17	18	19
860		觥	觫	觯	訾	謦	靓	雩	雳	雯	霆	霁	霈	霏	霎	霪	霭	霰	霾	龀
862	龃	龅	龆	龇	龈	龉	龊	龌	黾	鼋	鼍	隹	隼	隽	雎	雒	瞿	雠	銎	銮
864	鋈	錾	鍪	鏊	鎏	鐾	鑫	鱿	鲂	鲅	鲆	鲇	鲈	稣	鲋	鲎	鲐	鲑	鲒	鲔
866	鲕	鲚	鲛	鲞	鲟	鲠	鲡	鲢	鲣	鲥	鲦	鲧	鲨	鲩	鲫	鲭	鲮	鲰	鲱	鲲
868	鲳	鲴	鲵	鲶	鲷	鲺	鲻	鲼	鲽	鳄	鳅	鳆	鳇	鳊	鳋					

87区	0	1	2	3	4	5	6	7	8	9	10	11	12	13	14	15	16	17	18	19
870		鳌	鳍	鳎	鳏	鳐	鳓	鳔	鳕	鳗	鳘	鳙	鳜	鳝	鳟	鳢	靼	鞅	鞑	鞒
872	鞔	鞯	鞫	鞣	鞲	鞴	骱	骰	骷	鹘	骶	骺	骼	髁	髀	髅	髂	髋	髌	髑
874	魅	魃	魇	魉	魈	魍	魑	飨	餍	餮	饕	饔	髟	髡	髦	髯	髫	髻	髭	髹
876	鬈	鬏	鬓	鬟	鬣	麽	麾	縻	麂	麇	麈	麋	麒	鏖	麝	麟	黛	黜	黝	黠
878	黟	黢	黩	黧	黥	黪	黯	鼢	鼬	鼯	鼹	鼷	鼽	鼾	齄					

附　录　A
（规范性附录）
补充的字符

本部分是以 GB 2312—1980《信息交换用汉字编码字符集　基本集》为依据制定的。根据使用需要，在 GB 2312—1980 修订之前，在本部分中对字符作如下补充。

补充的 132 个字符如下所示：

8-27 至 8-32　　补充 ɑ ḿ ń ň ǹ g。

10-01 至 10-94　　补充 94 个半角图形的字符，其排列顺序与 GB 2312—1980 表 1“图形字符代码表”中第 3 区一一对应，字形宽度为对应第 3 区字形宽度的 1/2。

11-01 至 11-32　　补充汉语拼音 ɑ、e、i、o、u、ü 的四声半角字符和 ê、ɑ、ḿ、ń、ň、ǹ、g 的半角字符，排列顺序与本部分第 8 区 01 位至 32 位的 32 个字符一一对应，字形宽度为相应第 8 区字形宽度的 1/2。

附 录 B
（规范性附录）
48点阵字型数据

B.1 48点阵字型数据的表示

本部分中，图形字符的字型可由点阵数据来表示。每个字型的点阵数据为48×48（横行点数×纵列点数），共2 304个二进制位，288个字节。

B.2 48点阵字型数据的记录格式

48点阵字型数据的288个字节排列次序是以0字节开始至287字节结束，均用十六进制表示，每行六个字节，记录格式如下：

行数	列数																
	0	1	2	3	4	5	6	7	……	40	41	42	43	44	45	46	47
0	0字节								……	5字节							
1 2 3 4 ⋮ 46																	
47	282字节								……	287字节							

B.3 汉字48点阵字型数据举例

长 19-04	治 54-46	久 30-35	安 16-18
00 0C 00 00 00 00	00 00 00 18 00 00	00 00 60 00 00 00	00 00 01 00 00 00
00 0F 80 00 20 00	00 00 00 1F 80 00	00 00 7E 00 00 00	00 00 07 80 00 00
00 0F 00 00 30 00	02 00 00 3F 00 00	00 00 7C 00 00 00	00 00 0F 80 00 00
00 0F 00 00 78 00	07 80 00 3E 00 00	00 00 78 00 00 00	00 00 07 C0 00 00
00 0F 00 00 FE 00	0F E0 00 7C 00 00	00 00 F8 00 00 00	00 00 03 C0 00 00
00 0F 00 01 FC 00	1F F8 00 7C 00 00	00 00 F8 00 00 00	00 00 01 E0 00 00
00 0F 00 01 F8 00	07 FE 00 F8 00 00	00 00 F0 00 00 00	00 00 01 E0 00 00
00 0F 00 03 F0 00	01 FC 00 F8 00 00	00 01 F0 00 00 00	0F FF FF FF FF F0
00 0F 00 07 E0 00	00 F8 01 F0 00 00	00 01 F0 00 00 00	0F FF FF FF FF F0
00 0F 00 0F C0 00	00 70 01 F0 04 00	00 03 E0 00 00 00	0F FF FF FF FF F0
00 0F 00 1F 80 00	00 20 03 E0 0E 00	00 03 E0 00 00 00	0F FF FF FF FF F0
00 0F 00 3F 00 00	00 00 03 C0 3F 00	00 07 FF FF E0 00	0F 00 00 00 00 F0
00 0F 00 7E 00 00	00 00 07 C0 1F 80	00 07 FF FF E0 00	0F 00 0C 00 00 F0

00 0F 01 FC 00 00
00 0F 07 F8 00 00
00 0F 03 F0 00 00
00 0F 00 E0 00 00
00 0F 00 40 00 00
00 0F 00 00 00 00
00 0F 00 00 00 00
7F FF FF FF FF FC
7F FF FF FF FF FC
7F FF FF FF FF FC
7F FF FF FF FF FC
00 0F 00 F0 00 00
00 0F 00 F0 00 00
00 0F 00 F0 00 00
00 0F 00 F8 00 00
00 0F 00 78 00 00
00 0F 00 7C 00 00
00 0F 00 3C 00 00
00 0F 00 3E 00 00
00 0F 00 1F 00 00
00 0F 02 1F 80 00
00 0F 07 0F C0 00
00 0F 0F C7 E0 00
00 0F 1F 83 F8 00
00 0F 3F 01 FE 00
00 0F 7E 00 FF 80
00 0F FC 00 7F F0
00 0F F8 00 3F FF
00 0F F0 00 0F FC
00 0F E0 00 03 F8
00 0F C0 00 00 F0
00 1F 80 00 00 20
00 1F 00 00 00 00
00 0E 00 00 00 00
00 04 00 00 00 00

00 00 0F 80 0F C0
10 00 0F 80 07 E0
3C 00 1F 00 03 F0
7F 00 3E 00 01 F8
FF C0 FF FF FF FC
3F F0 FF FF FF FE
0F FC 7F FF FF FF
03 F8 7F FF C0 7E
01 F0 78 00 00 3C
00 E0 00 00 00 18
00 40 00 00 00 10
00 00 00 00 00 00
00 00 00 00 00 00
01 00 3F FF FF E0
01 C0 3F FF FF E0
01 F0 3F FF FF E0
01 E0 3F FF FF E0
01 E0 3C 00 01 E0
03 E0 3C 00 01 E0
03 C0 3C 00 01 E0
03 C0 3C 00 01 E0
03 C0 3C 00 01 E0
07 C0 3C 00 01 E0
07 80 3C 00 01 E0
07 80 3C 00 01 E0
0F 80 3C 00 01 E0
0F 80 3C 00 01 E0
0F 00 3F FF FF E0
1F 00 3F FF FF E0
1F 00 3F FF FF E0
3F 00 3F FF FF E0
3E 00 3C 00 01 E0
0E 00 3C 00 01 E0
02 00 3C 00 01 E0
00 00 3C 00 01 E0

00 0F FF FF C0 00
00 1F FF FF C0 00
00 3F 80 0F 80 00
00 7F 00 0F 80 00
00 FE 00 1F 80 00
01 FC 00 1F 00 00
03 F8 00 1F 00 00
0F F0 00 3E 00 00
3F E0 00 3E 00 00
1F C0 00 7E 00 00
0F 80 00 7C 00 00
03 00 00 FE 00 00
00 00 00 FE 00 00
00 00 01 FP 00 00
00 00 03 FF 00 00
00 00 03 EF 00 00
00 00 07 EF 80 00
00 00 0F C7 80 00
00 00 1F 87 C0 00
00 00 3F 03 E0 00
00 00 7E 03 F0 00
00 00 FC 01 F8 00
00 01 F8 00 FC 00
00 03 F0 00 FE 00
00 0F E0 00 7F 00
00 1F C0 00 3F 80
00 7F 80 00 1F E0
01 FF 00 00 0F F8
07 FE 00 00 07 FF
7F F8 00 00 03 FC
3F F0 00 00 01 F8
1F C0 00 00 00 F8
1F 00 00 00 00 70
0C 00 00 00 00 30
08 00 00 00 00 00

0F 00 0F 00 00 F0
0F 00 0F C0 00 F0
0F 00 1F 80 00 F0
0F 00 1F 00 00 F0
00 00 1E 00 00 00
00 00 3E 00 00 00
00 00 3C 00 00 00
00 00 7C 00 00 00
00 00 78 00 00 00
00 00 F8 00 00 00
7F FF FF FF FF FE
7F FF FF FF FF FE
7F FF FF FF FF FE
7F FF FF FF FF FE
00 03 E0 01 F0 00
00 07 C0 01 F0 00
00 07 C0 03 E0 00
00 0F 80 03 E0 00
00 1F 00 07 C0 00
00 3F E0 0F C0 00
00 0F FC 1F 80 00
00 01 FF BF 00 00
00 00 3F FF 00 00
00 00 07 FE 00 00
00 00 03 FF 80 00
00 00 0F FF F0 00
00 00 3F EF FC 00
00 01 FF 83 FF 80
00 0F FE 00 FF E0
00 FF F8 00 3F F8
3F FF E0 00 0F F0
1F FF 80 00 03 E0
0F FC 00 00 01 C0
07 C0 00 00 00 80
06 00 00 00 00 00

参 考 文 献

《第一批异体字整理表》 中华人民共和国文化部、中国文字改革委员会 1955年12月22日

《简化字总表》 中国文字改革委员会、中华人民共和国文化部、中华人民共和国教育部 1964年3月7日
（1986年10月10日国家语言文字工作委员会重新发表）

《印刷通用汉字字形表》 中华人民共和国文化部、中国文字改革委员会 1965年1月30日

《现代汉语通用字表》 国家语言文字工作委员会、中华人民共和国新闻出版署 1988年3月25日

ICS 35.040
L 71

中华人民共和国国家标准

GB 12041.3—2008
代替 GB/T 12043—1989

信息技术　汉字编码字符集(基本集) 48点阵字型　第3部分:楷体

Information technology—Chinese ideogram coded character set (basic set)—48 dot matrix font—Part 3:Kai Ti

2008-08-06 发布　　2009-07-01 实施

中华人民共和国国家质量监督检验检疫总局
中国国家标准化管理委员会　发布

ICS 35.040
L 71

中华人民共和国国家标准

GB 12041.3—2008
代替 GB/T 12045—1989

信息技术 汉字编码字符集(基本集)48点阵字型 第3部分:楷体

Information technology—Chinese ideogram coded character set (basic set)—48 dot matrix font—Part 3: Kai Ti

2008-08-06 发布　　2009-07-01 实施

中华人民共和国国家质量监督检验检疫总局
中国国家标准化管理委员会　发布

前 言

GB 12041 的本部分除字表中 1 至 11 区外的全部技术内容为强制性。

GB 12041《信息技术 汉字编码字符集(基本集) 48 点阵字型》分为如下四个部分:

第 1 部分:宋体;

第 2 部分:黑体;

第 3 部分:楷体;

第 4 部分:仿宋体。

本部分为 GB 12041 的第 3 部分。

本部分规定的 48 点阵汉字字型是以《第一批异体字整理表》、《简化字总表》、《印刷通用汉字字形表》和《现代汉语通用字表》(见参考文献)为依据,按照现行汉字字形整理原则进行设计。

本部分从实施之日起代替并废止 GB/T 12043—1989。

本部分是对 GB/T 12043—1989 的修订,GB/T 12043—1989 是依据 GB 2312—1980《信息交换用汉字编码字符集 基本集》制定的。本部分与 GB/T 12043—1989 相比主要变化为:为了进一步提高字型质量和保证标准间的协调统一,本部分增加了 GB 2312—1980 中规定的字符部分内容;对上一版本中不正确的汉字字型也进行了修正。

本部分的附录 A、附录 B 是规范性附录。

本部分由中华人民共和国信息产业部提出。

本部分由中国电子技术标准化研究所归口。

本部分起草单位:中国电子技术标准化研究所、北京仓颉博雅信息技术有限公司、第二炮兵装备研究院第四研究所。

本部分起草人:王立建、代红、熊涛、王颜尊、周济萍、翟广臣、戴涌。

本部分所代替标准的历次版本发布情况为:

——GB/T 12043—1989。

引　　言

有关字型数据的授权转让使用事宜，字型标准数据的维护、更新及修订工作，统一由归口单位负责。

地　　址：北京市东城区安定门东大街 1 号（北京市 1101 信箱）
邮　　编：100007
电　　话：64007689　84029173
传　　真：64007681
E-mail：daihong@cesi.ac.cn

信息技术　汉字编码字符集(基本集)48点阵字型　第3部分:楷体

1　范围

GB 12041的本部分规定了GB 2312—1980《信息交换用汉字编码字符集　基本集》中图形字符的48点阵楷体字型。

本部分主要适用于各种电子信息产品、各种数字化产品,也可用于其他有关设备。

2　规范性引用文件

下列文件中的条款通过GB 12041的本部分的引用而成为本部分的条款。凡是注日期的引用文件,其随后所有的修改单(不包括勘误的内容)或修订版均不适用于本部分,然而,鼓励根据本部分达成协议的各方研究是否可使用这些文件的最新版本。凡是不注日期的引用文件,其最新版本适用于本部分。

GB 2312—1980　信息交换用汉字编码字符集　基本集

3　术语和定义

下列术语和定义适用于GB 12041的本部分。

3.1

字形　glyph

一种可辨认的抽象的图形符号,它不依赖于任何特定的设计。

3.2

字型　font

具有同一基本设计的字形图像的集合,如:楷体。

3.3

点阵字型　dot matrix font

以点的集合来表现图形字符的型(形)。

3.4

字序　character order

图形字符在集合中按一定规则排列的次序。

4　汉字图形字符

根据GB 2312—1980规定,相应提供了:

1区～9区　　外文字母及其他图形字符682个;

16区～55区　第一级汉字3 755个;

56区～87区　第二级汉字3 008个。

另外在8区27位至32位补充了6个字符;10区01位至94位补充了94个半角图形字符;11区01位至32位补充了32个汉语拼音的半角字符,见附录A。

本部分共提供图形字符7 577个。

5　标准数据的管理

为加强对电子信息技术产品使用汉字字型标准数据的管理,保证本部分在实施中数据的正确性和一致性,有关字型数据的授权转让使用事宜,字型标准数据的维护、更新及修订工作,统一由归口单位负责。

6 点阵字型的表示方法

6.1 栅格

栅格由若干条等距离的垂直线与水平线相交叉而形成。

本部分规定的是48点阵字型,其栅格是横向48格,纵向48格。每个方格的中心定为点的中心位置。

栅格仅对构成点阵的各点进行定位,48点阵栅格图如图1所示。

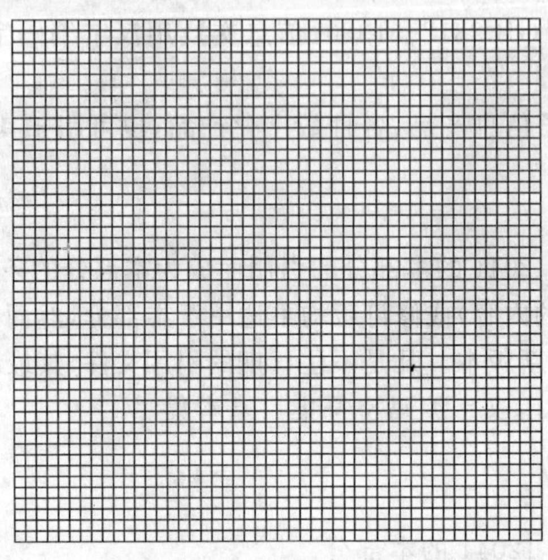

图1 48点阵栅格图

6.2 点

点是构成点阵字型的最小单位,以圆形表示,它是位于各方格内的黑色区域。

6.3 点阵字样

汉字点阵字型的字样,由置于栅格内的若干个点的集合来表示。汉字“永”的48点阵字样如图2所示。

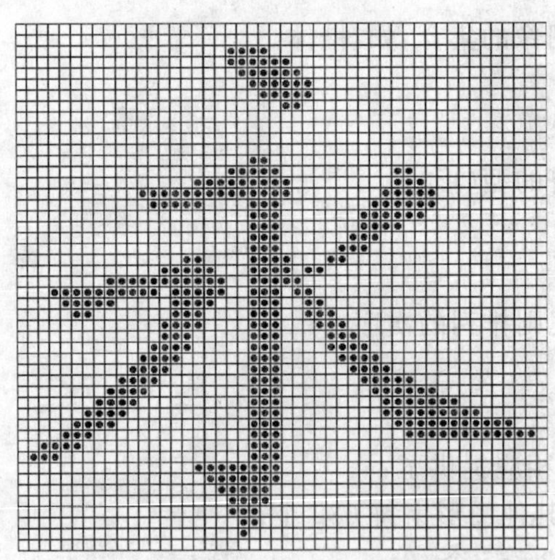

图2 48点阵汉字“永”的字样

6.4 字型数据

48点阵字型数据的表示,见附录B。

6.5 点阵字型表

本部分提供了GB 2312—1980规定的7 445个汉字/图形字符及补充的132个图形字符的48点阵楷体字型。

本部分的点阵字型列表如下:

1区	0	1	2	3	4	5	6	7	8	9	10	11	12	13	14	15	16	17	18	19
010			、	。	·	ˉ	ˇ	¨	〃	々	—	～	‖	…	‘	’	“	”	〔	〕
012	〈	〉	《	》	「	」	『	』	〖	〗	【	】	±	×	÷	∶	∧	∨	∑	∏
014	∪	∩	∈	∷	√	⊥	∥	∠	⌒	⊙	∫	∮	≡	≌	≈	∽	∝	≠	≮	≯
016	≤	≥	∞	∵	∴	♂	♀	°	′	″	℃	＄	¤	￠	￡	‰	§	№	☆	★
018	○	●	◎	◇	◆	□	■	△	▲	※	→	←	↑	↓	〓					

2区	0	1	2	3	4	5	6	7	8	9	10	11	12	13	14	15	16	17	18	19
020																		⒈	⒉	⒊
022	⒋	⒌	⒍	⒎	⒏	⒐	⒑	⒒	⒓	⒔	⒕	⒖	⒗	⒘	⒙	⒚	⒛	⑴	⑵	⑶
024	⑷	⑸	⑹	⑺	⑻	⑼	⑽	⑾	⑿	⒀	⒁	⒂	⒃	⒄	⒅	⒆	⒇	①	②	③
026	④	⑤	⑥	⑦	⑧	⑨	⑩			㈠	㈡	㈢	㈣	㈤	㈥	㈦	㈧	㈨	㈩	
028		Ⅰ	Ⅱ	Ⅲ	Ⅳ	Ⅴ	Ⅵ	Ⅶ	Ⅷ	Ⅸ	Ⅹ	Ⅺ	Ⅻ							

3区	0	1	2	3	4	5	6	7	8	9	10	11	12	13	14	15	16	17	18	19
030		！	＂	＃	￥	％	＆	＇	（	）	＊	＋	，	－	．	／	０	１	２	３
032	４	５	６	７	８	９	：	；	＜	＝	＞	？	＠	Ａ	Ｂ	Ｃ	Ｄ	Ｅ	Ｆ	Ｇ
034	Ｈ	Ｉ	Ｊ	Ｋ	Ｌ	Ｍ	Ｎ	Ｏ	Ｐ	Ｑ	Ｒ	Ｓ	Ｔ	Ｕ	Ｖ	Ｗ	Ｘ	Ｙ	Ｚ	［
036	＼	］	＾	＿	｀	ａ	ｂ	ｃ	ｄ	ｅ	ｆ	ｇ	ｈ	ｉ	ｊ	ｋ	ｌ	ｍ	ｎ	ｏ
038	ｐ	ｑ	ｒ	ｓ	ｔ	ｕ	ｖ	ｗ	ｘ	ｙ	ｚ	｛	｜	｝	￣					

4区	0	1	2	3	4	5	6	7	8	9	10	11	12	13	14	15	16	17	18	19
040		ぁ	あ	ぃ	い	ぅ	う	ぇ	え	ぉ	お	か	が	き	ぎ	く	ぐ	け	げ	こ
042	ご	さ	ざ	し	じ	す	ず	せ	ぜ	そ	ぞ	た	だ	ち	ぢ	っ	つ	づ	て	で
044	と	ど	な	に	ぬ	ね	の	は	ば	ぱ	ひ	び	ぴ	ふ	ぶ	ぷ	へ	べ	ぺ	ほ
046	ぼ	ぽ	ま	み	む	め	も	ゃ	や	ゅ	ゆ	ょ	よ	ら	り	る	れ	ろ	ゎ	わ
048	ゐ	ゑ	を	ん																

5区	0	1	2	3	4	5	6	7	8	9	10	11	12	13	14	15	16	17	18	19
050		ァ	ア	ィ	イ	ゥ	ウ	ェ	エ	ォ	オ	カ	ガ	キ	ギ	ク	グ	ケ	ゲ	コ
052	ゴ	サ	ザ	シ	ジ	ス	ズ	セ	ゼ	ソ	ゾ	タ	ダ	チ	ヂ	ッ	ツ	ヅ	テ	デ
054	ト	ド	ナ	ニ	ヌ	ネ	ノ	ハ	バ	パ	ヒ	ビ	ピ	フ	ブ	プ	ヘ	ベ	ペ	ホ
056	ボ	ポ	マ	ミ	ム	メ	モ	ャ	ヤ	ュ	ユ	ョ	ヨ	ラ	リ	ル	レ	ロ	ヮ	ワ
058	ヰ	ヱ	ヲ	ン	ヴ	ヵ	ヶ													

6区	0	1	2	3	4	5	6	7	8	9	10	11	12	13	14	15	16	17	18	19
060		Α	Β	Γ	Δ	Ε	Ζ	Η	Θ	Ι	Κ	Λ	Μ	Ν	Ξ	Ο	Π	Ρ	Σ	Τ
062	Υ	Φ	Χ	Ψ	Ω									α	β	γ	δ	ε	ζ	η
064	θ	ι	κ	λ	μ	ν	ξ	ο	π	ρ	σ	τ	υ	φ	χ	ψ	ω			
066																				
068																				

7区	0	1	2	3	4	5	6	7	8	9	10	11	12	13	14	15	16	17	18	19
070		А	Б	В	Г	Д	Е	Ё	Ж	З	И	Й	К	Л	М	Н	О	П	Р	С
072	Т	У	Ф	Х	Ц	Ч	Ш	Щ	Ъ	Ы	Ь	Э	Ю	Я						
074										а	б	в	г	д	е	ё	ж	з	и	й
076	к	л	м	н	о	п	р	с	т	у	ф	х	ц	ч	ш	щ	ъ	ы	ь	э
078	ю	я																		

8区	0	1	2	3	4	5	6	7	8	9	10	11	12	13	14	15	16	17	18	19
080		ā	á	ǎ	à	ē	é	ě	è	ī	í	ǐ	ì	ō	ó	ǒ	ò	ū	ú	ǔ
082	ù	ǖ	ǘ	ǚ	ǜ	ü	ê	ɑ	ḿ	ń	ň	ǹ	ɡ					ㄅ	ㄆ	ㄇ
084	ㄈ	ㄉ	ㄊ	ㄋ	ㄌ	ㄍ	ㄎ	ㄏ	ㄐ	ㄑ	ㄒ	ㄓ	ㄔ	ㄕ	ㄖ	ㄗ	ㄘ	ㄙ	ㄚ	ㄛ
086	ㄜ	ㄝ	ㄞ	ㄟ	ㄠ	ㄡ	ㄢ	ㄣ	ㄤ	ㄥ	ㄦ	ㄧ	ㄨ	ㄩ						
088																				

9区	0	1	2	3	4	5	6	7	8	9	10	11	12	13	14	15	16	17	18	19
090					─	━	│	┃	┄	┅	┆	┇	┈	┉	┊	┋	┌	┍	┎	┏
092	┐	┑	┒	┓	└	┕	┖	┗	┘	┙	┚	┛	├	┝	┞	┟	┠	┡	┢	┣
094	┤	┥	┦	┧	┨	┩	┪	┫	┬	┭	┮	┯	┰	┱	┲	┳	┴	┵	┶	┷
096	┸	┹	┺	┻	┼	┽	┾	┿	╀	╁	╂	╃	╄	╅	╆	╇	╈	╉	╊	╋
098																				

10区	0	1	2	3	4	5	6	7	8	9	10	11	12	13	14	15	16	17	18	19
100		!	"	#	¥	%	&	'	(	)	*	+	,	-	.	/	0	1	2	3
102	4	5	6	7	8	9	:	;	<	=	>	?	@	A	B	C	D	E	F	G
104	H	I	J	K	L	M	N	O	P	Q	R	S	T	U	V	W	X	Y	Z	[
106	\	]	^	_	`	a	b	c	d	e	f	g	h	i	j	k	l	m	n	o
108	p	q	r	s	t	u	v	w	x	y	z	{	|	}	‾					

11区	0	1	2	3	4	5	6	7	8	9	10	11	12	13	14	15	16	17	18	19
110		ā	á	ǎ	à	ē	é	ě	è	ī	í	ǐ	ì	ō	ó	ǒ	ò	ū	ú	ǔ
112	ù	ǖ	ǘ	ǚ	ǜ	ü	ê	ɑ	ḿ	ń	ň	ǹ	ɡ							
114																				
116																				
118																				

16区	0	1	2	3	4	5	6	7	8	9	10	11	12	13	14	15	16	17	18	19
160		啊	阿	埃	挨	哎	唉	哀	皑	癌	蔼	矮	艾	碍	爱	隘	鞍	氨	安	俺
162	按	暗	岸	胺	案	肮	昂	盎	凹	敖	熬	翱	袄	傲	奥	懊	澳	芭	捌	扒
164	叭	吧	笆	八	疤	巴	拔	跋	靶	把	耙	坝	霸	罢	爸	白	柏	百	摆	佰
166	败	拜	稗	斑	班	搬	扳	般	颁	板	版	扮	拌	伴	瓣	半	办	绊	邦	帮
168	梆	榜	膀	绑	棒	磅	蚌	镑	傍	谤	苞	胞	包	褒	剥					

17区	0	1	2	3	4	5	6	7	8	9	10	11	12	13	14	15	16	17	18	19
170		薄	雹	保	堡	饱	宝	抱	报	暴	豹	鲍	爆	杯	碑	悲	卑	北	辈	背
172	贝	钡	倍	狈	备	惫	焙	被	奔	苯	本	笨	崩	绷	甭	泵	蹦	迸	逼	鼻
174	比	鄙	笔	彼	碧	蓖	蔽	毕	毙	毖	币	庇	痹	闭	敝	弊	必	辟	壁	臂
176	避	陛	鞭	边	编	贬	扁	便	变	卞	辨	辩	辫	遍	标	彪	膘	表	鳖	憋
178	别	瘪	彬	斌	濒	滨	宾	摈	兵	冰	柄	丙	秉	饼	炳					

18区	0	1	2	3	4	5	6	7	8	9	10	11	12	13	14	15	16	17	18	19
180		病	并	玻	菠	播	拨	钵	波	博	勃	搏	铂	箔	伯	帛	舶	脖	膊	渤
182	泊	驳	捕	卜	哺	补	埠	不	布	步	簿	部	怖	擦	猜	裁	材	才	财	睬
184	踩	采	彩	菜	蔡	餐	参	蚕	残	惭	惨	灿	苍	舱	仓	沧	藏	操	糙	槽
186	曹	草	厕	策	侧	册	测	层	蹭	插	叉	茬	茶	查	碴	搽	察	岔	差	诧
188	拆	柴	豺	搀	掺	蝉	馋	谗	缠	铲	产	阐	颤	昌	猖					

19区	0	1	2	3	4	5	6	7	8	9	10	11	12	13	14	15	16	17	18	19
190		场	尝	常	长	偿	肠	厂	敞	畅	唱	倡	超	抄	钞	朝	嘲	潮	巢	吵
192	炒	车	扯	撤	掣	彻	澈	郴	臣	辰	尘	晨	忱	沉	陈	趁	衬	撑	称	城
194	橙	成	呈	乘	程	惩	澄	诚	承	逞	骋	秤	吃	痴	持	匙	池	迟	弛	驰
196	耻	齿	侈	尺	赤	翅	斥	炽	充	冲	虫	崇	宠	抽	酬	畴	踌	稠	愁	筹
198	仇	绸	瞅	丑	臭	初	出	橱	厨	躇	锄	雏	滁	除	楚					

20区	0	1	2	3	4	5	6	7	8	9	10	11	12	13	14	15	16	17	18	19
200		础	储	矗	搐	触	处	揣	川	穿	椽	传	船	喘	串	疮	窗	幢	床	闯
202	创	吹	炊	捶	锤	垂	春	椿	醇	唇	淳	纯	蠢	戳	绰	疵	茨	磁	雌	辞
204	慈	瓷	词	此	刺	赐	次	聪	葱	囱	匆	从	丛	凑	粗	醋	簇	促	蹿	篡
206	窜	摧	崔	催	脆	瘁	粹	淬	翠	村	存	寸	磋	撮	搓	措	挫	错	搭	达
208	答	瘩	打	大	呆	歹	傣	戴	带	殆	代	贷	袋	待	逮					

21区	0	1	2	3	4	5	6	7	8	9	10	11	12	13	14	15	16	17	18	19
210		怠	耽	担	丹	单	郸	掸	胆	旦	氮	但	惮	淡	诞	弹	蛋	当	挡	党
212	荡	档	刀	捣	蹈	倒	岛	祷	导	到	稻	悼	道	盗	德	得	的	蹬	灯	登
214	等	瞪	凳	邓	堤	低	滴	迪	敌	笛	狄	涤	翟	嫡	抵	底	地	蒂	第	帝
216	弟	递	缔	颠	掂	滇	碘	点	典	靛	垫	电	佃	甸	店	惦	奠	淀	殿	碉
218	叼	雕	凋	刁	掉	吊	钓	调	跌	爹	碟	蝶	迭	谍	叠					

22区	0	1	2	3	4	5	6	7	8	9	10	11	12	13	14	15	16	17	18	19
220		丁	盯	叮	钉	顶	鼎	锭	定	订	丢	东	冬	董	懂	动	栋	侗	恫	冻
222	洞	兜	抖	斗	陡	豆	逗	痘	都	督	毒	犊	独	读	堵	睹	赌	杜	镀	肚
224	度	渡	妒	端	短	锻	段	断	缎	堆	兑	队	对	墩	吨	蹲	敦	顿	囤	钝
226	盾	遁	掇	哆	多	夺	垛	躲	朵	跺	舵	剁	惰	堕	蛾	峨	鹅	俄	额	讹
228	娥	恶	厄	扼	遏	鄂	饿	恩	而	儿	耳	尔	饵	洱	二					

23区	0	1	2	3	4	5	6	7	8	9	10	11	12	13	14	15	16	17	18	19
230		贰	发	罚	筏	伐	乏	阀	法	珐	藩	帆	番	翻	樊	矾	钒	繁	凡	烦
232	反	返	范	贩	犯	饭	泛	坊	芳	方	肪	房	防	妨	仿	访	纺	放	菲	非
234	啡	飞	肥	匪	诽	吠	肺	废	沸	费	芬	酚	吩	氛	分	纷	坟	焚	汾	粉
236	奋	份	忿	愤	粪	丰	封	枫	蜂	峰	锋	风	疯	烽	逢	冯	缝	讽	奉	凤
238	佛	否	夫	敷	肤	孵	扶	拂	辐	幅	氟	符	伏	俘	服					

24区 0 1 2 3 4 5 6 7 8 9 10 11 12 13 14 15 16 17 18 19

240 浮涪福袱弗甫抚辅俯釜斧脯腑府腐赴副覆赋
242 复傅付阜父腹负富讣附妇缚咐噶嘎该改概钙盖
244 溉干甘杆柑竿肝赶感秆敢赣冈刚钢缸肛纲岗港
246 杠篙皋高膏羔糕搞镐稿告哥歌搁戈鸽胳疙割革
248 葛格蛤阁隔铬个各给根跟耕更庚羹

25区 0 1 2 3 4 5 6 7 8 9 10 11 12 13 14 15 16 17 18 19

250 埂耿梗工攻功恭龚供躬公宫弓巩汞拱贡共钩
252 勾沟苟狗垢构购够辜菇咕箍估沽孤姑鼓古蛊骨
254 谷股故顾固雇刮瓜剐寡挂褂乖拐怪棺关官冠观
256 管馆罐惯灌贯光广逛瑰规圭硅归龟闺轨鬼诡癸
258 桂柜跪贵刽辊滚棍锅郭国果裹过哈

26区 0 1 2 3 4 5 6 7 8 9 10 11 12 13 14 15 16 17 18 19

260 骸孩海氦亥害骇酣憨邯韩含涵寒函喊罕翰撼
262 捍旱憾悍焊汗汉夯杭航壕嚎豪毫郝好耗号浩呵
264 喝荷菏核禾和何合盒貉阂河涸赫褐鹤贺嘿黑痕
266 很狠恨哼亨横衡恒轰哄烘虹鸿洪宏弘红喉侯猴
268 吼厚候后呼乎忽瑚壶葫胡蝴狐糊湖

27区 0 1 2 3 4 5 6 7 8 9 10 11 12 13 14 15 16 17 18 19

270 弧虎唬护互沪户花哗华猾滑画划化话槐徊怀
272 淮坏欢环桓还缓换患唤痪豢焕涣宦幻荒慌黄磺
274 蝗簧皇凰惶煌晃幌恍谎灰挥辉徽恢蛔回毁悔慧
276 卉惠晦贿秽会烩汇讳诲绘荤昏婚魂浑混豁活伙
278 火获或惑霍货祸击圾基机畸稽积箕

28区	0	1	2	3	4	5	6	7	8	9	10	11	12	13	14	15	16	17	18	19
280		肌	饥	迹	激	讥	鸡	姬	绩	缉	吉	极	棘	辑	籍	集	及	急	疾	汲
282	即	嫉	级	挤	几	脊	己	蓟	技	冀	季	伎	祭	剂	悸	济	寄	寂	计	记
284	既	忌	际	妓	继	纪	嘉	枷	夹	佳	家	加	荚	颊	贾	甲	钾	假	稼	价
286	架	驾	嫁	歼	监	坚	尖	笺	间	煎	兼	肩	艰	奸	缄	茧	检	柬	碱	硷
288	拣	捡	简	俭	剪	减	荐	槛	鉴	践	贱	见	键	箭	件					

29区	0	1	2	3	4	5	6	7	8	9	10	11	12	13	14	15	16	17	18	19
290		健	舰	剑	饯	渐	溅	涧	建	僵	姜	将	浆	江	疆	蒋	桨	奖	讲	匠
292	酱	降	蕉	椒	礁	焦	胶	交	郊	浇	骄	娇	嚼	搅	铰	矫	侥	脚	狡	角
294	饺	缴	绞	剿	教	酵	轿	较	叫	窖	揭	接	皆	秸	街	阶	截	劫	节	桔
296	杰	捷	睫	竭	洁	结	解	姐	戒	藉	芥	界	借	介	疥	诫	届	巾	筋	斤
298	金	今	津	襟	紧	锦	仅	谨	进	靳	晋	禁	近	烬	浸					

30区	0	1	2	3	4	5	6	7	8	9	10	11	12	13	14	15	16	17	18	19
300		尽	劲	荆	兢	茎	睛	晶	鲸	京	惊	精	粳	经	井	警	景	颈	静	境
302	敬	镜	径	痉	靖	竟	竞	净	炯	窘	揪	究	纠	玖	韭	久	灸	九	酒	厩
304	救	旧	臼	舅	咎	就	疚	鞠	拘	狙	疽	居	驹	菊	局	咀	矩	举	沮	聚
306	拒	据	巨	具	距	踞	锯	俱	句	惧	炬	剧	捐	鹃	娟	倦	眷	卷	绢	撅
308	攫	抉	掘	倔	爵	觉	决	诀	绝	均	菌	钧	军	君	峻					

31区	0	1	2	3	4	5	6	7	8	9	10	11	12	13	14	15	16	17	18	19
310		俊	竣	浚	郡	骏	喀	咖	卡	咯	开	揩	楷	凯	慨	刊	堪	勘	坎	砍
312	看	康	慷	糠	扛	抗	亢	炕	考	拷	烤	靠	坷	苛	柯	棵	磕	颗	科	壳
314	咳	可	渴	克	刻	客	课	肯	啃	垦	恳	坑	吭	空	恐	孔	控	抠	口	扣
316	寇	枯	哭	窟	苦	酷	库	裤	夸	垮	挎	跨	胯	块	筷	侩	快	宽	款	匡
318	筐	狂	框	矿	眶	旷	况	亏	盔	岿	窥	葵	奎	魁	傀					

32区	0	1	2	3	4	5	6	7	8	9	10	11	12	13	14	15	16	17	18	19
320		馈	愧	溃	坤	昆	捆	困	括	扩	廓	阔	垃	拉	喇	蜡	腊	辣	啦	莱
322	来	赖	蓝	婪	栏	拦	篮	阑	兰	澜	谰	揽	览	懒	缆	烂	滥	琅	榔	狼
324	廊	郎	朗	浪	捞	劳	牢	老	佬	姥	酪	烙	涝	勒	乐	雷	镭	蕾	磊	累
326	儡	垒	擂	肋	类	泪	棱	楞	冷	厘	梨	犁	黎	篱	狸	离	漓	理	李	里
328	鲤	礼	莉	荔	吏	栗	丽	厉	励	砾	历	利	傈	例	俐					

33区	0	1	2	3	4	5	6	7	8	9	10	11	12	13	14	15	16	17	18	19
330		痢	立	粒	沥	隶	力	璃	哩	俩	联	莲	连	镰	廉	怜	涟	帘	敛	脸
332	链	恋	炼	练	粮	凉	梁	粱	良	两	辆	量	晾	亮	谅	撩	聊	僚	疗	燎
334	寥	辽	潦	了	撂	镣	廖	料	列	裂	烈	劣	猎	琳	林	磷	霖	临	邻	鳞
336	淋	凛	赁	吝	拎	玲	菱	零	龄	铃	伶	羚	凌	灵	陵	岭	领	另	令	溜
338	琉	榴	硫	馏	留	刘	瘤	流	柳	六	龙	聋	咙	笼	窿					

34区	0	1	2	3	4	5	6	7	8	9	10	11	12	13	14	15	16	17	18	19
340		隆	垄	拢	陇	楼	娄	搂	篓	漏	陋	芦	卢	颅	庐	炉	掳	卤	虏	鲁
342	麓	碌	露	路	赂	鹿	潞	禄	录	陆	戮	驴	吕	铝	侣	旅	履	屡	缕	虑
344	氯	律	率	滤	绿	峦	挛	孪	滦	卵	乱	掠	略	抡	轮	伦	仑	沦	纶	论
346	萝	螺	罗	逻	锣	箩	骡	裸	落	洛	骆	络	妈	麻	玛	码	蚂	马	骂	嘛
348	吗	埋	买	麦	卖	迈	脉	瞒	馒	蛮	满	蔓	曼	慢	漫					

35区	0	1	2	3	4	5	6	7	8	9	10	11	12	13	14	15	16	17	18	19
350		谩	芒	茫	盲	氓	忙	莽	猫	茅	锚	毛	矛	铆	卯	茂	冒	帽	貌	贸
352	么	玫	枚	梅	酶	霉	煤	没	眉	媒	镁	每	美	昧	寐	妹	媚	门	闷	们
354	萌	蒙	檬	盟	锰	猛	梦	孟	眯	醚	靡	糜	迷	谜	弥	米	秘	觅	泌	蜜
356	密	幂	棉	眠	绵	冕	免	勉	娩	缅	面	苗	描	瞄	藐	秒	渺	庙	妙	蔑
358	灭	民	抿	皿	敏	悯	闽	明	螟	鸣	铭	名	命	谬	摸					

36区	0	1	2	3	4	5	6	7	8	9	10	11	12	13	14	15	16	17	18	19
360		摹	蘑	模	膜	磨	摩	魔	抹	末	莫	墨	默	沫	漠	寞	陌	谋	牟	某
362	拇	牡	亩	姆	母	墓	暮	幕	募	慕	木	目	睦	牧	穆	拿	哪	呐	钠	那
364	娜	纳	氖	乃	奶	耐	奈	南	男	难	囊	挠	脑	恼	闹	淖	呢	馁	内	嫩
366	能	妮	霓	倪	泥	尼	拟	你	匿	腻	逆	溺	蔫	拈	年	碾	撵	捻	念	娘
368	酿	鸟	尿	捏	聂	孽	啮	镊	镍	涅	您	柠	狞	凝	宁					

37区	0	1	2	3	4	5	6	7	8	9	10	11	12	13	14	15	16	17	18	19
370		拧	泞	牛	扭	钮	纽	脓	浓	农	弄	奴	努	怒	女	暖	虐	疟	挪	懦
372	糯	诺	哦	欧	鸥	殴	藕	呕	偶	沤	啪	趴	爬	帕	怕	琶	拍	排	牌	徘
374	湃	派	攀	潘	盘	磐	盼	畔	判	叛	乓	庞	旁	耪	胖	抛	咆	刨	炮	袍
376	跑	泡	呸	胚	培	裴	赔	陪	配	佩	沛	喷	盆	砰	抨	烹	澎	彭	蓬	棚
378	硼	篷	膨	朋	鹏	捧	碰	坯	砒	霹	批	披	劈	琵	毗					

38区	0	1	2	3	4	5	6	7	8	9	10	11	12	13	14	15	16	17	18	19
380		啤	脾	疲	皮	匹	痞	僻	屁	譬	篇	偏	片	骗	飘	漂	瓢	票	撇	瞥
382	拼	频	贫	品	聘	乒	坪	苹	萍	平	凭	瓶	评	屏	坡	泼	颇	婆	破	魄
384	迫	粕	剖	扑	铺	仆	莆	葡	菩	蒲	埔	朴	圃	普	浦	谱	曝	瀑	期	欺
386	栖	戚	妻	七	凄	漆	柒	沏	其	棋	奇	歧	畦	崎	脐	齐	旗	祈	祁	骑
388	起	岂	乞	企	启	契	砌	器	气	迄	弃	汽	泣	讫	掐					

39区	0	1	2	3	4	5	6	7	8	9	10	11	12	13	14	15	16	17	18	19
390		恰	洽	牵	扦	钎	铅	千	迁	签	仟	谦	乾	黔	钱	钳	前	潜	遣	浅
392	谴	堑	嵌	欠	歉	枪	呛	腔	羌	墙	蔷	强	抢	橇	锹	敲	悄	桥	瞧	乔
394	侨	巧	鞘	撬	翘	峭	俏	窍	切	茄	且	怯	窃	钦	侵	亲	秦	琴	勤	芹
396	擒	禽	寝	沁	青	轻	氢	倾	卿	清	擎	晴	氰	情	顷	请	庆	琼	穷	秋
398	丘	邱	球	求	囚	酋	泅	趋	区	蛆	曲	躯	屈	驱	渠					

40区	0	1	2	3	4	5	6	7	8	9	10	11	12	13	14	15	16	17	18	19
400		取	娶	龋	趣	去	圈	颧	权	醛	泉	全	痊	拳	犬	券	劝	缺	炔	瘸
402	却	鹊	榷	确	雀	裙	群	然	燃	冉	染	瓤	壤	攘	嚷	让	饶	扰	绕	惹
404	热	壬	仁	人	忍	韧	任	认	刃	妊	纫	扔	仍	日	戎	茸	蓉	荣	融	熔
406	溶	容	绒	冗	揉	柔	肉	茹	蠕	儒	孺	如	辱	乳	汝	入	褥	软	阮	蕊
408	瑞	锐	闰	润	若	弱	撒	洒	萨	腮	鳃	塞	赛	三	叁					

41区	0	1	2	3	4	5	6	7	8	9	10	11	12	13	14	15	16	17	18	19
410		伞	散	桑	嗓	丧	搔	骚	扫	嫂	瑟	色	涩	森	僧	莎	砂	杀	刹	沙
412	纱	傻	啥	煞	筛	晒	珊	苫	杉	山	删	煽	衫	闪	陕	擅	赡	膳	善	汕
414	扇	缮	墒	伤	商	赏	晌	上	尚	裳	梢	捎	稍	烧	芍	勺	韶	少	哨	邵
416	绍	奢	赊	蛇	舌	舍	赦	摄	射	慑	涉	社	设	砷	申	呻	伸	身	深	娠
418	绅	神	沈	审	婶	甚	肾	慎	渗	声	生	甥	牲	升	绳					

42区	0	1	2	3	4	5	6	7	8	9	10	11	12	13	14	15	16	17	18	19
420		省	盛	剩	胜	圣	师	失	狮	施	湿	诗	尸	虱	十	石	拾	时	什	食
422	蚀	实	识	史	矢	使	屎	驶	始	式	示	士	世	柿	事	拭	誓	逝	势	是
424	嗜	噬	适	仕	侍	释	饰	氏	市	恃	室	视	试	收	手	首	守	寿	授	售
426	受	瘦	兽	蔬	枢	梳	殊	抒	输	叔	舒	淑	疏	书	赎	孰	熟	薯	暑	曙
428	署	蜀	黍	鼠	属	术	述	树	束	戍	竖	墅	庶	数	漱					

43区	0	1	2	3	4	5	6	7	8	9	10	11	12	13	14	15	16	17	18	19
430		恕	刷	耍	摔	衰	甩	帅	栓	拴	霜	双	爽	谁	水	睡	税	吮	瞬	顺
432	舜	说	硕	朔	烁	斯	撕	嘶	思	私	司	丝	死	肆	寺	嗣	四	伺	似	饲
434	巳	松	耸	怂	颂	送	宋	讼	诵	搜	艘	擞	嗽	苏	酥	俗	素	速	粟	僳
436	塑	溯	宿	诉	肃	酸	蒜	算	虽	隋	随	绥	髓	碎	岁	穗	遂	隧	祟	孙
438	损	笋	蓑	梭	唆	缩	琐	索	锁	所	塌	他	它	她	塔					

44区	0	1	2	3	4	5	6	7	8	9	10	11	12	13	14	15	16	17	18	19
440		獭	挞	蹋	踏	胎	苔	抬	台	泰	酞	太	态	汰	坍	摊	贪	瘫	滩	坛
442	檀	痰	潭	谭	谈	坦	毯	袒	碳	探	叹	炭	汤	塘	搪	堂	棠	膛	唐	糖
444	倘	躺	淌	趟	烫	掏	涛	滔	绦	萄	桃	逃	淘	陶	讨	套	特	藤	腾	疼
446	誊	梯	剔	踢	锑	提	题	蹄	啼	体	替	嚏	惕	涕	剃	屉	天	添	填	田
448	甜	恬	舔	腆	挑	条	迢	眺	跳	贴	铁	帖	厅	听	烃					

45区	0	1	2	3	4	5	6	7	8	9	10	11	12	13	14	15	16	17	18	19
450		汀	廷	停	亭	庭	挺	艇	通	桐	酮	瞳	同	铜	彤	童	桶	捅	筒	统
452	痛	偷	投	头	透	凸	秃	突	图	徒	途	涂	屠	土	吐	兔	湍	团	推	颓
454	腿	蜕	褪	退	吞	屯	臀	拖	托	脱	鸵	陀	驮	驼	椭	妥	拓	唾	挖	哇
456	蛙	洼	娃	瓦	袜	歪	外	豌	弯	湾	玩	顽	丸	烷	完	碗	挽	晚	皖	惋
458	宛	婉	万	腕	汪	王	亡	枉	网	往	旺	望	忘	妄	威					

46区	0	1	2	3	4	5	6	7	8	9	10	11	12	13	14	15	16	17	18	19
460		巍	微	危	韦	违	桅	围	唯	惟	为	潍	维	苇	萎	委	伟	伪	尾	纬
462	未	蔚	味	畏	胃	喂	魏	位	渭	谓	尉	慰	卫	瘟	温	蚊	文	闻	纹	吻
464	稳	紊	问	嗡	翁	瓮	挝	蜗	涡	窝	我	斡	卧	握	沃	巫	呜	钨	乌	污
466	诬	屋	无	芜	梧	吾	吴	毋	武	五	捂	午	舞	伍	侮	坞	戊	雾	晤	物
468	勿	务	悟	误	昔	熙	析	西	硒	矽	晰	嘻	吸	锡	牺					

47区	0	1	2	3	4	5	6	7	8	9	10	11	12	13	14	15	16	17	18	19
470		稀	息	希	悉	膝	夕	惜	熄	烯	溪	汐	犀	檄	袭	席	习	媳	喜	铣
472	洗	系	隙	戏	细	瞎	虾	匣	霞	辖	暇	峡	侠	狭	下	厦	夏	吓	掀	锨
474	先	仙	鲜	纤	咸	贤	衔	舷	闲	涎	弦	嫌	显	险	现	献	县	腺	馅	羡
476	宪	陷	限	线	相	厢	镶	香	箱	襄	湘	乡	翔	祥	详	想	响	享	项	巷
478	橡	像	向	象	萧	硝	霄	削	哮	嚣	销	消	宵	淆	晓					

48区	0	1	2	3	4	5	6	7	8	9	10	11	12	13	14	15	16	17	18	19
480		小	孝	校	肖	啸	笑	效	楔	些	歇	蝎	鞋	协	挟	携	邪	斜	胁	谐
482	写	械	卸	蟹	懈	泄	泻	谢	屑	薪	芯	锌	欣	辛	新	忻	心	信	衅	星
484	腥	猩	惺	兴	刑	型	形	邢	行	醒	幸	杏	性	姓	兄	凶	胸	匈	汹	雄
486	熊	休	修	羞	朽	嗅	锈	秀	袖	绣	墟	戌	需	虚	嘘	须	徐	许	蓄	酗
488	叙	旭	序	畜	恤	絮	婿	绪	续	轩	喧	宣	悬	旋	玄					

49区	0	1	2	3	4	5	6	7	8	9	10	11	12	13	14	15	16	17	18	19
490		选	癣	眩	绚	靴	薛	学	穴	雪	血	勋	熏	循	旬	询	寻	驯	巡	殉
492	汛	训	讯	逊	迅	压	押	鸦	鸭	呀	丫	芽	牙	蚜	崖	衙	涯	雅	哑	亚
494	讶	焉	咽	阉	烟	淹	盐	严	研	蜒	岩	延	言	颜	阎	炎	沿	奄	掩	眼
496	衍	演	艳	堰	燕	厌	砚	雁	唁	彦	焰	宴	谚	验	殃	央	鸯	秧	杨	扬
498	佯	疡	羊	洋	阳	氧	仰	痒	养	样	漾	邀	腰	妖	瑶					

50区	0	1	2	3	4	5	6	7	8	9	10	11	12	13	14	15	16	17	18	19
500		摇	尧	遥	窑	谣	姚	咬	舀	药	要	耀	椰	噎	耶	爷	野	冶	也	页
502	掖	业	叶	曳	腋	夜	液	一	壹	医	揖	铱	依	伊	衣	颐	夷	遗	移	仪
504	胰	疑	沂	宜	姨	彝	椅	蚁	倚	已	乙	矣	以	艺	抑	易	邑	屹	亿	役
506	臆	逸	肄	疫	亦	裔	意	毅	忆	义	益	溢	诣	议	谊	译	异	翼	翌	绎
508	茵	荫	因	殷	音	阴	姻	吟	银	淫	寅	饮	尹	引	隐					

51区	0	1	2	3	4	5	6	7	8	9	10	11	12	13	14	15	16	17	18	19
510		印	英	樱	婴	鹰	应	缨	莹	萤	营	荧	蝇	迎	赢	盈	影	颖	硬	映
512	哟	拥	佣	臃	痈	庸	雍	踊	蛹	咏	泳	涌	永	恿	勇	用	幽	优	悠	忧
514	尤	由	邮	铀	犹	油	游	酉	有	友	右	佑	釉	诱	又	幼	迂	淤	于	盂
516	榆	虞	愚	舆	余	俞	逾	鱼	愉	渝	渔	隅	予	娱	雨	与	屿	禹	宇	语
518	羽	玉	域	芋	郁	吁	遇	喻	峪	御	愈	欲	狱	育	誉					

52区	0	1	2	3	4	5	6	7	8	9	10	11	12	13	14	15	16	17	18	19
520		浴	寓	裕	预	豫	驭	鸳	渊	冤	元	垣	袁	原	援	辕	园	员	圆	猿
522	源	缘	远	苑	愿	怨	院	曰	约	越	跃	钥	岳	粤	月	悦	阅	耘	云	郧
524	匀	陨	允	运	蕴	酝	晕	韵	孕	匝	砸	杂	栽	哉	灾	宰	载	再	在	咱
526	攒	暂	赞	赃	脏	葬	遭	糟	凿	藻	枣	早	澡	蚤	躁	噪	造	皂	灶	燥
528	责	择	则	泽	贼	怎	增	憎	曾	赠	扎	喳	渣	札	轧					

53区	0	1	2	3	4	5	6	7	8	9	10	11	12	13	14	15	16	17	18	19
530		铡	闸	眨	栅	榨	咋	乍	炸	诈	摘	斋	宅	窄	债	寨	瞻	毡	詹	粘
532	沾	盏	斩	辗	崭	展	蘸	栈	占	战	站	湛	绽	樟	章	彰	漳	张	掌	涨
534	杖	丈	帐	账	仗	胀	瘴	障	招	昭	找	沼	赵	照	罩	兆	肇	召	遮	折
536	哲	蛰	辙	者	锗	蔗	这	浙	珍	斟	真	甄	砧	臻	贞	针	侦	枕	疹	诊
538	震	振	镇	阵	蒸	挣	睁	征	狰	争	怔	整	拯	正	政					

54区	0	1	2	3	4	5	6	7	8	9	10	11	12	13	14	15	16	17	18	19
540		帧	症	郑	证	芝	枝	支	吱	蜘	知	肢	脂	汁	之	织	职	直	植	殖
542	执	值	侄	址	指	止	趾	只	旨	纸	志	挚	掷	至	致	置	帜	峙	制	智
544	秩	稚	质	炙	痔	滞	治	窒	中	盅	忠	钟	衷	终	种	肿	重	仲	众	舟
546	周	州	洲	诌	粥	轴	肘	帚	咒	皱	宙	昼	骤	珠	株	蛛	朱	猪	诸	诛
548	逐	竹	烛	煮	拄	瞩	嘱	主	著	柱	助	蛀	贮	铸	筑					

55区	0	1	2	3	4	5	6	7	8	9	10	11	12	13	14	15	16	17	18	19
550		住	注	祝	驻	抓	爪	拽	专	砖	转	撰	赚	篆	桩	庄	装	妆	撞	壮
552	状	椎	锥	追	赘	坠	缀	谆	准	捉	拙	卓	桌	琢	茁	酌	啄	着	灼	浊
554	兹	咨	资	姿	滋	淄	孜	紫	仔	籽	滓	子	自	渍	字	鬃	棕	踪	宗	综
556	总	纵	邹	走	奏	揍	租	足	卒	族	祖	诅	阻	组	钻	纂	嘴	醉	最	罪
558	尊	遵	昨	左	佐	柞	做	作	坐	座										

56区	0	1	2	3	4	5	6	7	8	9	10	11	12	13	14	15	16	17	18	19
560		亍	丌	兀	丐	廿	卅	丕	亘	丞	鬲	孬	噩	丨	禺	丿	匕	乇	夭	爻
562	卮	氐	囟	胤	馗	毓	睾	鼗	丶	亟	鼐	乜	乩	亓	芈	孛	啬	嘏	仄	厍
564	厝	厣	厥	厮	靥	赝	匚	叵	匦	匮	匾	赜	卦	卣	刂	刈	刎	刭	刳	刿
566	剀	剌	剞	剡	剜	蒯	剽	劂	劁	劐	劓	冂	罔	亻	仃	仉	仂	仨	仡	仫
568	仞	伛	仳	伢	佤	仵	伥	伧	伉	伫	佞	佧	攸	佚	佝					

57区	0	1	2	3	4	5	6	7	8	9	10	11	12	13	14	15	16	17	18	19
570		佟	佗	伲	伽	佶	佴	侑	侉	侃	侏	佾	佻	侪	佼	侬	侔	俦	俨	俪
572	俅	俚	俣	俜	俑	俟	俸	倩	偌	俳	倬	倏	倮	倭	俾	倜	倌	倥	倨	偾
574	偃	偕	偈	偎	偬	偻	傥	傧	傩	傺	僖	儆	僭	僬	僦	僮	儇	儋	仝	氽
576	佘	佥	俎	龠	汆	籴	兮	巽	黉	馘	冁	夔	勹	匍	訇	匐	凫	夙	兕	亠
578	兖	亳	衮	袤	亵	脔	裒	禀	嬴	蠃	羸	冫	冱	冽	冼					

58区	0	1	2	3	4	5	6	7	8	9	10	11	12	13	14	15	16	17	18	19
580		凇	冖	冢	冥	讠	讦	讧	讪	讴	讵	讷	诂	诃	诋	诏	诎	诒	诓	诔
582	诖	诘	诙	诜	诟	诠	诤	诨	诩	诮	诰	诳	诶	诹	诼	诿	谀	谂	谄	谇
584	谌	谏	谑	谒	谔	谕	谖	谙	谛	谘	谝	谟	谠	谡	谥	谧	谪	谫	谮	谯
586	谲	谳	谵	谶	卩	卺	阝	阢	阡	阱	阪	阽	阼	陂	陉	陔	陟	陧	陬	陲
588	陴	隈	隍	隗	隰	邗	邛	邝	邙	邬	邡	邴	邳	邶	邺					

59区	0	1	2	3	4	5	6	7	8	9	10	11	12	13	14	15	16	17	18	19
590		邸	邰	郏	郅	邾	郐	郄	郇	郓	郦	郢	郜	郗	郛	郫	郯	郾	鄄	鄢
592	鄞	鄣	鄱	鄯	鄹	酃	酆	刍	奂	劢	劬	劭	劾	哿	勐	勖	勰	叟	燮	矍
594	廴	凵	凼	鬯	厶	弁	畚	巯	坌	垩	垡	塾	墼	壅	壑	圩	圬	圪	圳	圹
596	圮	圯	坜	圻	坂	坩	垅	坫	垆	坼	坻	坨	坭	坶	坳	垭	垤	垌	垲	埏
598	垧	垴	垓	垠	埕	埘	埚	埙	埒	垸	埴	埯	埸	埤	埝					

60区	0	1	2	3	4	5	6	7	8	9	10	11	12	13	14	15	16	17	18	19
600		堋	堍	埽	埭	堀	堞	堙	塄	堠	塥	塬	墁	墉	墚	墀	馨	鼙	懿	艹
602	艽	艿	芏	芊	芨	芄	芎	芑	芗	芙	芫	芸	芾	芰	苈	苊	苣	芘	芷	芮
604	苋	苌	苁	芩	芴	芡	芪	芟	苄	苎	芤	苡	茉	苷	苤	茏	茇	苜	苴	苒
606	苘	茌	苻	苓	茑	茚	茆	茔	茕	苠	苕	茜	荑	荛	荜	茈	莒	茼	茴	茱
608	莛	荞	茯	荏	荇	荃	荟	荀	茗	荠	茭	茺	茳	荦	荥					

61区	0	1	2	3	4	5	6	7	8	9	10	11	12	13	14	15	16	17	18	19
610		荨	茛	荩	荬	荪	荭	荮	莰	荸	莳	莴	莠	莪	莓	莜	莅	荼	莶	莩
612	荽	莸	荻	莘	莞	莨	莺	莼	菁	萁	菥	菘	堇	萘	萋	菝	菽	菖	萜	萸
614	萑	萆	菔	菟	萏	萃	菸	菹	菪	菅	菀	萦	菰	菡	葜	葑	葚	葙	葳	蒇
616	蒈	葺	蒉	葸	萼	葆	葩	葶	蒌	蒎	萱	葭	蓁	蓍	蓐	蓦	蒽	蓓	蓊	蒿
618	蒺	蓠	蒡	蒹	蒴	蒗	蓥	蓣	蔌	甍	蔸	蓰	蔹	蔟	蔺					

62区	0	1	2	3	4	5	6	7	8	9	10	11	12	13	14	15	16	17	18	19
620		蕖	蔻	蓿	蓼	蕙	蕈	蕨	蕤	蕞	蕺	瞢	蕃	蕲	蕻	薤	薨	薇	薏	蕹
622	薮	薜	薅	薹	薷	薰	藓	藁	藜	藿	蘧	蘅	蘩	蘖	蘼	廾	弈	夼	奁	耷
624	奕	奚	奘	匏	尢	尥	尬	尴	扌	扪	抟	抻	拊	拚	拗	拮	挢	拶	挹	捋
626	捃	掭	揶	捱	捺	掎	掴	捭	掬	掊	捩	掮	掼	揲	揸	揠	揿	揄	揞	揎
628	摒	揆	掾	摅	摁	搋	搛	搠	搌	搦	搡	摞	撄	摭	撖					

63区	0	1	2	3	4	5	6	7	8	9	10	11	12	13	14	15	16	17	18	19
630		摺	撷	撸	撙	撺	擀	擐	擗	擤	擢	攉	攥	攮	弋	忒	甙	弑	卟	叱
632	叽	叩	叨	叻	吒	吖	吆	呋	呒	呓	呔	呖	呃	吡	呗	呙	吣	吲	咂	咔
634	呷	呱	呤	咚	咛	咄	呶	呦	咝	哐	咭	哂	咴	哒	咧	咦	哓	哔	呲	咣
636	哕	咻	咿	哌	哙	哚	哜	咩	咪	咤	哝	哏	哞	唛	哧	唠	哽	唔	哳	唢
638	唣	唏	唑	唧	唪	啧	喏	喵	啉	啭	啁	啕	唿	啐	唼					

64区	0	1	2	3	4	5	6	7	8	9	10	11	12	13	14	15	16	17	18	19
640		唷	啖	啵	啶	啷	唳	唰	啜	喋	嗒	喃	喱	喹	喈	喁	喟	啾	嗖	喑
642	啻	嗟	喽	喾	喔	喙	嗪	嗷	嗉	嘟	嗑	嗫	嗬	嗔	嗦	嗝	嗄	嗯	嗥	嗲
644	嗳	嗌	嗍	嗨	嗵	嗤	辔	嘞	嘈	嘌	嘁	嘤	嘣	嗾	嘀	嘧	嘭	噘	嘹	噗
646	嘬	噍	噢	噙	噜	噌	噔	嚆	噤	噱	噫	噻	噼	嚅	嚓	嚯	囔	囗	囝	囡
648	囵	囫	囹	囿	圄	圊	圉	圜	帏	帙	帔	帑	帱	帻	帼					

65区	0	1	2	3	4	5	6	7	8	9	10	11	12	13	14	15	16	17	18	19
650		帷	幄	幔	幛	幞	幡	岌	屺	岍	岐	岖	岈	岘	岙	岑	岚	岜	岵	岢
652	岽	岬	岫	岱	岣	峁	岷	峄	峒	峤	峋	峥	崂	崃	崧	崦	崮	崤	崞	崆
654	崛	嵘	崾	崴	崽	嵬	嵛	嵯	嵝	嵫	嵋	嵊	嵩	嵴	嶂	嶙	嶝	豳	嶷	巅
656	彳	彷	徂	徇	徉	後	徕	徙	徜	徨	徭	徵	徼	衢	彡	犭	犰	犴	犷	犸
658	狃	狁	狎	狍	狒	狨	狯	狩	狲	狴	狷	猁	狳	猃	狺					

66区	0	1	2	3	4	5	6	7	8	9	10	11	12	13	14	15	16	17	18	19
660		狻	猗	猓	猡	猊	猞	猝	猕	猢	猹	猥	猬	猸	猱	獐	獍	獗	獠	獬
662	獯	獾	舛	夥	飧	夤	夂	饣	饧	饨	饩	饪	饫	饬	饴	饷	饽	馀	馄	馇
664	馊	馍	馐	馑	馓	馔	馕	庀	庑	庋	庖	庥	庠	庹	庵	庾	庳	赓	廒	廑
666	廛	廨	廪	膺	忄	忉	忖	忏	怃	忮	怄	忡	忤	忾	怅	怆	忪	忭	忸	怙
668	怵	怦	怛	怏	怍	怩	怫	怊	怿	怡	恸	恹	恻	恺	恂					

67区	0	1	2	3	4	5	6	7	8	9	10	11	12	13	14	15	16	17	18	19
670		恪	恽	悖	悚	悭	悝	悃	悒	悌	悛	惬	悻	悱	惝	惘	惆	惚	悴	愠
672	愦	愕	愣	惴	愀	愎	愫	慊	慵	憬	憔	憧	憷	懔	懵	忝	隳	闩	闫	闱
674	闳	闵	闶	闼	闾	阃	阄	阆	阈	阊	阋	阌	阍	阏	阒	阕	阖	阗	阙	阚
676	丬	爿	戕	氵	汔	汜	汊	沣	沅	沐	沔	沌	汨	汩	汴	汶	沆	沩	泐	泔
678	沭	泷	泸	泱	泗	沲	泠	泖	泺	泫	泮	沱	泓	泯	泾					

68区	0	1	2	3	4	5	6	7	8	9	10	11	12	13	14	15	16	17	18	19
680		洹	洧	洌	浃	浈	洇	洄	洙	洎	洫	浍	洮	洵	洚	浏	浒	浔	洳	涑
682	浯	涞	涠	浞	涓	涔	浜	浠	浼	浣	渚	淇	淅	淞	渎	涿	淠	渑	淦	淝
684	淙	渖	涫	渌	涮	渫	湮	湎	湫	溲	湟	溆	湓	湔	渲	渥	湄	滟	溱	溘
686	滠	漭	滢	溥	溧	溽	溻	溷	滗	溴	滏	溏	滂	溟	潢	潆	潇	漤	漕	滹
688	漯	漶	潋	潴	漪	漉	漩	澉	澍	澌	潸	潲	潼	潺	濑					

69区	0	1	2	3	4	5	6	7	8	9	10	11	12	13	14	15	16	17	18	19
690		濉	澧	澹	澶	濂	濡	濮	濞	濠	濯	瀚	瀣	瀛	瀹	瀵	灏	灞	宀	宄
692	宕	宓	宥	宸	甯	骞	搴	寤	寮	褰	寰	蹇	謇	辶	迓	迕	迥	迮	迤	迩
694	迦	迳	迨	逅	逄	逋	逦	逑	逍	逖	逡	逵	逶	逭	逯	遄	遑	遒	遐	遨
696	遘	遢	遛	暹	遴	遽	邂	邈	邃	邋	彐	彗	彖	彘	尻	咫	屐	屙	孱	屣
698	屦	羼	弪	弩	弭	艴	弼	鬻	屮	妁	妃	妍	妩	妪	妣					

70区	0	1	2	3	4	5	6	7	8	9	10	11	12	13	14	15	16	17	18	19
700		妗	姊	妫	妞	妤	姒	妲	妯	姗	妾	娅	娆	姝	娈	姣	姘	姹	娌	娉
702	娲	娴	娑	娣	娓	婀	婧	婊	婕	娼	婢	婵	胬	媪	媛	婷	婺	媾	嫫	媲
704	嫒	嫔	媸	嫠	嫣	嫱	嫖	嫦	嫘	嫜	嬉	嬗	嬖	嬲	嬷	孀	尕	尜	孚	孥
706	孳	孑	孓	孢	驵	驷	驸	驺	驿	驽	骀	骁	骅	骈	骊	骐	骒	骓	骖	骘
708	骛	骜	骝	骟	骠	骢	骣	骥	骧	纟	纡	纣	纥	纨	纩					

71区	0	1	2	3	4	5	6	7	8	9	10	11	12	13	14	15	16	17	18	19
710		纭	纰	纾	绀	绁	绂	绉	绋	绌	绐	绔	绗	绛	绠	绡	绨	绫	绮	绯
712	绱	绲	缍	绶	绺	绻	绾	缁	缂	缃	缇	缈	缋	缌	缏	缑	缒	缗	缙	缜
714	缛	缟	缡	缢	缣	缤	缥	缦	缧	缪	缫	缬	缭	缯	缰	缱	缲	缳	缵	幺
716	畿	巛	甾	邕	玎	玑	玮	玢	玟	珏	珂	珑	玷	玳	珀	珉	珈	珥	珙	顼
718	琊	珩	珧	珞	玺	珲	琏	琪	瑛	琦	琥	琨	琰	琮	琬					

72区	0	1	2	3	4	5	6	7	8	9	10	11	12	13	14	15	16	17	18	19
720		琛	琚	瑁	瑜	瑗	瑕	瑙	瑷	瑭	瑾	璜	璎	璀	璁	璇	璋	璞	璨	璩
722	璐	璧	瓒	璺	韪	韫	韬	杌	杓	杞	杈	杩	枥	枇	杪	杳	枘	枧	杵	枨
724	枞	枭	枋	杷	杼	柰	栉	柘	栊	柩	枰	栌	柙	枵	柚	枳	柝	栀	柃	枸
726	柢	栎	柁	柽	栲	栳	桠	桡	桎	桢	桄	桤	梃	栝	桕	桦	桁	桧	桀	栾
728	桊	桉	栩	梵	梏	桴	桷	梓	桫	棂	楮	棼	椟	椠	棹					

73区	0	1	2	3	4	5	6	7	8	9	10	11	12	13	14	15	16	17	18	19
730		椤	棰	椋	椁	楗	棣	椐	楱	椹	楠	楂	楝	榄	楫	榀	榘	楸	椴	槌
732	榇	榈	槎	榉	楦	楣	楹	榛	榧	榻	榫	榭	槔	榱	槁	槊	槟	榕	槠	榍
734	槿	樯	槭	樗	樘	橥	槲	橄	樾	檠	橐	橛	樵	檎	橹	樽	樨	橘	橼	檑
736	檐	檩	檗	檫	猷	獒	殁	殂	殇	殄	殒	殓	殍	殚	殛	殡	殪	轫	轭	轱
738	轲	轳	轵	轶	轸	轷	轹	轺	轼	轾	辁	辂	辄	辇	辋					

74区	0	1	2	3	4	5	6	7	8	9	10	11	12	13	14	15	16	17	18	19
740		辍	辎	辏	辘	辚	軎	戋	戗	戛	戟	戢	戡	戥	戤	戬	臧	瓯	瓴	瓿
742	甏	甑	甓	攴	旮	旯	旰	昊	昙	杲	昃	昕	昀	炅	曷	昝	昴	昱	昶	昵
744	耆	晟	晔	晁	晏	晖	晡	晗	晷	暄	暌	暧	暝	暾	曛	曜	曦	曩	贲	贳
746	贶	贻	贽	赀	赅	赆	赈	赉	赇	赍	赕	赙	觇	觊	觋	觌	觎	觏	觐	觑
748	牮	犟	牝	牦	牯	牾	牿	犄	犋	犍	犏	犒	挈	挲	掰					

75区	0	1	2	3	4	5	6	7	8	9	10	11	12	13	14	15	16	17	18	19
750		搿	擘	耄	毪	毳	毽	毵	毹	氅	氇	氆	氍	氕	氘	氙	氚	氡	氩	氤
752	氪	氲	攵	敕	敫	牍	牒	牖	爰	虢	刖	肟	肜	肓	肼	朊	肽	肱	肫	肭
754	肴	肷	胧	胨	胩	胪	胛	胂	胄	胙	胍	胗	朐	胝	胫	胱	胴	胭	脍	脎
756	胲	胼	朕	脒	豚	脶	脞	脬	脘	脲	腈	腌	腓	腴	腙	腚	腱	腠	腩	腼
758	腽	腭	腧	塍	媵	膈	膂	膑	滕	膣	膪	臌	朦	臊	膻					

76区	0	1	2	3	4	5	6	7	8	9	10	11	12	13	14	15	16	17	18	19
760		臁	膦	欤	欷	欹	歃	歆	歙	飑	飒	飓	飕	飙	飚	殳	彀	毂	觳	斐
762	齑	斓	於	旆	旄	旃	旌	旎	旒	旖	炀	炜	炖	炝	炻	烀	炷	炫	炱	烨
764	烊	焐	焓	焖	焯	焱	煳	煜	煨	煅	煲	煊	煸	煺	熘	熳	熵	熨	熠	燠
766	燔	燧	燹	爝	爨	灬	焘	煦	熹	戾	戽	扃	扈	扉	礻	祀	祆	祉	祛	祜
768	祓	祚	祢	祗	祠	祯	祧	祺	禅	禊	禚	禧	禳	忑	忐					

77区	0	1	2	3	4	5	6	7	8	9	10	11	12	13	14	15	16	17	18	19
770		怼	恝	恚	恧	恁	恙	恣	悫	愆	愍	慝	憩	憝	懋	懑	戆	肀	聿	沓
772	泶	淼	矶	矸	砀	砉	砗	砘	砑	斫	砭	砜	砝	砹	砺	砻	砟	砼	砥	砬
774	砣	砩	硎	硭	硖	硗	砦	硐	硇	硌	硪	碛	碓	碚	碇	碜	碡	碣	碲	碹
776	碥	磔	磙	磉	磬	磲	礅	磴	礓	礤	礞	礴	龛	黹	黻	黼	盱	眄	眍	盹
778	眇	眈	眚	眢	眙	眭	眦	眵	眸	睐	睑	睇	睃	睚	睨					

78区	0	1	2	3	4	5	6	7	8	9	10	11	12	13	14	15	16	17	18	19
780		睢	睥	睿	瞍	睽	瞀	瞌	瞑	瞟	瞠	瞰	瞵	瞽	町	畀	畎	畋	畈	畛
782	畲	畹	疃	罘	罡	罟	詈	罨	罴	罱	罹	羁	罾	盍	盥	蠲	钅	钆	钇	钋
784	钊	钌	钍	钏	钐	钔	钗	钕	钚	钛	钜	钣	钤	钫	钪	钭	钬	钯	钰	钲
786	钴	钶	钷	钸	钹	钺	钼	钽	钿	铄	铈	铉	铊	铋	铌	铍	铎	铐	铑	铒
788	铕	铖	铗	铙	铘	铛	铞	铟	铠	铢	铤	铥	铧	铨	铪					

79区	0	1	2	3	4	5	6	7	8	9	10	11	12	13	14	15	16	17	18	19
790		铩	铫	铮	铯	铳	铴	铵	铷	铹	铼	铽	铿	锃	锂	锆	锇	锉	锊	锍
792	锎	锏	锒	锓	锔	锕	锖	锘	锛	锝	锞	锟	锢	锪	锫	锩	锬	锱	锲	锴
794	锶	锷	锸	锼	锾	锿	镂	锵	镄	镅	镆	镉	镌	镎	镏	镒	镓	镔	镖	镗
796	镘	镙	镛	镞	镟	镝	镡	镢	镤	镥	镦	镧	镨	镩	镪	镫	镬	镯	镱	镲
798	镳	锺	矧	矬	雉	秕	秭	秣	秫	稆	嵇	稃	稂	稞	稔					

80区	0	1	2	3	4	5	6	7	8	9	10	11	12	13	14	15	16	17	18	19
800		稹	稷	穑	黏	馥	穰	皈	皎	皓	皙	皤	瓞	瓠	甬	鸠	鸢	鸨	鸩	鸪
802	鸫	鸬	鸲	鸱	鸶	鸸	鸷	鸹	鸺	鸾	鹁	鹂	鹄	鹆	鹇	鹈	鹉	鹋	鹌	鹎
804	鹑	鹕	鹗	鹚	鹛	鹜	鹞	鹣	鹦	鹧	鹨	鹩	鹪	鹫	鹬	鹱	鹭	鹳	疒	疔
806	疖	疠	疝	疬	疣	疳	疴	疸	痄	疱	疰	痃	痂	痖	痍	痣	痨	痦	痤	痫
808	痧	瘃	痱	痼	痿	瘐	瘀	瘅	瘌	瘗	瘊	瘥	瘘	瘕	瘙					

81区	0	1	2	3	4	5	6	7	8	9	10	11	12	13	14	15	16	17	18	19
810		瘛	瘼	瘢	瘠	癀	瘭	瘰	瘿	瘵	癃	瘾	瘳	癍	癞	癔	癜	癖	癫	癯
812	翊	竦	穸	穹	窀	窆	窈	窕	窦	窠	窬	窨	窭	窳	衤	衩	衲	衽	衿	袂
814	袢	裆	袷	袼	裉	裢	裎	裣	裥	裱	褚	裼	裨	裾	裰	褡	褙	褓	褛	褊
816	褴	褫	褶	襁	襦	襻	疋	胥	皲	皴	矜	耒	耔	耖	耜	耠	耢	耥	耦	耧
818	耩	耨	耱	耋	耵	聃	聆	聍	聒	聩	聱	覃	顸	颀	颃					

82区	0	1	2	3	4	5	6	7	8	9	10	11	12	13	14	15	16	17	18	19
820		颉	颌	颍	颏	颔	颚	颛	颞	颟	颡	颢	颥	颦	虍	虔	虬	虮	虿	虺
822	虼	虻	蚨	蚍	蚋	蚬	蚝	蚧	蚣	蚪	蚓	蚩	蚶	蛄	蚵	蛎	蚰	蚺	蚱	蚯
824	蛉	蛏	蚴	蛩	蛱	蛲	蛭	蛳	蛐	蜓	蛞	蛴	蛟	蛘	蛑	蜃	蜇	蛸	蜈	蜊
826	蜍	蜉	蜣	蜻	蜞	蜥	蜮	蜚	蜾	蝈	蜴	蜱	蜩	蜷	蜿	螂	蜢	蝽	蝾	蝻
828	蝠	蝰	蝌	蝮	螋	蝓	蝣	蝼	蝤	蝙	蝥	螓	螯	螨	蟒					

83区	0	1	2	3	4	5	6	7	8	9	10	11	12	13	14	15	16	17	18	19
830		蟆	螈	螅	螭	螗	螃	螫	蟥	螬	螵	螳	蟋	蟓	螽	蟑	蟀	蟊	蟛	蟪
832	蟠	蟮	蠖	蠓	蟾	蠊	蠛	蠡	蠹	蠼	缶	罂	罄	罅	舐	竺	竽	笈	笃	笄
834	笕	笊	笫	笏	筇	笸	笪	笙	笮	笱	笠	笥	笤	笳	笾	笞	筘	筚	筅	筵
836	筌	筝	筠	筮	筻	筢	筲	筱	箐	箦	箧	箸	箬	箝	箨	箅	箪	箜	箢	箫
838	箴	篑	篁	篌	篝	篚	篥	篦	篪	簌	篾	篼	簏	簖	簋					

84区	0	1	2	3	4	5	6	7	8	9	10	11	12	13	14	15	16	17	18	19
840		簟	簪	簦	簸	籁	籀	臾	舁	舂	舄	臬	衄	舡	舢	舣	舭	舯	舨	舫
842	舸	舻	舳	舴	舾	艄	艉	艋	艏	艚	艟	艨	衾	袅	袈	裘	裟	襞	羝	羟
844	羧	羯	羰	羲	籼	敉	粑	粝	粜	粞	粢	粲	粼	粽	糁	糇	糌	糍	糈	糅
846	糗	糨	艮	暨	羿	翎	翕	翥	翡	翦	翩	翮	翳	糸	絷	綦	綮	繇	纛	麸
848	麴	赳	趄	趔	趑	趱	赧	赭	豇	豉	酊	酐	酎	酏	酤					

85区	0	1	2	3	4	5	6	7	8	9	10	11	12	13	14	15	16	17	18	19
850		酢	酡	酰	酩	酯	酽	酾	酲	酴	酹	醌	醅	醐	醍	醑	醢	醣	醪	醭
852	醮	醯	醵	醴	醺	豕	鹾	趸	跫	踅	蹙	蹩	趵	趿	趼	趺	跄	跖	跗	跚
854	跞	跎	跏	跛	跆	跬	跷	跸	跣	跹	跻	跤	踉	跽	踔	踝	踟	踬	踮	踣
856	踯	踺	蹀	踹	踵	踽	踱	蹉	蹁	蹂	蹑	蹒	蹊	蹰	蹶	蹼	蹯	蹴	躅	躏
858	躔	躐	躜	躞	豸	貂	貊	貅	貘	貔	斛	觖	觞	觚	觜					

86区	0	1	2	3	4	5	6	7	8	9	10	11	12	13	14	15	16	17	18	19
860		觥	觫	觯	訾	謦	靓	雩	雳	雯	霆	霁	霈	霏	霎	霪	霭	霰	霾	龀
862	龃	龅	龆	龇	龈	龉	龊	龌	黾	鼋	鼍	隹	隼	隽	雎	雒	瞿	雠	銎	銮
864	鋈	錾	鍪	鏊	鎏	鐾	鑫	鱿	鲂	鲅	鲆	鲇	鲈	稣	鲋	鲎	鲐	鲑	鲒	鲔
866	鲕	鲚	鲛	鲞	鲟	鲠	鲡	鲢	鲣	鲥	鲦	鲧	鲨	鲩	鲫	鲭	鲮	鲰	鲱	鲲
868	鲳	鲴	鲵	鲶	鲷	鲺	鲻	鲼	鲽	鳄	鳅	鳆	鳇	鳊	鳋					

87区	0	1	2	3	4	5	6	7	8	9	10	11	12	13	14	15	16	17	18	19
870		鳌	鳍	鳎	鳏	鳐	鳓	鳔	鳕	鳗	鳘	鳙	鳜	鳝	鳟	鳢	靼	鞅	鞑	鞒
872	鞔	鞯	鞫	鞣	鞲	鞴	骱	骰	骷	鹘	骶	骺	骼	髁	髀	髅	髂	髋	髌	髑
874	魅	魃	魇	魉	魈	魍	魑	飨	餍	餮	饕	饔	髟	髡	髦	髯	髫	髻	髭	髹
876	鬈	鬏	鬓	鬟	鬣	麽	麾	縻	麂	麇	麈	麋	麒	鏖	麝	麟	黛	黜	黝	黠
878	黟	黢	黩	黧	黥	黪	黯	鼢	鼬	鼯	鼹	鼷	鼽	鼾	齄					

附　录　A
（规范性附录）
补充的字符

本部分是以 GB 2312—1980《信息交换用汉字编码字符集　基本集》为依据制定的。根据使用需要，在 GB 2312—1980 修订之前，在本部分中对字符作如下补充。

补充的 132 个字符如下所示：

8-27 至 8-32	补充 ɑ ḿ ń ň ǹ ɡ。
10-01 至 10-94	补充 94 个半角图形的字符，其排列顺序与 GB 2312—1980 表 1《图形字符代码表》中第 3 区一一对应，字形宽度为对应第 3 区字形宽度的 1/2。
11-01 至 11-32	补充汉语拼音 ɑ、e、i、o、u、ü 的四声半角字符和 ê、ɑ、ḿ、ń、ň、ǹ、ɡ 的半角字符，排列顺序与本部分第 8 区 01 位至 32 位的 32 个字符一一对应，字形宽度为相应第 8 区字形宽度的 1/2。

附 录 B
（规范性附录）
48 点阵字型数据

B.1 48 点阵字型数据的表示

本部分中，图形字符的字型可由点阵数据来表示。每个字型的点阵数据为 48×48（横行点数×纵列点数），共 2 304 个二进制位，288 个字节。

B.2 48 点阵字型数据的记录格式

48 点阵字型数据的 288 个字节排列次序是以 0 字节开始至 287 字节结束，均用十六进制表示，每行六个字节，记录格式如下：

行 数	列 数																
	0	1	2	3	4	5	6	7	……	40	41	42	43	44	45	46	47
0	0 字节								……	5 字节							
1 2 3 4 ⋮ 46																	
47	282 字节								……	287 字节							

B.3 汉字 48 点阵字型数据举例

长 19-04	治 54-46	久 30-35	安 16-18
00 00 00 00 00 00	00 00 00 00 00 00	00 00 00 00 00 00	00 00 00 00 00 00
00 00 00 00 00 00	00 00 00 00 00 00	00 00 00 00 00 00	00·00 00 00 00 00
00 00 00 00 00 00	00 00 00 00 00 00	00 00 C0 00 00 00	00 00 0E 00 00 00
00 0F 00 00 00 00	00 00 00 06 00 00	00 00 F0 00 00 00	00 00 0F C0 00 00
00 0F 80 08 00 00	00 00 00 07 00 00	00 00 7C 00 00 00	00 00 07 E0 00 00
00 07 C0 0F 00 00	00 00 00 07 80 00	00 00 7E 00 00 00	00 00 03 F0 00 00
00 03 E0 0F C0 00	00 60 00 07 C0 00	00 00 7C 00 00 00	00 00 01 F0 00 00
00 03 E0 0F C0 00	00 78 00 0F 80 00	00 00 78 00 00 00	00 00 00 F0 00 00
00 01 E0 1F 80 00	00 3C 00 0F 00 00	00 00 F0 00 00 00	00 00 00 60 00 00
00 01 C0 1E 00 00	00 3E 00 1E 00 00	00 00 F0 00 00 00	00 00 00 00 F0 00
00 01 C0 3C 00 00	00 1F 00 1C 00 00	00 00 E0 00 00 00	00 04 00 1F FC 00
00 01 C0 38 00 00	00 0F 00 3C 00 00	00 01 E0 00 00 00	00 06 07 FF FF 00
00 01 C0 70 00 00	00 0F 00 38 00 00	00 01 C0 70 00 00	00 0F FF F0 3F 80
00 01 C0 E0 00 00	00 06 00 70 00 00	00 01 81 F8 00 00	00 0F F8 00 7E 00
00 01 C1 C0 00 00	00 00 00 70 1C 00	00 03 8F FC 00 00	00 1C 00 00 70 00
00 01 C3 80 00 00	00 00 00 E0 1F 00	00 03 FE F8 00 00	00 3C 00 00 C0 00
00 01 C7 00 00 00	00 00 01 C0 0F 80	00 07 70 F0 00 00	00 78 0C 00 00 00
00 01 CC 00 00 00	00 00 01 80 07 C0	00 06 00 F0 00 00	00 78 0F 00 00 00

00 01 D8 00 00 00
00 01 C0 00 7F 00
00 01 C3 FF FF 80
00 01 FF FF FF C0
00 3F FC 00 00 00
3F FF CC 00 00 00
1F E1 C6 00 00 00
06 01 C3 00 00 00
00 01 C3 80 00 00
00 01 C1 C0 00 00
00 01 C0 E0 00 00
00 01 C0 70 00 00
00 01 C0 38 00 00
00 01 C0 1E 00 00
00 01 C0 0F 00 00
00 03 80 07 C0 00
00 03 80 03 F0 00
00 03 80 81 FC 00
00 03 83 00 FF 80
00 03 8E 00 7F F8
00 03 BC 00 3F FE
00 07 F8 00 1F F8
00 07 F0 00 00 00
00 0F E0 00 00 00
00 1F C0 00 00 00
00 1F 80 00 00 00
00 0F 00 00 00 00
00 0E 00 00 00 00
00 04 00 00 00 00
00 00 00 00 00 00

1E 00 03 00 07 E0
0F 00 06 01 FF E0
0F 80 0E 1F E1 F0
07 C0 3F FE 00 F0
03 C0 3F E0 00 20
01 80 3F 80 00 00
00 02 38 00 00 00
00 06 20 00 00 00
00 0C 00 00 00 00
00 0C 00 00 0C 00
00 18 00 00 3E 00
00 38 38 1F FF 80
00 70 1F FF FF C0
00 F0 1F E0 0F E0
00 E0 0E 00 0F C0
01 E0 0E 00 0F 00
03 C0 06 00 0E 00
0F C0 06 00 0E 00
0F C0 06 00 1C 00
07 80 07 00 1C 00
07 80 07 00 3C 00
07 00 07 07 FE 00
03 00 07 FF FF 00
02 00 03 F8 00 00
00 00 03 00 00 00
00 00 03 00 00 00
00 00 02 00 00 00
00 00 00 00 00 00
00 00 00 00 00 00
00 00 00 00 00 00

00 0E 01 E0 00 00
00 1C 01 E0 00 00
00 38 01 C0 00 00
00 30 03 C0 00 00
00 70 03 80 00 00
00 E0 07 80 00 00
01 C0 07 00 00 00
03 00 0F 80 00 00
06 00 0F 80 00 00
00 00 1C C0 00 00
00 00 1C 60 00 00
00 00 38 60 00 00
00 00 70 30 00 00
00 00 F0 18 00 00
00 01 E0 1C 00 00
00 03 C0 0E 00 00
00 07 80 07 00 00
00 0F 00 07 80 00
00 1E 00 03 C0 00
00 3C 00 01 E0 00
00 70 00 01 F8 00
01 E0 00 00 FF 00
03 80 00 00 7F C0
0E 00 00 00 3F FC
38 00 00 00 1F FE
60 00 00 00 00 00
00 00 00 00 00 00
00 00 00 00 00 00
00 00 00 00 00 00
00 00 00 00 00 00

00 70 0F 80 00 00
00 70 0F 00 00 00
00 20 0E 00 00 00
00 00 0E 00 00 00
00 00 1C 10 00 00
00 00 1C 1C 07 F8
00 00 18 1F FF FC
00 00 3F FF FF FE
00 1F FF FE 00 00
07 FF F0 1C 00 00
7F E0 60 1C 00 00
3C 00 E0 3C 00 00
00 00 C0 38 00 00
00 01 C0 38 00 00
00 00 F0 70 00 00
00 00 3E F0 00 00
00 00 07 E0 00 00
00 00 01 F8 00 00
00 00 03 FE 00 00
00 00 07 BF 80 00
00 00 1E 0F C0 00
00 00 FC 07 F0 00
00 03 F0 03 F8 00
00 1F C0 00 F8 00
01 FC 00 00 7C 00
00 00 00 00 3C 00
00 00 00 00 1C 00
00 00 00 00 0C 00
00 00 00 00 00 00
00 00 00 00 00 00

参 考 文 献

《第一批异体字整理表》	中华人民共和国文化部、中国文字改革委员会	1955年12月22日
《简化字总表》	中国文字改革委员会、中华人民共和国文化部、 中华人民共和国教育部	1964年3月7日
	(1986年10月10日国家语言文字工作委员会重新发表)	
《印刷通用汉字字形表》	中华人民共和国文化部、中国文字改革委员会	1965年1月30日
《现代汉语通用字表》	国家语言文字工作委员会、中华人民共和国新闻出版署	1988年3月25日

ICS 35.040
L 71

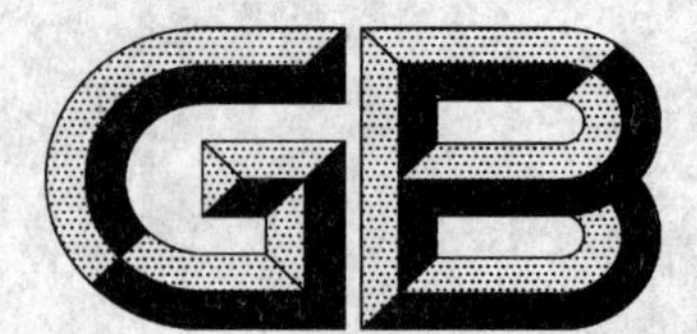

中华人民共和国国家标准

GB 12041.4—2008
代替 GB/T 12042—1989

信息技术　汉字编码字符集(基本集) 48 点阵字型　第 4 部分:仿宋体

Information technology—Chinese ideogram coded character set(basic set)—48 dot matrix font—Part 4:Fangsong Ti

2008-08-06 发布　　2009-07-01 实施

中华人民共和国国家质量监督检验检疫总局
中国国家标准化管理委员会　发布

前　言

GB 12041 的本部分除字表中 1 区至 11 区外的全部技术内容为强制性。

GB 12041《信息技术　汉字编码字符集(基本集)　48 点阵字型》分为如下四个部分：

第 1 部分：宋体；

第 2 部分：黑体；

第 3 部分：楷体；

第 4 部分：仿宋体。

本部分为 GB 12041 的第 4 部分。

本部分规定的 48 点阵汉字字型是以《第一批异体字整理表》、《简化字总表》、《印刷通用汉字字形表》和《现代汉语通用字表》(见参考文献)为依据，按照现行汉字字形整理原则进行设计。

本部分从实施之日起代替并废止 GB/T 12042—1989。

本部分是对 GB/T 12042—1989 的修订，GB/T 12042—1989 是依据 GB 2312—1980《信息交换用汉字编码字符集　基本集》制定的。本部分与 GB/T 12042—1989 相比主要变化为：为了进一步提高字型质量和保证标准间的协调统一，本部分增加了 GB 2312—1980 中规定的字符部分内容；对上一版本中不正确的汉字字型进行了修正。

本部分的附录 A、附录 B 是规范性附录。

本部分由中华人民共和国信息产业部提出。

本部分由中国电子技术标准化研究所归口。

本部分起草单位：中国电子技术标准化研究所、北京仓颉博雅信息技术有限公司、第二炮兵装备研究院第四研究所。

本部分起草人：代红、熊涛、周济萍、翟广臣、齐建华、王立建、戴涌。

本部分所代替标准的历次版本发布情况为：

——GB/T 12042—1989。

引　　言

有关字型数据的授权转让使用事宜，字型标准数据的维护、更新及修订工作，统一由归口单位负责。

地　　址：北京市东城区安定门东大街1号（北京市1101信箱）
邮　　编：100007
电　　话：64007689　84029173
传　　真：64007681
E-mail：daihong@cesi.ac.cn

信息技术 汉字编码字符集(基本集)
48 点阵字型 第 4 部分:仿宋体

1 范围

GB 12041 的本部分规定了 GB 2312—1980《信息交换用汉字编码字符集 基本集》中图形字符的 48 点阵仿宋体字型。

本部分主要适用于各种电子信息产品、各种数字化产品,也可用于其他有关设备。

2 规范性引用文件

下列文件中的条款通过 GB 12041 的本部分的引用而成为本部分的条款。凡是注日期的引用文件,其随后所有的修改单(不包括勘误的内容)或修订版均不适用于本部分,然而,鼓励根据本部分达成协议的各方,研究是否可使用这些文件的最新版本。凡是不注日期的引用文件,其最新版本适用于本部分。

GB 2312—1980 信息交换用汉字编码字符集 基本集

3 术语和定义

下列术语和定义适用于 GB 12041 的本部分。

3.1

字形 glyph

一种可辨认的抽象的图形符号,它不依赖于任何特定的设计。

3.2

字型 font

具有同一基本设计的字形图像的集合,如:仿宋体。

3.3

点阵字型 dot matrix font

以点的集合来表现图形字符的型(形)。

3.4

字序 character order

图形字符在集合中按一定规则排列的次序。

4 汉字图形字符

根据 GB 2312—1980 规定,相应提供了:

1 区～9 区　　外文字母及其他图形字符 682 个;

16 区～55 区　　第一级汉字 3 755 个;

56 区～87 区　　第二级汉字 3 008 个。

另外在 8 区 27 位至 32 位补充了 6 个字符;10 区 01 位至 94 位补充了 94 个半角图形字符;11 区 01 位至 32 位补充了 32 个汉语拼音的半角字符,见附录 A。

本部分共提供图形字符 7 577 个。

5 标准数据的管理

为加强对电子信息技术产品使用汉字字型标准数据的管理，保证本部分在实施中数据的正确性和一致性，有关字型数据的授权转让使用事宜，字型标准数据的维护、更新及修订工作，统一由归口单位负责。

6 点阵字型的表示方法

6.1 栅格

栅格由若干条等距离的垂直线与水平线相交叉而形成。

本部分规定的是48点阵字型，其栅格是横向48格，纵向48格。每个方格的中心定为点的中心位置。

栅格仅对构成点阵的各点进行定位，48点阵栅格图如图1所示。

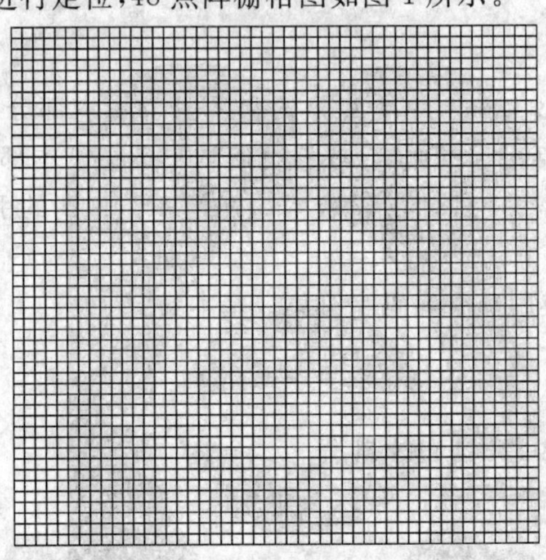

图1 48点阵栅格图

6.2 点

点是构成点阵字型的最小单位，以圆形表示，它是位于各方格内的黑色区域。

6.3 点阵字样

汉字点阵字型的字样，由置于栅格内的若干个点的集合来表示。汉字“永”的48点阵字样如图2所示。

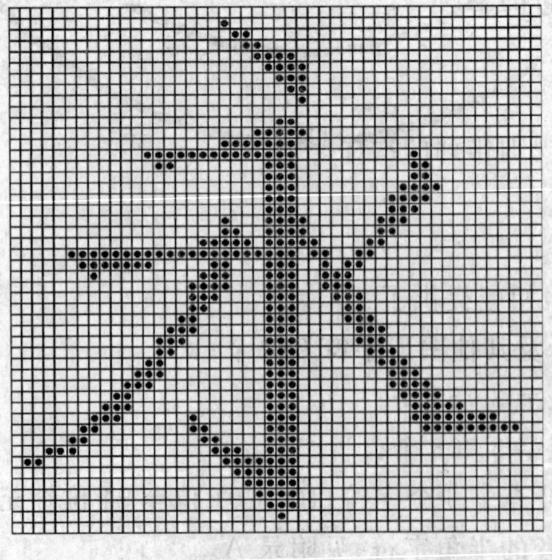

图2 48点阵汉字“永”的字样

6.4 字型数据

48 点阵字型数据的表示，见附录 B。

6.5 点阵字型表

本部分提供了 GB 2312—1980 规定的 7 445 个汉字/图形字符及补充的 132 个图形字符的 48 点阵仿宋体字型。

本部分的点阵字型列表如下：

1区	0	1	2	3	4	5	6	7	8	9	10	11	12	13	14	15	16	17	18	19
010			、	。	·	ˉ	ˇ	¨	〃	々	—	～	‖	…	‘	’	“	”	〔	〕
012	〈	〉	《	》	「	」	『	』	〖	〗	【	】	±	×	÷	∶	∧	∨	∑	∏
014	∪	∩	∈	∷	√	⊥	∥	∠	⌒	⊙	∫	∮	≡	≌	≈	∽	∝	≠	≮	≯
016	≤	≥	∞	∵	∴	♂	♀	°	′	″	℃	＄	¤	￠	￡	‰	§	№	☆	★
018	○	●	◎	◇	◆	□	■	△	▲	※	→	←	↑	↓	〓					

2区	0	1	2	3	4	5	6	7	8	9	10	11	12	13	14	15	16	17	18	19
020																		⒈	⒉	⒊
022	⒋	⒌	⒍	⒎	⒏	⒐	⒑	⒒	⒓	⒔	⒕	⒖	⒗	⒘	⒙	⒚	⒛	⑴	⑵	⑶
024	⑷	⑸	⑹	⑺	⑻	⑼	⑽	⑾	⑿	⒀	⒁	⒂	⒃	⒄	⒅	⒆	⒇	①	②	③
026	④	⑤	⑥	⑦	⑧	⑨	⑩			㈠	㈡	㈢	㈣	㈤	㈥	㈦	㈧	㈨	㈩	
028		Ⅰ	Ⅱ	Ⅲ	Ⅳ	Ⅴ	Ⅵ	Ⅶ	Ⅷ	Ⅸ	Ⅹ	Ⅺ	Ⅻ							

3区	0	1	2	3	4	5	6	7	8	9	10	11	12	13	14	15	16	17	18	19
030		！	＂	＃	￥	％	＆	＇	（	）	＊	＋	，	－	．	／	０	１	２	３
032	４	５	６	７	８	９	：	；	＜	＝	＞	？	＠	Ａ	Ｂ	Ｃ	Ｄ	Ｅ	Ｆ	Ｇ
034	Ｈ	Ｉ	Ｊ	Ｋ	Ｌ	Ｍ	Ｎ	Ｏ	Ｐ	Ｑ	Ｒ	Ｓ	Ｔ	Ｕ	Ｖ	Ｗ	Ｘ	Ｙ	Ｚ	［
036	＼	］	＾	＿	｀	ａ	ｂ	ｃ	ｄ	ｅ	ｆ	ｇ	ｈ	ｉ	ｊ	ｋ	ｌ	ｍ	ｎ	ｏ
038	ｐ	ｑ	ｒ	ｓ	ｔ	ｕ	ｖ	ｗ	ｘ	ｙ	ｚ	｛	｜	｝	￣					

4区	0	1	2	3	4	5	6	7	8	9	10	11	12	13	14	15	16	17	18	19
040		ぁ	あ	ぃ	い	ぅ	う	ぇ	え	ぉ	お	か	が	き	ぎ	く	ぐ	け	げ	こ
042	ご	さ	ざ	し	じ	す	ず	せ	ぜ	そ	ぞ	た	だ	ち	ぢ	っ	つ	づ	て	で
044	と	ど	な	に	ぬ	ね	の	は	ば	ぱ	ひ	び	ぴ	ふ	ぶ	ぷ	へ	べ	ぺ	ほ
046	ぼ	ぽ	ま	み	む	め	も	ゃ	や	ゅ	ゆ	ょ	よ	ら	り	る	れ	ろ	ゎ	わ
048	ゐ	ゑ	を	ん																

5区	0	1	2	3	4	5	6	7	8	9	10	11	12	13	14	15	16	17	18	19
050		ァ	ア	ィ	イ	ゥ	ウ	ェ	エ	ォ	オ	カ	ガ	キ	ギ	ク	グ	ケ	ゲ	コ
052	ゴ	サ	ザ	シ	ジ	ス	ズ	セ	ゼ	ソ	ゾ	タ	ダ	チ	ヂ	ッ	ツ	ヅ	テ	デ
054	ト	ド	ナ	ニ	ヌ	ネ	ノ	ハ	バ	パ	ヒ	ビ	ピ	フ	ブ	プ	ヘ	ベ	ペ	ホ
056	ボ	ポ	マ	ミ	ム	メ	モ	ャ	ヤ	ュ	ユ	ョ	ヨ	ラ	リ	ル	レ	ロ	ヮ	ワ
058	ヰ	ヱ	ヲ	ン	ヴ	ヵ	ヶ													

6区	0	1	2	3	4	5	6	7	8	9	10	11	12	13	14	15	16	17	18	19
060		Α	Β	Γ	Δ	Ε	Ζ	Η	Θ	Ι	Κ	Λ	Μ	Ν	Ξ	Ο	Π	Ρ	Σ	Τ
062	Υ	Φ	Χ	Ψ	Ω									α	β	γ	δ	ε	ζ	η
064	θ	ι	κ	λ	μ	ν	ξ	ο	π	ρ	σ	τ	υ	φ	χ	ψ	ω			
066																				
068																				

7区	0	1	2	3	4	5	6	7	8	9	10	11	12	13	14	15	16	17	18	19
070		А	Б	В	Г	Д	Е	Ё	Ж	З	И	Й	К	Л	М	Н	О	П	Р	С
072	Т	У	Ф	Х	Ц	Ч	Ш	Щ	Ъ	Ы	Ь	Э	Ю	Я						
074										а	б	в	г	д	е	ё	ж	з	и	й
076	к	л	м	н	о	п	р	с	т	у	ф	х	ц	ч	ш	щ	ъ	ы	ь	э
078	ю	я																		

8区	0	1	2	3	4	5	6	7	8	9	10	11	12	13	14	15	16	17	18	19
080		ā	á	ǎ	à	ē	é	ě	è	ī	í	ǐ	ì	ō	ó	ǒ	ò	ū	ú	ǔ
082	ù	ǖ	ǘ	ǚ	ǜ	ü	ê	ɑ	ḿ	ń	ň	ǹ	ɡ					ㄅ	ㄆ	ㄇ
084	ㄈ	ㄉ	ㄊ	ㄋ	ㄌ	ㄍ	ㄎ	ㄏ	ㄐ	ㄑ	ㄒ	ㄓ	ㄔ	ㄕ	ㄖ	ㄗ	ㄘ	ㄙ	ㄚ	ㄛ
086	ㄜ	ㄝ	ㄞ	ㄟ	ㄠ	ㄡ	ㄢ	ㄣ	ㄤ	ㄥ	ㄦ	ㄧ	ㄨ	ㄩ						
088																				

9区	0	1	2	3	4	5	6	7	8	9	10	11	12	13	14	15	16	17	18	19
090					─	━	│	┃	┄	┅	┆	┇	┈	┉	┊	┋	┌	┍	┎	┏
092	┐	┑	┒	┓	└	┕	┖	┗	┘	┙	┚	┛	├	┝	┞	┟	┠	┡	┢	┣
094	┤	┥	┦	┧	┨	┩	┪	┫	┬	┭	┮	┯	┰	┱	┲	┳	┴	┵	┶	┷
096	┸	┹	┺	┻	┼	┽	┾	┿	╀	╁	╂	╃	╄	╅	╆	╇	╈	╉	╊	╋
098																				

10区	0	1	2	3	4	5	6	7	8	9	10	11	12	13	14	15	16	17	18	19
100		!	"	#	￥	%	&	'	(	)	*	+	,	-	.	/	0	1	2	3
102	4	5	6	7	8	9	:	;	<	=	>	?	@	A	B	C	D	E	F	G
104	H	I	J	K	L	M	N	O	P	Q	R	S	T	U	V	W	X	Y	Z	[
106	\	]	^	_	`	a	b	c	d	e	f	g	h	i	j	k	l	m	n	o
108	p	q	r	s	t	u	v	w	x	y	z	{	|	}	‾					

11区	0	1	2	3	4	5	6	7	8	9	10	11	12	13	14	15	16	17	18	19
110		ā	á	ǎ	à	ē	é	ě	è	ī	í	ǐ	ì	ō	ó	ǒ	ò	ū	ú	ǔ
112	ù	ǖ	ǘ	ǚ	ǜ	ü	ê	ɑ	ḿ	ń	ň	ǹ	ɡ							
114																				
116																				
118																				

16区	0	1	2	3	4	5	6	7	8	9	10	11	12	13	14	15	16	17	18	19
160		啊	阿	埃	挨	哎	唉	哀	皑	癌	蔼	矮	艾	碍	爱	隘	鞍	氨	安	俺
162	按	暗	岸	胺	案	肮	昂	盎	凹	敖	熬	翱	袄	傲	奥	懊	澳	芭	捌	扒
164	叭	吧	笆	八	疤	巴	拔	跋	靶	把	耙	坝	霸	罢	爸	白	柏	百	摆	佰
166	败	拜	稗	斑	班	搬	扳	般	颁	板	版	扮	拌	伴	瓣	半	办	绊	邦	帮
168	梆	榜	膀	绑	棒	磅	蚌	镑	傍	谤	苞	胞	包	褒	剥					

17区	0	1	2	3	4	5	6	7	8	9	10	11	12	13	14	15	16	17	18	19
170		薄	雹	保	堡	饱	宝	抱	报	暴	豹	鲍	爆	杯	碑	悲	卑	北	辈	背
172	贝	钡	倍	狈	备	惫	焙	被	奔	苯	本	笨	崩	绷	甭	泵	蹦	迸	逼	鼻
174	比	鄙	笔	彼	碧	蓖	蔽	毕	毙	毖	币	庇	痹	闭	敝	弊	必	辟	壁	臂
176	避	陛	鞭	边	编	贬	扁	便	变	卞	辨	辩	辫	遍	标	彪	膘	表	鳖	憋
178	别	瘪	彬	斌	濒	滨	宾	摈	兵	冰	柄	丙	秉	饼	炳					

18区	0	1	2	3	4	5	6	7	8	9	10	11	12	13	14	15	16	17	18	19
180		病	并	玻	菠	播	拨	钵	波	博	勃	搏	铂	箔	伯	帛	舶	脖	膊	渤
182	泊	驳	捕	卜	哺	补	埠	不	布	步	簿	部	怖	擦	猜	裁	材	才	财	睬
184	踩	采	彩	菜	蔡	餐	参	蚕	残	惭	惨	灿	苍	舱	仓	沧	藏	操	糙	槽
186	曹	草	厕	策	侧	册	测	层	蹭	插	叉	茬	茶	查	碴	搽	察	岔	差	诧
188	拆	柴	豺	搀	掺	蝉	馋	谗	缠	铲	产	阐	颤	昌	猖					

19区	0	1	2	3	4	5	6	7	8	9	10	11	12	13	14	15	16	17	18	19
190		场	尝	常	长	偿	肠	厂	敞	畅	唱	倡	超	抄	钞	朝	嘲	潮	巢	吵
192	炒	车	扯	撤	掣	彻	澈	郴	臣	辰	尘	晨	忱	沉	陈	趁	衬	撑	称	城
194	橙	成	呈	乘	程	惩	澄	诚	承	逞	骋	秤	吃	痴	持	匙	池	迟	弛	驰
196	耻	齿	侈	尺	赤	翅	斥	炽	充	冲	虫	崇	宠	抽	酬	畴	踌	稠	愁	筹
198	仇	绸	瞅	丑	臭	初	出	橱	厨	躇	锄	雏	滁	除	楚					

20区	0	1	2	3	4	5	6	7	8	9	10	11	12	13	14	15	16	17	18	19
200		础	储	矗	搐	触	处	揣	川	穿	椽	传	船	喘	串	疮	窗	幢	床	闯
202	创	吹	炊	捶	锤	垂	春	椿	醇	唇	淳	纯	蠢	戳	绰	疵	茨	磁	雌	辞
204	慈	瓷	词	此	刺	赐	次	聪	葱	囱	匆	从	丛	凑	粗	醋	簇	促	蹿	篡
206	窜	摧	崔	催	脆	瘁	粹	淬	翠	村	存	寸	磋	撮	搓	措	挫	错	搭	达
208	答	瘩	打	大	呆	歹	傣	戴	带	殆	代	贷	袋	待	逮					

21区	0	1	2	3	4	5	6	7	8	9	10	11	12	13	14	15	16	17	18	19
210		怠	耽	担	丹	单	郸	掸	胆	旦	氮	但	惮	淡	诞	弹	蛋	当	挡	党
212	荡	档	刀	捣	蹈	倒	岛	祷	导	到	稻	悼	道	盗	德	得	的	蹬	灯	登
214	等	瞪	凳	邓	堤	低	滴	迪	敌	笛	狄	涤	翟	嫡	抵	底	地	蒂	第	帝
216	弟	递	缔	颠	掂	滇	碘	点	典	靛	垫	电	佃	甸	店	惦	奠	淀	殿	碉
218	叼	雕	凋	刁	掉	吊	钓	调	跌	爹	碟	蝶	迭	谍	叠					

22区	0	1	2	3	4	5	6	7	8	9	10	11	12	13	14	15	16	17	18	19
220		丁	盯	叮	钉	顶	鼎	锭	定	订	丢	东	冬	董	懂	动	栋	侗	恫	冻
222	洞	兜	抖	斗	陡	豆	逗	痘	都	督	毒	犊	独	读	堵	睹	赌	杜	镀	肚
224	度	渡	妒	端	短	锻	段	断	缎	堆	兑	队	对	墩	吨	蹲	敦	顿	囤	钝
226	盾	遁	掇	哆	多	夺	垛	躲	朵	跺	舵	剁	惰	堕	蛾	峨	鹅	俄	额	讹
228	娥	恶	厄	扼	遏	鄂	饿	恩	而	儿	耳	尔	饵	洱	二					

23区	0	1	2	3	4	5	6	7	8	9	10	11	12	13	14	15	16	17	18	19
230		贰	发	罚	筏	伐	乏	阀	法	珐	藩	帆	番	翻	樊	矾	钒	繁	凡	烦
232	反	返	范	贩	犯	饭	泛	坊	芳	方	肪	房	防	妨	仿	访	纺	放	菲	非
234	啡	飞	肥	匪	诽	吠	肺	废	沸	费	芬	酚	吩	氛	分	纷	坟	焚	汾	粉
236	奋	份	忿	愤	粪	丰	封	枫	蜂	峰	锋	风	疯	烽	逢	冯	缝	讽	奉	凤
238	佛	否	夫	敷	肤	孵	扶	拂	辐	幅	氟	符	伏	俘	服					

24区	0	1	2	3	4	5	6	7	8	9	10	11	12	13	14	15	16	17	18	19
240		浮	涪	福	袱	弗	甫	抚	辅	俯	釜	斧	脯	腑	府	腐	赴	副	覆	赋
242	复	傅	付	阜	父	腹	负	富	讣	附	妇	缚	咐	噶	嘎	该	改	概	钙	盖
244	溉	干	甘	杆	柑	竿	肝	赶	感	秆	敢	赣	冈	刚	钢	缸	肛	纲	岗	港
246	杠	篙	皋	高	膏	羔	糕	搞	镐	稿	告	哥	歌	搁	戈	鸽	胳	疙	割	革
248	葛	格	蛤	阁	隔	铬	个	各	给	根	跟	耕	更	庚	羹					

25区	0	1	2	3	4	5	6	7	8	9	10	11	12	13	14	15	16	17	18	19
250		埂	耿	梗	工	攻	功	恭	龚	供	躬	公	宫	弓	巩	汞	拱	贡	共	钩
252	勾	沟	苟	狗	垢	构	购	够	辜	菇	咕	箍	估	沽	孤	姑	鼓	古	蛊	骨
254	谷	股	故	顾	固	雇	刮	瓜	剐	寡	挂	褂	乖	拐	怪	棺	关	官	冠	观
256	管	馆	罐	惯	灌	贯	光	广	逛	瑰	规	圭	硅	归	龟	闺	轨	鬼	诡	癸
258	桂	柜	跪	贵	刽	辊	滚	棍	锅	郭	国	果	裹	过	哈					

26区	0	1	2	3	4	5	6	7	8	9	10	11	12	13	14	15	16	17	18	19
260		骸	孩	海	氦	亥	害	骇	酣	憨	邯	韩	含	涵	寒	函	喊	罕	翰	撼
262	捍	旱	憾	悍	焊	汗	汉	夯	杭	航	壕	嚎	豪	毫	郝	好	耗	号	浩	呵
264	喝	荷	菏	核	禾	和	何	合	盒	貉	阂	河	涸	赫	褐	鹤	贺	嘿	黑	痕
266	很	狠	恨	哼	亨	横	衡	恒	轰	哄	烘	虹	鸿	洪	宏	弘	红	喉	侯	猴
268	吼	厚	候	后	呼	乎	忽	瑚	壶	葫	胡	蝴	狐	糊	湖					

27区	0	1	2	3	4	5	6	7	8	9	10	11	12	13	14	15	16	17	18	19
270		弧	虎	唬	护	互	沪	户	花	哗	华	猾	滑	画	划	化	话	槐	徊	怀
272	淮	坏	欢	环	桓	还	缓	换	患	唤	痪	豢	焕	涣	宦	幻	荒	慌	黄	磺
274	蝗	簧	皇	凰	惶	煌	晃	幌	恍	谎	灰	挥	辉	徽	恢	蛔	回	毁	悔	慧
276	卉	惠	晦	贿	秽	会	烩	汇	讳	诲	绘	荤	昏	婚	魂	浑	混	豁	活	伙
278	火	获	或	惑	霍	货	祸	击	圾	基	机	畸	稽	积	箕					

28区	0	1	2	3	4	5	6	7	8	9	10	11	12	13	14	15	16	17	18	19
280		肌	饥	迹	激	讥	鸡	姬	绩	缉	吉	极	棘	辑	籍	集	及	急	疾	汲
282	即	嫉	级	挤	几	脊	己	蓟	技	冀	季	伎	祭	剂	悸	济	寄	寂	计	记
284	既	忌	际	妓	继	纪	嘉	枷	夹	佳	家	加	荚	颊	贾	甲	钾	假	稼	价
286	架	驾	嫁	歼	监	坚	尖	笺	间	煎	兼	肩	艰	奸	缄	茧	检	柬	碱	硷
288	拣	捡	简	俭	剪	减	荐	槛	鉴	践	贱	见	键	箭	件					

29区	0	1	2	3	4	5	6	7	8	9	10	11	12	13	14	15	16	17	18	19
290		健	舰	剑	饯	渐	溅	涧	建	僵	姜	将	浆	江	疆	蒋	桨	奖	讲	匠
292	酱	降	蕉	椒	礁	焦	胶	交	郊	浇	骄	娇	嚼	搅	铰	矫	侥	脚	狡	角
294	饺	缴	绞	剿	教	酵	轿	较	叫	窖	揭	接	皆	秸	街	阶	截	劫	节	桔
296	杰	捷	睫	竭	洁	结	解	姐	戒	藉	芥	界	借	介	疥	诫	届	巾	筋	斤
298	金	今	津	襟	紧	锦	仅	谨	进	靳	晋	禁	近	烬	浸					

30区	0	1	2	3	4	5	6	7	8	9	10	11	12	13	14	15	16	17	18	19
300		尽	劲	荆	兢	茎	睛	晶	鲸	京	惊	精	粳	经	井	警	景	颈	静	境
302	敬	镜	径	痉	靖	竟	竞	净	炯	窘	揪	究	纠	玖	韭	久	灸	九	酒	厩
304	救	旧	臼	舅	咎	就	疚	鞠	拘	狙	疽	居	驹	菊	局	咀	矩	举	沮	聚
306	拒	据	巨	具	距	踞	锯	俱	句	惧	炬	剧	捐	鹃	娟	倦	眷	卷	绢	撅
308	攫	抉	掘	倔	爵	觉	决	诀	绝	均	菌	钧	军	君	峻					

31区	0	1	2	3	4	5	6	7	8	9	10	11	12	13	14	15	16	17	18	19
310		俊	竣	浚	郡	骏	喀	咖	卡	咯	开	揩	楷	凯	慨	刊	堪	勘	坎	砍
312	看	康	慷	糠	扛	抗	亢	炕	考	拷	烤	靠	坷	苛	柯	棵	磕	颗	科	壳
314	咳	可	渴	克	刻	客	课	肯	啃	垦	恳	坑	吭	空	恐	孔	控	抠	口	扣
316	寇	枯	哭	窟	苦	酷	库	裤	夸	垮	挎	跨	胯	块	筷	侩	快	宽	款	匡
318	筐	狂	框	矿	眶	旷	况	亏	盔	岿	窥	葵	奎	魁	傀					

32区	0	1	2	3	4	5	6	7	8	9	10	11	12	13	14	15	16	17	18	19
320		馈	愧	溃	坤	昆	捆	困	括	扩	廓	阔	垃	拉	喇	蜡	腊	辣	啦	莱
322	来	赖	蓝	婪	栏	拦	篮	阑	兰	澜	谰	揽	览	懒	缆	烂	滥	琅	榔	狼
324	廊	郎	朗	浪	捞	劳	牢	老	佬	姥	酪	烙	涝	勒	乐	雷	镭	蕾	磊	累
326	儡	垒	擂	肋	类	泪	棱	楞	冷	厘	梨	犁	黎	篱	狸	离	漓	理	李	里
328	鲤	礼	莉	荔	吏	栗	丽	厉	励	砾	历	利	傈	例	俐					

33区	0	1	2	3	4	5	6	7	8	9	10	11	12	13	14	15	16	17	18	19
330		痢	立	粒	沥	隶	力	璃	哩	俩	联	莲	连	镰	廉	怜	涟	帘	敛	脸
332	链	恋	炼	练	粮	凉	梁	粱	良	两	辆	量	晾	亮	谅	撩	聊	僚	疗	燎
334	寥	辽	潦	了	撂	镣	廖	料	列	裂	烈	劣	猎	琳	林	磷	霖	临	邻	鳞
336	淋	凛	赁	吝	拎	玲	菱	零	龄	铃	伶	羚	凌	灵	陵	岭	领	另	令	溜
338	琉	榴	硫	馏	留	刘	瘤	流	柳	六	龙	聋	咙	笼	窿					

34区	0	1	2	3	4	5	6	7	8	9	10	11	12	13	14	15	16	17	18	19
340		隆	垄	拢	陇	楼	娄	搂	篓	漏	陋	芦	卢	颅	庐	炉	掳	卤	虏	鲁
342	麓	碌	露	路	赂	鹿	潞	禄	录	陆	戮	驴	吕	铝	侣	旅	履	屡	缕	虑
344	氯	律	率	滤	绿	峦	挛	孪	滦	卵	乱	掠	略	抡	轮	伦	仑	沦	纶	论
346	萝	螺	罗	逻	锣	箩	骡	裸	落	洛	骆	络	妈	麻	玛	码	蚂	马	骂	嘛
348	吗	埋	买	麦	卖	迈	脉	瞒	馒	蛮	满	蔓	曼	慢	漫					

35区	0	1	2	3	4	5	6	7	8	9	10	11	12	13	14	15	16	17	18	19
350		谩	芒	茫	盲	氓	忙	莽	猫	茅	锚	毛	矛	铆	卯	茂	冒	帽	貌	贸
352	么	玫	枚	梅	酶	霉	煤	没	眉	媒	镁	每	美	昧	寐	妹	媚	门	闷	们
354	萌	蒙	檬	盟	锰	猛	梦	孟	眯	醚	靡	糜	迷	谜	弥	米	秘	觅	泌	蜜
356	密	幂	棉	眠	绵	冕	免	勉	娩	缅	面	苗	描	瞄	藐	秒	渺	庙	妙	蔑
358	灭	民	抿	皿	敏	悯	闽	明	螟	鸣	铭	名	命	谬	摸					

36区	0	1	2	3	4	5	6	7	8	9	10	11	12	13	14	15	16	17	18	19
360		摹	蘑	模	膜	磨	摩	魔	抹	末	莫	墨	默	沫	漠	寞	陌	谋	牟	某
362	拇	牡	亩	姆	母	墓	暮	幕	募	慕	木	目	睦	牧	穆	拿	哪	呐	钠	那
364	娜	纳	氖	乃	奶	耐	奈	南	男	难	囊	挠	脑	恼	闹	淖	呢	馁	内	嫩
366	能	妮	霓	倪	泥	尼	拟	你	匿	腻	逆	溺	蔫	拈	年	碾	撵	捻	念	娘
368	酿	鸟	尿	捏	聂	孽	啮	镊	镍	涅	您	柠	狞	凝	宁					

37区	0	1	2	3	4	5	6	7	8	9	10	11	12	13	14	15	16	17	18	19
370		拧	泞	牛	扭	钮	纽	脓	浓	农	弄	奴	努	怒	女	暖	虐	疟	挪	懦
372	糯	诺	哦	欧	鸥	殴	藕	呕	偶	沤	啪	趴	爬	帕	怕	琶	拍	排	牌	徘
374	湃	派	攀	潘	盘	磐	盼	畔	判	叛	乓	庞	旁	耪	胖	抛	咆	刨	炮	袍
376	跑	泡	呸	胚	培	裴	赔	陪	配	佩	沛	喷	盆	砰	抨	烹	澎	彭	蓬	棚
378	硼	篷	膨	朋	鹏	捧	碰	坯	砒	霹	批	披	劈	琵	毗					

38区	0	1	2	3	4	5	6	7	8	9	10	11	12	13	14	15	16	17	18	19
380		啤	脾	疲	皮	匹	痞	僻	屁	譬	篇	偏	片	骗	飘	漂	瓢	票	撇	瞥
382	拼	频	贫	品	聘	乒	坪	苹	萍	平	凭	瓶	评	屏	坡	泼	颇	婆	破	魄
384	迫	粕	剖	扑	铺	仆	莆	葡	菩	蒲	埔	朴	圃	普	浦	谱	曝	瀑	期	欺
386	栖	戚	妻	七	凄	漆	柒	沏	其	棋	奇	歧	畦	崎	脐	齐	旗	祈	祁	骑
388	起	岂	乞	企	启	契	砌	器	气	迄	弃	汽	泣	讫	掐					

39区	0	1	2	3	4	5	6	7	8	9	10	11	12	13	14	15	16	17	18	19
390		恰	洽	牵	扦	钎	铅	千	迁	签	仟	谦	乾	黔	钱	钳	前	潜	遣	浅
392	谴	堑	嵌	欠	歉	枪	呛	腔	羌	墙	蔷	强	抢	橇	锹	敲	悄	桥	瞧	乔
394	侨	巧	鞘	撬	翘	峭	俏	窍	切	茄	且	怯	窃	钦	侵	亲	秦	琴	勤	芹
396	擒	禽	寝	沁	青	轻	氢	倾	卿	清	擎	晴	氰	情	顷	请	庆	琼	穷	秋
398	丘	邱	球	求	囚	酋	泅	趋	区	蛆	曲	躯	屈	驱	渠					

40区	0	1	2	3	4	5	6	7	8	9	10	11	12	13	14	15	16	17	18	19
400		取	娶	龋	趣	去	圈	颧	权	醛	泉	全	痊	拳	犬	券	劝	缺	炔	瘸
402	却	鹊	榷	确	雀	裙	群	然	燃	冉	染	瓤	壤	攘	嚷	让	饶	扰	绕	惹
404	热	壬	仁	人	忍	韧	任	认	刃	妊	纫	扔	仍	日	戎	茸	蓉	荣	融	熔
406	溶	容	绒	冗	揉	柔	肉	茹	蠕	儒	孺	如	辱	乳	汝	入	褥	软	阮	蕊
408	瑞	锐	闰	润	若	弱	撒	洒	萨	腮	鳃	塞	赛	三	叁					

41区	0	1	2	3	4	5	6	7	8	9	10	11	12	13	14	15	16	17	18	19
410		伞	散	桑	嗓	丧	搔	骚	扫	嫂	瑟	色	涩	森	僧	莎	砂	杀	刹	沙
412	纱	傻	啥	煞	筛	晒	珊	苫	杉	山	删	煽	衫	闪	陕	擅	赡	膳	善	汕
414	扇	缮	墒	伤	商	赏	晌	上	尚	裳	梢	捎	稍	烧	芍	勺	韶	少	哨	邵
416	绍	奢	赊	蛇	舌	舍	赦	摄	射	慑	涉	社	设	砷	申	呻	伸	身	深	娠
418	绅	神	沈	审	婶	甚	肾	慎	渗	声	生	甥	牲	升	绳					

42区	0	1	2	3	4	5	6	7	8	9	10	11	12	13	14	15	16	17	18	19
420		省	盛	剩	胜	圣	师	失	狮	施	湿	诗	尸	虱	十	石	拾	时	什	食
422	蚀	实	识	史	矢	使	屎	驶	始	式	示	士	世	柿	事	拭	誓	逝	势	是
424	嗜	噬	适	仕	侍	释	饰	氏	市	恃	室	视	试	收	手	首	守	寿	授	售
426	受	瘦	兽	蔬	枢	梳	殊	抒	输	叔	舒	淑	疏	书	赎	孰	熟	薯	暑	曙
428	署	蜀	黍	鼠	属	术	述	树	束	戍	竖	墅	庶	数	漱					

43区	0	1	2	3	4	5	6	7	8	9	10	11	12	13	14	15	16	17	18	19
430		恕	刷	耍	摔	衰	甩	帅	栓	拴	霜	双	爽	谁	水	睡	税	吮	瞬	顺
432	舜	说	硕	朔	烁	斯	撕	嘶	思	私	司	丝	死	肆	寺	嗣	四	伺	似	饲
434	巳	松	耸	怂	颂	送	宋	讼	诵	搜	艘	擞	嗽	苏	酥	俗	素	速	粟	僳
436	塑	溯	宿	诉	肃	酸	蒜	算	虽	隋	随	绥	髓	碎	岁	穗	遂	隧	祟	孙
438	损	笋	蓑	梭	唆	缩	琐	索	锁	所	塌	他	它	她	塔					

44区	0	1	2	3	4	5	6	7	8	9	10	11	12	13	14	15	16	17	18	19
440		獭	挞	蹋	踏	胎	苔	抬	台	泰	酞	太	态	汰	坍	摊	贪	瘫	滩	坛
442	檀	痰	潭	谭	谈	坦	毯	袒	碳	探	叹	炭	汤	塘	搪	堂	棠	膛	唐	糖
444	傥	躺	淌	趟	烫	掏	涛	滔	绦	萄	桃	逃	淘	陶	讨	套	特	藤	腾	疼
446	誊	梯	剔	踢	锑	提	题	蹄	啼	体	替	嚏	惕	涕	剃	屉	天	添	填	田
448	甜	恬	舔	腆	挑	条	迢	眺	跳	贴	铁	帖	厅	听	烃					

45区	0	1	2	3	4	5	6	7	8	9	10	11	12	13	14	15	16	17	18	19
450		汀	廷	停	亭	庭	挺	艇	通	桐	酮	瞳	同	铜	彤	童	桶	捅	筒	统
452	痛	偷	投	头	透	凸	秃	突	图	徒	途	涂	屠	土	吐	兔	湍	团	推	颓
454	腿	蜕	褪	退	吞	屯	臀	拖	托	脱	鸵	陀	驮	驼	椭	妥	拓	唾	挖	哇
456	蛙	洼	娃	瓦	袜	歪	外	豌	弯	湾	玩	顽	丸	烷	完	碗	挽	晚	皖	惋
458	宛	婉	万	腕	汪	王	亡	枉	网	往	旺	望	忘	妄	威					

46区	0	1	2	3	4	5	6	7	8	9	10	11	12	13	14	15	16	17	18	19
460		巍	微	危	韦	违	桅	围	唯	惟	为	潍	维	苇	萎	委	伟	伪	尾	纬
462	未	蔚	味	畏	胃	喂	魏	位	渭	谓	尉	慰	卫	瘟	温	蚊	文	闻	纹	吻
464	稳	紊	问	嗡	翁	瓮	挝	蜗	涡	窝	我	斡	卧	握	沃	巫	呜	钨	乌	污
466	诬	屋	无	芜	梧	吾	吴	毋	武	五	捂	午	舞	伍	侮	坞	戊	雾	晤	物
468	勿	务	悟	误	昔	熙	析	西	硒	矽	晰	嘻	吸	锡	牺					

47区	0	1	2	3	4	5	6	7	8	9	10	11	12	13	14	15	16	17	18	19
470		稀	息	希	悉	膝	夕	惜	熄	烯	溪	汐	犀	檄	袭	席	习	媳	喜	铣
472	洗	系	隙	戏	细	瞎	虾	匣	霞	辖	暇	峡	侠	狭	下	厦	夏	吓	掀	锨
474	先	仙	鲜	纤	咸	贤	衔	舷	闲	涎	弦	嫌	显	险	现	献	县	腺	馅	羡
476	宪	陷	限	线	相	厢	镶	香	箱	襄	湘	乡	翔	祥	详	想	响	享	项	巷
478	橡	像	向	象	萧	硝	霄	削	哮	嚣	销	消	宵	淆	晓					

48区	0	1	2	3	4	5	6	7	8	9	10	11	12	13	14	15	16	17	18	19
480		小	孝	校	肖	啸	笑	效	楔	些	歇	蝎	鞋	协	挟	携	邪	斜	胁	谐
482	写	械	卸	蟹	懈	泄	泻	谢	屑	薪	芯	锌	欣	辛	新	忻	心	信	衅	星
484	腥	猩	惺	兴	刑	型	形	邢	行	醒	幸	杏	性	姓	兄	凶	胸	匈	汹	雄
486	熊	休	修	羞	朽	嗅	锈	秀	袖	绣	墟	戌	需	虚	嘘	须	徐	许	蓄	酗
488	叙	旭	序	畜	恤	絮	婿	绪	续	轩	喧	宣	悬	旋	玄					

49区	0	1	2	3	4	5	6	7	8	9	10	11	12	13	14	15	16	17	18	19
490		选	癣	眩	绚	靴	薛	学	穴	雪	血	勋	熏	循	旬	询	寻	驯	巡	殉
492	汛	训	讯	逊	迅	压	押	鸦	鸭	呀	丫	芽	牙	蚜	崖	衙	涯	雅	哑	亚
494	讶	焉	咽	阉	烟	淹	盐	严	研	蜒	岩	延	言	颜	阎	炎	沿	奄	掩	眼
496	衍	演	艳	堰	燕	厌	砚	雁	唁	彦	焰	宴	谚	验	殃	央	鸯	秧	杨	扬
498	佯	疡	羊	洋	阳	氧	仰	痒	养	样	漾	邀	腰	妖	瑶					

50区	0	1	2	3	4	5	6	7	8	9	10	11	12	13	14	15	16	17	18	19
500		摇	尧	遥	窑	谣	姚	咬	舀	药	要	耀	椰	噎	耶	爷	野	冶	也	页
502	掖	业	叶	曳	腋	夜	液	一	壹	医	揖	铱	依	伊	衣	颐	夷	遗	移	仪
504	胰	疑	沂	宜	姨	彝	椅	蚁	倚	已	乙	矣	以	艺	抑	易	邑	屹	亿	役
506	臆	逸	肄	疫	亦	裔	意	毅	忆	义	益	溢	诣	议	谊	译	异	翼	翌	绎
508	茵	荫	因	殷	音	阴	姻	吟	银	淫	寅	饮	尹	引	隐					

51区	0	1	2	3	4	5	6	7	8	9	10	11	12	13	14	15	16	17	18	19
510		印	英	樱	婴	鹰	应	缨	莹	萤	营	荧	蝇	迎	赢	盈	影	颖	硬	映
512	哟	拥	佣	臃	痈	庸	雍	踊	蛹	咏	泳	涌	永	恿	勇	用	幽	优	悠	忧
514	尤	由	邮	铀	犹	油	游	酉	有	友	右	佑	釉	诱	又	幼	迂	淤	于	盂
516	榆	虞	愚	舆	余	俞	逾	鱼	愉	渝	渔	隅	予	娱	雨	与	屿	禹	宇	语
518	羽	玉	域	芋	郁	吁	遇	喻	峪	御	愈	欲	狱	育	誉					

52区	0	1	2	3	4	5	6	7	8	9	10	11	12	13	14	15	16	17	18	19
520		浴	寓	裕	预	豫	驭	鸳	渊	冤	元	垣	袁	原	援	辕	园	员	圆	猿
522	源	缘	远	苑	愿	怨	院	曰	约	越	跃	钥	岳	粤	月	悦	阅	耘	云	郧
524	匀	陨	允	运	蕴	酝	晕	韵	孕	匝	砸	杂	栽	哉	灾	宰	载	再	在	咱
526	攒	暂	赞	赃	脏	葬	遭	糟	凿	藻	枣	早	澡	蚤	躁	噪	造	皂	灶	燥
528	责	择	则	泽	贼	怎	增	憎	曾	赠	扎	喳	渣	札	轧					

53区	0	1	2	3	4	5	6	7	8	9	10	11	12	13	14	15	16	17	18	19
530		铡	闸	眨	栅	榨	咋	乍	炸	诈	摘	斋	宅	窄	债	寨	瞻	毡	詹	粘
532	沾	盏	斩	辗	崭	展	蘸	栈	占	战	站	湛	绽	樟	章	彰	漳	张	掌	涨
534	杖	丈	帐	账	仗	胀	瘴	障	招	昭	找	沼	赵	照	罩	兆	肇	召	遮	折
536	哲	蛰	辙	者	锗	蔗	这	浙	珍	斟	真	甄	砧	臻	贞	针	侦	枕	疹	诊
538	震	振	镇	阵	蒸	挣	睁	征	狰	争	怔	整	拯	正	政					

54区	0	1	2	3	4	5	6	7	8	9	10	11	12	13	14	15	16	17	18	19
540		帧	症	郑	证	芝	枝	支	吱	蜘	知	肢	脂	汁	之	织	职	直	植	殖
542	执	值	侄	址	指	止	趾	只	旨	纸	志	挚	掷	至	致	置	帜	峙	制	智
544	秩	稚	质	炙	痔	滞	治	窒	中	盅	忠	钟	衷	终	种	肿	重	仲	众	舟
546	周	州	洲	诌	粥	轴	肘	帚	咒	皱	宙	昼	骤	珠	株	蛛	朱	猪	诸	诛
548	逐	竹	烛	煮	拄	瞩	嘱	主	著	柱	助	蛀	贮	铸	筑					

55区	0	1	2	3	4	5	6	7	8	9	10	11	12	13	14	15	16	17	18	19
550		住	注	祝	驻	抓	爪	拽	专	砖	转	撰	赚	篆	桩	庄	装	妆	撞	壮
552	状	椎	锥	追	赘	坠	缀	谆	准	捉	拙	卓	桌	琢	茁	酌	啄	着	灼	浊
554	兹	咨	资	姿	滋	淄	孜	紫	仔	籽	滓	子	自	渍	字	鬃	棕	踪	宗	综
556	总	纵	邹	走	奏	揍	租	足	卒	族	祖	诅	阻	组	钻	纂	嘴	醉	最	罪
558	尊	遵	昨	左	佐	柞	做	作	坐	座										

56区	0	1	2	3	4	5	6	7	8	9	10	11	12	13	14	15	16	17	18	19
560		亍	丌	兀	丐	廿	卅	丕	亘	丞	鬲	孬	噩	丨	禺	丿	匕	乇	夭	爻
562	卮	氐	囟	胤	馗	毓	睾	鼗	丶	亟	鼐	乜	乩	亓	芈	孛	啬	嘏	仄	厍
564	厝	厣	厥	厮	靥	赝	匚	叵	匦	匮	匾	赜	卦	卣	刂	刈	刎	刭	刳	刿
566	剀	剌	剞	剡	剜	蒯	剽	劂	劁	劐	劓	冂	罔	亻	仃	仉	仂	仨	仡	仫
568	仞	伛	仳	伢	佤	仵	伥	伧	伉	伫	佞	佧	攸	佚	佝					

57区	0	1	2	3	4	5	6	7	8	9	10	11	12	13	14	15	16	17	18	19
570		佟	佗	伲	伽	佶	佴	侑	侉	侃	侏	佾	佻	侪	佼	侬	侔	俦	俨	俪
572	俅	俚	俣	俜	俑	俟	俸	倩	偌	俳	倬	倏	倮	倭	俾	倜	倌	倥	倨	偾
574	偃	偕	偈	偎	偬	偻	傥	傧	傩	傺	僖	儆	僭	僬	僦	僮	儇	儋	仝	氽
576	佘	佥	俎	龠	汆	籴	兮	巽	黉	馘	冁	夔	勹	匍	訇	匐	凫	夙	兕	亠
578	兖	亳	衮	袤	亵	脔	裒	禀	嬴	蠃	羸	冫	冱	冽	冼					

58区	0	1	2	3	4	5	6	7	8	9	10	11	12	13	14	15	16	17	18	19
580		凇	冖	冢	冥	讠	讦	讧	讪	讴	讵	讷	诂	诃	诋	诏	诎	诒	诓	诔
582	诖	诘	诙	诜	诟	诠	诤	诨	诩	诮	诰	诳	诶	诹	诼	诿	谀	谂	谄	谇
584	谌	谏	谑	谒	谔	谕	谖	谙	谛	谘	谝	谟	谠	谡	谥	谧	谪	谫	谮	谯
586	谲	谳	谵	谶	卩	卺	阝	阢	阡	阱	阪	阽	阼	陂	陉	陔	陟	陧	陬	陲
588	陴	隈	隍	隗	隰	邗	邛	邝	邙	邬	邡	邴	邳	邶	邺					

59区	0	1	2	3	4	5	6	7	8	9	10	11	12	13	14	15	16	17	18	19
590		邸	邰	郏	郅	邾	郐	郄	郇	郓	郦	郢	郜	郗	郛	郫	郯	郾	鄄	鄢
592	鄞	鄣	鄱	鄯	鄹	酃	酆	刍	奂	劢	劬	劭	劾	哿	勐	勖	勰	叟	燮	矍
594	廴	凵	凼	鬯	厶	弁	畚	巯	坌	垩	垡	塾	墼	壅	壑	圩	圬	圪	圳	圹
596	圮	圯	坜	圻	坂	坩	垅	坫	垆	坼	坻	坨	坭	坶	坳	垭	垤	垌	垲	埏
598	垧	垴	垓	垠	埕	埘	埚	埙	埒	垸	埴	埯	埸	埤	埝					

60区	0	1	2	3	4	5	6	7	8	9	10	11	12	13	14	15	16	17	18	19
600		堋	堍	埽	埭	堀	堞	堙	塄	堠	塥	塬	墁	墉	墚	墀	馨	鼙	懿	艹
602	艽	艿	芏	芊	芨	芄	芎	芑	芗	芙	芫	芸	芾	芰	苈	苊	苣	芘	芷	芮
604	苋	苌	苁	芩	芴	芡	芪	芟	苄	苎	芤	苡	茉	苷	苤	茏	茇	苜	苴	苒
606	苘	茌	苻	苓	茑	茚	茆	茔	茕	苠	苕	茜	荑	荛	荜	茈	莒	茼	茴	茱
608	莛	荞	茯	荏	荇	荃	荟	荀	茗	荠	茭	茺	茳	荦	荥					

61区	0	1	2	3	4	5	6	7	8	9	10	11	12	13	14	15	16	17	18	19
610		荨	茛	荩	荬	荪	荭	荮	莰	荸	莳	莴	莠	莪	莓	莜	莅	荼	莶	莩
612	荽	莸	荻	莘	莞	莨	莺	莼	菁	萁	菥	菘	堇	萘	萋	菝	菽	菖	萜	萸
614	萑	萆	菔	菟	萏	萃	菸	菹	菪	菅	菀	萦	菰	菡	葜	葑	葚	葙	葳	蒇
616	蒈	葺	蒉	葸	萼	葆	葩	葶	蒌	蒎	萱	葭	蓁	蓍	蓐	蓦	蒽	蓓	蓊	蒿
618	蒺	蓠	蒡	蒹	蒴	蒗	蓥	蓣	蔌	甍	蔸	蓰	蔹	蔟	蔺					

62区	0	1	2	3	4	5	6	7	8	9	10	11	12	13	14	15	16	17	18	19
620		蕖	蔻	蓿	蓼	蕙	蕈	蕨	蕤	蕞	蕺	瞢	蕃	蕲	蕻	薤	薨	薇	薏	蕹
622	薮	薜	薅	薹	薷	薰	藓	藁	藜	藿	蘧	蘅	蘩	蘖	蘼	廾	弈	夼	奁	耷
624	奕	奚	奘	匏	尢	尥	尬	尴	扌	扪	抟	抻	拊	拚	拗	拮	挢	拶	挹	捋
626	捃	掭	揶	捱	捺	掎	掴	捭	掬	掊	捩	掮	掼	揲	揸	揠	揿	揄	揞	揎
628	摒	揆	掾	摅	摁	搋	搛	搠	搌	搦	搡	摞	撄	摭	撖					

63区	0	1	2	3	4	5	6	7	8	9	10	11	12	13	14	15	16	17	18	19
630		摺	撷	撸	撙	撺	擀	擐	擗	擤	擢	攉	攥	攮	弋	忒	甙	弑	卟	叱
632	叽	叩	叨	叻	吒	吖	吆	呋	呒	呓	呔	呖	呃	吡	呗	呙	吣	吲	咂	咔
634	呷	呱	呤	咚	咛	咄	呶	呦	咝	哐	咭	哂	咴	哒	咧	咦	哓	哔	呲	咣
636	哕	咻	咿	哌	哙	哚	哜	咩	咪	咤	哝	哏	哞	唛	哧	唠	哽	唔	哳	唢
638	唣	唏	唑	唧	唪	啧	喏	喵	啉	啭	啁	啕	唿	啐	唼					

64区	0	1	2	3	4	5	6	7	8	9	10	11	12	13	14	15	16	17	18	19
640		唷	啖	啵	啶	啷	唳	唰	啜	喋	嗒	喃	喱	喹	喈	喁	喟	啾	嗖	喑
642	啻	嗟	喽	喾	喔	喙	嗪	嗷	嗉	嘟	嗑	嗫	嗬	嗔	嗦	嗝	嗄	嗯	嗥	嗲
644	嗳	嗌	嗍	嗨	嗵	嗤	辔	嘞	嘈	嘌	嘁	嘤	嘣	嗾	嘀	嘧	嘭	噘	嘹	噗
646	嘬	噍	噢	噙	噜	噌	噔	嚆	噤	噱	噫	噻	噼	嚅	嚓	嚯	囔	囗	囝	囡
648	囵	囫	囹	囿	圄	圊	圉	圜	帏	帙	帔	帑	帱	帻	帼					

65区	0	1	2	3	4	5	6	7	8	9	10	11	12	13	14	15	16	17	18	19
650		帷	幄	幔	幛	幞	幡	岌	屺	岍	岐	岖	岈	岘	岙	岑	岚	岜	岵	岢
652	岽	岬	岫	岱	岣	峁	岷	峄	峒	峤	峋	峥	崂	崃	崧	崦	崮	崤	崞	崆
654	崛	嵘	崾	崴	崽	嵬	嵛	嵯	嵝	嵫	嵋	嵊	嵩	嵴	嶂	嶙	嶝	豳	嶷	巅
656	彳	彷	徂	徇	徉	後	徕	徙	徜	徨	徭	徵	徼	衢	彡	犭	犰	犴	犷	犸
658	狃	狁	狎	狍	狒	狨	狯	狩	狲	狴	狷	猁	狳	猃	狺					

66区	0	1	2	3	4	5	6	7	8	9	10	11	12	13	14	15	16	17	18	19
660		狻	猗	猓	猡	猊	猞	猝	猕	猢	猹	猥	猬	猸	猱	獐	獍	獗	獠	獬
662	獯	獾	舛	夥	飧	夤	夂	饣	饧	饨	饩	饪	饫	饬	饴	饷	饽	馀	馄	馇
664	馊	馍	馐	馑	馓	馔	馕	庀	庑	庋	庖	庥	庠	庹	庵	庾	庳	赓	廒	廑
666	廛	廨	廪	膺	忄	忉	忖	忏	怃	忮	怄	忡	忤	忾	怅	怆	忪	忭	忸	怙
668	怵	怦	怛	怏	怍	怩	怫	怊	怿	怡	恸	恹	恻	恺	恂					

67区	0	1	2	3	4	5	6	7	8	9	10	11	12	13	14	15	16	17	18	19
670		恪	恽	悖	悚	悭	悝	悃	悒	悌	悛	惬	悻	悱	惝	惘	惆	惚	悴	愠
672	愦	愕	愣	惴	愀	愎	愫	慊	慵	憬	憔	憧	憷	懔	懵	忝	隳	闩	闫	闱
674	闳	闵	闶	闼	闾	阃	阄	阆	阈	阊	阋	阌	阍	阏	阒	阕	阖	阗	阙	阚
676	丬	爿	戕	氵	汔	汜	汊	沣	沅	沐	沔	沌	汨	汩	汴	汶	沆	沩	泐	泔
678	沭	泷	泸	泱	泗	沲	泠	泖	泺	泫	泮	沱	泓	泯	泾					

68区	0	1	2	3	4	5	6	7	8	9	10	11	12	13	14	15	16	17	18	19
680		洹	洧	洌	浃	浈	洇	洄	洙	洎	洫	浍	洮	洵	洚	浏	浒	浔	洳	涑
682	浯	涞	涠	浞	涓	涔	浜	浠	浼	浣	渚	淇	淅	淞	渎	涿	淠	渑	淦	淝
684	淙	渖	涫	渌	涮	渫	湮	湎	湫	溲	湟	溆	湓	湔	渲	渥	湄	滟	溱	溘
686	滠	漭	滢	溥	溧	溽	溻	溷	滗	溴	滏	溏	滂	溟	潢	潆	潇	漤	漕	滹
688	漯	漶	潋	潴	漪	漉	漩	澉	澍	澌	潸	潲	潼	潺	濑					

69区	0	1	2	3	4	5	6	7	8	9	10	11	12	13	14	15	16	17	18	19
690		濉	澧	澹	澶	濂	濡	濮	濞	濠	濯	瀚	瀣	瀛	瀹	瀵	灏	灞	宀	宄
692	宕	宓	宥	宸	甯	骞	搴	寤	寮	褰	寰	蹇	謇	辶	迓	迕	迥	迮	迤	迩
694	迦	迳	迨	逅	逄	逋	逦	逑	逍	逖	逡	逵	逶	逭	逯	遄	遑	遒	遐	遨
696	遘	遢	遛	暹	遴	遽	邂	邈	邃	邋	彐	彗	彖	彘	尻	咫	屐	屙	孱	屣
698	屦	羼	弪	弩	弭	艴	弼	鬻	屮	妁	妃	妍	妩	妪	妣					

70区	0	1	2	3	4	5	6	7	8	9	10	11	12	13	14	15	16	17	18	19
700		妗	姊	妫	妞	妤	姒	妲	妯	姗	妾	娅	娆	姝	娈	姣	姘	姹	娌	娉
702	娲	娴	娑	娣	娓	婀	婧	婊	婕	娼	婢	婵	胬	媪	媛	婷	婺	媾	嫫	媲
704	嫒	嫔	媸	嫠	嫣	嫱	嫖	嫦	嫘	嫜	嬉	嬗	嬖	嬲	嬷	孀	尕	尜	孚	孥
706	孳	孑	孓	孢	驵	驷	驸	驺	驿	驽	骀	骁	骅	骈	骊	骐	骒	骓	骖	骘
708	骛	骜	骝	骟	骠	骢	骣	骥	骧	纟	纡	纣	纥	纨	纩					

71区	0	1	2	3	4	5	6	7	8	9	10	11	12	13	14	15	16	17	18	19
710		纭	纰	纾	绀	绁	绂	绉	绋	绌	绐	绔	绗	绛	绠	绡	绨	绫	绮	绯
712	绱	绲	缍	绶	绺	绻	绾	缁	缂	缃	缇	缈	缋	缌	缏	缑	缒	缗	缙	缜
714	缛	缟	缡	缢	缣	缤	缥	缦	缧	缪	缫	缬	缭	缯	缰	缱	缲	缳	缵	幺
716	畿	巛	甾	邕	玎	玑	玮	玢	玟	珏	珂	珑	玷	玳	珀	珉	珈	珥	珙	顼
718	琊	珩	珧	珞	玺	珲	琏	琪	瑛	琦	琥	琨	琰	琮	琬					

72区	0	1	2	3	4	5	6	7	8	9	10	11	12	13	14	15	16	17	18	19
720		琛	琚	瑁	瑜	瑗	瑕	瑙	瑷	瑭	瑾	璜	璎	璀	璁	璇	璋	璞	璨	璩
722	璐	璧	瓒	璺	韪	韫	韬	杌	杓	杞	杈	杩	枥	枇	杪	杳	枘	枧	杵	枨
724	枞	枭	枋	杷	杼	柰	栉	柘	栊	柩	枰	栌	柙	枵	柚	枳	柝	栀	柃	枸
726	柢	栎	柁	柽	栲	栳	桠	桡	桎	桢	桄	桤	梃	栝	桕	桦	桁	桧	桀	栾
728	桊	桉	栩	梵	梏	桴	桷	梓	桫	棂	楮	棼	椟	椠	棹					

73区	0	1	2	3	4	5	6	7	8	9	10	11	12	13	14	15	16	17	18	19
730		椤	棰	椋	椁	楗	棣	椐	楱	椹	楠	楂	楝	榄	楫	榀	榘	楸	椴	槌
732	榇	榈	槎	榉	楦	楣	楹	榛	榧	榻	榫	榭	槔	榱	槁	槊	槟	榕	槠	榍
734	槿	樯	槭	樗	樘	橥	槲	橄	樾	檠	橐	橛	樵	檎	橹	樽	樨	橘	橼	檑
736	檐	檩	檗	檫	猷	獒	殁	殂	殇	殄	殒	殓	殍	殚	殛	殡	殪	轫	轭	轱
738	轲	轳	轵	轶	轸	轷	轹	轺	轼	轾	辁	辂	辄	辇	辋					

74区	0	1	2	3	4	5	6	7	8	9	10	11	12	13	14	15	16	17	18	19
740		辍	辎	辏	辘	辚	軎	戋	戗	戛	戟	戢	戡	戥	戤	戬	臧	瓯	瓴	瓿
742	甏	甑	甓	攴	旮	旯	旰	昊	昙	杲	昃	昕	昀	炅	曷	昝	昴	昱	昶	昵
744	耆	晟	晔	晁	晏	晖	晡	晗	晷	暄	暌	暧	暝	暾	曛	曜	曦	曩	贲	贳
746	贶	贻	贽	赀	赅	赆	赈	赉	赇	赍	赕	赙	觇	觊	觋	觌	觎	觏	觐	觑
748	牮	犟	牝	牦	牯	牾	牿	犄	犋	犍	犏	犒	挈	挲	掰					

75区	0	1	2	3	4	5	6	7	8	9	10	11	12	13	14	15	16	17	18	19
750		搿	擘	耄	毪	毳	毽	毵	毹	氅	氇	氆	氍	氕	氘	氙	氚	氡	氩	氤
752	氪	氲	攵	敕	敫	牍	牒	牖	爰	虢	刖	肟	肜	肓	肼	朊	肽	肱	肫	肭
754	肴	肷	胧	胨	胩	胪	胛	胂	胄	胙	胍	胗	朐	胝	胫	胱	胴	胭	脍	脎
756	胲	胼	朕	脒	豚	脶	脞	脬	脘	脲	腈	腌	腓	腴	腙	腚	腱	腠	腩	腼
758	腽	腭	腧	塍	媵	膈	膂	膑	滕	膣	膪	臌	朦	臊	膻					

76区	0	1	2	3	4	5	6	7	8	9	10	11	12	13	14	15	16	17	18	19
760		臁	膦	欤	欷	欹	歃	歆	歙	飑	飒	飓	飕	飙	飚	殳	彀	毂	觳	斐
762	齑	斓	於	旆	旄	旃	旌	旎	旒	旖	炀	炜	炖	炝	炻	烀	炷	炫	炱	烨
764	烊	焐	焓	焖	焯	焱	煳	煜	煨	煅	煲	煊	煸	煺	熘	熳	熵	熨	熠	燠
766	燔	燧	燹	爝	爨	灬	焘	煦	熹	戾	戽	扃	扈	扉	礻	祀	祆	祉	祛	祜
768	祓	祚	祢	祗	祠	祯	祧	祺	禅	禊	禚	禧	禳	忑	忐					

77区	0	1	2	3	4	5	6	7	8	9	10	11	12	13	14	15	16	17	18	19
770		怼	恝	恚	恧	恁	恙	恣	悫	愆	愍	慝	憩	憝	懋	懑	戆	肀	聿	沓
772	泶	淼	矶	矸	砀	砉	砗	砘	砑	斫	砭	砜	砝	砹	砺	砻	砟	砼	砥	砬
774	砣	砩	硎	硭	硖	硗	砦	硐	硇	硌	硪	碛	碓	碚	碇	碜	碡	碣	碲	碹
776	碥	磔	磙	磉	磬	磲	礅	磴	礓	礤	礞	礴	龛	黹	黻	黼	盱	眄	眍	盹
778	眇	眈	眚	眢	眙	眭	眦	眵	眸	睐	睑	睇	睃	睚	睨					

78区	0	1	2	3	4	5	6	7	8	9	10	11	12	13	14	15	16	17	18	19
780		睢	睥	睿	瞍	睽	瞀	瞌	瞑	瞟	瞠	瞰	瞵	瞽	町	畀	畎	畋	畈	畛
782	畲	畹	疃	罘	罡	罟	詈	罨	罴	罱	罹	羁	罾	盍	盥	蠲	钅	钆	钇	钋
784	钊	钌	钍	钏	钐	钔	钗	钕	钚	钛	钜	钣	钤	钫	钪	钭	钬	钯	钰	钲
786	钴	钶	钷	钸	钹	钺	钼	钽	钿	铄	铈	铉	铊	铋	铌	铍	铎	铐	铑	铒
788	铕	铖	铗	铙	铘	铛	铞	铟	铠	铢	铤	铥	铧	铨	铪					

79区	0	1	2	3	4	5	6	7	8	9	10	11	12	13	14	15	16	17	18	19
790		铩	铫	铮	铯	铳	铴	铵	铷	铹	铼	铽	铿	锃	锂	锆	锇	锉	锊	锍
792	锎	锏	锒	锓	锔	锕	锖	锘	锛	锝	锞	锟	锢	锪	锫	锩	锬	锱	锲	锴
794	锶	锷	锸	锼	锾	锿	镂	锵	镄	镅	镆	镉	镌	镎	镏	镒	镓	镔	镖	镗
796	镘	镙	镛	镞	镟	镝	镡	镢	镤	镥	镦	镧	镨	镩	镪	镫	镬	镯	镱	镲
798	镳	锺	矧	矬	雉	秕	秭	秣	秫	稆	嵇	稃	稂	稞	稔					

80区	0	1	2	3	4	5	6	7	8	9	10	11	12	13	14	15	16	17	18	19
800		稹	稷	稸	黏	馥	穰	皈	皎	皓	晳	皤	瓞	瓠	甬	鸠	鸢	鸨	鸩	鸪
802	鸫	鸬	鸲	鸱	鸶	鸸	鸷	鸹	鸺	鸾	鹁	鹂	鹄	鹆	鹇	鹈	鹉	鹋	鹌	鹎
804	鹑	鹕	鹗	鹚	鹛	鹜	鹞	鹣	鹦	鹧	鹨	鹩	鹪	鹫	鹬	鹱	鹭	鹳	疒	疔
806	疖	疠	疝	疬	疣	疳	疴	疸	痄	疱	疰	痃	痂	痖	痍	痣	痨	痦	痤	痫
808	痧	瘃	痱	痼	痿	瘐	瘀	瘅	瘌	瘗	瘊	瘥	瘘	瘕	瘙					

81区	0	1	2	3	4	5	6	7	8	9	10	11	12	13	14	15	16	17	18	19
810		瘛	瘼	瘢	瘠	癀	瘭	瘰	瘿	瘵	癃	瘾	瘳	癍	癞	癔	癜	癖	癫	癯
812	翊	竦	穸	穹	窀	窆	窈	窕	窦	窠	窬	窨	窭	窳	衤	衩	衲	衽	衿	袂
814	袢	裆	袷	袼	裉	裢	裎	裣	裥	裱	褚	裼	裨	裾	裰	褡	褙	褓	褛	褊
816	褴	褫	褶	襁	襦	襻	疋	胥	皲	皴	矜	耒	耔	耖	耜	耠	耢	耥	耦	耧
818	耩	耨	耱	耋	耵	聃	聆	聍	聒	聩	聱	覃	顸	颀	颃					

82区	0	1	2	3	4	5	6	7	8	9	10	11	12	13	14	15	16	17	18	19
820		颉	颌	颍	颏	颔	颚	颛	颞	颟	颡	颢	颥	颦	虍	虔	虬	虮	虿	虺
822	虼	虻	蚨	蚍	蚋	蚬	蚝	蚧	蚣	蚪	蚓	蚩	蚶	蛄	蚵	蛎	蚰	蚺	蚱	蚯
824	蛉	蛏	蚴	蛩	蛱	蛲	蛭	蛳	蛐	蜓	蛞	蛴	蛟	蛘	蛑	蜃	蜇	蛸	蜈	蜊
826	蜍	蜉	蜣	蜻	蜞	蜥	蜮	蜚	蜾	蝈	蜴	蜱	蜩	蜷	蜿	螂	蜢	蝽	蝾	蝻
828	蝠	蝰	蝌	蝮	螋	蝓	蝣	蝼	蝤	蝙	蝥	螓	螯	螨	蟒					

83区	0	1	2	3	4	5	6	7	8	9	10	11	12	13	14	15	16	17	18	19
830		蟆	螈	螅	螭	螗	螃	螫	蟥	螬	螵	螳	蟋	蟓	螽	蟑	蟀	蟊	蟛	蟪
832	蟠	蟮	蠖	蠓	蟾	蠊	蠛	蠡	蠹	蠼	缶	罂	罄	罅	舐	竺	竽	笈	笃	笄
834	笕	笊	笫	笏	筇	笸	笪	笙	笮	笱	笠	笥	笤	笳	笾	笞	筘	筚	筅	筵
836	筌	筝	筠	筮	筻	筢	筲	筱	箐	箦	箧	箸	箬	箝	箨	箅	箪	箜	箢	箫
838	箴	篑	篁	篌	篝	篚	篥	篦	篪	簌	篾	篼	簏	簖	簋					

84区	0	1	2	3	4	5	6	7	8	9	10	11	12	13	14	15	16	17	18	19
840		簟	簪	簦	簸	籁	籀	臾	舁	舂	舄	臬	衄	舡	舢	舣	舭	舯	舨	舫
842	舸	舻	舳	舴	舾	艄	艉	艋	艏	艚	艟	艨	衾	袅	袈	裘	裟	襞	羝	羟
844	羧	羯	羰	羲	籼	敉	粑	粝	粜	粞	粢	粲	粼	粽	糁	糇	糌	糍	糈	糅
846	糗	糨	艮	暨	羿	翎	翕	翥	翡	翦	翩	翮	翳	糸	絷	綦	綮	繇	纛	麸
848	麴	赳	趄	趔	趑	趱	赧	赭	豇	豉	酊	酐	酎	酏	酤					

85区	0	1	2	3	4	5	6	7	8	9	10	11	12	13	14	15	16	17	18	19
850		酢	酡	酰	酩	酯	酽	酾	酲	酴	酹	醌	醅	醐	醍	醑	醢	醣	醪	醭
852	醮	醯	醵	醴	醺	豕	鹾	趸	跫	踅	蹙	蹩	趵	趿	趼	趺	跄	跖	跗	跚
854	跞	跎	跏	跛	跆	跬	跷	跸	跣	跹	跻	跤	踉	跽	踔	踝	踟	踬	踮	踣
856	踯	踺	蹀	踹	踵	踽	踱	蹉	蹁	蹂	蹑	蹒	蹊	蹰	蹶	蹼	蹯	蹴	躅	躏
858	躔	躐	躜	躞	豸	貂	貊	貅	貘	貔	斛	觖	觞	觚	觜					

86区	0	1	2	3	4	5	6	7	8	9	10	11	12	13	14	15	16	17	18	19
860		觥	觫	觯	訾	謦	靓	雩	雳	雯	霆	霁	霈	霏	霎	霪	霭	霰	霾	龀
862	龃	龅	龆	龇	龈	龉	龊	龌	黾	鼋	鼍	隹	隼	隽	雎	雒	瞿	雠	銎	銮
864	鋈	錾	鍪	鏊	鎏	鐾	鑫	鱿	鲂	鲅	鲆	鲇	鲈	稣	鲋	鲎	鲐	鲑	鲒	鲔
866	鲕	鲚	鲛	鲞	鲟	鲠	鲡	鲢	鲣	鲥	鲦	鲧	鲨	鲩	鲫	鲭	鲮	鲰	鲱	鲲
868	鲳	鲴	鲵	鲶	鲷	鲺	鲻	鲼	鲽	鳄	鳅	鳆	鳇	鳊	鳋					

87区	0	1	2	3	4	5	6	7	8	9	10	11	12	13	14	15	16	17	18	19
870		鳌	鳍	鳎	鳏	鳐	鳓	鳔	鳕	鳗	鳘	鳙	鳜	鳝	鳟	鳢	靼	鞅	鞑	鞒
872	鞔	鞯	鞫	鞣	鞲	鞴	骱	骰	骷	鹘	骶	骺	骼	髁	髀	髅	髂	髋	髌	髑
874	魅	魃	魇	魉	魈	魍	魑	飨	餍	餮	饕	饔	髟	髡	髦	髯	髫	髻	髭	髹
876	鬈	鬏	鬓	鬟	鬣	麽	麾	縻	麂	麇	麈	麋	麒	鏖	麝	麟	黛	黜	黝	黠
878	黟	黢	黩	黧	黥	黪	黯	鼢	鼬	鼯	鼹	鼷	鼽	鼾	齄					

附　录　A
（规范性附录）
补充的字符

本部分是以 GB 2312—1980《信息交换用汉字编码字符集　基本集》为依据制定的。根据使用需要，在 GB 2312—1980 修订之前，在本部分中对字符作如下补充。

补充的 132 个字符如下所示：

8-27 至 8-32　补充 ɑ ḿ ń ň ǹ ɡ。

10-01 至 10-94　补充 94 个半角图形的字符，其排列顺序与 GB 2312—1980 表 1《图形字符代码表》中第 3 区一一对应，字形宽度为对应第 3 区字形宽度的 1/2。

11-01 至 11-32　补充汉语拼音 ɑ、e、i、o、u、ü 的四声半角字符和 ê、ɑ、ḿ、ń、ň、ǹ、ɡ 的半角字符，排列顺序与本部分第 8 区 01 位至 32 位的 32 个字符一一对应，字形宽度为相应第 8 区字形宽度的 1/2。

附 录 B
（规范性附录）
48 点阵字型数据

B.1 48 点阵字型数据的表示

本部分中，图形字符的字型可由点阵数据来表示。每个字型的点阵数据为 48×48（横行点数×纵列点数），共 2 304 个二进制位，288 个字节。

B.2 48 点阵字型数据的记录格式

48 点阵字型数据的 288 个字节排列次序是以 0 字节开始至 287 字节结束，均用十六进制表示，每行六个字节，记录格式如下：

行数	列数																
	0	1	2	3	4	5	6	7	……	40	41	42	43	44	45	46	47
0	0 字节								……	5 字节							
1 2 3 4 ⋮ 46																	
47	282 字节								……	287 字节							

B.3 汉字 48 点阵字型数据举例

长 19-04	治 54-46	久 30-35	安 16-18
00 00 00 00 00 00	00 00 00 00 00 00	00 00 00 00 00 00	00 00 00 00 00 00
00 04 00 00 00 00	00 00 00 08 00 00	00 00 10 00 00 00	00 00 0C 00 00 00
00 06 00 00 00 00	00 00 00 08 00 00	00 00 10 00 00 00	00 00 06 00 00 00
00 03 00 00 00 00	00 00 00 0C 00 00	00 00 18 00 00 00	00 00 02 00 00 00
00 03 80 02 00 00	00 00 00 0F 00 00	00 00 1E 00 00 00	00 00 03 80 00 00
00 03 80 03 00 00	00 60 00 1E 00 00	00 00 1C 00 00 00	00 00 03 C0 00 00
00 03 80 07 00 00	00 30 00 1C 00 00	00 00 38 00 00 00	00 00 03 C0 00 00
00 03 80 0F 00 00	00 3E 00 38 00 00	00 00 38 00 00 00	00 20 01 C0 00 00
00 03 80 0E 00 00	00 0F 00 38 00 00	00 00 70 00 00 00	00 20 01 80 0C 00
00 03 80 1C 00 00	00 07 00 38 00 00	00 00 70 00 00 00	00 20 01 00 1C 00
00 03 80 38 00 00	00 07 00 70 00 00	00 00 F0 06 00 00	00 60 3F FF FE 00
00 03 80 70 00 00	00 03 00 60 00 00	00 00 E0 0F 00 00	00 7F FF F8 3C 00
00 03 80 60 00 00	00 02 00 60 80 00	00 00 C0 1F 00 00	00 FF C0 00 38 00

```
00 03 81 C0 00 00
00 03 83 80 00 00
00 03 83 00 00 00
00 03 8E 00 00 00
00 03 98 00 00 00
00 03 90 00 00 00
00 03 F0 00 00 00
00 03 C0 00 03 00
00 03 80 00 FF 80
00 03 9F FF FF 80
00 3F FF C0 00 00
3F FF F0 00 00 00
1F E3 9C 00 00 00
00 03 8E 00 00 00
00 03 86 00 00 00
00 03 83 80 00 00
00 03 81 C0 00 00
00 03 80 C0 00 00
00 03 80 70 00 00
00 03 80 38 00 00
00 03 80 18 00 00
00 03 80 0E 00 00
00 03 80 47 00 00
00 03 81 83 80 00
00 03 87 01 E0 00
00 03 8E 00 F8 00
00 03 9C 00 7C 00
00 03 F8 00 3F E0
00 03 F0 00 1F FC
00 03 E0 00 00 00
00 07 C0 00 00 00
00 07 80 00 00 00
00 03 00 00 00 00
00 00 00 00 00 00
00 00 00 00 00 00
```

```
00 00 00 C0 60 00
00 00 00 C0 30 00
00 00 01 C0 38 00
08 00 03 80 1C 00
0C 00 03 00 0E 00
07 00 82 00 07 00
03 E0 86 01 FF 80
01 E1 8C 1F E3 80
00 E1 BF FF 01 80
00 63 1F F0 01 80
00 23 0C 00 00 80
00 03 00 00 00 00
00 06 00 00 00 00
00 06 10 00 00 00
00 06 18 00 08 00
00 04 0E 07 FC 00
00 04 0F FF FC 00
00 0C 0F F8 38 00
00 0C 0E 00 38 00
00 1C 0E 00 38 00
00 1C 0E 00 38 00
00 38 0E 00 38 00
00 38 0E 00 38 00
00 38 06 00 30 00
0E 30 06 00 30 00
03 30 06 00 30 00
01 F0 06 00 30 00
01 E0 06 03 F8 00
00 60 07 FF FC 00
00 20 0F FC 00 00
00 20 0E 00 00 00
00 00 06 00 00 00
00 00 02 00 00 00
00 00 02 00 00 00
00 00 00 00 00 00
```

```
00 00 FF FF 00 00
00 01 BE 0E 00 00
00 01 90 1C 00 00
00 03 80 18 00 00
00 07 00 38 00 00
00 06 00 38 00 00
00 0C 00 78 00 00
00 0C 00 60 00 00
00 18 00 60 00 00
00 30 00 C0 00 00
00 20 01 C0 00 00
00 60 01 C0 00 00
00 C0 03 C0 00 00
01 00 03 40 00 00
00 00 06 60 00 00
00 00 0E 70 00 00
00 00 1C 38 00 00
00 00 1C 18 00 00
00 00 38 1C 00 00
00 00 30 0C 00 00
00 00 70 0E 00 00
00 00 E0 07 00 00
00 00 80 03 00 00
00 01 80 01 80 00
00 07 80 01 E0 00
00 06 00 00 E0 00
00 0C 00 00 F0 00
00 3C 00 00 7C 00
00 70 00 00 3E 00
00 E0 00 00 3F 00
03 80 00 00 3F F8
0E 00 00 00 00 00
18 00 00 00 00 00
00 00 00 00 00 00
00 00 00 00 00 00
```

```
01 E0 08 00 30 00
01 C0 0C 00 60 00
01 C0 0E 00 40 00
03 C0 1E 00 80 00
01 80 1E 00 00 00
01 00 1C 00 00 00
00 00 1C 00 00 00
00 00 18 00 00 00
00 00 30 00 00 00
00 00 70 00 00 80
00 00 70 01 FF C0
00 00 E7 FF FF E0
1F FF FF FF 00 00
0F E0 C0 0C 00 00
0C 01 80 0C 00 00
00 03 80 18 00 00
00 03 80 38 00 00
00 07 00 38 00 00
00 07 00 70 00 00
00 03 C0 60 00 00
00 00 F0 C0 00 00
00 00 3F C0 00 00
00 00 07 80 00 00
00 00 03 C0 00 00
00 00 0F F8 00 00
00 00 1C 3C 00 00
00 00 18 1F 00 00
00 00 F0 0F E0 00
00 01 C0 01 E0 00
00 07 80 01 E0 00
00 3E 00 00 E0 00
00 70 00 00 20 00
01 E0 00 00 20 00
07 00 00 00 00 00
00 00 00 00 00 00
```

参 考 文 献

《第一批异体字整理表》　中华人民共和国文化部、中国文字改革委员会　1955年12月22日

《简化字总表》　中国文字改革委员会、中华人民共和国文化部、中华人民共和国教育部(1986年10月10日国家语言文字工作委员会重新发表)　1964年3月7日

《印刷通用汉字字形表》　中华人民共和国文化部、中国文字改革委员会　1965年1月30日

《现代汉语通用字表》　国家语言文字工作委员会、中华人民共和国新闻出版署　1988年3月25日

ICS 67.200.20
X 11

中华人民共和国国家标准

GB/T 12087—2008
代替 GB/T 12087—1989

淀粉水分测定 烘箱法

Starch—Determination of moisture content—Oven-drying method

(ISO 1666:1996,MOD)

2008-05-27 发布　　2008-10-01 实施

中华人民共和国国家质量监督检验检疫总局
中国国家标准化管理委员会 发布

前　言

本标准修改采用 ISO 1666:1996《淀粉——水分含量测定——烘箱法》(英文版)。与 ISO 1666:1996 的差异如下:

——增加了烘盒恒质的内容(见 6.1);

——原文附录 A 中小麦淀粉水分测定结果的重复性标准偏差 S_r=0.97 有误,改为 S_r=0.097。

本标准还作了下列编辑性修改:

——将“本国际标准”改为“本标准”;

——用小数点符号“.”代替英文小数点符号“,”;

——删除国际标准前言部分;

——将标准名称《淀粉——水分含量测定——烘箱法》改为《淀粉水分测定　烘箱法》。

本标准是对 GB/T 12087—1989《淀粉水分测定方法》的修订。

与 GB/T 12087—1989 相比,本标准在精密度和实验报告上作了具体要求,对常见的七种类型淀粉的重复性和再现性作了明确要求;并增加了附录 A。

本标准的附录 A 为资料性附录。

本标准由国家粮食局提出。

本标准由全国粮油标准化技术委员会归口。

本标准起草单位:国家粮食局科学研究院。

本标准主要起草人:田晓红、黄兴峰、凌家煜、孙辉、姜薇莉。

本标准历次版本的发布情况为:

——GB/T 12087—1989。

淀粉水分测定　烘箱法

1　范围

本标准规定了在常压条件下，采用烘箱在130℃烘干淀粉测定水分的方法。

本标准适用于干燥的天然淀粉和变性淀粉的水分测定。

本标准不适用于某些特殊淀粉的水分测定，如含有在130℃时不稳定物质的淀粉。

2　术语和定义

下列术语和定义适用于本标准。

2.1

淀粉水分　moisture content of starch

在本标准规定的测试条件下，试样损失的质量，以质量分数表示。

3　原理

将试样放在温度为130℃～133℃的恒温烘箱内，于常压下烘干90 min，测定试样损失的质量。

4　仪器

实验室常用仪器和下列仪器。

4.1　分析天平：感量0.001 g。

4.2　烘盒：用在测试条件下不受淀粉影响的金属（例如铝）制作，并有大小合适的盒盖。其有效表面能使试样均匀分布时质量不超过0.3 g/cm²。适宜尺寸为直径55 mm～65 mm，高度15 mm～30 mm，壁厚约0.5 mm。

4.3　恒温烘箱：配有适当的空气循环装置的电加热器，能够使得测试样品周围的空气温度均匀保持在130℃～133℃范围内。烘箱的热功率应能保证在烘箱温度调到131℃时，放入最大数量的试样后，在30 min内烘箱温度回升到131℃，从而保证所有的样品同时干燥。

4.4　干燥器：内置有效的干燥剂和一个使烘盒快速冷却的多孔厚隔板。

5　试验样品

测试样品应没有任何结块、硬块，并应充分混匀后使用。样品应放在防潮、密闭的容器内，测试样品取出后，应将剩余样品储存在相同的容器中，以备下次测试时再用。

6　分析步骤

6.1　烘盒恒质

取干净的空烘盒，放在130℃烘箱（4.3）内烘30 min～60 min，取出烘盒置于干燥器（4.4）内冷却至室温，取出称量；再烘30 min，重复进行冷却、称量至前后两次质量差不超过0.005 g，即为恒质（m_0）。

6.2　样品及烘盒称量

精确称取5 g±0.25 g充分混匀的试样，倒入恒质后的烘盒内，使试样均匀分布在盒底表面上，盖上盒盖，立即称量烘盒和试样的总质量（m_1）。在整个过程中，应尽可能减少烘盒在空气中的暴露时间。

6.3　测定

称量结束后，将盒盖打开斜靠在烘盒旁，迅速将盛有试样的烘盒和盒盖放入已预热到130℃的恒温烘箱（4.3）内，当烘箱温度恢复到130℃时开始计时，样品在130℃～133℃的条件下烘90 min，然后取出，并迅速盖上盒盖，放入干燥器中，在干燥器中，烘盒不可叠放。烘盒在干燥器中冷却 30 min～45 min 至室温，然后将烘盒从干燥器内取出，在 2 min 内精确称量出样品和带盖烘盒的总质量(m_2)。

对同一样品应进行两次平行测定。

7 结果计算

按式(1)计算：

$$X = \frac{(m_1 - m_2)}{(m_1 - m_0)} \times 100 \quad \cdots\cdots\cdots\cdots (1)$$

式中：

X——试样水分含量，%；

m_0——恒质后的空烘盒和盖的总质量，单位为克(g)；

m_1——干燥前带有样品的烘盒和盖的总质量，单位为克(g)；

m_2——干燥后带有样品的烘盒和盖的总质量，单位为克(g)。

如果两次平行测定结果的绝对差值没有超过 8.1 中给定的重复性的限度，则取两次测定结果的算术平均值为最终测定结果。

8 精密度

本测定方法的实验室间重复性的详细情况见附录 A。从实验室间所得到的测定结果，不能被用于分析除附录 A 所给的情况以外的水分范围。

8.1 重复性

在短时间内，在同一个实验室，由同一个操作者，使用相同的仪器，采用相同的测试方法，对同一份样品进行测定，获得两个独立的测定结果。这两个测定结果的绝对差值不应大于表 1 中给定的重复性限 r，即大于表 1 中给定的重复性限 r 的事例不应超过 5%。

8.2 再现性

在不同的实验室，由不同的操作者，使用不同的仪器，采用相同的测试方法，对于同一份被测样品进行测定，获得两个独立的测定结果。这两个测定结果的绝对差值不应大于表 1 中给定的再现性限 R，即大于表 1 中给定的再现性限 R 的事例不应超过 5%。

表 1

淀粉类型	重复性限 r/% (质量分数)	再现性限 R/% (质量分数)
小麦淀粉	0.3	0.4
玉米淀粉	0.2	0.4
高直链淀粉的淀粉	0.2	0.4
改性的糯玉米淀粉	0.2	0.4
阳离子玉米淀粉	0.1	0.5
豌豆淀粉	0.3	0.5
马铃薯淀粉	0.1	0.5

9 实验报告

实验报告需说明：

——使用的方法；

——单次测定结果；

——如果进行了重复性测试，应说明得到的最终测定结果。

没有在本标准中说明的或是可选择的所有操作细节以及可能影响测试结果的任何意外细节也可以提及。

实验报告还应该包括鉴别样品所需要的其他所有信息。

附 录 A
（资料性附录）
实验室间的测定结果

本测定结果（见表 A.1）是 1989 年由 7 个实验室对 7 份淀粉样品（包括两份变性淀粉）进行测定的结果。

表 A.1 实验室间的测定结果

参数	淀粉的类型						
	小麦淀粉	玉米淀粉	高直链淀粉的淀粉	变性的糯玉米淀粉	阳离子玉米淀粉	豌豆淀粉	马铃薯淀粉
剔除异常值后剩余的实验室数目	7	7	7	7	7	7	6
剔除的实验室数目	0	0	0	0	0	0	1
采用的测试结果数	14	14	14	14	14	14	12
平均值/%（质量分数）	11.9	13.3	12.4	13.4	11.9	8.64	18.1
重复性标准偏差，s_r/%（质量分数）	0.097	0.049 6	0.059 4	0.067 8	0.035 2	0.087 9	0.028 9
重复性变异系数/%	0.812	0.373	0.480	0.506	0.296	1.02	0.159
重复性限 $r=2.8\times s_r$/%（质量分数）	0.274	0.140	0.168	0.192	0.099 5	0.249	0.081 7
再现性标准偏差 s_R/%（质量分数）	0.134	0.133	0.114	0.123	0.157	0.172	0.087 9
再现性变异系数/%	1.12	1.00	0.928	0.916	1.32	1.99	0.486
再现性限 $R=2.8\times s_R$/%（质量分数）	0.379	0.376	0.324	0.348	0.443	0.486	0.249

ICS 55.020
A 80

中华人民共和国国家标准

GB/T 12123—2008
代替 GB/T 12123—1989，GB/T 19451—2004

包装设计通用要求

General requirements for designing of packages

2008-07-18 发布 2009-01-01 实施

中华人民共和国国家质量监督检验检疫总局
中国国家标准化管理委员会 发布

前　言

本标准代替 GB/T 12123—1989《销售包装设计程序》和 GB/T 19451—2004《运输包装设计程序》。

本标准与 GB/T 12123—1989 和 GB/T 19451—2004 相比，主要变化如下：

——在设计因素内容中，增加了内装物特性及形态、用户需求及限制的内容；

——将原标准包装贮存条件整合到流通环境条件中，同时在流通环境条件下增加了装卸作业条件、储存保管条件、气象条件的内容；

——将确定包装容器，改为确定包装方式；

——删除了设计鉴定的内容。

本标准由全国包装标准化技术委员会(SAC/TC 49)提出并归口。

本标准起草单位：厦门合兴包装印刷股份有限公司、中机生产力促进中心、深圳职业技术学院、广东省佛山市南海东兴塑料制罐有限公司。

本标准主要起草人：黄雪、张波涛、李云、王利婕、罗意自、张晓建、肖遇春、刘萍。

本标准所代替标准的历次版本发布情况为：

——GB/T 12123—1989；

——GB/T 19451—2004。

包装设计通用要求

1 范围

本标准规定了包装设计的基本要求、设计因素、设计方案确定方法、试验验证等内容。

本标准适用于各类产品的包装设计。

2 规范性引用文件

下列文件中的条款通过本标准的引用而成为本标准的条款。凡是注日期的引用文件，其随后所有的修改单(不包括勘误的内容)或修订版均不适用于本标准，然而，鼓励根据本标准达成协议的各方研究是否可使用这些文件的最新版本。凡是不注日期的引用文件，其最新版本适用于本标准。

GB 190 危险货物包装标志

GB/T 191 包装储运图示标志(GB/T 191—2008,ISO 780:1997,MOD)

GB/T 4768 防霉包装(GB/T 4768—1995,neq IEC 68:1988)

GB/T 4857(所有部分) 包装 运输包装件基本试验

GB/T 4879 防锈包装

GB/T 5048 防潮包装

GB/T 5398 大型运输包装件试验方法(GB/T 5398—1999,ASTM D1083:1991,NEQ)

GB/T 7350 防水包装

GB/T 8166 缓冲包装设计

GB/T 13385 包装图样要求

3 基本要求

3.1 应依据项目任务书或合同书进行包装设计。

3.2 应保证内装物的性能在流通过程中满足质量要求。

3.3 应采用适当的包装材料，减少对环境和人身产生的危害。

3.4 应节省资源，合理控制包装成本，提高经济效益。

3.5 必要时，应按相关的要求分等级包装。

3.6 设计的包装应符合有关法律法规及标准的要求。

3.7 尽量做到包装紧凑，科学合理。

4 设计因素

4.1 内装物特性

4.1.1 形态

根据内装物的形态(固态、液态、气态)，选择相应的包装方式或包装方法。应考虑采用容器的种类及内部的物理保护(如：密封、缓冲、固定等技术措施通过分解或组合，达到稳定和体积最小)。对于固态应考虑稳定型(如：立方体、有基座的物体)、非稳定型(如：球形、圆筒形及其他带凸凹的异形体)等形式。

4.1.2 质量及尺寸

4.1.2.1 内装物可分为轻物、重物、小型、大型、长物、扁平物、超高物等。应根据质量及尺寸确定包装单元,要考虑到运输、装卸及仓储等。

4.1.2.2 对于重物、长物、扁平物、超高物、大型物,在考虑物品本身的保护的同时,要具备有利于装卸方便及安全的外包装形态。即使是轻物、小型物,一般情况下也要对来自上部的载荷及冲击进行防护。

4.1.3 强度

预先应掌握内装物的强度及脆值等因素,采用适当缓冲技术措施。选择内装物强度较大的位置作为支持点,施加固定或缓冲技术措施,选择有利于装卸稳定的包装单元及包装容器。

4.1.4 温度适应性

掌握适宜温度及选定能保持适宜温度的容器及材料(如:冷冻包装、冷冻集装箱、耐寒容器、干冰的使用或保温容器等)。

耐温度包装要考虑运输期间流通环境的影响因素、运输路线及运输方式。运输方式包括铁路、公路、水路、空运。

4.1.5 耐水、耐潮性

对于耐水及耐潮性,应考虑如下因素:

a) 不受水及潮气影响的产品,可采用花格箱、捆扎包装、底盘包装或裸装等;

b) 易受水影响的产品,可采用防水容器或防水包装等;

c) 易受潮气影响的产品,可采用防潮包装或防水材料进行防潮包装。

4.1.6 耐腐蚀性

对于易腐蚀产品,要考虑流通环境条件,采取防锈处理及防水或防潮包装。

4.1.7 耐霉性

对于易发霉及易受霉影响的产品,根据流通环境中的气象条件采用熏蒸、防霉剂、防潮包装等。

4.1.8 危险性

产品为剧毒、易燃物、易爆物、放射物质等情况下,要根据安全性及有关法规进行包装设计。

4.1.9 物品的种类、用途、性能

根据物品的种类(如:成套设备、机器、装饰品、食品、建筑材料、零件、原材料等)、用途、性能等,采取符合其运输、销售目的的内包装、外包装。

4.2 流通环境条件

4.2.1 装卸作业条件

应考虑如下情况:

a) 人工作业、机械作业、多式联运转载作业等,推测装卸次数的多少及跌落、冲击、倒置、棱与角的载荷等可能性,采取必要的试验验证;

b) 到达地的港湾设施、装卸设备、装卸技术、装卸习惯等;

c) 内装物的强度(特别是易损品要依据其脆值参数)与有关试验、经验数据;

d) 装卸的便利性及保护措施(适当的包装单元、质量、尺寸);

e) 托盘及集装箱的利用。

4.2.2 运输环境条件

应考虑如下情况:

a) 铁路运输的情况,如:振动、冲击、货压、温湿度等;

b) 公路运输的情况,如:换挡、恶劣道路上运行与急刹车的冲击、振动等;

c) 水路运输的情况,如:振动、摆动、货压、冲击、温湿度变化、盐雾等;

d) 航空运输的情况,如:振动、冲击、温度变化、低气压等。

4.2.3 贮存保管条件

贮存保管应考虑的主要因素:

a） 堆码的高度及堆码的排列方式对产品强度的影响；

b） 贮存期的长短对包装材料及容器的疲劳及强度降低的影响；

c） 贮存场所的温湿度条件对包装件的影响；

d） 室外贮存时的风吹、日晒、雨淋、凝露、扬尘等对包装件的影响。

4.2.4 气象条件

应考虑高温、低温、温度变化造成的高温熔融及低温冻结和温湿度变化及结露等气象条件对包装件的影响。

4.3 用户要求

a） 销售性：便于销售的包装单元；

b） 便利性：检查、拆开及使用后易处理；

c） 标志性：容易识别，不会与其他混淆的鲜明标志等。

4.4 其他限制事项

不仅要遵守各运输、仓储等部门所规定的包装条件，还要遵守有关法规所规定的限制条款。如：质量限制、尺寸限制、性质限制、地区限制等。

5 确定设计方案

5.1 确定设计参数

a） 内装物的计量值，如：质量、体积、数量、尺寸等；

b） 预留容积或允许偏差；

c） 根据内装物特点需确定的其他参数；

d） 包装的重复使用次数；

e） 包装有效期。

5.2 确定包装方式

5.2.1 根据设计因素，采用箱装、袋装、瓶装、桶装、捆装、裸装，及压缩打包包装、托盘包装、集合包装、收缩或拉伸包装等。

5.2.2 有标准容器类型可供选择时，应选用标准容器类型。无标准容器类型可供选择时，应先确定容器类型，然后进行容器设计。并在规格、性能、价格等方面符合产品包装的要求。

5.2.3 集装单元运输的包装容器规格尺寸应符合有关包装尺寸系列标准的规定。非集装单元运输的包装容器规格尺寸应参照有关尺寸标准规定，并符合运输工具装载尺寸的要求。

5.2.4 包装容器有外观要求时，要做出相应规定，如表面缺陷值、颜色均匀程度以及其他需要确定的要求。

5.2.5 应规定包装容器的物理、生物、化学等性能，如抗压、防霉、防锈的技术要求。

5.2.6 设计容器结构时应考虑容器易于加工制造、易于装配、便于储运、易于机械装卸。包装废弃物要利于回收、降解及处理。系列产品包装的容器造型及结构应具有整体协调性，多用途包装的容器造型及结构应具有再利用的价值。

5.3 确定包装材料

a） 应按包装技术要求，合理的选择包装材料。有现行标准，应采用有关标准。无现行标准时，应规定使用的包装材料的品种、规格及各种性能指标。并在货源、规格、性能、价格等方面符合产品包装的要求；

b） 选用的包装容器材料、辅助材料、辅助物等应与内装物相容，对内装物无损害；

c） 应易于成型和印刷着色；

d） 应优先选用环保型包装材料。

5.4 确定技术要求

a） 应规定包装结构的技术要求、工艺条件以及应达到的性能指标；

b） 应规定包装应具备的性能指标及质量要求，如：透湿度、含水率等指标；

c） 应规定包装材料应具备的性能指标及质量要求，如：透气率、透油性等指标；包装材料需预处理时，应提出处理项目、条件、时间、方法、量值等要求。

5.5 包装结构设计

5.5.1 防护设计

a） 防锈包装设计应符合 GB/T 4879 的有关规定；

b） 防潮包装设计应符合 GB/T 5048 的有关规定；

c） 防水包装设计应符合 GB/T 7350 的有关规定；

d） 防霉包装设计应符合 GB/T 4768 的有关规定；

e） 缓冲包装设计应符合 GB/T 8166 的有关规定；

f） 其他防护设计应符合相关规定。

5.5.2 定位设计

应确定产品及附件的位置及固定方法。

5.5.3 包装图样绘制

包装图样的绘制应符合 GB/T 13385 的有关规定。

5.5.4 包装标志设计

包装标志设计应符合有关规定。一般货物包装储运图示标志应符合 GB/T 191 的有关规定，危险货物包装标志，应符合 GB 190 的有关规定。

5.6 包装装潢设计

5.6.1 设计包装装潢时，应考虑包装的级别、档次、价值、整体造型特点等因素。

5.6.2 确定包装装潢设计要素。

5.6.2.1 图形

a） 具体图形应具有写实感；

b） 抽象图形应有较强概括性；

c） 牌号、标志、商标等图形符号应形象突出，易于辨认和记忆。图形符号有标准的，应按有关标准使用。

5.6.2.2 色彩

a） 基色的选用应充分考虑内装物的特性、企业形象和包装意图；

b） 包装整体的配色应具有和谐、明快、醒目的美感情调；

c） 应考虑规范性、习惯性色彩的运用。

5.6.2.3 文字

a） 主体文字的造型应考虑艺术性和可读性；

b） 说明性文字应清楚、整齐，尽量采用印刷体；

c） 选用的字种、字体应符合规范要求；

d） 文字的大小、造型配色、布局、排列等应与包装件整体装潢效果相协调。

5.6.3 确定装潢的组成部分，如：容器外观、标签、装饰物等。

5.6.4 确定装潢布局，如：各组成部分的数量、位置关系、相互间应遵循的美学法则等。

5.6.5 确定装潢造型，如：各组成部分的形状、尺寸、比例关系、表现技法等。

6 试验验证分析

运输包装需要时应进行试验，以验证设计是否达到预定的防护要求。应确定试验目的、试验项目、试验方法、试验量值、试验仲裁等。运输包装件基本试验应符合 GB/T 4857 标准的有关规定。大型运输包装件试验应符合 GB/T 5398 的有关规定。

ICS 45.100
J 81

中华人民共和国国家标准

GB 12141—2008
代替 GB 12141—1989,GB/T 15388.1～15388.2—1994

货运架空索道安全规范

Safety code for material aerial ropeways

2008-12-11 发布　　2009-07-01 实施

中华人民共和国国家质量监督检验检疫总局
中国国家标准化管理委员会　发布

前 言

本标准的3.1.2、3.1.7、3.1.8、3.1.9、3.2.2、3.3.1、3.3.2、4.2.1.1、4.2.2.1、4.2.2.2、4.3.5.1、4.3.5.2、6.4.1.3、6.4.3.4、6.4.3.5、6.5.4、7.1.1、7.1.5、7.1.6、7.1.12、7.3.6.2、7.4.1.4、7.4.3.5、8.1.2～8.1.9、8.2.2、8.3.1、8.3.6、9.1.3、10.1.1、10.1.2、10.3.5、10.3.8为强制性的，其余为推荐性的。

本标准代替GB 12141—1989《货运架空索道安全规范》、GB/T 15388.1—1994《双线循环式货运架空索道设计规范》和GB/T 15388.2—1994《单线循环式货运架空索道设计规范》。

本标准与GB 12141—1989、GB/T 15388.1—1994、GB/T 15388.2—1994相比主要变化如下：

——增加了索道型式选择、索道设计、设备研制、设备出厂的基本原则(见3.1.1、3.1.2)；

——增加了承载索采用夹块锚固方式和圆筒锚固方式的规定(见4.3.5.1、4.3.5.2)；

——增加了钢丝绳维护、检验、报废、局部更换等内容(见4.4、4.5)；

——增加了货车设计的基本要求(见5.1.3)；

——增加了在货运索道中采用客运索道弹簧式抱索器的技术内容(见5.2.2.1)；

——增加了循环式索道和往复式索道线路选择的要求(见6.2.2、6.2.3)；

——增加了线路设计的基本规定(见6.3.1～6.3.5、6.3.7)；

——增加了牵引索导向装置的要求(见6.4.2)；

——增加了托(压)索轮组的设计要求(见6.4.3)；

——修改了支架的设计要求(本版6.5.4，GB/T 15388.1—1994版10.2)；

——对支架基础的设计要求进行了修改(本版6.5.6，GB/T 15388.1—1994版10.4)；

——增加了支架的地锚、起吊架、检修平台等设计要求(见6.5.7、6.5.8)；

——增加了站房设计的安全要求(见7.1.1、7.1.5、7.1.6、7.1.11、7.1.12)；

——增加了驱动站、自动转角站、采用多段驱动的循环式索道的中间驱动站、承载索张紧区段的中间站的选址要求(见7.2.4～7.2.7)；

——增加了装载站和卸载站料仓有效容积的规定(见7.3.3)；

——对摩擦式驱动装置防滑安全的内容进行了修改(本版7.4.1.8，GB/T 15388.1—1994版6.2.1)；

——对驱动装置的制动器和电动机的内容进行了修改(本版7.4.1.10、7.4.1.11，GB/T 15388.1—1994版6.2.2、6.2.3)；

——增加了张紧装置有关安全和装备水平方面的要求(见7.4.2.1、7.4.2.2、7.4.2.4)；

——增加了脱开器与挂结器、加速装置与减速装置、偏斜鞍座等设备的设计内容(见7.4.5～7.4.7)；

——增加了对索道供电电源、信号传递、控制方式、安全功能屏蔽等方面的规定(见8.1)；

——增加了电气拖动与控制方面的安全要求(见8.2)；

——增加了电气保护与安全方面的要求(见8.3.3～8.3.7)；

——增加了电气操作和显示设备颜色选择方面的规定(见8.4.8)；

——增加了索道防雷方面的安全要求(见8.5.2～8.5.4)；

——修改了线路保护设施的设置条件(本版9.1，GB/T 15388.1—1994版9)；

——增加了索道投入运营的基本要求(见10.1.2)；

——增加了有关索道运营方面所需的岗位及岗位责任制的内容(见10.2)；

——增加了索道每日、每月、每年的检查以及经常性和不定期检查的要求(见10.3.2～10.3.5)；

——增加了对单线循环式索道固定抱索器定期移位的规定(见10.3.9)；

——增加了对承载索进行窜位的要求(见 10.3.10)。

本标准由全国索道、游艺机及游乐设施标准化技术委员会提出并归口。

本标准起草单位:昆明有色冶金设计研究院、中国瑞林工程技术有限公司、长沙有色冶金设计研究院、宁夏恒力钢丝绳股份有限公司、泰安市永安索道工程有限公司。

本标准主要起草人:张惠娟、王红敏、任宏州、李学文、张斗存、张建、张勇、彭加宁、郭向东、苏莘文、韩晓明、戴紫孔、徐海西、白永福、洪金利、刘振才、白文华。

本标准所代替标准的历次版本发布情况为:

——GB 12141—1989;

——GB/T 15388.1—1994;

——GB/T 15388.2—1994。

货运架空索道安全规范

1 范围

本标准规定了货运架空索道的设计、制造、检验、使用与管理等方面最基本的安全要求。

本标准适用于循环式货运架空索道和往复式货运架空索道。

本标准不适用于林业集材索道、其他部门的简易索道和客货两用索道以及临时架设的轻便索道。

2 规范性引用文件

下列文件中的条款通过本标准的引用而成为本标准的条款。凡是注日期的引用文件，其随后所有的修改单(不包括勘误的内容)或修订版均不适用于本标准，然而，鼓励根据本标准达成协议的各方研究是否可使用这些文件的最新版本。凡是不注日期的引用文件，其最新版本适用于本标准。

GB 8918 重要用途钢丝绳(GB 8918—2006, ISO 3154:1988, Stranded wire ropes for mine hoisting—Technical delivery requirements, MOD)

GB/T 9075 索道用钢丝绳检验和报废规范

GB/T 20118 一般用途钢丝绳(GB/T 20118—2006, ISO/DIS 2408:2002, Steel wire ropes general purposes—Minimum requirements, MOD)

GB 50007 建筑地基基础设计规范

GB 50009 建筑结构荷载规范

GB 50010 混凝土结构设计规范

GB 50017 钢结构设计规范

GB 50127 架空索道工程技术规范

GB 50191 构筑物抗震设计规范

YB/T 5295 密封钢丝绳

3 基本规定

3.1 一般规定

3.1.1 货运索道分为:单线循环式货运索道、双线循环式货运索道、单线往复式货运索道、双线往复式货运索道等类型，选择何种索道型式应根据建设条件、技术条件等，经过综合技术经济比较后确定。

3.1.2 索道设计、设备研制应以技术先进、经济合理和安全可靠为原则，设备出厂时，应按有关标准进行检验，建立技术档案并出具合格证书，不符合设计要求的设备，严禁出厂。

3.1.3 选择索道线路和站址时，应考虑当地的气候条件、地理条件、环保要求、交通情况以及索道需要跨越的建筑设施等因素。

3.1.4 未设转角站或转角装置的索道，其线路中心线的水平投影应为一直线；设有转角站或转角装置的索道，相邻的站房或装置之间的线路中心线的水平投影也应为一直线。

3.1.5 工作制度

3.1.5.1 索道的工作制度宜与衔接企业的工作制度一致。

3.1.5.2 年工作日应符合有关行业的规定，但非连续工作制索道不宜小于 290 d；连续工作制索道不宜大于 330 d。

3.1.5.3 每日工作小时数应符合下列规定：

——一班作业宜采用 7.5 h；

——两班作业宜采用 14 h；

$$x_2 = \frac{c_2 - c_{02}}{\frac{m_2}{50} \times \frac{V_2}{50}} = \frac{(c_2 - c_{02}) \times 2\,500}{m_2 \times V_2} \quad \cdots\cdots\cdots\cdots\cdots\cdots\cdots\cdots\cdots (\text{D.1})$$

式中：

x_2——样品中总磷的含量，单位为毫克每千克(mg/kg)；

c_2——从工作曲线上查出(或用回归方程计算出)试液中磷的含量，单位为毫克每升(mg/L)；

c_{02}——从工作曲线上查出(或用回归方程计算出)试剂空白消化液中磷的含量，单位为毫克每升(mg/L)；

m_2——样品的质量，单位为克(g)；

V_2——测定时吸取试液的体积，单位为毫升(mL)。

D.7 允许差

计算结果精确至小数点后第一位。同一样品的两次测定结果之差不得超过平均值的5.0%。

附 录 E
（规范性附录）
L-脯氨酸的测定

E.1 方法原理

L-脯氨酸与水合茚三酮作用，生成黄红色络合物。用乙酸丁酯萃取后的络合物，在波长 509 nm 处测定吸光度，与标准系列溶液比较，确定样品中 L-脯氨酸的含量。

E.2 试剂

E.2.1 乙酸丁酯。
E.2.2 甲酸。
E.2.3 无过氧化物乙二醇独甲醚：将数粒锌粒放入乙二醇独甲醚中，在避光暗处放置 2 d。
E.2.4 3.0%茚三酮乙二醇独甲醚溶液：称取 3.0 g 水合茚三酮，溶解在 100 mL 无过氧化物的乙二醇独甲醚溶液（E.2.3）中，贮存在棕色瓶内，置避光处。此溶液易被氧化，应每周制备一次。
E.2.5 L-脯氨酸标准贮备溶液：称取 0.050 0 g L-脯氨酸（生化试剂，$C_5H_9NO_2$，$[\alpha]_D^{20}=-83°\sim-85°$），精确至 0.000 1 g，置于 50 mL 烧杯中，加水溶解，转移到 100 mL 棕色容量瓶中，用水定容至刻度，摇匀，贮存在约 4 ℃冰箱内。此溶液含 L-脯氨酸为 500 mg/L。

E.3 仪器

E.3.1 分光光度计。
E.3.2 具塞试管：25 mL。
E.3.3 离心机：转速不低于 4 000 r/min，带 10 mL 具塞离心管。
E.3.4 分析天平：感量 0.1 mg。
E.3.5 天平：感量 10 mg。

E.4 试液的制备

称取一定量混合均匀的样品（浓缩汁 1.00 g；果汁 5.00 g；果汁饮料、水果饮料和果汁型碳酸饮料 10.00 g～200.0 g）于 200 mL 容量瓶中，用水定容至刻度，摇匀，备用。

E.5 分析步骤

E.5.1 工作曲线的绘制

E.5.1.1 显色

吸取 0.00 mL、0.50 mL、1.00 mL、2.50 mL、4.00 mL、5.00 mL L-脯氨酸贮备溶液（E.2.5）于 50 mL 容量瓶中，用水定容至刻度，摇匀，配制成 0.0 mg/L、5.0 mg/L、10.0 mg/L、25.0 mg/L、40.0 mg/L、50.0 mg/L 的 L-脯氨酸标准系列溶液。

吸取上述标准系列溶液各 1.0 mL，分别置于 6 支 25 mL 具塞试管（E.3.2）中，各加 1 mL 甲酸（E.2.2），充分摇匀，加 2 mL 茚三酮乙二醇独甲醚溶液（E.2.4），摇匀。将 6 支试管同时置于 1 000 mL 烧杯的沸水浴中（电炉与烧杯间应垫石棉网，水浴液面应高于试管液面）。待烧杯中的水沸腾后，精确计时 15 min，同时取出 6 支试管，置于 20 ℃～22 ℃水浴中冷却 10 min。

E.5.1.2 萃取、测定吸光度

在上述 6 支试管中各加 10.0 mL 乙酸丁酯（E.2.1），盖塞，充分摇匀，使黄红色络合物萃取到乙酸

丁酯液层中。静置数分钟，将试管中的乙酸丁酯溶液分别倒入 10 mL 具塞离心管中，盖塞。以 2 500 r/min 转速，离心 5 min。

将上层清液小心倒入 1 cm 比色皿中，以试剂空白溶液调整零点，在波长 509 nm 处测定各上层清液的吸光度。以吸光度为纵坐标，L-脯氨酸的浓度为横坐标，绘制工作曲线或计算回归方程。

E.5.2　试液的测定

吸取 1.0 mL 试液(第 E.4 章)于 25 mL 具塞试管(E.3.2)中，以下步骤按 E.5.1 操作。从工作曲线上查出(或用回归方程计算出)试液中 L-脯氨酸的含量(c_3)。

E.6　结果计算

样品中 L-脯氨酸的含量按式(E.1)计算：

$$x_3 = \frac{c_3}{\frac{m_3}{200} \times 1.0} = \frac{c_3 \times 200}{m_3} \qquad \cdots\cdots\cdots\cdots(\text{E.1})$$

式中：

x_3——样品中 L-脯氨酸的含量，单位为毫克每千克(mg/kg)；

c_3——从工作曲线上查出(或用回归方程计算出)试液中 L-脯氨酸的含量，单位为毫克每升(mg/L)；

m_3——样品的质量，单位为克(g)。

E.7　允许差

计算结果精确至小数点后第一位。同一样品的两次测定结果之差不得超过平均值的 5.0%。

附 录 F
（规范性附录）
总 D-异柠檬酸的测定

F.1 方法原理

在异柠檬酸脱氢酶(ICDH)催化下，样品中的 D-异柠檬酸盐与烟酰胺-腺嘌呤-双核苷酸磷酸(NADP)作用，生成 NADPH 的含量，相当于 D-异柠檬酸盐的量。在波长 340 nm 处测定吸光度，确定样品中总 D-异柠檬酸的含量。

$$\text{D-柠檬酸盐}+\text{NADP}\xrightarrow{\text{ICDH}}\alpha\text{-氧化戊二酸盐}+\text{NADPH}+CO_2+H^+$$

F.2 试剂

F.2.1 组合试剂盒：

1 号瓶：内含咪唑缓冲液(稳定性)30 mL，pH=7.1；

2 号瓶：内含 β-烟酰胺-腺嘌呤-双核苷酸-磷酸二钠 45 mg、硫酸锰 10 mg；

3 号瓶：内含异柠檬酸脱氢酶 2 mg，5(U)个活力单位。

注：组合试剂盒型号为 Cat No. 414433。

F.2.2 NADP 溶液：将 F.2.1 中 1 号瓶内的溶液升温至 20 ℃～25 ℃，倒入 2 号瓶中，使 2 号瓶的物质全部溶解，混合均匀。

F.2.3 异柠檬酸脱氢酶溶液：用 1.8 mL 水溶解 3 号瓶的物质，混合均匀。

F.2.4 4 mol/L 氢氧化钠溶液：称取 16 g 氢氧化钠，加水溶解，定容至 100 mL。

F.2.5 4 mol/L 盐酸溶液：量取 33.4 mL 盐酸，用水定容至 100 mL。

F.2.6 300 g/L 氯化钡溶液：称取 30 g 氯化钡，溶解于热水中，冷却后定容至 100 mL。

F.2.7 71 g/L 硫酸钠溶液：称取 71 g 无水硫酸钠，溶解于水中，定容至 1 000 mL。

F.2.8 缓冲溶液：称取 2.4 g 三羟甲基氨甲烷和 0.035 g 乙二胺四乙酸二钠，用 80 mL 水溶解。先用 4 mol/L的盐酸调整 pH=7.2 左右，再用 1 mol/L 盐酸溶液调整 pH=7.0(用酸度计测定)，用水定容至 100 mL。

F.2.9 氨水。

F.2.10 丙酮。

F.2.11 洗涤溶液：量取 150 mL 水，加入 10 mL 氨水(F.2.9)、100 mL 丙酮(F.2.10)，混匀。

F.3 仪器与设备

F.3.1 紫外分光光度计：带石英比色皿，光程 1 cm。

F.3.2 酸度计：精度 0.1pH 单位。

F.3.3 离心机：转速不低于 4 000 r/min，离心管容积大于 80 mL。

F.3.4 微量可调移液管：

10 μL～50 μL，允许误差：±4.8%；

0 μL～1 000 μL，允许误差：100 μL，±2.0%；500 μL，±1.0%；1 000 μL，±1.0%。

F.3.5 玻璃棒或塑料棒：自制，直径约 3 mm，一端带钩。

F.3.6 分析天平：感量 0.1 mg。

F.3.7 天平：感量 10 mg，500 mg，1 g。

F.4 试液的制备

F.4.1 果汁型碳酸饮料

称取 500 g 样品于 1 000 mL 烧杯中，加热煮沸，在微沸状态下保持 5 min，并不断搅拌。待二氧化碳基本除净后冷却至室温，称量。用水补足至加热前的质量，备用。

F.4.2 浓缩果汁、果汁、果汁饮料、水果饮料

混匀后备用。

F.5 分析步骤

F.5.1 水解

按表 F.1 规定的取样量称取试液。

浓缩汁、果汁：将试样称取在 50 mL 烧杯中，加 5 mL 氢氧化钠溶液(F.2.4)。用玻璃棒搅拌均匀，在室温放置 10 min，使之水解。将溶液移入离心管(F.3.3)中，用 5 mL 盐酸溶液(F.2.5)和 10 mL～20 mL 水，分数次洗涤烧杯，并入离心管中，使总体积约为 30 mL，搅拌均匀。

果汁饮料、水果饮料、果汁型碳酸饮料：将试液称取在离心管(F.3.3)中，加 5 mL 氢氧化钠溶液(F.2.4)，用玻璃棒搅拌均匀，在室温放置 10 min，使之水解。加 5 mL 盐酸溶液(F.2.5)，搅拌均匀。

表 F.1 水解时取样量和比色测定时吸取量

样品名称	水解时取样量/g	比色测定时吸取量(V_2)/mL
浓缩果汁	2.00	0.4～0.8
果汁	10.00	0.8～1.2
含 40%果汁的果汁饮料	20.00	1.5～2.0
含 20%果汁的果汁饮料	25.00	2.0
含 10%果汁的果汁饮料	40.0	2.0
含 5%果汁的水果饮料	60.0～80.0	2.0
含 2.5%果汁的果汁型碳酸饮料	100.0～150.0	2.0

F.5.2 沉淀

F.5.2.1 称样量小于或等于 25 g 的试液

在盛有水解物的离心管(F.5.1)中依次加入 2 mL 氨水(F.2.9)、3 mL 氯化钡溶液(F.2.6)、20 mL 丙酮(F.2.10)，用玻璃棒搅拌均匀。取出玻璃棒，按顺序摆放在棒架上。将离心管在室温(约 20 ℃)放置 10 min，以 3 000 r/min 转速，离心 5 min～10 min，小心倾去上层溶液，保留离心管底部沉淀物。

F.5.2.2 称样量大于 25 g 的试液

按 F.5.1 和 F.5.2.1 的步骤分别制备 2 份～6 份沉淀物，然后用约 50 mL 洗涤溶液(F.2.11)将 2 支(或 3 支、4 支、6 支，视称样量而定)离心管中的沉淀物合并到 1 支离心管中，在室温(约 20 ℃)放置 10 min。以下步骤按 F.5.2.1 操作。

F.5.3 溶解

将 F.5.2 中取出的玻璃棒按顺序放回原离心管中，向离心管中加入 20 mL 硫酸钠溶液(F.2.7)。将离心管置于微沸水浴中加热 10 min，同时用玻璃棒不断搅拌。趁热用缓冲溶液(F.2.8)将离心管中的内容物转移至 50 mL 容量瓶中。冷却至室温(约 20 ℃)后用缓冲溶液(F.2.8)定容至刻度，摇匀。

F.5.4 过滤

将上述溶液用滤纸过滤，弃去最初滤液，保留滤液备用。

F.5.5 测定

F.5.5.1 测定条件

波长:340 nm;温度:20 ℃～25 ℃;比色浓度:在 0.1 mL～2.0 mL 试液中,含 D-异柠檬酸 3 μg～100 μg。

F.5.5.2 测定步骤

按表 F.2 规定的程序和溶液的加入量,用微量可调移液管(F.3.4)依次将各种溶液加入比色皿中(微量可调移液管应用吸入溶液至少冲洗一次,再正式吸取溶液),立即用玻璃棒(F.3.5)上下搅拌,使比色皿中的溶液充分混匀。

加异柠檬酸脱氢酶溶液后的最终体积为 3.05 mL。

表 F.2

单位为毫升

加入比色皿中的溶液	空　白	样　品
NADP 溶液(F.2.2) 重蒸馏水 试样溶液(F.5.4)(V_2)	1.00 2.00 —	1.00 $2.00-V_2$ V_2
混匀,约 3 min 后分别测定空白吸光度($E_{1空白}$)和样品吸光度($E_{1样品}$)。		
异柠檬酸脱氢酶溶液(F.2.3)	0.05	0.05
混匀,约 10 min 达到反应终点,出现恒定的吸光度,分别记录空白吸光度($E_{2空白}$)和样品吸光度($E_{2样品}$)。如果 10 min 后未达到反应终点,每 2 min 测定一次吸光度,待吸光度恒定增加时,分别记录空白和样品开始恒定增加时的吸光度($E_{2空白}$和 $E_{2样品}$)。		

上述步骤完成后按式(F.1)计算 ΔE:

$$\Delta E = \Delta E_{样品} - \Delta E_{空白} = (E_{2样品} - E_{1样品}) - (E_{2空白} - E_{1空白}) \quad \cdots\cdots\cdots\cdots(F.1)$$

为得到精确的测定结果,ΔE 应大于 0.100。如 ΔE 小于 0.100,应增加水解时的取样量或增加比色时的吸取量。

F.5.5.3 异柠檬酸脱氢酶活力的判定方法

F.5.5.3.1 D-异柠檬酸标准溶液

称取 $\frac{0.0153}{P}$ g、含有两个结晶水的 D-异柠檬酸三钠盐($C_6H_5Na_3 \cdot 2H_2O$)基准试剂,精确至 0.000 1 g。置于 50 mL 烧杯中。加水溶解,转移到 100 mL 容量瓶中,用水定容至刻度,摇匀,贮存于冰箱中。此溶液含 D-异柠檬酸为 100 mg/L。

P 为 D-异柠檬酸基准试剂的纯度(百分含量)。0.015 3 为系数,按式(F.2)计算得出:

$$\frac{294.1 \times 100 \times 0.1}{192.1 \times 1\,000} = 0.015\,3 \quad \cdots\cdots\cdots\cdots\cdots\cdots\cdots\cdots(F.2)$$

式中:

294.1——$C_6H_5Na_3 \cdot 2H_2O$ 的相对分子质量;

100——稀释体积,单位为毫升(mL);

0.1——D-异柠檬酸的浓度,单位为克每升(g/L);

192.1——D-异柠檬酸的相对分子质量。

F.5.5.3.2 酶活力与标样吸潮的判定

酶活力与标样吸潮的判定见表 F.3。

表 F.3 酶活力与标样吸潮的判定

标准溶液的加入量/mL	酶溶液的加入量/mL	ΔE	判定
0.5	0.05	大于 0.5	正常
0.5	0.05	小于 0.5	酶失活或标样吸潮
0.5	0.10	大于 0.5	酶活力降低
0.5	0.10	小于 0.5	标样吸潮
1.0	0.05	大于 0.5	标样吸潮
1.0	0.05	小于 0.5	酶失活

若酶活力降低，应控制测定样品的 ΔE，使之小于标样的 ΔE，以保证测定样品中总 D-异柠檬酸反应完全。

F.6 结果计算

样品总 D-异柠檬酸的含量按式(F.3)计算：

$$x_4 = \frac{3.05 \times 192.1 \times V_4}{m_4 \times 6.3 \times 1 \times V_4'} \times \Delta E \qquad \text{(F.3)}$$

式中：

x_4——样品中总 D-异柠檬酸的含量，单位为毫克每千克(mg/kg)；

3.05——比色皿中溶液的最终体积，单位为毫升(mL)；

192.1——D-异柠檬酸的分子质量，单位为克每摩尔(g/mol)；

V_4——试液的定容体积，单位为毫升(mL)；

m_4——样品的质量，单位为克(g)；

6.3——反应产物 NADPH 在 340 nm 的吸光系数，$1 \times \text{mmol}^{-1} \times \text{cm}^{-1}$；

1——比色皿光程，单位为厘米(cm)；

V_4'——比色测定时吸取滤液的体积，单位为毫升(mL)。

F.7 允许差

同一样品的两次测定结果之差，果汁含量等于或大于10%的样品，不得超过平均值的5.0%；果汁含量2.5%～10.0%的样品，不得超过平均值的10.0%。

附 录 G
（规范性附录）
总黄酮的测定

G.1 方法原理

橙、柑、桔中的黄烷酮类(橙皮苷、新橙皮苷等)与碱作用,开环生成 2,6-二羟基-4-环氧基苯丙酮和对甲氧基苯甲醛;在二甘醇环境中遇碱缩合生成黄色橙皮素查耳酮,其生成量相当于橙皮苷的量。在波长 420 nm 处比色测定吸光度,扣除本底后,与标准系列比较定量。

G.2 试剂

G.2.1 0.1 mol/L 氢氧化钠溶液

称取 4 g 氢氧化钠,加水溶解,定容至 1 000 mL。

G.2.2 4 mol/L 氢氧化钠溶液

称取 16 g 氢氧化钠,加水溶解,定容至 100 mL。

G.2.3 200 g/L 柠檬酸溶液

称取 20 g 柠檬酸,加水溶解,定容至 100 mL。

G.2.4 体积分数为 90%的二甘醇溶液

量取 90 mL 一缩二乙二醇(又名二甘醇),加 10 mL 水,混匀,备用。

G.2.5 试剂空白溶液

量取 20 mL 氢氧化钠溶液(G.2.1)于 50 mL 烧杯中,用柠檬酸溶液(G.2.3)调至 pH=6,转移到 100 mL 容量瓶中,用水定容至刻度,摇匀。

G.2.6 橙皮苷标准溶液

称取 0.025 0 g 橙皮苷[hesperidin(由 hesperetin 及 7-rhamnoglucoside 组成),分子式:$C_{28}H_{34}O_{15}$,相对分子质量:610.6,橙皮苷含量约为 80%,本方法以 80%计],精确至 0.000 1 g,置于 50 mL 烧杯中,加 20 mL 氢氧化钠溶液(G.2.1)溶解,用柠檬酸溶液(G.2.3)调至 pH=6,转移到 100 mL 容量瓶中,用水定容至刻度,摇匀。溶液中橙皮苷的含量为 200 mg/L。此标准溶液应当日配制。

G.3 仪器与设备

G.3.1 紫外分光光度计。

G.3.2 酸度计:精度 0.1pH 单位。

G.3.3 恒温水浴:温控±1 ℃。

G.3.4 具塞试管与试管架。

G.3.5 分析天平:感量 0.1 mg。

G.3.6 天平:感量 10 mg。

G.4 试液的制备

称取一定量混合均匀的样品(浓缩汁 2.00 g~5.00 g;果汁 10.0 g;果汁饮料、水果饮料和果汁型碳酸饮料 50.0 g)于 100 mL 烧杯中,加入 10 mL 氢氧化钠溶液(G.2.1),用氢氧化钠溶液(G.2.2)调至 pH=12。静置 30 min 后,再用柠檬酸溶液(G.2.3)调至 pH=6,转移到 100 mL 容量瓶中,加水定容至刻度,用滤纸过滤,收集澄清滤液,备用。

G.5 分析步骤

G.5.1 工作曲线的绘制

分别吸取 0.00 mL、1.00 mL、2.00 mL、3.00 mL、4.00 mL、5.00 mL 橙皮苷标准溶液(G.2.6)于六支具塞试管(G.3.4)中，分别依次加入 5.00 mL、4.00 mL、3.00 mL、2.00 mL、1.00 mL、0.00 mL 试剂空白溶液(G.2.5)，摇匀。再各加 5.0 mL 二甘醇溶液(G.2.4)、0.1 mL 氢氧化钠溶液(G.2.2)，摇匀，配制成 0.0 mg/L、20.0 mg/L、40.0 mg/L、60.0 mg/L、80.0 mg/L、100.0 mg/L 总黄酮标准系列溶液。

将上述试管置于 40 ℃水浴(G.3.3)中保温 10 min。取出，在冷水浴中冷却 5 min。用 1 cm 比色皿，以 0.0 mg/L 标准溶液调整零点，在波长 420 nm 处测定各溶液的吸光度。以吸光度为纵坐标，相应的总黄酮浓度为横坐标，绘制工作曲线或计算回归方程。

G.5.2 测定

吸取 1 mL～5 mL 试液(第 G.4 章)于具塞试管中，用试剂空白溶液(G.2.5)，补加至 5 mL，加 5.0 mL 二甘醇溶液(G.2.4)，摇匀后加 0.1 mL 氢氧化钠溶液(G.2.2)，摇匀。同时吸取一份等量的试液(第 G.4 章)按上述步骤不加氢氧化钠溶液(G.2.2)，作为空白调零。以下步骤按 G.5.1 操作，测定试液吸光度，从工作曲线上查出(或用回归方程计算出)试液中总黄酮的含量(c_5)。

G.6 结果计算

样品中总黄酮的含量按式(G.1)计算：

$$x_5 = \frac{c_5}{\frac{m_5}{100} \times \frac{V_5}{10}} = \frac{c_5 \times 1\,000}{m_5 \times V_5} \qquad \text{(G.1)}$$

式中：

x_5——样品中总黄酮的含量，单位为毫克每千克(mg/kg)；

c_5——从工作曲线上查出(或用回归方程计算出)试液中黄酮的含量，单位为毫克每升(mg/L)；

m_5——样品的质量，单位为克(g)；

V_5——测定时吸取试液的体积，单位为毫升(mL)。

G.7 允许差

同一样品的两次结果之差不得超过平均值的 5.0%。
